ENCYCLOPÉDIE DES TRAVAUX PUBLICS

TRAITÉ PRATIQUE

DES

CHEMINS VICINAUX

Tous les exemplaires du *Traité Pratique des Chemins Vicinaux* devront être revêtus de la signature de l'auteur.

ENCYCLOPÉDIE DES TRAVAUX PUBLICS
FONDÉE PAR **M.-C. LECHALAS**, INSPECTEUR GÉNÉRAL DES PONTS ET CHAUSSÉES
Médaille d'or à l'Exposition Universelle de 1889

TRAITÉ PRATIQUE

DES

CHEMINS VICINAUX

PAR

ERNEST HENRY
Inspecteur général des Ponts et Chaussées
Ancien Agent Voyer en Chef du département de la Marne

GÉNÉRALITÉS. — PERSONNEL
ASSIETTE DES CHEMINS VICINAUX. — RESSOURCES DE LA VOIRIE VICINALE
EXÉCUTION DES TRAVAUX
COMPTABILITÉ DES CHEMINS VICINAUX. — POLICE DE LA VOIRIE VICINALE
POLICE DU ROULAGE. — OBJETS DIVERS

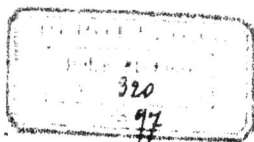

PARIS
LIBRAIRIE POLYTECHNIQUE
BAUDRY ET Cⁱᵉ, LIBRAIRES-ÉDITEURS
RUE DES SAINTS-PÈRES, 15
MÊME MAISON A LIÉGE

—

1897

TITRE I

GÉNÉRALITÉS

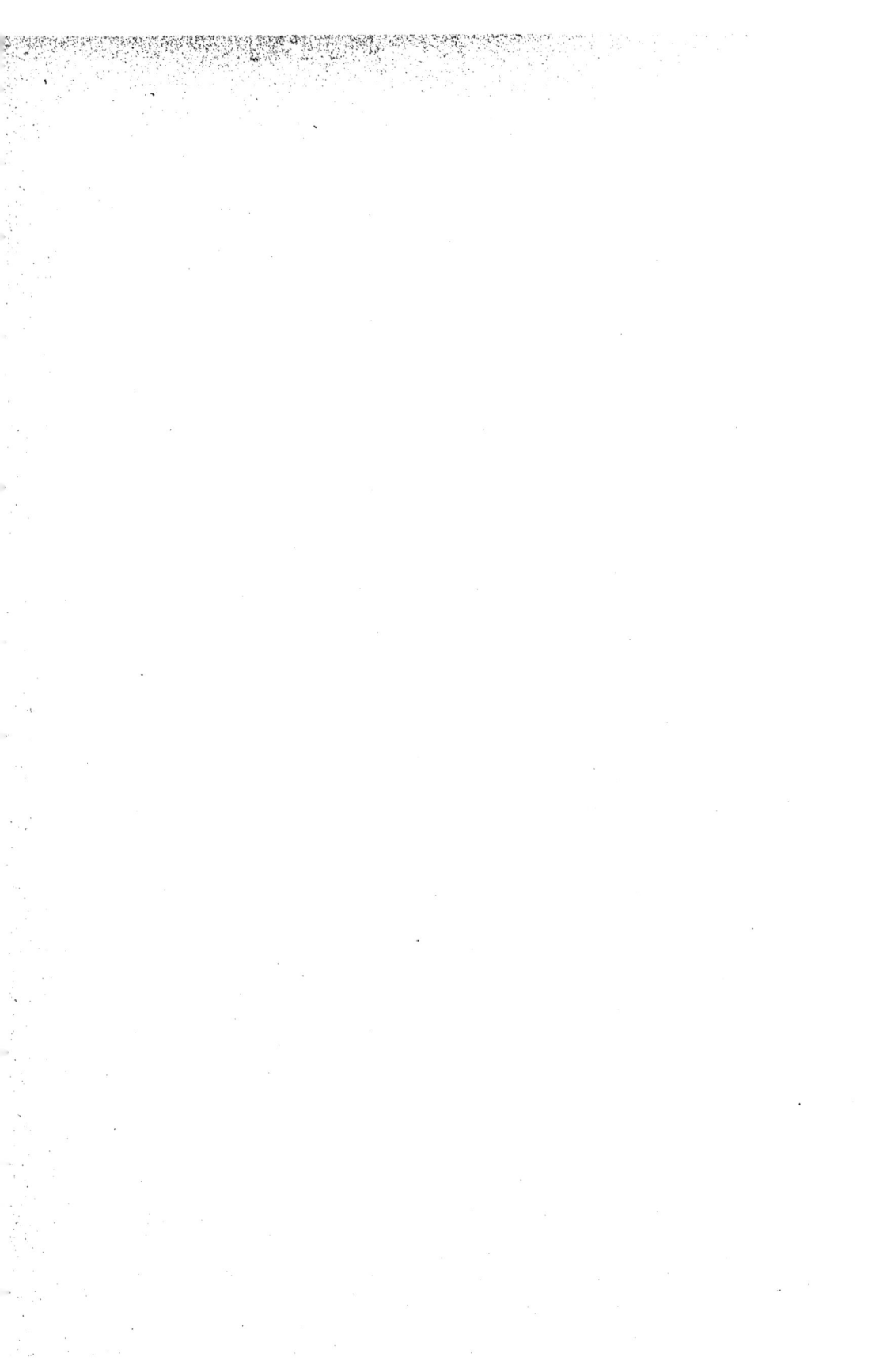

TITRE I

GÉNÉRALITÉS

CHAPITRE I

CARACTÈRES DISTINCTIFS DES CHEMINS VICINAUX

1. Les chemins vicinaux sont des voies communales soumises à des règles spéciales.

Nous ne les définirons pas par la destination à laquelle ils sont affectés. On pourrait être tenté de dire que les chemins vicinaux servent à établir des communications entre les communes, les hameaux ou certains établissements qui, comme les gares de chemins de fer, constituent des objectifs pour la circulation. Mais on est obligé de reconnaître que d'autres voies, telles que les routes nationales et départementales, par exemple, remplissent le même office. Par contre, on constate qu'un certain nombre de chemins vicinaux ne présentent pas le caractère qui vient d'être indiqué : ils ne jouent d'autre rôle que celui de simples chemins ruraux, et même parfois celui de simples chemins d'exploitation.

Nous nous bornerons à énoncer que les chemins vicinaux sont ceux qui ont été classés comme tels par l'autorité compétente. Mais, pour suppléer à cette définition, nous allons faire connaître sommairement ce qui distingue les chemins vicinaux des autres voies publiques.

2. Les voies publiques qui servent actuellement aux transports par terre sont les suivantes :
1° Les routes nationales ;
2° Les routes départementales ;

3° Les chemins vicinaux de grande communication ;

4° Les chemins vicinaux d'intérêt commun ;

5° Les chemins vicinaux ordinaires ;

6° Les chemins ruraux, qui se subdivisent en chemins reconnus et en chemins non reconnus ;

7° Les rues.

Les routes nationales et départementales font partie de la grande voirie. Les cinq autres catégories de voies publiques appartiennent à la petite voirie.

La petite voirie se divise ainsi qu'il suit :

1° La voirie vicinale, embrassant les chemins vicinaux de toute nature, c'est-à-dire les chemins de grande communication, les chemins d'intérêt commun et les chemins vicinaux ordinaires ;

2° La voirie rurale, formée des chemins ruraux ;

3° La voirie urbaine, comprenant les rues.

Nous allons faire connaître en quoi les chemins vicinaux diffèrent des autres voies publiques, aux divers points de vue sous lesquels on peut les envisager.

a. — *Au point de vue du classement et du déclassement:*

Comme les routes nationales ou départementales et les chemins ruraux reconnus, les chemins vicinaux ne peuvent, en cette qualité, avoir d'existence légale qu'en vertu d'une décision formelle de l'autorité compétente. Le classement des chemins de grande communication et d'intérêt commun est prononcé par le conseil général, celui des chemins vicinaux ordinaires par la commission départementale. Le classement appartient, au contraire, au pouvoir législatif ou au Gouvernement pour les routes nationales, au conseil général pour les routes départementales, à la commission départementale pour les chemins ruraux reconnus.

A l'égard des rues, le classement rentre, en règle générale, dans les attributions du préfet. Mais cette mesure n'est pas indispensable. Les voies urbaines peuvent tenir leur caractère légal de leur destination jointe à un long usage. Il en est de même des chemins ruraux non reconnus (Loi du 20 août 1881, art. 2).

Le déclassement est soumis aux mêmes règles que le classement.

b. — *Au point de vue de la propriété du sol :*

Le sol des chemins vicinaux appartient aux communes, comme celui des chemins ruraux et des rues. Les routes nationales sont, au contraire, la propriété de l'État, et les routes départementales la propriété du département.

Le sol des chemins vicinaux est imprescriptible, comme celui des autres voies, à l'exception toutefois des chemins ruraux non reconnus.

c. — *Au point de vue de la déclaration publique des travaux d'ouverture, de redressement et d'élargissement :*

La déclaration d'utilité publique est prononcée par le conseil général, pour les chemins de grande communication et d'intérêt commun, et par la commission départementale, pour les chemins vicinaux ordinaires, à moins qu'il ne s'agisse d'occuper des terrains bâtis, auquel cas un décret est nécessaire.

Pour les chemins ruraux, les formes sont les mêmes que pour les chemins vicinaux ordinaires. Mais, en matière de routes nationales et départementales, la déclaration d'utilité publique appartient au pouvoir législatif ou au chef de l'État. En ce qui concerne les rues, elle est prononcée par décret.

d. — *Au point de vue de l'expropriation :*

Pour les routes nationales et départementales, ainsi que pour les rues, l'expropriation a lieu conformément aux dispositions de la loi du 3 mai 1841 ; les indemnités sont fixées par le jury organisé en vertu des articles 29 et suivants de cette loi, et elles doivent être payées avant la prise de possession des terrains.

Il en est de même pour les chemins ruraux, avec cette différence toutefois que les indemnités sont réglées par le petit jury, institué en vertu de l'article 16 de la loi du 21 mai 1836.

En ce qui concerne les chemins vicinaux, une distinction doit être faite :

S'il s'agit de travaux d'ouverture ou de redressement, la fixation des indemnités est confiée au petit jury dont il vient d'être question.

S'il s'agit de travaux d'élargissement, la procédure est toute différente. La décision qui approuve les nouvelles limites du chemin produit l'effet du jugement d'expropriation, et elle attribue définitivement au chemin le sol compris dans ces limites. Les indemnités dues aux riverains sont fixées par le juge de paix, sur le rapport d'experts, et le paiement de ces indemnités peut être postérieur à la prise de possession des terrains.

Ces dispositions ont puissamment contribué à favoriser l'amélioration des chemins vicinaux.

Elles subissent une exception, lorsque l'élargissement porte sur des terrains bâtis. Un décret est alors nécessaire pour autoriser les travaux, ainsi qu'il a été dit plus haut, et les indemnités sont réglées par le petit jury.

e. — *Au point de vue de la prescription pour les terrains ayant servi à la confection des voies publiques :*

Les chemins vicinaux jouissent, avec les chemins ruraux, du bénéfice d'une prescription spéciale au sujet des terrains ayant servi à la confection des chemins. Cette prescription est réduite à un laps de deux ans, tandis que la prescription trentenaire est seule susceptible d'être invoquée pour les autres voies publiques.

f. — *Au point de vue de la rétrocession des portions abandonnées :*

Le prix des portions à céder aux riverains, par suite de déclassement, est fixé par le jury pour les routes nationales et départementales, ainsi que pour les rues.

Il est réglé par voie d'expertise en matière de chemins vicinaux et ruraux.

g. — *Au point de vue des ressources affectées à la construction ou à l'entretien :*

Les routes nationales sont à la charge de l'État, les routes départementales à la charge du département. Les dépenses des chemins vicinaux, de même que celles des chemins ruraux et des rues, incombent aux communes. Toutefois, le département et l'État peuvent supporter une part importante de ces dépenses, en ce qui concerne les chemins vicinaux, et cette intervention constitue un des principaux avantages qui s'attachent au classement de ces chemins.

Il y a lieu d'ajouter que les dépenses des chemins ruraux et des rues sont facultatives pour les communes, tandis qu'elles sont, au contraire, obligatoires à l'égard des chemins vicinaux, dans des limites qui résultent des dispositions prises par le législateur.

Des ressources d'une nature spéciale sont d'ailleurs exclusivement affectées aux chemins vicinaux et ruraux : nous voulons parler des prestations, qui peuvent être votées jusqu'à concurrence de trois journées pour les chemins vicinaux et d'une journée pour les chemins ruraux. Ces ressources présentent une importance toute particulière, eu égard à la valeur, relativement élevée, de leur produit.

h. — *Au point de vue de la réparation des dégradations extraordinaires :*

Lorsque des dégradations extraordinaires ont été causées aux chemins vicinaux et aux chemins ruraux reconnus par des exploitations de mines, de carrières, de forêts ou de toute autre entreprise industrielle, des subventions spéciales, désignées habituellement sous le nom de subventions industrielles, peuvent être réclamées aux entrepreneurs ou propriétaires. Cette disposition n'existe pas pour les autres voies publiques.

i. — *Au point de vue de l'administration :*

C'est le préfet qui administre les routes nationales et départementales, les chemins de grande communication et d'intérêt commun. Il exerce ses attributions sous l'autorité du Ministre des Travaux publics en ce qui concerne les routes nationales, sous le contrôle du Ministre de l'Intérieur en ce qui concerne les chemins de grande communication et d'intérêt commun.

C'est le maire qui administre les chemins vicinaux ordinaires, les chemins ruraux et les rues. Mais ses attributions sont restreintes en matière de chemins vicinaux et de chemins ruraux reconnus, par suite du pouvoir de réglementation conféré à l'autorité supérieure à l'égard de ces deux catégories de voies publiques.

j. — *Faveurs fiscales et abréviations de procédures :*

Les chemins vicinaux et ruraux sont l'objet de certaines dispositions particulières.

Les plans, procès-verbaux, certificats, significations, jugements, contrats, marchés, adjudications de travaux, quittances et autres actes relatifs à la construction et à l'entretien de ces chemins sont enregistrés moyennant le droit fixe de 1 fr. 50 en principal.

Les actions civiles intentées par les communes ou dirigées contre elles sont jugées comme affaires sommaires et urgentes, conformément à l'article 405 du Code de Procédure civile.

k. — *Juridiction compétente en matière de contraventions :* Sauf dans des cas exceptionnels, la juridiction administrative est compétente pour statuer sur les contraventions en matière de routes nationales et départementales.

L'autorité judiciaire est, au contraire, compétente pour les chemins vicinaux, les chemins ruraux et les rues (sauf celles de Paris, qui font partie de la grande voirie).

Toutefois, cette règle subit deux exceptions en matière vicinale : d'abord, en ce qui concerne la restitution du sol usurpé sur les chemins vicinaux de toute catégorie, puis en ce qui a trait à la répression de certaines contraventions à la police du roulage sur les chemins de grande communication. Dans ces deux cas, c'est au conseil de préfecture qu'il appartient de statuer.

3. En dédoublant les chemins ruraux en chemins reconnus et chemins non reconnus, on voit qu'il existe actuellement huit catégories de voies publiques pour les transports par terre.

Ce nombre est excessif. Point n'est besoin de dire qu'il n'est en aucune façon justifié.

L'exposé sommaire qui précède suffit pour faire ressortir la variété des régimes auxquels les diverses voies sont soumises. Cette variété est la source de complications qui entraînent nécessairement l'accroissement du personnel administratif. Elle détermine des embarras de toutes sortes.

CHAPITRE II

APERÇU DE LA LÉGISLATION VICINALE

4. Peu de temps après la Révolution de 1789, quelques mesures furent prises au sujet des chemins vicinaux. Mais elles furent très sommaires.

La loi des 28 septembre-6 octobre 1791 déclara que « les chemins reconnus par le Directoire de district pour être nécessaires à la communication des paroisses seront rendus praticables et entretenus aux dépens des communautés sur le territoire desquelles ils sont établis ». Elle ajouta qu' « il pourra y avoir, à cet effet, une imposition au marc la livre de la contribution foncière ».

L'arrêté du Directoire du 23 messidor an V (11 juillet 1797) chargea l'Administration de faire dresser, dans chaque département, un état général des chemins vicinaux, de constater l'utilité de chacun de ces chemins, de désigner ceux qui devaient être conservés et ceux qui devaient être supprimés, le sol de ces derniers devant être rendu à l'agriculture.

Puis, un arrêté des Consuls du 4 thermidor an X (23 juillet 1802) décida, à l'article 6 du titre II, que les chemins vicinaux seraient à la charge des communes. Il prescrivit, en outre, aux conseils municipaux d'émettre leur vœu sur le mode le plus convenable d'assurer la réparation des chemins vicinaux et il invita ces assemblées à proposer, à cet effet, « l'organisation qui leur paraîtrait devoir être préférée pour la *prestation en nature* ».

Ainsi que le fait remarquer Herman (1), c'était la première fois que les mots de *prestation en nature* apparaissaient dans

(1) HERMAN, *Traité pratique de voirie vicinale*, n° 20.

la législation moderne ; mais la brièveté de la disposition de
l'arrêté des Consuls indiquait assez qu'il s'agissait non d'un
impôt nouveau, mais bien d'un mode de réparation déjà connu
des populations, auquel il ne fallait donner qu'une meilleure
organisation. C'est ce que le Ministre de l'Intérieur chercha à
faire par une Instruction du 7 prairial an XIII (27 mai 1805).

Les règles tracées par cette Instruction demeurèrent en
vigueur pendant toute la durée du gouvernement impérial et
pendant les premières années du gouvernement de la Restauration. La prestation en nature continua à être employée comme
le principal moyen d'entretien des chemins vicinaux (1).

Mais, en 1818, une disposition, édictée par la loi de finances,
vint faire cesser l'emploi de la prestation. Cette disposition
portait que toute imposition extraordinaire pour dépenses
communales ne pourrait être votée par les conseils municipaux qu'avec l'adjonction des plus imposés et perçue qu'en
vertu d'une ordonnance royale. La prestation en nature fut
assimilée par l'Administration centrale à une imposition
extraordinaire, et il en résulta de telles entraves que les municipalités s'abstinrent de recourir à cette ressource. Les chemins
vicinaux retombèrent bientôt dans l'état de dégradation d'où
les avait tirés, seize ans auparavant, le décret du 4 thermidor
an X (2).

La nécessité d'assurer la réparation des chemins amena les
Chambres à voter la loi du 28 juillet 1824.

Cette loi maintenait le principe que les revenus ordinaires
des communes doivent être tout d'abord affectés aux dépenses
des chemins vicinaux. Elle décidait qu'en cas d'insuffisance
de ces revenus, il serait pourvu à l'entretien des chemins au
moyen de deux journées de prestation. Elle autorisait, en
outre, la perception de 5 centimes additionnels dans le cas où
les revenus ordinaires et les prestations ne suffiraient pas pour
faire face aux dépenses. Elle renfermait, en outre, quelques
dispositions nouvelles propres à favoriser l'amélioration des
chemins vicinaux.

La loi du 28 juillet 1824 constitua la première loi organique
de la vicinalité, mais on ne tarda pas à reconnaître qu'elle
présentait de fâcheuses lacunes.

(1) HERMAN, *Traité pratique de voirie vicinale*, n° 22.
(2) *Id.*, n°ˢ 23 et 24.

Cette loi prescrivait bien de pourvoir, en cas de besoin, à l'entretien des chemins au moyen de deux journées de prestation, mais cette injonction manquait de sanction. Les conseils municipaux étaient chargés de déterminer le tarif de conversion des journées en argent, mais leurs décisions n'étaient soumises à aucun contrôle. Aucun délai n'était fixé soit pour l'option des contribuables entre l'acquittement en nature et la libération en argent, soit pour l'exécution des travaux en nature. Enfin, les travaux de tous les chemins vicinaux étaient restés sous la seule direction des maires qui, dans un grand nombre de communes, n'étaient pas à même d'assurer l'emploi des ressources (1).

Aussi la loi de 1824 ne donna-t-elle que de très médiocres résultats. Les conseils généraux s'émurent de cette situation et ils indiquèrent, comme le seul remède efficace, l'extension de l'autorité des préfets sur cette branche des services publics. Ce n'est pas sans une longue hésitation que l'on se décida à restreindre, sur ce point, les attributions de l'administration municipale.

La loi du 21 mai 1836 vint enfin organiser la voirie vicinale sur des bases qui, pour la plupart, sont encore en vigueur. L'économie générale de cette loi a été mise en lumière par le Ministre de l'Intérieur, dans un passage de son instruction du 24 juin 1836, que nous croyons devoir reproduire :

« La législation précédente avait fait de la réparation et de l'entretien des chemins vicinaux une charge communale, mais elle l'avait laissée, pour ainsi dire, au rang des dépenses facultatives, en ne donnant à l'autorité supérieure qu'un droit de surveillance dépouillé de tout pouvoir coercitif : désormais l'entretien des chemins vicinaux est classé au nombre des dépenses ordinaires et obligées des communes; les préfets sont investis du droit de faire suivre le conseil par l'injonction; ils pourront suppléer par l'action directe, s'il le faut, à l'indifférence et à l'inertie et, s'ils doivent n'user de ce pouvoir nouveau qu'avec une sage réserve, ils sauront cependant en faire usage dès que l'intérêt du pays le commandera.

« Trop peu de liberté avait, d'un autre côté, été laissée à l'autorité municipale dans le choix des moyens à employer

---

(1) HERMAN, *Traité pratique de voirie vicinale*, n° 27.

pour la réparation des chemins vicinaux. La prestation en
nature devait toujours être employée avant qu'il fût permis
aux conseils municipaux de voter des centimes additionnels ;
il leur sera loisible maintenant de donner la préférence à celle
de ces ressources dont l'emploi leur paraîtra le plus conforme
aux intérêts de la commune, ou même de les employer simultanément.

« L'isolement des efforts des communes n'était pas le
moindre obstacle qu'avait laissé subsister l'ancienne législation à l'amélioration des communications vicinales. Si c'est
un principe incontestable que l'entretien des chemins vicinaux
est d'abord une charge communale, il faut pourtant reconnaître qu'il est de ces voies publiques qui, par les dépenses
qu'elles exigent, sont au-dessus des ressources d'une seule
commune, et qui, par leur étendue, intéressent plusieurs
communes. La nécessité avait donc amené les conseils généraux et les préfets à appliquer des fonds départementaux à
des travaux que la loi regardait comme une charge exclusivement communale, et l'Administration supérieure avait été
contrainte de tolérer cette dérogation à la législation existante.
Une faculté légale remplace aujourd'hui une simple tolérance,
et l'affectation des fonds départementaux comme fonds de
concours est maintenant autorisée par la loi, mais dans de
justes limites, avec les précautions et les formes nécessaires
pour en assurer l'utile emploi.

« L'absence d'agents spéciaux chargés de préparer et de
diriger les travaux se faisait vivement sentir et si, dans quelques
départements, leur création avait devancé la loi, les agents que
l'Administration employait sous divers titres étaient restés
sans caractère officiel et légal. La loi nouvelle remplit cette
lacune.

« Les droits de l'Administration avaient été incomplètement
définis jusqu'à présent, quant à la reconnaissance des chemins
vicinaux, à la fixation de leur largeur et à l'occupation des
terrains nécessaires à l'élargissement de ces chemins. Il fallait
rechercher péniblement quelques articles épars de lois, de
décrets et d'ordonnances plus ou moins applicables et former
ainsi une jurisprudence par voie de simple induction. La loi
du 21 mai 1836 a réuni et coordonné les principes consacrés
déjà : elle les a complétés comme le demandait l'expérience, et

l'Administration n'aura plus à craindre de tomber dans l'arbitraire en faisant ce que commande l'intérêt de la viabilité.

« Enfin, et c'est là une des dispositions les plus importantes de la législation nouvelle, la loi du 21 mai 1836, générale dans tout ce qui est du domaine des principes généraux, est devenue aussi une loi locale, si je puis m'exprimer ainsi, par la faculté laissée aux administrateurs de faire des règlements spéciaux pour l'application de ces principes, décentralisant ainsi, dans une juste et sage mesure, cette portion de l'action administrative qui peut sans inconvénient être reportée du centre aux extrémités. »

5. La loi du 21 mai 1836 n'a abrogé que les dispositions des lois antérieures qui lui étaient contraires.

Elle a laissé en vigueur la loi du 9 ventôse an XIII, en ce qui a trait à l'attribution aux conseils de préfecture de la répression des usurpations.

Elle a également laissé subsister certaines dispositions de la loi du 28 juillet 1824, notamment en ce qui concerne :

Les formalités de classement (art. 1er) ;

Les dégrèvements et le mode de recouvrement des prestations en argent (art. 5) ;

La faculté de voter des impositions extraordinaires (art. 6) ;

Les formalités en matière d'acquisitions, d'aliénations et d'échanges (1), ainsi qu'en matière d'ouverture ou d'élargissement des chemins (art. 10).

La loi du 21 mai 1836 a d'ailleurs subi, pendant les soixante ans qui viennent de s'écouler, diverses modifications importantes.

La loi du 8 juin 1864 a permis de comprendre les rues dans le classement des chemins vicinaux (art. 1er). En outre, elle a exigé l'émission d'un décret pour l'occupation des terrains bâtis nécessaires à l'ouverture, au redressement ou à l'élargissement des chemins vicinaux (art. 2).

La loi du 21 juillet 1870 a autorisé la remise aux chemins ruraux des prestations disponibles, jusqu'à concurrence du tiers des prestations votées.

La loi du 10 août 1871 (2) a restreint considérablement les

---

(1) Sauf suppression de la limite de 3.000 francs (art. 68 et 69 de la loi municipale du 5 avril 1884).

(2) Cette loi n'est pas applicable au département de la Seine.

attributions du préfet, au profit du conseil général ou de la commission départementale. Elle a supprimé l'obligation d'une proposition du préfet lorsqu'il s'agit pour le conseil général de classer les chemins de grande communication et de désigner les communes qui doivent concourir aux dépenses de ces chemins.

Elle a transféré au conseil général le pouvoir de déterminer la largeur des chemins de grande communication et d'intérêt commun, de prescrire l'ouverture ou le redressement de ces chemins, de fixer le contingent annuel des communes intéressées. Elle a transféré à la commission départementale le pouvoir de classer les chemins vicinaux ordinaires, de déterminer leur largeur et leurs limites, d'autoriser leur ouverture et leur redressement. Cette même loi du 10 août 1871 a donné au conseil général le droit de répartir les subventions accordées, sur les fonds de l'État ou du département, aux chemins vicinaux de toute catégorie, ainsi que le droit de choisir le service auquel doit être confiée l'exécution des travaux sur les chemins de grande communication et d'intérêt commun. Elle a chargé la commission départementale de répartir les fonds provenant du rachat des prestations en nature et d'approuver les abonnements relatifs aux subventions industrielles pour la dégradation des chemins vicinaux.

La loi du 11 juin 1880 a autorisé l'affectation de l'excédent des ressources normales de la vicinalité aux chemins de fer d'intérêt local et aux tramways.

La loi municipale du 5 avril 1884, en reproduisant dans son article 141 une disposition de la loi du 24 juillet 1867, a maintenu aux conseils municipaux le droit de voter, avec un pouvoir de règlement, 3 centimes extraordinaires exclusivement affectés aux chemins vicinaux ordinaires.

Enfin, le mode de nomination des experts a été modifié par la loi du 22 juillet 1889 en ce qui concerne le règlement des subventions industrielles, et par la loi du 29 décembre 1892 en ce qui a trait au règlement des indemnités pour occupations temporaires de terrains.

6. La loi du 21 mai 1836 a produit des résultats considérables.

Toutefois, on se tromperait singulièrement si l'on attribuait ces résultats uniquement à la loi de 1836.

Les chemins ne seraient pas dans l'état de viabilité où ils se trouvent aujourd'hui si, en sus des trois journées de prestation, les communes ne disposaient que des 5 centimes spéciaux ordinaires autorisés par la loi du 21 mai 1826, même augmentés des 3 centimes spéciaux extraordinaires autorisés d'abord par la loi du 24 juillet 1867 et maintenus ensuite par la loi du 5 avril 1884. La situation serait également tout autre si les départements n'avaient pu affecter à la vicinalité que leurs centimes ordinaires et leurs 7 centimes spéciaux.

C'est grâce à la loi municipale et à la loi départementale que les chemins vicinaux ont pu être amenés à l'état dans lequel ils existent aujourd'hui.

En ce qui concerne les ressources communales, sans parler des impositions extraordinaires dont le produit a été appliqué directement aux travaux ou bien a servi à rembourser des emprunts affectés aux travaux, la loi municipale a permis de voter, en nombre souvent considérable, des centimes pour insuffisance de revenus. On peut prendre un aperçu de l'importance de cette ressource en consultant un tableau qui est annexé au rapport de M. le député Dupuy-Dutemps (1) et qui est intitulé : *Ressources tirées de l'impôt direct pour alimenter le budget de la vicinalité.* Le produit total des centimes pour insuffisance de revenus est de près de 6 millions. Il se répartit d'ailleurs d'une manière très inégale entre les départements : s'il y a des départements où cette ressource n'est pas créée, il y en a d'autres où elle dépasse en produit l'ensemble des 5 centimes spéciaux ordinaires et des 3 centimes spéciaux extraordinaires.

A l'intérieur des départements, des inégalités analogues se retrouvent. Elles ressortent, pour le département de la Marne d'une étude spéciale que nous avons publiée dans la *Revue d'Administration* (2), et dont nous signalons les résultats au n° 255. Dans ce département, le nombre des centimes pour insuffisance de revenus s'élève jusqu'à 65 pour certaines communes.

Il importe de remarquer que ces centimes sont souvent la clef de voûte des budgets d'entretien, par la raison qu'ils constituent une ressource *en argent*. Sans eux, l'emploi des pres-

(1) *Rapport au nom de la Commission chargée d'examiner la réforme de l'impôt des prestations* (Séance de la Chambre des députés du 27 juin 1891).
(2) *Du nombre des centimes additionnels perçus au profit de la vicinalité* (*Revue générale d'Administration*, 1889, t. III, p. 385).

tations en nature serait parfois impossible. C'est à ce titre que la loi municipale est venue au secours de la loi vicinale et a pu en assurer le succès.

7. En ce qui concerne les ressources départementales, la loi du 10 août 1871 n'a pas ouvert aux conseils généraux une porte aussi large que la loi municipale aux conseils municipaux. Cependant, elle donne encore aux départements le moyen de suppléer à l'insuffisance des ressources prévues par la loi du 21 mai 1836.

Les départements peuvent, en effet, voter des centimes extraordinaires jusqu'à concurrence de 12, maximum fixé par la loi de finances. Le produit de ces centimes, employé à alimenter le budget de la vicinalité, est de 19 millions, d'après le tableau annexé au rapport précité de M. Dupuy-Dutemps.

Les départements peuvent aussi obtenir des lois spéciales qui autorisent l'imposition de centimes extraordinaires au-dessus du maximum dont il vient d'être question. Le produit de ces centimes perçu au profit des chemins vicinaux s'élève à 13 millions.

Ces deux catégories de centimes forment un total de 32 millions, qui se trouve sensiblement égal au produit des 7 centimes spéciaux augmenté du prélèvement opéré sur les centimes facultatifs ordinaires (1).

Et il convient de remarquer qu'une partie de ces centimes extraordinaires est affectée à l'entretien des chemins de grande communication et d'intérêt commun, ce qui montre bien que la loi départementale assure aussi le fonctionnement de la loi vicinale. Il est vrai que, s'il en est ainsi, c'est parce que le Parlement persiste à maintenir à 7 le maximum des centimes spéciaux ordinaires. Il suffirait d'élever ce maximum pour faire disparaître le vote anormal de centimes extraordinaires destinés à couvrir des dépenses permanentes ordinaires.

8. Les services rendus à la législation vicinale par la loi municipale et par la loi départementale ne sauraient d'ailleurs amoindrir les mérites de la loi du 21 mai 1836, que l'on peut assurément citer comme une des lois de décentralisation les plus fécondes.

(1) Voir au n° 476.

Parmi ces mérites, celui d'une extrême élasticité est à signaler. Dans la loi du 21 mai 1836, l'élasticité a atteint sa dernière limite, si même elle ne l'a point dépassée. Le fait le plus saisissant, à ce sujet, est celui qui a trait à la création du réseau des chemins d'intérêt commun. Ce réseau, qui a maintenant une étendue de 75.000 kilomètres (1), est sorti de l'article 6 de la loi, dont l'application avait été considérée tout d'abord par le Ministre de l'Intérieur comme devant constituer une mesure exceptionnelle (2). Or, par suite du développement des chemins d'intérêt commun, la plupart des communes peuvent être contraintes à fournir, à titre de contingents, la totalité de leurs ressources normales (trois journées de prestation et 5 centimes), alors que la loi de 1836, en instituant les chemins de grande communication, avait pris soin de limiter les contingents aux deux tiers des ressources normales, afin de laisser aux communes un tiers au moins de ces ressources pour les besoins de la petite vicinalité. Cette mesure tutélaire a donc reçu une profonde atteinte. Il y a même un département, celui de l'Aveyron, où les chemins de grande communication ont disparu entièrement pour céder la place aux chemins d'intérêt commun. C'est un résultat que les auteurs de la loi du 21 mai 1836 étaient loin de prévoir.

(1) *Situation financière des départements*, en 1893, présentée au Ministre de l'Intérieur, p. 99.

(2) Herman, *Traité pratique de voirie vicinale*, n° 734.

CHAPITRE III

CLASSIFICATION DES CHEMINS VICINAUX

9. Division des chemins vicinaux en trois catégories. — Les chemins vicinaux se classent en trois catégories, savoir :

1° Les chemins de grande communication ;

2° Les chemins d'intérêt commun (ou chemins de moyenne communication) ;

3° Les chemins vicinaux ordinaires (ou chemins de petite communication).

Les chemins vicinaux forment ainsi trois réseaux qui sont souvent désignés sous les noms de réseaux de grande, de moyenne et de petite vicinalité.

Les chemins vicinaux ordinaires se distinguent très nettement des chemins de grande communication et d'intérêt commun.

Pour nous borner aux caractères les plus saillants, les chemins vicinaux ordinaires sont généralement situés sur le territoire d'une seule commune. Ils sont administrés par le maire. Leurs dépenses sont inscrites au budget de la commune, et elles sont, en principe, soumises aux règles de la comptabilité communale.

Les chemins de grande communication et d'intérêt commun, au contraire, traversent habituellement le territoire de deux ou plusieurs communes (1). Ils sont administrés par le préfet. Leurs dépenses figurent au budget départemental, et

(1) Il existe des chemins de grande communication ou d'intérêt commun qui ne traversent qu'un seul territoire, par exemple, dans le cas où ils relient une commune ou une gare de chemin de fer à une route nationale ou départementale.

elles sont, en principe, régies par les règles de la comptabilité départementale.

10. D'après ces indications générales, il semble que les chemins de grande communication et d'intérêt commun soient des voies départementales. Il n'en est rien. Ces chemins sont des voies communales (Instruction ministérielle du 24 juin 1836, art. 7 et 9 ; — Circulaire ministérielle du 20 novembre 1873 ; — Décrets des 23 et 25 juin 1874 annulant des délibérations des conseils généraux du *Cantal* et des *Vosges*).

La loi du 21 mai 1836 porte, en effet, dans son article 1er, que tous les chemins vicinaux sont à la charge des communes. Les dépenses des chemins de grande communication et d'intérêt commun doivent être couvertes d'abord par les communes intéressées, dont les quotes-parts sont réglées par le conseil général dans des limites déterminées par la loi ; si le département supplée à ces ressources communales, c'est par la voie de subventions qui constituent essentiellement un concours volontaire (*Idem*) (1).

On doit donc considérer les chemins de grande communication et d'intérêt commun comme donnant lieu, entre les communes intéressées, à une sorte d'association susceptible d'être subventionnée par le conseil général. Le préfet est naturellement qualifié pour administrer cette association, de même que le rattachement des dépenses au budget départemental est également tout indiqué.

Telle est la théorie légale qui est invoquée toutes les fois que des difficultés obligent l'Administration à recourir aux principes.

Mais le caractère communal des chemins de grande communication et d'intérêt commun n'en est pas moins, en réalité, une fiction. Quand ces chemins sont à l'état de viabilité, les communes n'interviennent guère que pour fournir leurs contingents, et, si ces contingents atteignent la limite légale, elles se considèrent comme ayant épuisé leurs obligations ; elles regardent le département comme chargé, moyennant leur apport, de faire face à la dépense des chemins. Aussi, lorsqu'il s'agit, par exemple, de concourir à la reconstruction des

(1) Voir, d'ailleurs, au n° 475.

ouvrages d'art, les communes font généralement la sourde
oreille, certaines que le département assurera lui-même cette
reconstruction plutôt que de laisser supprimer la circulation
sur les chemins de grande communication ou d'intérêt commun.

Il est vraisemblable que, lorsque l'on revisera la loi du
21 mai 1836, on renversera la situation : les voies dont il s'agit
deviendront départementales, par conséquent à la charge du
département, mais avec la faculté pour ce dernier de réclamer
le concours des communes dans des limites déterminées.

11. Jusqu'à présent nous avons confondu ensemble les chemins de grande communication et ceux d'intérêt commun.

Les différences qui existent entre ces deux catégories de chemins ne sont guère qu'au nombre de trois.

La première différence, qui est capitale, porte sur le montant
des contingents susceptibles d'être imposés aux communes.
Ce montant, pour les chemins de grande communication, ne
peut dépasser les deux tiers des trois journées et des 5 centimes spéciaux autorisés par l'article 2 de la loi du 21 mai 1836.
L'ensemble des contingents peut, au contraire, absorber la totalité de ces ressources, quand les communes contribuent aux
dépenses des chemins d'intérêt commun.

Les deux autres différences n'ont qu'un intérêt très secon-
daire. L'une est relative à la loi sur la police du roulage, qui
s'applique aux chemins de grande communication et qui laisse
en dehors les chemins d'intérêt commun. L'autre a trait à la
délivrance des alignements, qui peut être faite par le sous-
préfet, dans le cas où il existe un plan approuvé, sur les chemins de grande communication, mais non sur les chemins
d'intérêt commun.

**12. Historique de l'institution des chemins d'inté-
rêt commun.** — La création du réseau des chemins d'intérêt
commun mérite d'être particulièrement signalée.

C'est l'article 6 de la loi du 21 mai 1836 qui a donné naissance à ces chemins.

Lors de la discussion de cette loi, on reconnut qu'en dehors
des chemins de grande communication, les communes ne
devaient pas nécessairement avoir exclusivement à leur charge
les chemins vicinaux situés sur leur territoire. On fit remarquer

que des communes voisines pouvaient s'en servir dans une
mesure plus ou moins considérable, et que dès lors il était juste
de les faire concourir aux dépenses de ces chemins. De là, la
disposition de l'article 6 qui conférait au préfet le pouvoir de
fixer la proportion dans laquelle chacune des communes devait
contribuer aux dépenses.

Les chemins qui donnèrent lieu à cette intervention du préfet
furent successivement appelés chemins d'intérêt collectif, chemins de moyenne communication, chemins d'intérêt commun.
Cette dernière dénomination a prévalu.

Les chemins d'intérêt commun ne tardèrent pas à se multi-
plier. Par une circulaire du 12 novembre 1847, le Ministre de
l'Intérieur prescrivit de centraliser leurs ressources au compte
des cotisations municipales. Les maires étaient chargés de
l'administration de ces chemins, chacun dans la traversée du
territoire de sa commune.

Les chemins d'intérêt commun conservèrent ce régime spécial jusqu'en 1870. C'est pour ce motif qu'en 1851, lors de
l'élaboration de la loi sur la police du roulage, on les laissa en
dehors de la loi, avec les chemins vicinaux ordinaires (Loi du
30 mai 1851, art. 1ᵉʳ). Il en fut de même en 1864, lorsqu'on
délégua au sous-préfet le pouvoir de délivrer les alignements
(Loi du 4 mai 1864, art. 2).

Dans l'intervalle, le décret de décentralisation du 13 avril 1861
mentionna les chemins d'intérêt commun (art. 1ᵉʳ, n° 2), en donnant au préfet le droit de fixer la durée des enquêtes pour ces
chemins comme pour ceux de grande communication. Mais ce
décret limita aux chemins de grande communication les attributions transférées au préfet sur les objets énumérés aux nᵒˢ 3,
4, 5, 6 et 7 du même article 1ᵉʳ.

C'est la loi du 18 juillet 1866 sur les conseils généraux qui, en
consacrant les chemins d'intérêt commun, fit un premier pas
dans le sens de leur assimilation avec les chemins de grande
communication. Cette loi confondit les deux catégories de chemins au quadruple point de vue de la désignation des communes appelées à concourir aux dépenses, de la répartition des
subventions départementales, du déclassement et enfin du choix
du service chargé de l'exécution des travaux.

En s'appuyant sur ces dispositions de la loi du 18 juillet 1866,
le Ministre de l'Intérieur, après s'être concerté avec son col-

lègue des Finances, décida que les ressources des chemins
d'intérêt commun seraient inscrites, à partir de 1871, au
budget du département, comme celles des chemins de grande
communication (Circulaire du 8 mai 1870).

Puis, vint la loi du 10 août 1871 sur les conseils généraux,
qui traita sur le même pied les deux catégories de chemins.

L'Instruction générale du 6 décembre 1870, modifiée conformément aux dispositions de cette dernière loi, fut rédigée de
manière à opérer une assimilation complète entre les chemins
de grande communication et ceux d'intérêt commun. Les prescriptions de cette Instruction supposent que ces derniers chemins sont placés sous l'autorité du préfet, comme le sont les
chemins de grande communication, aux termes de l'article 9 de
la loi du 21 mai 1836.

Le Conseil d'État repoussa d'abord cette interprétation. C'est
par un arrêt du 12 janvier 1877 (préfet de l'*Aude* contre *Pirognat*) qu'il modifia sa manière de voir, à l'occasion de contestations avec les entrepreneurs des travaux de construction d'un
chemin d'intérêt commun : il décida que la loi du 10 août 1871
a assimilé, par diverses dispositions, les chemins d'intérêt commun aux chemins de grande communication, et que dès lors,
dans la même mesure que ces derniers, les chemins d'intérêt
commun sont placés sous l'autorité du préfet à qui il appartient
d'agir au nom des communes intéressées. Cette jurisprudence
a été confirmée en matière de règlement de subventions industrielles (9 mars 1877, *Hallette et C*ⁱᵉ ; 25 mars 1881, préfet de
la *Nièvre* ; 4 mai 1883, préfet du *Lot* ; 11 mai 1883, *Donnard* ;
16 novembre 1883, préfet du *Pas-de-Calais* ; 20 décembre 1889,
Société des *Carrières réunies des Deux-Charentes*).

Ainsi, tous les actes d'administration concernant les chemins
d'intérêt commun, tels que la passation des contrats ou marchés, la direction des travaux, l'acceptation des souscriptions
volontaires, le recouvrement des subventions industrielles, la
représentation des communes intéressées devant les tribunaux
administratifs ou judiciaires, rentrent dans les attributions du
chef des services publics du département (Circulaire du
20 mars 1877).

13. Mais cette jurisprudence n'est pas celle de la Cour de
Cassation. Cette Cour a jugé, au contraire, que, si l'article 9 de

la loi du 21 mai 1836 a donné aux préfets le droit de représenter les communes intéressées aux chemins de grande communication, aucune disposition législative ne leur a accordé le même droit pour les chemins d'intérêt commun, et que, dès lors, c'est toujours aux maires qu'il appartient d'agir au nom des communes dans les instances relatives à cette dernière catégorie de chemins, notamment en matière d'indemnités de terrains (Cass. 4 février 1867, *Lacroix-Morel* ; 8 décembre 1885, *Darrigol*).

14. Quoi qu'il en soit, par suite de la jurisprudence de l'Administration, sanctionnée par celle du Conseil d'État, les chemins d'intérêt commun sont parvenus à bénéficier d'un régime qui est celui des chemins de grande communication, sauf les différences que nous avons fait connaître (n° 11).

15. De la réduction du nombre des catégories de chemins. — On a vu qu'entre les chemins de grande communication et ceux d'intérêt commun, la principale différence porte sur le montant maximum des contingents susceptibles d'être imposés aux communes intéressées. Ce maximum est égal aux deux tiers des trois journées de prestation et des 5 centimes spéciaux, à l'égard des chemins de grande communication ; il s'élève à la totalité de ces ressources pour les chemins d'intérêt commun.

Cette circonstance a permis à certains départements de supprimer une catégorie de chemins vicinaux.

Les uns ont jugé nécessaire de laisser aux communes au moins un tiers de leurs ressources normales pour les besoins de leur petite vicinalité. Ils ont dès lors renoncé aux chemins d'intérêt commun qu'ils ont convertis en chemins de grande communication. Il n'existe, par conséquent, dans ces départements, que deux réseaux de chemins vicinaux : celui des chemins de grande communication et celui des chemins vicinaux ordinaires.

Un autre département, celui de l'Aveyron, a procédé à une opération inverse : il a transformé tous les chemins de grande communication en chemins d'intérêt commun, ce qui lui a permis de faire disparaître une catégorie de chemins sans être obligé de modifier les contingents communaux. Dans ce département, il n'y a plus dès lors que deux réseaux : celui des chemins d'intérêt commun et celui des chemins vicinaux ordinaires.

16. L'unification des chemins de grande communication et d'intérêt commun, quelle que soit la catégorie dans laquelle elle s'effectue, constitue une opération avantageuse, par suite des simplifications de toutes sortes qu'elle comporte.

Quand on procède à cette unification, il convient d'établir une nouvelle nomenclature des chemins, de manière à réduire autant que possible le nombre de ces chemins. Ce nombre est, en effet, un coefficient par lequel se multiplient non seulement les écritures, mais encore les pièces de comptabilité et autres documents. Il convient donc de réunir les chemins qui sont sensiblement en prolongement les uns des autres, en constituant des lignes d'une grande étendue, sans attacher d'importance au choix des points de départ et d'arrivée. Il y a lieu aussi de recourir au système des embranchements pour les chemins qui sont appelés à garder le caractère de ramifications. Et comme le réseau est nécessairement destiné à s'accroître, par suite de classements ultérieurs, nous ajouterons qu'il convient de prévoir l'avenir en ménageant la possibilité d'introduire certains chemins nouveaux, sans augmentation du nombre des lignes, par voie de prolongement des lignes adoptées ou de leurs embranchements.

17. La suppression de l'un des deux réseaux de grandes lignes n'est pas la seule simplification susceptible d'être opérée. Il est possible de faire disparaître le réseau des chemins vicinaux ordinaires : c'est ce qui a eu lieu dans le département d'Eure-et-Loir.

Le réseau de petite vicinalité, tel qu'il est actuellement composé, ne répond pas au régime auquel il est soumis.

Ce régime est celui de voies exclusivement communales, n'intéressant que la commune sur le territoire de laquelle elles sont situées. Il est analogue au régime adopté pour les chemins ruraux.

Or, la plupart des chemins vicinaux ordinaires intéressent au moins deux communes. Il en résulte qu'ils s'accommodent assez mal des dispositions qui les régissent.

Si l'on envisage, par exemple, un chemin vicinal ordinaire réunissant deux localités, les conseils municipaux des deux communes peuvent avoir des vues très différentes, tant sur la construction que sur l'entretien de ce chemin. L'Administration peut être impuissante à assurer l'harmonie désirable entre les tronçons de chemin situés sur les deux territoires. En matière de construction, les dispositions ne peuvent être approuvées qu'autant qu'elles sont acceptées par les assemblées communales, si bien que les deux tronçons peuvent différer profondément, notamment au point de vue de la largeur et des déclivités. En matière d'entretien, le préfet est désarmé quand cet entretien exige, en sus des ressources susceptibles d'être imposées d'office, d'autres ressources telles que les 3 centimes spéciaux extraordinaires et les centimes pour insuffisance de revenus ordinaires. Il s'ensuit que l'entretien peut laisser à désirer sur l'une des communes, tandis que l'autre consent des sacrifices pour tenir le chemin en bon état sur son territoire.

Au surplus, dans le cas que nous considérons, il n'est pas toujours juste que chacune des deux communes ait la charge de la portion de chemin comprise dans les limites de son territoire. Les deux communes peuvent avoir une importance très inégale, et il peut se faire que celle qui use le plus du chemin soit celle qui est traversée sur la plus petite longueur.

Il est donc manifeste que, lorsqu'un chemin traverse deux ou plusieurs communes, son régime devrait être celui des chemins d'intérêt commun. C'est ce qu'a compris le conseil général d'Eure-et-Loir, qui a transformé, à peu de chose près, tous les chemins vicinaux ordinaires en les introduisant dans le réseau d'intérêt commun.

Il est vrai que, parmi les chemins vicinaux ordinaires existant actuellement, il en est qui intéressent uniquement la commune sur le territoire de laquelle ils sont situés. Mais ces chemins semblent susceptibles de prendre place dans le réseau des chemins ruraux (1). Ils pourraient bénéficier des disposi-

_____

(1) Dans sa circulaire du 27 août 1881, relative à l'exécution de la loi du 20 août 1881 sur les chemins ruraux, le Ministre de l'Intérieur donne un aperçu de la destination des chemins ruraux. On y lit ce qui suit : « Cette destination ne saurait avoir d'autre but que de satisfaire à des intérêts généraux. Telle est la destination d'un chemin établi pour relier le chef-lieu de la commune à un ou plusieurs des hameaux la composant, mettre en communication une voie vicinale avec une autre voie de même nature, une route, un chemin de fer, un canal. »

tions de la loi du 20 août 1881, qui présentent d'ailleurs les
analogies les plus marquées avec celles de la législation relative aux chemins vicinaux ordinaires.

18. En convertissant en chemins d'intérêt commun, d'une
part, les chemins de grande communication et, d'autre part,
les chemins vicinaux ordinaires, on voit que la législation
actuelle permettrait de réduire les chemins vicinaux à une
catégorie unique, celle des chemins d'intérêt commun, sauf à
introduire dans le réseau rural les chemins qui intéressent une
seule commune.

Mais, pour des raisons diverses, cette simplification ne saurait guère se réaliser que par la voie d'une réforme de la législa-
lation vicinale.

A notre avis, en dehors des routes de grande voirie, les
chemins devraient être de deux sortes seulement : les chemins
départementaux et les chemins communaux.

Les chemins départementaux intéresseraient deux ou plusieurs communes ; ils appartiendraient au département qui en
aurait la charge, sauf l'apport des contingents à fournir par les
communes. Les chemins communaux, au contraire, n'intéresseraient que la commune sur le territoire de laquelle ils seraient
situés ; ils seraient à la charge de cette commune, qui en serait
propriétaire. Ces derniers chemins comprendraient les chemins
ruraux actuels.

Cette classification serait rationnelle. L'idée n'en est pas
nouvelle. On la trouve, en effet, dans le projet de loi du gouvernement, qui, déposé dans la séance de la Chambre des
députés du 24 mars 1835, a été modifié de manière à aboutir
à la loi du 21 mai 1836. D'après ce projet, les chemins étaient
divisés en deux catégories : « Les chemins *vicinaux* dont l'utilité s'étend à plusieurs communes, et les chemins *communaux*
qui ne dépendent que d'une seule commune (1) ».

La classification en chemins départementaux et en chemins
communaux aurait d'importants avantages. Elle ferait disparaître de nombreuses anomalies (2) et mettrait un terme à de
sérieux embarras.

---

(1) Rapport du Ministre de l'Intérieur à l'appui du projet de loi (Séance du
24 mars 1835).
(2) Voir notamment au n° 225.

Nous signalerons, par exemple, ce qui se passe à l'occasion des chemins ruraux.

Il arrive parfois que le produit des trois journées de prestation votées pour les chemins vicinaux excède les besoins de ces chemins. Dans ce cas, la loi du 21 juillet 1870 permet, sous certaines conditions, de distraire une partie de ces prestations en faveur des chemins ruraux (n° 526). Mais, pour assurer ainsi l'emploi des prestations votées, il faut mettre en mouvement le conseil général. Toute complication disparaîtrait si les chemins vicinaux ordinaires et les chemins ruraux étaient soumis au même régime.

Des difficultés se produisent aussi avec le cantonnier communal. Dans certaines communes, ce cantonnier est appelé à travailler, tantôt sur des chemins vicinaux ordinaires, tantôt sur des chemins ruraux. Le traitement du cantonnier ne peut dès lors être payé en entier sur les ressources affectées à la vicinalité. Il est indispensable de l'imputer, partie sur ces ressources, partie sur les crédits inscrits au budget communal pour les chemins ruraux. C'est une complication d'autant plus grande que, pour procéder régulièrement, il faut tenir attachement du temps passé sur les deux catégories de chemins.

CHAPITRE IV

DE LA CONSTRUCTION DES CHEMINS VICINAUX

19. Pendant longtemps les ressources communales ou départementales autorisées par la loi du 21 mai 1836 ont été seules employées à la construction des chemins vicinaux.

Il convient de ne pas entendre le mot « construction » dans le sens étroit qui lui est habituellement attaché dans les grands travaux publics, tels que ceux des chemins de fer. Les chemins vicinaux existaient, en effet, en grand nombre à l'état rudimentaire, et la tâche du service vicinal a consisté, pour beaucoup d'entre eux, à les améliorer, soit en les élargissant, soit en régularisant leurs déclivités, soit en fortifiant leur chaussée.

Les ressources normales furent utilisées, d'abord, sur les chemins faciles à mettre en état. Elles devinrent insuffisantes quand il s'agit d'exécuter des travaux de construction d'une certaine importance. C'est alors que le gouvernement reconnut la nécessité de venir en aide aux communes en leur allouant des subsides sur les fonds de l'État.

20. Intervention de l'État. — Un crédit de 6 millions fut affecté, par décret de l'Assemblée Nationale en date du 22 septembre 1848, tant à l'achèvement des chemins vicinaux de grande communication qu'à l'amélioration des chemins vicinaux ordinaires.

Plus tard, en 1861, le gouvernement impérial décida qu'une subvention de 25 millions à répartir sur sept exercices consécutifs, de 1862 à 1868, sauf prélèvement de 2 millions applicables aux travaux à entreprendre dans l'année 1861, serait employée à l'achèvement des chemins d'intérêt commun.

Cette contribution du Trésor public dans la construction des lignes vicinales donna un certain essor aux travaux de la vicinalité. A la fin de 1867, l'on ne comptait pas moins de 74.770 kilomètres de chemins de grande communication à l'état d'entretien, 54.064 kilomètres de chemins d'intérêt commun, et 112.636 kilomètres de chemins vicinaux ordinaires (1).

Mais il restait à construire beaucoup de chemins pour donner satisfaction aux besoins de la circulation.

Le gouvernement impérial résolut d'entreprendre l'achèvement du réseau vicinal. La loi du 11 juillet 1868 commença l'œuvre.

Cette loi était caractérisée par deux dispositions capitales.

En premier lieu, elle accordait une subvention de 100 millions pour l'achèvement des chemins vicinaux ordinaires et une subvention de 15 millions pour l'achèvement des chemins d'intérêt commun.

En second lieu, elle créait une Caisse chargée de faire aux communes, et, dans quelques cas extraordinaires, aux départements, des avances pouvant s'élever jusqu'à 200 millions et destinées à l'achèvement des chemins vicinaux ordinaires. Ces avances étaient remboursées par le paiement de trente annuités, calculées à raison de 4 0/0 du montant des avances.

Le secours fourni par l'État affectait donc deux formes différentes : celle d'une subvention directe et celle d'une subvention indirecte, par suite du taux avantageux des annuités de remboursement des emprunts.

La loi du 11 juillet 1868 fixait un délai de dix ans, à partir de 1869, tant pour l'allocation des subventions directes que pour les prêts à consentir par la Caisse des chemins vicinaux.

21. Emprunts à taux réduit. — Si rien n'était venu modifier ces dispositions premières, la Caisse aurait dû clore ses opérations le 31 décembre 1878. Mais les événements de

_____

(1) Ces renseignements et ceux qui suivent ont été empruntés au *Compte général des opérations effectuées par la Caisse des Chemins vicinaux*, de 1868 au 31 décembre 1890 (Compte présenté par le Ministre de l'Intérieur au Président de la République, 1895).

1870-1871 eurent leur contre-coup en cette matière. Une loi du 25 juillet 1873 prolongea de cinq ans la durée de la période des prêts de la Caisse des Chemins vicinaux, puis une loi du 15 août 1876 réduisit à quatre ans l'étendue de cette prorogation de manière à placer au 31 décembre 1882 la clôture des opérations de la Caisse. Plus tard, la loi du 10 avril 1879 recula jusqu'au 31 décembre 1890 le terme de la période des avances. Mais ce terme dut encore être dépassé : une loi du 30 décembre 1890 maintint à la disposition du service vicinal les reliquats qui étaient encore libres au 31 décembre 1890 sur les fonds d'avances de la Caisse des Chemins vicinaux, et c'est enfin la loi du 26 juillet 1893 qui supprima la Caisse à partir du 1er janvier 1894 et décida qu'à cette date les comptes destinés à retracer les opérations de cette Caisse seraient définitivement clos.

22. La dotation de la Caisse des Chemins vicinaux avait été fixée à 200 millions par la loi du 11 juillet 1868. La loi du 10 avril 1879 institua une nouvelle dotation de 300 millions, dont 260 millions pour la métropole et 40 millions pour l'Algérie.

La dotation de 260 millions fut augmentée de 20 millions par la loi du 2 avril 1883, ce qui la porta à 280 millions ; elle s'accrut successivement de 5 millions pris à la dotation de l'Algérie (Loi du 6 mai 1886), puis de 8 millions (Loi du 24 juillet 1888), enfin de 8 autres millions (Loi du 17 juillet 1889). La dotation principale de la Caisse fut ainsi portée à 301 millions.

La dotation totale de la Caisse des Chemins vicinaux s'est dès lors élevée à 536 millions, savoir:

Fonds de la loi de 1868......................	200	millions
Fonds des lois de 1879, 1883, 1886, 1888 et 1889.	301	—
Fonds algérien des lois de 1879 et 1886........	35	—
TOTAL.	536	millions

Les emprunts à intérêt réduit autorisés sur cette dotation ont comporté, pour les départements et les communes, des subventions indirectes dont nous ne saurions déterminer l'importance. Nous pouvons toutefois fournir, à ce sujet, un renseignement tiré du document que nous avons cité précédemment (1). En 1890, sur les 536 millions de la dotation totale de la Caisse des Chemins vicinaux, les réalisations d'emprunts s'élevaient à 489.579.600 francs, et ces emprunts avaient imposé à l'État un sacrifice total qu'on pouvait évaluer en chiffre rond à 70 millions, à répartir inégalement entre tous les exercices de 1869 à 1920.

23. Subventions directes de l'État. — En ce qui concerne les subventions directes, la loi du 11 juillet 1868 en avait fixé le montant à la somme de 115 millions, dont 100 millions pour les chemins vicinaux ordinaires et 15 millions pour les chemins d'intérêt commun. Ces subventions devaient être réparties en ayant égard aux besoins, aux ressources et aux sacrifices des communes et des départements. Les chemins appelés à bénéficier de ces subventions devaient faire partie d'un réseau approuvé, pour chaque département, par un arrêté ministériel.

Mais on reconnut les inconvénients de ce mode de procéder. La loi du 12 mars 1880, qui est toujours en vigueur, supprima le réseau subventionné et laissa à chaque assemblée départementale le soin d'arrêter annuellement le programme des travaux à exécuter l'année suivante. Elle institua des règles très simples et très pratiques pour la détermination des subventions directes, ainsi qu'on le verra au n° 487.

La loi du 12 mars 1880 mit à la disposition du Ministre de l'Intérieur, pour subventionner la construction des chemins de toute catégorie, une somme de 80 millions dont la Caisse reçut la gestion financière. La dotation de la Caisse, destinée aux subventions directes, fut portée, par des lois successives, à 143 millions.

En 1887, quand cette somme fut à peu près complètement employée, le Parlement, au lieu d'accroître encore la dotation de la Caisse, prit le parti de faire disparaître les comptes extra-budgétaires et de fixer désormais, chaque année, par un article de la loi de finances, le total des subventions que le Ministre de l'Intérieur pourrait engager en exécution de la loi du 12 mars 1880.

C'est le système qui est encore suivi.

(1) *Compte général des opérations effectuées par la Caisse des Chemins vicinaux*, de 1868 au 31 décembre 1890, p. XCI.

24. Résultats obtenus de 1868 à 1890. — Dans le document auquel nous empruntons ces divers renseignements, on trouve, à la page XCI, un intéressant résumé des opérations et des résultats obtenus de 1868 à 1890.

Les réalisations d'emprunts à la Caisse des Chemins vicinaux, pendant cette période, ont été de 489.579.600 francs.

Les subventions de l'État se sont élevées à 316.186.250 francs.

Ces avances et ces subventions ont permis de procéder à l'exécution de travaux de construction, sur les chemins vicinaux, pour le total de 1.436.175.436 francs, et au rachat de ponts à péage pour le total de 11.015.378 francs.

Les principaux résultats matériels obtenus à l'aide de ces dépenses sont les suivants :

1° Longueurs amenées à l'état d'entretien :

	kilomètres.
Chemins de grande communication..........	12.794
— d'intérêt commun.................	25.766
— vicinaux ordinaires...............	108.940
TOTAL.	147.500

2° Ponts au-dessus de 5 mètres d'ouverture :

Chemins de grande communication..........	8.702
— d'intérêt commun.................	5.454
— vicinaux ordinaires...............	11.748
TOTAL.	25.904

CHAPITRE V

DE L'ENTRETIEN DES CHEMINS VICINAUX

25. De l'obligation d'entretenir les chemins. — Il est indispensable d'entretenir les chemins amenés à l'état de viabilité, non seulement pour que ces voies puissent remplir aussi avantageusement que possible l'office auquel elles sont destinées, mais encore pour qu'on ne perde pas le bénéfice des travaux entrepris pour les construire ou les améliorer. C'est un point sur lequel il est inutile d'insister.

Le législateur l'a si bien compris qu'il a conféré au préfet le pouvoir soit d'imposer d'office aux communes les ressources spéciales nécessaires à l'entretien des chemins, soit d'exécuter d'office les travaux (Loi du 21 mai 1836, art. 5 et 9). Plus tard, le législateur a déclaré obligatoires pour les communes les dépenses des chemins vicinaux dans les limites fixées par la loi (Loi du 5 avril 1884, art. 136, n° 18).

Mais à l'époque où la loi du 21 mai 1836 a été votée, les trois journées de prestation et les 5 centimes spéciaux avaient été jugés suffisants pour assurer la réparation des chemins. Il en est résulté que le pouvoir coercitif, dont il vient d'être question, n'a été attribué au préfet qu'à l'égard de ces ressources (Loi du 21 mai 1836, art. 5).

Or, par suite du développement des chemins vicinaux, les communes ont souvent besoin d'avoir recours, pour faire face aux charges de la petite vicinalité, soit aux centimes spéciaux extraordinaires, soit aux centimes pour insuffisance de revenus, et comme ces ressources ne peuvent être imposées d'office, il s'ensuit que l'entretien des chemins vicinaux ordinaires a cessé d'être entièrement obligatoire dans un grand nombre de communes. Dans le département de la Marne, que nous avons eu l'occasion d'étudier à ce point de vue (1), sur 662 communes il en existait, en 1887, 471 qui affectaient à l'entretien des chemins vicinaux le produit d'une imposition pour insuffisance de revenus. On voit, par cet exemple, dans quelle mesure les communes ne sont plus soumises à l'obligation d'assurer l'entretien complet de leurs chemins.

Le principe de l'entretien obligatoire, qui avait été introduit dans la loi du 21 mai 1836 et qui était l'un des traits caractéristiques de cette loi, ne peut donc plus s'appliquer intégralement à un certain nombre de communes. A l'égard de ces dernières, les ressources affectées à l'entretien se partagent en deux catégories : celles qui peuvent être imposées d'office et celles qui sont entièrement facultatives. Il est manifeste que la législation vicinale, quand on viendra à la reviser, devra être modifiée sur ce point. Si le principe de l'entretien obligatoire est maintenu, l'Administration devra être armée du droit d'imposer d'office la totalité, et non pas seulement une partie, des ressources nécessaires à l'entretien des chemins.

26. De l'extension du réseau des chemins de grande communication ou d'intérêt commun. — Actuellement, il existe des communes qui consentent des sacrifices véritablement considérables, se traduisant par un nombre très élevé de centimes, en vue de tenir leurs chemins vicinaux ordinaires dans un état satisfaisant de viabilité. Les communes ainsi surchargées sont souvent celles dont le territoire n'est traversé par aucune ligne de grande communication ou d'intérêt commun. Elles sont assurément fondées à se plaindre, quand elles comparent leur situation à celle des communes desservies par des chemins de grande communication ou d'intérêt commun dans trois, quatre ou cinq directions.

D'autres communes, qui n'attachent pas assez de prix au bon état de la vicinalité pour s'imposer de tels sacrifices, se contentent de voter les ressources normales créées par la loi de 1836 ou les complètent par des centimes en nombre insuffisant.

(1) *Du nombre des centimes additionnels perçus au profit de la vicinalité* (*Revue générale d'administration*, 1889, t. III, p. 385).

Cet état de choses préoccupe l'Administration supérieure, surtout depuis que l'État fournit des fonds pour l'achèvement des chemins vicinaux ordinaires.

Pour remédier aux inconvénients qui viennent d'être signalés, un des meilleurs moyens est celui qui consiste à étendre le réseau de grande communication ou d'intérêt commun, en y introduisant des chemins vicinaux ordinaires convenablement choisis, eu égard à la situation financière des communes.

L'extension du réseau des grandes lignes est d'ailleurs, au premier chef, une mesure de justice distributive. Dans la plupart des départements, ce réseau laisse, en effet, en dehors de ses mailles des territoires entiers de communes. Ces communes ont exclusivement à leur charge les chemins vicinaux qui les traversent : ce sont des deshéritées par rapport aux autres communes traversées par des lignes dont le département subventionne les travaux d'entretien. Cette inégalité de situation est d'autant plus fâcheuse que les communes déshéritées supportent les centimes départementaux (facultatifs, spéciaux, ou autres), tout comme les autres communes : non seulement elles ne bénéficient d'aucune subvention du département pour l'entretien de leurs chemins, mais encore elles sont obligées de payer pour les chemins des autres communes.

27. L'extension du réseau des grandes lignes, opérée de manière à atteindre le plus grand nombre de territoires, doit donc être le but des efforts de tous ceux qui concourent à l'administration de la voirie vicinale. Mais cette extension exige des sacrifices de la part des départements, et ces sacrifices ne peuvent consister que dans le vote de nouveaux centimes additionnels.

Or, le nombre des centimes déjà perçus est considérable. En 1893, il était de 56 en moyenne, et il s'élevait jusqu'à 85 pour le département de la Haute-Savoie (1). On comprend que les conseils généraux reculent devant de nouvelles impositions.

La situation des départements mérite d'attirer toute la sollicitude des pouvoirs publics, par la raison que ces départe-

(1) *Situation financière des départements*, en 1893, présentée au Ministre de l'Intérieur, p. 30 et suiv.

ments ne peuvent se procurer des ressources qu'en frappant toujours les mêmes contribuables. Tout autre est la situation de l'État dont le budget est alimenté surtout par des produits autres que celui des quatre contributions directes.

Ces considérations, que nous nous bornons à signaler, sont de nature à justifier l'intervention de l'État dans les dépenses d'entretien du réseau de grande communication ou d'intérêt commun. C'est à cette condition que, dans l'état actuel de la législation, le réseau dont il s'agit pourra prendre tout son développement.

L'intervention de l'État n'aurait rien d'insolite. Elle existe déjà en matière de construction de chemins, même de petite communication. Elle s'appliquerait mieux encore en matière d'entretien de chemins de grande communication ou d'intérêt commun. Il est manifeste que l'état de ces chemins intéresse non seulement les contribuables du département où ils sont situés, mais encore les contribuables du dehors. Il est aisé de reconnaître, par exemple, l'intérêt qu'un consommateur du nord de la France peut avoir à certains chemins d'un département de production dans la région du Midi.

CHAPITRE VI

DE LA PROPRIÉTÉ DU SOL DES CHEMINS VICINAUX

28. Le sol des chemins vicinaux est une propriété communale. Ce principe n'est point contesté, bien qu'il ne soit écrit dans aucun texte de loi.

Il a été énoncé dans un avis du Conseil d'État du 22 novembre 1860 relatif à la propriété des parcelles de terrains retranchées des routes nationales et départementales. Il a été rappelé dans un autre avis du Conseil d'État en date du 6 août 1873 : cet avis porte que le sol des chemins vicinaux, de quelque catégorie qu'ils fassent partie, appartient aux communes dont ils traversent le territoire, alors même que ces chemins n'ont pas été construits exclusivement avec les ressources communales.

Le même principe a été confirmé, spécialement en ce qui concerne les chemins de grande communication, par les arrêts du Conseil d'État du 19 janvier 1883 (*Patry*), du 15 décembre 1893 (commune de *Fillièvres*) et du 8 août 1894 (commune de *Parleboscq*) (1).

29. Cas des chemins de grande communication ou d'intérêt commun provenant du déclassement des routes départementales. — Quand une route départementale est déclassée pour être convertie en chemin de grande communication ou d'intérêt commun, la propriété de sol de

---

(1) Il en résulte que, sur les chemins de grande communication, les fruits et produits des arbres plantés sur les accotements appartiennent aux communes traversées (C. d'État, 15 décembre 1893, commune de *Fillièvres*).

cette voie passe-t-elle du département aux communes traversées ?

Cette question, qui a été controversée, vient d'être très nettement tranchée par le Conseil d'État.

Par un arrêt du 9 août 1893 (commune du *Fossat*), la haute
assemblée a décidé qu'un conseil général ne pouvait « modifier le régime légal auquel sont soumis les chemins vicinaux
d'après les lois du 28 juillet 1824 et du 21 mai 1836 » et, par
conséquent, ne pouvait subordonner le classement des routes
départementales en chemins de grande communication à la
condition que le sol de ces routes continuerait à appartenir au
département.

Par un autre arrêt du 8 août 1894 (commune de *Parleboscq*),
le Conseil d'État a rendu une décision semblable. Il a annulé
la délibération d'un conseil général qui s'était réservé la propriété des plantations existant sur les routes déclassées, et il a
déclaré que la conversion des routes en chemins avait eu pour
effet « de transférer de plein droit aux communes traversées
l'ensemble des droits appartenant au département sur les
routes et leurs dépendances ».

La transformation des routes départementales en chemins
de grande communication ou d'intérêt commun a donc pour
conséquence l'incorporation du sol de ces routes dans le
domaine communal.

30. Cette jurisprudence nous paraît susceptible d'être justifiée par d'autres considérations.

La transformation d'une route départementale en chemin
de grande communication comporte deux opérations distinctes :
1° le déclassement de la route départementale ; 2° le classement, comme chemin de grande communication, de la route
déclassée.

La première opération a pour effet de faire sortir la route
du domaine public départemental. Le sol de cette route fait
alors partie du domaine privé du département, et elle peut
être aliénée.

La seconde opération consiste dans le classement d'une voie
qui est à l'état de propriété privée. Les choses doivent dès lors
avoir lieu comme dans le cas où cette voie appartiendrait à un
particulier.

Dans ce cas, ainsi qu'on le verra plus loin, au n° 94, les formalités sont les mêmes qu'en matière d'ouverture de chemin. Si le propriétaire refuse de laisser prendre possession de son chemin, il doit être exproprié. L'indemnité est d'ailleurs réglée soit par le jury, soit à l'amiable, à moins que le particulier ne consente à céder son chemin gratuitement.

Si l'on applique ces règles au cas du classement d'une ancienne route départementale, on constate qu'il ne saurait être question d'un refus de livraison de la part du département. Ce dernier, qui a poursuivi et prononcé le classement, consent assurément à remettre l'ancienne route aux communes, et son droit se réduit à la demande d'une indemnité.

Les départements n'ont jamais songé à user de ce droit. Mais certains d'entre eux ont cherché à tirer parti de leur situation, sans augmenter les charges des communes, en se réservant les produits, soit des excédents de terrains, soit des plantations d'arbres. C'est pour ce motif qu'ils ont subordonné le classement à la condition qu'ils resteraient propriétaires du sol des chemins.

Les départements ne sont pas plus fondés que les particuliers à conserver la propriété d'une voie qui fait partie de leur patrimoine privé, si cette voie est nécessaire pour l'assiette d'un chemin classé. Les particuliers ne peuvent se soustraire à la cession de leur propriété, puisque, s'ils s'y opposaient, les communes seraient armées, en vertu de la législation vicinale, du droit de les exproprier. Il en est de même des départements.

C'est donc avec raison que le Conseil d'État a annulé les délibérations par lesquelles plusieurs conseils généraux avaient décidé que le sol des anciennes routes resterait la propriété du département.

S'il en avait été autrement, de singulières anomalies auraient pu se produire. Les nouveaux chemins de grande communication auraient pu être élargis ou redressés ultérieurement aux frais des communes, si bien que l'assiette de ces chemins eût été composée de terrains appartenant à des propriétaires différents. Des difficultés, ou, tout au moins, des complications auraient surgi dans maintes circonstances, notamment à l'occasion de l'entretien des plantations antérieures au déclassement, ou bien encore à l'occasion de l'encaissement des redevances pour les occupations du sol ou du sous-sol des chemins.

La jurisprudence du Conseil d'État a l'avantage de soumettre au régime commun les chemins de grande communication provenant du déclassement des routes départementales.

31. Exceptions à la règle d'après laquelle les communes sont propriétaires du sol des chemins vicinaux. — La règle qui vient d'être indiquée subit une exception quand le classement porte sur une voie comprise dans le domaine public national. Ce cas se présente, par exemple, avec les chemins de halage des canaux de navigation qui ont été classés dans la vicinalité. Il se produit aussi aux abords des fortifications de certaines places, où des chemins militaires ont été classés vicinaux.

Le sol de ces chemins continue d'appartenir à l'État, par la raison que les voies dont il s'agit n'ont pas été déclassées. Elles font toujours partie du domaine public national (C. d'État, 7 juin 1866, *canal latéral à la Garonne*).

Le classement, prononcé par le conseil général ou la commission départementale, a essentiellement pour objet de soumettre les chemins au régime de la voirie vicinale et notamment d'autoriser l'emploi des ressources de la vicinalité à l'entretien de ces chemins.

32. Imprescriptibilité des chemins vicinaux. — L'article 10 de la loi du 21 mai 1836 porte que « les chemins vicinaux reconnus et maintenus comme tels sont imprescriptibles ».

Ce caractère, que les chemins vicinaux tenaient implicitement de l'article 2226 du Code civil, leur est ainsi attribué formellement par la loi.

Il en résulte que les chemins vicinaux sont inaliénables, tant qu'ils font partie du domaine public communal. Pour que leur sol puisse être exproprié, ou cédé soit à titre onéreux, soit à titre gratuit, il est nécessaire que le déclassement ait été prononcé. Ce déclassement peut d'ailleurs être explicite ou virtuel (nos 160 et 165). On verra au no 949 une application de ce principe, à l'occasion de l'incorporation des chemins vicinaux dans le domaine des chemins de fer.

CHAPITRE VII

DU RÈGLEMENT GÉNÉRAL SUR LES CHEMINS

VICINAUX

33. Objet du Règlement général. — Habituellement, toutes les fois que le besoin s'en fait sentir, le législateur charge le chef de l'État d'édicter, par la voie d'un règlement d'administration publique, les dispositions propres à compléter la loi et à en assurer l'exécution.

Le législateur de 1836 a adopté une autre solution aux mêmes fins.

Il a remplacé le règlement d'administration publique par un Règlement général arrêté, pour chaque département, par le préfet. Toutefois, ce Règlement général doit être communiqué au conseil général et transmis, avec ses observations, au Ministre de l'Intérieur, pour être approuvé, s'il y a lieu (art. 21 de la loi du 21 mai 1836).

Cette solution a été inspirée par cette idée que les dispositions de détail ne pouvaient pas être les mêmes pour toute la France, mais qu'elles devaient varier suivant les contrées.

Ainsi que l'a fait remarquer Dumay (1), on s'est exagéré beaucoup trop les nécessités locales. Il suffit, en effet, de parcourir les règlements généraux des divers départements pour constater qu'ils ne diffèrent que sur un très petit nombre de points. Presque toutes leurs dispositions sont de telle nature qu'elles peuvent et doivent être uniformes pour toute la France.

(¹) Commentaire de la loi du 21 mai 1836, art. 21, p. 416.

Assurément, rien ne s'opposerait, si la loi du 21 mai 1836 était revisée, à ce que l'on revînt au système du règlement d'administration publique, sauf à laisser aux préfets le soin d'arrêter eux-mêmes certains détails, comme les époques d'exécution des prestations, par exemple.

34. Des matières auxquelles doit s'appliquer le Règlement général. — Ces matières sont énumérées à l'article 21 de la loi du 21 mai 1836.

Aux termes de cet article, le Règlement fixe les délais nécessaires à l'exécution de chaque mesure, les époques auxquelles les prestations en nature doivent être faites, le mode de leur emploi ou de leur conversion en tâches ; il statue en même temps sur tout ce qui est relatif à la confection des rôles, à la comptabilité, aux adjudications et à leurs formes, aux alignements, aux autorisations de construire le long des chemins, à l'écoulement des eaux, aux plantations, à l'élagage, aux fossés, à leur curage et à tous autres détails de surveillance et de conservation.

Afin d'assurer toute l'uniformité désirable dans les règlements préfectoraux, le Ministre de l'Intérieur a préparé, en 1870, un modèle de Règlement qu'il a adressé aux préfets.

Ce modèle a remplacé celui qui avait été arrêté par le Ministre en 1854, et dont la revision avait été reconnue indispensable. Ce dernier modèle, en effet, ne renfermait pas seulement les prescriptions à édicter sur les matières énumérées à l'article 21 de la loi : il contenait de nombreuses dispositions empruntées à la législation et à la jurisprudence, et même des règles de détail destinées à combler les lacunes de la législation vicinale. Il constituait une sorte de manuel du service des chemins vicinaux.

Les vices de ce système furent signalés par M. Léon Aucoc (1). Le vice principal consistait dans l'illégalité dont étaient entachées certaines dispositions du Règlement portant sur des matières autres que celles déterminées par l'article 21 de la loi du 21 mai 1836. Un avis de la section de l'Intérieur du Conseil d'État en date du 5 février 1867, émis à l'occasion d'une pres-

---

(1) Voir les observations mentionnées au *Recueil Lebon :*
Sous l'arrêt du 15 décembre 1865 (*Butler*), à l'occasion de l'article 371 relatif à l'entretien des ponts sur les biefs d'usines ;
Sous l'arrêt du 9 janvier 1868 (*de Chastaignier*), à l'occasion de l'article 36 concernant les formalités d'acquisition du sol des chemins abandonnés.

cription relative à l'établissement des moulins à vent (n° 759), déclara qu'en dehors des cas où le préfet use des pouvoirs qui lui sont conférés, les dispositions du Règlement n'ont de valeur qu'autant qu'elles s'appliquent aux objets énumérés à l'article 21.

35. Le Ministre de l'Intérieur a tenu compte de ces observations quand il a préparé, en 1870, le nouveau modèle d'après lequel a été établi le Règlement général actuellement en vigueur dans chaque département.

Ce Règlement général n'est pas encore à l'abri de toute critique.

Nous signalerons notamment l'article 38, qui détermine les autorités chargées d'approuver les projets des chemins vicinaux des diverses catégories. C'est encore une matière étrangère à celles qui, d'après l'article 21 de la loi du 21 mai 1836, peuvent faire l'objet du Règlement général. Les dispositions de l'article 38 doivent être considérées comme sans valeur, ainsi qu'on le verra au n° 555.

Nous ferons remarquer aussi que le Règlement général renferme, au chapitre II du titre IV, une 3° section intitulée : *Mesures ayant pour objet la sûreté des voyageurs.* Ces mesures ne sauraient puiser leur force dans la délégation conférée au préfet par l'article 21 de la loi, puisque cet article passe sous silence tout ce qui concerne la sécurité publique. La validité des mesures dont il s'agit ne peut être fondée que sur les pouvoirs de police générale dont le préfet est investi.

Ajoutons enfin que le chapitre XIV du titre III du Règlement général, entièrement consacré aux inventaires, contient des mesures dont la place n'est guère justifiée dans ce Règlement. Elles paraissent plutôt de nature à faire l'objet de simples instructions ministérielles.

36. Caractère du Règlement général.— Le Règlement général n'est pas un simple acte administratif. La Cour de Cassation lui attribue le caractère de *loi locale.* Pour ce motif, elle a décidé que, lorsqu'il y a lieu d'interpréter un Règlement, il n'est pas nécessaire de recourir au préfet, et que les tribunaux, saisis de la contravention, doivent interpréter le Règlement eux-mêmes (Cass. 29 mai 1846, *Pouvillion;* 16 mars 1850, *du Pontavice de Heussey*).

Cette jurisprudence ne s'applique au Règlement général qu'à l'égard des dispositions régulièrement édictées en vertu de l'article 21 de la loi du 21 mai 1836. Quant aux dispositions qui ont été introduites dans ce Règlement, bien qu'elles ne portent pas sur les matières énumérées à l'article 21, elles n'ont d'autre valeur que celle d'un simple acte administratif.

37. Publication du Règlement général. — Les actes de l'autorité publique ne deviennent obligatoires qu'autant qu'ils ont été portés, dans certaines formes, à la connaissance des citoyens.

Ces formes ont été indiquées, en ce qui concerne les arrêtés préfectoraux, par une circulaire du Ministre de l'Intérieur en date du 19 décembre 1846.

Elles consistent dans l'insertion de l'arrêté au *Recueil des Actes administratifs* de la préfecture et dans la publication de cet arrêté, dans les communes intéressées, à l'aide des moyens habituellement en usage, par voie d'affiche et de publication à son de caisse.

Ces formes sont d'ailleurs rappelées dans l'article 208 du Règlement général, qui prescrit non seulement l'insertion de ce document au *Recueil*, mais encore sa publication dans toutes les communes du département.

La mention inscrite à l'article 208 détermine, jusqu'à preuve contraire, la présomption légale que la formalité de la publication a été accomplie (Cass. 24 juillet 1852, *Catusse* ; 5 avril 1872, *Charamaule* ; 31 mai 1877, *Bellet* ; 8 février 1878, *Martin*).

Mais les tribunaux peuvent déclarer, après enquête, que le Reglement n'a pas été publié dans la commune où son exécution est réclamée (Cass. 12 avril 1861, *Vidon-Gris*).

38. Modification du Règlement général.— Le Règlement général peut être l'objet de diverses modifications, soit que l'on juge à propos de le compléter, soit qu'on reconnaisse la nécessité de le reviser, en tout ou en partie.

Ces modifications doivent s'opérer dans les formes prescrites pour l'adoption du Règlement. Le conseil général doit, par conséquent, être consulté sur les modifications proposées par le préfet, et l'approbation du Ministre de l'Intérieur doit ensuite être obtenue (Cass. 16 mars 1850, *du Pontavice de Heussey*).

39. Fonctionnaires appelés à assurer l'exécution du Règlement général.— L'article 208 du Règlement énumère les fonctionnaires chargés de l'exécution du Règlement général : sous-préfets, maires, adjoints, commissaires de police, directeurs et contrôleurs des contributions directes, percepteurs, receveurs municipaux, agents voyers et gardes champêtres. Les trésoriers-payeurs généraux et les receveurs particuliers des finances auraient pu être ajoutés à cette liste.

Par une circulaire du 1er juillet 1872, le Ministre de l'Intérieur a invité les préfets à rappeler aux receveurs municipaux l'obligation de se conformer aux prescriptions du Règlement général.

CHAPITRE VIII

DE L'INSTRUCTION GÉNÉRALE SUR LE SERVICE

DES CHEMINS VICINAUX

40. Nous avons fait savoir (n° 34) que le Ministre de l'Intérieur avait adopté, en 1854, un modèle de Règlement général formant une sorte de Code du Service vicinal. Obligé de ramener le Règlement à l'objet qu'avait eu en vue le législateur, le Ministre prit le parti d'arrêter, à la date du 6 décembre 1870, une Instruction générale destinée à atteindre le but que l'on s'était proposé en 1854.

Cette Instruction renferme les principales dispositions législatives et réglementaires qui régissent la voirie vicinale. Elle reproduit la plupart des mesures édictées par le Règlement général. Elle contient de nombreuses règles déduites de la jurisprudence.

L'Instruction générale du 6 décembre 1870 n'a pas force obligatoire pour les citoyens, comme le Règlement général ; elle n'a que la valeur d'une simple circulaire ministérielle, qui doit être observée non seulement par les fonctionnaires relevant du Ministère de l'Intérieur, mais encore par ceux du Ministère des Finances. Par une circulaire du 13 avril 1872, le Ministre des Finances a invité les trésoriers-payeurs généraux à assurer l'exécution des dispositions prescrites par l'Instruction générale (1).

Cette Instruction est un guide extrêmement utile, notamment pour les agents voyers. Elle rend d'incontestables services.

---

(1) Une circulaire du Ministre de l'Intérieur, en date du 1er juillet 1872, a recommandé aux préfets de veiller à ce que les receveurs municipaux se conforment aux prescriptions de l'Instruction générale.

Elle a été, depuis sa rédaction primitive, l'objet de modifications importantes.

Pour ne citer que les principales :

Les attributions conférées au conseil général et à la commission départementale, en vertu de la loi du 10 août 1871, ont donné lieu à un assez grand nombre de changements.

Le § 4 de l'article 239, relatif aux indemnités pour acquisitions de terrains, a été remplacé par un nouveau texte prescrit par la circulaire ministérielle du 16 juin 1877.

La circulaire du 16 novembre 1877 a également substitué un nouveau texte au chapitre VII (*Comptabilité du préfet*) du titre IV et au chapitre VIII (*Comptabilité du trésorier-payeur général*) du même titre.

Enfin, la circulaire du 25 janvier 1894, survenue à la suite de la promulgation de la loi du 29 décembre 1892 sur les dommages causés à la propriété privée par l'exécution des travaux publics, a rendu réglementaire un nouveau texte pour le chapitre VIII (*Indemnités pour extraction de matériaux et pour occupation temporaire de terrains*) du titre Ier.

TITRE II

PERSONNEL

———

———

TITRE II

PERSONNEL

CHAPITRE I

ORGANISATION DU SERVICE VICINAL

§ 1. — Désignation du service chargé de l'exécution des travaux sur les chemins de grande communication et d'intérêt commun

41. Aux termes de l'article 46, n° 7, de la loi du 10 août 1871, le conseil général désigne les services auxquels est confiée l'exécution des travaux sur les chemins de grande communication et d'intérêt commun.

Cette disposition confère seulement au conseil général le pouvoir de choisir entre les deux services légalement institués : le Corps des Ponts et Chaussées et les agents voyers. Elle ne lui permet pas de créer une troisième catégorie d'agents dont l'organisation, les attributions et la hiérarchie ne sont prévues par aucune loi (Décret du 10 août 1875, annulant plusieurs délibérations du conseil général du *Var*).

La délibération par laquelle le conseil général statue sur le choix du personnel doit être précédée d'une instruction, par les soins du préfet, conformément à l'article 3 de la loi du 10 août 1871 (Décrets des 25 mars et 5 novembre 1881, annulant des délibérations des conseils généraux de la *Corse* et du *Tarn*). L'abstention du préfet ne saurait d'ailleurs faire échec aux droits du conseil général, d'après la jurisprudence du Conseil d'État, et il n'est pas indispensable que le préfet ait, en réalité, procédé à l'instruction ; il suffit qu'il ait été mis en demeure de la faire (1).

(1) *Les Conseils généraux*, t. II, p. 390.

Il y a lieu de remarquer que le choix du personnel n'est dévolu au conseil général qu'en ce qui concerne les chemins de grande communication et d'intérêt commun. Les agents désignés par l'assemblée départementale sont tout naturellement chargés des chemins vicinaux ordinaires. Il y aurait des inconvénients de toutes sortes à partager le service de la voirie vicinale entre deux personnels.

§ 2. — Mode d'organiastion du service vicinal (1)

42. Quand le conseil général a confié le service vicinal aux ingénieurs des Ponts et Chaussées, l'organisation du service vicinal est celle du service des Ponts et Chaussées, du moins dans ses grandes lignes.

Quand, au contraire, le service vicinal est assuré par un personnel spécial d'agents voyers, l'organisation de ce service est soumise à des dispositions législatives ou réglementaires assez incomplètes.

La loi du 21 mai 1836 ne renferme, en effet, que des indications fort sommaires sur l'organisation du service vicinal. Elle se borne, dans son article 11, à accorder au préfet la faculté de nommer des agents voyers et à donner à ces agents le droit de constater les contraventions, à la condition de prêter serment.

Le Règlement général sur les chemins vicinaux énonce, dans son article 18, que l'agent voyer en chef a la direction du service vicinal du département et que tous les agents du service sont sous ses ordres. Quant aux agents voyers d'arrondissement et aux agents voyers cantonaux, ils se trouvent mentionnés, dans le cours du Règlement, à l'occasion des diverses opérations qui sont l'objet des prescriptions réglementaires et auxquelles ils sont appelés à participer.

---

(1) Le service vicinal ne constitue pas une personne civile contre laquelle une condamnation puisse être prononcée (C. d'État, 19 décembre 1890, préfet de l'*Hérault*). Il ne peut ni ester, ni défendre en justice (C. d'État, 9 mars 1894, *Moulard*).

Il suit de là que le Règlement général a prévu l'institution d'un agent voyer en chef, d'agents voyers d'arrondissement et d'agents voyers cantonaux. Ce personnel est nécessairement complété par des agents d'ordre inférieur, qui reçoivent des dénominations très variées, et qui correspondent aux commis des Ponts et Chaussées.

43. C'est au préfet qu'il appartient de régler l'organisation du personnel vicinal. Le conseil général excèderait ses pouvoirs s'il déterminait la résidence (1) et l'étendue des circonscriptions des agents voyers subdivisionnaires (Décret du 10 août 1875, annulant une délibération du conseil général du *Var*), ou bien encore s'il arrêtait un règlement portant organisation d'un mode de contrôle pour le service des chemins vicinaux (Décret du 14 juillet 1872, annulant une délibération du conseil général de l'*Hérault*).

§ 3. — Caractère des fonctions d'agent voyer

44. On verra plus loin (n° 49) que les agents voyers ne sont pas des agents départementaux. Ils n'en constituent pas moins des auxiliaires du préfet, qui agissent sous ses ordres pour assurer la marche du service.

L'agent voyer en chef n'a pas la responsabilité personnelle qui caractérise le chef de service des administrations publiques.

Son rôle se borne à préparer et à surveiller l'exécution des décisions du préfet, qui est seul responsable du service (2).

Aussi a-t-il été jugé que l'agent voyer en chef ne pouvait être considéré comme chef de service au sens des articles 52 et 76 de la loi du 10 août 1871 et que dès lors le conseil général excédait ses pouvoirs quand il revendiquait, pour lui et sa commission départementale, le droit de communiquer directement avec l'agent voyer en chef sans l'intermédiaire du préfet

---

(1) Le pouvoir de fixer la résidence des agents voyers appartient au préfet (C. d'État, 27 mai 1892, commune de *Serrières*).

(2) *Les Conseils généraux*, t. I, p. 605.

(Décret du 23 juin 1874, annulant une délibération du conseil général de la *Drôme* ; — Circulaire du Ministre de l'Intérieur du 9 octobre 1884, art. 28 et 52). Il suit de là que c'est au préfet que l'invitation du conseil général ou de la commission départementale doit être adressée lorsque ces assemblées désirent avoir des renseignements au sujet d'une affaire qui concerne la vicinalité (Décision du Ministre de l'Intérieur du 20 août 1873).

45. Les agents voyers sont d'ailleurs, par la nature et l'étendue de leurs fonctions, des délégués directs de l'autorité publique ; ils ont le caractère de fonctionnaires publics, dans le sens donné à cette qualité par l'article 6 de la loi du 25 mars 1822. Ils sont, en conséquence, protégés, en cas d'outrages, par cette loi (Cass. 28 juillet 1859, *Poindextre*).

§ 4. — Commissions cantonales de surveillance

46. Il existe, dans un certain nombre de départements, des commissions cantonales chargées de la surveillance des chemins vicinaux. Elles ont été signalées à l'attention des préfets par le Ministre de l'Intérieur, qui, dans une circulaire du 15 mars 1878, a adressé des instructions au sujet de leur fonctionnement.

Ces commissions ne s'occupent que des chemins vicinaux de grande communication et d'intérêt commun. Leur rôle est celui de conseils placés près du préfet pour l'éclairer sur les besoins du service, pour lui indiquer les améliorations à réaliser, pour lui donner un avis sur toutes les questions relatives aux chemins.

Les commissions sont instituées par canton, et elles doivent comprendre chacune 12 membres au plus. Les membres du conseil général et du conseil d'arrondissement sont désignés comme membres de droit. Les autres membres sont nommés par arrêtés spéciaux (1).

(1) Le préfet peut, sans excéder ses pouvoirs, remplacer ou révoquer les membres des commissions cantonales de surveillance, soit qu'ils aient été individuellement nommés, soit qu'ils fassent partie des commissions à raison de leurs fonctions (C. d'État, 20 novembre 1874, *Graux*).

Les commissions choisissent leur président et constituent leur bureau. La présidence appartient cependant toujours au préfet ou au sous-préfet, lorsque ceux-ci croient devoir assister aux séances.

Les agents voyers sont toujours appelés et fournissent tous les renseignements qui leur sont demandés par le président.

L'organisation des commissions cantonales est réglée par un arrêté du préfet, qui doit s'inspirer des dispositions d'un modèle (1) annexé à la circulaire du 15 mars 1878. Le Ministre de l'Intérieur estime que, par déférence pour le conseil général, il convient de soumettre à cette assemblée le projet d'arrêté relatif au fonctionnement des commissions cantonales. Ce projet est communiqué ensuite au Ministre de l'Intérieur avec les observations du conseil général. Il n'est converti en arrêté qu'après autorisation ministérielle.

§ 5. — Comité consultatif de la vicinalité

47. Un décret du 9 juillet 1879 a institué, près du Ministre de l'Intérieur, un comité consultatif de la vicinalité « ayant pour mission de donner son avis sur les questions concernant le service vicinal, qui sont soumises par le Ministre à son examen ». Les membres sont nommés et remplacés par arrêté ministériel.

Les attributions du comité consultatif de la vicinalité sont devenues très importantes. Ces attributions qui sont, en fait, exclusivement exercées par un sous-comité technique, ont été résumées ainsi qu'il suit dans le Rapport adressé au Ministre, le 15 mars 1892, par le président du sous-comité (2).

Le comité donne son avis :

1° Sur les projets d'ouvrages d'art dont la dépense excède 10.000 francs (Circulaire du 9 août 1879);

2° Sur tous les projets inscrits par les conseils généraux au programme annuel des travaux à subventionner par l'État, en vertu de la loi du 12 mars 1880;

---

(1) Modèle inséré aux *Annales des Chemins vicinaux* (1878, 2ᵉ partie, p. 72).
(2) *Annales des Chemins vicinaux* (1891-1892, 2ᵉ partie, p. 338).

3° Sur tous les projets ayant pour objet la réparation des dégâts causés aux chemins vicinaux par les inondations et autres catastrophes, lorsque les travaux sont subventionnés extraordinairement par l'État ;

4° Sur tous les projets de dépenses supplémentaires à faire en cours d'exécution de travaux précédemment approuvés ;

5° Sur le règlement des dépenses faites pour la construction des ouvrages d'art dépassant 10.000 francs ;

6° Sur le règlement des dépenses concernant d'autres travaux et qui sont soumis à l'examen du sous-comité ;

7° Sur les recours contentieux introduits, soit devant le Ministre, soit devant le Conseil d'État, par les entrepreneurs de travaux vicinaux ;

8° Sur toutes les questions intéressant la vicinalité qui lui sont renvoyées par l'Administration.

48. Les membres du comité de la vicinalité sont, en outre, investis d'attributions individuelles qui ont pour objet l'inspection du service vicinal dans les départements.

Chaque inspection donne lieu à un rapport détaillé rendant compte au Ministre des résultats constatés. Les conclusions en sont communiquées aux préfets et aux agents voyers.

En dehors des inspections régulières, les membres du comité peuvent être accidentellement chargés de missions spéciales, afin de renseigner le Ministre de l'Intérieur sur les difficultés dont la solution ne peut être étudiée que sur place.

CHAPITRE II

AGENTS VOYERS

49. L'attribution conférée au conseil général par l'article 45, n° 7, de la loi du 10 août 1871, consiste à décider :

Si le service des chemins de grande communication et d'intérêt commun sera adjoint à celui des Ponts et Chaussées ;

Ou bien si ce service sera confié à un personnel spécial d'agents voyers.

Dès que le conseil général a désigné le personnel de la voirie vicinale, il n'a plus de pouvoir à exercer et, s'il a donné la préférence aux agents voyers, c'est au préfet seul qu'il appartient de nommer ces agents (art. 11 de la loi du 21 mai 1836).

Divers conseils généraux ont pensé qu'ils étaient fondés à intervenir dans le mode de nomination du personnel vicinal. Ils appuyaient leurs revendications sur l'article 45 de la loi du 10 août 1871, d'après lequel l'assemblée départementale « détermine les conditions auxquelles sont tenus de satisfaire les candidats aux fonctions rétribuées exclusivement sur les fonds départementaux et les règles des concours d'après lesquelles les nominations doivent être faites ». Ces revendications ont été repoussées, par la raison que les agents voyers ne sont pas exclusivement payés sur des fonds départementaux. Leur traitement est, en effet, aux termes de l'article 11 de la loi du 21 mai 1836, imputé sur les fonds des travaux, c'est-à-dire sur les ressources, en grande partie communales, que cette loi affecte à la construction et à l'entretien des chemins vicinaux (Décrets des 10 décembre 1872, 8 novembre 1873, 25 juin 1874, 5 août 1875 et 5 décembre 1876, annulant des

délibérations des conseils généraux de *Vaucluse*, des *Vosges*,
du *Cher* et des *Bouches-du-Rhône*).

Le conseil général n'a pas dès lors qualité :

Soit pour déterminer les conditions auxquelles sont tenus
de satisfaire les candidats aux fonctions d'agents voyers,
ou les règles du concours d'après lequel les nominations
doivent être faites (Décrets des 8 novembre 1873, 25 juin 1874,
5 août 1875 et 5 décembre 1876, annulant les délibérations
des conseils généraux de *Vaucluse*, des *Vosges*, du *Cher* et
des *Bouches-du-Rhône*) ;

Soit pour décider que le candidat ayant obtenu le plus de
points au concours ouvert pour la nomination de l'agent voyer
en chef, sera seul investi de ces fonctions (Décret du 10 décembre 1872, annulant une délibération du conseil général de
Vaucluse) ;

Soit pour subordonner la nomination de l'agent voyer en
chef à l'avis de la commission départementale (Décret du
8 mars 1873, annulant une délibération du conseil général des
Landes) ;

Soit pour prescrire l'intervention de la commission départementale, concurremment avec le Préfet, dans la désignation
des candidats admis à se présenter au concours (même décret) ;

Soit pour décider que les conducteurs et commis des Ponts
et Chaussées pourront être admis, sans examen, à des emplois
d'agents voyers cantonaux (même décret).

50. En procédant à la nomination des agents voyers, le
préfet exerce son droit sous la haute surveillance du conseil
général qui, aux termes de l'article 51 de la loi du 10 août 1871,
peut adresser au Ministre de l'Intérieur, par l'intermédiaire de
son président, des réclamations sur les mesures prises par le
préfet. Mais le conseil général ne saurait, par la voie d'un
ordre du jour motivé, infliger un blâme à ce magistrat, à raison de nominations rentrant dans ses attributions légales
(Décret du 16 août 1883, annulant une délibération du conseil
général de la *Loire-Inférieure*) ;

51. D'un autre côté, le Ministre de l'Intérieur exerce depuis
quelque temps un certain contrôle sur le personnel supérieur
du service vicinal. Ainsi qu'il l'a fait savoir par les circulaires

des 3 septembre 1879 et 14 novembre 1882, il estime que les préfets ne doivent user de leur pouvoir que sous l'autorité du Ministre de l'Intérieur. Ces circulaires prescrivent, en conséquence, aux préfets de ne procéder à la nomination des agents voyers en chef qu'après en avoir référé au Ministre et soumis leur choix à son approbation. Les préfets doivent, en outre, en ce qui concerne les agents voyers d'arrondissement, adresser au Ministre une copie des arrêtés de nomination.

52. Ce qui précède s'applique exclusivement au personnel spécial des agents voyers.

Dans les départements où le conseil général a confié le service vicinal au personnel des Ponts et Chaussées, les ingénieurs et conducteurs en fonctions se trouvent appelés à remplir l'office d'agents voyers. Il nous paraît nécessaire qu'ils soient l'objet d'une investiture au moyen d'arrêtés préfectoraux autorisant l'ingénieur en chef, les ingénieurs ordinaires et les conducteurs à exercer respectivement les fonctions d'agent voyer en chef, d'agents voyers d'arrondissement et d'agents voyers cantonaux. En prenant cette mesure, le préfet désigne, parmi les fonctionnaires que le Ministère des Travaux publics emploie dans le département, ceux qui doivent être affectés au service vicinal ; en outre, il leur donne qualité pour remplir leurs fonctions, notamment en ce qui concerne la constatation des contraventions sur les chemins vicinaux.

§ 2. — Du serment des agents voyers

53. La loi du 21 mai 1836 a donné aux agents voyers le droit de constater les contraventions (1) ; elle les a assujettis à la formalité du serment, mais elle n'a pas indiqué devant quelle autorité ce serment devait être prêté.

---

(1) Les agents voyers n'ont qualité pour rédiger des procès-verbaux qu'à l'égard des contraventions commises sur les chemins vicinaux (Cass. 23 janvier 1841, veuve *Jeannin;* 13 décembre 1843, *Chatou ;* 9 mars 1867, *Breton*).

Ils ont toutefois le pouvoir de verbaliser en cas de contravention aux lois sur la circulation des boissons (Art. 5 de la loi du 28 février 1872; — Circulaire du Ministre de l'Intérieur en date du 8 mai 1872).

Comme les procès-verbaux des agents voyers sont déférés tantôt aux tribunaux judiciaires, tantôt aux tribunaux administratifs, les errements suivis pour la prestation de serment étaient très variables dans les départements. M. le Garde des Sceaux, à la requête du Ministre de l'Intérieur, a récemment jugé utile de consulter à ce sujet les sections réunies de Législation et de l'Intérieur du Conseil d'État.

Dans leur séance du 21 février 1893, ces sections ont émis l'avis :

1° Que les agents voyers doivent prêter serment devant le tribunal civil d'arrondissement de leur résidence ;

2° Qu'aucune disposition de loi n'exige, en cas de changement de résidence dans le département, que la prestation de serment soit renouvelée, ni même que l'acte constatant la prestation de serment antérieure soit enregistré au greffe du tribunal de la nouvelle résidence, mais que des instructions ministérielles peuvent utilement prescrire cette dernière formalité.

Cet avis (1) a été porté à la connaissance des préfets par une circulaire du 20 avril 1893, dans laquelle le Ministre de l'Intérieur a recommandé aux agents voyers d'avoir soin, en cas de changement de poste dans le département, de faire enregistrer au greffe du tribunal de leur nouvelle résidence l'acte constatant leur prestation de serment antérieure.

Lorsque les agents voyers sont appelés à remplir leurs fonctions dans un autre département de France ou d'Algérie, il ne saurait suffire de procéder à l'enregistrement dont il s'agit. Le serment doit être renouvelé devant le tribunal civil d'arrondissement de la résidence. Telle est la jurisprudence actuellement adoptée par le Ministre de l'Intérieur (2).

§ 3. — Recrutement des agents voyers

54. Aucune disposition n'a été introduite, ni dans la loi du 21 mai 1836, ni dans le Règlement général sur le service des

(1) Avis inséré aux *Annales des Chemins vicinaux* (1893-1894, 2ᵉ partie, p. 155).
(2) *Annales des Chemins vicinaux* (1893-1894, 2ᵉ partie, p. 329).

chemins vicinaux, en vue de régler les conditions du recrutement des agents voyers.

Dans son instruction du 14 juin 1836 (art. 11), le Ministre de
l'Intérieur avait annoncé qu'il déterminerait ultérieurement les
conditions d'aptitude à imposer aux agents voyers. Une circulaire fut adressée à cette fin, le 11 octobre 1836. Elle invita
les préfets à constituer des commissions chargées d'examiner
les candidats pour les fonctions d'agents voyers, et elle fit connaître les programmes des connaissances à exiger. L'un de ces
programmes s'appliquait aux agents voyers cantonaux, l'autre
aux agents d'un ordre inférieur.

Ces programmes ne sont plus réglementaires, surtout en ce
qui concerne l'examen d'agent voyer cantonal. Lorsqu'en 1877
le Ministre de l'Intérieur crut devoir ouvrir un concours à Paris,
afin d'assurer d'une manière normale le recrutement du personnel vicinal, ainsi qu'il l'expliqua dans sa circulaire du 25 octobre 1877, il adopta un nouveau programme qui se trouve
inséré aux *Annales des Chemins vicinaux* (1).

Actuellement, les programmes pour l'examen d'agent voyer
cantonal varient suivant les départements, ainsi qu'on peut en
juger en parcourant les *Annales des Chemins vicinaux*, où sont
publiés ces programmes avec les conditions de l'examen (2).

En définitive, le recrutement des agents voyers cantonaux
s'opère généralement par la voie d'un examen auquel il est procédé dans chaque département. Le Ministre de l'Intérieur, tout
en approuvant cette mesure, a toutefois pensé qu'elle était susceptible d'une exception en faveur des anciens élèves de
l'École centrale des Arts et Manufactures (Circulaires des 28 février 1870, 10 avril 1877 et 27 avril 1887) et aussi des anciens
élèves des Écoles d'Arts et Métiers (Circulaire du 10 avril 1877).
Les diplômes ou les certificats d'études dont ces anciens élèves
sont munis paraissent des titres suffisants pour garantir leur
savoir et leur aptitude.

Nous ferons remarquer que, si le recrutement des agents
voyers cantonaux est assuré par les dispositions que nous

---

(1) 1877, 2ᵉ partie, p. 188.
(2) Pour que le Ministre de l'Intérieur puisse donner aux examens la plus grande
publicité possible, notamment par la voie des *Annales*, les préfets doivent lui
adresser plusieurs exemplaires des affiches annonçant les examens. Ces affiches
doivent lui parvenir quinze jours au moins avant l'époque fixée pour l'ouverture
des épreuves et même plus tôt, si cela est possible (Circulaire du 15 juin 1852).

venons d'indiquer, la plus grande latitude est laissée à l'Administration pour le choix des agents voyers d'arrondissement et
des agents voyers en chef. Aucune règle n'existe à ce sujet,
soit dans le cas où ces chefs de service sont pris parmi les
agents de grade inférieur, soit dans le cas où ils sont choisis en
dehors du personnel des agents voyers.

§ 4. — Traitements. — Gratifications

55. Les traitements des agents voyers sont fixés par le conseil général (Art. 11 de la loi du 21 mai 1836).

Lorsque le budget départemental prévoit un crédit destiné à
être distribué en gratifications pour les agents du service vicinal, la répartition de ce crédit rentre dans les attributions de
l'autorité exécutive, qui est confiée au préfet par l'article 3 de
la loi du 10 août 1871. Le conseil général ne saurait effectuer
lui-même cette répartition, puisqu'il serait obligé d'apprécier
les services de chacun des agents et de descendre dans l'examen
de faits dont la connaissance n'appartient qu'au préfet, seul
responsable des actes de ses subordonnés et seul en droit de
les punir ou de les encourager. Le conseil général ne peut pas,
dès lors, déléguer à la commission départementale un pouvoir
qu'il ne peut exercer lui-même (Décrets des 8 novembre 1873
et 23 juin 1874, annulant les délibérations des conseils généraux de la *Haute-Loire* et de la *Drôme*).

§ 5. — Avancement des agents voyers

56. C'est au préfet seul qu'il appartient d'accorder des
avancements aux agents voyers, dans la limite du crédit ouvert
au budget départemental.

Le conseil général excéderait ses pouvoirs s'il déterminait
les conditions dans lesquelles ces avancements doivent avoir
lieu (Décret du 5 août 1875, annulant une délibération du
conseil général du *Cher*), ou s'il décidait que le préfet doit

prendre préalablement l'avis de la commission départementale (Décret du 8 mars 1873, annulant une délibération du conseil général des *Landes*).

§ 6. — Mise à la retraite des agents voyers. — Révocation

57. Le droit de prononcer soit la mise à la retraite d'office, soit la révocation des agents voyers, appartient exclusivement au préfet. Comme en matière de nomination (n° 50), le conseil général peut adresser au Ministre de l'Intérieur des réclamations au sujet des mesures prises par le préfet, mais il ne saurait infliger un blâme à ce magistrat par la voie d'un ordre du jour motivé (Décret du 27 août 1885, annulant une délibération du conseil général de la *Loire-Inférieure*).

Le conseil général est sans qualité d'ailleurs pour décider que le préfet, avant de prononcer la révocation d'un agent voyer, doit prendre l'avis de la commission départementale (Décret du 8 mars 1873, annulant une délibération du conseil général des *Landes*).

Le Ministre de l'Intérieur a invité les préfets à ne prononcer la mise à la retraite ou la révocation des agents voyers qu'après lui en avoir référé (Circulaires des 3 septembre 1879 et 14 novembre 1882).

§ 7. — Notices individuelles. — État annuel du personnel

58. Tous les ans, des notices individuelles, dressées sur un modèle réglementaire (1), doivent être envoyées par le préfet, le 1er décembre au plus tard, au Ministre de l'Intérieur.

Ces notices sont établies pour l'agent voyer en chef, pour les agents voyers d'arrondissement et pour les agents voyers cantonaux qui sont jugés aptes à occuper, le cas échéant, un poste d'arrondissement (Circulaires des 14 novembre 1882 et 27 avril 1887).

(1) Ce modèle se trouve aux *Annales des Chemins vicinaux* (1881-1882, 2° partie, p. 537).

59. En outre de ces notices, un état général du personnel vicinal doit être envoyé par le préfet au Ministre de l'Intérieur dans le courant du mois de janvier.

Cet état, qui donne la situation du personnel au 1er janvier, doit être établi dans la forme prescrite par la circulaire du 6 décembre 1870 (1). Il renferme tous les agents attachés au service vicinal d'une manière permanente, les cantonniers et les chefs cantonniers étant exclus. Dans la colonne d'observations, on fait connaître le degré de zèle et d'aptitude dont chaque agent a fait preuve ; on signale spécialement les agents qui se sont montrés capables de remplir les fonctions d'agent voyer en chef ou d'arrondissement. L'état se termine par un résumé fournissant la situation des traitements d'après le budget voté pour l'année (Circulaire du 9 janvier 1872, rappelée par les circulaires des 14 novembre 1882 et 27 avril 1887).

(1) Modèle inséré aux *Annales des Chemins vicinaux* (1869-1870, 2e partie p. 535).

TITRE III

ASSIETTE DES CHEMINS

VICINAUX

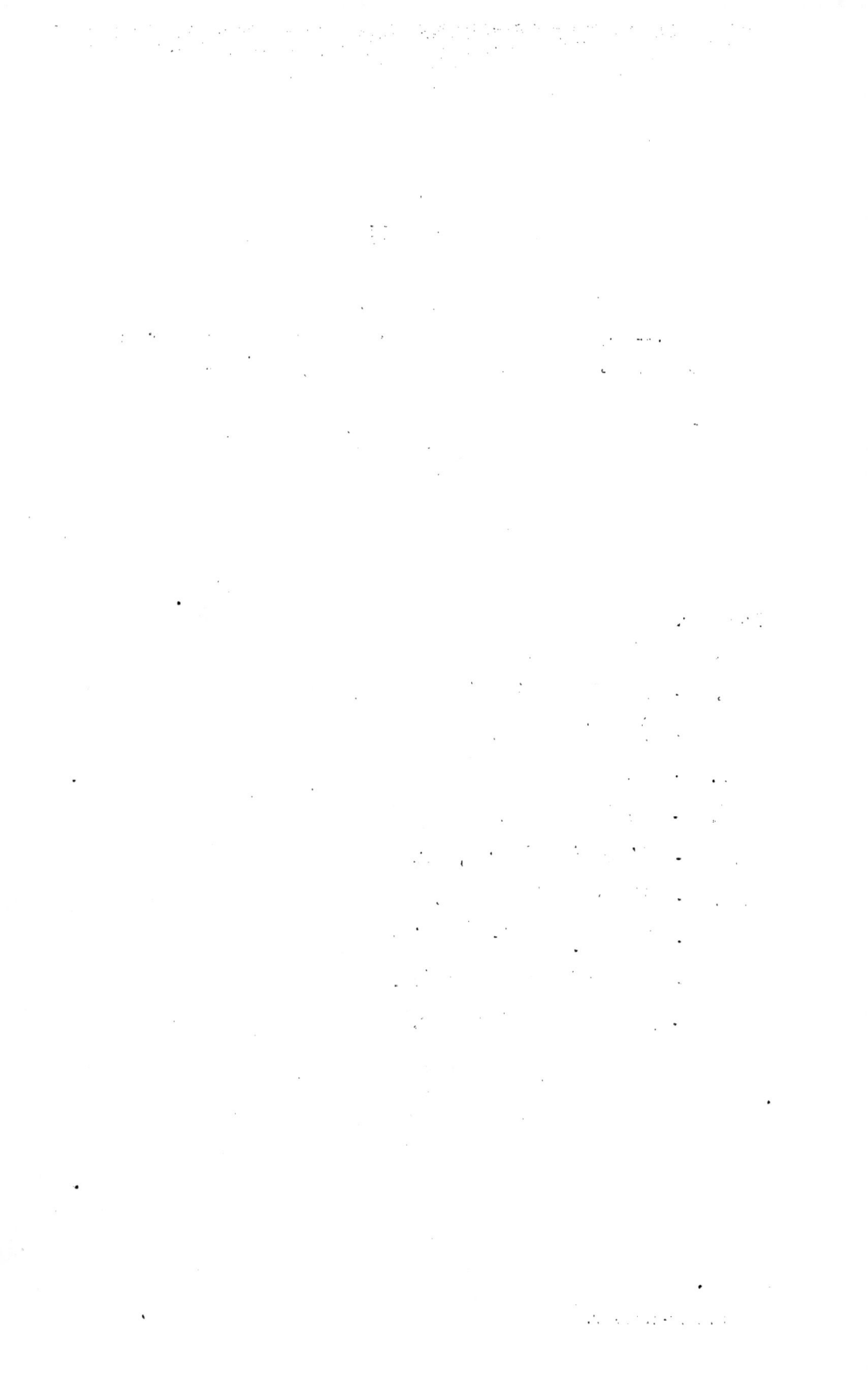

TITRE III

ASSIETTE DES CHEMINS VICINAUX

CHAPITRE I

CLASSEMENT

SECTION I

CLASSEMENT DES CHEMINS VICINAUX ORDINAIRES

§ 1. — Des termes employés pour désigner l'opération du classement

60. L'acte qui imprime le caractère vicinal à un chemin existant ou à ouvrir est appelé *classement*.

Ce terme n'a pas été toujours employé. On s'est servi pendant longtemps, en matière de chemins vicinaux ordinaires, du nom de *reconnaissance*. Si l'on se reporte à la loi du 28 juillet 1824, on voit que l'article 1er s'applique aux « chemins *reconnus*, par un arrêté du préfet, pour être nécessaires à la communication des communes ». L'article 1er de la loi du 21 mai 1836 vise également les « chemins vicinaux légalement reconnus », et il en est de même de l'article 10 relatif à l'imprescriptibilité des chemins.

Le nom de *classement* apparaît dans la législation avec la loi du 10 août 1871 sur les conseils généraux. L'article 86 dispose que la commission départementale prononce « la déclaration de vicinalité, le *classement*, l'ouverture et le redressement des chemins vicinaux ordinaires ».

Il y a lieu de remarquer que cet article mentionne à la fois la déclaration de vicinalité et le classement des chemins vicinaux ordinaires. Il paraît probable que la déclaration de vicinalité s'applique aux chemins existants et le classement aux

chemins à ouvrir. Cette distinction est assurément défectueuse :
du moment que le classement est l'acte qui attribue à un chemin le caractère vicinal, peu importe la situation dans laquelle
se trouve ce chemin. Il ne peut y avoir que des inconvénients
à se servir de deux termes pour désigner la même chose.

Aussi l'usage est-il maintenant bien établi d'employer exclusivement le nom de *classement* dans toutes les circonstances
où il s'agit d'introduire un chemin dans le réseau vicinal.
C'est ce qui a lieu dans l'Instruction générale du 6 décembre 1870
sur le service des chemins vicinaux (Art. 1er et suivants).

§ 2. — Autorité compétente pour prononcer le classement

61. Antérieurement à l'année 1872, c'était au préfet qu'il
appartenait de classer les chemins vicinaux ordinaires (Loi du
28 juillet 1824, art. 1er ; loi du 21 mai 1836, art. 15). Cette
attribution a été retirée au préfet par la loi du 10 août 1871 et
conférée à la commission départementale (art. 86).

La commission départementale agit en vertu d'un pouvoir
propre qui lui a été assigné par la loi. Il en résulte que le
conseil général ne peut se substituer à la commission départementale pour prononcer le classement d'un chemin vicinal
ordinaire (C. d'État, 28 juillet 1876, commune de *Giry* ;
11 mai 1894, *Henras*).

§ 3. — Formalités de classement

Deux cas sont à distinguer, suivant qu'il s'agit d'un chemin
public existant ou bien d'un chemin à ouvrir.

a. — CHEMINS PUBLICS EXISTANTS (1)

62. Enquête. — La loi n'a pas soumis le classement à une
enquête préalable. La loi du 21 mai 1836 s'est référée, pour le

---

(1) Il s'agit des chemins existants dont la propriété n'est pas contestée à la
commune.

Les mêmes formalités s'appliquent toutefois au classement des voies comprises
dans le domaine public national (n° 84).

classement des chemins vicinaux, à celle du 28 juillet 1824, et l'article 1ᵉʳ de cette dernière loi n'exige que la délibération du conseil municipal. Il en est de même de l'article 86 de la loi du 10 août 1871, qui a transféré à la commission départementale le pouvoir de classer les chemins vicinaux ordinaires.

Il est assurément surprenant que le législateur se soit abstenu d'ordonner une enquête sur une opération qui affecte les intérêts des habitants de la commune, notamment eu égard aux dépenses que le classement est de nature à déterminer.

Quoi qu'il en soit, la jurisprudence a dû décider que l'omission des formalités d'enquête n'entraîne par la nullité du classement (C. d'État, 17 août 1836, *Couderc;* 14 août 1837, *Guttin*).

63. Mais le Ministre de l'Intérieur a toujours jugé nécessaire de consulter les intéressés sur le classement des chemins vicinaux ordinaires. Des instructions furent données à cette fin, d'abord par la circulaire du 7 prairial an XIII (27 mai 1805), puis par la circulaire du 24 juin 1836 (art. 1ᵉʳ), enfin par l'Instruction générale du 6 décembre 1870 sur le service des chemins vicinaux.

D'après l'article 2 de cette dernière Instruction, quand il s'agit d'un chemin existant, la reconnaissance en est faite par le maire et l'agent voyer. Il est dressé de cette reconnaissance un procès-verbal contenant tous les renseignements nécessaires pour faire apprécier le degré d'utilité du chemin et indiquant les charges actuelles de la commune, en ce qui touche le service vicinal, ainsi que celles qui résulteraient du nouveau classement. Il y est joint un plan d'ensemble.

Aux termes de l'article 3 de l'Instruction générale, le procès-verbal de reconnaissance est déposé à la mairie pendant quinze jours, et avis de ce dépôt est donné aux habitants, par voie de publication et affiches en la forme ordinaire, pour qu'ils puissent présenter leurs réclamations ou observations, s'il y a lieu.

Telles sont, citées textuellement, les formes fixées pour l'enquête à laquelle est soumis le classement d'un chemin vicinal ordinaire.

Ces formes sont assurément très incomplètes.

Nous ne signalerons que les principales lacunes.

D'abord aucune indication n'est donnée sur l'acte qui prescrit l'ouverture de l'enquête. On ne peut admettre que le maire ait la faculté d'ordonner de lui-même cette information. Il appartient au préfet de l'autoriser. Quelquefois elle a lieu en vertu d'une simple dépêche préfectorale adressée au maire. La solution correcte consiste à prescrire l'enquête par un arrêté préfectoral. C'est ce que le Ministre de l'Intérieur a décidé en matière d'enquête d'intérêt communal effectuée dans les formes de l'ordonnance du 23 août 1835, ainsi que cela résulte des instructions de la circulaire du 25 avril 1894.

Ensuite l'Instruction générale ne fait pas connaître le mode suivant lequel les observations doivent être recueillies. Les intéressés peuvent dès lors consigner eux-mêmes leurs déclarations. Le maire peut aussi enregistrer ces déclarations et agir ainsi à la façon d'un commissaire-enquêteur. Ce dernier moyen est souvent employé.

Nous ne parlerons pas des autres formes qui font partie du mécanisme des enquêtes et qui sont également passées sous silence. Nous ne pouvons à ce sujet que renvoyer à l'étude que nous avons publiée sur *Les formes des enquêtes administratives en matière de travaux d'intérêt public* (1).

Il est fâcheux qu'il n'existe pas un règlement unique pour les enquêtes d'intérêt communal (2). Si ce règlement était rendu, il suffirait de reviser l'article 3 de l'Instruction générale en énonçant tout simplement que l'enquête à ouvrir pour le classement d'un chemin vicinal ordinaire a lieu dans les formes édictées par ce règlement unique.

64. Avis du conseil municipal. — Aux termes de l'article 4 de l'Instruction générale, le conseil municipal, à l'issue de l'enquête, délibère sur le projet de classement ; il donne son avis sur l'utilité de ce classement, ainsi que sur les observations présentées, et fait connaître les ressources qu'il entend consacrer à la construction et à l'entretien du chemin.

(1) Berger-Levrault, 1891.

(2) Actuellement, quatre règlements régissent les enquêtes d'intérêt communal : ils sont institués soit par la circulaire ministérielle du 20 août 1825, rectifiée et complétée par la circulaire du 15 mai 1884, soit par l'ordonnance du 23 août 1835, soit par les articles 2 et suivants de l'Instruction générale du 6 décembre 1870, soit par les articles 29 et suivants de la même Instruction.

Voir d'ailleurs, aux nᵒˢ 126 et 229, les inconvénients résultant de la multiplicité des modes d'enquête d'intérêt communal.

Contrairement à ce qui a lieu pour les formalités d'enquête, l'avis du conseil municipal est exigé par la loi (Art. 1er de la loi du 28 juillet 1824 ; — art. 86 de la loi du 10 août 1871). Il doit donc être pris à peine de nullité.

Mais cet avis ne doit pas nécessairement être suivi.

La commission départementale peut donc refuser de prononcer un classement qui est demandé par le conseil municipal (C. d'État, 18 juillet 1838, commune de *Vertheuil;* 16 juin 1841, ville de *Châteaudun).* Inversement, elle peut classer un chemin malgré l'opposition du conseil municipal (C. d'État, 9 décembre 1845, commune de *Cérences;* — Avis de la section de l'Intérieur du 29 juillet 1870).

On verra plus loin (nos 106 et 127) que la commission départementale ne peut pas autoriser les travaux d'ouverture, de redressement ou d'élargissement d'un chemin, contrairement à l'avis du conseil municipal. On verra, en outre, que si les pouvoirs de la commission départementale sont ainsi limités, c'est parce qu'elle ne saurait prendre une décision qui obligerait la commune à supporter des dépenses repoussées par son conseil municipal. On peut se demander pourquoi la même jurisprudence ne s'est pas établie en matière de classement, alors que la déclaration de vicinalité entraîne l'obligation d'entretenir le chemin et, par suite, d'y faire des dépenses.

Cela tient à ce que les dépenses de construction des chemins vicinaux ordinaires ne sont pas obligatoires pour les communes, d'où il suit que si un conseil municipal ne veut pas exécuter les travaux d'élargissement, d'ouverture ou de redressement d'un chemin, toute décision qui serait prise à ce sujet par la commission départementale resterait sans effet. Au contraire, l'entretien des chemins vicinaux ordinaires figure parmi les dépenses obligatoires des communes (Loi du 21 mai 1836, art. 5 ; — loi du 5 avril 1884, art. 136, n° 18). Si donc la commission départementale classe un chemin préexistant, sa décision peut recevoir son exécution, malgré l'opposition de la commune.

On peut objecter que les ressources susceptibles d'être créées d'office pour l'entretien des chemins peuvent faire défaut. Dans beaucoup de communes, en effet, toutes les ressources prévues par la loi du 21 mai 1836 existent déjà, et elles sont à peine suffisantes pour faire face aux charges des chemins actuellement classés. Il en résulte que, si la commission départementale venait à classer un nouveau chemin, malgré la commune, sa décision pourrait demeurer stérile. Dans ce cas, il conviendrait, à notre avis, de ne pas prononcer le classement.

65. De la décision de la commission départementale. — Sur le vu de la délibération du conseil municipal et des autres pièces à l'appui, la commission départementale statue sur le classement.

Cette commission, d'après la législation actuelle, a toute latitude pour exercer les attributions qui lui sont confiées. Autrefois, il en était de même pour le préfet, auquel la commission départementale a été substituée.

Cette liberté d'action a donné lieu, dans beaucoup de communes, à des classements exagérés, de telle sorte que ces communes possèdent un réseau de petite vicinalité qu'elles ne peuvent entretenir en totalité.

Ainsi que l'a énoncé le Conseil d'État dans un arrêt du 3 août 1877 (*Gallet*), aucune loi n'exige qu'en votant la création d'un chemin vicinal, la commune en assure l'entretien.

On ne s'explique guère cependant le classement d'un chemin, s'il ne doit pas être entretenu. Aussi, dans certains départements, la commission départementale a-t-elle reconnu nécessaire de ne prononcer de classements qu'autant que les communes justifient de ressources suffisantes pour entretenir les nouveaux chemins ou prennent l'engagement de créer des ressources à cette fin. C'est une règle de bonne administration qui ne peut qu'être recommandée.

b. — Chemins a ouvrir

66. Les formalités légales du classement des chemins à ouvrir sont les mêmes que pour les chemins publics existants. La loi du 28 juillet 1824 (art. 1er) et celle du 10 août 1871 (art. 86) n'exigent, en effet, que la délibération du conseil municipal (1), quel que soit le chemin à classer.

---

(1) D'après l'article 64 de la loi du 5 avril 1884, les délibérations des conseils municipaux sont annulables, quand des membres y ont pris part alors qu'ils étaient intéressés à l'affaire qui en a fait l'objet. Il a été jugé qu'en matière de

Ce sont de simples instructions ministérielles qui prescrivent, en outre, de soumettre le projet de classement à une enquête. Les formes de cette enquête seraient les mêmes, pour les chemins à ouvrir comme pour les chemins existants, s'il existait un règlement unique pour les enquêtes d'intérêt communal, ce qui serait très désirable, ainsi que nous avons eu l'occasion de le signaler (n° 63) ; mais, dans l'état actuel des choses, l'enquête relative au classement d'un chemin existant a lieu suivant les règles tracées par les articles 2 et 3 de l'Instruction générale du 6 décembre 1870, tandis que le classement d'un chemin à ouvrir fait généralement l'objet de l'enquête instituée par l'ordonnance du 23 août 1835.

L'adoption de ce dernier mode d'enquête résulte des circonstances que nous allons faire connaître.

Quand il s'agit de créer un nouveau chemin, la décision de l'autorité compétente serait sans effet si elle se bornait à prononcer purement et simplement le classement de ce chemin. Aussi est-elle accompagnée habituellement de la déclaration d'utilité publique des travaux d'ouverture du chemin. Et, comme il est nécessaire, pour ce motif, de procéder à une enquête dans les formes de l'ordonnance du 23 août 1835, cette enquête est utilisée pour servir d'information en vue du classement du chemin.

67. En définitive, à moins de circonstances particulières, le classement d'un chemin à ouvrir se poursuit en même temps que la déclaration d'utilité publique des travaux et les formalités de classement se trouvent ainsi être les mêmes que les formalités d'ouverture du chemin. Ces dernières seront exposées plus loin (n° 101 et suiv.)

§ 4. — Classement d'un chemin vicinal ordinaire sur le territoire d'une commune voisine

68. Dans son *Traité pratique de la voirie vicinale* (p. 26), M. Guillaume est d'avis que ni le texte ni l'esprit de la loi ne

classement d'un chemin à ouvrir, le propriétaire et le fermier d'une parcelle atteinte par le tracé ne doivent pas être considérés comme ayant un intérêt personnel, dans le sens de l'article 64 précité (C. d'État, 1er juin 1877, *Bergeron de Charon*).

font obstacle à ce qu'une commune obtienne le classement, parmi ses chemins vicinaux ordinaires, d'une portion de chemin située sur le territoire d'une commune voisine.

Des classements ont été prononcés dans ces conditions.

Une commune peut ainsi employer ses ressources spéciales à la construction et à l'entretien d'une portion de chemin, qui lui est utile, mais qui est sans intérêt pour la commune dont elle traverse le territoire.

Cette solution est de nature à créer des difficultés très sérieuses (1). Mieux vaut avoir recours au classement du chemin dans le réseau de grande communication ou d'intérêt commun, ce qui permet d'arriver aux mêmes fins, à la condition d'exonérer de tout contingent la commune dépourvue d'intérêt à l'établissement ou à l'entretien de la portion de chemin située sur son territoire.

SECTION II

CLASSEMENT DES CHEMINS
DE GRANDE COMMUNICATION ET D'INTÉRÊT COMMUN

§ 1. — Des termes employés pour désigner l'opération du classement

69. L'acte qui imprime le caractère vicinal à un chemin existant ou à ouvrir est appelé *classement*.

Ce terme n'a pas été toujours employé. La loi du 21 mai 1836 énonce, dans son article 7, que les chemins de grande communication doivent être l'objet d'une *déclaration* émanant du conseil général.

Le nom de *classement* apparaît dans la législation avec la loi du 18 juillet 1866, qui place dans les attributions du conseil général le *classement* des chemins de grande communication. Mais cette loi confie à l'assemblée départementale la *désignation* des chemins d'intérêt commun.

---

(1) FUZIER-HERMAN, *Répertoire général du droit français* (*Chemin vicinal*, n° 520) .

La loi du 10 août 1871, dans son article 46, n° 7, applique le terme de *classement* tant aux chemins de grande communication qu'à ceux d'intérêt commun. Mais, dans son article 44, elle mentionne, parmi les attributions du conseil général, la *reconnaissance* des chemins de grande communication et d'intérêt commun. Il est probable que la reconnaissance vise les chemins existants, tandis que le classement porte sur les chemins à ouvrir. Cette distinction est défectueuse pour les motifs que nous avons indiqués au n° 60.

Aussi est-il d'usage d'employer exclusivement le nom de *classement* toutes les fois qu'il s'agit d'introduire un chemin dans le réseau de grande communication ou d'intérêt commun. C'est ce qui a lieu dans l'Instruction générale du 6 décembre 1870 sur le service des chemins vicinaux.

§ 2. — Autorité compétente pour prononcer le classement

70. Le conseil général avait été chargé, par l'article 7 de la loi du 21 mai 1836, de classer les chemins de grande communication. Ce pouvoir, confirmé par la loi du 18 juillet 1866 (art. 1er, n° 7), lui a été maintenu par la loi du 10 août 1871 (art. 44 et 46, n° 7).

Quant aux chemins d'intérêt commun, la loi du 10 août 1871, dans les articles précités, les a assimilés aux chemins de grande communication, et elle a conféré au conseil général le pouvoir de les classer.

71. D'après l'article 77 de la loi du 10 août 1871, le conseil général peut, par des délégations spéciales, charger la commission départementale du classement des chemins de grande communication ou d'intérêt commun, mais ces délégations ne doivent s'appliquer qu'à des affaires déterminées. Un conseil général qui déléguerait, d'une manière permanente, à la commission départementale le pouvoir de classer les chemins de grande ou de moyenne communication, et qui renoncerait ainsi à une partie de ses attributions pour les transférer à la commission départementale, opérerait une véritable modification dans la législation et excéderait ses pouvoirs (Circulaire du

Ministre de l'Intérieur en date du 9 août 1879, § 1 ; — Avis du
Conseil d'État des 5 décembre 1872 et 13 mars 1873 ; — Décrets
des 29 août 1873 et 27 juin 1874 portant annulation des délibérations des conseils généraux de la *Corse* et d'*Ile-et-Vilaine*.)

§ 3. — Formalités de classement

Deux cas sont à distinguer, suivant qu'il s'agit d'un chemin
public existant ou bien d'un chemin à ouvrir.

a. — CHEMINS PUBLICS EXISTANTS (1)

72. L'Instruction générale se borne à des indications sommaires (art. 7) :

« Lorsque le conseil général aura pris en considération une
proposition de classement d'un chemin de grande communication ou d'intérêt commun, ou lorsque le préfet croira devoir
donner suite à une demande de classement, les agents voyers
prépareront un avant-projet, et le préfet provoquera l'avis des
conseils municipaux et d'arrondissement. »

L'avant-projet comporte nécessairement un plan d'ensemble.
Il nous paraît aussi devoir renfermer un rapport ou un
mémoire dans lequel sont indiquées les communes intéressées
au chemin avec les contingents que l'on se propose de demander à ces communes.

On remarquera que les formalités de classement ne
comprennent pas d'enquête (C. d'État, 28 novembre 1873,
Timoléon d'Ortoli). La loi est muette à ce sujet, de même qu'en
matière de classement de chemins vicinaux ordinaires. Mais,
tandis que les instructions ministérielles ont comblé cette

---

(1) Il s'agit des chemins existants dont la propriété n'est pas contestée aux
communes, soit qu'ils fassent déjà partie du réseau vicinal, soit qu'ils n'aient été
l'objet d'aucun classement.

Les mêmes formalités s'appliquent toutefois au classement des voies comprises
dans le domaine public national (n° 84).

lacune pour les chemins de cette dernière catégorie, elles n'en ont rien fait pour les chemins de grande communication et d'intérêt commun.

Sous l'empire de la loi du 21 mai 1836 (art. 7), une proposition du préfet était indispensable pour que le classement put être prononcé par le conseil général. Cette proposition n'est plus obligatoire. Le droit d'initiative a été attribué d'une manière absolue au conseil général par la loi du 18 juillet 1866 (Circulaire ministérielle du 4 août 1866) et confirmé par la loi du 10 août 1871.

Il ne reste donc d'autres formalités que les avis des conseils municipaux et d'arrondissement (Loi du 21 mai 1836, art. 7), qui, dans l'article 46, n° 7, de la loi du 10 août 1871, sont désignés sous le nom de « conseils compétents » (C. d'État, 28 mars 1884, commune de *Chef-Boutonne*).

Ces avis peuvent n'être pas suivis (C. d'État, 27 décembre 1878, commune de *Saint-Martin-Château*). On comprend, en effet, qu'une mesure d'utilité générale ne puisse être entravée au nom de l'intérêt d'une commune ou d'une fraction du département.

Il n'est pas nécessaire, d'ailleurs, pour que la décision soit valable, que le conseil d'arrondissement ait exprimé un avis : il suffit qu'il soit constaté que ce conseil a été préalablement consulté (C. d'État, 26 décembre 1873, *commune d'Ambarès*).

b. — Chemins a ouvrir

73. Le libellé de l'article 6 et celui du § 1 de l'article 7 de la loi du 21 mai 1836 ont fait soutenir que les chemins déjà existants et classés vicinaux pouvaient seuls être déclarés d'intérêt commun ou de grande communication. Le Conseil d'État a eu l'occasion de réfuter cette thèse (30 décembre 1871, *Sabès*). Il suffit, en effet, de remarquer que les articles précités s'occupent de la construction des lignes dont il s'agit, ce qui prouve bien que le classement dans la moyenne ou la grande vicinalité peut être prononcé alors même que la voie n'est pas encore ouverte. L'article 46, n° 7, de la loi du 10 août 1871, qui attribue au conseil général le pouvoir de classement, prévoit également la construction des voies à classer.

74. Les formalités de classement des chemins de grande communication et d'intérêt commun sont les mêmes pour les chemins existants et pour les chemins à ouvrir. Elles ont été indiquées au n° 72, et elles consistent dans l'avis préalable des conseils municipaux et des conseils d'arrondissement.

Quand il s'agit de créer un nouveau chemin de grande communication ou d'intérêt commun, la décision de l'autorité compétente serait sans effet, si elle se bornait à prononcer purement et simplement le classement du chemin. Aussi est-elle généralement accompagnée de la déclaration d'utilité publique des travaux d'ouverture du chemin. Cette déclaration est précédée d'une enquête dans les formes qui seront décrites plus loin (n° 110 et suiv.). Mais, pour que l'autorité compétente puisse statuer à la fois sur le classement et sur la déclaration d'utilité publique, il importe que l'instruction préalable comprenne les délibérations des conseils municipaux et des conseils d'arrondissement intéressés au classement du chemin.

§ 4. — État annuel des classements prononcés par le conseil général

75. Par une circulaire en date du 15 mai 1879, le Ministre de l'Intérieur a invité les préfets à lui adresser, après chaque session du conseil général, un état des classements opérés dans la grande ou moyenne vicinalité.

Cette prescription a été rappelée par la circulaire du 15 octobre 1879, § 19.

SECTION III

DISPOSITIONS COMMUNES AUX CHEMINS VICINAUX
DE TOUTE CATÉGORIE

§ 1. — Des effets du classement

76. Le classement a pour effet de soumettre le chemin au régime de la voirie vicinale, et, par conséquent, de le faire bénéficier des dispositions établies en faveur des chemins vicinaux.

Le classement d'un chemin dans la petite vicinalité autorise notamment les communes à employer sur ce chemin leurs ressources spéciales, prestations et centimes. Il permet aussi d'obtenir, pour la construction du chemin, les subventions instituées par la loi du 12 mars 1880. Ce sont là les principales raisons pour lesquelles les communes sollicitent le classement des chemins vicinaux ordinaires.

Le classement d'un chemin dans le réseau de grande communication ou d'intérêt commun enlève aux communes la charge exclusive de ce chemin dans la traversée de leur territoire. Il permet de régler leur concours suivant l'intérêt que le chemin présente pour elles. Mais il a surtout l'avantage de faire intervenir le département dans la dépense, quand les communes sont impuissantes pour y faire face. C'est principalement pour ces motifs que les communes demandent le classement des chemins de grande communication et d'intérêt commun.

§ 2. — De la fixation de la largeur dans la décision portant classement d'un chemin

77. La loi du 10 août 1871, notamment en ce qui concerne les chemins vicinaux ordinaires (art. 86), distingue la fixation de la largeur de la fixation des limites des chemins. Ce sont, en effet, deux choses qu'il importe de ne pas confondre.

La *largeur* d'un chemin est comprise soit entre les fossés, soit entre les arêtes inférieures des talus de déblai, s'il n'y a pas de fossés, soit entre les banquettes de sûreté, quand le chemin est en remblai et s'il n'y a pas de banquettes, entre les arêtes supérieures des talus de remblai : c'est la largeur *utile* du chemin.

Les *limites* résultent de la largeur ainsi définie et des dispositions des ouvrages accessoires, fossés, talus, banquettes, etc. Ces limites, formées par une succession de lignes plus ou moins irrégulières, séparent le sol du chemin des propriétés riveraines.

78. La fixation des limites constitue une opération qui sera examinée plus loin, dans le cas où elle détermine un accroissement des emprises (n°ˢ 120 et suiv.) et dans celui où elle comporte une réduction de largeur (n°ˢ 168 et suiv.). Quant à la fixation de la largeur, elle doit avoir lieu en même temps que le classement du chemin. C'est ce qui a été prescrit par l'instruction ministérielle du 24 juin 1836, puis par l'Instruction générale du 6 décembre 1870. L'article 5 de cette dernière Instruction porte, en effet, qu'en matière de chemins existants, « il sera statué par la commission départementale tant sur le classement que sur la largeur *à donner* au chemin, tous droits des tiers réservés ».

Nous ferons remarquer d'abord qu'il n'est pas toujours aisé d'indiquer, soit dans une décision, soit même dans un tableau de classement, la largeur ou plutôt les largeurs d'un chemin ; car il peut se faire que la largeur d'un chemin doive varier fréquemment, sur l'étendue du parcours, notamment dans la traversée des agglomérations.

Ensuite, on peut se demander quel intérêt il y a à faire fixer la largeur par la décision qui se borne à prononcer le classement d'un chemin existant. Cette mesure ne produit aucun effet. Les limites du chemin restent telles qu'elles résultent de l'état des lieux : ce sont les lignes qui séparent le chemin des propriétés riveraines. Les alignements doivent être délivrés suivant ces lignes, alors que la largeur approuvée serait de nature à entraîner l'augmentation ou la diminution des emprises du chemin. Il en est ainsi tant que l'autorité compétente n'a pas approuvé un plan indiquant les nouvelles limites résultant de la largeur assignée au chemin (n° 729).

La fixation préalable de la largeur serait indispensable si elle était attribuée à une autorité supérieure à celle qui détermine les limites. Dans cette hypothèse, le plan figurant les limites devrait être ultérieurement dressé de manière à réaliser la largeur adoptée. Mais, avec la législation actuelle, c'est la même autorité qui fixe la largeur et les limites. Aussi arrive-t-il fréquemment que le conseil général ou la commission départementale, en approuvant les limites d'un chemin, ne tiennent aucun compte de la largeur antérieurement fixée lors du classement.

Néanmoins, l'indication de la largeur n'est pas dépourvue

d'utilité. Pendant l'instruction, les intéressés y trouvent un renseignement sur les conséquences que peut entraîner l'introduction du chemin dans le réseau vicinal. Puis, après que le classement a été prononcé, cette largeur peut être prise comme base par le service vicinal pour dresser le projet de délimitation du chemin, si toutefois les choses sont restées dans l'état où elles existaient lors du classement.

§ 3. — Classement des rues situées dans le prolongement des chemins vicinaux

79. Rien n'indique, soit dans la loi du 28 juillet 1824, soit dans celle du 21 mai 1836, que les chemins vicinaux ne doivent pas comprendre les rues formant, à l'intérieur des agglomérations, les traverses de ces chemins. Telle a été cependant la jurisprudence pendant longtemps (1), et, dans son instruction du 24 juin 1836, le Ministre de l'Intérieur a eu soin de recommander aux préfets de s'abstenir de comprendre les rues des bourgs et villages dans leurs arrêtés de déclaration de vicinalité.

Les rues restaient dès lors soumises exclusivement aux règles de la voirie urbaine. Il arrivait que certaines communes se trouvaient impuissantes à les entretenir, tandis qu'elles avaient à leur disposition des ressources, parfois surabondantes, pour la réparation des voies en rase campagne.

Cette situation étrange attira l'attention de l'Administration. Le Conseil d'État, consulté à ce sujet, émit l'avis, le 25 janvier 1837, que les rues formant le prolongement des chemins de grande communication faisaient partie intégrante de ces chemins et devaient être régies par les mêmes règles que ces derniers. Mais les chemins d'intérêt commun et les chemins vicinaux ordinaires ne bénéficièrent pas de cette jurisprudence (Avis de la section de l'Intérieur du 27 février 1856 ; — Cass. 28 juillet 1859, *Rolland*).

C'est seulement en 1864, quarante ans après la première loi

---

(1) Voir les arrêts cités par DUMAY, dans son *Commentaire de la loi du 21 mai 1836* (art. 1ᵉʳ), et par HERMAN, dans son *Traité pratique de voirie vicinale* (n° 54).

vicinale, que l'on se décida à mettre un terme à un état de choses aussi injustifiable. La loi du 8 juin 1864 intervint, portant dans son article 1er ce qui suit:

« Toute rue qui est reconnue, dans les formes légales, être le prolongement d'un chemin vicinal, en fait partie intégrante et est soumise aux mêmes lois et règlements. »

Cette rédaction, assez singulière d'ailleurs, veut dire, en définitive, que le classement peut porter sur tout le parcours d'un chemin, aussi bien à l'intérieur qu'à l'extérieur des agglomérations.

§ 4. — Classement des routes départementales en chemins vicinaux

80. Cette conversion comporte deux opérations : le déclassement des routes départementales et leur classement en chemins de grande communication ou d'intérêt commun, ou bien en chemins vicinaux ordinaires. De là une double procédure.

La procédure relative au classement est celle qui a été indiquée précédemment. Elle n'a jamais soulevé de contestations.

Il n'en est pas de même de la procédure à suivre pour le déclassement. L'article 46, n° 8, de la loi du 10 août 1871, de même que l'article 1er, n° 9, de la loi du 18 juillet 1866, se borne à énoncer que le conseil général statue définitivement sur le classement des routes départementales. Or, la loi du 20 mars 1835 exige que le classement de ces routes soit précédé de l'enquête prescrite par l'article 3 de la loi du 7 juillet 1833 (remplacé par l'article 3 de la loi du 3 mai 1841) et, comme il est de principe que les formalités du classement sont applicables au déclassement, on s'est demandé si une enquête d'utilité publique n'était pas toujours nécessaire pour le déclassement des routes départementales.

Un arrêt du Conseil d'État du 10 novembre 1876, rendu sur un pourvoi de la ville de *Bayeux*, avait déclaré que cette enquête n'était exigée par aucune disposition de loi ou de règlement. Mais l'assemblée générale du Conseil d'État n'a pas maintenu cette jurisprudence et, à la date du 24 octobre 1878, elle a prononcé l'annulation d'une délibération du conseil général de *Tarn-et-Garonne*, qui avait déclassé les routes départementales sans observer les formalités prescrites par la loi du 20 mars 1835.

Cette décision a été confirmée par un décret en date du 13 novembre 1878 (1). Aussi, le Ministre de l'Intérieur, dans une circulaire du 9 août 1879, § 3, a-t-il invité les préfets à se conformer à l'avenir à la jurisprudence consacrée par ladite décision.

La conversion des routes départementales en chemins vicinaux doit donc être précédée d'une enquête dans les formes de l'ordonnance du 18 février 1834.

81. On s'est demandé aussi si un conseil général pouvait, sans accord préalable avec les départements voisins, déclasser les routes qui se prolongent sur le territoire de ces départements.

Il y a lieu de remarquer, à ce sujet, que la loi du 18 juillet 1866 avait limité le pouvoir du conseil général au cas où le tracé de la route ne se continuait pas sur le territoire d'un ou de plusieurs départements, tandis que la loi du 10 août 1871 a supprimé toute restriction.

Dans la circulaire précitée du 9 août 1879, le Ministre de l'Intérieur a rappelé la discussion qui a eu lieu sur ce point lors du vote de la loi de 1871. Il résulte des débats que, lorsque le déclassement touche aux intérêts des départements voisins, on a entendu limiter les droits du conseil général et les subordonner à l'accord prévu par le titre VII de la loi du 10 août 1871. Mais, en même temps, on a entendu affirmer, en supprimant la restriction de la loi de 1866, que le déclassement d'une route départementale n'avait pas nécessairement le caractère d'une opération interdépartementale, par le seul fait que la route se prolonge sur un département voisin. Il est évident, en effet, que lorsqu'un chemin est maintenu de manière

---

(1) Décret annulant une délibération du conseil général du département de *Tarn-et-Garonne*.

Un décret du 9 novembre 1882 a également annulé une délibération du conseil général de la *Manche*, qui avait déclassé une route départementale, pour la convertir en chemin d'intérêt commun, sans soumettre cette opération à l'enquête prescrite par la loi du 20 mars 1835.

à assurer toute viabilité, peu importe aux départements limitrophes que ce chemin s'appelle départemental ou vicinal : c'est une question d'administration intérieure, qui ne saurait les intéresser en aucune façon.

En définitive, toutes les fois que le déclassement d'une route départementale doit interrompre ou modifier la circulation à la limite du département sur lequel elle se prolonge, il y a lieu d'appliquer l'article 90 de la loi du 10 août 1871, qui est relatif au règlement des affaires d'intérêt interdépartemental. Dans le cas contraire, il est inutile de consulter le département en question. Telles sont les règles tracées par la circulaire ministérielle du 9 août 1879, § 3.

82. Il peut se faire que le déclassement ne porte que sur une route ou même une portion de route. Mais généralement l'opération est décidée pour l'ensemble du réseau départemental. Les pouvoirs conférés au conseil général sont absolus, et cette assemblée peut déclasser à la fois, par voie de mesure générale, toutes les routes départementales situées dans l'étendue du département (C. d'État, 10 novembre 1876, ville de *Bayeux* ; 26 janvier 1877, *Massignon* ; 27 avril 1877, *Labruyère* ; 5 avril 1878, *Daniel*).

83. On a vu plus haut, aux nos 29 et suivants, quelles sont les conséquences, au point de vue de la propriété du sol, de la transformation des routes départementales en chemins de grande communication ou d'intérêt commun.

§ 5. — Classement des voies publiques comprises dans le domaine public national

84. Il arrive parfois que l'État consent à la transformation en chemins vicinaux de voies publiques comprises dans le domaine public national. Cela se produit, par exemple, avec certains chemins de halage de canaux (1), ou bien encore avec des chemins militaires dépendant de places fortes.

_____

(1) C'est ainsi que le chemin de halage du canal du Midi a pu être classé d'intérêt commun sur une partie de son parcours (C. d'État, 7 juin 1866, *Canal latéral à la Garonne*).

Il est manifeste qu'il ne saurait être question de faire sortir ces voies du domaine public national. L'autorité chargée de leur gestion ne peut qu'autoriser leur affectation à l'usage de chemin vicinal.

Le classement a lieu dans les formes réglementaires prescrites pour les chemins existants.

Sur les voies ainsi classées, il n'échappera pas que les pouvoirs de l'Administration vicinale se trouvent limités, par suite de cette circonstance qu'aucune modification ne peut être apportée à l'assiette des chemins sans l'adhésion de l'autorité préposée à la garde du domaine national.

L'intervention de cette autorité se produit notamment lors de l'approbation des plans d'alignement. Elle peut avoir lieu également à l'occasion de certaines permissions de voirie (1), telles que celles qui intéressent la propriété du sol, comme l'établissement d'ouvrages à la traversée des chemins.

§ 6. — Classement des portions de routes nationales délaissées

85. La loi du 24 mai 1842 a statué sur la destination des portions de routes nationales délaissées par suite de changement de tracé ou d'ouverture d'une nouvelle route. D'après l'article 1er de cette loi, ces portions peuvent, « sur la demande ou avec l'assentiment des conseils généraux des départements ou des conseils municipaux des communes intéressées, être classées par ordonnances royales, soit parmi les routes départementales, soit parmi les chemins vicinaux de grande communication, soit parmi les simples chemins vicinaux ».

On s'est demandé si cette loi était toujours en vigueur en tant qu'elle attribue au chef de l'État le pouvoir de classer les anciennes routes parmi les chemins vicinaux de toute catégorie. Au premier abord, il semble étrange que le classement soit prononcé par le chef de l'État, alors que cette opération est maintenant confiée à des autorités d'essence toute différente, le conseil général ou la commission départementale, suivant les cas.

(1) Au sujet de ces permissions, voir au n° 766.

Mais il convient de remarquer que, lorsque la loi du 24 mai 1842 a été élaborée et votée, le classement des chemins de grande communication appartenait déjà au conseil général d'après la loi du 21 mai 1836. L'anomalie qui vient d'être signalée n'a donc pas dû échapper au législateur. Elle n'a fait que s'accentuer en s'étendant aux chemins vicinaux ordinaires, à l'égard desquels la commission départementale a été substituée au préfet.

86. Quoi qu'il en soit, depuis quelques années, le Conseil d'État a admis que la loi de 1842 était abrogée par celle de 1871, en ce qui concerne l'autorité appelée à prononcer le classement.

Un décret est toujours nécessaire non seulement pour approuver le déclassement, mais encore pour autoriser la cession gratuite du sol de la route aux communes qui doivent l'incorporer dans leur réseau vicinal.

Mais, si l'ancienne route est destinée à être classée comme chemin vicinal ordinaire, le décret vise la délibération du conseil municipal qui a accepté ce classement, et il se borne à stipuler que l'ancienne route sera remise à la commune pour recevoir l'affectation indiquée dans la délibération (Décrets des 20 août 1889, *Jura* ; 15 janvier 1891, *Ariège* ; 19 mars 1891, *Basses-Pyrénées* ; 30 mai 1891, *Doubs* ; 1er juillet 1891, *Haute-Savoie* ; 22 octobre 1891, *Loire* ; 26 novembre 1891, *Côtes-du-Nord* et *Morbihan* ; 14 décembre 1891, *Haute-Saône* ; 4 janvier 1892, *Côtes-du-Nord* ; 21 juin 1892, *Haute-Saône*).

Pareillement, le décret se borne à stipuler la remise au département pour recevoir l'affectation indiquée par le conseil général, lorsque l'ancienne route doit être classée soit comme chemin de grande communication (Décret du 1er août 1892, *Ardèche* et *Haute-Loire*), soit comme route départementale (Décret du 21 juin 1892, *Charente*).

Le Conseil d'État va même plus loin. Bien que la loi du 24 mai 1842 ne prévoie que le classement comme route départementale ou comme chemin vicinal, la remise de l'ancienne route nationale a été prononcée en vue de son incorporation :

Soit dans la voirie rurale (Décret du 30 avril 1890, *Doubs*);

Soit dans la voirie urbaine (Décrets des 7 décembre 1888, ville de *Montargis* ; 28 novembre 1890, ville de *Grenoble* ;

26 mars 1891, ville de *Toulouse ;* 15 mai 1894, ville de *Valenciennes ;* 13 novembre 1894, ville de *Saint-Omer ;* 11 avril 1895, ville d'*Agen*).

87. En définitive, le classement des portions de routes nationales délaissées n'est plus prononcé par décret. Ces portions sont purement et simplement remises au département ou aux communes pour recevoir l'affectation indiquée dans les délibérations du conseil général ou des conseils municipaux. Le classement dans le réseau de grande, de moyenne ou de petite vicinalité s'effectue dès lors dans les formes ordinaires, c'est-à-dire suivant les règles qui ont été indiquées précédemment pour le classement des chemins publics existants.

§ 7. — Classement des avenues d'accès des stations de chemins de fer

88. La cour des voyageurs ou des marchandises d'une station est nécessairement placée à une certaine distance du chemin public appelé à desservir cette station. Il en résulte qu'il est généralement indispensable de créer une avenue partant du chemin public pour aboutir à la cour de la station.

Cette avenue d'accès, quand il s'agit de chemins de fer d'intérêt général, est construite par l'État ou par la Compagnie concessionnaire, qui sont tenus d'en assurer l'entretien.

L'État ou la Compagnie cherchent habituellement à se débarrasser de cette charge d'entretien, non seulement pour s'épargner une dépense, mais surtout pour s'éviter des embarras. Il est manifeste que le service d'exploitation des chemins de fer n'est pas organisé pour effectuer l'entretien de voies de terre d'une longueur très faible.

Une avenue d'accès forme un embranchement du chemin public qui dessert la station. Il paraît rationnel qu'elle soit soumise au même régime que ce chemin. Une lacune existe à ce sujet dans la législation des chemins de fer en France (1).

(1) La loi Néerlandaise du 9 avril 1875 porte dans son article 70 :

« La propriété des routes construites par l'État ou par les entrepreneurs d'un chemin de fer, pour donner accès aux stations, et existant au moment de la pro-

A notre avis, il y aurait lieu d'obliger les communes de la situation des lieux à accepter la remise des avenues d'accès, sauf à
elles à faire le nécessaire pour obtenir le classement de ces
voies dans tel réseau que de raison. Cette charge serait justifiée
par les avantages que recueillent les communes sur le territoire
desquelles des stations viennent à être établies.

89. Sous l'empire de la législation actuelle, l'État ou les Compagnies n'ont d'autre ressource que d'agir auprès des communes
pour qu'elles consentent à prendre livraison des avenues d'accès.

Il arrive parfois que cette livraison s'opère purement et simplement au moyen d'un procès-verbal dressé comme en matière
de remise de chemins vicinaux modifiés ou déviés. Ce procès-
verbal est revêtu de l'acceptation du maire.

Il est certain que le procès-verbal dont il s'agit n'emporte pas
translation de propriété. Le sol de l'avenue continue à appartenir à l'État : il reste dans le domaine public national, de telle
sorte qu'aucune parcelle ne peut en être détachée, sans l'accomplissement des formalités nécessaires en pareille matière.

Mais la remise a pour effet de soumettre l'avenue d'accès
au régime des voies communales, sous le rapport de la police
et des charges d'entretien.

Nous ajouterons que, lorsque l'État ou les Compagnies re-
mettent ainsi à une commune l'avenue d'accès d'une station, il
importe que le maire, appelé à accepter cette remise, agisse
en vertu d'une délibération du conseil municipal dûment
approuvée. Le maire n'a pas qualité, en effet, pour prendre une
pareille décision. Le Conseil d'État a eu l'occasion de juger
que la remise d'un chemin d'accès, faite à un maire sans le
consentement du conseil municipal, est irrégulière et n'a pas
pour effet de faire entrer cette voie dans le domaine municipal,
de manière à en mettre l'entretien à la charge de la commune
(16 décembre 1892, commune de *Salces*).

---

mulgation de la présente loi, sera transférée en bon état d'entretien aux communes sur le territoire desquelles elles se trouvent.

A partir de ce transfert, les frais d'entretien et d'éclairage sont à la charge des
communes.

Si une de ces routes traverse le territoire de plus d'une commune, le roi, le
conseil d'État entendu, décidera quelle sera la commune à laquelle la propriété
sera transférée. » (FÉRAUD-GIRAUD, *Des voies publiques et privées modifiées par les
chemins de fer*, p. 170).

90. La solution qui vient d'être indiquée présente des inconvénients. Lorsqu'une avenue d'accès est incorporée dans le
réseau des voies communales, ainsi qu'il vient d'être expliqué,
son entretien n'est guère assuré qu'autant qu'il est à la charge
d'une ville pourvue de ressources générales suffisantes.

Une solution plus satisfaisante, parce qu'elle garantit un
entretien plus régulier, est celle qui consiste à introduire l'avenue d'accès dans le réseau vicinal.

Cette avenue peut être classée comme chemin vicinal ordinaire, auquel cas son entretien incombe à la commune de la
situation des lieux. Mais il est plus équitable de classer l'avenue
parmi les chemins d'intérêt commun ou de grande communication, car il est bien rare qu'elle n'intéresse pas d'autres communes. Par une circulaire du 17 août 1875, le Ministre de
l'Intérieur a signalé cette mesure aux préfets en les invitant à
appeler l'attention des conseils généraux à ce sujet (1).

91. Des difficultés se sont élevées sur le point de savoir
comment pouvait être prononcé le classement, comme chemins
vicinaux, des avenues d'accès des stations.

Ces difficultés provenaient de ce que l'on voulait faire passer
de l'État aux communes la propriété du sol. Or, d'après
l'article 1er de la loi du 1er juin 1864, les biens de l'État ne
peuvent être aliénés que par la voie d'enchères publiques, à
moins que des lois spéciales n'autorisent des dérogations à
cette règle. La loi du 3 mai 1841 contient une dérogation qu'on
pouvait mettre à profit. Mais il fallait faire déclarer l'utilité
publique et faire payer une indemnité aux communes. On
jugea qu'il eût été rigoureux de réclamer une indemnité pour
l'abandon de terrains dont la conservation, dans les mains de
l'État, constituait seulement une charge. Finalement, on crut
devoir se tirer d'affaire en assimilant les avenues d'accès aux
portions de routes nationales délaissées et en leur appliquant
les dispositions de la loi du 24 mai 1842.

Cette assimilation est aussi peu justifiée que possible. Les
avenues d'accès ne sauraient assurément être considérées comme
des routes nationales. Ce sont des voies intérieures, pouvant

(1) De nouvelles instructions dans ce sens ont été données aux préfets par la
circulaire du Ministre de l'Intérieur en date du 7 mars 1882.

être fermées par des clôtures longitudinales et sur lesquelles les propriétaires riverains n'ont aucun droit d'accès (conclusions présentées par le commissaire du gouvernement à l'occasion du pourvoi du Ministre des Travaux publics contre *Peyron*, arrêt du 22 mai 1885).

Quoi qu'il en soit, les trois administrations des Finances, des Travaux publics et de l'Intérieur se sont mises d'accord pour traiter les avenues d'accès comme des routes nationales abandonnées. La circulaire du Ministre de l'Intérieur en date du 7 mars 1882 indique, en conséquence, la procédure à suivre pour en faire prononcer le classement.

D'après cette circulaire, c'est au Ministère de l'Intérieur que doivent être adressées toutes les demandes formées soit par les communes pour obtenir le classement des avenues comme chemins vicinaux ordinaires, soit par les conseils généraux pour faire passer ces avenues dans la catégorie des chemins de grande communication ou d'intérêt commun. Dans le premier cas, les propositions du préfet doivent être accompagnées de l'avis de la commission départementale, survenu à l'issue de l'accomplissement des formalités de classement conformément aux articles 2, 3 et 4 de l'Instruction générale. Dans le second cas, il doit être procédé suivant les prescriptions de l'article 7 de la même Instruction. Avant de provoquer le décret à intervenir, le Ministre de l'Intérieur, dans l'une ou l'autre hypothèse, consulte son collègue des Travaux publics sur l'opportunité de la mesure. Il est dès lors indispensable de produire un rapport des ingénieurs du contrôle des chemins de fer. Le préfet doit, d'ailleurs, joindre au dossier un aperçu indiquant non seulement les ressources communales ou départementales qui pourraient être affectées à l'entretien des nouvelles voies vicinales, mais encore les sacrifices que l'État, les Compagnies concessionnaires ou les particuliers consentiraient à s'imposer pour contribuer à la dépense.

Cette procédure n'est pas aussi simple que celle qui a été prévue par la loi du 24 mai 1842 pour les routes nationales délaissées, et qui consiste uniquement à faire précéder le décret de classement de l'assentiment des conseils municipaux ou généraux. Mais le Ministre de l'Intérieur a cru devoir compléter cette instruction sommaire par l'accomplissement des formalités réglementaires de classement.

92. La procédure décrite dans la circulaire du 7 mars 1882 se trouve en désaccord avec la récente jurisprudence du Conseil d'État, que nous avons fait connaître à propos du classement des portions de routes nationales délaissées (n° 86).

Il suffirait, pour se conformer à cette jurisprudence, de faire prononcer par décret : 1° le déclassement de l'avenue d'accès, afin de la retirer du domaine public du chemin de fer ; 2° la remise de cette avenue au département ou à la commune pour qu'elle reçoive la destination indiquée dans la délibération du conseil général ou du conseil municipal.

Cette manière de procéder a été, au surplus, adoptée, sur le rapport du Ministre des Travaux publics, à l'occasion du classement, parmi les routes départementales, de l'avenue d'accès de la gare de Vezelise (ligne de Nancy à Mirecourt). Le décret du 10 mai 1895, rendu sur l'avis du Conseil d'État, a déclassé cette avenue, et il s'est borné à prendre acte de la délibération par laquelle la commission départementale de Meurthe-et-Moselle, déléguée à cet effet par le conseil général, avait souscrit l'engagement de classer l'avenue comme annexe de la route départementale de Verdun à Épinal.

Il est à remarquer que la loi du 24 mai 1842 n'autorise que le classement des anciennes routes nationales comme routes départementales, comme chemins de grande communication ou comme simples chemins vicinaux.

Les formalités indiquées dans la circulaire ministérielle du 7 mars 1882 ne se prêtent pas, dès lors, à l'incorporation des avenues dans le domaine rural ou municipal.

Or, on a vu, au n° 86, que le Conseil d'État admet la remise des anciennes routes nationales pour recevoir l'affectation consentie par les communes, alors même qu'il s'agit de ranger ces anciennes routes parmi les chemins ruraux ou parmi les rues. La nouvelle procédure permettrait donc d'introduire les avenues d'accès parmi les voies purement communales.

93. Nous ne pensons pas qu'il convienne de reviser la circulaire ministérielle du 7 mars 1882 de manière à y introduire la procédure admise par le Conseil d'État à l'égard de l'application de la loi du 24 mai 1842.

À notre avis, il y a lieu d'abandonner l'assimilation entre les avenues d'accès des stations et les portions de routes nationales délaissées. Il faut renoncer à transmettre la propriété du sol aux communes, à moins que l'on n'obtienne une loi spéciale qui autorise expressément cette transmission, ainsi que l'a fait la loi de 1842 pour les routes nationales déclassées.

Tant que cette loi n'aura pas été votée, la solution à adopter nous paraît être la suivante :

Elle consiste à laisser l'avenue d'accès dans le domaine public national. Une autorisation du Ministre des Travaux publics permettrait d'affecter cette avenue à l'usage indiqué par les intéressés, soit route départementale, soit chemin vicinal de catégorie quelconque, soit rue ou chemin rural. Le classement parmi ces voies publiques s'effectuerait suivant les formes réglementaires. C'est la solution qui est adoptée, en réalité, quand l'avenue d'accès est remise au maire de la commune au moyen d'un simple procès-verbal de livraison (n° 89). C'est aussi ce qui a lieu lors du classement dans la vicinalité des chemins de halage ou des chemins militaires (n° 84).

Dans la solution que nous indiquons, aucune réduction ne pourrait être apportée à l'assiette de l'avenue sans le consentement de l'autorité chargée de la gestion du domaine public national. L'intervention de cette autorité se produirait notamment à l'occasion de l'approbation des plans d'alignement de l'avenue. Il va sans dire que le produit de la vente des excédents, dont l'aliénation aurait été autorisée, appartiendrait à l'État.

§ 8. — Classement d'un chemin privé

94. Formalités de classement. — Lorsque l'on classe un chemin public, appartenant à une commune, la décision qui soumet ce chemin au régime de la vicinalité consacre la propriété de la commune, notamment en lui conférant le bénéfice de l'imprescriptibilité.

Mais il est un cas qui se présente parfois : celui d'un chemin appartenant à un particulier et livré, par tolérance, à l'usage du public. Le classement de ce chemin en transfère-t-il la propriété à la commune, sauf règlement ultérieur de l'indemnité due au particulier ?

Pour qu'il en fût ainsi, il faudrait que la décision de classement eût un effet translatif de propriété.

Or, cet effet n'existe, d'après l'article 15 de la loi du 21 mai 1836, qu'à l'égard des parcelles qui sont destinées à élargir un chemin appartenant à la commune et qui sont comprises dans les limites fixées par la décision portant élargissement (Cass. 9 mars 1847, communes de *Blanchefosse* et de *Rumigny ;* 20 avril 1868, *Revel*). La discussion qui a eu lieu à la Chambre des députés, lors de l'élaboration de la loi de 1836, ne laisse d'ailleurs aucun doute à ce sujet (1).

Un chemin appartenant à un tiers doit dès lors être traité comme toute propriété privée dont il est nécessaire de prendre possession pour ouvrir un nouveau chemin vicinal, et c'est par la voie de l'expropriation que le propriétaire peut être contraint de céder son chemin.

Les formalités à suivre sont celles qui ont été indiquées aux n°s 66 et 73 pour les chemins à ouvrir. Elles donnent lieu à une décision de l'autorité compétente, qui prononce le classement en même temps qu'elle déclare l'utilité publique du chemin et en autorise l'acquisition par voie d'expropriation (2).

La jurisprudence est maintenant bien fixée sur ce point (Arr. du gouv. du 11 avril 1848, *Delpont ;* — C. d'État, 25 février 1864, *Grellier ;* 9 février 1865, de *la Broue ;* 23 novembre 1865, *Vivenot ;* 1ᵉʳ février 1866, *Baudry ;* 12 janvier 1870, *Evain ;* 19 mars 1875, *Letellier-Delafosse ;* 5 avril 1889, de *Talleyrand-Périgord*).

C'est ce que rappelle la circulaire du Ministre de l'Intérieur du 23 septembre 1871 (art. 86).

95. Cas où les formalités de classement n'ont pas été observées. — Quand un chemin privé est classé comme s'il appartenait à la commune, c'est-à-dire quand il est purement et simplement déclaré chemin vicinal ordinaire, chemin d'intérêt commun ou chemin de grande communication, le propriétaire de ce chemin a le droit d'attaquer la décision de

---

(1) Discours de M. Vivien (séance du 7 mars 1835).
(2) Il en est ainsi quand le classement porte sur un terrain frappé de la servitude de halage et servant, par conséquent, de chemin de halage (Cour de Paris, 2 avril 1889, *Clémançon c.-commune de Saint-Fargeau.*)

classement pour excès de pouvoir, de manière à en faire prononcer l'annulation par le Conseil d'État.

C'est ce qui a eu lieu dans les diverses affaires qui ont abouti aux arrêts cités ci-dessus.

Lorsqu'on examine les motifs énoncés dans ces arrêts, on remarque que les décisions ont été annulées, parce que le classement avait été prononcé *en vertu de l'article* 15 *de la loi du* 21 *mai* 1836, alors qu'il eût fallu procéder conformément aux dispositions de l'article 16.

Ces motifs ne nous paraissent pas exactement formulés.

Les articles 15 et 16 ne renferment aucune disposition relative au classement des chemins vicinaux. L'article 15 se borne à instituer un mode sommaire d'expropriation pour les parcelles destinées à l'élargissement des chemins vicinaux. L'article 16 investit le préfet (actuellement le conseil général ou la commission départementale) du pouvoir de déclarer l'utilité publique des travaux d'ouverture et de redressement des chemins vicinaux.

Quant aux formalités légales du classement, elles sont, ainsi qu'on l'a vu précédemment, réglées par l'article 1er de la loi du 28 juillet 1824 pour les chemins vicinaux ordinaires (n° 62) et par l'article 46, n° 7, de la loi du 10 août 1871 pour les chemins de grande communication et d'intérêt commun (n° 72). Pour les premiers chemins, ces formalités légales consistent uniquement dans les délibérations des conseils municipaux et, pour les autres, dans les avis des conseils municipaux et d'arrondissement.

Les formalités légales du classement sont les mêmes pour les chemins existants qui appartiennent aux communes et pour les chemins à ouvrir ou à redresser. Ces formalités avaient dès lors été accomplies préalablement aux décisions que les arrêtés précités ont annulées pour excès de pouvoir .

Quelle est donc la véritable raison pour laquelle cette annulation a été prononcée?

N'est-ce pas parce que les décisions de classement s'abstenaient de porter en même temps déclaration d'utilité publique et autorisation d'acquérir le chemin par voie d'expropriation?

Une objection peut être présentée à ce sujet. On peut faire remarquer qu'il n'est pas indispensable que la même décision statue à la fois sur le classement et sur l'exécution par voie d'expropriation. On peut même citer ce qui se passait avant la loi du 10 août 1871, à l'égard des chemins de grande communication. Le classement était prononcé par le conseil général (art. 7 de la loi du 21 mai 1836), et l'exécution par voie d'expropriation était autorisée par le préfet (art. 16 de la même loi). Les deux décisions étaient bien distinctes, puisqu'elles émanaient de deux autorités différentes.

Actuellement, il est manifeste que, dans certains cas, la décision de classement peut être prise seule et être parfaitement valable. Cela se produit, par exemple, dans le cas qui sera examiné ci-après (n° 96), lorsque le propriétaire du chemin fait reconnaître ses droits et provoque les mesures d'expropriation, après que la décision de classement a été rendue.

Une décision pourrait se borner à classer un chemin privé, si elle devait être suivie, avant toute prise de possession, d'une autre décision déclarant l'utilité publique du chemin et autorisant son acquisition par voie d'expropriation. Mais il convient que la première décision réserve expressément les mesures à prendre ultérieurement : sinon, la commune pourrait se croire autorisée à s'emparer du chemin, et, si elle agissait en conséquence, elle mettrait le véritable propriétaire dans l'obligation de s'adresser aux tribunaux ordinaires pour faire respecter ses droits.

Il existe, en matière de plans d'alignement, un cas assimilable à celui que nous examinons.

Lorsqu'un alignement soumet une construction riveraine à un retranchement trop considérable, cette construction échappe à la servitude de voirie (n° 182). L'alignement ne peut recevoir son exécution qu'après que la commune a été autorisée à acquérir, à l'amiable ou par expropriation, la portion d'immeuble nécessaire.

Or, bien que le propriétaire de la construction riveraine puisse toujours exercer les droits qui lui sont ainsi reconnus, le Conseil d'État exige que la décision approbative du plan d'alignement mentionne la réserve qui vient d'être indiquée, et il annule, pour excès de pouvoir, toute décision dans laquelle cette réserve est omise (n° 183).

En nous inspirant de cette jurisprudence, nous estimons que, lorsqu'une décision classe purement et simplement un chemin appartenant à un tiers, cette décision doit être annulée, parce qu'elle ne stipule pas l'obligation, pour la commune, de prendre possession du chemin, soit à l'amiable, soit par expropriation, conformément aux dispositions de la loi du 3 mai 1841 combinées avec celles de l'article 16 de la loi du 21 mai 1836.

96. Quand la décision de classement ne peut plus être attaquée, le pourvoi étant non recevable, deux cas sont à considérer :

Si la décision n'a été suivie d'aucune exécution, le propriétaire, qui est resté en possession de son chemin, se trouve dans la situation de tous ceux qui détiennent des terrains destinés à la confection d'un travail public, et à l'égard desquels la procédure d'expropriation n'a pas été engagée. Il peut donc s'opposer à la prise de possession de son chemin et obliger l'Administration à faire le nécessaire pour l'acquérir. L'Administration doit alors provoquer une décision de l'autorité compétente à l'effet de déclarer l'utilité publique de l'établissement du chemin vicinal et autoriser l'acquisition du chemin privé conformément aux dispositions de la loi du 3 mai 1841 combinées avec celles de l'article 16 de la loi du 21 mai 1836. Il est à remarquer que la décision de classement reste valable ; c'est l'acte qui doit nécessairement précéder la déclaration d'utilité publique et justifier l'accomplissement des formalités d'expropriation, suivant les dispositions adoptées en matière vicinale.

Si, au contraire, la décision de classement a été suivie d'exécution, et si, par conséquent, l'Administration a livré régulièrement au public le chemin appartenant à un tiers en y effectuant les réparations et travaux nécessaires, le propriétaire, à défaut d'un arrangement amiable avec la commune, n'a d'autre ressource que de s'adresser à l'autorité judiciaire pour obtenir une indemnité à raison de la dépossession de son chemin (Décret sur conflit, 4 juillet 1845, *Delaruelle-Duport* ; 13 décembre 1845, *Leloup*). Le propriétaire ne peut faire cesser l'usage public du chemin, pour des motifs analogues à ceux qui ont conduit la jurisprudence à refuser la destruction des travaux dans le cas où ils ont été entrepris sur des terrains irrégulièrement occupés (n° 683). Cette jurisprudence s'est, en effet, inspirée de cette idée que, si la destruction était ordonnée, l'Administration se pourvoirait immédiatement pour faire prononcer l'expropriation et remplirait les formalités légales, de telle sorte qu'il est inutile de supprimer des travaux qui devraient être refaits quelque temps après (1). Pareillement, il n'y aurait aucun intérêt pour le propriétaire à faire cesser l'usage d'un chemin qui serait remis à la disposition du public quelque temps après, et il y aurait pour les usagers un préjudice plus ou moins grave.

Nous avons dit que le propriétaire devait s'adresser à l'autorité judiciaire pour obtenir le règlement de son indemnité. C'est au tribunal civil, et non au jury, qu'il appartient de fixer cette indemnité (Cass. 2 mai 1860, ch. de fer de *la Méditerranée;* 7 février 1876, *Régis Cély*). Il en résulte que, dans ce cas, le propriétaire irrégulièrement exproprié se trouve placé dans une situation défavorable, puisqu'il est privé des garanties établies par la loi sur l'expropriation (1).

§ 9. — Cas où la propriété d'un chemin est revendiquée par un tiers lors du classement

97. Au cours de l'instruction relative au classement d'un chemin, et avant que l'autorité compétente ait statué, il peut se faire qu'un particulier soutienne qu'il est propriétaire du chemin à classer. S'il produit des titres ou des preuves qui paraissent justifier ses prétentions, l'autorité compétente doit surseoir jusqu'à ce que la question de propriété ait été tranchée. C'est ce qui a été décidé par le Conseil d'État à l'égard de la commission départementale, quand elle est appelée à prononcer le classement des chemins vicinaux ordinaires (2) (C. d'État, 27 février 1862, *Massé;* 28 novembre 1873, commune de *Bastennes;* 9 juin 1882, *Maixent ;* 8 janvier 1886, *Robin*). C'est aussi ce que prescrit l'Instruction générale dans son article 5.

Toutefois, si les prétentions du particulier n'étaient appuyées

---

(1) CHRISTOPHLE et AUGER, *Traité des Travaux publics*, t. II, p. 634.
(2) La délibération par laquelle la commission départementale ajourne sa décision jusqu'à ce que la question de propriété du sol ait été résolue par les tribunaux ordinaires ne constitue pas une décision susceptible d'être déférée au conseil d'État, par application de l'article 88 de la loi du 10 août 1871 (C. d'État, 8 juillet 1892, commune de *Labastide*...).

d'aucune justification et n'avaient aucun caractère de vraisemblance, l'autorité compétente ne serait pas tenue de surseoir au classement du chemin (C. d'État, 4 juillet 1884, *Laffont*).

Dans ce dernier cas, s'il advenait que le particulier fût ultérieurement reconnu fondé dans sa revendication, il se trouverait dans la situation qui a été examinée au paragraphe précédent.

98. Il appartient aux tribunaux ordinaires de trancher la question de propriété du sol du chemin (C. d'État, 26 janvier 1854, *Canelle*).

C'est dès lors à ces tribunaux que la commune doit s'adresser pour faire reconnaître ses droits à la propriété du chemin, dans le cas où l'autorité compétente a sursis à statuer sur le classement (C. d'État, 28 novembre 1873, commune de *Bastennes*).

§ 10. — Du classement des rectifications d'un chemin vicinal

99. D'après l'Instruction générale (art. 16 et 19), le conseil général ou la commission départementale déclarent d'utilité publique et autorisent l'ouverture ou le redressement d'un chemin après en avoir classé les parties qui ne l'auraient pas été antérieurement.

Ce classement ne saurait porter que sur les nouveaux chemins à ouvrir, ou bien sur les redressements d'une notable importance.

Lorsque les rectifications n'affectent pas sensiblement la direction générale du chemin, point n'est besoin d'en faire l'objet d'un classement.

Cela tient à ce que le classement peut s'appliquer à un tracé, sommairement figuré sur un plan d'ensemble, voire même défini seulement par les points extrêmes et les points principaux du parcours, ainsi que le fait savoir l'instruction du 24 juin 1836 en ce qui concerne le classement des chemins de grande communication.

On trouve l'application de ces observations dans divers cas particuliers que nous allons signaler.

Un chemin vicinal, par exemple, présente une sinuosité très prononcée dans la traversée d'un certain domaine. Le propriétaire juge avantageux de construire lui-même une rectification de ce chemin, parce qu'il deviendra acquéreur de la partie sinueuse qui sera aliénée par la commune. Il remet la rectification à l'Administration qui l'accepte et la livre au public. Elle fait dès lors partie du chemin sans avoir été l'objet d'une décision spéciale de classement, si toutefois le tracé du chemin n'est pas modifié dans sa direction générale.

C'est surtout lors de la construction des chemins de fer que des rectifications analogues se trouvent ainsi opérées. Ces rectifications sont exécutées par l'État ou les Compagnies concessionnaires, afin d'assurer le rétablissement des communications vicinales interceptées par la voie ferrée. Dès qu'elles ont été remises au service vicinal, elles font partie des chemins, sans qu'il soit besoin de procéder à leur classement.

CHAPITRE II

OUVERTURE ET REDRESSEMENT

SECTION I

OUVERTURE ET REDRESSEMENT DES CHEMINS VICINAUX ORDINAIRES

§ 1. — Autorité compétente pour autoriser l'ouverture ou le redressement

100. Autrefois c'était au préfet qu'il appartenait d'autoriser les travaux d'ouverture ou de redressement des chemins vicinaux ordinaires (Loi du 21 mai 1836, art. 16). Ce pouvoir a été attribué à la commission départementale en vertu de l'article 86 de la loi du 10 août 1871.

La décision de la commission départementale remplit l'office de la déclaration d'utilité publique des travaux, ainsi qu'on le verra plus loin (n° 199), sauf toutefois en ce qui concerne les terrains bâtis dont l'occupation doit être autorisée par un décret (n° 144).

§ 2. — Enquête

101. Cas où les travaux du chemin à ouvrir ou à redresser intéressent exclusivement la commune. — La décision de la commission départementale doit être nécessairement précédée d'une enquête.

Cette enquête n'est mentionnée ni dans l'article 16 de la loi du 21 mai 1836, qui a conféré au préfet le droit d'autoriser les travaux d'ouverture ou de redressement, ni dans l'article 86 de la loi du 10 août 1871, qui a transféré ce droit à la commission départementale (1).

Mais elle est prescrite par la loi du 28 juillet 1824. Aux termes de l'article 10 de cette loi, les travaux d'ouverture des chemins ne peuvent être autorisés qu'après enquête *de commodo et incommodo*, et cet article est toujours en vigueur (C. d'État, 23 novembre 1888, *Degeorges*).

Les indications de l'article 10 de la loi du 28 juillet 1824 laissent une certaine latitude pour le choix du mode d'enquête. Elles permettent d'adopter l'enquête instituée par l'ordonnance du 23 août 1835. C'est celle qui est prescrite par l'Instruction générale du 6 décembre 1870 (art. 15).

L'enquête dont il s'agit est d'ailleurs justifiée par cette circonstance que la décision de la commission départementale vaut déclaration d'utilité publique et tient lieu, par conséquent, du décret prévu par l'article 3 de la loi du 3 mai 1841. Or, cet article énonce que l'enquête, précédant l'acte déclaratif d'utilité publique, doit s'effectuer dans les formes déterminées par un règlement d'administration publique. L'ordonnance du 23 août 1835 n'est autre que ce règlement pour les travaux d'intérêt purement communal, parmi lesquels se rangent les travaux d'ouverture ou de redressement des chemins vicinaux ordinaires dans le cas que nous examinons en ce moment.

102. Des instructions ont été données par le Ministre de l'Intérieur à l'effet d'assurer la régularité des enquêtes accomplies dans les formes de l'ordonnance du 23 août 1835. Elles sont contenues dans les circulaires des 22 mars 1883, 12 avril 1892 et 25 avril 1894 (2).

L'enquête doit être ordonnée par un arrêté du préfet, qui indique non seulement le nombre de jours pendant lesquels les pièces du projet doivent être déposées, mais encore de quel jour à quel jour ce dépôt doit être effectué (3).

---

(1) Cette lacune a été comblée en matière de chemins ruraux. La loi du 20 août 1881 (art. 13) prescrit une enquête, dans les formes de l'ordonnance du 23 août 1835, préalablement à la décision de la commission départementale qui autorise l'ouverture ou le redressement des chemins ruraux.

(2) Cette dernière circulaire est accompagnée de modèles qui sont insérés aux *Annales des Chemins vicinaux* (1893-1894, 2ᵉ partie, p. 472).

(3) Ces dates doivent être déterminées de telle sorte que les fonctionnaires locaux, après avoir reçu l'arrêté, aient un temps suffisant pour le faire publier et annoncer l'enquête.

La durée du dépôt est de quinze jours. Toutefois, le préfet peut l'augmenter, s'il le juge utile. Ce délai de quinze jours est un délai franc : il ne comprend, par conséquent, ni le jour employé aux formalités d'avertissement ni aucun des trois jours pendant lesquels le commissaire-enquêteur siège à la mairie pour recevoir les déclarations des habitants (Avis de la section de l'Intérieur du Conseil d'État des 25 juin et 24 décembre 1889 ; — Arrêt du Conseil d'État du 1er avril 1892, *d'Engente*).

L'arrêté du préfet doit faire connaître aussi avec précision les jours pendant lesquels le commissaire-enquêteur siègera à la mairie.

Enfin, le choix du commissaire-enquêteur appartient au préfet, et il ne peut porter sur un membre de la municipalité intéressée ou sur une personne en dépendant à un titre quelconque.

103. Cas où le chemin à ouvrir ou à redresser passe sur le territoire d'une commune voisine. — Il ne faudrait pas croire que, parce que les travaux n'intéressent pas exclusivement une commune, l'article 6 de l'ordonnance du 23 août 1835 doive recevoir son application, et que dès lors l'enquête doive avoir lieu conformément à l'ordonnance du 18 février 1834.

Par un arrêt du 28 janvier 1858 (*Hubert*), le Conseil d'État a jugé, en effet, que les formes de l'ordonnance de 1834 « n'étaient applicables aux travaux d'intérêt communal que dans le cas où ces travaux, entrepris dans un intérêt collectif, s'étendent sur le territoire de *plusieurs communes qui concourent à leur exécution* ».

Ainsi, lorsque les travaux poursuivis par une commune, exclusivement à ses frais, sont projetés sur le territoire d'une ou de plusieurs communes voisines, l'ordonnance de 1835 est encore celle qu'il y a lieu d'appliquer.

Mais l'enquête réglementée par cette ordonnance peut-elle s'effectuer uniquement dans la commune qui exécute les travaux ?

Le Conseil d'État a déclaré, à l'occasion du redressement d'un chemin vicinal ordinaire à travers le territoire d'une commune voisine, que l'enquête avait pu être ouverte seulement dans la commune qui supportait la dépense des travaux et que, dès lors, la décision de la commission départementale n'était entachée d'aucune irrégularité (8 juin 1888, *Desbos*). Cet arrêt s'explique par cette circonstance que, dans ce cas, l'enquête dans la commune voisine n'est exigée par aucune disposition de loi ou de règlement d'administration publique.

Toutefois, si l'enquête dans les communes voisines intéressées n'est pas prescrite à peine de nullité, elle n'en constitue pas moins une formalité dont le besoin est manifeste. Il importe que les propriétaires atteints par le tracé projeté dans les communes voisines soient mis à même de présenter leurs observations. Aussi, le Ministre de l'Intérieur, dans sa circulaire du 12 avril 1892, en s'appuyant sur plusieurs avis de la section de l'Intérieur du Conseil d'État (20 mars, 7 août et 24 décembre 1889 et 16 juin 1891), a-t-il fait savoir qu'une enquête dans les formes de l'ordonnance de 1835 devait être ouverte, non seulement à la mairie de la commune qui entreprend les travaux, mais encore à la mairie de chacune des communes sur le territoire desquelles ils s'exécuteront.

Ainsi donc, quand le chemin à ouvrir ou à redresser passe sur le territoire d'une commune voisine, il doit être procédé à une enquête, conformément aux articles 2, 3 et 4 de l'ordonnance du 23 août 1835, dans la commune qui supporte la dépense des travaux ainsi que dans la commune voisine, tout comme s'il était question d'un projet proposé par chaque conseil municipal.

104. Cas où les travaux du chemin à ouvrir ou à redresser intéressent une commune voisine, bien qu'ils ne franchissent pas ses limites. — Tel est le cas, par exemple, de l'ouverture d'un chemin vicinal ordinaire qui se termine au périmètre de la commune, et qui est destiné, dans un avenir plus ou moins éloigné, à se continuer sur le territoire de la commune contiguë.

Comme dans le cas précédent, aucune disposition de loi ou de règlement n'oblige l'Administration à ouvrir une enquête dans la commune voisine (C. d'État, 31 juillet 1891, *Trémolières* ; 22 novembre 1895, princesse *de Ligne*).

Cette information est néanmoins utile. Mais il y a lieu de remarquer qu'il n'existe pas, dans l'espèce, de propriétaires dont les immeubles soient touchés par le tracé : il ne peut être question que de la convenance de ce tracé au point de vue des intérêts de la commune voisine. Il n'y a donc pas de raison de procéder à une enquête à la mairie de cette commune, conformément à l'ordonnance de 1835. Il suffit, selon nous, de provoquer l'avis du conseil municipal.

105. Les observations qui viennent d'être présentées, comme celles qui ont été mentionnées au n° 103, montrent que les formes d'enquête instituées par l'ordonnance du 23 août 1835 sont incomplètes. Elles ne prévoient pas le cas où les travaux projetés par une commune intéressent d'autres communes, bien que ces dernières n'interviennent pas dans la dépense. C'est une lacune qu'il serait utile de combler.

§3. — Avis du conseil municipal

106. D'après l'article 4 de l'ordonnance du 23 août 1835, l'avis du conseil municipal n'est exigé que si le registre d'enquête contient des déclarations contraires à l'adoption du projet ou si l'avis du commissaire-enquêteur lui est opposé. Ces dispositions sont modifiées par l'article 15 de l'Instruction générale qui, après avoir prescrit l'ouverture de l'enquête dans les formes de l'ordonnance de 1835, porte que le conseil municipal sera toujours appelé à délibérer, tant sur l'utilité du projet que sur les réclamations consignées au procès-verbal d'enquête (1). En matière d'ouverture de chemins vicinaux, la délibération du conseil municipal est, en effet, obligatoire, aux termes de l'article 10 de la loi du 28 juillet 1824.

L'avis de l'assemblée communale a une importance capitale. La commission départementale ne peut, en effet, ordonner l'ouverture ou le redressement d'un chemin vicinal

---

(1) Aux termes de l'article 64 de la loi du 5 avril 1884, les délibérations d'un conseil municipal sont annulables quand des membres, qui y ont pris part, sont intéressés à l'affaire. Il a été jugé que les propriétaires de parcelles traversées ou longées par le tracé d'un chemin à ouvrir ou à redresser peuvent n'être point considérés comme ayant un intérêt personnel, dans le sens de l'article 64 précité, alors même qu'ils auraient consenti des souscriptions, soit en argent, soit en terrains (C. d'État, 6 juillet 1888, *Breuillaud ;* 28 mars 1890, *Dô*).

ordinaire sans l'assentiment du conseil municipal ni, par conséquent, arrêter un tracé repoussé par cette assemblée, alors qu'il en résulte une dépense pour la commune (C. d'État, 5 juin 1862, *Reugade;* — Avis de la section de l'Intérieur du 29 juillet 1870 ; — C. d'État, 27 juin 1873, 21 novembre 1873, commune de *Villers ;* 14 novembre 1873, commune d'*Olmeto;* 21 novembre 1873, commune de *Saint-Pierre-les-Étieux ;* 19 mars 1875, *Piron ;* 25 juin 1875, annulation de deux délibérations du conseil général de la *Dordogne;* 18 février 1876, *Proullaud;* 15 décembre 1876, *Chantoury ;* 27 décembre 1878, commune de *Mauzens-Miremont ;* 23 février 1883, commune de *Blaymont ;* 1er juin 1888, commune de *Pourrain;* 13 novembre 1891, commune d'*Albias*).

Cette jurisprudence s'explique facilement. Les dépenses de construction des chemins vicinaux ordinaires ne sont obligatoires pour les communes qu'autant qu'elles ont été votées par les conseils municipaux (C. d'État, 21 juin 1866, *Champy ;* 19 novembre 1868, *Pernelle ;* 19 décembre 1868, communes de *Sèvres* et de *Meudon;* 28 juillet 1876, commune de *Giry ;* 13 juillet 1877, commune de *Bosbénard*). Si donc une commune repousse la construction d'un chemin, l'Administration ne peut procéder d'office à l'exécution des travaux, et dès lors la décision de la commission départementale resterait à l'état de lettre morte, si elle avait été rendue.

107. Il est toutefois un cas où la commission départementale peut ordonner l'ouverture ou le redressement d'un chemin vicinal ordinaire, malgré l'opposition du conseil municipal : c'est lorsqu'une commune voisine, ayant intérêt à l'établissement ou à l'amélioration de ce chemin, s'engage à supporter toutes les dépenses de construction et d'entretien du chemin dont il s'agit (C. d'État, 5 décembre 1873, commune de *Saint-Maurice*).

§ 4. — De la décision de la commission départementale

108. A l'issue de l'enquête, le dossier est adressé par le maire au sous-préfet qui l'envoie au préfet avec son avis motivé.

Sur le vu du dossier ainsi complété et sur l'avis des agents voyers (1), la commission départementale statue.

Son attention doit se porter sur deux points de haute importance.

Le premier concerne les voies et moyens prévus pour réaliser l'opération projetée. Il est manifeste qu'il ne convient d'autoriser une commune à ouvrir ou à redresser un chemin qu'autant qu'elle est en mesure de mener les travaux à bonne fin. Ainsi que le rappelle le Ministre de l'Intérieur dans une circulaire du 22 mars 1883, la déclaration d'utilité publique ne doit être prononcée que si la commune justifie de ressources suffisantes pour acquitter le prix d'acquisition des terrains et subvenir à la dépense d'exécution des travaux. Il est donc nécessaire que le dossier, soumis à la commission départementale, contienne cette justification.

Le second point a trait à l'entretien des chemins à ouvrir. Il est manifeste que la construction de ces chemins ne saurait être autorisée que si les communes peuvent les entretenir. La nécessité d'assurer l'entretien s'impose encore plus qu'en matière de classement (n° 65), car le défaut d'entretien entraîne, en partie, la perte du capital employé à la construction.

Aussi, quand il s'agit de travaux à subventionner en vertu de la loi du 12 mars 1880, le Ministre de l'Intérieur a-t-il prescrit aux préfets d'écarter des programmes annuels les chemins que les communes ne seraient pas en mesure d'entretenir régulièrement et d'une manière permanente (Circulaires des 11 juin 1887 et 6 août 1888) (2).

Sur ce point, le dossier doit encore renfermer toutes les justifications nécessaires.

---

(1) Cet avis, qui n'est exigé par aucune disposition de loi ou de règlement d'administration publique, n'est pas obligatoire (C. d'État, 1er avril 1892, *Piveleau*). Son omission n'entraîne donc pas la nullité de la décision.
(2) Voir au n° 483.

SECTION II

OUVERTURE ET REDRESSEMENT DES CHEMINS VICINAUX DE GRANDE COMMUNICATION ET D'INTÉRÊT COMMUN

§ 1. — Autorité compétente pour autoriser l'ouverture ou le redressement

109. Le préfet tenait autrefois de la loi du 21 mai 1836 (art. 16) le droit d'autoriser les travaux d'ouverture ou de redressement des chemins de grande communication et d'intérêt commun. La loi du 10 août 1871 (art. 44) lui a enlevé ce droit pour le donner au conseil général.

La décision de l'assemblée départementale équivaut à une déclaration d'utilité publique, ainsi qu'on le verra plus loin (n° 199), sauf toutefois en ce qui concerne les terrains bâtis, dont l'occupation doit être autorisée par un décret (n° 144).

Conformément à l'article 77 de la loi du 10 août 1871, le conseil général peut, par des délégations spéciales, charger la commission départementale d'autoriser l'ouverture ou le redressement des chemins de grande communication ou d'intérêt commun (C. d'État, 4 février 1876, *Abadie*). Mais ces délégations doivent s'appliquer à des affaires déterminées (V. au n° 71).

§ 2. — Enquête

110. Formes de l'enquête. — L'article 16 de la loi du 21 mai 1836, en confiant au préfet le pouvoir d'autoriser les travaux d'ouverture ou de redressement des chemins vicinaux de toute catégorie, n'avait pas subordonné sa décision à l'accomplissement d'une enquête. La loi du 10 août 1871, en transférant au conseil général le droit primitivement attribué au préfet, a passé également cette formalité sous silence. On admet que ces lois ont laissé en vigueur l'article 10 de la loi du

28 juillet 1824, aux termes duquel les travaux d'ouverture des chemins ne peuvent être autorisés qu'après enquête *de commodo et incommodo*.

Mais cette loi ne fixe pas les formes de l'enquête ou ne renvoie à aucun règlement qui détermine ces formes.

Il convient de remarquer que la décision du conseil général vaut déclaration d'utilité publique et tient lieu du décret prévu par l'article 3 de la loi du 3 mai 1841. Or, cet article énonce que l'enquête, précédant l'acte déclaratif d'utilité publique, doit s'effectuer dans les formes déterminées par un règlement d'administration publique. Ces formes ont été établies par les ordonnances des 18 février 1834 et 23 août 1835. L'Instruction générale porte, en conséquence, dans son article 19, que « l'enquête aura lieu conformément aux dispositions de l'ordonnance du 18 février 1834 ou de celle du 23 août 1835, selon que les travaux intéresseront plusieurs communes ou une seule ». Cette indication est vague : elle laisse indécise la nature de l'intérêt auquel il y a lieu d'avoir égard. Au premier abord, il semble qu'un chemin de grande communication ou d'intérêt commun n'existe qu'autant que deux ou plusieurs communes y sont intéressées. Il s'ensuivrait que l'ordonnance de 1834 devrait toujours être appliquée.

La circulaire ministérielle du 12 avril 1892 précise davantage. Elle énonce que les formes de l'ordonnance de 1834 doivent être suivies pour les travaux intéressant plusieurs communes, en ajoutant que l'on doit considérer comme tels « les travaux faits pour l'utilité collective de plusieurs communes qui concourent en commun à la dépense de leur exécution ».

Ces instructions s'appuient sur l'arrêt du Conseil d'État du 28 janvier 1858 (*Hubert*), mais elles n'en reproduisent pas exactement les motifs. Il a été jugé, en effet, par cet arrêt « qu'aux termes des articles 1er et 6 de l'ordonnance du 23 août 1835, les formes prescrites pour les enquêtes par l'ordonnance du 18 février 1834 ne sont applicables aux travaux d'intérêt communal que dans le cas où ces travaux, entrepris dans un intérêt collectif, *s'étendent sur le territoire de plusieurs communes* qui concourent à leur exécution ».

Les instructions ministérielles devraient donc être complétées en ce sens que l'ordonnance de 1834 serait applicable lorsque le chemin à ouvrir ou à redresser traverse le territoire de deux ou plusieurs communes qui participent à la dépense des travaux.

111. De l'application de l'ordonnance du 18 février 1834. — L'enquête établie par l'ordonnance de 1834 est justifiée quand elle porte uniquement sur le tracé général suivant lequel il convient d'ouvrir ou de redresser un chemin de grande communication ou d'intérêt commun, sans qu'il soit question de l'application de ce tracé aux propriétés particulières. Dans ce cas, un simple avant-projet est soumis à l'enquête, ainsi que cela a lieu en matière d'ouverture de routes, de canaux, de chemins de fer. Plus tard, après que la déclaration d'utilité publique a été prononcée, une seconde enquête, dite parcellaire, s'effectue conformément au titre II de la loi du 3 mai 1841, en vue de recueillir les observations des propriétaires des terrains traversés.

Cette manière de procéder est peu employée au service vicinal. Habituellement les agents voyers préparent immédiatement le plan parcellaire du chemin à ouvrir ou à redresser, et c'est ce plan qui est soumis à l'enquête d'utilité publique, de manière à faire porter l'information sur la cession des terrains nécessaires aux travaux. En agissant ainsi, on peut acquérir les terrains à l'amiable, dès que la décision du conseil général a été rendue, sans avoir besoin de recourir à une seconde enquête. Nous expliquerons plus loin (n° 116) les circonstances qui justifient ces errements.

Or, l'enquête instituée par l'ordonnance du 18 février 1834 ne se prête pas à l'adoption des errements dont il s'agit.

Cette enquête comporte, en effet, une information à la sous-préfecture, si le chemin ne franchit pas les limites de l'arrondissement, ou bien à la préfecture, dans le cas contraire. Les propriétaires intéressés sont donc obligés de faire un voyage plus ou moins long et dispendieux pour prendre connaissance des emprises projetées sur leurs immeubles. L'information n'est pas mise à leur portée.

Ensuite l'ordonnance de 1834 exige l'installation d'une commission d'enquête qui se réunit à la sous-préfecture ou à la préfecture. Les membres en sont pris parmi les principaux propriétaires de terres, de bois, de mines, les négociants, les armateurs et les chefs d'établissements industriels. Cette commission a sa

raison d'être quand il est question d'apprécier les avantages de
la direction générale d'une importante voie de communication
à créer entièrement, mais il est permis de la trouver d'une
utilité douteuse en matière de redressement et même d'ouverture de chemins de grande communication ou d'intérêt commun.
Il convient, en effet, de remarquer que, si le chemin a été antérieurement classé, sa direction générale est arrêtée; si, au
contraire, on procède au classement en même temps qu'à l'ouverture du chemin, le conseil d'arrondissement est appelé à
délibérer, et l'avis de cette assemblée peut être tenu comme
valant celui d'une commission d'enquête.

Enfin, il y a lieu de signaler que l'ordonnance précitée laisse
complètement les conseils municipaux en dehors de l'information.

112. Il est manifeste, d'ailleurs, que l'appareil de l'enquête
de l'ordonnance de 1834 n'est pas celui d'une enquête *de commodo et incommodo*. Or, cette dernière enquête est exigée, pour
toute acquisition de terrain, par l'article 10 de la loi du
28 juillet 1824. Il s'ensuit que l'information de l'ordonnance
de 1834, alors même qu'elle porterait sur un plan parcellaire,
ne saurait dispenser d'une seconde enquête d'intérêt communal.

Pour ces motifs, nous estimons que, lorsque l'enquête s'effectue dans les formes de l'ordonnance du 18 février 1834, il y
a lieu de se borner à soumettre à cette enquête un simple avant-
projet, et de procéder, après que la déclaration d'utilité publique
a été rendue, à l'enquête du titre II de la loi du 3 mai 1841.

§ 3. — Avis des conseils municipaux

113. A l'issue de l'enquête effectuée soit dans les formes de
l'ordonnance du 18 février 1834, soit dans celles de l'ordonnance du 23 août 1835, les conseils municipaux des communes
intéressées doivent être appelés à délibérer (art. 10 de la loi
du 28 juillet 1824). Cette formalité s'impose d'ailleurs pour les
communes qui doivent contribuer à la dépense du chemin
projeté.

L'opposition des conseils municipaux ne saurait faire obstacle à l'ouverture ou au redressement des chemins de grande communication ou d'intérêt commun (C. d'État, 27 décembre 1878, commune de *Saint-Martin-Château*). C'est d'ailleurs ce qui avait été reconnu dans un avis de la section de l'Intérieur du Conseil d'État du 29 juillet 1870, d'après lequel « la résistance d'un seul conseil municipal ne peut entraver l'exécution de mesures jugées nécessaires au point de vue des intérêts collectifs de plusieurs communes ». Ce motif ne serait pas suffisant, si l'Administration n'était pas à même de vaincre la résistance d'une commune en faisant exécuter les travaux malgré elle. Là est la différence entre le cas des chemins vicinaux ordinaires (n° 106) et celui des chemins de grande communication ou d'intérêt commun. Pour ces derniers chemins, les ressources nécessaires aux travaux peuvent être assurées tant par les contingents communaux que par la subvention du département. Il est donc possible de passer outre à l'opposition des communes.

§ 4. — De la décision du conseil général

114. Le dossier soumis au conseil général doit éclairer l'assemblée départementale sur deux points importants.

Le premier concerne les voies et moyens prévus pour la construction du chemin. Il est nécessaire de faire connaître au conseil général la charge que le département aura à supporter, après avoir recueilli les apports des communes ou des particuliers intéressés, ainsi que les subventions de l'État, s'il y a lieu.

Le second point a trait à l'entretien des chemins à ouvrir. Il arrive généralement que les contingents supplémentaires fournis par les communes intéressées ne suffisent pas pour couvrir la dépense d'entretien de ces chemins. Le conseil général est alors amené à augmenter l'importance de sa subvention en faveur des chemins de grande communication ou d'intérêt commun. Il est nécessaire de lui indiquer le montant de cette nouvelle charge.

SECTION III

DISPOSITIONS COMMUNES AUX CHEMINS VICINAUX
DE TOUTE CATÉGORIE

---

§ 1. — Des pièces à soumettre à l'enquête

115. D'après l'article 15 de l'Instruction générale, les pièces à soumettre à l'enquête consistent en un plan, un nivellement et un rapport.

Les ordonnances du 18 février 1834 et du 23 août 1835 prescrivent de faire connaître le tracé des travaux, les dispositions principales des ouvrages et l'appréciation sommaire des dépenses.

L'Administration a maintes fois recommandé l'observation de ces dernières dispositions. L'enquête effectuée conformément à l'ordonnance de 1835 peut, en effet, être déclarée irrégulière et entraîner l'annulation de la décision qui l'a suivie, si le projet déposé à la mairie n'a fait connaître ni les dispositions principales des ouvrages, ni l'appréciation sommaire des dépenses (C. d'État, 24 juin 1892, de *Quatrebarbes*). En ce qui concerne cette appréciation des dépenses, le Conseil d'État a d'ailleurs admis que les erreurs dont elle pouvait être entachée ne motivaient pas nécessairement l'annulation de la décision intervenue (C. d'État, 3 août 1877, *Gallet* ; 4 juillet 1884, *Lallier*).

Il convient d'indiquer, dans le rapport déposé à l'enquête, non seulement l'évaluation des dépenses de construction, mais encore celle des dépenses d'entretien, s'il s'agit d'un chemin à ouvrir.

De plus, en ce qui concerne les chemins de grande communication et d'intérêt commun, il paraît utile de faire connaître les contingents qui seront réclamés aux communes pour la construction et, s'il y a lieu, pour l'entretien du nouveau chemin.

116. En dehors du cas où l'enquête a lieu conformément à l'ordonnance du 18 février 1834, le plan soumis à l'enquête est habituellement un plan parcellaire. L'enquête à laquelle il est procédé remplit à la fois l'office de l'enquête d'utilité publique et celui de l'enquête *de commodo et incommodo* qui, aux termes de l'article 10 de la loi du 28 juillet 1824, doit précéder toute acquisition de terrain. Les déclarations recueillies peuvent dès lors être de deux sortes : celles qui ont trait à l'utilité de l'ouverture ou du redressement et celles qui concernent l'application du tracé aux propriétés particulières.

Cette manière de procéder permet d'acquérir les terrains à l'amiable, dès que l'autorité compétente a déclaré d'utilité publique et autorisé les travaux d'ouverture ou de redressement, par conséquent, après une seule enquête. Deux enquêtes seraient nécessaires, au contraire, si l'enquête d'utilité publique portait sur un simple avant-projet, sans indication d'emprises : la seconde enquête serait alors celle qui a été instituée par le titre II de la loi du 3 mai 1841.

Les errements que nous venons d'indiquer se justifient par cette circonstance qu'en matière de construction de chemins vicinaux, les acquisitions de terrains s'effectuent d'ordinaire à l'amiable. Si, par exception, il faut recourir à l'expropriation, on en est quitte pour soumettre à l'enquête de la loi de 1841 les parcelles dont on n'a pu obtenir la cession à l'amiable.

Nous ferons remarquer, en outre, que, s'il est possible de procéder ainsi qu'il vient d'être dit, c'est parce que le tracé du nouveau chemin s'impose généralement : le service vicinal ne court guère de risque en étudiant complètement le projet d'exécution des travaux, et, par conséquent, en effectuant les opérations de lever de plans et de nivellement qu'exige la confection d'un plan parcellaire.

117. Il peut arriver, cependant, que la direction à assigner au chemin soit très contestée. Dans ce cas, il serait fâcheux que les agents du service vicinal se livrassent à des travaux en pure perte, si le tracé soumis à l'enquête devait être écarté. On peut alors se borner à soumettre à l'enquête d'utilité publique un simple avant-projet comprenant un plan d'ensemble du tracé et, après que la déclaration d'utilité publique a été rendue, procéder à l'enquête parcellaire, conformément au titre II de la loi du 3 mai 1841, de telle sorte que toutes les formalités seraient remplies s'il était indispensable de recourir à l'expropriation de quelques parcelles.

§ 2. Cas où les travaux d'ouverture ou de redressement atteignent des terrains bâtis

118. L'occupation des terrains bâtis ne peut être autorisée que par un décret (Loi du 8 juin 1864), ainsi que nous l'expliquerons plus loin (n° 144). Ce décret se substitue donc à la décision du conseil général ou de la commission départementale pour la déclaration d'utilité publique, en vertu de laquelle l'expropriation peut être poursuivie.

Mais cette circonstance ne fait pas obstacle à ce que le conseil général ou la commission départementale déclarent d'utilité publique et autorisent l'ouverture ou le redressement d'un chemin suivant un tracé qui atteindrait, sur certains points, des terrains bâtis, si ces autorités statuent dans la limite de leurs attributions et n'ordonnent aucun acte d'exécution à l'égard des terrains bâtis (C. d'État, 16 mai 1884, *Pureau;* 22 novembre 1895, princesse de *Ligne*).

Dans ce cas, il importe que, dans leurs décisions, le conseil général ou la commission départementale introduisent une réserve portant que l'occupation des terrains bâtis ne pourra avoir lieu que conformément aux dispositions de la loi du 8 juin 1864 (C. d'État, 22 novembre 1895, princesse de *Ligne*).

§ 3. — De l'ajournement de l'exécution des travaux autorisés pour l'ouverture ou le redressement des chemins vicinaux

119. Quand cet ajournement se produit, un préjudice peut en résulter pour les propriétaires des terrains atteints par le tracé approuvé. Ils sont sous la menace de la cession de ces terrains, et cette éventualité peut leur être nuisible. Il y a lieu, en outre, d'ajouter que ces propriétaires sont exposés à se voir contester l'allocation d'une indemnité à raison des constructions, plantations et améliorations qu'ils auraient effectuées sur leurs terrains (Art. 52 de la loi du 3 mai 1841).

En matière de travaux publics dont l'utilité publique est prononcée par un décret, il est maintenant d'usage d'insérer dans cet acte une clause portant péremption du décret à défaut d'exécution dans un délai qui est généralement de cinq ans. Il serait à désirer qu'une clause semblable fût introduite dans les décisions du conseil général ou de la commission départementale, quand ces autorités déclarent d'utilité publique et autorisent les travaux d'ouverture ou de redressement des chemins vicinaux.

CHAPITRE III

ÉLARGISSEMENT

§ 1. — Autorités compétentes pour autoriser l'élargissement des chemins vicinaux

120. Autrefois, en vertu de l'article 15 de la loi du 21 mai 1836, c'était au préfet qu'il appartenait de fixer la largeur et les limites des chemins, alors même qu'il en résultait un élargissement aux dépens des propriétés riveraines.

Ce pouvoir a été transféré à la commission départementale (Art. 86 de la loi du 10 août 1871), quand il s'agit de chemins vicinaux ordinaires, et au conseil général (art. 44 de la même loi), quand il s'agit de chemins de grande communication et d'intérêt commun (1). L'article 86 énonce explicitement que la commission départementale fixe, non seulement la largeur, mais encore les limites des chemins. L'article 44 se borne, il est vrai, à déclarer que le conseil général détermine la largeur des chemins ; mais, comme il ajoute que sa délibération produit les effets spécifiés à l'article 15 de la loi du 21 mai 1836, il est manifeste que cette délibération comporte la fixation des limites.

§ 2. — Enquête

121. Nécessité d'une enquête. — Bien que l'Instruction générale ne le prescrive pas, le projet d'élargissement

_____

(1) Conformément à l'article 77 de la loi du 10 août 1871, le conseil général peut, par des délégations spéciales, charger la commission départementale de statuer sur l'élargissement des chemins de grande communication ou d'intérêt commun, mais à la condition que ces délégations s'appliquent à des affaires déterminées (Voir au n° 74).

d'un chemin vicinal doit être soumis à une enquête dans la commune où les travaux d'élargissement doivent s'effectuer. La nécessité de cette information est manifeste. Au surplus, l'article 10 de la loi du 28 juillet 1824 porte que les travaux d'élargissement des chemins doivent être autorisés après enquête *de commodo et incommodo* (1), et il a été jugé que cette disposition n'a été abrogée par aucune loi postérieure (C. d'État, 20 novembre 1874, *Puichaud*; 18 mars 1881, *Roux*; 8 août 1884, *Leroux*. — Décret du 7 novembre 1891, annulant une délibération du conseil général de la *Vienne*).

Une enquête est nécessaire, alors même que l'élargissement ne porte que sur des terrains appartenant à la commune (C. d'État, 2 mars 1888, *Bergerand*).

122. Pièces à soumettre à l'enquête. — D'après l'article 13 de l'Instruction générale, le projet d'élargissement comprend : 1° un plan indiquant les limites de la plate-forme du chemin et celles des ouvrages accessoires qui accompagnent cette plate-forme ; 2° un état faisant connaître les surfaces des terrains à occuper sur les parcelles riveraines.

Les ouvrages accessoires se composent des fossés, banquettes, talus de remblai ou de déblai, et tous autres ouvrages qu'il peut être utile d'établir en dehors de la voie livrée à la circulation (Art. 11 de l'Instruction générale). Parmi ces ouvrages sont compris les emplacements nécessaires au dépôt des matériaux d'entretien (C. d'État, 3 août 1877, *Cavelier de Mocomble*).

Il y a lieu de remarquer que le plan ne doit pas seulement figurer les limites des emprises que nécessite l'élargissement, c'est-à-dire les limites destinées à être arrêtées par le conseil général ou la commission départementale. Il doit aussi représenter les limites de la plate-forme qui réservent entre elles la largeur du chemin. Ces dispositions permettent aux intéressés de se rendre compte plus facilement des conditions dans lesquelles le chemin doit être établi. Afin de prévenir toute confusion, on peut marquer en traits fins les limites de la

---

(1) L'enquête *de commodo et incommodo* étant essentiellement d'intérêt communal, on se conforme au vœu de la loi en soumettant à une enquête dans chaque commune le plan et l'état parcellaire relatifs à l'élargissement d'un chemin de grande communication ou d'intérêt commun.

plate-forme, et accuser, par des traits plus larges, les limites des emprises.

123. Formes de l'enquête.—Quelles sont les formes de l'enquête à laquelle le projet d'élargissement doit être soumis ?

Sans doute, ce sont celles d'une enquête d'intérêt communal. Mais il existe deux documents qui règlent des enquêtes de cette nature. L'un est la circulaire ministérielle du 20 août 1825, l'autre est l'ordonnance du 23 août 1835. M. Guillaume, dans son *Traité pratique de la voirie vicinale*, pense que l'on peut choisir l'un ou l'autre de ces documents.

124. En ce qui concerne la circulaire du 20 août 1825, il convient de noter qu'elle a été modifiée par la circulaire ministérielle du 15 mai 1884 adressée aux préfets pour l'exécution de la loi municipale du 5 avril 1884. Le Ministre de l'Intérieur s'est trouvé amené incidemment à reviser les formes de l'enquête de 1825 à l'occasion de l'article 3 de la loi, qui exige une enquête pour le transfèrement des chefs-lieux de communes, ainsi que pour les changements dans la limite des communes.

Il s'ensuit que les deux circulaires du 20 août 1825 et du 15 mai 1884 s'unissent pour établir les formes de l'enquête *de commodo et incommodo*.

Il est assurément fâcheux que ces formes ne soient pas réglées par un document unique. On peut affirmer que, parmi les personnes appelées à veiller à l'exécution de la circulaire de 1825, il en existe un certain nombre qui ignorent la circulaire de 1884. Et il est certain que ces personnes n'auront jamais l'idée de chercher dans la circulaire à l'appui de la loi municipale les nouvelles prescriptions ministérielles qui régissent l'enquête de 1825.

125. En ce qui concerne l'ordonnance du 23 août 1835, elle comporte une information moins sommaire que celle de la circulaire de 1825. Elle exige notamment le dépôt des pièces du projet pendant quinze jours, et cette mesure paraît bien utile quand il s'agit d'emprises à opérer dans les propriétés. Mais l'ordonnance de 1835 a l'inconvénient de prescrire l'installation d'un commissaire-enquêteur pendant trois jours à la mairie.

Dans notre étude sur les enquêtes administratives (1), nous avons fait ressortir toutes les défectuosités de cette institution et signalé les fraudes auxquelles elle donne lieu.

126. A notre avis, l'ordonnance de 1835 doit être préférée à la circulaire de 1825 pour les formes de l'enquête à ouvrir en matière d'élargissement.

Au surplus, cette ordonnance s'impose quand le projet d'amélioration de l'assiette d'un chemin comprend à la fois un simple élargissement dans certaines parties du parcours et un redressement dans d'autres. Le projet doit être nécessairement soumis à une enquête unique qui s'applique tant à l'élargissement qu'au redressement, et cette enquête est dès lors celle de l'ordonnance de 1835.

Il en est de même quand l'Administration juge à propos de faire prononcer, en même temps, le classement et l'élargissement d'un chemin vicinal ordinaire. On a vu, au n° 63, quelles étaient les formes prescrites pour le classement d'un chemin de cette catégorie : elles comportent essentiellement le dépôt des pièces pendant quinze jours. L'enquête de l'ordonnance de 1835, qui comprend ce dépôt, est encore tout indiquée pour l'enquête unique destinée à porter à la fois sur le classement et l'élargissement du chemin.

On verra aussi au n° 139 un cas où apparaît l'utilité d'adopter, en matière d'élargissement, l'ordonnance de 1835 de préférence à la circulaire de 1825.

Pour mettre un terme à tous les embarras qui viennent d'être signalés, il serait fort à désirer qu'un règlement unique fût institué pour les enquêtes d'intérêt communal (2).

§ 3. — Avis du conseil municipal

127. Les formalités relatives à l'élargissement des chemins comprennent, en outre, la consultation des conseils municipaux intéressés (C. d'État, 5 décembre 1873, *Puichaud*). Cette

(1) *Les Formes des enquêtes administratives en matière de travaux d'intérêt public.* — Berger-Levrault, 1891.
(2) V. aux nos 63 et 229.

mesure est prescrite par l'article 10 de la loi du 28 juillet 1824 qui, comme on l'a vu plus haut (n° 121), est toujours en vigueur. Elle a été rappelée, du reste, par l'article 13 de l'instruction générale (1).

Le conseil général ou la commission départementale, suivant les cas, peuvent-ils ordonner l'élargissement contrairement à l'avis du conseil municipal ?

Cette question n'est pas nettement résolue par la jurisprudence, du moins en ce qui concerne les chemins vicinaux ordinaires.

D'après l'avis de la section de l'Intérieur du Conseil d'État du 29 juillet 1870, le consentement préalable du conseil municipal est nécessaire pour que l'élargissement d'un chemin vicinal ordinaire puisse être ordonné. Plusieurs arrêts du Conseil d'État, intervenus ensuite, ont décidé le contraire (7 août 1874, *Pegoix;* 5 janvier 1877, commune de *Pleurtuit;* 27 février 1880, *Helliot* et *Roussel*). Enfin, un arrêt du Conseil d'État en date du 18 mars 1881 (*Roux*) est venu de nouveau déclarer que l'élargissement ne pouvait être prononcé malgré l'opposition du conseil municipal.

Ces avis et arrêts peuvent, au premier abord, paraître contradictoires. Mais il y a lieu de noter que l'avis du 29 juillet 1870 et l'arrêt *Roux* visent des travaux d'élargissement, tandis que, dans les trois autres arrêts, il s'agissait de déterminer l'alignement du chemin.

Une distinction peut, en effet, être établie à ce sujet.

L'élargissement peut comporter purement et simplement l'incorporation de parcelles riveraines au sol du chemin, sans l'exécution d'aucun travail, ainsi que cela a lieu, par exemple, dans les traverses. L'élargissement peut, au contraire, exiger des travaux de terrassements, soit déblais, soit remblais.

Dans le premier cas, la dépense se réduit à celle du paiement des terrains, si les propriétaires n'en font pas l'abandon. Sans doute, cette dépense incombe à la commune, mais il ne suffit

---

(1) Aux termes de l'article 64 de la loi du 5 avril 1884, les délibérations du conseil municipal sont annulables quand les membres qui y ont pris part sont intéressés à l'affaire qui en a fait l'objet. Il a été jugé que les propriétaires riverains d'un chemin à élargir ne doivent pas être considérés comme ayant un intérêt personnel, dans le sens de l'article 64 précité (C. d'État, 13 mars 1885, *Simon*).

pas qu'une décision entraîne une dépense à la charge de la commune pour que cette décision soit subordonnée au consentement du conseil municipal. Il faut que la dépense ne soit pas de nature à être rangée dans la catégorie des dépenses obligatoires, parce qu'alors il n'est pas possible de contraindre la commune à s'imposer cette dépense, auquel cas l'exécution de la décision ne serait pas assurée.

Or, en matière d'élargissement, la décision, ainsi qu'on le verra plus loin (n° 132), attribue au chemin le sol compris dans les limites qu'elle détermine ; elle opère une véritable translation de propriété, de telle sorte que la commune se trouve tenue de payer aux riverains, s'ils les réclament, des indemnités à raison de l'incorporation de leurs parcelles au sol du chemin. Ces indemnités deviennent donc des dettes exigibles ; ce sont dès lors des dépenses obligatoires (Art. 136, n° 17, de la loi du 5 avril 1884).

Pour ces motifs, nous pensons que, dans le cas qui vient d'être envisagé, la commission départementale peut prononcer l'élargissement d'un chemin vicinal ordinaire sans l'assentiment du conseil municipal.

Il n'en est pas de même dans le cas où l'élargissement comporte des dépenses de travaux autres que les indemnités de terrain. Ces dépenses de travaux ne sont pas obligatoires (C. d'État, 21 juin 1866, *Champy ;* 19 décembre 1868, communes de *Sèvres* et de *Meudon*). La commission départementale ne peut dès lors passer outre à l'opposition du conseil municipal.

Sans doute, les observations que nous avons présentées au sujet des indemnités de terrain pourraient trouver leur application dans le cas dont il s'agit. Mais une décision ne saurait être prise pour aboutir seulement à l'incorporation de parcelles qui, placées, par exemple, au pied de remblais ou au sommet de déblais, ne rempliraient aucun office. La décision ne se justifie qu'autant qu'elle assure, malgré la résistance de la commune, l'élargissement du chemin dans les conditions où il peut s'effectuer.

128. En matière de chemins de grande communication et d'intérêt commun, la question est plus simple. Dans son avis du 29 juillet 1890, la section du Conseil d'État a fait savoir que la législation permettait d'ordonner l'élargissement magré l'avis contraire du conseil municipal. Cela tient à ce que les contingents communaux fixés par le conseil général s'appliquent tant à la construction qu'à l'entretien des chemins de grande et de moyenne vicinalité. Ces contingents, auxquels s'ajoute la subvention départementale, permettent d'assurer la réalisation de l'élargissement, alors même que la commune de la situation des lieux s'y oppose.

§ 4. — De la décision portant élargissement

129. De la largeur susceptible d'être assignée aux chemins vicinaux. — Le conseil général ou la commission départementale, suivant les cas. ont toute latitude pour fixer la largeur des chemins et, par suite, les limites qui en résultent Ainsi que l'énonce le Ministre de l'Intérieur, dans son instruction du 24 juin 1836, l'intérêt d'une bonne viabilité doit être la seule règle à suivre.

Nous rappellerons, à ce sujet, que la loi du 9 ventôse an XIII dans son artic' ≥ 6, avait fixé à 6 mètres le maximum de la largeur à don   aux chemins vicinaux. Dans son instruction précitée, le Ministre de l'Intérieur a fait savoir qu'il n'y avait plus lieu de restreindre, dans cette limite, l'élargissement des chemins. C'est ce qui a été jugé par la Cour de Cassation, alors qu'il s'agissait d'un chemin ouvert dans des conditions de largeur insolite (12 août 1868, *Gallin*). Le Conseil d'État a décidé de même, à l'occasion du classement, avec une largeur exceptionnelle, de l'avenue d'accès d'une gare de chemin de fer (16 avril 1886, *Dusouchet*).

La prescription de la loi de l'an XIII est donc considérée comme abrogée. On se fonde notamment sur le silence de l'article 15 de la loi du 21 mai 1836 et surtout sur les termes de l'article 21 de cette même loi, d'après lesquels le Règlement général doit déterminer, pour chaque département, le maximum de la largeur des chemins vicinaux.

Comme le Règlement général, actuellement en vigueur, ne fixe aucun maximum de largeur(1), il s'ensuit qu'aucune limite

---

(1) On a jugé inadmissible qu'un règlement *préfectoral*, même approuvé par le Ministre, pût limiter les droits actuellement conférés au conseil général ou à la commission départementale.

n'est assignée, en cette matière, aux pouvoirs du conseil général ou de la commission départementale.

130. Les limites du chemin doivent être exactement déterminées par la décision portant élargissement. — Il semble que cette règle n'ait pas besoin d'être justifiée.

Il a cependant fallu l'établir par la jurisprudence.

Pendant longtemps il suffisait de fixer la largeur dans la décision de classement, pour attribuer au chemin le sol compris dans les limites résultant de cette largeur, par application des dispositions de l'article 15 de la loi du 21 mai 1336 (V., ci-après, au n° 132). Le classement et l'élargissement constituaient alors deux opérations connexes, de telle sorte que la décision de classement était autant destinée à améliorer l'assiette des chemins qu'à lui procurer le bénéfice de son introduction dans le réseau vicinal.

Mais on a fini par s'apercevoir que la simple mention de la largeur dans la décision de classement n'indiquait pas comment elle devait nécessairement être réalisée. Dans le cas où le chemin était à fleur de sol, l'élargissement pouvait s'opérer d'un côté ou de l'autre. Une incertitude plus grande pesait sur les limites du chemin, quand la plate-forme devait être accompagnée de fossés, banquettes et autres dépendances dont les dispositions étaient susceptibles de varier avec l'état des lieux. La jurisprudence est venue déclarer que les décisions comportant élargissement des chemins vicinaux ne pouvaient produire les effets énoncés à l'article 15 qu'autant qu'elles indiquaient avec précision les limites du chemin par rapport à chacune des propriétés riveraines (Cass. 8 juin 1887, *Frécault*). On trouvera, du reste, au n° 783, à l'occasion des anticipations, de nombreux arrêts établissant qu'il n'y a pas d'usurpation quand un riverain construit sur son terrain, alors que la décision de classement s'est bornée à attribuer au chemin une certaine largeur, sans fixer les nouvelles limites de ce chemin.

131. Cette jurisprudence conduit généralement, dans la pratique, à séparer l'opération du classement de celle de l'élargissement. La première n'exige qu'un plan d'ensemble ; la seconde entraîne la confection d'un plan et d'un état parcellaires. On peut obtenir rapidement le classement et faire ainsi profiter le chemin des avantages de la déclaration de vicinalité, en attendant le moment opportun pour procéder à l'élargissement du chemin.

§ 5. — Effets des décisions portant élargissement des chemins vicinaux

132. L'article 15 de la loi du 21 mai 1836 apporte des dérogations considérables au droit commun en matière d'expropriation de terrains pour l'exécution des travaux publics.

D'après les règles ordinaires de l'expropriation, pour que l'Administration puisse disposer des terrains qui lui sont nécessaires, quand elle ne les a pas acquis à l'amiable, il faut :

1° Que la déclaration d'utilité publique des travaux ait été rendue ;

2° Qu'un arrêté du préfet, qualifié habituellement d'arrêté de cessibilité, ait désigné les parcelles à céder par les tiers ;

3° Qu'un jugement du tribunal civil ait prononcé l'expropriation de ces parcelles et, par conséquent, la translation de propriété ;

4° Que les indemnités aient été fixées par le jury d'expropriation ;

5° Que le montant de ces indemnités ait été payé aux ayant-droits.

Or, l'article 15 de la loi de 1836 énonce que les décisions portant élargissement des chemins vicinaux « attribuent définitivement au chemin le sol compris dans les limites qu'elles déterminent ». Il ajoute que « le droit des propriétaires riverains se résout en une indemnité qui sera réglée à l'amiable ou par le juge de paix du canton, sur le rapport d'experts.

Il résulte de ces dispositions que la décision portant élargissement équivaut à la fois :

1° A la déclaration d'utilité publique des travaux ;

2° A l'arrêté de cessibilité ;

3° Au jugement d'expropriation.

De plus, la sentence du juge de paix, rendue sur le rapport d'experts, est substituée à la décision du jury d'expropriation.

Quant au paiement de l'indemnité, il peut être postérieur à

la prise de possession des terrains. C'est, du moins, ce qui est admis par la jurisprudence de la Cour de Cassation (7 juin 1838, *Barghon ;* 2 février 1844, *Louvrier ;* 13 janvier 1847, commune de *Happoncourt ;* 10 juillet 1854, *Laburthe ;* 12 août 1873, *Barbe*).

La pratique de l'Administration a été constamment conforme à cette jurisprudence. Dans son article 21, l'Instruction générale, après avoir prescrit de notifier la décision aux propriétaires riverains dix jours au moins avant la prise de possession, fait savoir qu'à l'expiration de ce délai, et sauf l'exception concernant les terrains bâtis, il peut être procédé à l'exécution des travaux préalablement au règlement de l'indemnité.

133. La question de la prise de possession, sans le paiement préalable de l'indemnité, est encore controversée (1).

Les auteurs qui soutiennent la pratique de l'Administration se fondent sur les termes de l'article 15, qui ne leur paraît ouvrir le droit à indemnité qu'après que les terrains ont été réunis à la voie publique.

Ceux qui sont d'un avis contraire estiment que, d'après l'article 15, la décision tient lieu tout simplement de jugement d'expropriation, de telle sorte qu'elle ne peut pas avoir d'autre effet que ce jugement même. Comme le propriétaire reste en possession, malgré le jugement d'expropriation, tant qu'il n'a pas été indemnisé, la situation semble devoir être la même quand l'expropriation résulte de la décision portant élargissement (2).

La jurisprudence qui a prévalu a le grave inconvénient de violer le principe en vertu duquel nul ne peut être privé de sa propriété sans une juste et préalable indemnité. Et l'on sait que ce principe, inséré en 1789 dans la Déclaration des droits de l'homme et du citoyen, a été consacré par toutes nos constitutions successives.

Il y a lieu de remarquer que ce principe a été observé par la loi du 20 août 1881, relative aux chemins ruraux. L'occu-

(1) V., à ce sujet, l'article de M. Louis Delanney (*Du paiement des terrains néces-saires à l'élargissement des chemins vicinaux*), qui a été inséré dans *la Revue générale d'Administration* (1889, t. III, p. 257).
(2) Aucoc, *Conférences,* t. II, p. 587.

pation des terrains s'effectue par voie d'expropriation, aussi
bien pour l'élargissement que pour l'ouverture ou le redressement des chemins ruraux, et l'article 13 de la loi ajoute expressément que « la commune ne pourra prendre possession des
terrains expropriés avant le paiement des indemnités ».

Quoi qu'il en soit, le système qui a été admis jusqu'à présent
à l'égard des chemins vicinaux a puissamment contribué à
l'amélioration de ces chemins, parce qu'il a souvent permis de
la réaliser sans que les communes aient à payer d'indemnités
de terrains. Dans un grand nombre de cas, ce règlement des
indemnités eût été la pierre d'achoppement, par la raison que,
si les communes disposaient de prestations en nature pour
exécuter les travaux, elles n'avaient point de ressources en
argent pour acquitter le prix des terrains.

Ces résultats ne sont pas, toutefois, dus uniquement aux dispositions de l'article 15 de la loi de 1836. Sans doute, le propriétaire riverain, qui a vu l'Administration pratiquer une
emprise sur son héritage, peut s'abstenir de faire valoir son
droit à une indemnité et renoncer à toute démarche à cette fin
auprès de la commune, eu égard au profit qu'il tire de l'amélioration apportée au chemin. Mais il arriverait souvent qu'au
bout d'un certain temps ce propriétaire, mis en jouissance
d'une voie meilleure, perdrait de vue l'avantage de l'opération
effectuée par la commune pour n'en retenir que l'inconvénient,
consistant dans la privation du terrain incorporé au chemin.
C'est alors qu'il prendrait le parti d'user de son droit à indemnité. Le législateur a prévu ce revirement, et il a réduit à une
très courte durée le temps pendant lequel le propriétaire peut
réclamer le prix de son terrain : l'article 18 de la loi du
21 mai 1836 frappe de la prescription, au bout de deux ans,
l'action en indemnité. C'est donc grâce aux dispositions combinées des articles 15 et 18 de la loi que les communes ont pu,
dans maintes circonstances, échapper au paiement du prix des
terrains dont elles avaient besoin pour améliorer les chemins.

134. Maintenant que le réseau de la vicinalité s'est considérablement développé, et quoiqu'il reste encore beaucoup de
transformations à faire, on peut envisager la question de savoir
s'il ne conviendrait pas de revenir, pour les chemins vicinaux,
comme cela a lieu pour les chemins ruraux, à la mise en

vigueur du principe du paiement de l'indemnité préalablement à la prise de possession.

Il y aurait toujours lieu de tirer parti de l'intérêt que l'amélioration des chemins présente pour les riverains et de chercher à obtenir l'abandon gratuit des terrains nécessaires à l'élargissement. Le succès dépend de la posture de l'Administration vis-à-vis des propriétaires. Il faudrait bien se garder de faire approuver d'abord l'élargissement et d'agir ensuite auprès des riverains, en vue de la cession gratuite des emprises. C'est la marche inverse qui devrait être suivie. Il importerait de recueillir les promesses d'abandon avant de faire statuer l'autorité compétente sur le projet d'élargissement, de telle sorte que la réalisation des travaux fût subordonnée au concours des riverains. En opérant ainsi, on obtiendrait sans doute les mêmes résultats qu'avec l'application de l'article 15, mais il n'échappera pas que la procédure serait plus laborieuse.

Ces nouveaux errements auraient un avantage qui mérite d'être signalé. Les conséquences financières de l'élargissement proposé seraient connues à l'avance, et l'Administration n'entreprendrait les travaux qu'autant qu'elle aurait à sa disposition les ressources nécessaires pour faire face aux dépenses. C'est ce qui n'a pas lieu actuellement. Très souvent on fait prononcer l'élargissement en présumant que les riverains ne réclameront rien pour les terrains à incorporer au chemin et, si cette prévision ne se réalise pas, on éprouve des mécomptes plus ou moins graves. Il y a là une dérogation à une règle essentielle d'administration, en vertu de laquelle les travaux ne doivent être autorisés qu'autant que les ressources nécessaires à leur exécution sont assurées.

135. Nous avons dit que la décision portant élargissement d'un chemin vicinal remplissait l'office du jugement d'expropriation. Ses effets ne sont pas limités à ceux de ce jugement.

Quand le jugement d'expropriation a été rendu, l'ancien propriétaire ne peut plus disposer de sa propriété, ni la grever d'hypothèques ou de servitudes, mais il reste en possession jusqu'au paiement de l'indemnité et il jouit, par conséquent, des fruits jusqu'à cette époque (1).

_____

(1) Aucoc, _Conférences_, t. II, p. 594.

Au contraire, dès que la décision a prononcé l'élargissement, non seulement l'ancien propriétaire est dépouillé de sa propriété, mais encore tout acte de possession et de jouissance lui est interdit, bien qu'il n'ait pas reçu l'indemnité à laquelle il peut avoir droit (Cass. 18 juillet 1893, *Pernelle*).

Cet effet est important, et il est bon que les propriétaires ne le perdent pas de vue, s'ils ne veulent pas s'exposer à être poursuivis pour contravention aux règlements de voirie (n° 740).

§ 6. — Élargissement assimilable à une ouverture ou à un redressement

136. Les articles 44 et 86 de la loi du 10 août 1871, qui attribuent au conseil général ou à la commission départementale le pouvoir de fixer la largeur et les limites des chemins, et l'article 15 de la loi du 21 mai 1836 auxquels ils se réfèrent, ne renferment aucune restriction à l'égard de la largeur susceptible d'être assignée aux chemins.

Cependant le Conseil d'État a jugé que, dans certains cas, l'élargissement dépasse la mesure dans laquelle doit être contenue l'application de l'article 15 de la loi de 1836. Il a décidé que l'opération doit être assimilée à l'ouverture d'un nouveau chemin, quand elle a pour objet de porter la largeur du chemin de 3 mètres à 10 mètres (26 janvier 1870, *Lefébure-Wély*) et même de 3 mètres à 8 mètres (19 mars 1875, *Letellier*) (1).

Le Conseil d'État a également jugé que l'opération doit être assimilée à un redressement, quand elle comporte un déplacement de l'axe qui modifie l'assiette du chemin (23 mars 1872, veuve *Gautreau* ; 12 avril 1889, *Bonnel*) (2).

---

(1) Dans un arrêt du 13 juillet 1877 (commune de *Bosbénard*), le Conseil d'État a même énoncé qu'une décision portant à 5 mètres la largeur d'un chemin ne rentrait pas dans les mesures autorisées par l'article 15 de la loi du 21 mai 1836. Mais l'examen de l'arrêt montre qu'il s'agissait de l'établissement d'un chemin comportant des travaux dont la dépense était repoussée par la commune. Cette circonstance paraît avoir été décisive pour le Conseil d'État. Elle justifiait la décision rendue, pour les motifs que nous avons fait valoir au n° 127.

(2) Si l'opération a pour but de rendre un tournant praticable à la jonction de deux chemins, sans modifier la direction de ces chemins, elle constitue un élargissement et non un redressement (C. d'État, 18 janvier 1889, *Fontaneau*).

Dans les cas qui viennent d'être signalés, il doit donc être procédé suivant les formalités qui ont été indiquées précédemment pour l'ouverture ou le redressement des chemins.

La jurisprudence du Conseil d'État a l'inconvénient de mettre l'Administration dans l'embarras, quand il s'agit d'apprécier si l'élargissement projeté doit être régi ou non par l'article 15 de la loi du 21 mai 1836.

Les arrêts *Lefébure-Wély*, *Letellier* et *Gautreau* ne permettent pas de dégager les règles à observer, mais l'arrêt *Bonnel* est fondé sur cette circonstance « que les parcelles ajoutées au chemin, prises d'un même côté de la voie, présentent une surface au moins égale à celle du sol conservé de l'ancien chemin ». Une considération analogue a été invoquée à l'occasion de l'approbation d'un plan d'alignement dans la traverse d'un chemin de grande communication : le Conseil d'État a jugé que l'élargissement constituait un véritable redressement, parce que « les parcelles ajoutées dans le projet présentent une surface à peu près égale au sol conservé de l'ancienne voie (1) » (8 juillet 1892, *Imbert*).

Il semble résulter de ces arrêts que l'élargissement doit être assimilé à une ouverture ou à un redressement, lorsque la surface des parcelles ajoutées est au moins égale à celle du sol conservé de l'ancien chemin.

137. Nous comprenons que l'on juge nécessaire de soustraire à l'application de l'article 15 un élargissement excessif. Mais la règle que nous venons de formuler nous paraît donner lieu à des critiques assez sérieuses.

D'abord elle fait dépendre l'importance de l'élargissement proprement dit de la largeur actuelle du chemin, de telle sorte que plus ce chemin est étroit, moins il est possible de l'élargir en vertu de l'article 15. Le contraire semblerait plus plausible.

Ensuite, la règle ne tient aucun compte des conséquences que l'élargissement peut entraîner pour les propriétaires riverains. Si l'on imagine une propriété ayant la forme d'une bande étroite parallèle au chemin, il pourrait arriver, par exemple, qu'une emprise de plusieurs mètres causât un grave préjudice au pro-

---

(1) La même considération a été admise, à l'occasion de l'élargissement d'une rue, dans l'arrêt du 16 janvier 1891 (*Palfray*).

priétaire, bien que cette emprise eût une superficie inférieure
à celle de l'ancien chemin.

138. A notre avis, il conviendrait de se placer dans un ordre
d'idées tout autre que celui qui a inspiré la jurisprudence du
Conseil d'État.

Les terrains destinés à l'élargissement d'un chemin sont dans
une situation très différente de ceux qui doivent servir à l'assiette d'un chemin à ouvrir : tandis que ces derniers sont généralement pris à travers les propriétés qu'ils morcèlent, les autres
sont purement et simplement détachés du bord des héritages.
Le préjudice subi par les propriétaires des immeubles traversés
s'aggrave quand le chemin y est établi en remblai ou en
déblai.

On comprend dès lors que les formalités ne soient pas les
mêmes, dans les deux cas, pour le règlement des indemnités
dues aux propriétaires.

En matière d'élargissement, il n'y a qu'un simple déplacement de la limite des propriétés, qui entraîne uniquement la
réduction de la contenance de ces propriétés. Si donc cette
réduction est relativement faible, il n'y a pas de dépréciation
dont il y ait lieu de tenir compte aux propriétaires, et les indemnités à allouer peuvent consister simplement dans la valeur des
surfaces détachées. Des experts peuvent suffire pour estimer
ces indemnités, et il ne paraît pas indispensable, par conséquent,
d'avoir recours à l'appareil de la loi sur l'expropriation.

La procédure spéciale relative à l'élargissement des chemins
nous paraît se justifier par les considérations qui précèdent.
Mais il en ressort que cette procédure devrait cesser d'être
appliquée lorsque les emprises projetées dans les propriétés
riveraines, seraient assez importantes pour modifier notablement les conditions d'exploitation de ces propriétés. Il nous
semble qu'on pourrait s'inspirer des dispositions de l'article 50
de la loi du 3 mai 1841 pour définir le cas dans lequel il devrait
être procédé par voie d'expropriation : ce serait celui où la
propriété atteinte serait réduite à une fraction déterminée de
sa contenance totale. On limiterait ainsi l'importance de l'amoin-
drissement susceptible d'être opéré en vertu de l'article 15.

La solution que nous venons d'indiquer sauvegarderait les
droits des propriétaires dans les circonstances où leurs intérêts

seraient sérieusement lésés, et elle conserverait à l'Administration le bénéfice de la procédure sommaire de l'article 15 toutes les fois qu'elle serait applicable. Les choses se passeraient comme en matière de plans d'alignement, où l'incorporation des immeubles s'effectue, tantôt par l'application des servitudes de voirie, tantôt par voie d'expropriation, suivant les circonstances dans lesquelles se trouvent ces immeubles.

139. Nous compléterons l'exposé de la solution dont il vient d'être question en faisant remarquer que la décision du conseil général ou de la commission départementale devrait être précédée de l'accomplissement des formalités prescrites pour le redressement ou l'ouverture des chemins vicinaux ordinaires. Ces formalités consistent en une enquête conformément à l'ordonnance du 23 août 1835. La décision constituerait une déclaration d'utilité publique à l'égard des parcelles à acquérir par voie d'expropriation ; pour les autres, elle aurait le caractère d'une décision rendue par application de l'article 15 de la loi du 21 mai 1836.

C'est d'ailleurs ainsi qu'il convient de procéder, actuellement, quand des doutes existent sur l'application de cet article. En ouvrant l'enquête suivant les formes de l'ordonnance de 1835, au lieu de celles de la circulaire de 1825, l'Administration n'est pas exposée à recommencer cette formalité si, avant que l'autorité compétente ait statué, les propriétaires réclament avec raison l'expropriation de leurs parcelles (1).

§ 7. — Cas où les travaux d'élargissement atteignent des terrains bâtis

140. Les effets de l'article 15 de la loi du 21 mai 1836, qui ont été décrits au § 5, cessent à l'égard des terrains bâtis.

Le Conseil d'État avait été amené à le reconnaître (24 jan-

(1) Dans l'affaire *Bonnel*, qui a donné lieu à l'arrêt du 12 avril 1889, la délibération de la commission départementale a été annulée en tant seulement qu'elle avait qualifié d'élargissement des travaux qui constituaient, en réalité, un redressement. Cette délibération a été maintenue comme déclaration d'utilité publique des travaux, parce qu'elle avait été précédée de toutes les formalités exigées par la loi en matière de redressement.

vier 1856, *Bertin*). Sa jurisprudence a été consacrée par la loi du 8 juin 1864.

Ainsi que nous l'expliquerons au n° 144, l'occupation des terrains bâtis ne peut être autorisée que par un décret, et le règlement de l'indemnité a lieu par voie d'expropriation. C'est le retour au droit commun (1).

Le pouvoir conféré au conseil général ou à la commission départementale, en matière d'élargissement, subit dès lors une importante restriction quand l'élargissement porte sur des terrains bâtis.

Si on analyse le pouvoir dont il s'agit, on trouve qu'il comprend deux attributions habituellement distinctes : l'une qui consiste dans le droit d'autoriser ou de déclarer l'utilité publique des travaux; l'autre qui consiste dans le droit d'arrêter les limites des emprises nécessaires aux travaux.

Or, en matière de terrains bâtis, à défaut du consentement amiable des propriétaires, l'élargissement est autorisé ou déclaré d'utilité publique par un décret. Une atteinte est donc portée sur ce point au pouvoir du conseil général ou de la commission départementale.

Quant aux limites des emprises, il peut se faire que leur fixation échappe également à ces autorités. D'abord, le décret déclaratif d'utilité publique, rendu au vu du plan d'élargissement approuvé par l'une ou l'autre de ces autorités, peut rejeter les limites tracées sur ce plan. Puis, même dans l'hypothèse où le décret a déclaré l'utilité publique de l'élargissement proposé, il peut arriver que l'accomplissement des formalités d'expropriation (Loi du 3 mai 1841, titre II) amène l'Administration à modifier les emprises, tout en restant dans les limites indiquées au plan visé par le décret. Dans ce cas, les emprises se trouvent, en définitive, déterminées par l'arrêté de cessibilité, d'où il suit que leur délimitation est alors arrêtée par le préfet.

141. Le plan d'élargissement est soumis à l'approbation du conseil général ou de la commission départementale, alors même qu'il comprend des emprises sur des terrains bâtis.

---

(1) Avec cette différence, toutefois, que l'expropriation s'effectue suivant les dispositions de la loi du 3 mai 1841 combinées avec celles de l'article 16 de la loi du 21 mai 1836.

Cette circonstance ne fait pas obstacle à l'approbation du plan, si la décision n'ordonne aucune mesure d'exécution à l'égard des terrains bâtis (C. d'État, 13 mars 1885, *Simon ;* 6 février 1891, *Parant*).

Mais il importe que, dans leurs décisions, le conseil général ou la commissin départementale introduisent une réserve portant que l'occupation des terrains bâtis ne pourra avoir lieu que conformément aux dispositions de l'article 2 de la loi du 8 juin 1864 (C. d'État, 18 juillet 1884, *Guiches*).

CHAPITRE IV

OCCUPATION DES TERRAINS BATIS

142. L'occupation des terrains bâtis pour l'ouverture, le redressement ou l'élargissement des chemins vicinaux de toute catégorie est soumise à des règles spéciales qui ont été établies par l'article 2 de la loi du 8 juin 1864.

§ 1. — Ce qu'on doit entendre par terrains bâtis

143. La loi de 1864 se borne à mentionner « les terrains bâtis ». La circulaire ministérielle du 23 septembre 1871, relative à l'exécution de la loi du 10 août de la même année, a ajouté les terrains « clos de murs », par interprétation des termes de la loi de 1864.

Il convient de remarquer que la loi du 20 août 1881 sur les chemins ruraux, qui a reproduit un grand nombre des dispositions de la législation vicinale, a été plus explicite dans son article 13. Elle prescrit l'émission d'un décret pour « l'occupation, soit des maisons, soit de cours ou jardins y attenant, soit de terrains clos de murs ou de haies vives ».

Ces dispositions ne visent pas exclusivement les terrains susceptibles d'être qualifiés de bâtis, puisqu'elles mentionnent les terrains simplement clos de haies vives. Sur ce point, il y a divergence entre la législation rurale et la législation vicinale. Le Conseil d'État a reconnu, en effet, qu'un terrain clos de haies vives ne pouvait être considéré comme un terrain bâti, au sens de la loi du 8 juin 1864 (3 juin 1892, veuve *Cadet*).

Mais, pour le surplus, la jurisprudence du Conseil d'État en matière de chemins vicinaux est en harmonie avec les dispositions de l'article 13 de la loi du 20 août 1881. Ainsi il a été jugé que l'on devait assimiler à un terrain bâti :

Soit un jardin attenant à une habitation et compris dans la même enceinte (C. d'État, 31 mars 1882, *Chastenet*) ;

Soit un terrain entouré d'eau, parce qu'il comprenait un parc, ainsi que des bâtiments d'exploitation, et qu'il constituait une dépendance de l'habitation (C. d'État, 25 novembre 1887, veuve *Godineau*).

Quant aux terrains clos de murs, ils tombent assurément sous l'application de la loi de 1864. Mais, tel n'est pas le cas d'un champ dont les terres sont maintenues par un mur de soutènement en pierres sèches de moins d'un mètre de hauteur (C. d'État, 25 juin 1880, *Rivier*), ou bien encore d'un terrain clos en partie par un mur en pierres sèches de 0ᵐ,35 à 0ᵐ,55 de hauteur (C. d'État, 16 mai 1884, *Pureau*).

§. 2 — Autorité compétente pour déclarer d'utilité publique et autoriser l'occupation des terrains bâtis

144. Quand les travaux d'ouverture, de redressement ou d'élargissement atteignent des terrains bâtis, la déclaration d'utilité publique des travaux et l'autorisation d'occuper les terrains sont prononcées par un décret.

C'est ce que prescrit, dans son article 2, la loi du 8 juin 1864.

Comme cette prescription n'est pas textuellement énoncée dans l'article 2 de la loi, nous allons faire savoir comment on arrive à la déduire des termes de cet article.

La loi du 8 juin 1864 porte que, lorsque l'occupation de terrains bâtis est jugée nécessaire pour l'ouverture, le redressement ou l'élargissement d'un chemin vicinal, « l'expropriation a lieu conformément aux dispositions de la loi du 3 mai 1841 combinées avec celles des cinq derniers paragraphes de l'article 16 de la loi du 21 mai 1836 ».

Il convient d'abord de se reporter à l'article 16 de la loi du 21 mai 1836.

Cet article renferme six paragraphes, dont le premier est ainsi conçu :

« Les travaux d'ouverture et de redressement des chemins vicinaux seront autorisés par arrêté du préfet. »

Les cinq autres paragraphes sont relatifs au fonctionnement du jury spécial à la vicinalité.

Du moment que la loi du 8 juin 1864 porte que l'expropriation des terrains bâtis a lieu conformément aux dispositions des cinq derniers paragraphes seulement de l'article 16, on doit en conclure que le premier paragraphe de cet article est inapplicable. Le législateur a donc voulu dire que les travaux d'ouverture et de redressement des chemins vicinaux cesseraient d'être autorisés, ou déclarés d'utilité publique, par un arrêté du préfet, quand ils comporteraient l'occupation de terrains bâtis.

De plus, le législateur a fait savoir que la loi du 3 mai 1841 régirait l'occupation dont il s'agit. Il n'a pu avoir en vue que le titre Ier, d'après lequel la déclaration d'utilité publique est prononcée par une loi ou par un décret. Et, comme l'ouverture et le redressement des chemins vicinaux à travers des terrains bâtis ne peuvent rentrer que dans la catégorie des travaux susceptibles d'être autorisés par un décret, aux termes de l'article 3 du titre Ier, il s'ensuit que la loi du 8 juin 1864 a entendu réserver au chef de l'État le droit de déclarer l'utilité publique.

Voilà pour les travaux d'ouverture et de redressement. Quant aux travaux d'élargissement aux dépens de terrains bâtis, ils cessent d'être soumis au régime de l'article 15 de la loi du 21 mai 1836, qui donnait au préfet (1) le pouvoir d'opérer une véritable expropriation par la voie d'un simple arrêté et qui chargeait le juge de paix de régler les indemnités, sur le rapport d'experts. Les terrains bâtis à occuper pour l'élargissement des chemins doivent donner lieu à une expropriation suivant les mêmes formes que pour l'ouverture et le redressement.

En définitive, la loi du 8 juin 1864 a décidé que les travaux d'ouverture et de redressement des chemins à travers les terrains bâtis seraient, à l'avenir, déclarés d'utilité publique par un décret et que l'occupation des terrains bâtis pour l'élar-

(1) Actuellement, le conseil général ou la commission départementale.

gissement immédiat des chemins serait soumise aux mêmes règles.

Nous ne nous expliquons pas pour quels motifs le législateur s'est abstenu de désigner nettement l'autorité qu'il voulait investir du droit de déclarer l'utilité publique. Les détours employés pour établir cette autorité rendent même extrêmement curieux l'article 2 de la loi du 8 juin 1864.

Nous nous hâtons de dire que personne ne s'y est trompé. L'exposé des motifs adopté par le Conseil d'État dans sa séance du 31 mars 1864 énonçait formellement que le but de la loi était de faire autoriser les travaux par décret. Il en était de même des rapports faits au nom des commissions du Corps législatif et du Sénat. Enfin, toutes les instructions ministérielles ont dissipé l'obscurité de l'article 2 de la loi, en indiquant expressément qu'il fallait recourir à un décret pour occuper les terrains bâtis.

§ 3. — Formalités d'occupation des terrains bâtis

145. Le décret qui autorise l'occupation des terrains bâtis est nécessairement soumis aux dispositions de l'article 3 de la loi du 3 mai 1841 : il doit être précédé de l'enquête prévue par cet article, c'est-à-dire généralement de l'enquête réglée par l'ordonnance du 23 août 1835.

A défaut d'arrangement amiable, l'occupation a lieu par voie d'expropriation, aussi bien pour les travaux d'élargissement que pour ceux d'ouverture ou de redressement.

En vertu de l'article 2 de la loi du 8 juin 1864, l'expropriation s'effectue suivant les dispositions de la loi générale du 3 mai 1841, combinées avec celles des cinq derniers paragraphes de l'article 16 de la loi du 21 mai 1836.

§ 4. — Examen critique de la législation relative à l'occupation des terrains bâtis

146. De la double réforme apportée à la législation vicinale par l'article 2 de la loi du 8 juin 1864. — Aux termes de l'article 15 de la loi du 21 mai 1836, l'arrêté du préfet portant élargissement d'un chemin vicinal attribuait définitivement au chemin le sol compris dans les limites qu'il déterminait, et le droit des propriétaires riverains se résolvait en une indemnité qui, si elle n'était pas réglée à l'amiable, devait l'être par le juge de paix, sur le rapport d'experts.

Cet article ne faisait aucune distinction entre les terrains ainsi incorporés au chemin.

A l'égard des terrains non bâtis, pas de difficulté. Il était possible à l'Administration de prendre possession de ces terrains, en ajournant à une époque ultérieure le règlement des indemnités. Il ne s'agissait, en effet, que de détacher des propriétés riveraines des bandes de terrain qui étaient faciles à estimer. Leur valeur était généralement le produit de leur surface par le prix du mètre carré, et ce dernier prix pouvait se déterminer à vue du surplus de la propriété. En cas de contestation, la tâche des experts pouvait aisément s'accomplir.

Mais il n'en était pas de même en ce qui concernait les terrains bâtis. Il est manifeste que l'Administration ne pouvait procéder à leur égard comme elle le faisait pour les terrains nus, c'est-à-dire incorporer au chemin les parcelles couvertes de constructions préalablement au règlement des indemnités. Mais, même en laissant ces constructions debout, de manière à permettre l'évaluation des indemnités, il apparaissait que le mode de règlement par voie d'expertise était trop sommaire et n'assurait pas des garanties suffisantes aux intéressés.

L'article 2 de la loi du 8 juin 1864 a donc opéré une réforme qui était tout indiquée, en imposant les formalités de la loi d'expropriation pour l'occupation des terrains bâtis nécessaires à l'élargissement des chemins.

C'est, par conséquent, avec raison que cet article a soustrait les parcelles bâties aux effets de l'article 15 de la loi du 21 mai 1836, et décidé que leur occupation devait être autorisée par un acte déclaratif d'utilité publique, en vertu duquel l'expropriation pourrait être poursuivie suivant les règles propres aux travaux des chemins vicinaux.

On ne peut qu'applaudir à cette réforme qui devra prendre place dans la nouvelle loi organique de la vicinalité, quand on revisera celle du 21 mai 1836.

147. Mais l'article 2 de la loi de 1864 ne s'est pas borné à la réforme que nous venons d'indiquer. Il en a introduit une autre, qui a consisté à charger une autorité spéciale de la déclaration d'utilité publique des travaux, quand les terrains atteints sont bâtis, et il a étendu cette mesure aux travaux de toute nature, c'est-à-dire aussi bien aux travaux d'ouverture et de redressement qu'à ceux d'élargissement.

Le législateur ne s'est donc point contenté de remédier aux défectuosités de l'article 15 de la loi du 21 mai 1836 : il a, en outre, restreint l'application de l'article 16 en la limitant aux terrains non bâtis. Nous ignorons si des plaintes s'étaient élevées contre le pouvoir attribué au préfet par ce dernier article en matière d'autorisation des travaux d'ouverture ou de redressement à travers les terrains bâtis.

L'exposé des motifs adopté par le Conseil d'État dans sa séance du 31 mars 1864 ne contient que l'observation suivante, au sujet de la déclaration d'utilité publique de l'occupation des terrains bâtis :

« L'Administration locale, si éclairée qu'elle soit, n'est peut-être pas toujours en mesure de comparer avec précision cette utilité et le sacrifice à imposer à la propriété. Il a paru qu'il y avait lieu de décider que, lorsque, pour l'élargissement immédiat, et, à plus forte raison, pour l'ouverture ou le redressement de rues formant le prolongement des chemins vicinaux, des constructions devraient disparaître, l'utilité publique de l'occupation des terrains bâtis serait constatée, non par le simple arrêté préfectoral, mais par un décret rendu dans les formes prescrites par la loi de 1841. »

Il en résulte que, lorque les travaux des chemins vicinaux atteignent sur certains points des parcelles couvertes de constructions, deux autorités différentes interviennent pour en déclarer l'utilité publique : d'une part, le Chef de l'État à l'égard des parcelles bâties, et, d'autre part, le conseil général ou la commission départementale, qui sont maintenant substitués au préfet, à l'égard des parcelles non bâties.

Ce dualisme nous paraît devoir être supprimé, lorsqu'on procèdera à la révision de la loi vicinale.

Nous allons faire connaître les critiques auxquelles il donne lieu.

148. De l'intervention du Chef de l'État en matière d'occupation de terrains bâtis. — Cette intervention constitue une anomalie dans la législation vicinale.

Pour la faire ressortir, nous rappellerons le principe qui a présidé à l'établissement des monuments les plus importants de cette législation.

Les travaux des chemins vicinaux pouvaient être soumis aux mêmes règles que les autres travaux publics, ou bien être régis par des règles spéciales. Cette dernière solution est celle qui a prévalu. On a jugé qu'eu égard à la multiplicité des travaux de la vicinalité et à leur caractère, il convenait d'adopter des formes plus simples et de recourir à des autorités plus rapprochées des lieux. C'est ainsi qu'en matière de déclaration d'utilité publique des travaux, là où un décret eût été nécessaire s'il s'était agi de suivre les règles des autres travaux publics, la loi du 21 mai 1836 a admis un simple arrêté préfectoral. Plus tard, quand on a cru devoir retirer au préfet le pouvoir qui lui avait été confié, la loi du 10 août 1871 l'a attribué soit au conseil général, soit à la commission départementale, qui sont encore des autorités locales, d'ordre inférieur à celle qui prononce par voie de décret.

Or, ce principe a été complètement méconnu quand on a chargé le Chef de l'État d'autoriser l'occupation des terrains bâtis. On a même appliqué un principe inverse, par la raison que l'autorité, qui intervient en matière de chemins vicinaux, est supérieure à celle qui décide, lorsqu'il s'agit des autres travaux publics.

Pour établir ce point, il nous est nécessaire d'entrer dans quelques détails.

Lorsque l'on poursuit la construction d'une route nationale, d'un chemin de fer, d'un canal, on commence par provoquer la loi ou le décret qui déclare l'utilité publique des travaux. Cette loi ou ce décret sont rendus d'ordinaire au vu d'un plan d'ensemble sur lequel est figuré approximativement le tracé de la voie projetée. Le plan est à une échelle telle qu'il n'indique que la direction générale du tracé.

Quand la déclaration d'utilité publique est prononcée, les ingénieurs procèdent à l'étude du projet définitif, de manière à arrêter l'emplacement exact de la voie. Ce projet est présenté à l'approbation du Ministre des Travaux publics.

Le plan parcellaire est dressé après que cette approbation a été obtenue. C'est le résultat de l'application sur le terrain des dispositions du projet adopté.

Si l'enquête parcellaire ne donne lieu à aucune réclamation de nature à faire modifier les dispositions admises, le plan est suivi d'exécution : il n'a pas besoin d'être soumis à la sanction ministérielle, car il est virtuellement approuvé.

Dans le cas contraire, le Ministre est saisi de l'affaire, pour autoriser, s'il y a lieu, les modifications du projet commandées par les modifications à apporter au plan parcellaire. Il revêt alors ce plan de son approbation.

Il résulte de cet exposé que les emprises à opérer dans les terrains bâtis ne sont pas prévues par l'acte qui déclare l'utilité publique des travaux. Elles sont déterminées après l'approbation du projet définitif et c'est, en définitive, le Ministre des Travaux publics qui les autorise.

Ainsi, en matière de travaux publics effectués par le service des Ponts et Chaussées, l'occupation des terrains bâtis est décidée par le Ministre, tandis qu'en matière de chemins vicinaux, elle est prononcée par le Chef de l'État. On a donc eu recours, pour ces derniers travaux, à une autorité d'ordre supérieur à celle qui a été jugée suffisante pour les grands travaux publics. Cette mesure est en opposition avec l'esprit de la législation vicinale.

149. Des inconvénients que présente l'intervention de deux autorités pour la déclaration d'utilité publique d'un même travail. — *Ouverture ou redressement.* — Lorsqu'il s'agit d'ouvrir ou de redresser un chemin vicinal, si le tracé atteint, en un point de son parcours, quelques terrains bâtis, la déclaration d'utilité publique est prononcée par un décret à l'égard de ces terrains et, en ce qui concerne le surplus de la voie projetée, par une décision du conseil général ou de la commission départementale, suivant que le chemin appartient au réseau de la grande ou de la moyenne vicinalité, ou bien à celui de la petite.

Il est manifeste qu'à moins de circonstances exceptionnelles, la portion à ouvrir à travers les terrains bâtis ne peut être isolée de la portion à ouvrir à travers les terrains nus. Ces deux portions forment un tout en quelque sorte indivisible.

Il en résulte que chacune des deux autorités auxquelles une décision est attribuée ne peut limiter son examen à la portion qui la concerne. Le conseil général ou la commission départementale ne se prononcent pas sur le tracé qui leur est soumis sans envisager les conséquences qu'il entraîne à l'égard des terrains bâtis. Inversement, le Chef de l'État est amené à considérer le tracé dans son ensemble, notamment quand il apprécie la question de savoir s'il doit repousser l'ouverture du chemin telle qu'elle est proposée à travers les immeubles bâtis. En définitive, le projet de tracé se trouve être l'objet d'une double instruction dans son ensemble.

150. Quand deux autorités interviennent dans une même affaire, il y a toujours une difficulté à résoudre. Quelle est l'autorité qui statuera la première?

Comme le Chef de l'État tient dans ses mains le sort du projet, puisque le conseil général ou la commission départementale sont obligés de s'incliner devant sa décision, on pourrait être conduit à provoquer tout d'abord le décret d'utilité publique. Mais cette manière de procéder ne serait pas exempte d'inconvénients. Il pourrait arriver que lorsqu'ils seraient saisis de l'affaire, le conseil général ou la commission départementale jugeassent préférable de modifier les emprises dans les terrains bâtis ou même d'abandonner entièrement ces emprises. On s'exposerait ainsi à faire rendre inutilement un décret, et à mettre de nouveau en mouvement le Chef de l'État.

Pareil fait doit être évité. On y arrive en faisant prononcer en premier lieu le conseil général ou la commission départementale. Mais il s'ensuit que, si le décret sollicité n'est pas obtenu, la décision de l'assemblée départementale ou de sa commission devient inexécutable. Elle doit être rapportée. Il y a là une atteinte aux droits qui ont été conférés au conseil général ou à la commission départementale. Il eût été plus correct de leur enlever franchement le pouvoir de déclarer l'utilité publique des travaux, quand le tracé atteint des terrains bâtis dans une partie de son parcours, et d'attribuer ce pouvoir au Chef de l'État sur toute l'étendue du tracé.

151. Il nous reste à faire connaître un inconvénient d'un ordre tout spécial, dérivant de cette circonstance que la déclaration d'utilité publique doit être prononcée, en matière de terrains bâtis, par un décret.

Les travaux d'ouverture ou de redressement des chemins

vicinaux ne donnent lieu qu'à de rares expropriations. Les propriétaires des terrains à occuper, auxquels ces travaux sont généralement avantageux, sont d'ordinaire disposés à traiter à l'amiable. En outre, les municipalités s'emploient souvent de leur mieux à obtenir de ces propriétaires des conditions aussi satisfaisantes que possible.

Il s'ensuit que l'occupation des terrains s'opère presque toujours par voie de cession amiable.

Quand il s'agit de terrains non bâtis, aucun inconvénient ne se produit, par la raison que la décision du conseil général ou de la commission départementale tient lieu de déclaration d'utilité publique et qu'elle assure, dès lors, le bénéfice des dispositions de la loi du 3 mai 1841, en ce qui concerne le timbre, l'enregistrement et la purge hypothécaire.

Mais il n'en est pas de même à l'égard des terrains bâtis. Du moment qu'un décret n'est pas intervenu pour déclarer l'utilité publique des travaux, la loi du 3 mai 1841 est inapplicable et, les conséquences de cette situation, si elles n'ont rien de grave en ce qui a trait aux droits de timbre et d'enregistrement, revêtent une certaine importance en ce qui touche la purge des hypothèques. Ces acquisitions sont, à ce dernier point de vue, soumises aux règles du droit commun ; non seulement les formalités sont longues, mais encore les frais à payer peuvent s'élever à une somme assez lourde pour certaines communes.

Aussi, nous avons eu l'occasion de voir des communes provoquer, après coup, l'émission d'un décret dans le seul but de s'épargner la dépense de purge hypothécaire pour des immeubles qu'elles avaient acquis à l'amiable.

152. *Élargissement.* — Quand l'élargissement d'un chemin doit s'effectuer immédiatement, aussi bien sur des terrains bâtis que sur des parcelles non bâties, les inconvénients de l'intervention du Chef de l'État, pour l'occupation des immeubles bâtis, sont les mêmes qu'en matière d'ouverture ou de redressement.

Mais il en existe d'autres qui sont spéciaux aux travaux d'élargissement (1).

_____

(1) En ce qui concerne spécialement les plans d'alignement, voir les observations présentées ci-après au n° 188.

Lorsque e projet d'élargissement d'un chemin comporte, sur certains points, le rescindement de propriétés bâties et que l'Administration ne juge pas nécessaire d'opérer immédiatement ce rescindement, on se borne à faire approuver les nouvelles limites du chemin par le conseil général ou la commission départementale, suivant qu'il s'agit d'un chemin de grande communication ou d'intérêt commun, ou bien d'un chemin vicinal ordinaire. C'est ce qui a lieu notamment pour les plans d'alignement de traverses.

Supposons que l'Administration ait effectué l'élargissement approuvé sur les terrains non bâtis, et qu'au bout d'un certain nombre d'années elle reconnaisse la nécessité de procéder, par la voie de l'expropriation, au rescindement des parcelles couvertes de constructions. D'après l'article 2 de la loi du 8 juin 1864, l'Administration est obligée d'obtenir un décret qui autorise l'occupation de ces parcelles.

Qu'arrivera-t-il si le Chef de l'État refuse de rendre ce décret?

Il faudra attendre soit la démolition volontaire des immeubles, soit leur ruine, pour réaliser le projet d'élargissement tel qu'il a été adopté par le conseil général ou la commission départementale. Ce projet restera inachevé pendant un temps qui pourra être considérable.

Il y a là une situation toute particulière. Dans le cas d'ouverture ou de redressement d'un chemin, si les formalités d'autorisation s'accomplissent régulièrement, les travaux ne sont entrepris qu'autant que le décret, exigé pour les terrains bâtis, est intervenu. Et, si le décret sollicité n'a pas été obtenu, l'Administration locale a la faculté d'abandonner le tracé projeté pour lui en substituer un autre.

Dans le cas d'élargissement d'un chemin, au contraire, les travaux sont effectués en partie, sans qu'on soit fixé sur l'accueil qui sera réservé ultérieurement à la demande d'occupation des terrains bâtis, et si cette demande est repoussée, le conseil général ou la commission départementale sont fondés à se plaindre. Ils peuvent faire remarquer que, s'ils avaient pu prévoir un échec, lorsqu'ils ont arrêté les limites du chemin, ils eussent pu peut-être modifier l'assiette de la voie, par exemple en faisant porter les emprises sur le côté opposé aux immeubles bâtis.

153. Des modifications à apporter à l'article 2 de la loi du 8 juin 1864. — Nous avons fait connaître notre sentiment sur la réforme introduite dans la législation vicinale par la loi du 8 juin 1864, en ce qui concerne le mode de règlement des indemnités dues pour l'occupation des terrains bâtis nécessaires à l'élargissement des chemins vicinaux. Il convient assurément de soumettre la fixation de ces indemnités aux règles de l'expropriation.

Mais quelle doit être l'autorité chargée de prononcer la déclaration d'utilité publique, au vu de laquelle l'expropriation peut être poursuivie ?

Le législateur de 1864 a indiqué le Chef de l'État. Ayant désigné cette autorité pour le cas de simple élargissement, il a été amené à en étendre l'intervention au cas de l'ouverture ou du redressement d'un chemin à travers les terrains bâtis.

C'est une seconde réforme qui ne nous paraît pas devoir être maintenue.

Nous avons fait ressortir tous les inconvénients qu'elle entraîne.

La révision de la législation, sur ce point, doit, à notre avis, être basée sur ce principe qu'il est indispensable de confier à la même autorité la déclaration d'utilité publique de l'ouverture, du redressement ou de l'élargissement d'un chemin, quelle que soit la nature des immeubles atteints.

L'application de ce principe pouvait soulever quelques hésitations avant la loi du 10 août 1871, c'est-à-dire alors que l'autorisation des travaux était prononcée par le préfet à l'égard des terrains nus.

Il n'en est plus de même aujourd'hui que ce pouvoir a été transféré au conseil général ou à la commission départementale.

L'assemblée départementale ou sa commission apparaissent maintenant comme l'autorité unique appelée à statuer dans tous les cas, aussi bien en matière de terrains bâtis qu'en matière de parcelles non couvertes de constructions.

On ne saurait, en effet, reprocher au conseil général ou à la commission départementale d'occuper un rang insuffisant dans l'échelle des autorités administratives.

Nous avons fait remarquer que, dans les travaux du service

des Ponts et Chaussées, la désignation des immeubles bâtis à occuper est d'ordinaire, faite, en réalité, par le Ministre des Travaux publics. Or, on peut tenir l'assemblée départementale ou sa commission comme assurant des garanties au moins comparables à celles que comporte l'intervention du Ministre, au point de vue des sacrifices à imposer aux propriétés particulières.

Nous ferons remarquer d'ailleurs que les conditions dans lesquelles s'effectuent les chemins vicinaux diffèrent profondément de celles qui président à l'exécution des grands travaux publics. La question d'argent n'y joue pas le même rôle. En matière de vicinalité, l'exiguïté relative des ressources constitue un frein de nature à enrayer le zèle des administrations locales. La situation est tout autre en ce qui concerne les travaux du service des Ponts et Chaussées, dont la dotation n'est pas maintenue dans d'aussi étroites limites. Il en résulte que le Ministre des Travaux publics a plus de latitude pour réaliser les dispositions qu'il juge préférables et que, dès lors, il lui est plus facilement loisible de recourir à l'expropriation, si le besoin s'en fait sentir.

Aussi, estimons-nous qu'en attribuant au conseil général ou à la commission départementale le droit de désigner les terrains bâtis à occuper pour les chemins vicinaux, on entourera la propriété privée de garanties au moins égales à celles que lui procure la législation relative à l'exécution des grands travaux publics.

Nous sommes d'avis, en conséquence, que les dispositions de l'article 2 de la loi du 8 juin 1864 ne devront pas être reproduites dans la loi organique qui remplacera un jour celle du 21 mai 1836.

Le conseil général ou la commission départementale, suivant qu'il s'agit des chemins de grande communication et d'intérêt commun ou des chemins vicinaux ordinaires, devront être compétents pour déclarer l'utilité publique des travaux d'ouverture ou de redressement des chemins, quelle que soit la nature des parcelles atteintes par le tracé.

En ce qui concerne l'élargissement des chemins, l'effet de leurs décisions, tel qu'il est décrit à l'article 15 de la loi du 21 mai 1836, serait limité aux terrains nus. A l'égard des terrains bâtis, ces décisions équivaudraient à une déclaration d'utilité publique, qui permettrait de procéder à l'expropriation des immeubles, suivant les règles propres à la vicinalité, comme dans le cas d'ouverture ou de redressement des chemins (1)

---

(1) Voir au n° 188, à l'appui de ces conclusions, les observations présentées au sujet de la réalisation des plans d'alignement.

CHAPITRE V

DÉCLASSEMENT

SECTION I

DÉCLASSEMENT DES CHEMINS VICINAUX ORDINAIRES

§ 1ᵉʳ. — Autorité compétente pour prononcer le déclassement

154. Cette autorité est la commission départementale. La loi du 10 août 1871, qui a conféré à la commission départementale le droit de classer les chemins vicinaux ordinaires, a, il est vrai, gardé le silence au sujet de leur déclassement. Mais, ainsi que l'a fait remarquer le Ministre de l'Intérieur dans sa circulaire du 23 septembre 1871 (art. 86), on a toujours considéré le pouvoir de déclasser les chemins comme compris d'une manière implicite dans celui de les classer. Dès lors, en l'absence d'une disposition contraire, il y a lieu d'admettre que la commission départementale, investie formellement du droit de classer les chemins vicinaux ordinaires, l'est implicitement de celui de prononcer leur déclassement. Ce dernier droit lui a d'ailleurs été reconnu par le Conseil d'État dans un arrêt du 1ᵉʳ mai 1874 (*Lussagnet*).

§ 2. — Enquête

155. Aucune disposition de loi ou de règlement n'existe au sujet des formalités à suivre en matière de déclassement des chemins vicinaux ordinaires. Ces formalités ont dû être instituées par l'Instruction générale du 6 décembre 1870.

D'après les articles 29 et suivants de cette Instruction, la demande de déclassement, qui peut émaner du conseil municipal ou d'un intéressé, est déposée pendant quinze jours à la mairie, afin que les intéressés puissent présenter leurs observations tant sur le déclassement que sur la destination ultérieure du chemin. Un plan d'ensemble, dressé par le service vicinal, est joint à cette demande.

Avis du dépôt est donné aux habitants par voie de publication et d'affiches en la forme ordinaire. Pareil avis est publié et affiché dans les communes voisines que le déclassement pourrait intéresser (1).

§ 3. — Avis des conseils municipaux

156. Dans son article 29, l'Instruction générale prescrit d'appeler à délibérer, à l'expiration du délai de quinzaine, le conseil municipal de la commune sur le territoire de laquelle le chemin est situé, ainsi que les conseils municipaux des autres communes intéressées.

L'avis du conseil municipal de la commune à laquelle le chemin appartient a été reconnu obligatoire par la jurisprudence (C. d'État, 23 mars 1877, commune de *Pourrain*) (2). Il est de principe, en effet, que les formalités pour le déclassement doivent être les mêmes que pour le classement, et ces dernières comportent la délibération du conseil municipal (n° 64).

157. Quand le conseil municipal s'oppose au déclassement, la commission départementale peut-elle passer outre ? Le Ministre de l'Intérieur ne paraît pas le croire, si l'on en juge par les termes de l'article 31 de l'Instruction générale. Cependant, il résulte d'un avis de la section de l'Intérieur du Conseil d'État

(1) L'enquête à ouvrir ainsi dans les communes voisines ne constitue pas une formalité indispensable, par la raison qu'elle n'est prescrite par aucune disposition de loi (C. d'État, 22 février 1884, commune de *Frasseto* ; 8 août 1885, *Mouliade*).

(2) Si le conseil municipal a donné son avis sur le redressement d'un chemin, il doit être considéré comme l'ayant donné en même temps, d'une manière implicite, sur le déclassement des parcelles abandonnées qui n'est qu'une conséquence de ce redressement (C. d'État, 16 mai 1884, *Pureau*).

du 29 juillet 1870 que la commission départementale a le pouvoir de prononcer le déclassement d'un chemin contrairement à l'avis du conseil municipal. Il semble manifeste que si l'opposition du conseil municipal ne peut faire obstacle au classement (n° 64), il doit en être de même à plus forte raison en matière de déclassement, puisque cette dernière opération, loin d'entraîner des dépenses pour la commune, ne peut qu'alléger ses charges.

158. Inversement, la commission départementale n'est pas tenue de prononcer le déclassement, bien qu'il soit demandé par le conseil municipal (C. d'État, 6 juillet 1883, commune de *Lœméac*).

Cette jurisprudence est la conséquence de celle qui donne à la commission départementale le pouvoir de classer un chemin public existant, malgré l'opposition du conseil municipal. Ce pouvoir serait illusoire si, après que le classement a été prononcé, le conseil municipal pouvait obliger la commission départementale à déclasser le chemin.

On comprend, d'ailleurs, qu'une autorité supérieure soit armée du droit de maintenir un chemin vicinal, malgré la commune, quand ce chemin est d'intérêt intercommunal : il n'est pas admissible que l'indifférence ou le mauvais vouloir d'une commune fasse obstacle à la mise en communication de deux ou plusieurs localités.

Mais, quand le chemin vicinal n'intéresse que la commune, il importe que la commission départementale se rende bien compte de toutes les conséquences que comporte le maintien de ce chemin dans le réseau de la petite vicinalité. Si, par exemple, le chemin dont il s'agit reste le seul à construire, en le gardant dans le réseau vicinal, on empêche la commune d'user du bénéfice de la loi du 21 juillet 1870 et d'employer sur ses chemins ruraux l'excédent des prestations disponibles. Si, au contraire, les ressources de la vicinalité ne suffisent pas pour assurer l'entretien des chemins vicinaux, ce qui arrive souvent, la commission départementale, en maintenant le chemin vicinal, prendrait une mesure dépourvue de sanction, puisque l'Administration ne serait pas à même de faire opérer l'entretien du chemin, dans l'hypothèse où il serait construit. Il y a plus : la commission départementale risquerait, dans ce cas, de faire obstacle à l'entretien du chemin qui, une fois déclassé, pourrait être reconnu rural et bénéficier des ressources susceptibles d'être affectées aux chemins ruraux, en vertu de la loi du 20 août 1881.

§ 4. — De la décision de la commission départementale

159. Les pièces de l'information sont transmises au préfet, avec l'avis des agents voyers et du sous-préfet (Instr. gén., art. 31).

Sur le vu de ces pièces, il est statué par la commission départementale.

D'après l'article 32 de l'Instruction générale, une expédition de la décision de la commission départementale est adressée au maire de la commune sur le territoire de laquelle le chemin est situé. Si le déclassement est prononcé, cette expédition est annexée au tableau des chemins vicinaux. Avis de la décision est, dans tous les cas, donné au maire des communes dont les conseils municipaux ont été appelés à délibérer sur le déclassement.

§ 5. — Déclassement résultant du redressement d'un chemin

160. La décision qui autorise le redressement d'un chemin vicinal ordinaire emporte de plein droit le déclassement des parties abandonnées, sans qu'il soit nécessaire de le prononcer par une décision spéciale (Cass., 1er décembre 1874, *Martin*) (1).

§ 6. — Destination du chemin déclassé

161. Il convient que l'information, à laquelle il est procédé en vue du déclassement, permette de statuer sur la destination du chemin, dans le cas où le déclassement serait prononcé.

(1) V. la note du n° 156.

Ce chemin peut rentrer dans la catégorie des chemins ruraux ou bien être supprimé.

L'Instruction générale, dans son article 30, énonce qu'à l'issue de l'enquête, le conseil municipal de la commune sur le territoire de laquelle le chemin est situé doit exprimer, dans sa délibération, s'il est d'avis que le chemin soit conservé à la circulation comme chemin rural ou bien supprimé.

Nous ferons remarquer que ce simple avis du conseil municipal ne suffirait pas pour permettre au préfet d'autoriser la suppression, c'est-à-dire l'aliénation du chemin. Il est indispensable, en effet, que les intéressés aient été appelés à produire leurs observations à ce sujet. Une enquête *de commodo et incommodo* est prescrite, en matière d'aliénation de chemins, par l'article 10 de la loi du 28 juillet 1824 (n° 228).

L'avis à émettre par le conseil municipal, à l'issue de l'enquête, ne peut donc avoir pour but que de renseigner l'Administration sur les intentions de la commune en ce qui concerne la destination du chemin déclassé. A la suite de cet avis, le déclassement étant prononcé, l'Administration fait procéder aux formalités nécessaires pour autoriser la suppression du chemin, si elle a été demandée par le conseil municipal.

162. Mais il arrive parfois que le conseil municipal, en même temps qu'il sollicite le déclassement d'un chemin, fait connaître son intention de le supprimer.

Dans ce cas, il est préférable, pour éviter les deux informations successives dont il vient d'être question, de faire porter l'enquête à la fois sur le déclassement du chemin et sur son aliénation, ainsi qu'il est indiqué plus loin au n° 229.

D'après les résultats de cette enquête, la commission départementale, d'une part, peut prononcer le déclassement, et le préfet, d'autre part, peut autoriser l'aliénation du chemin (n° 227).

SECTION II

DÉCLASSEMENT DES CHEMINS DE GRANDE COMMUNICATION
ET D'INTÉRÊT COMMUN

§ 1. — Autorité compétente pour prononcer le déclassement

163. Le conseil général avait été explicitement investi, par l'article 1er, n° 9, de la loi du 18 juillet 1866, du droit de déclasser les chemins de grande communication et d'intérêt commun. Ce droit lui a été maintenu par l'article 46, n° 8, de la loi du 10 août 1871 (1).

Il y a lieu de remarquer qu'aux termes de la loi du 18 juillet 1866, le conseil général ne pouvait prononcer le déclassement que lorsque le tracé des chemins ne se prolongeait pas sur le territoire d'un ou de plusieurs départements. S'il en était autrement, on admettait qu'un décret était nécessaire (Circulaires ministérielles des 4 août 1866 et 23 septembre 1871, art. 46).

Comme la loi du 10 août 1871 n'a pas reproduit la réserve qui figurait dans la loi du 18 juillet 1866, le conseil général est considéré comme compétent pour statuer dans tous les cas.

§ 2. — Formalités de déclassement

164. Il est de règle que, dans le silence des textes, les formalités du déclassement sont les mêmes que celles du classement.

Ces formalités consistent dès lors dans l'avis des conseils

---

(1) Conformément à l'article 77 de la loi du 10 août 1871, le conseil général peut, par des délégations spéciales, charger la commission départementale de prononcer le déclassement des chemins de grande communication ou d'intérêt commun, mais ces délégations doivent s'appliquer à des affaires déterminées (V. au n° 71).

municipaux et des conseils d'arrondissement intéressés (n° 72)
C'est ce qu'indique l'article 33 de l'Instruction générale.

Lorsque le chemin à déclasser se prolonge sur le territoire
d'un département voisin, il n'est pas nécessaire de consulter ce
département, si le déclassement ne doit pas avoir pour effet
de modifier les conditions de viabilité du chemin. Mais si, au
contraire, le déclassement doit entraîner la suppression de la
circulation ou même un changement notable dans les conditions de viabilité du chemin, il est indispensable d'appliquer
les articles 89 et 90 de la loi du 10 août 1871 relatifs aux
questions qui intéressent plusieurs départements (Circulaires
du Ministre de l'Intérieur des 23 septembre 1871, art. 46,
et 9 août 1879, § 3) (1).

§ 3. — Déclassement résultant du redressement d'un chemin

165. La décision qui autorise le redressement d'un chemin
de grande communication ou d'intérêt commun emporte de
plein droit le déclassement des parties abandonnées (Art. 34 de
l'Instruction générale).

§ 4. — Destination du chemin déclassé

166. Lorsque le conseil général prononce le déclassement
d'un chemin de grande communication, il peut en même
temps le classer comme chemin d'intérêt commun, si les conseils municipaux et les conseils d'arrondissement ont été
consultés sur cette double opération.

Pareillement, le conseil général peut à la fois prononcer le
déclassement d'un chemin d'intérêt commun et son classement comme chemin de grande communication, si les formalités que comportent ces deux opérations ont été remplies.

Quand le conseil général se borne à déclasser un chemin de
grande communication ou d'intérêt commun, c'est-à-dire à le

(1) V. au n° 81.

faire sortir du réseau auquel il appartenait, on admet que ce chemin rentre dans la catégorie des chemins dont il faisait partie au moment de son classement dans la grande ou moyenne vicinalité.

Il peut arriver que les communes ne désirent pas garder le chemin dans cette catégorie. Si, par exemple, il est redevenu chemin vicinal ordinaire, les communes peuvent trouver que sa place est mieux marquée parmi les chemins ruraux. Dans certains cas, la suppression des chemins peut paraître possible.

Il y a lieu, dans ces diverses hypothèses, de procéder à une instruction, suivant la demande des communes intéressées, à l'effet de statuer sur la destination à donner définitivement au chemin.

§ 5. — État annuel des déclassements prononcés par le conseil général

167. Par une circulaire en date du 15 mai 1879, le Ministre de l'Intérieur a invité les préfets à lui adresser, après chaque session du conseil général, un état indiquant le numéro et la longueur des chemins ou portions de chemins appartenant à la grande et à la moyenne vicinalité qui auraient été déclassés ou incorporés aux routes départementales.

CHAPITRE VI

RÉDUCTION DE LARGEUR

---

§ 1. — Autorités compétentes pour autoriser la réduction de largeur des chemins vicinaux

168. Ces autorités sont la commission départementale, quand il s'agit de chemins vicinaux ordinaires (art. 86 de la loi du 10 août 1871), et le conseil général (1), quand il s'agit de chemins de grande communication ou d'intérêt commun (art. 44 de la même loi).

L'article 86 énonce explicitement que la commission départementale fixe non seulement la largeur, mais encore les limites des chemins, ce qui donne à la commission le pouvoir soit de rétrécir, soit d'augmenter les emprises de ces chemins.

L'article 44 se borne, il est vrai, à déclarer que le conseil général détermine la largeur des chemins ; mais, comme il ajoute que sa délibération produit les effets spécifiés à l'article 15 de la loi du 21 mai 1836, il est manifeste que cette délibération comporte la fixation des limites, et, par suite, la réduction aussi bien que l'augmentation des emprises des chemins.

§ 2. — Formalités qui doivent précéder la décision portant réduction de largeur des chemins vicinaux

169. Ces formalités ne sont prévues ni par la loi, ni même par l'Instruction générale du 6 décembre 1870.

---

(1) Conformément à l'article 77 de la loi du 10 août 1871, le conseil général peut, par des délégations spéciales, charger la commission départementale de statuer sur la réduction de largeur des chemins de grande communication ou d'intérêt commun, mais à la condition que ces délégations s'appliquent à des affaires déterminées (V. au n° 71).

La réduction de largeur d'un chemin comporte, il est vrai, le déclassement des portions retranchées, mais les formalités prescrites par l'Instruction générale, au sujet du déclassement des chemins, ont été déterminées en vue du déclassement complet d'un chemin sur tout ou partie de sa longueur, et elles ne sauraient s'appliquer dans leur intégralité au cas dont nous nous occupons.

Les formalités à remplir nous paraissent devoir comprendre une enquête d'intérêt communal, ainsi que la délibération du conseil municipal de la commune sur le territoire de laquelle le chemin est situé.

Si le rétrécissement du chemin constitue la seule opération projetée, l'enquête peut s'effectuer dans les formes établies pour le déclassement des chemins (Art. 29 de l'Instruction générale). Toutefois, il est nécessaire que le plan déposé à la mairie pendant un délai de quinze jours soit, non pas un plan d'ensemble, comme l'indique l'article 29, mais bien un plan parcellaire figurant les nouvelles limites du chemin. On pourrait aussi adopter soit les formes de l'enquête de la circulaire du 20 août 1825, soit celles de l'enquête de l'ordonnance du 23 août 1835.

Mais il peut se faire que la réduction de la largeur d'un chemin soit projetée en même temps que son augmentation sur d'autres points. C'est alors l'enquête pour l'élargissement qui sert de moyen d'information pour le rétrécissement de l'assiette du chemin.

Quant à l'avis du conseil municipal, il ne saurait lier l'autorité appelée à statuer. Cette autorité est investie du pouvoir d'assigner aux chemins la largeur qui leur convient. Elle n'est pas tenue dès lors de prononcer le rétrécissement d'un chemin, bien qu'il soit demandé par le conseil municipal, si elle juge cette mesure préjudiciable aux intérêts de la vicinalité ; inversement, elle peut réduire la largeur, malgré l'opposition de l'assemblée communale, quand des circonstances particulières justifient cette mesure qui, si elle ne procure pas des recettes à la commune, n'entraîne aucune dépense à sa charge. La jurisprudence, sur ce point, doit être la même qu'en matière de déclassement (nos 157 et 158).

CHAPITRE VII

PLANS D'ALIGNEMENT

---

§ 1. — Utilité des plans d'alignement

170. On verra plus loin, au n° 729, que toutes les fois que les limites d'un chemin ne sont pas régulièrement fixées par l'autorité compétente, les alignements ne peuvent être délivrés que conformément aux limites actuelles des propriétés riveraines. Il en résulte que, lorsqu'un chemin présente, dans une traverse, une largeur insuffisante ou excessive, cet état de choses peut se perpétuer si les riverains élèvent des constructions nouvelles à la limite de leurs propriétés, ou s'ils consolident des bâtiments déjà édifiés le long de la voie publique.

L'homologation des plans d'alignement permet d'assurer la réalisation des largeurs jugées nécessaires ou suffisantes pour les chemins, soit en obligeant les propriétaires à reculer leurs constructions neuves jusqu'aux lignes adoptées, soit en leur interdisant le droit d'exécuter des travaux confortatifs aux bâtiments frappés d'alignement, soit enfin en leur donnant la faculté de s'avancer jusqu'aux limites approuvées.

Les plans d'alignement, dûment homologués, rendent, en outre, de grands services aux agents voyers. Ils leur fournissent le moyen d'instruire facilement et rapidement les demandes en permission de voirie qui leur sont soumises. Aussi importe-t-il d'accélérer la confection de ces plans, de manière à en pourvoir toutes les traverses des chemins vicinaux, quelle que soit la catégorie à laquelle ces chemins appartiennent.

L'utilité des plans d'alignement a été d'ailleurs signalée à diverses reprises par le Ministre de l'Intérieur, qui a recommandé d'en hâter l'établissement (Circulaires du 10 décembre 1839 et du 12 mai 1869).

§ 2. — De la confection des plans d'alignement

171. La circulaire du Ministre de l'Intérieur en date du 10 décembre 1839 a fourni des indications au sujet de la confection des plans d'alignement. De son côté, le Ministre des Travaux publics, par deux circulaires des 24 octobre 1845 et 22 novembre 1853, a donné des instructions très détaillées sur le même objet. Nous ne pouvons que renvoyer à ces divers documents.

Nous croyons, toutefois, devoir appeler l'attention sur les points suivants qui méritent une mention spéciale :

a) Ne pas s'attacher à établir un parallélisme rigoureux entre les alignements opposés ;

b) Ne pas rechercher l'établissement de lignes droites d'une grande étendue ;

c) Conserver les façades qui diffèrent peu de l'alignement jugé normal ou, ce qui revient au même, ne pas frapper un immeuble de la servitude d'alignement pour quelques centimètres seulement ;

d) Quand le système d'alignement doit être étudié de manière à élargir la voie publique, prendre l'élargissement du côté où le dommage doit être le moindre pour les propriétaires riverains ;

e) Maintenir autant que possible les alignements résultant d'autorisations régulières ;

f) A moins d'impossibilité, placer les repères sur la limite séparative des propriétés contiguës, de manière à éviter de délivrer aux riverains des alignements brisés ;

g) Ne pas arrêter le système des alignements aux extrémités de l'agglomération. Il y a lieu de prévoir l'allongement de la traverse dans un avenir plus ou moins éloigné. Aussi convient-il de continuer le système des alignements, en dehors de l'agglomération, de telle sorte que ces alignements se raccordent avec les limites actuelles du chemin en des points où ces limites constituent des alignements convenables.

172. Il est d'usage de tracer en lignes pleines (rouges) les alignements proprement dits, c'est-à-dire les lignes suivant lesquelles les constructions riveraines peuvent être édifiées. On emploie les lignes ponctuées (rouges) pour le tracé des « limites de voirie vicinale ». Ces limites séparent des domaines qui appartiennent toujours à la commune, mais qui sont soumis à des régimes différents. Les limites de voirie sont notamment utiles pour établir la démarcation entre la voirie vicinale et la voirie urbaine (V. au n° 236).

§ 3. — Autorités compétentes pour approuver les plans d'alignement

173. Les plans d'alignement, quand ils ne maintiennent pas la largeur de la voie publique, modifient l'assiette des chemins, tantôt en l'élargissant, tantôt en la réduisant. Les autorités chargées d'approuver les plans d'alignement sont donc celles auxquelles il appartient de statuer tant en matière d'élargissement qu'en matière de réduction de largeur. Ces autorités sont le conseil général (1) pour les plans des chemins de grande communication et d'intérêt commun (Art. 44 de la loi du 10 août 1871), et la commission départementale pour les plans des chemins vicinaux ordinaires (Art. 86 de la même loi).

§ 4. — Enquête

174. Formes de l'enquête. — Les plans d'alignement doivent être soumis à une enquête.

L'Instruction générale indique, dans son article 278, que cette enquête a lieu conformément à l'ordonnance du 23 août 1835,

---

(1) Conformément à l'article 77 de la loi du 10 août 1871, le conseil général peut, par des délégations spéciales, charger la commission départementale d'approuver les plans d'alignement des chemins de grande communication ou d'intérêt commun, mais à la condition que ces délégations s'appliquent à des affaires déterminées (V. au n° 71).

s'il s'agit de chemins vicinaux ordinaires, et dans les formes de l'ordonnance du 18 février 1834, s'il s'agit de chemins de grande communication ou d'intérêt commun. Ces dispositions sont, d'ailleurs, insérées à l'article 177 du Règlement général.

Aucune critique ne saurait être faite, dans l'état actuel des règlements, à l'application de l'ordonnance de 1835 aux plans d'alignement des chemins vicinaux ordinaires. Il n'en est pas de même de l'application de l'ordonnance de 1834 aux plans d'alignement des chemins de grande ou de moyenne vicinalité.

Cette ordonnance de 1834 a été instituée en vue de la déclaration d'utilité publique de travaux importants. Aussi, l'enquête peut s'ouvrir sur un simple avant-projet (art. 2). Les registres d'enquête sont déposés aux chefs-lieux des départements ou des arrondissements traversés. Une commission d'enquête se réunit dans l'un de ces chefs-lieux pour donner son avis sur l'utilité de l'entreprise.

Un semblable appareil ne convient pas assurément quand il s'agit de recueillir les observations soit des habitants de la commune sur les largeurs prévues pour le chemin, soit des propriétaires riverains sur les alignements proposés au droit de leurs héritages. La réunion d'une commission d'enquête au chef-lieu du département ou de l'arrondissement est inutile, d'autant plus qu'on ne peut guère demander à cette commission de se transporter dans la commune pour se prononcer, en parfaite connaissance de cause, sur le mérite des réclamations produites à l'enquête. Le conseil municipal est tout indiqué pour faire l'office de cette commission d'enquête. La délibération de cette assemblée est d'ailleurs prescrite tant par l'article 278 de l'Instruction générale que par l'article 177 du Règlement, qui ont ainsi comblé une lacune dans l'information, telle qu'elle résultait de l'application pure et simple de l'ordonnance du 18 février 1834.

Cette information a, en outre, le grave inconvénient d'obliger les intéressés à se rendre à la préfecture ou à la sous-préfecture pour savoir si le plan d'alignement leur cause quelque préjudice et présenter leurs dires en conséquence. Ce voyage, dans certains cas, est long et onéreux.

Il ne semble pas qu'une information effectuée dans ces conditions puisse remplir le vœu de l'article 10 de la loi du 28 juil-

let 1824, qui soumet les modifications dans l'assiette des
chemins à une enquête *de commodo et incommodo* (1).

Il est permis de se demander, en présence des termes de
cette loi, si le Règlement, dans son article 177, n'est pas
entaché d'illégalité en tant qu'il a prescrit l'enquête de l'ordonnance de 1834, préalablement à l'approbation des plans d'alignement des chemins de grande communication ou d'intérêt
commun.

En fait, cette prescription n'est pas toujours observée, et
M. Guillaume, dans son *Traité pratique de Voirie vicinale*,
énonce que l'enquête peut avoir lieu, même pour les traverses
des chemins de grande communication et d'intérêt commun,
dans les formes de l'ordonnance du 23 août 1835.

Cette solution nous paraît être celle qu'il convient d'adopter,
sauf à provoquer l'avis d'autres conseils municipaux, s'ils sont
reconnus intéressés.

175. Pièces à soumettre à l'enquête. — Le plan
d'alignement n'a pas besoin d'être accompagné d'un état indiquant les surfaces des terrains à occuper sur les parcelles
nécessaires (C. d'État, 29 avril 1892, *Gamblin*).

Il n'est pas non plus nécessaire de faire connaître l'évaluation sommaire des dépenses (même arrêt).

§ 5. — Avis du conseil municipal

176. Le conseil municipal doit toujours être appelé à délibérer (Instr. gén., art. 278 ; — Règl. gén., art. 177).

Nous avons indiqué, au n° 127, dans quel cas l'opposition
du conseil municipal, en matière d'élargissement d'un chemin
vicinal ordinaire, pouvait faire obstacle à l'approbation du plan
par la commission départementale.

Il résulte des considérations développées à ce sujet que le

---

(1) D'après un décret du 7 novembre 1891 annulant une délibération du conseil
général de la *Vienne*, c'est en vertu de l'article 10 de la loi du 28 juillet 1824
qu'une enquête est exigée en matière d'homologation de plans d'alignement pour
les chemins de grande communication (*Revue générale d'Administration*, 1891,
t. III, p. 435).

plan d'alignement d'un chemin vicinal ordinaire peut être approuvé par la commission départementale, contrairement à l'avis du conseil municipal.

Quand il s'agit de traverses de chemins de grande communication ou d'intérêt commun, l'assentiment des conseils municipaux intéressés n'est pas non plus nécessaire pour que le conseil général homologue les plans d'alignement (n° 128).

§ 6. — De la décision portant approbation d'un plan d'alignement

177. A l'issue de l'enquête, le plan d'alignement est soumis, avec le rapport de l'agent voyer en chef, les observations du préfet (1) et les documents à l'appui, à l'approbation du conseil général ou de la commission départementale (Instr. gén., art. 278 ; — Règl. gén., art. 177).

Il arrive parfois qu'à la suite des observations produites à l'enquête, l'Administration reconnaît la nécessité de modifier certains alignements. Ces modifications sont opérées généralement avec une encre de couleur différente, telle que l'encre bleue, si les alignements primitifs ont été tracés en rouge. Les plans ainsi rectifiés sont nécessairement soumis aux épreuves d'une nouvelle enquête.

Il importe, dans ce cas, que la décision à intervenir détermine avec précision quels sont les alignements approuvés là où il y a deux systèmes d'alignements marqués sur le plan.

178. Nous indiquons ci-après (n° 181 et 182) les cas dans lesquels les alignements ne peuvent recevoir leur exécution qu'après que la commune a été autorisée à acquérir, soit à l'amiable, soit par voie d'expropriation, les immeubles ou portions d'immeubles nécessaires. La décision du conseil général ou de la commission départementale doit désigner les immeubles qui sont ainsi affranchis de la servitude d'alignement (n° 183).

---

(1) Cet avis n'est pas obligatoire (C. d'État, 13 mars 1885, *Simon*).

§ 7. — Des effets des plans d'alignement

179. Lorsqu'un plan d'alignement comporte sur certains points la réduction de la largeur du chemin, l'approbation de ce plan a pour effet de permettre aux riverains de s'avancer jusqu'à l'alignement approuvé en se munissant de l'autorisation nécessaire (n° 235).

Là où le plan d'alignement prévoit un élargissement, il y a lieu de distinguer, suivant que les emprises affectent des terrains libres ou des terrains bâtis.

Dans le premier cas, le plan d'alignement produit l'effet de l'article 15 de la loi du 21 mai 1836. Il attribue au chemin les terrains libres, compris dans les limites approuvées, sauf règlement ultérieur de l'indemnité à laquelle les propriétaires de ces terrains peuvent avoir droit. Tout acte de possession et de jouissance est, dès lors, interdit à ces anciens propriétaires.

Dans le second cas, où les limites du chemin passent à travers des terrains bâtis, l'approbation du plan frappe ces immeubles de la servitude d'alignement (n° 732). Cette servitude interdit l'exécution de tout travail de nature à consolider les constructions et, par suite, à en prolonger la durée. De plus, quand ces constructions sont démolies, soit volontairement, soit sur l'injonction de l'Administration pour cause de péril, les parcelles limitées par l'alignement, devenues libres, se trouvent de plein droit réunies au chemin comme dans le cas précédent, d'où il suit que la prise de possession de ces parcelles peut avoir lieu avant le paiement de l'indemnité (Cass., 16 juillet 1840, *Delalonde ;* 10 juin 1843, *Léger ;* 19 juin 1857, *Requiem*). Et d'après l'article 50 de la loi du 16 septembre 1807, les propriétaires n'ont droit à indemnité que pour la valeur du terrain ainsi incorporé au chemin.

180. La loi du 8 juin 1864 ne fait pas obstacle à l'approbation des plans d'alignement par le conseil général ou la commission départementale, alors que les alignements atteignent des terrains bâtis. Cette loi n'exige l'intervention du Chef de l'État que pour autoriser l'exécution immédiate, par voie d'expropriation, des alignements dont la réalisation exige l'occupation de terrains bâtis (C. d'État, 13 mars 1885, *Simon*).

§ 8. — Cas où les immeubles bâtis atteints par les alignements sont affranchis des servitudes de voirie

181. Des exceptions sont apportées à la règle en vertu de laquelle les immeubles bâtis, atteints par les alignements approuvés, sont soumis aux servitudes d'alignement.

Nous signalerons d'abord la disposition établie en faveur des immeubles et monuments historiques. Aux termes de l'article 4 de la loi du 30 mars 1887, « les servitudes d'alignement et autres qui pourraient causer la dégradation des monuments ne sont pas applicables aux immeubles classés ».

En ce qui concerne les immeubles ordinaires, l'exonération des servitudes d'alignement est admise lorsque l'élargissement de la traverse revêt une importance qui le rend assimilable à une ouverture.

Le Conseil d'État a jugé qu'il en était ainsi quand la surface des parcelles ajoutées était au moins égale à celle du sol conservé de l'ancien chemin (16 janvier 1891, *Palfray* ; 8 juillet 1892, *Imbert*). Cette règle est celle qui est appliquée en matière d'élargissement d'un chemin en rase campagne (n° 136).

Mais récemment elle a cessé d'être suivie dans une affaire qui a donné lieu à un arrêt du 23 décembre 1892 (*Thomas*) (1). Le Conseil d'État a décidé que l'on devait assimiler à une ouverture l'opération consistant à porter de 8 mètres à 12 mètres la largeur d'un chemin dans une traverse.

Il ressort de cet arrêt que l'élargissement, pour conserver le bénéfice des effets que la loi lui attribue, doit être tenu dans des limites plus étroites quand il est projeté à l'intérieur des agglomérations. C'est que, dans ce cas, la fixation des limites du chemin a de tout autres conséquences qu'en rase campagne, où elle porte sur des terrains non bâtis : elle entraîne l'application d'une servitude qui, en faisant obstacle à toute répara-

---

(1) Voir les observations présentées, à l'occasion de cette affaire, par le Ministre de l'Intérieur (*Annales des Chemins vicinaux*, 1893-1894, 2ᵉ partie, p. 422).

tion confortative, détermine la ruine des constructions riveraines sans indemnité, de ce chef, pour les propriétaires. Les règles à appliquer pour apprécier le caractère de l'élargissement ne sauraient donc être les mêmes à l'égard des terrains nus et des terrains bâtis.

182. Alors même que le plan d'alignement maintient l'élargissement dans des limites convenables, il peut se faire qu'un immeuble bâti se trouve atteint sur une grande profondeur, auquel cas le préjudice causé à son propriétaire serait excessif. Dans ce cas encore, le Conseil d'État juge que l'immeuble ne doit pas être soumis aux servitudes d'alignement (27 mai 1881, *Bellamy*; 22 juin 1888, Ministre de l'*Intérieur* contre *Schock* et *Chaumette*; 21 février 1890, *Piat*; 19 janvier 1894, *Doby*; *Id.*, *Shoult*; 2 février 1894, ville de *Rouen*).

183. Toutes les fois que des immeubles doivent être exonérés des servitudes d'alignement, mention doit en être faite, à peine de nullité, dans la décision qui approuve le plan d'alignement (C. d'État, 13 juillet 1892, *Bidault*; 23 décembre 1892, *Thomas*; 8 août 1894, *Estier*; 31 mai 1895, *Roche*). Il doit être énoncé que les alignements atteignant les immeubles ne pourront recevoir leur exécution qu'après que la commune aura été spécialement autorisée à acquérir, soit à l'amiable, soit par voie d'expropriation, les propriétés ou portions de propriétés dont l'occupation est nécessaire.

L'omission de cette réserve ne fait pas obstacle, d'ailleurs, à ce que les immeubles soient ultérieurement reconnus, s'il y a lieu, exempts de la servitude d'alignement (C. d'État, 22 juin 1888, Ministre de l'*Intérieur* contre *Schock* et *Chaumette*; 21 février 1890, *Piat*; 19 janvier 1894, *Doby*; *Id.*, *Shoult*; 2 février 1894, ville de *Rouen*).

§ 9. — Cas où le plan d'alignement comprend un redressement du chemin

184. Il arrive parfois que l'Administration fait dresser un plan d'alignement dans lequel se trouve introduit un redressement du chemin. Ce plan constitue, par conséquent, à la fois un plan d'alignement et un plan de redressement.

Les propriétés touchées par les alignements ne sont soumises aux servitudes de voirie qu'autant que leur rescindement est exigé par les besoins d'un simple élargissement. Elles échappent à ces servitudes partout où les emprises sont destinées au redressement du chemin.

La décision approbative du plan doit faire connaître les propriétés qui se trouvent dans ce dernier cas. La clause à insérer dans la décision est semblable à celle qui a été indiquée au n° 183.

185. Il importe, en outre, d'observer la règle que nous avons fait connaître, aux n°s 108 et 114, à l'occasion de l'approbation des plans d'ouverture ou de redressement : nous voulons parler de la règle en vertu de laquelle il ne doit être donné suite à un projet de redressement qu'autant que les voies et moyens sont assurés.

§ 10. — Modification des plans d'alignement approuvés

186. Les plans d'alignement peuvent être modifiés, quand l'intérêt public l'exige (Avis du Conseil d'État du 7 août 1839 ; — C. d'État, 15 mai 1869, *Blamoutier*). Cette modification peut être opérée par le conseil général ou la commission départementale, suivant les cas, alors même que les plans auraient été primitivement approuvés par ordonnance royale (C. d'État, 13 mai 1892, *Hardy*).

Mais il convient de ne toucher aux plans approuvés qu'en cas d'absolue nécessité. Sinon les plans d'alignement perdraient le caractère de fixité qu'il importe de leur conserver dans l'esprit du public.

Quand des changements sont apportés à un plan approuvé, la question de savoir si ces changements constituent un acte de bonne administration n'est pas de celles qui peuvent être portées devant le Conseil d'État (C. d'État, 5 juin 1874, commune de *Sury-ès-Bois*).

§ 11. — De l'occupation des terrains bâtis soumis à la servitude d'alignement

187. A défaut d'arrangement amiable, l'occupation des terrains bâtis, alors même qu'ils sont soumis à la servitude d'alignement, ne peut avoir lieu qu'en vertu d'un décret (n° 144).

Nous avons fait ressortir, au n° 149, les inconvénients que comporte l'intervention de deux autorités, le Chef de l'État, d'une part, et le conseil général ou la commission départementale, d'autre part, pour l'autorisation des travaux d'élargissement d'un chemin, et nous avons indiqué, au n° 153, comment il conviendrait de réformer la législation vicinale à ce sujet.

Des observations, spéciales aux plans d'alignement, peuvent être présentées à l'appui des conclusions que nous avons formulées.

188. Toute construction atteinte par un plan d'alignement peut disparaître de deux manières : par voie d'expropriation ou par application de la servitude d'alignement.

Dans le premier cas, le propriétaire est dépouillé immédiatement de son immeuble. Nous ne méconnaissons pas la gravité de cette mesure, mais nous devons faire observer que, si pénible que puisse être la disparition de l'immeuble pour celui qui le détient, le jury a été institué pour lui allouer une indemnité représentant la valeur du préjudice causé.

Dans le second cas, la dépossession est lente : elle est l'œuvre du temps. On empêche le propriétaire de réparer sa construction, de manière à en assurer la ruine dans un avenir plus ou moins éloigné. Quand ce résultat est atteint, le riverain ne reçoit qu'une indemnité égale à la valeur du terrain cédé à la voie publique. Rien ne lui est alloué pour la construction élevée sur ce terrain. On obtient, sans bourse délier, l'anéantissement de cette construction.

Or, dans le premier cas, l'expropriation est subordonnée à une déclaration d'utilité publique qui doit émaner du Chef de l'État, tandis que, dans le second cas, il suffit d'une décision du conseil général ou de la commission départementale pour assurer la suppression, sans compensation pécuniaire, de la construction riveraine.

Nous estimons que la propriété privée doit être protégée également dans les deux cas.

S'il y avait des raisons pour soumettre la propriété à des traitements différents, ce n'est pas l'occupation immédiate, par voie d'expropriation, qui devrait être entourée des formes les plus hautes. La déclaration d'utilité publique relative à l'acquisition d'un immeuble n'est, en effet, provoquée qu'autant que les ressources sont assurées, et cette obligation, en matière vicinale, est incontestablement de nature à contenir les expropriations dans d'étroites limites. Il n'en est pas de même, quand il s'agit de frapper d'alignement les bâtiments riverains : une mesure de ce genre ne comporte aucune dépense immédiate, et si elle réserve à la commune la charge de payer ultérieurement le prix du terrain à céder au chemin, cette éventualité n'a rien d'assez grave pour faire obstacle à l'adoption de l'alignement projeté. Il n'y a dès lors aucun frein pour enrayer le zèle, souvent excessif, qui préside à l'élargissement des chemins aux dépens des constructions riveraines.

Du moment que l'on croit devoir confier au conseil général ou à la commission départementale le pouvoir de décider l'expropriation lente que comporte la servitude d'alignement, on peut, à plus forte raison, les charger d'autoriser l'expropriation immédiate d'un immeuble atteint par l'alignement. Dans les deux cas, la même autorité devrait statuer.

C'est ce qui a lieu pour les plans d'alignement des routes nationales et départementales. Ils sont approuvés par la voie d'un décret, qui a pour effet soit de soumettre les bâtiments riverains aux servitudes de voirie, soit de permettre d'en poursuivre l'expropriation immédiate.

Ces résultats seraient obtenus avec la solution que nous avons fait connaître au n° 153. La déclaration d'utilité publique de l'élargissement d'un chemin sur les terrains bâtis étant attribuée au conseil général ou à la commission départementale, l'autorité qui statuerait serait la même que celle qui fixe les alignements dans les traverses et qui impose les servitudes de voirie aux bâtiments frappés par ces alignements.

CHAPITRE VIII

ACQUISITIONS DE TERRAINS

SECTION I

ABANDON GRATUIT DES TERRAINS

189. Les propriétaires dont les terrains sont longés ou traversés par un chemin sont tellement intéressés à l'amélioration ou à la construction de ce chemin qu'ils cèdent volontiers gratuitement les parcelles nécessaires à l'éxécution des travaux.

Les agents du service vicinal se contentent souvent des promesses verbales recueillies auprès des propriétaires, d'autant plus que la prescription établie par l'article 18 de la loi du 21 mai 1836 écarte, au bout de deux ans, toute action en indemnité.

Mais il peut se faire que des difficultés surgissent avant l'expiration de ce délai, soit parce que les dispositions des propriétaires viennent à changer, soit pour toute autre cause. Aussi convient-il, surtout quand il s'agit de travaux d'ouverture ou de redressement, de constater la cession gratuite des terrains dans un acte dressé dans la forme administrative et soumis au conseil municipal de la commune. Cette procédure est prescrite par l'article 24 de l'Instruction générale.

190. Les traités portant cession gratuite, sous certaines conditions stipulées au profit des propriétaires, sont des contrats de droit commun dont l'interprétation et l'exécution appartiennent à l'autorité judiciaire (C. d'État, 17 juillet 1861, commune de *Craon* ; — Cass., 18 janvier 1887, *Chaillons*).

SECTION II

ACQUISITIONS A L'AMIABLE

191. D'après l'article 10 de la loi du 28 juillet 1824, les acquisitions doivent être précédées d'une enquête *de commodo et incommodo*. Cette formalité se trouve généralement remplie quand les travaux d'élargissement, d'ouverture ou de redressement ont fait l'objet d'une décision portant déclaration d'utilité publique.

Les traités d'acquisition des terrains sont passés dans la forme administrative (Loi du 3 mai 1841, art. 56; — Instruction générale, art. 24).

Ces traités, intervenus entre le maire et les propriétaires, sont soumis au conseil municipal. Le vote de l'assemblée communale ne doit être rendu exécutoire par le préfet que dans le cas où la dépense, totalisée avec les dépenses de même nature pendant l'exercice courant, dépasse les limites des ressources ordinaires et extraordinaires que les communes peuvent se créer sans autorisation spéciale (Loi du 5 avril 1884, art. 68, n° 3).

Quand les traités d'acquisition ont été passés en vertu de délibérations approuvées, ils n'ont pas besoin d'être revêtus de l'approbation préfectorale [Circulaire du Ministre de l'Intérieur en date du 17 octobre 1864; — note circulaire du même Ministre, en date du 30 décembre 1873 (1).]

Bien que passés dans la forme administrative, les traités d'acquisition constituent des contrats de droit commun, dont l'interprétation et l'exécution appartiennent à l'autorité judiciaire (Déc. sur confl., 15 mars 1855, *Gay-Dupalland* ; 9 décembre 1858, *Guillemin* ; 9 décembre 1858, *Halwin de Piennes* ; C. d'État, 15 novembre 1878, commune de *Montastruc* ; 13 mai 1887, *Serp* ; — Cass., 29 janvier 1889, *Chopy*).

---

(1) *Annales des Chemins vicinaux*, 1873-1874, 2ᵉ partie, p. 3.

SECTION III

INDEMNITÉS POUR ÉLARGISSEMENT DANS DES TERRAINS NON BATIS

192. Ainsi qu'on l'a vu au n° 132, la décision du conseil général ou de la commission départementale, portant élargissement d'un chemin vicinal, attribue à ce chemin le sol compris dans les limites qu'elle détermine, et le droit des riverains se résout en une indemnité.

Cette décision produit ses effets à partir de la notification dont elle est l'objet (1). Aux termes de l'article 21 de l'Instruction générale, la notification doit être faite à chacun des propriétaires, dix jours au moins avant la prise de possession de leurs terrains.

A l'expiration de ce délai, il peut être procédé à l'exécution des travaux préalablement au règlement de l'indemnité (n° 132).

Toutefois, d'après l'Instruction générale, s'il existe sur les terrains à occuper des arbres fruitiers ou de haute futaie, il doit en être référé au préfet et il peut être sursis à l'abatage jusqu'au règlement de l'indemnité. Cette réserve se justifie aisément. Si l'Administration, en prenant possession des terrains, détruisait les arbres qui s'y trouvent plantés, il pourrait être parfois difficile d'évaluer ultérieurement la valeur de ces arbres.

C'est à cette considération qu'il convient d'avoir égard pour décider s'il y a lieu d'ajourner la prise de possession des terrains. Il peut arriver, par exemple, que les arbres appelés à disparaître fassent partie d'une plantation régulière composée de sujets de même valeur : dans ce cas, les arbres restants permettent d'apprécier la valeur des arbres supprimés, et il n'y a pas d'inconvénient sérieux à prendre possession des terrains avant le règlement de l'indemnité. Il en serait autrement

---

(1) C'est à dater de la notification de cette décision que s'ouvre, pour l'ancien propriétaire, le droit à une indemnité. Ni la fixation du montant de cette indemnité, ni l'exigibilité de celle-ci ne sauraient être différées jusqu'à l'exécution matérielle des travaux projetés (Cass., 18 juillet 1893, *Pernelle*).

si l'occupation des terrains comportait l'abatage d'arbres dont l'estimation serait difficile à faire ultérieurement.

193. Lorsque les propriétaires ne consentent pas à l'abandon gratuit des terrains à réunir au chemin (n° 189), ou bien lorsqu'un traité amiable ne peut être passé entre ces propriétaires et le maire de la commune (n° 191), le règlement de l'indemnité doit être porté devant le juge de paix du canton (Loi du 21 mai 1836, art. 15).

Ce magistrat statue sur le rapport d'experts qui sont nommés l'un par le sous-préfet, l'autre par le propriétaire (1).

En cas de discord, il y a lieu de recourir à un tiers-expert. Par qui doit-il être nommé ? L'article 15 de la loi du 21 mai 1836 énonce, en termes généraux, que les experts doivent être nommés conformément à l'article 17, relatif aux occupations temporaires de terrains. Il s'ensuivrait, si l'on appliquait la loi à la lettre, que le tiers expert devrait être désigné par le conseil de préfecture. Il a été jugé, au contraire, que, dans ce cas, c'est l'autorité appelée à statuer, c'est-à-dire le juge de paix, qui doit nommer le tiers expert (C. d'État, 26 avril 1844, *Breton ;* — Cass., 21 décembre 1864, commune de *Mer*).

Par une conséquence toute naturelle, ce serait au juge de paix également qu'il appartiendrait de désigner d'office l'expert que l'une des parties négligerait ou refuserait de nommer.

194. Les experts sont tenus de prêter serment. Cette formalité s'accomplit devant le juge de paix, puisque c'est ce magistrat qui prononce sur l'expertise (2).

195. L'évaluation des indemnités est généralement très simple, par la raison que les propriétés riveraines ne subissent pas habituellement une dépréciation plus ou moins difficile à déterminer.

Toutefois, ces propriétés peuvent augmenter de valeur par suite de l'exécution des travaux d'élargissement du chemin, et cette plus-value doit entrer en ligne de compte dans la fixa-

---

(1) Quand il s'agit d'un terrain domanial incorporé au chemin, l'expert de l'État est nommé par le préfet sur la proposition du directeur des Domaines (Instruction du Directeur général des Domaines du 1er avril 1879, n° 159).

(2) HERMAN, *Traité pratique de voirie vicinale*, n° 159.

tion de l'indemnité. La prise en considération de la plus-value a été prescrite par l'article 51 de la loi du 3 mai 1841, et il a été jugé que cette disposition était applicable, non seulement aux expropriations faites dans les formes de la loi de 1841, mais encore aux dépossessions effectuées en vertu de l'article 15 de la loi de 1836 (Cass., 14 décembre 1847, préfet de l'*Eure*).

Le montant de la plus-value ne peut d'ailleurs absorber la valeur des parcelles incorporées au chemin. Il est de principe, en effet, que l'expropriation doit toujours donner lieu à l'allocation d'une indemnité (Cass., 28 février 1848, *Bardout ;* 26 janvier 1857, de *Gironde ;* 15 novembre 1858, *David*).

196. Le règlement des indemnités pour élargissement rentre dans la catégorie des actions judiciaires qui sont soumises aux règles des articles 124 et suivants de la loi du 5 avril 1884. Par conséquent, les propriétaires qui veulent faire régler par le juge de paix les indemnités qui leur sont dues doivent adresser préalablement au préfet ou au sous-préfet un mémoire exposant l'objet et les motifs de leur réclamation.

Il est admis que, pour défendre à l'action engagée devant le juge de paix, la commune a besoin de l'autorisation du conseil de préfecture, conformément aux dispositions des articles 121 et suivants de la loi du 5 avril 1884 (Avis du Conseil d'État du 19 mars 1840). Si donc la commune n'obtient pas cette autorisation, elle est virtuellement condamnée à payer la somme réclamée par le propriétaire pour prix de son terrain (1).

197. La sentence du juge de paix est un véritable jugement susceptible d'appel, lorsque le montant de l'indemnité dépasse le taux de la compétence en dernier ressort des juges de paix (Avis du Conseil d'État du 19 mars 1840 ; — Cass., 19 juin 1843, *Breton ;* 18 août 1845, *Dasie-Marais ;* 10 décembre 1845, *Sabatié ;* 27 janvier 1847, *Sabatié*).

---

(1) Herman, *Traité pratique de voirie vicinale*, n° 153.

SECTION IV

ACQUISITIONS PAR EXPROPRIATION

198. A défaut de cession gratuite ou amiable, c'est par la voie de l'expropriation que l'Administration peut devenir propriétaire des terrains nécessaires :

1° A l'élargissement des chemins aux dépens de terrains bâtis ;

2° A l'ouverture ou au redressement des chemins à travers des terrains bâtis ou non.

L'expropriation s'opère conformément aux dispositions de la loi du 3 mai 1841, modifiées, sur certains points, par l'article 16 de la loi du 21 mai 1836.

199. Déclaration d'utilité publique. — Les tribunaux ne peuvent prononcer l'expropriation qu'autant que l'utilité en a été constatée et déclarée dans les formes prescrites par l'article 2 de la loi du 3 mai 1841.

Ces formes comprennent d'abord, aux termes mêmes de cet article, la loi ou le décret qui autorise l'exécution des travaux.

Toutes les fois qu'il s'agit d'élargir, d'ouvrir ou de redresser un chemin à travers des terrains bâtis, les travaux sont autorisés par un décret conformément au vœu de la loi de 1841.

Mais, quand il est question d'ouvrir ou de redresser un chemin à travers des terrains non bâtis, l'autorisation émane du conseil général pour les chemins de grande communication ou d'intérêt commun et de la commission départementale pour les chemins vicinaux ordinaires.

Il est admis que la décision du conseil général ou de la commission départementale tient lieu du décret indiqué dans la loi de 1841 (1).

200. Enquête parcellaire. — Le plan parcellaire doit être soumis. dans chaque commune, à l'enquête décrite au titre II de la loi du 3 mai 1841.

(1) La décision déclarative d'utilité publique ne peut plus être déférée au Conseil d'État pour excès de pouvoir, lorsque le tribunal civil a prononcé l'expropriation et que le jugement est passé en force de chose jugée (C. d'État, 31 mai 1878, *Touchy;* 16 décembre 1892, *Grados*).

Il y a lieu de remarquer que cette enquête n'est autre qu'une information d'intérêt communal. Si donc la déclaration d'utilité publique a été prononcée à la suite d'une enquête, conformément à l'ordonnance du 23 août 1835, l'enquête parcellaire n'apparaît pas comme se distinguant profondément de l'enquête d'utilité publique.

Toutes deux s'ouvrent sur le même plan (1). Dans l'une, l'information, qui dure huit jours, est confiée au maire ; dans l'autre, l'information s'effectue, pendant trois jours, à l'aide d'un commissaire-enquêteur, après que les pièces sont restées déposées pendant quinze jours.

Les intéressés ne se rendent pas compte de la nécessité de la seconde enquête prescrite par le titre II de la loi de 1841. Ils ne prennent pas garde aux différences de formes des deux enquêtes et, quand même leur attention se porterait sur ce point, ils seraient assurément bien excusables de n'y pas découvrir un motif suffisant de renouveler l'information.

Cette procédure, qui n'est pas justifiée aux yeux du public, est d'ailleurs fâcheuse au point de vue du temps qu'elle absorbe.

Pour remédier à ces inconvénients, il suffirait, ainsi que nous l'avons indiqué dans notre étude sur *les formes des enquêtes administratives* (2), de fondre en une seule l'enquête parcellaire et l'enquête administrative.

Cette solution est celle qui est adoptée en ce qui concerne l'approbation des plans d'alignement des routes nationales. L'enquête qui précède l'émission du décret approbatif n'est autre que l'enquête parcellaire, complétée par l'avis du conseil municipal de la commune. Il en résulte que si, postérieurement à l'homologation du plan d'alignement, il est nécessaire de recourir à l'expropriation, il n'y a pas lieu d'ouvrir l'enquête conformément au titre II de la loi du 3 mai 1841, puisque cette enquête a été effectuée. Il suffit de provoquer l'arrêté de cessibilité et de poursuivre l'accomplissement des autres formalités de la loi (3).

Mais il est actuellement impossible de réaliser cette solution. L'enquête unique devrait, en effet, reproduire à la fois les

(1) C'est-à-dire sur un plan parcellaire, d'après les errements habituels (V. au n° 116).
(2) Berger-Levrault, 1891.
(3) Aucoc, *Conférences*, t. III, p. 94.

formes de l'enquête d'utilité publique établies par l'ordonnance du 23 août 1835 et celles de l'enquête parcellaire instituées par le titre II de la loi du 3 mai 1841. Or, bien que ces enquêtes soient toutes deux essentiellement communales, puisqu'elles consistent en une simple information au chef-lieu de la commune, leurs formes ne se prêtent pas à la fusion cherchée.

La solution que nous avons indiquée ne pourra être obtenue qu'autant que l'appareil des enquêtes sera convenablement revisé.

201. Nous venons d'envisager le cas où l'enquête d'utilité publique s'opère conformément à l'ordonnance de 1835. Si cette enquête s'effectue dans les formes de l'ordonnance du 18 février 1834, l'ouverture de l'enquête parcellaire ne donne plus lieu aux mêmes critiques, puisqu'elle constitue une information véritablement nouvelle.

202. Avis du conseil municipal. — Arrêté de cessibilité. — D'après l'article 8 de la loi du 3 mai 1841, une commission d'enquête doit se réunir à l'issue de l'enquête parcellaire.

Cette disposition a été l'objet d'une dérogation en faveur des chemins vicinaux de toute catégorie (1). Quand il s'agit des travaux d'ouverture ou de redressement de ces chemins, la commission d'enquête est remplacée par le conseil municipal. L'article 12 porte, en conséquence, que le procès-verbal de l'enquête parcellaire est transmis, avec l'avis du conseil municipal, par le maire au sous-préfet, qui l'adresse au préfet avec ses observations. Comme l'assemblée communale remplit l'office de la commission d'enquête, son avis ne peut être antérieur à la clôture du procès-verbal d'enquête (Cass., 14 décembre 1842, *Dupontavice ;* 4 juillet 1843, *Verdière ;* 14 mars 1870, *d'Aurelle de Montmorin.*)

Sur le vu du procès-verbal d'enquête, le préfet, en conseil de préfecture, détermine par un arrêté motivé les propriétés qui doivent être cédées et indique l'époque à laquelle il sera néces-

---

(1) L'article 12 de la loi du 3 mai 1841 vise les « chemins vicinaux ». Il a été jugé que, sous la dénomination générique de chemins vicinaux, la loi comprenait les chemins de grande communication (Cass., 22 mai 1843, *de Mauduit ;* 24 juin 1844, *Laroche*).

saire d'en prendre possession. Cet arrêté est habituellement
désigné sous le nom d'*arrêté de cessibilité*.

L'arrêté dont il s'agit doit être soumis à l'approbation du
Ministre de l'Intérieur, quand le conseil municipal demande une
modification au tracé adopté (Cass., 31 mars 1845, préfet de
l'*Ain ;* 30 avril 1845, *Desplats ;* 8 avril 1891, veuve *de Bigault de
Casanove*); sinon, la sanction du Ministre est inutile. C'est ce qui
a été reconnu par un avis des sections de l'Intérieur et des Travaux publics en date du 12 décembre 1868. Des instructions ont
été données en conséquence par le Ministre de l'Intérieur dans
une circulaire du 12 janvier 1869. C'est aussi ce qui a été jugé
par la Cour de Cassation dans un arrêt du 9 mars 1891 (*Donau*).

203. Jugement d'expropriation. — Ainsi que l'énonce
l'article 25 de l'Instruction générale, le préfet transmet au procureur de la République de l'arrondissement toutes les pièces
constatant l'accomplissement des formalités prescrites pour
faire prononcer l'expropriation.

Il appartient au préfet de suivre la procédure administrative qui doit aboutir au jugement d'expropriation, qu'il s'agisse
de plusieurs communes ou d'une seule et, par conséquent, d'un
chemin de grande communication ou d'intérêt commun, ou
bien d'un chemin vicinal ordinaire (Cass., 27 décembre 1865,
Devaux ; 26 octobre 1892, commune de *Brouilla*).

204. Règlement des indemnités. — Les dispositions
de la loi du 3 mai 1841, en ce qui concerne le jury chargé de
fixer les indemnités, sont l'objet des modifications inscrites à
l'article 16 de la loi du 21 mai 1836.

Ce jury doit être composé de quatre jurés seulement. C'est
pour ce motif qu'il est communément qualifié de petit jury.

Le tribunal d'arrondissement choisit, sur la liste générale
prescrite par l'article 29 de la loi du 3 mai 1841, quatre personnes pour former le jury spécial, ainsi que trois jurés supplémentaires. L'Administration et la partie intéressée ont respectivement le droit d'exercer une récusation péremptoire.

En outre, le tribunal, en prononçant l'expropriation, désigne,
pour présider et diriger le jury, l'un de ses membres ou bien
le juge de paix du canton. Ce magistrat a voix délibérative en
cas de partage.

Le jury ne peut prendre aucune délibération, ni procéder à aucune opération sans la présence et le concours du magistrat directeur (Cass., 7 mai 1889, *Messeaux ;* 10 août 1892, veuve *Deloison*). Cette règle est notamment applicable au transport sur les lieux (Cass., 26 novembre 1890, commune des *Planches-en-Montagne*).

Une disposition spéciale a été insérée à l'article 16 de la loi du 21 mai 1836 en vue du cas où les expropriés acceptent, devant le jury, les offres de l'Administration. D'après la loi du 3 mai 1841, il faut alors laisser le jury statuer sur les indemnités à l'égard desquelles on est d'accord, ou bien se retirer devant un fonctionnaire ayant qualité pour recevoir l'acte de vente. En matière de chemins vicinaux, grâce à la disposition de l'article 16 de la loi de 1836, le magistrat directeur peut recevoir les acquiescements des parties, et son procès-verbal emporte translation définitive de propriété.

205. Cas où il y a consentement à la cession, mais désaccord sur le prix. — Ce cas, qui est prévu à l'article 25 de l'Instruction générale, fait l'objet du dernier paragraphe de l'article 14 de la loi du 3 mai 1841.

Point n'est besoin de rendre le jugement d'expropriation ni de s'assurer que les formalités du titre II ont été remplies. Le tribunal donne acte du consentement et désigne le magistrat directeur du jury, pour qu'il soit procédé au règlement des indemnités par le jury spécial.

SECTION V

ACQUISITIONS DE TERRAINS AYANT UNE AFFECTATION SPÉCIALE

§ 1. — Biens de l'État

206. L'article 2 de la loi du 3 mai 1841, en énumérant les formes à observer pour la validité de l'expropriation, cite l'arrêté de cessibilité « par lequel le préfet détermine les propriétés *particulières* auxquelles l'expropriation est applicable ».

Malgré les termes de cet article, l'État est tenu, comme les particuliers, à l'abandon sa propriété, lorsque l'utilité publique l'exige [Avis du Conseil d'État du 9 février 1808, approuvé le 21 (1)].

Mais cette mesure ne peut s'appliquer qu'aux immeubles formant le *domaine de l'État proprement dit*. Ce domaine se compose des immeubles qui constituent, entre les mains de l'État, des propriétés privées, et à raison desquels il est assujetti aux charges et obligations du droit commun. La portion la plus importante des immeubles du domaine de l'État proprement dit est répartie entre les départements ministériels chargés d'assurer les divers services publics : on les nomme *biens affectés à un service public*. Les autres, n'ayant pas d'affectation spéciale, servent à accroître, par leurs revenus ou par le produit de leur vente, les ressources du Trésor : ils sont désignés sous le titre de *biens non affectés à un service public* (Instruction du Directeur général des Domaines du 1er avril 1879, art. 2).

L'expropriation peut donc atteindre ces deux catégories d'immeubles, aussi bien ceux qui sont affectés à des services publics que ceux qui sont sous la main de l'Administration des Domaines (2).

207. Quant au *domaine public national*, il n'est pas susceptible d'être exproprié. Les immeubles qui le composent demeurent, en effet, inaliénables aussi longtemps qu'ils en font partie et, comme ils ne peuvent en être distraits que du consentement exprès ou tacite des services publics commis à leur garde, la sentence judiciaire qui en prononcerait l'expropriation contre le gré de ces services serait non avenue (Cass., 17 février 1847, *chemin de fer de Lyon ;* 3 mars 1862, *Decagny ; —* Instruction du Directeur général des Domaines du 1er avril 1879, art. 48).

208. Il résulte de ce qui précède que lorsqu'un projet d'établissement ou d'amélioration d'un chemin vicinal com-

---

(1) Cet avis est cité dans l'article 7 de l'ordonnance du 23 août 1835 sur les formalités d'enquête en matière de travaux d'intérêt communal.

(2) Ces immeubles, s'ils ne sont pas bâtis, peuvent être incorporés à un chemin vicinal par voie d'élargissement. On a vu, en effet, au n° 132, que la décision autorisant l'élargissement comporte l'expropriation des parcelles comprises dans les limites approuvées par cette décision (Instruction du Directeur général des Domaines du 1er avril 1879, art. 157 et suiv.).

porte la cession d'immeubles appartenant au domaine public national, il ne peut être donné suite à ce projet qu'autant qu'un acte de l'autorité compétente a changé l'affectation de ces immeubles et les a distraits du domaine public national.

209. L'acquisition des biens de l'État peut avoir lieu par la voie de traités amiables, mais à la condition que cette acquisition ait fait l'objet d'une décision équivalant à une déclaration d'utilité publique.

S'il s'agit d'ouverture, de redressement, ou bien encore d'élargissement à travers des terrains bâtis, l'article 13 de la loi du 3 mai 1841 autorise les traités amiables, à l'égard des immeubles qui sont compris dans les plans parcellaires soumis à l'enquête et désignés dans l'arrêté de cessibilité (Instruction précitée, art. 68).

Pareillement, en matière d'élargissement à travers des terrains non bâtis, des traités amiables peuvent être passés pour les immeubles portés au plan parcellaire approuvé par la décision du conseil général ou de la commission départementale.

Aux termes du décret de décentralisation du 13 avril 1861 (Tableau C, n° 5), les préfets ont qualité pour consentir à la cession des terrains domaniaux et, par conséquent, pour accepter les offres d'indemnités (Instruction précitée, n° 71).

§ 2. — Terrains dépendant des presbytères ou des églises paroissiales

210. D'après les dispositions combinées de l'ordonnance royale du 3 mars 1825 et du décret de décentralisation du 13 avril 1861 (Tableau A, n° 52), les parcelles nécessaires à l'établissement ou à l'amélioration des chemins vicinaux ne peuvent être distraites des dépendances des presbytères qu'en vertu d'une décision prise par le préfet, si l'évêque diocésain y consent, ou par le Chef du Pouvoir exécutif, si l'évêque y fait obstacle.

La question s'est posée de savoir si les pouvoirs attribués au conseil général ou à la commission départementale, en matière vicinale, n'avaient pas un caractère général et absolu et si, dès

lors, ils ne s'appliquaient pas à l'occupation des terrains dépendant des presbytères comme à l'occupation de tous autres.

Dans un avis du 1er avril 1873 (1), la section de l'Intérieur
du Conseil d'État a fait savoir que les dispositions légales, sur
lesquelles sont fondés les pouvoirs du conseil général ou de
la commission départementale, n'ont pas eu pour résultat de
permettre à ces assemblées de désaffecter les presbytères du
service public auquel ils sont attribués. La section a émis, en
conséquence, l'avis que les conseils généraux ou les commissions départementales, avant de statuer définitivement sur l'incorporation aux chemins vicinaux des parcelles dépendant des
presbytères, doivent provoquer, conformément à l'ordonnance
de 1825 et au décret de 1861, la distraction de ces parcelles
par l'autorité compétente.

211. Ce principe a été appliqué en matière d'occupation
des églises paroissiales ou de leurs dépendances. Il a été jugé
que ces églises sont grevées d'une affectation spéciale à laquelle
il ne peut être porté atteinte par le décret d'utilité publique
fixant le tracé et la largeur de la voie à ouvrir aux dépens de
l'église. Ce décret ne peut être mis à exécution qu'après que
la désaffectation a été prononcée par les pouvoirs publics
(C. d'État, 21 novembre 1884, fabrique de l'église de *Saint-
Nicolas-des-Champs*, à Paris).

§ 3. — Terrains provenant d'un cimetière

212. La loi des 6-15 mai 1791, article 9, et le décret du
23 prairial an XII, articles 8 et 9, contiennent des prescriptions
au sujet de l'usage des terrains provenant des cimetières.

Ces prescriptions ne sont pas nettes. Elles ont été l'objet de
quelques explications au *Bulletin du Ministère de l'Intérieur.*

D'après les dispositions combinées de la loi et du décret, les
terrains qui ont servi aux inhumations et qui cessent de recevoir cette destination doivent rester fermés pendant cinq ans.
De plus, pendant les cinq années suivantes, il est interdit d'y

---

(1) *Les Conseils généraux*, t. I, p. 285.

faire tous travaux de fouille ou de fondation. Mais, lorsque dix années se sont écoulées depuis les dernières inhumations, auquel cas il ne reste plus trace des sépultures, un ancien cimetière peut être affecté légalement à telle construction qu'il convient à la commune propriétaire d'y faire élever (*Bulletin du Ministère de l'Intérieur*, 1861, p. 76, et 1866, p. 435).

§ 4. — Immeubles classés parmi les monuments historiques ou mégalithiques

213. Aux termes de la loi du 30 mars 1887, article 4, l'expropriation pour cause d'utilité publique d'un immeuble classé ne peut être poursuivie qu'après que le Ministre de l'Instruction publique et des Beaux-Arts a été appelé à présenter ses observations.

SECTION VI

ENREGISTREMENT

§ 1. — Acquisitions faites en vertu d'une déclaration d'utilité publique

214. D'après l'article 58 de la loi du 3 mai 1841, les actes faits en vertu de cette loi sont visés pour timbre et enregistrés gratis, lorsqu'il y a lieu à la formalité de l'enregistrement.

Ces dispositions régissent les actes concernant l'occupation des terrains bâtis, quand elle a été autorisée par un décret, pour l'ouverture, le redressement ou l'élargissement des chemins vicinaux.

Le bénéfice de l'article 58 s'applique aussi aux actes relatifs à l'expropriation des terrains non bâtis nécessaires à l'ouverture et au redressement des chemins vicinaux, quand la déclaration d'utilité publique émane du conseil général ou de la commission départementale (Décision du Ministre des Finances en date du 17 septembre 1846 ; — Circulaire du Ministre de l'Intérieur du 4 février 1847).

Il convient de remarquer qu'il n'est pas nécessaire que l'expropriation des terrains ait été prononcée par le tribunal : il suffit, en premier lieu, qu'une décision du conseil général ou de la commission départementale ait déclaré d'utilité publique les travaux d'ouverture ou de redressement du chemin, et, en second lieu, qu'un arrêté de cessibilité, pris par le préfet, conformément à l'article 11 de la loi du 3 mai 1841, ait déterminé les propriétés à céder pour l'exécution des travaux. Ces deux actes sont indispensables pour établir que les acquisitions amiables sont faites dans un but d'utilité publique (Circulaire du Ministre de l'Intérieur en date du 4 février 1847).

Toutefois, la production de l'arrêté de cessibilité n'est pas nécessaire lorsque les parcelles, ayant fait l'objet des acquisitions amiables, sont désignées dans la décision qui a déclaré les travaux d'utilité publique (Cass., 4 mai 1858, Compagnie du *Chemin de fer d'Orléans*).

Ce cas est celui qui se présente d'ordinaire, attendu que les décisions déclaratives d'utilité publique se réfèrent généralement aux plans et états parcellaires soumis à l'enquête (n° 116).

C'est pour ce motif, sans doute, que l'arrêté de cessibilité ne figure pas dans l'Instruction générale parmi les pièces à produire en matière de conventions amiables (V. l'art. 239, § 4, chap. I, sect. 1, art. 1er).

Une décision du Directeur général de l'Enregistrement, en date du 31 octobre 1874, a consacré cette solution.

215. En ce qui concerne les acquisitions pour élargissement des chemins vicinaux, l'application de l'article 58 de la loi du 3 mai 1841 est moins manifeste.

Cependant, il importe de remarquer que la décision portant élargissement remplit le triple office d'une déclaration d'utilité publique, d'un arrêté de cessibilité et d'un jugement d'expropriation (n° 132). Aussi, dans un référé du 18 avril 1877, la Cour des Comptes a-t-elle rappelé que les dispositions spéciales de l'article 15 de la loi de 1836 avaient été uniquement instituées dans le but de simplifier, à l'égard de dépossessions d'un faible intérêt, les longues formalités de la loi du 7 juillet 1833, remplacée plus tard par la loi du 3 mai 1841. La Cour des Comptes a repoussé, en conséquence, toute distinction, au point de vue des droits de timbre et d'enregistrement, entre les acquisitions des terrains non bâtis, soit pour ouverture ou redressement, soit pour élargissement d'un chemin vicinal. Dans les deux cas, elle a été d'avis que la loi de 1841 était seule applicable.

Cet avis ayant été partagé par le Ministre des Finances, une circulaire du Ministre de l'Intérieur, en date du 16 juin 1877, a invité les préfets à s'y conformer. Le texte du § 4 de l'article 239 de l'Instruction générale a été en même temps remanié en conséquence.

216. Les acquisitions de terrains par suite de mise à l'alignement dans les traverses des chemins vicinaux bénéficient des dispositions de l'article 58 de la loi de 1841, puisqu'en cette occurrence les plans d'alignement ne sont autres que des plans d'élargissement dont l'utilité publique a été déclarée par les décisions approbatives de ces plans. La Cour de Cassation a eu d'ailleurs l'occasion de déclarer que les acquisitions faites, même amiablement, pour l'exécution d'un plan d'alignement devaient être enregistrées gratis, conformément à l'article 58 de la loi du 3 mai 1841 (Cass., 19 juin 1844, *Péclet*). Des instructions ont été adressées à cet effet aux préfets par une circulaire du Ministre de l'Intérieur en date du 2 décembre 1848.

Mais l'exemption des droits d'enregistrement n'a lieu que lorsqu'il s'agit d'acquérir des terrains non bâtis, ce qui se produit notamment quand les propriétaires démolissent des bâtiments en saillie, soit volontairement, soit pour cause de péril (Art. 239 de l'Instruction générale, § 4, chap. IV). Quand, au contraire, il s'agit d'acquérir à l'amiable un immeuble bâti frappé d'alignement, si l'Administration n'a pas provoqué le décret autorisant cette occupation conformément à la loi du 8 juin 1864, elle ne peut se prévaloir de l'article 58 de la loi du 3 mai 1841 (Cass., 19 juin 1844, ville de *Saint-Étienne;* 19 juin 1844, ville de *Montpellier;* 6 mars 1848, ville de *Bordeaux;* 31 janvier 1849, ville de *Lyon;* — Circulaire du Ministre de l'Intérieur en date du 2 décembre 1848).

Il existe, toutefois, un cas où l'exonération des droits de

timbre et d'enregistrement peut être invoquée dans l'hypothèse qui vient d'être envisagée. C'est celui où le plan d'alignement concerne une ville soumise au régime du décret du 26 mars 1852 sur la grande voirie de Paris (1) (Décision du Ministre des Finances du 28 mai 1857 ; — Art. 239 de l'Instruction générale, § 4, chap. IV). L'article 2 du décret du 26 mars 1852 porte, en effet, dans son dernier paragraphe, que l'article 58 de la loi du 3 mai 1841 est applicable à tous les actes et contrats relatifs aux terrains acquis pour la voie publique par simple mesure de voirie.

§ 2. — Acquisitions faites sans déclaration d'utilité publique

217. Quand l'Administration ne peut réclamer le bénéfice de l'article 58 de la loi du 3 mai 1841, le droit d'enregistrement est celui qui frappe les divers actes énumérés à l'article 20 de la loi du 21 mars 1836.

Ce droit, fixé à 1 franc par l'article dont il s'agit, a été porté à 1 fr. 50 par la loi du 28 février 1872. Il s'élève actuellement à 1 fr. 875, décimes compris (n° 998).

Il y a lieu de noter que, lorsque des acquisitions de parcelles appartenant à différents propriétaires sont comprises dans un même acte, il n'est dû qu'un seul droit, quel que soit le nombre de ces parcelles (Décision du Ministre des Finances en date du 26 août 1846 ; — Instruction du Directeur général de l'Enregistrement du 11 septembre de la même année).

SECTION VII

TRANSCRIPTION. — PURGE DES HYPOTHÈQUES

§ 1. — Acquisitions faites en vertu d'une déclaration d'utilité publique

218. Formalités de transcription et de purge. — Quand les acquisitions ont lieu en vertu d'une déclaration d'utilité publique ou d'une décision équivalente, il est procédé à la

---

(1) L'article 9 du décret du 26 mars 1852 énonce que les dispositions de ce décret pourront être appliquées à toutes les villes qui en feront la demande, par des décrets spéciaux rendus dans la forme des règlements d'administration publique.

purge des hypothèques suivant les dispositions des articles 15 à 19 de la loi du 3 mai 1841.

Il n'y a pas lieu de distinguer entre les acquisitions qui s'opèrent par expropriation et celles qui s'effectuent à l'amiable.

Ces acquisitions peuvent être relatives soit aux travaux d'ouverture ou de redressement, soit à ceux d'élargissement.

A l'égard des travaux d'élargissement, la Cour des Comptes a été d'avis que la loi du 3 mai 1841 était seule applicable (Référé du 18 avril 1877), alors même qu'une décision du conseil général ou de la commission départementale constitue l'acte déclaratif d'utilité publique. Le Ministre des Finances ayant partagé cet avis, des instructions ont été données en conséquence par la circulaire du Ministre de l'Intérieur en date du 16 juin 1877.

Quel est, en matière d'élargissement, l'acte qui doit être soumis à la transcription ?

Si l'élargissement s'effectue aux dépens de terrains bâtis, les acquisitions ont lieu soit à l'amiable, soit par expropriation. L'acte dont la transcription est opérée se trouve être, dans le premier cas, la convention amiable et, dans le deuxième cas, le jugement d'expropriation.

Si, au contraire, l'élargissement n'atteint que des terrains nus, l'acte à transcrire est la décision du conseil général ou de la commission départementale qui est translative de propriété comme un jugement d'expropriation (Circulaire du Ministre de l'Intérieur en date du 21 décembre 1846 ; — Art. 239 de l'Instruction générale, § 4, chap. II).

219. Les acquisitions de terrains nus, par suite de mise à l'alignement dans les traverses, bénéficient également des dispositions des articles 15 et suivants de la loi du 3 mai 1841, puisque les plans d'alignement approuvés par décisions du conseil général ou de la commission départementale produisent les mêmes effets que les plans d'élargissement à l'égard des terrains non bâtis. La loi de 1841 s'applique donc aux acquisitions des terrains cédés par les riverains, notamment quand ils démolissent leurs constructions, soit volontairement, soit pour cause de péril.

Il n'en serait pas de même si l'Administration procédait à l'amiable à l'acquisition d'immeubles bâtis frappés d'alignement, sans qu'un décret soit intervenu, conformément à la loi du 8 juin 1864, pour autoriser cette acquisition. Dans ce dernier cas, les formalités de transcription et de purge devraient s'effectuer ainsi qu'il sera indiqué au § 2.

220. Dispense des formalités de purge. — D'après l'article 19 de la loi du 3 mai 1841, l'Administration peut, à ses risques et périls, se dispenser de remplir les formalités de purge des hypothèques, quand la valeur des acquisitions ne s'élève pas au-dessus de 500 francs.

Mais, lorsque l'expropriation est poursuivie par une commune, le maire ne peut faire usage de cette faculté qu'avec l'autorisation du conseil municipal et l'approbation du préfet (Ordonnance royale du 18 avril 1842, art. 2 ; — Instruction générale, art. 27).

§ 2. — Acquisitions faites sans déclaration d'utilité publique

221. Formalités de transcription et de purge. — Les acquisitions effectuées sans déclaration d'utilité publique ou décision équivalente sont régies, au point de vue de la transcription, par la loi du 23 mars 1855 : c'est uniquement la transcription qui opère à l'égard des tiers le transfert de la propriété. Aussi la transcription est-elle toujours obligatoire (Avis du Conseil d'État du 31 mars 1869).

En ce qui concerne la purge, elle s'effectue suivant les articles 2181 à 2192 du Code civil pour les hypothèques inscrites et suivant les articles 2181, 2193 à 2195 pour les hypothèques non inscrites. Ces formalités sont moins simples et plus coûteuses que celles de la loi du 3 mai 1841.

222. Dispense des formalités de purge. — Le maire peut être dispensé de remplir les formalités de purge des hypothèques, quand l'indemnité n'excède pas 500 francs. Il doit être autorisé à cet effet par délibération du conseil municipal revêtue de l'approbation du préfet (Décret du 14 juillet 1866 ; — Instruction générale, art. 27).

Un maire ne saurait être dispensé, d'une manière générale, de recourir aux formalités de la purge pour toutes les acquisitions qui ne dépassent pas 500 francs.

D'après l'esprit, sinon le texte, du décret du 14 juillet 1866, les conseils municipaux doivent être appelés à examiner, à l'égard de chaque acquisition, si les formalités de purge ne sont pas inutiles, à raison soit de l'origine de la propriété, soit de la modicité du prix d'acquisition. De son côté, l'autorité préfectorale a pour devoir de n'approuver les délibérations portant dispense que dans les cas où un examen sérieux des motifs invoqués fait reconnaître que les communes peuvent renoncer sans inconvénient à la garantie de la purge des hypothèques. Or, une dispense générale serait incompatible avec ce double examen, et une délibération prise en ce sens n'est pas, par conséquent, susceptible d'être approuvée (*Bulletin officiel du Ministère de l'Intérieur*, 1867, p. 97).

SECTION VIII

DU PAIEMENT DES INDEMNITÉS DE TERRAINS

§ 1. — Époque du paiement

223. En matière d'ouverture ou de redressement, ou bien encore d'élargissement à travers des terrains bâtis, les indemnités réglées par le jury d'expropriation doivent être acquittées, préalablement à la prise de possession, entre les mains des ayants droit (Loi du 3 mai 1841, art. 53).

En matière d'élargissement à travers des terrains non bâtis, le paiement des indemnités peut être postérieur à la prise de possession (n° 132). Il en est ainsi quand l'élargissement s'opère par suite du reculement des constructions riveraines, dont la démolition a été effectuée volontairement ou exigée pour cause de péril (n° 179).

§ 2. — Ressources sur lesquelles le paiement est effectué

224. Chemins vicinaux ordinaires. — En ce qui concerne ces chemins, les indemnités de terrain sont à la charge de la commune.

Quand il s'agit de travaux de construction ou d'amélioration, les indemnités sont payées à l'aide des ressources qui ont été créées en vue de faire face à la dépense des travaux. Ces ressources comprennent les subventions du département et de l'État, lorsque les travaux s'exécutent en vertu de la loi du 12 mars 1880.

Il est un cas où les communes peuvent être obligées de payer des indemnités de terrains sans avoir été à même d'assurer préalablement les ressources nécessaires : c'est lorsque des propriétaires riverains reculent des constructions frappées d'alignement et exigent le prix des parcelles réunies au chemin. Les communes sont alors forcées, si leur budget ne présente pas de disponibilités suffisantes, de créer de nouvelles ressources pour acquitter leur dette.

225. Chemins de grande communication et d'intérêt commun. — Pendant longtemps, on a considéré que les indemnités de terrain devaient incomber exclusivement, même sur les chemins de grande communication et d'intérêt commun, à la commune de la situation des lieux, par la raison que cette commune reste propriétaire du sol du chemin.

L'Instruction ministérielle du 24 juin 1836 avait interdit l'allocation de subventions départementales pour l'achat des terrains nécessaires à l'établissement des chemins. Mais le Ministre de l'Intérieur reconnut qu'il était parfois indispensable de se départir de ce principe et, par une circulaire du 20 mars 1848, il autorisa l'affectation des fonds départementaux au paiement des terrains à occuper pour la construction des chemins de grande communication.

Le Ministre de l'Intérieur n'en continua pas moins à déclarer que, sous réserve des secours à accorder par le département, les communes devaient pourvoir exclusivement aux acquisitions de terrains sur leur territoire, alors même qu'il s'agit de chemins intéressant plusieurs communes. Des observations dans ce sens furent présentées par le Ministre, à l'occasion d'un pourvoi de la commune de *Solesmes*, mais elles furent écartées par l'arrêt du Conseil d'État du 8 mai 1861.

Il résulte de cet arrêt que, lorsque des travaux de construction d'un chemin de grande communication ou d'intérêt commun intéressent plusieurs communes, la dépense des terrains

n'est pas nécessairement à la charge exclusive de la commune
sur le territoire de laquelle a lieu l'acquisition des terrains.

Les indemnités de terrain constituent, en effet, un des éléments de la dépense d'établissement d'un chemin, et il est
assurément rationnel que ces indemnités s'ajoutent aux frais
de la construction proprement dite pour former la dépense
totale à répartir entre les diverses communes intéressées. Mais,
d'un autre côté, il peut paraître singulier que le sol ainsi acquis
soit la propriété exclusive de la commune sur laquelle il est
situé, de telle sorte qu'en cas d'aliénation par suite d'abandon
ou de changement de direction du chemin, cette commune
encaisse seule le prix d'un sol qu'elle n'a payé qu'en partie
seulement.

C'est une anomalie qui disparaîtrait si les chemins de grande
communication et d'intérêt commun devenaient des chemins
départementaux appartenant au département et à la charge de
ce dernier, sous réserve de l'apport des contingents à fournir
par les communes intéressées (1).

En attendant cette réforme, des errements très variables
sont suivis : tantôt on fait masse des indemnités de terrain
avec les dépenses des travaux proprement dits, notamment
quand il s'agit de constructions subventionnées en exécution
de la loi du 12 mars 1880; tantôt on laisse les communes supporter seules la dépense des indemnités de terrains, par exemple
quand cette dépense provient d'élargissements dans la traversée
des agglomérations. Et si, dans ce dernier cas, la somme à payer
exige, de la part de la commune, un sacrifice relativement
élevé, on se borne généralement à demander au département
l'allocation d'une subvention, sans appeler les communes
voisines à participer à la dépense.

(1) V. au n° 18.

SECTION IX

PRESCRIPTION DE L'ACTION EN INDEMNITÉ

226. D'après l'article 18 de la loi du 21 mai 1836, l'action en indemnité des propriétaires pour les terrains qui auront servi à la confection des chemins vicinaux est prescrite par un laps de deux ans.

Dans son instruction du 24 juin 1836, le Ministre de l'Intérieur a expliqué l'utilité de cette disposition. Elle a été instituée surtout en vue du cas où un propriétaire consent à l'abandon gratuit de son terrain et où la cession reste verbale. Si, après la prise de possession du terrain, le propriétaire vient à changer de manière de voir, ou si ses héritiers contestent la légalité d'une occupation faite sans titre, l'Administration se trouve à l'abri de ces exigences tardives, puisqu'elle peut opposer la prescription après un délai de deux ans.

Les dispositions de l'article 18 peuvent être invoquées à l'égard des terrains qui ont servi « à la confection des chemins vicinaux ». Ces termes désignent l'ouverture et le redressement, aussi bien que l'élargissement des chemins (1).

A partir de quel moment doit courir le délai de deux ans ? On s'accorde généralement à admettre comme point de départ le jour où les propriétaires ont été dépossédés (2).

La prescription de deux ans ne s'applique qu'à l'action en règlement de l'indemnité. Quand cette indemnité a été réglée, elle fait l'objet d'une créance pour l'extinction de laquelle il faut se reporter aux règles ordinaires de la prescription.

---

(1) HERMAN, *Traité pratique de voirie vicinale*, n° 178.
(2) DUMAY, *Chemins vicinaux*, t. I, n° 36. — GUILLAUME, *Traité pratique de la voirie vicinale*, n° 25. — FUZIER-HERMAN, *Répertoire général du droit français* (*Chemin vicinal*, n° 766).

CHAPITRE IX

ALIÉNATIONS DE TERRAINS

---

§ 1. — Autorité compétente pour autoriser les aliénations

227. Cette autorité est le préfet. Le pouvoir de ce magistrat avait été limité, par l'article 10 de la loi du 28 juillet 1824, au cas où la valeur des terrains à vendre n'excède pas 3.000 francs, mais cette limite a été supprimée. D'après l'article 68 de la loi du 5 avril 1884, le préfet est compétent, quelle que soit la valeur des terrains ; il doit toutefois statuer en conseil de préfecture (Art. 69 de la loi du 5 avril 1884).

§ 2. — Formalités qui doivent précéder la décision du préfet

228. Ces formalités comprennent une enquête ainsi que la délibération du conseil municipal de la commune sur le territoire de laquelle le chemin à aliéner est situé.

L'article 10 de la loi du 28 juillet 1824 prescrit une enquête *de commodo et incommodo*. D'après l'article 36 de l'Instruction générale, les formes de cette enquête doivent être celles qui ont été instituées par la circulaire ministérielle du 20 août 1825. Il y a lieu de ne pas perdre de vue que ces formes ont été modifiées, en partie, par la circulaire ministérielle du 15 mai 1884, relative à l'exécution de la loi municipale du 5 avril 1884 (n° 124).

Quant à la délibération du conseil municipal, elle est exigée, non seulement par l'article 10 précité de la loi du 28 juillet 1824, mais encore par la loi du 5 avril 1884, article 63, n° 2. L'avis favorable du conseil municipal est même nécessaire pour que le préfet puisse autoriser l'aliénation (C. d'État, 16 février 1860, commune de *Saint-Just-en-Chaussée* ; 1er février 1866, *Roger*).

229. Les formalités qui viennent d'être indiquées sont celles qui doivent être accomplies quand les terrains, dont l'aliénation est projetée, ont été préalablement retranchés du domaine de la vicinalité.

Mais il peut se faire que l'aliénation se poursuive en même temps que les opérations qui doivent donner lieu à cette aliénation.

On peut, par exemple, procéder à la fois au déclassement et à l'aliénation d'un chemin. Il est vrai que les formalités d'enquête sont différentes, puisqu'elles sont réglées, d'une part, par l'article 29 de l'Instruction générale et, d'autre part, par les circulaires de 1825 et de 1884. Mais il est possible de combiner les formes de ces deux modes d'enquête.

L'Administration a également la faculté d'ordonner une opération d'ensemble comprenant le redressement d'un chemin, le déclassement de la portion abandonnée et enfin l'aliénation de cette portion. Dans ce cas, la diversité des informations est encore plus grande, puisque le redressement exige une enquête conformément à l'ordonnance du 23 août 1835, s'il s'agit d'un chemin vicinal ordinaire. On peut soumettre toutes les opérations projetées à une enquête suivant cette dernière ordonnance.

On voit, une fois de plus, combien il est regrettable qu'un règlement unique ne régisse pas toutes les enquêtes d'intérêt communal (1).

§ 3. — Du droit de préemption des propriétaires riverains

230. Deux cas sont à distinguer, suivant que les terrains proviennent du déclassement complet d'un chemin vicinal sur tout ou partie de sa longueur, ou bien simplement de la réduction de la largeur d'un chemin vicinal. Dans le premier cas, la voie vicinale a disparu ; dans le second, elle a été conservée. Il en

---

(1) Voir aux n°° 63 et 126.

résulte deux situations très différentes pour les propriétaires riverains.

231. Cas du changement de direction ou d'abandon d'un chemin vicinal. — Ce cas est prévu par l'article 19 de la loi du 21 mai 1836, qui porte ce qui suit :

« En cas de changement de direction ou d'abandon d'un chemin vicinal, en tout ou en partie, les propriétaires riverains de la *partie de ce chemin qui cessera de servir de voie de communication* pourront faire leur soumission de s'en rendre acquéreurs et d'en payer la valeur, qui sera fixée par des experts dans la forme déterminée par l'article 17. »

Cet article confère, par conséquent, un droit de préemption aux riverains dont la propriété borde la partie de chemin déclassée.

Aussi, quand il s'agit de procéder à l'aliénation des terrains de l'ancien chemin, après qu'elle a été autorisée par le préfet, la première formalité à remplir est celle qui est décrite à l'article 37 de l'Instruction générale. Le maire doit mettre les riverains en demeure de déclarer, dans le délai de quinzaine, s'ils entendent user du bénéfice de l'article 19 de la loi du 21 mai 1836 et se rendre acquéreurs du sol, en en payant la valeur déterminée soit à l'amiable, soit à dire d'experts. Procès-verbal est dressé de cette mise en demeure.

232. Les propriétaires riverains n'ont-ils qu'un simple droit de préférence quand la commune juge à propos d'aliéner les terrains retranchés de la vicinalité, ou bien ces propriétaires peuvent-ils obliger la commune à vendre ces terrains ?

Cette question a été controversée.

Peu de temps après la promulgation de la loi du 21 mai 1836, elle avait été résolue dans un sens favorable à l'Administration par le Ministre de l'Intérieur. Aux termes de sa circulaire du 26 mars 1838, de ce que le sol a été dépouillé du caractère de chemin vicinal, il ne s'ensuit pas nécessairement qu'il doive être vendu, et ce serait donner à l'article 19 de la loi une signification trop étendue que de l'entendre ainsi. Sans doute, si la commune vend ce sol, les propriétaires riverains tiennent de la loi un droit de préférence, mais c'est un droit de préférence seulement. Ils ne peuvent contraindre la commune à vendre ;

celle-ci peut garder les terrains, si elle croit pouvoir en faire un usage plus avantageux.

Cette interprétation de l'article 19 de la loi du 21 mai 1836 vient d'être sanctionnée par un arrêt de doctrine de la Cour de Cassation (13 novembre 1894, *Bourge*). Il s'agissait d'un chemin vicinal dont l'assiette avait été modifiée sur le territoire d'une commune. Une partie du terrain délaissé avait été vendue par la commune aux propriétaires riverains, et le reste conservé par elle pour la desserte de diverses parcelles limitrophes. Le demandeur en cassation s'était mis en possession de cette seconde partie, en soutenant que sa qualité de riverain du chemin délaissé lui donnait un droit réel de préemption, en vertu duquel il pouvait obliger la commune à lui céder la portion de terrain joignant sa propriété.

La Cour a rejeté le pourvoi pour les motifs que voici :

« ..... Attendu que le pourvoi reproche à cet arrêt d'avoir violé l'article 19 de la loi du 21 mai 1836, en subordonnant au bon plaisir de la commune le droit absolu de préemption concédé par la loi au propriétaire riverain d'un ancien chemin vicinal ;

« Attendu que la prétention du demandeur en cassation suppose que la soumission des riverains a pour effet de permettre de dépouiller la commune, même contre son gré, de la propriété du sol de l'ancien chemin ; qu'une aussi grave atteinte au droit de propriété ne pourrait être consacrée qu'autant qu'elle résulterait manifestement des termes mêmes de la loi ; qu'il n'en est pas ainsi ; qu'en effet, l'article 19, qui doit être d'ailleurs interprété d'une manière restrictive à raison de son caractère exceptionnel, ne dit pas que la commune subira une expropriation pour cause d'utilité privée et se trouvera obligée d'aliéner malgré elle une partie de son domaine ; que cet article se réfère uniquement au cas où la commune aliène volontairement le sol de l'ancien chemin et que c'est alors seulement qu'il attribue aux riverains un droit de préférence ou de préemption ;

« Attendu que le pourvoi objecte vainement l'article 60 de la loi du 3 mai 1841 sur l'expropriation pour cause d'utilité publique ; que cet article autorise expressément l'ancien propriétaire à demander la remise de son terrain qui n'a pas reçu la destination projetée ; qu'il n'y a identité ni entre les termes de cet article et ceux de l'article 19 de la loi de 1836, ni dans les situations qu'ils prévoient ;

« Que l'analogie la plus complète existerait, au contraire, avec la situation réglée par les articles 16 et 17 de la loi du 20 août 1881 sur les chemins ruraux, suivant lesquels, lorsqu'un chemin rural cesse d'être affecté à l'usage du public, il existe un droit de préemption en faveur des propriétaires riverains, pour le cas où la commune consent à l'aliénation qui ne peut jamais avoir lieu malgré elle ;

« Attendu qu'en décidant que l'article 19 de la loi de 1836 ne conférait pas aux propriétaires riverains le droit de forcer la commune à aliéner la partie déclassée d'un chemin vicinal, l'arrêt attaqué n'a pas violé le dit article. »

La jurisprudence établie par cet arrêt est basée sur des motifs dont l'un mérite d'être particulièrement signalé: il s'agit de l'analogie qui doit nécessairement exister entre les dispositions relatives au droit de préemption à l'égard des chemins vicinaux et des chemins ruraux. Il n'y a pas de raison assurément pour que les droits des propriétaires riverains ne soient pas les mêmes sur ces deux catégories de chemins. Voici d'ailleurs une observation à l'appui de cette manière de voir : c'est que les terrains délaissés peuvent provenir, au gré de la commune, soit d'un chemin vicinal, soit d'un chemin rural. La commune peut, en effet, faire reconnaître le chemin abandonné comme chemin rural, en même temps que le déclassement est prononcé. Si donc la jurisprudence avait interprété l'article 19 de la loi de 1836 autrement que ne l'a fait l'arrêt du 13 novembre 1894, il eût suffi aux communes de recourir à la formalité qui vient d'être indiquée pour rester ensuite maîtresses du droit de disposer des terrains délaissés.

233. D'après l'article 39 de l'Instruction générale, si les propriétés situées sur les deux rives du chemin appartiennent au même propriétaire, c'est à lui seul qu'appartient le droit de soumissionner le sol dudit chemin.

Si les propriétés situées sur les deux rives du chemin appartiennent à des propriétaires différents, et que l'un d'eux seulement fasse sa soumission de se rendre acquéreur, c'est en faveur de ce propriétaire qu'à lieu la concession de la totalité du sol du chemin.

Si les deux propriétaires riverains font tous deux leur soumission de se rendre acquéreurs, le sol est concédé à chacun
d'eux jusqu'au milieu du chemin.

234. Il peut se faire que le maire de la commune soit
propriétaire riverain de parcelles retranchées de la vicinalité.

D'après l'article 1596 du Code civil, les administrateurs ne
peuvent être adjudicataires, sous peine de nullité, des biens
des communes confiés à leurs soins.

Cette disposition fait-elle obstacle à ce qu'un maire devienne
acquéreur des terrains délaissés au droit de sa propriété ?

Le Ministre de l'Intérieur a jugé, à plusieurs reprises, qu'un
maire pouvait jouir du bénéfice de l'article 19 de la loi du
21 mai 1836, tout comme un simple particulier (*Bulletin officiel du Ministère de l'Intérieur*, année 1842, p. 318).

**235. Cas de la réduction de largeur d'un chemin
vicinal.** –– Les propriétaires riverains ont également un droit
de préemption quand il s'agit de portions détachées d'un chemin vicinal conservé comme tel, soit par suite de l'approbation
d'alignements à l'intérieur des agglomérations, soit par suite
de la fixation des limites du chemin en rase campagne. Cette
disposition s'explique aisément : les riverains ont généralement
des accès ou des vues sur les chemins vicinaux, et on ne saurait, sans leur agrément, vendre à des tiers les terrains provenant des chemins, au droit de leurs héritages.

Dans le cas que nous envisageons, les riverains ont le droit
d'acquérir les parcelles retranchées de la vicinalité, par la
raison qu'ils ont qualité pour réclamer la délivrance de l'alignement au droit de leurs propriétés, et que l'autorité compétente doit leur indiquer la limite régulièrement approuvée.
Les riverains sont donc fondés à exiger la cession des parcelles
détachées de la voie publique, de manière à pouvoir s'avancer
jusqu'à l'alignement approuvé (Cass., 27 mai 1851, ville de
Lons-le-Saunier; 25 février 1867, de *Lagrange ;* — C. d'État,
1er avril 1881, *Siramy;* 6 août 1887, *Dolivot*).

Il va de soi que les riverains ne sauraient invoquer un droit
de préemption, si leurs propriétés sont séparées de l'ancien
sol du chemin par un terrain communal, affecté ou non à la

voirie urbaine. Dans ce cas, c'est la commune qui serait propriétaire riveraine.

236. Des difficultés se produisent parfois à ce sujet, notamment à l'intérieur des traverses, quand les plans d'alignement se bornent à faire connaître les limites assignées au chemin vicinal, sans donner aucune indication sur la destination des terrains compris entre ces limites et les propriétés particulières qui forment l'agglomération.

Lorsqu'une traverse a une largeur plus ou moins considérable qui doit être conservée, bien qu'elle excède les besoins de la vicinalité, l'assiette du chemin peut n'occuper qu'une partie de cette largeur. Dans ce cas, il convient de représenter les limites du chemin par des lignes rouges ponctuées et de les qualifier, non pas d'alignements, mais de « limites de voirie vicinale » (nº 172). Ces indications renseignent les propriétaires sur le caractère des limites tracées au plan d'alignement du chemin.

De plus, il convient de faire établir un plan d'alignement pour les zones qui bordent le chemin et qui dépendent de la voirie urbaine. Ce plan indique les lignes suivant lesquelles les constructions riveraines doivent être placées.

En consultant ces deux plans, l'un pour la voirie vicinale, l'autre pour la voirie urbaine, les propriétaires sont fixés sur la situation dans laquelle se trouvent leurs immeubles et sur les droits qu'ils peuvent exercer. Aucune contestation ne peut s'élever entre ces propriétaires et l'Administration.

Mais il arrive souvent que les dispositions dont il vient d'être question n'ont pas été prises. Les terrains laissés en dehors des limites approuvées pour l'assiette du chemin sont parfois réclamés par les propriétaires qui veulent s'avancer jusqu'à ces limites, alors que la commune entend rester en possession de ces terrains.

Une contestation de ce genre a été portée devant le Conseil d'État par les époux *Dolivot*. Le plan d'alignement d'un chemin vicinal ordinaire réservait, au droit de leur propriété, un trapèze de 15 mètres de long sur 1^m,80 d'un côté et 1^m,90 de l'autre. Par un arrêt du 6 août 1887, le Conseil d'État a jugé que ce terrain avait appartenu à la voirie vicinale et non à la voirie urbaine et que dès lors l'alignement devait être délivré suivant la limite fixée par le plan approuvé.

Une difficulté de même nature a été soumise au tribunal des Conflits (24 novembre 1888, commune de *Saint-Cyr-du-Doret*). L'alignement avait été délivré par le préfet conformément au plan du chemin de grande communication, mais la commune s'opposait à la prise de possession du terrain laissé en dehors de cet alignement, parce qu'elle voulait le conserver pour en faire une gare de matériaux. Le tribunal a jugé que ce terrain, par l'effet de l'approbation du plan d'alignement, n'était pas de plein droit attribué au propriétaire riverain et que l'autorité judiciaire avait qualité pour prononcer sur les contestations auxquelles pouvait donner lieu l'exercice du droit de préemption invoqué par le propriétaire.

Dans cette espèce, la difficulté provenait de ce que le plan d'alignement du chemin n'avait pas été convenablement établi. Elle ne se serait pas produite si les alignements avaient englobé dans l'assiette du chemin l'emplacement de la gare de matériaux. Les limites susceptibles d'être approuvées par l'autorité compétente peuvent, en effet, embrasser toutes les dépendances que comporte le chemin et, en particulier, les gares nécessaires au dépôt des matériaux, ainsi que l'a reconnu un arrêt du Conseil d'État du 3 août 1877 (*Cavelier de Mocomble*).

En définitive, la cession des terrains laissés en dehors des alignements approuvés donnerait lieu à peu de difficultés si l'Administration avait soin de compléter les plans de traverse, le cas échéant, par des plans de voirie urbaine, ou bien encore si l'Administration veillait à ce que les plans portant fixation des limites des chemins renfermassent tous les ouvrages accessoires nécessaires à l'usage de ces chemins.

237. Des contestations relatives au droit de préemption. — Les difficultés auxquelles donne lieu l'exercice du droit de préemption conféré aux riverains sont de la compétence de l'autorité judiciaire (C. d'État, 26 juin 1869, *Videau ;* 22 janvier 1886, veuve *Lambert ;* Trib. des Confl., 24 novembre 1888, commune de *Saint-Cyr-du-Doret*).

§ 4. — De la vente des terrains

238. Cas où la cession a lieu à l'amiable. — Si les propriétaires riverains font, dans le délai qui leur a été assigné, leur soumission de se rendre acquéreurs du sol et si l'accord s'établit sur le prix, la convention est soumise à l'approbation du conseil municipal et du préfet.

Toutefois, si le préfet avait approuvé une délibération prise par le conseil municipal à l'effet de voter l'aliénation aux prix et conditions acceptés par les propriétaires riverains, l'acte constatant cette aliénation n'aurait pas besoin d'être homologué par le préfet (1) (C. d'État, 6 juillet 1863, *Delrial* ; 28 juillet 1864, *Bandy de Nalèche*).

239. La vente des parcelles constitue un contrat de droit commun (Circulaire du Ministre de l'Intérieur en date du 17 octobre 1864 ; — C. d'État, 9 janvier 1868, *de Chastaignier* ; 23 janvier 1868, *Ouizille*).

Il en résulte que l'autorité judiciaire a seule le pouvoir :

Soit de statuer sur la validité de cet acte (C. d'État, 1ᵉʳ juin 1870, *Hardaz de Hauteville* ; 3 février 1893, *Nast* ; — Cass., 29 janvier 1889, *Chopy*) ;

Soit de prononcer sur son interprétation et son application (C. d'État, 10 février 1859, *Ragot*).

240. Cas où la cession n'a pas lieu à l'amiable. — A défaut d'arrangement amiable, la valeur des terrains doit être fixée par des experts nommés dans « la forme déterminée par l'article 17 ».

Telles sont les seules indications de l'article 19 de la loi du 21 mai 1836. L'Instruction générale sur le service des chemins vicinaux les développe dans son article 38. Le propriétaire doit nommer son expert dans le délai de quinze jours ; le second expert est nommé par le sous-préfet. Les deux experts, après

---

(1) Voir, à ce sujet, deux circulaires du Ministre de l'Intérieur des 24 février et 17 octobre 1864, relatives aux ventes de terrains communaux.

avoir prêté serment, procèdent à l'évaluation du sol. En cas de discord, le tiers expert est nommé par le conseil de préfecture.

Quel est le rôle ainsi attribué aux experts? Les auteurs sont divisés sur ce point.

D'après les uns, la décision des experts n'est pas définitive. C'est un simple avis destiné à éclairer le juge qui ne peut être que l'autorité judiciaire, par la raison qu'il s'agit du prix de vente d'un immeuble communal.

Suivant les autres, les experts constituent de véritables arbitres. Cette opinion paraît se dégager du rapprochement des articles 15, 17 et 19 de la loi du 21 mai 1836. Dans ces trois articles, le législateur a prescrit des expertises à l'effet de régler les indemnités dans les cas prévus par chacun d'eux. Mais c'est seulement dans les articles 15 et 17 que le législateur a indiqué l'autorité qui devait fixer l'indemnité, c'est-à-dire le juge de paix dans le premier de ces articles et le conseil de préfecture dans le second. Aucune autorité n'est désignée à l'article 19, qui décide, au contraire, que la valeur du sol *sera fixée* par les experts.

La mission des experts semble dès lors consister en un arbitrage soumis aux règles des articles 1003 et suivants du Code de Procédure civile, et notamment à celles de l'article 1018, qui oblige le tiers arbitre à se conformer à l'un des avis des autres arbitres. Cette doctrine est celle qui a été adoptée par le ministère de l'Intérieur (1).

La Cour de Cassation n'a pas encore été appelée à se prononcer à ce sujet. Le Conseil d'État a été saisi de requêtes tendant à annuler la décision préfectorale qui avait approuvé les conclusions du tiers expert, et il a rejeté ces requêtes. Il a fait remarquer que la rétrocession des parcelles délaissées forme un contrat de droit commun et que les contestations auxquelles donne lieu l'exercice du droit des propriétaires riverains doivent être portées devant l'autorité judiciaire (9 janvier 1868, *de Chastaignier* ; 23 janvier 1868, *Ouizille*). Le Conseil d'État a, d'ailleurs, eu l'occasion d'annuler un arrêté par lequel un conseil de préfecture avait fixé le prix des terrains cédés à un rive-

---

(1) GUILLAUME, *Traité pratique de la voirie vicinale*, n° 30. — DELANNEY, *De l'alignement*, p. 306. — Voir, au *Recueil Lebon*, la note sous l'arrêt du 9 janvier 1868, *de Chastaignier*.

rain, et il a de nouveau rappelé la compétence de l'autorité judiciaire en pareille matière (27 avril 1877, *Clergeaud*).

241. Cas où les riverains ont renoncé à leur droit de préemption. — Dans le cas où les propriétaires riverains ont déclaré renoncer au bénéfice de l'article 19 de la loi du 21 mai 1836, ou bien encore s'ils n'ont pas fait leur soumission ou nommé leur expert dans le délai qui leur a été assigné, le sol du chemin peut être aliéné dans les formes déterminées pour la vente des terrains communaux (Instr. gén., art. 40).

242. Destination du produit de la vente des terrains. — Le prix de vente des terrains retranchés de la vicinalité a le caractère d'une ressource communale extraordinaire. Il ne figure pas nécessairement parmi les ressources de la vicinalité. Il ne peut être affecté aux dépenses des chemins vicinaux qu'en vertu d'une délibération du conseil municipal, approuvée par le préfet (Instr. gén., art. 41).

§ 5. — Dommages causés par la suppression des droits de vue et d'accès sur les terrains retranchés de la vicinalité

243. Il peut se faire que l'aliénation des terrains retranchés de la vicinalité prive certains propriétaires des droits de vue et d'accès qu'ils exerçaient sur la voie publique. Ce résultat peut se produire dans diverses circonstances : par exemple, lorsqu'un riverain prend possession d'un terrain détaché du chemin par voie d'alignement, alors qu'un propriétaire voisin jouissait, par le côté latéral de son immeuble, de jours ou d'accès sur ce terrain.

La jurisprudence a établi que les riverains n'ont aucun droit de servitude sur la voie publique (Cass., 11 février 1879, *Cuvelier*). L'Administration est donc absolument maîtresse d'ordonner les modifications, redressements ou suppressions qu'elle juge utiles (Cass., 25 février 1880, *Lisse;* 4 août 1880, *Defrémont*).

Le déclassement total d'un chemin convertit la voie en propriété privée, et il fait cesser tout droit de passage ou de vue

(C. d'État, 6 août 1852, *Mathias*. — Cass., 16 mai 1877, *Delaby;* 11 février 1879, *Cuvelier;* 4 août 1880, *Defrémont*).

Mais, en cas de déclassement total ou partiel, les riverains lésés peuvent faire valoir leur droit à une indemnité (Cass., 11 février 1879, *Cuvelier;* 25 février 1880, *Lisse;* — C. d'État, 8 décembre 1882 et 8 août 1888, *Bourqueney;* 8 août 1890 et 4 janvier 1895, *Descosse*).

C'est au conseil de préfecture, sauf recours au Conseil d'État, qu'il appartient de statuer à ce sujet, si toutefois les riverains n'excipent d'aucun titre particulier dont l'interprétation soit de la compétence des tribunaux ordinaires (Décret sur conflit, 24 juillet 1856, *Bégouen;* 8 décembre 1859, *Fiquet;* — Trib. des Confl., 15 novembre 1879, *Auzou;* 26 juin 1880, *Dor*).

L'indemnité doit d'ailleurs être réclamée, non à l'acquéreur du terrain (Cass., 25 février 1880, *Lisse*), mais à la commune (Cass., 15 juillet 1851, *Rouffigny;* 3 mai 1858, *Jolliot*).

§ 6. — Aliénation de tout ou partie d'un chemin vicinal provenant du classement d'une portion de route nationale délaissée

244. Lorsqu'une portion de route nationale, abandonnée par suite d'un changement de tracé, a été classée comme chemin vicinal par un décret qui a fixé les limites de ce chemin, ce décret a pour effet de dessaisir l'État de tous ses droits sur le sol ainsi classé. Il appartient, en conséquence, aux communes de revendre à leur profit, sous réserve du droit des riverains, les terrains que le rétrécissement ou l'abandon ultérieur de la voie viendrait à rendre disponibles (Instruction du Directeur général des Domaines en date du 1er avril 1879, art. 110).

Nous avons fait savoir, au n° 86, qu'actuellement les portions de route nationale délaissées sont purement et simplement remises au département ou aux communes pour recevoir l'affectation indiquée dans la délibération du conseil général ou des conseils municipaux. L'État abandonne alors ses droits sur toute l'étendue de l'ancienne route, de telle sorte que, si l'assiette du chemin vicinal n'occupe qu'une partie de la largeur de cette ancienne route, l'aliénation des excédents s'opère, sous la réserve du droit des tiers, au bénéfice des communes.

§ 7. — Aliénation de tout ou partie d'un chemin vicinal qui, avant son classement, était à l'état de route départementale

245. Ce cas se présente avec les routes départementales qui ont été déclassées et converties soit en chemins de grande communication, soit en chemins vicinaux de toute autre catégorie.

A qui appartient le prix de vente des parcelles détachées de ces chemins?

Le Ministre de l'Intérieur pensait, jusque dans ces dernières années, que la conversion des routes départementales en chemins vicinaux était une mesure qui modifiait simplement l'affectation du sol sans emporter nécessairement translation de propriété. Il en résultait que le prix d'aliénation des parcelles retranchées devait revenir au département. C'est ce qu'enseigne M. Guillaume dans son *Traité pratique de la voirie vicinale* (p. 36).

Mais, dans deux arrêts récents (9 août 1893, commune du *Fossat* ; 8 août 1894, commune de *Parlebosq*), le Conseil d'État a repoussé la doctrine en vertu de laquelle le département resterait propriétaire du sol des routes déclassées, et il ressort de ces arrêts que l'aliénation, en tout ou en partie, du sol des anciennes routes doit s'opérer au profit des communes (1).

§ 8. — Rétrocession de terrains acquis et non employés

246. Lorsque des terrains ont été acquis en vertu d'une déclaration d'utilité publique, il peut arriver qu'une portion de ces terrains ne soit pas employée à l'exécution des travaux et reste entre les mains de l'Administration. Cette éventualité a été prévue par la loi du 3 mai 1841, qui permet aux anciens propriétaires de demander la remise des terrains dont il s'agit et fixe le délai dans lequel ces propriétaires doivent user du droit qui leur est ouvert (art. 60 et 61).

(1) V. aux nᵒˢ 29 et suiv.

Ces dispositions sont applicables aux terrains acquis pour la construction des chemins vicinaux.

Il appartient à l'autorité administrative de déclarer si les terrains, dont la rétrocession est réclamée, restent ou non affectés au chemin.

L'Administration ne peut d'ailleurs s'opposer à la rétrocession en affectant les terrains à des travaux d'utilité publique autres que ceux en vue desquels l'expropriation a eu lieu (C. d'État, 6 mars 1872, *Jaumes*).

CHAPITRE X

ÉCHANGES DE TERRAINS

247. Ainsi que l'indique l'article 42 de l'Instruction générale sur le service des chemins vicinaux, il peut être procédé, par voie d'échange, avec ou sans soulte, à l'acquisition des terrains nécessaires pour l'élargissement, l'ouverture ou le redressement d'un chemin vicinal.

Tout échange comportant une aliénation de terrain, les règles relatives à l'aliénation doivent être nécessairement observées. Les parcelles à céder par la commune doivent, en conséquence, avoir été préalablement distraites, dans les formes légales, du sol du chemin. Ensuite, l'échange doit être autorisé par le préfet, après délibération du conseil municipal intéressé et après enquête *de commodo et incommodo*. Ces dernières formalités sont, d'ailleurs, explicitement exigées, en matière d'échanges, par l'article 10 de la loi du 28 juillet 1824. L'enquête peut avoir lieu conformément à la circulaire ministérielle du 20 août 1825, sauf les modifications prescrites par la circulaire ministérielle du 15 mai 1884, relative à l'exécution de la loi municipale du 5 avril 1884 (n° 124).

Il va de soi que l'échange ne saurait s'opérer avec un tiers qu'autant que le propriétaire riverain n'a pas déclaré, dans le délai prescrit, vouloir bénéficier des dispositions de l'article 19 de la loi du 21 mai 1836.

248. Les actes d'échange, bien qu'ils soient passés dans la forme administrative, constituent des contrats de droit commun. Aussi les difficultés relatives à leur validité et à leur portée sont-elles de la compétence exclusive des tribunaux ordinaires (C. d'État, 9 avril 1868, *Rivolet ;* 3 août 1877, *Cavelier de Mocomble*).

249. S'il y a soulte en faveur de la commune, le montant doit en être versé dans la caisse municipale, à titre de ressource extraordinaire. Il ne peut être affecté aux dépenses de la vicinalité qu'en vertu d'une délibération du conseil municipal, approuvée par le préfet (Instr. gén., art. 46).

TITRE IV

RESSOURCES DE LA VOIRIE

VICINALE

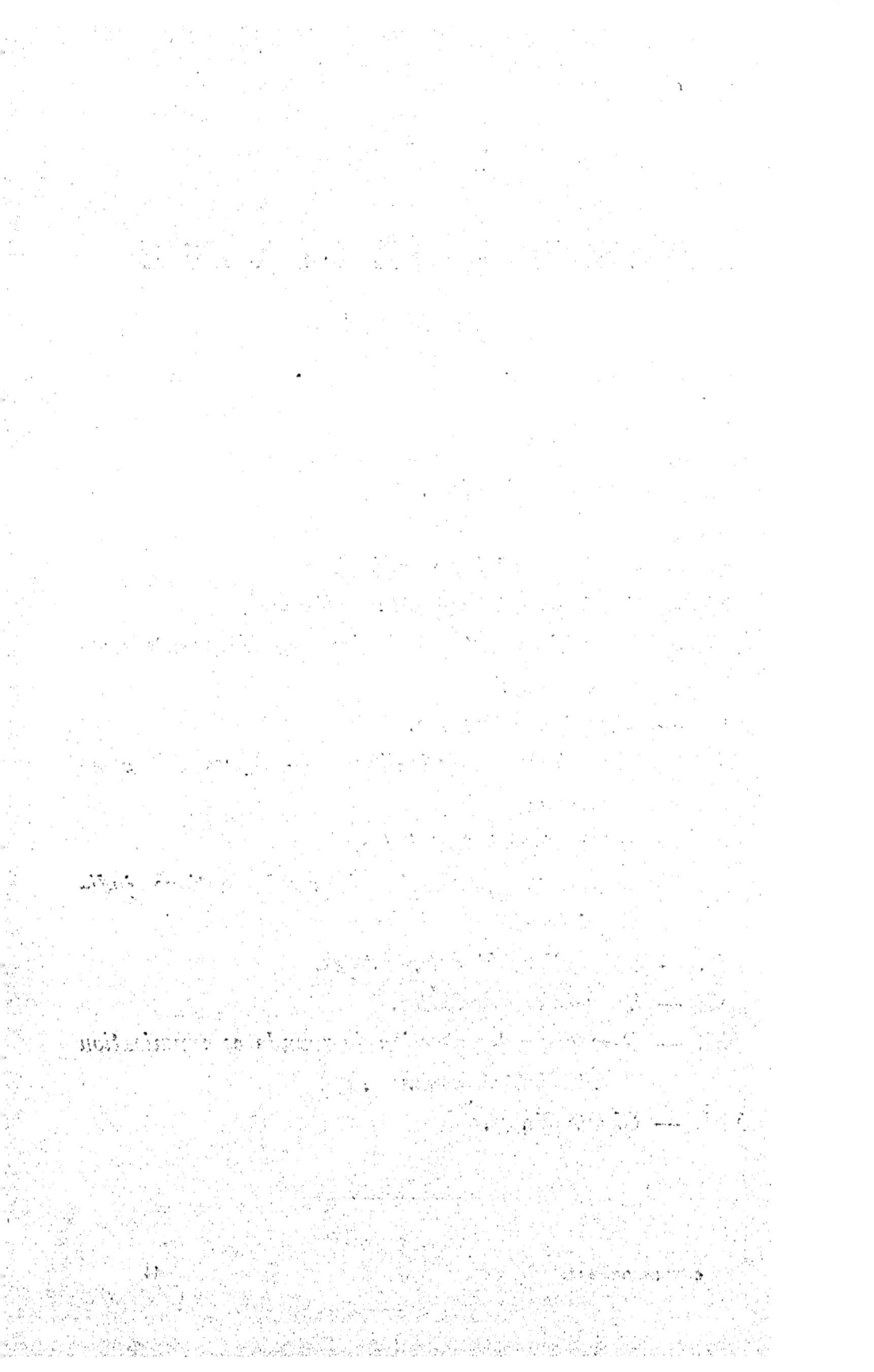

TITRE IV

RESSOURCES DE LA VOIRIE VICINALE

CHAPITRE I

REVENUS ORDINAIRES

§ 1. — Prélèvement sur les revenus ordinaires

250. Parmi les ressources qui doivent être affectées au service des chemins vicinaux, figurent, en première ligne, les revenus ordinaires des communes (1). Ainsi que l'énonce l'article 2 de la loi du 21 mai 1836, c'est seulement *en cas d'insuffisance des revenus ordinaires* qu'on peut avoir recours aux autres ressources autorisées par la loi. Et il y a insuffisance de revenus ordinaires lorsque, dans le budget de la commune, les ressources ordinaires ne permettent pas de couvrir les dépenses auxquelles elles sont destinées à faire face (C. d'État, 9 juin 1868, *Duvivier ;* 7 décembre 1883, *Mabille*) et dans lesquelles sont comprises les dépenses obligatoires (C. d'État, 14 décembre 1877, ville de *Nantes ;* 9 août 1889, *Borelly*).

Comme le fait remarquer la circulaire du Ministre de l'Intérieur en date du 30 avril 1839, les communes se partagent en deux catégories : celles qui peuvent pourvoir à la dépense du service vicinal avec leurs ressources ordinaires et celles dont les ressources ordinaires ne peuvent suffire à cette dépense. Les communes de la première catégorie sont assurément en nombre très faible.

(1) Aux termes de l'article 133, n° 3, de la loi du 5 avril 1884, les recettes ordinaires du budget communal comprennent les *cinq centimes ordinaires* qui ont été attribués aux communes par l'article 31 de la loi du 15 mai 1818. Ces centimes sont imposés dans les rôles en vertu de la loi de 1818 et des lois annuelles de finances, à moins que les communes ne déclarent que cette imposition leur est inutile. Les 5 centimes dont il s'agit ne portent que sur les contributions foncière et personnelle-mobilière, alors que tous les autres centimes communaux sont en addition au principal des quatre contributions directes.

251. La loi du 21 mai 1836 prévoit l'imposition d'office des prestations et des centimes spéciaux qui doivent suppléer, s'il y a lieu, à l'insuffisance des revenus ordinaires, et elle indique les limites dans lesquelles ces ressources spéciales peuvent être imposées. Rien d'analogue n'existe dans cette loi à l'égard des revenus ordinaires.

Il est manifeste que l'autorité supérieure ne saurait être dépourvue de moyens de coercition à l'égard des communes qui peuvent faire face à la dépense des chemins vicinaux, soit en tout, soit en partie, avec leurs ressources ordinaires. C'est ce qui a été très nettement expliqué par la circulaire ministérielle du 30 avril 1839.

L'article 1er de la loi du 21 mai 1836 déclare, en principe, que les chemins vicinaux légalement reconnus sont à la charge des communes, d'où il suit que la dépense des chemins vicinaux est rangée au nombre des *dépenses obligatoires* des communes. La loi municipale du 5 avril 1884 confirme cette disposition dans son article 136, n° 18.

C'est donc dans cette loi municipale que l'on trouve les moyens de contraindre les communes à acquitter sur leurs revenus les dépenses auxquelles elles sont tenues pour le service des chemins vicinaux. Ces moyens sont décrits à l'article 149. Les dépenses peuvent donc être inscrites d'office par le préfet, en conseil de préfecture, au budget des communes dont le revenu est inférieur à 3 millions. L'inscription d'office ne peut d'ailleurs être opérée qu'après une mise en demeure du conseil municipal (Instr. gén., art. 70; — Loi du 5 avril 1884, art. 149) (1).

252. Certaines communes, en situation d'assurer avec leurs seules ressources ordinaires le service des chemins vicinaux, ont parfois demandé que le montant du prélèvement à opérer sur ces ressources ne dépassât pas l'équivalent de trois jour-

---

(1) Ces dispositions s'appliquent naturellement aux contingents demandés pour les chemins de grande communication ou d'intérêt commun et acquittables sur les revenus ordinaires des communes (C. d'État, 9 juin 1843, ville de *Vire*). V. au n° 522.

nées et de 5 centimes, de manière à assimiler leurs obligations à celles des communes dépourvues de revenus ordinaires. Cette prétention était absolument injustifiable, ainsi que l'a fait remarquer la circulaire précitée du 30 avril 1839. La quotité de l'imposition à effectuer d'office, dans le cas où les communes opposent un refus aux demandes de l'Administration, n'est soumise à d'autres règles que celles de l'article 149 de la loi du 5 avril 1884.

§ 3. — Impositions pour insuffisance de revenus

253. Les prélèvements sur revenus ordinaires qui figurent aux budgets de la vicinalité proviennent, en très grande partie, d'impositions pour insuffisance de revenus.

Ces impositions ont une importance considérable.

C'est grâce à elles que la loi du 21 mai 1836 a pu subsister, malgré l'insuffisance de ses prévisions budgétaires, et malgré l'appoint des 3 centimes spéciaux extraordinaires qui ont été autorisés par la loi du 24 juillet 1867 et maintenus par la loi du 5 avril 1884.

Les impositions pour insuffisance de revenus constituent souvent la clef de voûte des budgets vicinaux. Sans ces ressources qui sont précieuses parce qu'elles sont en argent, l'entretien des chemins serait impossible dans beaucoup de communes.

La loi municipale est donc venue très heureusement au secours de la loi vicinale.

254. Les centimes pour insuffisance de revenus autorisés par l'article 133 de la loi du 5 avril 1884 peuvent être affectés aux chemins de toute catégorie.

Ils ne peuvent être appliqués qu'à des dépenses ordinaires, telles que celles de l'entretien.

Ils sont autorisés par arrêté préfectoral ou par décret, suivant qu'ils concernent des dépenses obligatoires ou des dépenses facultatives. Les dépenses de la vicinalité n'étant obligatoires que dans la limite des revenus ordinaires proprement dits, des trois journées de prestation et des 5 centimes spéciaux, il

s'ensuit que les dépenses à couvrir par le produit des centimes
pour insuffisance de revenus sont facultative s, à moins de
circonstances particulières. Les centimes sur lesquels ces
dépenses doivent être imputées exigent donc généralement
l'autorisation présidentielle. Cette formalité s'accomplit à
l'aide d'une procédure rapide décrite dans les circulaires ministérielles des 13 décembre 1842 et 7 août 1846.

255. Les centimes pour insuffisance de revenus sont
classés parmi les recettes ordinaires du budget (Circulaire
ministérielle du 13 décembre 1842); aussi, ne sont-ils pas compris dans le maximum fixé par le conseil général en ce qui
concerne le nombre de centimes extraordinaires susceptibles
d'être votés par les conseils municipaux (Circulaire ministérielle du 15 mai 1884, art. 133, § 14). Toutefois, ils sont, par
contre, considérés comme ressources extraordinaires, quand
il s'agit d'appliquer le § 2 de l'article 145 de la loi du
5 avril 1884 (1).

Les centimes pour insuffisance de revenus ne sont soumis à
aucune limite. Aussi leur nombre est-il considérable dans beaucoup de communes.

Nous nous sommes livré à des recherches à ce sujet en ce
qui a trait au département de la Marne, lorsque nous étions
chargé des fonctions d'agent voyer en chef de ce département.
Nous avons publié dans la *Revue générale d'Administration* les
résultats auxquels nous sommes parvenu pour l'année 1887 (2).
Ils nous paraissent assez intéressants pour être cités :

Communes ayant voté entre 0 et 5 centimes	....	96
—	5 et 10 —	125
—	10 et 15 —	81
—	15 et 20 —	59
—	20 et 25 —	46
—	25 et 30 —	22
—	30 et 40 —	24
—	40 et 65 —	18
	Total........	471

Le nombre total des centimes pour insuffisance de revenus

---

(1) Léon Morgand, *La loi municipale*, t. II, p. 450.
(2) *Du nombre des centimes additionnels perçus au profit de la vicinalité* (1889,
t. III, p. 385).

s'est d'ailleurs élevé à 6.811, alors que le nombre des centimes spéciaux ordinaires n'a été que de 3.303.

Ces chiffres font ressortir le rôle considérable que joue, dans les budgets vicinaux, l'imposition pour insuffisance de revenus (1).

256. Mais cette imposition présente un grave inconvénient : nous voulons parler de cette circonstance qu'elle n'apparaît pas dans les budgets vicinaux.

Le produit en est dissimulé sous le titre de « prélèvement sur revenus ordinaires ». Pour savoir s'il provient de revenus proprement dits ou d'impositions, il faut examiner le budget général de la commune et comparer le prélèvement avec l'importance de l'imposition votée pour insuffisance de revenus. Nous avons expliqué dans l'article inséré à la *Revue générale d'Administration* comment nous avions procédé pour arriver à dégager le nombre de centimes fournis, au profit de la vicinalité, par l'imposition pour insuffisance de revenus.

Il est assurément fâcheux que l'on soit obligé de se livrer à ce travail pour déterminer le montant des impositions consenties en faveur des chemins vicinaux.

Dans l'état actuel des choses, on couvre d'un voile des impositions considérables qui risquent de passer inaperçues.

On ne fait ressortir, dans le budget général de la commune, qu'une partie des centimes votés pour le service de la vicinalité, alors que toutes les ressources créées pour ce service devraient être nettement accusées.

On oblige les agents voyers, qui ne sont pas pourvus d'une expédition du budget général, à consulter ce document dans les mairies pour se renseigner sur la nature du prélèvement consenti sur les revenus ordinaires et pour évaluer le montant des centimes à l'aide desquels ce prélèvement est obtenu.

Le service vicinal ne peut rester, en effet, dans l'ignorance de l'étendue des charges que s'imposent les communes en faveur de la vicinalité. Ces charges peuvent, dans diverses circonstances, être prises en considération, notamment quand il s'agit de l'examen des demandes en réduction des contingents communaux servis aux chemins de grande communication ou d'intérêt commun.

(1) V. au n° 6.

CHAPITRE II

PRESTATIONS

SECTION I

VOTE DES JOURNÉES DE PRESTATION

257. Aux termes de l'article 2 de la loi du 21 mai 1836, quand les ressources ordinaires des communes sont insuffisantes, il peut être pourvu à l'entretien des chemins vicinaux à l'aide de prestations en nature (1), qui sont votées par les conseils municipaux (2) et dont le maximum est fixé à trois journées de travail.

La prestation ne peut être votée que par journées entières (Instr. gén., art. 69). Les communes peuvent donc voter, suivant les cas, une, deux ou trois journées de prestation. On comprend que, si l'Administration avait admis des fractions de journée, l'assiette de la taxe et la reddition des comptes eussent donné lieu à de sérieuses difficultés.

258. Le vote des journées de prestation doit porter sur l'ensemble des éléments imposables et non pas seulement sur quelques-uns d'entre eux (Instr. gén., art. 69).

Les conseils municipaux ne sauraient, par conséquent,

---

(1) La législation actuelle ne permet pas à un conseil municipal de remplacer les prestations par des centimes additionnels (C. d'État, 21 janvier 1881, commune de *Moyenmoutier*).

(2) Les conseils municipaux sont appelés à voter les prestations dans la session de mai, qui est la session financière. Mais cette mesure de bonne administration ne saurait comporter une restriction aux droits que ces assemblées tiennent de l'article 2 de la loi de 1836. Elles peuvent dès lors voter, au cours d'un exercice, la taxe des prestations en présence d'un déficit reconnu dans le budget communal (C. d'État, 7 décembre 1883, *Mabille*).

voter, par exemple, deux journées de travail d'hommes et trois journées de travail de bêtes de trait, ou bien, au contraire, un nombre moins considérable de ces dernières journées. Sans doute ce mode de procéder pourrait être rationnel, toutes les fois que les travaux de la vicinalité n'exigent pas la même proportion des journées de diverses natures : ainsi, quand les matériaux d'entretien se trouvent à pied d'œuvre, il n'est besoin que d'un petit nombre de journées de transport. Mais le vote, en nombre inégal, des journées de diverses natures aurait de graves inconvénients. Ils ont été exposés dans la circulaire ministérielle du 11 avril 1839. Les ressources de la vicinalité pourraient être réduites d'une manière sensible; en outre, les conseils municipaux pourraient être amenés à favoriser telle classe de redevables au détriment de telle autre.

Il a été reconnu, en définitive, qu'en déterminant les bases de l'assiette de la prestation, le législateur a vu dans ces bases un tout qui constitue d'une manière indivisible les obligations de chaque chef de famille ou d'établissement. Le comité de l'Intérieur du Conseil d'État, consulté sur cette question, a été d'avis que cette indivisibilité était conforme à la loi et, par la circulaire précitée du 11 avril 1839, le Ministre de l'Intérieur a invité les préfets à veiller à l'application de cette règle.

SECTION II

FIXATION DU PRIX DES JOURNÉES DE PRESTATION

259. Aux termes de l'article 4 de la loi du 21 mai 1836, la prestation est appréciée en argent, conformément à la valeur qui est attribuée annuellement pour la commune à chaque espèce de journée par le conseil général, sur les propositions des conseils d'arrondissement. La loi du 10 août 1871 a confirmé, dans son article 46, n° 7, les pouvoirs du conseil général pour la fixation du taux de la conversion en argent des journées de prestation.

La loi veut que le tarif soit arrêté par le conseil général *annuellement*. Il s'ensuit que le tarif doit, tous les ans, après avis des conseils d'arrondissement, être placé sous les yeux du conseil général qui, s'il ne le modifie pas, doit déclarer le maintenir pour l'année suivante.

260. La loi ne prescrit pas qu'il y ait un seul tarif pour tout le département, pas plus qu'elle n'entend qu'il y ait un tarif spécial pour chaque commune. Le conseil général peut diviser les tarifs par groupes de communes (Circulaire du 24 juin 1836, art. 4).

261. Des instructions, qui sont encore assez généralement suivies, ont été données par une circulaire ministérielle du 2 août 1837, en ce qui concerne la classification des journées de prestation.

D'après ces instructions, il convient de distinguer les cinq catégories suivantes :

1° Journées d'hommes ;
2° Journées de chevaux ;
3° Journées de bœufs, mulets ou ânes ;
4° Journées de voitures à deux roues ;
5° Journées de voitures à quatre roues.

La circulaire fait remarquer que, dans la rédaction des tarifs, les voitures doivent être considérées comme de simples instruments de transport, et isolément, c'est-à-dire sans aucune relation avec l'attelage qui doit les traîner. La valeur donnée à la journée de voiture doit être uniquement la représentation du loyer de cette voiture, sans attelage.

De même, pour les bêtes de trait ou de somme, il y a lieu de les envisager isolément et sans relation avec la journée du conducteur. La valeur attribuée à la journée de ces animaux doit être simplement la représentation du loyer qu'il en coûterait, si on avait besoin de se procurer leur travail, sans celui du conducteur.

Lorsque le conseil général a adopté la division qui vient d'être indiquée, le tarif doit être appliqué soit pour les voitures à deux roues, soit pour les voitures à quatre roues, sans avoir égard à la nature des animaux qui doivent y être attelés. Ainsi, une voiture attelée d'un âne est soumise à la même taxe qu'une voiture attelée d'un cheval (C. d'État, 24 décembre 1862, *Saillant ;* 5 décembre 1879, *Mazenc*).

Mais le conseil général a le droit d'établir d'autres distinctions que celles décrites plus haut. Il peut, par exemple, arrêter des prix différents pour les voitures de luxe et les voitures ordinaires (C. d'État, 31 mars 1848, *Friot* ; 23 mars 1853, *Morin*), pour les voitures suspendues et les voitures non suspendues (C. d'État, 28 mai 1880, *Blot*).

262. Dans la plupart des départements, la valeur de la journée d'homme, telle qu'elle est fixée par le conseil général, s'écarte considérablement de celle du travail salarié. Pareillement, les valeurs des journées d'animaux ou de voitures diffèrent profondément des prix réels de location.

Cette anomalie, qui a existé dès la mise à exécution de la loi de 1836, et qui s'est perpétuée depuis cette époque, est due à un calcul qui est fait par certains conseils généraux. On sait que les ressources en argent font souvent défaut pour l'entretien des chemins, de telle sorte qu'il y a un intérêt très sérieux à accroître autant que possible les rachats en argent. Or, on croit obtenir ce résultat en tenant très bas les prix des journées.

Mais, ainsi que le Ministre l'a fait remarquer dans sa circulaire du 25 juillet 1878, l'expérience a révélé que le taux des tarifs des journées exerce moins d'influence qu'on ne le croit sur l'importance des acquittements en argent. Il est une partie de la population — la classe aisée — qui ne se libérera jamais en nature, le taux de rachat fût-il même un peu élevé ; une autre partie, au contraire, préférera toujours l'acquittement en nature au rachat en argent, même à un taux très bas, soit parce qu'un sacrifice à faire en argent lui paraît une charge plus pesante, soit parce que les journées de prestation étant habituellement demandées aux époques où les travaux de l'agriculture laissent quelques loisirs, l'exécution des journées en nature est alors à peine un sacrifice. C'est ce qu'ont pleinement démontré les essais faits dans quelques départements où l'on a successivement abaissé et relevé les tarifs.

Les observations qui précèdent s'appliquent au cas où les prestations s'effectuent à la journée. Quand elles s'exécutent à la tâche, la conclusion est, à plus forte raison, la même. Dans ce dernier cas, en effet, le prestataire n'a plus de rapprochement à faire entre la valeur de ses journées et le prix du rachat.

La prestation apparaît comme un impôt fixé à une somme déterminée que le contribuable à la faculté d'acquitter de deux manières, soit en payant le montant de la taxe, soit en exécutant une certaine quantité de travaux d'une valeur égale au montant de cette taxe. Les prestataires se partagent en deux catégories, suivant le mode de libération qu'ils préfèrent, et les variations que subirait le montant des taxes ne sauraient modifier profondément l'importance relative des deux catégories de contribuables.

Les conseils généraux se privent donc de ressources notables en adoptant des prix de journées très inférieurs à la réalité.

263. Cet état de choses constitue, en outre, une violation flagrante de la loi. C'est ce qu'a fait ressortir le Ministre de l'Intérieur dans sa circulaire précitée du 25 juillet 1878. On exige, en effet, un sacrifice bien plus considérable de celui qui ne peut se racheter que de celui qui en a le moyen ; car, lorsque le prix de la journée d'homme est fixé par le conseil général à 1 franc, par exemple, l'un fournit une journée qui, si elle est employée comme elle doit l'être, produit, en réalité, 2 francs et quelquefois 3 francs, tandis que l'autre en est quitte pour 1 franc. En définitive, le prestataire qui se libère en nature donne plus que celui qui s'acquitte en argent, et il est manifeste qu'en accordant le droit d'option aux contribuables, le législateur n'a pas entendu demander davantage à ceux qui préfèrent l'exécution en nature.

Le système que nous critiquons a un autre inconvénient. Les agents du service vicinal doivent prévoir, au commencement de l'année, l'emploi des ressources mises à leur disposition. Ils déterminent les travaux susceptibles d'être effectués avec les journées de prestation. Si, par exemple, les chemins sont entretenus avec des matériaux ramassés ou extraits à proximité, les agents voyers affectent à ces travaux le nombre de journées nécessaire pour assurer l'approvisionnement des chemins. Qu'arrive-t-il si les prestataires renoncent à s'acquitter en nature ? Dans l'hypothèse où le prix de la journée de prestation est la moitié de celui de la journée salariée, les ressources en argent, qui se substituent aux ressources en nature, ne permettent plus d'approvisionner que la moitié du cube de matériaux sur lequel les agents voyers avaient compté. L'im-

portance des travaux exécutés dépend donc de la manière dont
se libèrent réellement les prestataires qui ont opté pour la
prestation en nature.

Dans ces conditions, il n'est pas possible d'assurer régulièrement l'entretien des chemins, puisque les dispositions arrêtées au début de la campagne peuvent, lors de l'exécution des
travaux, subir les modifications les plus profondes. En cette
matière, il est indispensable que les travaux s'effectuent de la
même manière, c'est-à-dire tels qu'ils ont été prévus, soit que
les prestataires s'acquittent en nature, soit qu'ils rachètent
leurs journées. C'est un principe que nous aurons l'occasion
de rappeler à l'occasion de la conversion des prestations en
tâches (n° 612).

264. Il n'échappera pas que les deux dernières critiques
(n° 263) ne s'appliquent qu'au cas où les prestations se font à
la journée. Quand elles ont lieu à la tâche, si les prix unitaires
sont fixés à leur juste valeur, il n'y a plus d'inégalité de traitement entre les prestataires qui se libèrent en nature et ceux
qui se libèrent en argent. De même, aucun trouble n'est apporté
dans l'exécution des travaux quand les contribuables qui ont
opté pour l'acquittement en nature viennent à racheter leur
cote en argent : le principe que nous avons formulé se trouve
observé. Cela suffirait pour justifier l'adoption exclusive des
prestations à la tâche, si d'autres considérations ne motivaient
cette mesure (V. au n° 617).

SECTION III

ASSIETTE DE LA PRESTATION

§ 1. — Dispositions générales

265. L'article 3 de la loi du 21 mai 1836 fixe ainsi qu'il
suit les bases de l'assiette des prestations :

« Tout habitant, chef de famille ou d'établissement, à titre de propriétaire, de régisseur, de fermier ou de colon partiaire, porté au rôle des contributions directes, pourra être appelé à fournir pour chaque année une prestation de trois jours :

« 1° Pour sa personne et pour chaque individu mâle, valide, âgé de dix-huit ans au moins et de soixante ans au plus, membre ou serviteur de la famille et résidant dans la commune ;

« 2° Pour chacune des charrettes ou voitures attelées et, en outre, pour chacune des bêtes de somme, de trait, de selle, au service de la famille ou de l'établissement dans la commune. »

Dans son instruction du 24 juin 1836, le Ministre de l'Intérieur a donné, au sujet de ces dispositions, des explications et des justifications que nous allons reproduire.

« *L'obligation de fournir la prestation est imposée à deux titres différents.* — D'une part, elle est imposée à l'habitant, comme habitant et en vue de sa personne seulement ; d'autre part, elle est imposée à tout individu en vue de la famille dont il est le chef ou de l'établissement agricole ou autre dont il est propriétaire ou gérant à quelque titre que ce soit. Dans le premier cas, l'obligation est personnelle et directe, en ce sens qu'elle atteint directement le contribuable pour sa personne seule ; dans le second cas, l'obligation est indirecte, en ce sens qu'elle n'est plus imposée au contribuable pour sa personne seule, mais bien pour les moyens d'exploitation de son établissement, lesquels se composent des membres de sa famille et de ses serviteurs, et encore de ses instruments de travail, tels que charrettes, voitures, bêtes de somme, de trait et de selle.

« *Cas où la prestation est due par l'habitant comme habitant et pour sa personne seule.* — Ainsi donc tout habitant peut être imposé à la prestation en nature, directement ou pour sa personne, s'il est porté au rôle des contributions, mâle, valide et âgé de dix-huit ans au moins et de soixante ans au plus. Dans ce cas, l'habitant est considéré comme individu et la prestation en nature lui est demandée seulement comme membre de la communauté, intéressé par conséquent à tout ce qui peut contribuer à sa prospérité, notamment au bon état des chemins. Voilà l'obligation personnelle, l'obligation directe, résultant de la seule qualité d'habitant de la commune, et abstraction faite de toute qualité de propriétaire, de chef de famille ou d'établissement.

« *Cas où la prestation est due par l'habitant pour sa personne, et encore pour les membres de sa famille, ainsi que
pour les moyens d'exploitation de son établissement.* — Mais,
s'il a une famille, s'il est propriétaire, s'il gère une exploitation
agricole, comme régisseur, fermier ou colon partiaire, s'il
administre un établissement industriel, cet habitant a nécessairement un intérêt plus étendu à la prospérité de la communauté et au bon état des communications. D'ailleurs, l'exploitation de son établissement, quel qu'il soit, ne peut se faire
sans dégrader les chemins de sa commune, et il est juste qu'il
contribue à la réparation ordinaire de ces chemins, dans la
proportion des moyens d'exploitation qui les dégradent. La loi
permet donc de lui demander la prestation en nature pour
chaque membre ou serviteur de la famille, mâle, valide, âgé
de dix-huit ans au moins et de soixante ans au plus, résidant
dans la commune, et encore pour chaque charrette ou voiture
attelée, pour chaque bête de somme, de trait et de selle, au
service de la famille ou de l'établissement dans la commune.
Voilà l'obligation, non plus directe et imposée personnellement,
en vue de la seule qualité de membre de la communauté,
mais indirecte et imposée en vue de la famille et de l'exploitation agricole ou industrielle. A vrai dire, c'est, dans ce cas,
l'exploitation ou l'établissement qui sont imposés en raison de
leur importance et de leur intérêt présumé au bon état des
chemins et de l'usage qu'ils en font, et c'est le chef de la
famille, de l'exploitation agricole ou de l'établissement industriel, qui doit acquitter la contribution assise sur ce qui lui
appartient ou sur ce qu'il exploite.

« *Cas où la prestation est due pour la famille et pour les moyens
d'exploitation de l'établissement, mais non plus pour la personne
du chef de la famille ou de l'établissement.* — Il s'ensuit donc
évidemment que, pour qu'une exploitation agricole ou industrielle puisse être imposée dans tous ses moyens d'action, dans
tous ses instruments de travail, il n'est plus nécessaire que le
chef de l'exploitation ou de l'établissement soit mâle, valide,
âgé de dix-huit à soixante ans, ni même résidant dans la commune. C'est l'exploitation agricole, c'est l'établissement industriel existant dans la commune, qui doit la prestation, abstraction faite du sexe, de l'âge et de l'état de validité du chef de
l'exploitation ou de l'établissement; ce chef, sans doute, ne sera

pas imposé personnellement s'il ne réunit pas les conditions nécessaires pour que sa cote personnelle lui soit demandée ; mais il sera, dans tous les cas, tenu d'acquitter la prestation imposée dans les limites de la loi, pour tout ce qui dépend de l'exploitation agricole ou de l'établissement industriel situé dans la commune.

« *Résumé succinct des trois cas ci-dessus posés.* — En résumé :

« 1° La prestation en nature est due, pour sa personne, par tout habitant de la commune, qu'il soit célibataire ou marié et quelle que soit sa profession, si d'ailleurs il est porté au rôle des contributions directes, mâle, valide, et âgé de dix-huit ans au moins et de soixante ans au plus ;

« 2° La prestation en nature est due par tout habitant de la commune, qu'il soit célibataire ou marié, s'il est porté au rôle des contributions directes, mâle, valide et âgé de dix-huit ans au moins et de soixante ans au plus, chef de famille ou d'établissement, à titre de propriétaire, de régisseur, de fermier ou de colon partiaire. Dans ce cas, il doit la prestation pour sa personne d'abord, puisqu'il réunit toutes les conditions nécessaires ; il la doit, en outre, pour chaque individu mâle, valide, âgé de dix-huit ans au moins et de soixante ans au plus, membre ou serviteur de la famille et résidant dans la commune ; il la doit encore pour chaque charrette ou voiture attelée et pour chaque bête de somme, de trait ou de selle, au service de la famille ou de l'établissement dans la commune ;

« 3° La prestation en nature est due par tout individu, même non porté nominativement au rôle des contributions directes de la commune (1), même âgé de moins de dix-huit ans ou de plus de soixante ans, même invalide, même du sexe féminin, même enfin n'habitant pas la commune, si cet individu est chef d'une famille qui habite la commune, ou si, à titre de propriétaire, de régisseur, de fermier ou de colon partiaire, il est chef d'une exploitation agricole ou d'un établissement situé dans la commune. Dans ce cas, toutefois, il ne

---

(1) Cette indication est reproduite à l'article 76 de l'Instruction générale sur les chemins vicinaux. Contrairement à cette indication, le Conseil d'État considère comme indispensable l'inscription au rôle des contributions directes de la commune (15 avril 1863, commune d'*Ormes* ; 12 juin 1874 et 2 juillet 1875, *Coli* ; 24 juin 1881, *André Lazare*).

devra pas la prestation pour sa personne, puisqu'il n'est pas dans les conditions voulues par la loi, mais il la devra pour tout ce qui, personnes ou choses, dans les limites de la loi, dépend de l'établissement dont il est propriétaire ou qu'il gère à quelque titre que ce soit. »

Les règles qui viennent d'être résumées sont reproduites dans l'Instruction générale sur les chemins vicinaux.

§ 2. — Inscription au rôle des contributions directes

266. Cette inscription est indispensable pour qu'un individu soit soumis à la prestation, aussi bien à raison de sa personne que pour les autres éléments susceptibles d'être mis à sa charge comme chef de famille ou d'établissement (V. la note précédente).

Pour être imposable, il suffit d'être inscrit sur l'un des rôles, soit de l'impôt foncier, soit des patentes, soit des portes et fenêtres ou seulement de la contribution personnelle.

On sait que la loi du 17 juillet 1889 dispose que les père et mère de sept enfants vivants, légitimes ou reconnus, ne seront pas inscrits au rôle de la contribution personnelle-mobilière. Lorsque, par l'application de cette loi, un individu n'est porté au rôle d'aucune contribution directe, il ne peut être imposé à la prestation (C. d'État, 26 novembre 1892, *Coruble*). Mais un particulier qui, tout en ayant bénéficié de la disposition de la loi du 17 juillet 1889, serait inscrit au rôle de la contribution foncière, resterait passible de la prestation (C. d'État, 27 février 1892, *Berton-Vynantz*).

267. Les individus réputés indigents sont exemptés de la prestation, puisque, d'après la loi du 21 avril 1832, ils ne doivent pas être portés au rôle des contributions directes. Cependant, il arrive parfois que les habitants d'une commune, quoique portés au rôle des contributions, invoquent l'insuffisance de leurs ressources pour échapper à la taxe de la prestation. Ils ne peuvent obtenir, par la voie contentieuse, la décharge des taxes auxquelles ils ont été imposés (C. d'État,

14 janvier 1867, *Lelerre* ; 17 juin 1868, *Buffard* ; 22 février 1870,
Tiqueux ; 15 mars 1872, *Crestette* ; 5 décembre 1873, *Lehé-*
ricey ; 18 janvier 1884, *Briel* ; 27 novembre 1885, *Aubry* ;
4 juillet 1891, *Moncelon* ; 31 mai 1895, *Blondel*).

Les habitants qui se trouvent dans cette situation ont la ressource d'adresser au maire de la commune une demande en
remise ou en modération basée sur leur état de gêne. Il est
statué par le conseil municipal ainsi qu'il sera indiqué ci-après
(n° 313).

§ 3. — Contribuables imposés à raison de leur personne

268. Aucune disposition de loi n'exempte de la prestation
les personnes investies d'une fonction ou d'un emploi public.
Ainsi sont assujettis à cette taxe :

Les receveurs des postes (C. d'État, 8 août 1895, *Craissac*) ;

Les facteurs ruraux (C. d'État, 16 mars 1842, *Lucas* ; 6 janvier 1869, *Tassel* ; 27 avril 1883, *Georges* ; 19 juin 1885,
Barreau) ;

Les gardes-forestiers (C. d'État, 7 décembre 1843, *Schreyer* ;
8 avril 1863, *Andreani*) ;

Les garde-pêche (C. d'État, 8 juin 1877, *Toulorge*) ;

Les syndics des gens de mer (C. d'État, 12 septembre 1853,
Poyet ; 20 janvier 1869, *Perret*) ;

Les capitaines des douanes (C. d'État, 4 juin 1870, *Halley*),
ou les préposés des douanes (C. d'État, 12 mars 1867, *Sommé*) ;

Les ecclésiastiques (C. d'État, 1er juillet 1840, *Vial* ;
30 décembre 1841, *Despy* ; 2 juin 1843, *Guernier* ; 3 décembre 1846, *Roumette* ; 15 mai 1848, *Daumer* ; 28 décembre 1850,
Puppin ; 5 octobre 1857, *Baraillé* ; 12 mars 1867, *Tollemer* ;
28 février 1870, *Gauthier* ; 21 novembre 1879, *Gouyer* ;
4 décembre 1885, *Carnet*).

En ce qui concerne les militaires, il y a lieu de faire une
distinction :

1° Les militaires en activité de service ne sont point passibles
de la prestation (C. d'État, 17 mars 1876, *Robton* ; 11 mars 1881,
Lepoëtre ; 1er mai 1885, *Bertrand*) ; on ne peut, en effet, les
considérer comme habitant soit la commune où ils résidaient

avant leur appel sous les drapeaux, soit la commune où ils tiennent garnison. Au surplus, leur service les mettrait dans l'impossibilité de se libérer en nature, ce qui serait contraire à l'esprit de la loi de 1836.

Sont compris dans la catégorie des militaires exemptés de la prestation :

Les sous-officiers attachés aux pénitenciers militaires (C. d'État, 14 juin 1890, *Guilhemat*) ;

Les sous-officiers d'artillerie de marine détachés dans une fonderie (C. d'État, 28 mars 1888, *Pinte*) ;

Les premiers-maîtres mécaniciens de la flotte détachés dans une ville pour opérer l'achat, la recette et l'expédition des charbons (C. d'État, 1er mai 1885, *Bertrand*) ;

Les ouvriers d'artillerie (C. d'État, 6 juin 1891, *Tortochot*) ;

Les gardiens de batterie (C. d'État, 16 novembre 1888, *Marchand* ; 17 janvier 1891, *Valentin*) ;

Les portiers-consignes (C. d'État, 1er février 1878, *Cravoisy;* 6 juillet 1888, *Chevalier;* 27 juillet 1888, *Parisot ;* 3 août 1888, *Vialatoux;* 2 novembre 1888, *Maguin ;*24 janvier 1891, *Champeaux ;* 5 mars 1892, *Girard;* 26 novembre 1892, *Blossier;* 4 novembre 1893, *Martini*).

2° Au contraire, les officiers sans troupe, ayant une résidence fixe, sont assujettis à la prestation (C. d'État, 18 juillet 1838, *Courtois;* 29 juillet 1857, *Hubert;* 12 mars 1886, *Lefèvre*).

Sont compris dans cette catégorie :

Les officiers de tout grade employés au recrutement (C. d'État, 24 janvier 1879, *Arnaud ;* 6 juin 1879, *Roy*) ;

Les officiers de gendarmerie (C. d'État, 19 juin 1874, *Kocher*) ;

Les officiers d'administration (C. d'État, 8 avril 1867, *Ceccaldi*) ;

Les officiers en disponibilité (C. d'État, 18 février 1839, de *Vénevelles*) ;

Les vétérinaires attachés aux dépôts de remonte (C. d'État, 23 janvier 1880, *Foucher*) ;

Les adjudants sous-officiers détachés à la direction des remontes (C. d'État, 17 décembre 1862, *Josse*) ;

Les jeunes soldats appartenant aux classes non encore appelées à l'activité, ou renvoyés en disponibilité avant l'expiration

de leur service actif, ou bien encore faisant partie de la réserve
(Dépêches des Ministres de l'Intérieur et de la Guerre, en
date des 17 décembre 1873 et 10 janvier 1874; — Circulaire du
Ministre de l'Intérieur, en date du 22 juillet 1880, concertée
avec son collègue des Finances) (1).

Ajoutons que les sapeurs-pompiers ne sont pas non plus
exemptés de la prestation. Mais, d'ordinaire, les conseils municipaux leur accordent, avec l'autorisation du préfet, la remise
de cette taxe.

Aucune disposition législative ne dispense non plus de la taxe
de la prestation les individus compris dans l'inscription mari-
time (C. d'État, 7 avril 1866, *Bideau;* 27 février 1867, *Bou-
drée;* 21 avril 1894, *Nocchi*).

§ 4. — Membres de la famille

269. La loi du 28 juillet 1824 obligeait le chef de famille
à fournir la prestation pour *chacun de ses fils* vivant avec lui.
La loi du 21 mai 1836 a remplacé ces mots par ceux de *membres
de la famille*, ce qui permet d'atteindre les parents du contribuable, tels que les frères (C. d'État, 19 juillet 1867, *Lengronne*,
16 avril 1880, *Serieys;* 23 juillet 1892, *Ducuron*), ou les neveux
(C. d'État, 23 avril 1852, *Vairetti*) (2).

Quand les membres de la famille ne figurent pas au rôle des
contributions directes, le chef de famille est imposé à raison
de leur personne (3) (C. d'État, 4 avril 1862, *Clémot*). Aucun
embarras ne peut se produire à ce sujet.

Il n'en est pas de même lorsque les membres de la famille

---

(1) La jurisprudence de l'Administration est confirmée par divers arrêts du Conseil d'État qui ont admis comme membres ou serviteurs de la famille et, par
conséquent, comme donnant lieu à la taxe des prestations, les militaires en
congé de semestre ou renvoyés dans leurs foyers, par anticipation, avant leur
libération du service d'activité, et les soldats de la réserve (C. d'État, 12 mars 1867,
Métras; 19 mai 1869, *Lajaunie;* 28 janvier 1869, *Baudin;* 28 juin 1869, *Giovine;*
20 novembre 1874, *Mousset;* 11 mars 1881, *Courtableau*).

(2) Il a été jugé qu'au sens de l'article 3 de la loi de 1836 on ne pouvait considérer comme membre de la famille :

Un beau-père (C. d'État, 7 avril 1870, *Roussy*);

Le mari d'une petite-fille (C. d'État, 30 juin 1869, *Minvielle*).

(3) La loi n'exige pas que les membres de la famille soient inscrits au rôle des
contributions directes (C. d'État, 13 février 1840, de *Saint-Oyant*).

sont inscrits au rôle des contributions directes. La question se pose de savoir si la prestation doit être demandée au chef de famille pour la personne de chacun des membres, ou bien aux membres eux-mêmes.

Le chef de famille est seul imposé quand les membres l'assistent : par exemple, en exploitant avec lui un établissement agricole (C. d'État, 3 juin 1852, *Bucquet*; 19 juillet 1867, *Lengronne*).

Par contre, ce sont les membres qui sont imposés s'ils ont des intérêts distincts, s'ils jouissent d'une fortune indépendante, s'ils exercent une profession différente (C. d'État, 21 septembre 1859, *Bergeron*; 2 juillet 1861, *Taupin*; 4 avril 1862, *Clémot*; 1er juin 1869, *Fourcade*; 12 avril 1878, *Théado*).

Pour décider si la prestation doit être mise au compte du chef ou des membres de la famille, il y a donc lieu d'apprécier quelle est la position de ces derniers vis-à-vis du chef de famille.

270. D'après la loi du 28 juillet 1824, la prestation était due pour chacun des fils *vivant avec le père*. La loi de 1836 s'est bornée à dire que les membres de la famille doivent résider dans la commune.

La cohabitation constitue une circonstance qui contribue à établir la qualité de membre de la famille au point de vue de l'application de l'article 3 de la loi du 21 mai 1836 (C. d'État, 20 février 1880, *Alliard*; 16 avril 1880, *Serieys*). Inversement, pour exonérer un contribuable de la prestation à raison de la personne des membres de sa famille, on peut s'appuyer sur cette circonstance que ces derniers ne demeurent pas avec lui (C. d'État, 8 août 1873, *Chavan*; 8 août 1884, *Blaise*).

Si les membres de la famille n'habitent pas ordinairement la commune, la prestation peut n'être point réclamée, pour leur personne, au chef de famille. Il en est ainsi quand il s'agit :

D'un fils qui est étudiant à Paris (C. d'État, 26 novembre 1839, *Dufour*) ;

D'un fils qui, étant clerc d'avoué dans une ville voisine, vient passer chez son père les dimanches et fêtes (C. d'État, 4 mai 1859, *Peyches*) ;

D'un fils qui, domicilié dans une autre commune où il acquitte la contribution personnelle-mobilière, vient passer une partie de l'année seulement chez son père (C. d'État, 20 mars 1861, *Pitrat*).

§ 5. — Serviteurs de la famille

271. On doit considérer comme tels tous ceux qui, remplissant les conditions d'âge, de sexe et de validité voulues par la loi, sont employés à l'année dans la maison ou dans l'établissement et reçoivent des gages ou salaires permanents (Instr. gén., art. 78).

Ces serviteurs sont généralement logés et nourris (C. d'État, 24 juillet 1852, *Fumey;* 20 novembre 1856, *Babilliot;* 2 mai 1868, *Goron ;* 11 février 1870, *Rabier;* 10 décembre 1870, *Gouche; id.,* Langlois; 5 août 1881, *Grimaud ;* 26 décembre 1891, *Grosjean*).

Mais ces deux conditions ne sont pas indispensables pour assigner le caractère de serviteurs de la famille aux personnes employées par le maître.

Ce caractère peut exister alors même que les personnes employées ne reçoivent que le logement (C. d'État, 30 juin 1869, *Dorménil;* 22 mai 1871, *Blondet ;* 14 mars 1873, *Ozenne ;* 30 novembre 1888, *Marcq*), ou que la nourriture (C. d'État. 18 février 1876, *Fabien;* 27 novembre 1885, *Maraine*).

Il a même été jugé qu'un muletier, bien qu'il ne fût ni logé ni nourri, devait être considéré comme un serviteur de la famille, parce qu'il était attaché pendant toute l'année au service de la maison moyennant un salaire annuel (C. d'État, 25 mai 1861, *Bergeron ;* 30 avril 1862, *Bergeron*).

272. Diverses circonstances permettent de distinguer certaines personnes qui ne peuvent être rangées parmi les serviteurs de la famille et qui doivent dès lors acquitter les prestations pour leur propre compte.

Nous citerons parmi ces personnes :

1° Les ouvriers qui ne sont employés que temporairement (C. d'État, 27 janvier 1859, *Buisson de Sainte-Croix;* 4 mai 1884, *Delaruelle ;* 9 février 1869, *Niolle ;* 21 avril 1882, *Beneíou ;*

26 décembre 1891, *Coupérie*), alors même qu'ils seraient logés
(C. d'État, 23 avril 1852, commune de *Barsac*) ;

2° Les ouvriers qui travaillent à la tâche (C. d'État, 23 avril
1852, commune de *Barsac*), à la journée (C. d'État, 7 janvier 1859, Compagnie du *canal de la Sambre à l'Oise* ; 9 avril
1867, *Chapelle* ; 4 juillet 1868, *Debourcq*), et, à plus forte raison,
à l'heure (C. d'État, 31 juillet 1874, *Giselon*) ;

3° Les employés, contremaîtres, chefs d'atelier et maîtres-
ouvriers attachés à des établissements industriels (C. d'État,
27 août 1840, *Barsalon* ; 17 février 1848, *Petit-Guyot*) ;

4° Les ouvriers exerçant leur profession, tels que ceux qui
sont employés par un menuisier (C. d'État, 1ᵉʳ décembre 1858,
Horlaville ; 6 août 1863, *Ménin*), par un fabricant de chaux
(C. d'État, 12 février 1868, *Bouleau*), par un négociant en eau-
de-vie en qualité de tonneliers (C. d'État, 19 mai 1868, *Néci-
fort*). Il en est ainsi alors même que les ouvriers seraient
logés et nourris soit chez un maître-mécanicien (C. d'État,
8 août 1894, commune de *Moncley*), soit chez un maître-maçon
(C. d'État, 5 juillet 1865, *Naud*), soit chez un cordonnier
(C. d'État, 20 décembre 1866, *Cantel*), soit chez un boulanger
(C. d'État, 16 décembre 1869, *Buferne* ; 24 avril 1874, *Ber-
nadet*) ;

5° Les individus remplissant un emploi, tel que celui de jar-
dinier (C. d'État, 7 janvier 1859, *Lebrun* ; 3 mai 1861, *Robe-
lin* ; 13 juillet 1870, *Mestreau*), de garde-moulin (C. d'État.
6 juin 1879, *Offroy*), de concierge d'un cercle (C. d'État, 6 janvier 1864, *Brouxel*), s'ils vivent à leur ménage, alors même
qu'ils seraient logés ;

6° Les ouvriers des compagnies de chemins de fer affectés
à l'entretien de la voie (C. d'État, 18 août 1857, *Chemins de
fer de Paris-Lyon-Méditerranée*) ;

7° Les fonctionnaires et employés attachés à un lycée
(C. d'État, 18 février 1854, *Latour*) et les professeurs ou insti-
tuteurs-adjoints d'un collège ou d'un pensionnat (C. d'État,
20 novembre 1856, *Babilliot* ; 30 août 1867, *Nevou*), même
s'ils sont logés et nourris (C. d'État, 18 juillet 1866, *Salgues* ;
28 juin 1870, *Achard*).

Il en est également ainsi des serviteurs attachés au service
d'un collège (C. d'État, 12 août 1861, *Lassasseigne* ; 12 août 1867,
Cherbonneau) ;

8° Les clercs dépendant d'une étude de notaire, même logés et nourris (C. d'État, 31 janvier 1856, *Colleau* ; 4 juin 1867, *Desmasures*).

§ 6. — Validité

273. La validité est une condition qui résulte du principe de la loi, en vertu duquel la prestation doit pouvoir être effectuée en nature, si le contribuable ne consent pas à se libérer en argent.

Les contribuables, pour échapper à l'impôt de la prestation, invoquent parfois les infirmités les plus diverses. Leur requête n'est admise qu'autant que ces infirmités ne leur permettent pas d'exécuter les travaux que comporte le service des chemins vicinaux.

Le fait d'avoir été exempté ou réformé du service militaire pour infirmités ne suffit pas dès lors pour exonérer un contribuable de l'imposition des prestations. Il s'agit d'apprécier si ce contribuable est en état d'effectuer les travaux des chemins vicinaux. Dans le cas de l'affirmative, l'inscription au rôle des prestations doit avoir lieu (C. d'État, 28 novembre 1855, *Brouard* ; 6 janvier 1864, *Milhomme* ; 30 mai 1873, commune l'*Hôpital-de-Grobois* ; 26 novembre 1880, *Laclau* ; 9 novembre 1889, *Lefebvre*).

Les infirmités physiques ne sont pas les seules qui, le cas échéant, peuvent motiver l'exemption de la prestation. Cette mesure peut être justifiée par l'état d'imbécillité qui, sans enlever la force du corps, empêche l'individu d'en faire un usage utile (C. d'État, 8 avril 1869, *Marçais* ; 25 novembre 1893, dame *Gérard-Bastard*).

§ 7. — Bêtes de somme, de trait ou de selle

274. Les animaux susceptibles d'être imposés pour la prestation sont non seulement les chevaux, les mulets et les ânes, mais encore les bœufs, les vaches et même les génisses.

Ces derniers animaux sont soumis à la prestation quand ils sont employés aux travaux de l'exploitation agricole (C. d'État, 8 avril 1869, *Nivard* ; 19 mars 1870, *Boutet* ; 1ᵉʳ juin 1883, *Barenot* ; 3 août 1883, *Burellier* ; 30 novembre 1883, *Quérel* ; 4 décembre 1885, *Labary* ; 30 novembre 1889, *Palanque* ; 7 mai 1892, *Marbezy* ; 22 février 1895, *Roy*), soit qu'ils soient habituellement attelés à une voiture (C. d'État, 25 janvier 1851, *Cottrin* ; 1ᵉʳ septembre 1862, *Portaz* ; 27 février 1866, *Pointet-Trabichet* ; 29 décembre 1871, *Rivière* ; 7 août 1874, *Richard*), soit que, n'étant pas attelés, ils servent au labour (C. d'État, 1ᵉʳ juin 1864, *Dubernet* ; 9 février 1869, *Moulin* ; 27 avril 1871, *Primault* ; 15 juin 1883, *Duisabeau*).

275. Il n'y a pas lieu d'avoir égard à l'usage auquel les bêtes de trait sont affectées. Ainsi la prestation est due :

Pour les chevaux employés par l'entrepreneur d'un service de dépêches (C. d'État, 24 janvier 1868, *Benassin* ; 28 avril 1876, *Mangavelle* ; 13 décembre 1889, *Guinon* ; 12 février 1892, *Villa*) ;

Pour les chevaux d'un entrepreneur de halage (C. d'État, 2 février 1859, Compagnie du *canal de la Sambre à l'Oise*) ;

Pour les chevaux employés exclusivement à l'intérieur des mines (C. d'État, 19 mai 1876, Compagnie des *mines d'Anzin* ; 9 mai 1891, *Chagot*).

276. Il n'est pas nécessaire, d'ailleurs, que les bêtes de somme, de trait ou de selle appartiennent au contribuable qui s'en sert habituellement et qui, pour ce motif, est frappé de la taxe de la prestation (C. d'État, 7 décembre 1860, *Rullier* ; 20 février 1861, commune de *Menil-Erreux* ; 17 décembre 1862, *Blanc* ; 23 février 1865, *Deshaires* ; 8 janvier 1875, *Mion*) ; ainsi un commis voyageur peut être imposé pour le cheval appartenant à la maison de commerce qu'il représente (C. d'État, 11 juillet 1871, *Raison* ; 19 février 1875, *Lecomte* ; 28 mars 1884, *Pottier*).

277. Sont affranchis de l'imposition de la prestation :

1° Les bêtes de somme, de trait ou de selle que leur âge, ou toute autre cause, ne permet pas d'assujettir au travail (Instr. gén., art. 79).

Il en est ainsi des chevaux trop âgés (C. d'État, 26 juillet 1851,

Théobon ; 18 décembre 1867, *Guglielmi*), ou des chevaux trop
jeunes (C. d'État, 11 février 1870, commune du *Tremblay ;*
6 juin 1871, *Rimbault ;* 29 décembre 1871, *Cathenoz ;* 14 mai 1875,
Mélie ; 4 juin 1875, *Mulet ;* 18 février 1876, *Cornefert ;* 25 janvier 1878, *Lemaître ;* 25 avril 1879, *Gauthier ;* 9 novembre 1889,
commune de *Lenoncourt*). Si le jeune cheval n'était monté
qu'accidentellement (C. d'État, 1er décembre 1858, *Coste*), ou
s'il n'était attelé que dans un but d'essai ou de dressage
(C. d'État, 3 février 1883, *Dommanget ;* 4 mai 1883, *Dommanget*), cette circonstance ne suffirait pas pour justifier l'imposition à la prestation. Il en serait autrement si le jeune cheval
était employé au service de l'exploitation : dans ce dernier cas,
la prestation serait due, sans avoir égard à l'importance des
services rendus au chef de l'établissement (C. d'État, 28 décembre 1850, *Deplanque ;* 6 août 1886, *Jonval*).

2° Les bêtes de somme, de trait ou de selle destinées à la
reproduction (Instr. gén., art. 79), telles que les juments
(C. d'État, 14 juin 1861, *Escoubès*), les vaches (C. d'État,
21 mai 1862, *Rivière ;* 16 février 1866, *Bernard*), les génisses
(C. d'État, 25 janvier 1878, *Durand*).

L'exonération est admise même si ces animaux sont employés
d'une manière tout *accidentelle*, soit comme bêtes de selle, soit
comme bêtes de trait pour la culture. Mais, si, au contraire, ces
animaux, quoique livrés à la reproduction, sont *habituellement*
utilisés pour le service de l'établissement ou de la famille, ils
doivent être imposés à la prestation. Ainsi jugé pour les juments
(C. d'État, 18 novembre 1863, *Bellouin ;* 11 mai 1864, *Husté-
Sérigos ;* 27 mars 1865, *Peytaci ;* 19 janvier 1866, *Dariès ;*
8 janvier 1867, *Cabaudié ;* 10 août 1868, *Duprat ;* 8 avril 1869,
Brilhouet ; 8 novembre 1872, *Barbier ;* 31 juillet 1874, *Chat ;*
3 août 1877, *Couronne ;* 12 novembre 1886, *Ginestet*), pour les
vaches (C. d'État, 27 janvier 1859, *Gaurel ;* 28 novembre 1870,
Dubor), pour les ânes et les ânesses (C. d'État, 23 mai 1870,
Lanfranchi ; 27 avril 1872, *Biaggini*).

3° Les animaux élevés en vue de la consommation, comme
les vaches laitières (C. d'État, 3 novembre 1853, *Berthier ;*
28 mars 1884, *Reboul*), ou bien encore ceux qui ne sont possédés que comme objet de commerce, à la condition que ces animaux ne soient pas employés au service de l'exploitation ou
de la famille (Instr. gén., art. 79).

4° Les chevaux que les agents du gouvernement sont tenus, par les règlements émanés de leur administration, de posséder pour l'accomplissement de leur service (1) (Instr. gén., art. 79).

Le bénéfice de cette exemption a été notamment reconnu aux conducteurs des Ponts et Chaussées faisant fonctions d'ingénieurs ordinaires (C. d'État, 24 juillet 1845, *Lefranc;* 22 mars 1854, *Tourvieille*), et aux gardes-généraux des forêts (C. d'État, 27 juillet 1853, *Roux;* 13 février 1856, *Lebrun*).

5° Les chevaux exclusivement employés à l'exploitation des tramways (Loi du 11 juin 1880, art. 34).

§ 8. — Charrettes ou voitures attelées

278. Pour donner lieu à l'imposition de la prestation, il faut qu'une voiture puisse être attelée, c'est-à-dire que le contribuable possède le nombre d'animaux de trait nécessaire pour l'attelage de cette voiture (2).

Dans le cas où le contribuable est propriétaire de plusieurs voitures, on ne peut considérer comme attelées que les voitures à l'égard desquelles le propriétaire possède le nombre d'animaux de trait nécessaire pour les employer simultanément (Instr. gén., art. 80. — C. d'État, 22 avril 1842, *Ferrand de la Comte;* 30 novembre 1852, *Payen;* 10 novembre 1853, *Séron;* 3 mai 1861, *Joulin;* 9 avril 1867, *Chapelle;* 18 février 1876, *Saby;* 30 novembre 1883, *Lecourtier*).

279. Il n'y a pas lieu de rechercher, dans ce dernier cas, si les hommes, à raison desquels le contribuable est imposé, sont en nombre suffisant pour employer simultanément toutes

---

(1) Bien que les chevaux et voitures des sous-préfets soient appelés à bénéficier de l'exemption prévue par les articles 40 et 42 de la loi du 3 juillet 1877 sur les réquisitions militaires, ces fonctionnaires sont passibles de prestations à raison de ces éléments, par la raison qu'aucun règlement administratif ne les oblige à s'en pourvoir (C. d'État, 8 août 1864, *Bancelin*).

(2) Par voie de conséquence, un garde général des forêts, qui ne doit pas la prestation pour son cheval (n° 277), ne la doit pas non plus pour la voiture à laquelle il l'attèle (C. d'État, 13 février 1856, *Lebrun*). Il en est de même d'un receveur à cheval des contributions indirectes (C. d'État, 6 janvier 1858, *Rivot*).

Il s'ensuit aussi qu'un contribuable ne peut être imposé pour une voiture s'il ne peut l'utiliser qu'avec des chevaux de louage (C. d'État, 22 juin 1845, *Hesse*), ou bien avec des chevaux prêtés (C. d'État, 23 avril 1852, *Épailly;* 27 novembre 1885, commune de *Saint-Germain-de-Belvès*)

les voitures. Ainsi, un contribuable imposé pour un seul homme, trois chevaux et deux voitures n'a pas été reconnu fondé à soutenir qu'il devait payer la taxe pour une voiture seulement, parce que le seul homme à son service ne pouvait pas conduire à la fois deux voitures (C. d'État, 12 mars 1870, *Moralis*).

Pareillement un contribuable peut être imposé pour des voitures et des chevaux, alors même qu'il ne serait taxé pour aucune journée d'homme (C. d'État, 9 avril 1867, *Chapelle;* 8 février 1884, *Debains* et *Dubus;* 15 novembre 1890, *Perthuy;* 31 janvier 1891, *Grossoleil*).

La loi, en définitive, veut que les voitures puissent être attelées, mais elle n'exige pas qu'elles puissent être conduites avec des hommes soumis à la prestation (1).

280. A la condition d'être attelées, les voitures doivent être imposées sans avoir égard à l'usage auquel elles sont appropriées et, par conséquent, alors même qu'elles sont impropres au service de la prestation (2) (C. d'État, 7 janvier 1859, *Vincent;* 29 mai 1861, *Fleury;* 22 juillet 1867, *Blondin;* 4 février 1876, *Guilbert;* 17 mars 1876, *Lesaulnier;* 23 avril 1880, *Rougières;* 8 février 1884, *Debains et Dubus*).

La taxe est due dès lors pour les voitures exclusivement destinées aux personnes, telles que les omnibus d'une Compagnie (C. d'État, 8 novembre 1878, *Lamy*), les cabriolets (C. d'État, 20 février 1846, *de Saint-Maurice;* 29 mai 1861, *Fleury;* 22 juillet 1867, *Blondin;* 15 mai 1874, *Desbarre*), les tilburys et autres voitures de luxe (C. d'État, 8 novembre 1872, *Jacquemain;* 4 février 1876, *Guilbert;* 17 mars 1876, *Lesaulnier*).

Les voitures employées par l'entrepreneur d'un service de dépêches sont également soumises à l'imposition de la prestation (C. d'État, 2 mai 1879, *Verrier;* 13 décembre 1889, *Guinon;* 12 février 1892, *Villa*).

Par contre, la loi du 11 juin 1880, dans son article 34, a exonéré de l'impôt des prestations les voitures qui sont exclusivement affectées à l'exploitation des tramways.

281. Il convient de remarquer que, pour être imposé à raison d'une voiture, il n'est pas indispensable que le contribuable

(1) V. au n° 605.
(2) V. au n° 606.

soit propriétaire de cette voiture. Il suffit qu'il s'en serve habituellement (1) (C. d'État, 16 janvier 1861, *Combe*; 17 décembre 1862, *Blanc* ; 8 janvier 1875, *Mion* ; 7 avril 1876, *Arly*).
C'est ainsi qu'un commis voyageur peut être imposé pour la
voiture qu'il emploie, bien qu'elle appartienne à la maison de
commerce dont il est le représentant, si cette dernière n'est
pas personnellement imposée (C. d'État, 11 juillet 1871, *Raison*; 19 février 1875, *Lecomte* ; 28 mars 1884, *Pottier*).

§ 9. — Lieu d'imposition

282. Quand le contribuable a plusieurs résidences ou plusieurs établissements, il s'agit de savoir dans quelle commune
il doit être imposé.

A ce sujet, il y a lieu de distinguer entre la prestation due à
raison de la personne du chef de famille ou d'établissement et
la prestation portant sur les autres éléments, tels que les serviteurs, les chevaux ou les voitures.

La prestation due à raison de la personne doit être demandée
dans la commune où le propriétaire est imposé à la contribution personnelle (C. d'État, 25 juin 1857, du *Gennevray*;
15 avril 1863, *Baret* ; 3 juin 1865, *Flamin* ; 19 janvier 1866,
du Rozier; 3 décembre 1867, *Godart*; 8 avril 1869, *Renault* ;
9 août 1869, *Renault*; 24 novembre 1869, *Curon*; 28 juin 1870,
Curon ; 17 janvier 1879, *Pépenic*; 13 avril 1881, *Omont*;
1er juin 1883, *Gandon*). C'est l'application du principe en vertu
duquel l'imposition doit être opérée au lieu du principal établissement.

283. Quant aux autres éléments de la prestation, tels que
serviteurs, chevaux ou voitures, divers cas peuvent se présenter.

Si l'exploitation agricole s'étend sur deux communes en ne
formant qu'un domaine pour le service duquel sont employés

---

(1) Un contribuable qui a vendu une voiture avant le 1er janvier, mais qui, postérieurement à cette date, se sert de ladite voiture remisée dans son habitation,
est imposable pour cet objet (C. d'État, 18 juillet 1860, *Brou de Laurières*).

les mêmes domestiques, les mêmes chevaux, les mêmes voitures, l'imposition doit avoir lieu dans la commune où se trouve le siège principal de l'exploitation (C. d'État, 3 janvier 1848, *Brianchon*; 18 août 1855, *Grand*; 30 juin 1858, *Ménage*; 25 mai 1864, *Fiquenel*; 7 septembre 1864, *Fiquenel*; 18 décembre 1867, *Laborde*; 31 juillet 1874, *Guelaud*; 23 novembre 1877, *Arrousez*; 1ᵉʳ avril 1881, *Chadeffaud*; 2 mars 1883, *Guignant*). Généralement, cette commune est celle où est établie l'habitation et où le propriétaire est imposé à la contribution personnelle.

Si, au contraire, le propriétaire possède dans deux ou plusieurs communes des établissements permanents et distincts, il doit être imposé dans chaque commune à raison des éléments, autres que sa personne, qui lui appartiennent dans la commune (C. d'État, 5 août 1854, *Le Boyer*; 14 avril 1870, *Pinsard*; 2 août 1878, *Fillion*).

Dans ce cas rentre celui d'un propriétaire qui a une exploitation dans une commune, alors qu'il réside dans une autre. Les propriétaires qui se trouvent dans cette situation ont souvent soutenu que la prestation, pour tous les éléments imposables, ne pouvait être exigée que dans la commune où ils résident. L'intérêt qui s'attache à cette réclamation est facile à saisir, surtout quand les contribuables habitent une ville où il n'est pas établi de rôle de prestation. Mais il a été maintes fois jugé que l'imposition des domestiques, chevaux ou voitures, doit avoir lieu dans la commune du siège de l'exploitation, bien que ce ne soit pas celle de la résidence du propriétaire (C. d'État, 22 mars 1854, *d'Olivier*; 31 mai 1854, *Foulquier-Lonjon*; 4 janvier 1855, *Aubrée*; 27 juin 1855, dame *de la Pomerie*; 25 juin 1857, *du Gennevray*; 2 mars 1858, *Guénée*; 2 mars 1858, *Biard*; 13 juillet 1858, *Banaston*; 7 septembre 1861, *Parrot*; 19 mars 1864, *Lanfranchi*; 13 mai 1865, *Dons*; 19 janvier 1866, *du Rozier*; 16 août 1867, *Dons*; 17 juin 1868, *Dons*; 12 juin 1874, *Jouty*; 7 mai 1880, *Maurat-Ballange*).

284. Il arrive aussi qu'un propriétaire, possédant des établissements distincts dans deux ou plusieurs communes, fait passer temporairement de l'une à l'autre ses domestiques, chevaux et voitures. C'est alors au lieu du principal établissement que le propriétaire doit être imposé (C. d'État, 5 octobre 1857, commune de *Vrétot*; 5 janvier 1858, *Thouvenot*; 27 janvier 1859, *Boivin*; 14 avril 1870, *Pinsard*; 30 avril 1875, commune de *Bletterans*; 12 août 1879, *Etelain*; 2 décembre 1881, *Mouchel*; 10 juillet 1885, *Glairieux*).

Ce cas se présente avec les propriétaires qui, ayant deux résidences, l'une à la ville et l'autre à la campagne, transportent de l'une à l'autre leurs chevaux et leurs voitures et les y emploient pendant la durée de leur séjour dans chacune d'elles. Nous avons indiqué plus haut l'intérêt que comportait la détermination du lieu d'imposition. Il s'agit toujours d'apprécier, dans chaque espèce, quel est le lieu du principal établissement. Suivant les circonstances, la commune rurale peut être fondée à exiger l'inscription des éléments à son rôle de prestation (C. d'État, 31 mai 1854, *Foulquier-Lonjon*; 19 mars 1864, *Torquat*; 15 mai 1874, *Dubois*), ou bien être reconnue sans droit (C. d'État, 4 avril 1862, de *Pichon*; 1er juin 1864, *Rozier*; 1er août 1865, *Laprunière*; 7 février 1866, *Martin*).

285. Signalons enfin le cas où un propriétaire emploie ses domestiques, ses chevaux ou ses voitures dans une autre commune, sans y avoir d'établissement. Cette commune ne peut réclamer à son profit l'imposition des éléments dont il s'agit. Ainsi jugé pour une commune où un propriétaire, établi dans une localité voisine, se bornait soit à cultiver des terres en y transportant ses moyens d'exploitation (C. d'État, 21 juillet 1839, *Adam*; 27 juillet 1853, commune de *Triey*), soit à faire des charrois (C. d'État, 3 novembre 1853, *Berthier*), soit à circuler en voiture (C. d'État, 22 avril 1857, *Couralet*).

§ 10. — Annualité de la prestation

286. Parmi les dispositions de la loi du 28 juillet 1824 qui sont restées en vigueur figure celle de l'article 5, aux termes de laquelle les prestations sont autorisées et recouvrées comme les contributions directes.

L'établissement des prestations est dès lors soumis aux mêmes règles que celui des contributions directes.

En conséquence, les prestations sont votées annuellement et sont dues pour l'année entière. De plus, elles doivent être établies à raison des faits existant au 1ᵉʳ janvier de l'année à laquelle elles s'appliquent. La jurisprudence du Conseil d'État est constante à ce sujet.

Ainsi la prestation n'est due à raison de la personne qu'autant que le contribuable habite la commune au 1ᵉʳ janvier. S'il a cessé d'habiter la commune avant cette époque, il n'est pas imposable de ce chef (C. d'État. 24 janvier 1879, *Le Lostec;* 20 juin 1879, de *Grimouard;* 11 juillet 1879, *Despins;* 30 avril 1880, *Lasnier;* 28 mai 1880, *Delarue;* 12 juillet 1882, *Beaucard;* 7 décembre 1883, *Mouchard;* 4 janvier 1884, *Ordioni;* 5 février 1892, *Héricher*). Par contre, si le départ a lieu après le 1ᵉʳ janvier, le contribuable reste passible de la prestation (C. d'État, 20 mai 1881, *Visat*), alors même que le départ se serait effectué dans le courant du mois de janvier (C. d'État, 12 août 1879, *Curnier*).

287. Au point de vue de l'état de validité du contribuable et des membres ou serviteurs de la famille, il suffit que cet état soit satisfaisant au 1ᵉʳ janvier. Si des infirmités surviennent postérieurement à cette date, elles ne peuvent motiver la décharge des prestations (C. d'État, 20 novembre 1856, *Richard*).

288. En ce qui concerne l'âge des personnes, c'est également au 1ᵉʳ janvier que les conditions prescrites par la loi doivent se vérifier. Peu importe que ces personnes aient soixante ans avant la fin de l'année (C. d'État, 18 mars 1857, *Suzemont;* 18 janvier 1862, *Francou;* 22 janvier 1864, *Bazou;* 6 février 1880, commune de *Pétiville*), quand même elles atteindraient cet âge au 2 janvier (C. d'État, 12 décembre 1866, *Vautrat;* 4 mars 1883, *Anquetin*).

289. La prestation est exigible à raison de tous les éléments imposables au 1ᵉʳ janvier (1), même s'ils viennent à disparaître après cette date :

(1) Pour être imposables, les voitures doivent être attelées. Si donc les chevaux ou bœufs qui formaient leurs attelages ont été vendus avant le 1ᵉʳ janvier, ces voitures ne peuvent être soumises à la taxe des prestations (C. d'État, 7 mai 1880, *Gauch*).

Soit par suite du décès des personnes (C. d'État, 15 mars 1872, commune de *Bouchavesne*);

Soit par suite de la perte des animaux (C. d'État, 20 novembre 1856, *Richard*), même survenue dans les premiers jours de janvier (C. d'État, 5 août 1881, *Grimaud*);

Soit par suite de la vente des animaux ou des voitures, même si elle est opérée dans le cours de janvier (C. d'État, 17 septembre 1854, *Lefèvre Ghillet*; 11 février 1857, *Becker*; 5 décembre 1879, *Tirebois*), même si elle porte sur la totalité du train d'exploitation (C. d'État, 11 février 1857, *Becker*; 14 janvier 1858, *Brenot*; 22 mai 1865, *Bey*; 29 mai 1861, *Viard*), même dans le cas où l'exploitation aurait cessé avant le 1er janvier et où les objets auraient été conservés peu de temps au-delà de cette date, en attendant l'occasion de les vendre (C. d'État, 8 mai 1867, *Quenette*; 16 avril 1870, *Bérode*).

290. Il n'échappera pas que l'application à la prestation des règles des contributions directes porte une sérieuse atteinte au principe qui est énoncé dans l'article 4 de la loi du 21 mai 1836 et en vertu duquel « la prestation peut être acquittée en nature ou en argent, *au gré du contribuable* ». Il est manifeste que si la prestation est maintenue, alors que les personnes, les bêtes de somme ou de trait, les voitures n'existent plus à l'époque fixée pour l'exécution de la prestation, le contribuable n'a plus la faculté de s'acquitter en nature, et la prestation revêt le caractère d'un impôt en argent. Il en est de même si les personnes, soumises à la prestation, deviennent infirmes et, par conséquent, incapables de se livrer aux travaux des chemins.

Ces atteintes ne sont pas les seules que subisse le principe qui vient d'être rappelé. On a vu (n° 280) que les voitures sont imposables, même quand leur forme ne se prête pas au service de la prestation, et les voitures qui se trouvent dans ce cas comprennent non seulement les voitures de luxe, mais encore des voitures d'agriculture absolument impropres au transport de menus matériaux. On a vu également (n° 279) que les voitures sont imposables même quand le contribuable ne dispose pas de serviteurs pour les conduire.

291. La règle d'après laquelle les rôles sont établis à raison des faits existant au 1er janvier peut avoir comme conséquence l'exonération des contribuables, bien qu'ils ne cessent pas réellement d'être les chefs d'un établissement agricole. Ce cas se présente lorsque les objets imposables, tels que les chevaux ou autres bêtes de trait, ont été vendus avant le 1ᵉʳ janvier et remplacés après cette époque. Aucune prestation ne peut être demandée au contribuable qui, par suite de ce remplacement, n'a aucun animal en sa possession au 1ᵉʳ janvier (C. d'État, 3 décembre 1867, commune de *Médières*; 12 mars 1868, *Zimmermann*; 7 août 1869, commune de *Bertoncourt*).

SECTION IV

CONFECTION ET PUBLICATION DES ROLES DE PRESTATION

§ 1. — États-matrices

292. Pour pouvoir asseoir l'impôt des prestations, il est nécessaire de procéder préalablement au recensement des personnes et de tous les autres éléments imposables. C'est à cette fin qu'est dressé un état désigné sous le nom d'état-matrice.

L'état-matrice présente, pour chaque article : 1° les nom, prénoms et domicile de la personne sur laquelle la taxe des prestations est assise ; 2° le nombre des membres ou serviteurs de la famille, celui des bêtes de somme, de trait ou de selle et celui des charrettes ou voitures attelées qui doivent servir de base à l'imposition.

L'état-matrice est divisé en sections correspondant à celles du cadastre. Cette disposition, reproduite dans le rôle de prestation, permet à l'Administration, dans les communes formées de plusieurs hameaux, de répartir les prestataires en leur facilitant l'accomplissement de leurs journées ou de leurs tâches. Mais, quand la commune comporte une seule agglomération, la division en sections ne peut avoir que des inconvénients ;

aussi le Ministre de l'Intérieur estime-t-il que, dans ce cas, la division dont il s'agit peut être abandonnée (Instructions du Ministre de l'Intérieur au préfet de l'Aisne, 12 mai 1874).

L'état-matrice est dressé de façon à présenter, par ordre alphabétique, les noms des contribuables. Il est disposé de manière à pouvoir servir pendant quatre ans. Un certain nombre d'articles sont laissés en blanc, pour recevoir les additions reconnues nécessaires au moment de chaque revision annuelle.

293. L'établissement de l'état-matrice a lieu, pour chaque commune, par le contrôleur des contributions directes, assisté du maire, des répartiteurs et du receveur municipal (Règl. gén., art. 1er; — Instr. gén., art. 81).

L'ordre des tournées du contrôleur est réglé par le directeur des contributions directes, qui en informe le préfet. Les maires sont prévenus à l'avance par les soins de l'Administration des contributions directes, pour qu'ils convoquent les répartiteurs en temps utile. Le receveur municipal est averti par le trésorier-payeur général (Règl. gén., art. 3 ; — Instr. gén., art. 82).

Si le maire et les répartiteurs refusaient de prêter leur concours pour la rédaction de l'état-matrice, le contrôleur, assisté du receveur municipal, procéderait à la formation de cet état, qui serait, dans ce cas, soumis par le directeur, et avec son avis, à l'approbation du préfet (Règl. gén., art. 4 ; — Instr. gén., art. 83).

294. L'état-matrice est approuvé par le préfet lors de son renouvellement intégral (Règl. gén., art. 7; — Instr. gén., art. 84). Ce magistrat a le pouvoir de modifier les décisions de la commission des répartiteurs, contrairement à ce qui est admis en matière de contributions directes. Ce point est fixé par l'article 5 du Règlement général, aux termes duquel toutes les difficultés relatives à la confection de l'état-matrice sont soumises au préfet. Il a été confirmé par le Conseil d'État dans un arrêt du 4 décembre 1885 (*Carnet*). On peut s'étonner, au premier abord, de ce que les pouvoirs de la commission des répartiteurs soient moins étendus pour une simple taxe locale qu'à l'égard des impôts perçus au compte du Tré-

sor. Mais on fait remarquer (1) que cette commission tient
uniquement ses pouvoirs d'une disposition réglementaire éma-
née du préfet. En la chargeant de concourir à la confection de
l'état-matrice, le préfet avait, sans aucun doute, le droit de
limiter l'étendue des pouvoirs de la commission : il lui appartenait notamment de se réserver la faculté de statuer sur les
difficultés relatives à l'établissement de l'état-matrice, difficultés au nombre desquelles figure celle de savoir si tel élément
doit y être compris.

§ 2. — Rôles de prestation

295. L'état matrice sert de base à la rédaction du rôle qui
fait connaître annuellement, pour chaque commune, les divers
prestataires et les taxes auxquelles ils sont imposés.

La préparation du rôle est confiée au directeur des contributions directes. A cet effet, l'état-matrice lui est transmis aussitôt après sa confection ou sa révision. De plus, il est avisé
par le préfet du nombre de journées de prestation votées par
la commune ou imposées d'office (Règl. gén., art. 8 ; —
Instr. gén., art. 85).

Le rôle présente, pour chaque prestataire, le montant total
en argent de la cote à laquelle il est assujetti, avec le détail de
son évaluation pour chaque espèce de journée, d'après l'état-
matrice et d'après le tarif arrêté par le conseil général du
département, conformément à la loi du 21 mai 1836 (art. 4) et
à celle du 10 août 1871 (art. 46. n° 7). Il porte en tête la mention de la délibération du conseil municipal qui a voté les prestations ou de l'arrêté du préfet qui a ordonné une imposition
d'office.

Après avoir été arrêté et certifié par le directeur des contributions directes, le rôle est soumis au préfet pour être rendu
exécutoire (Règl. gén., art. 9 ; — Instr. gén., art. 86).

296. Il peut arriver que des erreurs ou des omissions aient
été commises lors de la rédaction du rôle, et que l'Administra-

(1) GUILLAUME, *Traité pratique de la voirie vicinale*, n° 68.

tion reconnaisse la nécessité d'y remédier au moyen de l'établissement d'un rôle supplémentaire.

Le Règlement général prévoit, dans son article 9, la confection d'un rôle supplémentaire et porte qu'il devra être dressé de la même manière que le rôle primitif. Il va sans dire qu'il ne peut comprendre que des contribuables imposables au 1er janvier de l'année.

Malgré cette disposition règlementaire, édictée en vertu du pouvoir qui a été conféré au préfet par l'article 21 de la loi du 21 mai 1836, le Conseil d'État juge maintenant que l'Administration n'a pas le droit d'émettre un rôle supplémentaire dans le cours de l'année (C. d'Ét., 9 juin 1876, *Lamberthod* ; 4 mai, 1877, *Compagnie lyonnaise des Omnibus* ; 8 février 1878, *Salot* ; 23 juin 1882, *Arbey* ; 5 mars 1886, *Laiterie des fermiers réunis* ; 12 novembre 1886, *Société des fermiers réunis* ; 4 novembre 1887, *Bouché-Déchanet* ; 24 février 1888, *commune de Moyaux*).

§ 3. — Avertissements

297. Indépendamment du rôle, le directeur des contributions directes prépare les avertissements aux contribuables et les remet au préfet, en même temps que le rôle. Ces avertissements comprennent tous les détails portés au rôle ; ils indiquent non seulement la date de la délibération du conseil municipal ou de l'arrêté d'imposition d'office du préfet, mais encore la date de la décision rendant le rôle exécutoire. Ils contiennent, en outre, une mise en demeure aux contribuables de déclarer, dans le délai d'un mois, à dater de la publication du rôle, s'ils entendent se libérer en nature, avec avis qu'à défaut de déclation, leur cote sera de droit exigible en argent, aux termes de l'article 4 de la loi du 21 mai 1836 (Règl. gén., art. 10 ; — Instr. gén., art. 87).

§ 4. — Publication du rôle

298. Le rôle et les avertissements sont transmis au préfet, au fur et à mesure de leur rédaction, par le directeur des contributions directes. Le préfet envoie ces pièces, par l'intermédiaire du trésorier-payeur général, au receveur municipal. Ce dernier remet immédiatement le rôle au maire de la commune pour qu'il en fasse la publication.

La publication du rôle doit avoir lieu au plus tard le 1ᵉʳ novembre (Règl. gén., art. 11 ; — Instr. gén., art. 88). Il importe que cette prescription soit rigoureusement observée, sous peine de compromettre l'accomplissement des formalités qui doivent précéder l'exécution des travaux de la vicinalité.

La publication du rôle de prestation s'opère dans les formes prescrites pour les rôles des contributions directes, c'est-à-dire par un avis rendu public à son de caisse et affiché. Elle est certifiée par le maire sur le rôle même.

Aussitôt après la publication, le receveur municipal fait parvenir, sans frais (1), les avertissements aux contribuables (Règl. gén., art. 12 ; — Instr. gén., art. 89).

299. Si le maire négligeait ou refusait d'effectuer la publication du rôle, le préfet y ferait procéder d'office par un délégué spécial, en vertu de l'article 85 de la loi du 5 avril 1884 (Règl. gén., art. 13 ; — Instr. gén., art. 90).

SECTION V

DIVISION DES PRESTATIONS EN NATURE ET EN ARGENT

§ 1. — Prestations acquittables en nature

300. D'après l'article 4 de la loi du 21 mai 1836, la prestation peut être acquittée en nature ou en argent, au gré du contribuable, et ce dernier est tenu d'opter dans un délai déterminé. Le délai dont il s'agit a été fixé par le Règlement

---

(1) Le receveur municipal ne peut réclamer ni des contribuables, ni de la commune, une rémunération spéciale pour la distribution des avertissements relatifs aux prestations. Il doit supporter les frais que cette distribution peut lui occasionner (Instruction générale du Ministre des Finances du 20 juin 1859, art. 888).

général dans son article 10 : il est d'un mois à dater de la publication du rôle.

Les déclarations d'option sont mentionnées sur un registre qui est ouvert à la mairie dès la publication du rôle. Ces déclarations sont reçues par le maire (1) et inscrites immédiatement à leur date ; elles sont constatées soit par la signature du contribuable, soit par une croix apposée par lui en présence de deux témoins, soit par l'annexion, au registre, du bulletin rempli, daté, signé par le contribuable et envoyé au maire après avoir été détaché de la feuille d'avertissement (Règl. gén., art. 14 ; — Instr. gén., art. 91).

A l'expiration du délai d'un mois, c'est-à-dire au plus tard le 1er décembre, le registre d'option est clos par le maire (2), puis transmis au receveur municipal, qui le vérifie et en annote les indications dans une colonne spéciale du rôle (Règl. gén., art. 15 ; — Instr. gén., art. 92).

Dans la quinzaine qui suit, le receveur municipal dresse et envoie au préfet un extrait du rôle comprenant, suivant l'ordre des articles, le nom de chacun des contribuables qui a déclaré vouloir s'acquitter en nature, ainsi que le nombre de journées d'hommes, d'animaux et de voitures qu'il doit exécuter et le montant total de sa cote.

C'est cet extrait de rôle qui permet au maire, assisté de l'agent voyer cantonal, de faire exécuter les prestations en nature, ainsi qu'il sera indiqué ci-après (nos 602, 609, 616, 618).

§ 2. — Prestations acquittables en argent

301. Ces prestations se divisent en deux catégories : celles qui sont dues par suite de non-option pour l'acquit en nature et celles qui sont dues par suite de non-exécution des travaux

(1) Si le maire refusait de recevoir les déclarations d'option, le préfet y pourvoirait par un délégué spécial en vertu de l'article 85 de la loi du 5 avril 1884 (Règl. gén., art. 13 ; — Instr. gén., art. 90).

(2) Les prestataires ne peuvent exercer leur droit après l'expiration du délai d'un mois. Si donc leur déclaration d'option est faite après la clôture du registre, ils sont tenus de s'acquitter en argent (C. d'Etat., 25 avril 1879, *Couillon-Lorgeou*; 13 février 1885, *Teste*).

demandés au prestataire. On les désigne couramment sous les noms de *non-options* et de *non-exécutions*.

La loi du 21 mai 1836 porte explicitement, dans son article 4, que les non-options sont de droit exigibles en argent. Cette disposition est rappelée par l'article 14 du Règlement général.

Le montant des non-options se déduit des déclarations consignées au registre d'option. Il est indiqué par le receveur municipal sur l'extrait de rôle dont il vient d'être question (Règl. gén., art. 16; — Instr. gén., art. 93). Les non-options sont donc connues dès l'ouverture de l'exercice auquel se rapportent les prestations.

Quant aux non-exécutions, la loi de 1836 passe sous silence le droit pour l'Administration d'en exiger la valeur en argent. Le Règlement général, dans son article 35, prévoit ce recouvrement en argent, dont le principe a été d'ailleurs consacré par la jurisprudence (C. d'État, 20 juillet 1853, *Tusson ;* 12 juin 1860, *Rougièras ;* 11 décembre 1867, *Debout ;* 8 novembre 1872, *Rabot ;* 8 mars 1878, *Musson ;* 11 juin 1880, *Jean ;* 19 juin 1885, *Pigouche ;* 11 juin 1886, *Thibaut ;* 24 mai 1889, *Prunier ;* 30 novembre 1889, *Husson*).

302. La cote ne peut d'ailleurs être convertie en argent, pour défaut d'exécution, que si le contribuable a été préalablement requis, dans les formes voulues, d'effectuer en nature les prestations auxquelles il était imposé (C. d'État, 26 juillet 1851, *Fouassier ;* 3 juin 1852, *Nabonne ;* 1er décembre 1858, *Lafond ;* 27 avril 1870, *Ibled ;* 9 mai 1873, *Rochard*).

SECTION VI

RÉCLAMATIONS RELATIVES A L'INSCRIPTION AUX ROLES

303. L'inscription d'un contribuable au rôle des prestations peut donner lieu à des réclamations de deux sortes. Lorsque le contribuable croit être imposé à tort, parce que les conditions légales ou réglementaires relatives à sa personne ou aux autres éléments de la prestation ne sont pas remplies, il peut former une *demande en décharge ou réduction*. Lorsque le contribuable croit pouvoir obtenir l'exonération totale ou partielle de ses prestations en invoquant des circonstances exceptionnelles qui font obstacle à l'acquittement de la taxe, il lui est loisible de former une *demande en remise ou modération*. Dans le premier cas, le contribuable s'appuie sur la violation d'un droit, et il a recours à la juridiction contentieuse ; dans le second cas, il sollicite une faveur et il agit par la voie gracieuse.

§ 1. — Demandes en décharge ou réduction

304. Délai dans lequel les demandes doivent être présentées. — Les prestations étant assimilées aux contributions directes, en ce qui concerne le recouvrement, on avait pensé tout d'abord que le délai de trois mois, prescrit par l'article 28 de la loi du 21 avril 1832, devait courir à partir de la publication du rôle (Loi du 4 août 1844, art. 8). Mais, ainsi que l'a fait remarquer le Ministre de l'Intérieur dans sa circulaire du 12 décembre 1846, si le rôle est publié à l'époque du 1er novembre, les deux mois qui suivent sont exclusivement consacrés à l'accomplissement des diverses formalités qui doivent précéder le recouvrement, et le rôle ne devient réellement exécutoire qu'à dater du 1er janvier de l'année à laquelle il s'applique. Il a été admis, en conséquence, que le délai de trois mois court à partir du 1er janvier, lorsque la publication a eu lieu avant cette époque, et à partir de la publication du rôle, lorsqu'elle a été faite postérieurement au 1er janvier (C. d'État, 18 avril 1845, *Potel* ; 2 juillet 1861, *Lebrun* ; 6 août 1864, *Royer* ; 16 mai 1884, *Descamps* ; 8 août 1884, *Sans* ; 31 juillet 1885, *Bagnère* ; 5 février 1886, *Lancelot* ; 14 mai 1886, *Pernelet* ; 6 août 1886, *Fréchède* ; 4 novembre 1887, *Belorgey-Fontaine*).

Cette règle ne s'applique qu'aux prestataires ayant leur domicile dans la commune. Quand il n'en est pas ainsi et, par conséquent, quand le contribuable a quitté la commune avant la publication du rôle, le délai de trois mois court à partir du jour où le contribuable a eu connaissance de son imposition au moyen d'un avertissement ou d'un acte de poursuite (C. d'État, 12 juin 1860, *Mulait* ; 6 août 1864, *Godard* ; 20 septembre 1865, *Asselin* ; 12 décembre 1871, *Dubois* ; 24 décembre 1875, *Lebas* ; 12 juillet 1882, *Beaucart* ; 21 juillet 1882, ·*Guimard* ; 7 décembre 1883, *Mouchard* ; 4 janvier 1884, *Ordioni* ; 23 janvier 1885, *Caradan*).

305. Les dispositions de l'article 4 de la loi du 29 décembre 1884 sont applicables en matière de prestations. Lorsque des cotes sont indûment imposées dans les rôles, par suite de faux ou de double emploi, le délai pour la présentation des réclamations ne prend fin que trois mois après que le contribuable a eu connaissance officielle des poursuites en recouvrement dirigées contre lui par le receveur municipal (C. d'État, 19 février 1892, *Tachard* ; 23 novembre 1895, *Courbouleix*).

Mais s'il n'y a réclamation qu'à l'égard d'un des éléments de la taxe, l'inscription au rôle n'étant pas contestée pour les autres, il n'y a pas faux emploi au sens de la loi du 29 décembre 1884, et le contribuable ne peut dès lors se prévaloir de la disposition édictée par l'article 4 de cette loi (C. d'État, 3 février 1888, *Lyonne* ; 23 novembre 1889, *Blanc* ; 30 janvier 1892, *Gatellier-Proust* ; 27 février 1892, *Brochard* ; 2 avril 1892, *Galès* ; 17 juin 1892, *Hallot* ; 23 juillet 1892, *Pidoux*).

306. Instruction et jugement des demandes. — Les demandes doivent être instruites comme en matière de contributions directes, c'est-à-dire suivant les formes établies par les lois des 21 avril 1832, 29 décembre 1884 et 21 juillet 1887.

Ces demandes peuvent être libellées sur papier libre, quel que soit le montant de la cote qui fait l'objet de la réclamation (1). La disposition de l'article 28 de la loi du 21 avril 1832, qui dispense du droit de timbre seulement les réclamations relatives à des cotes inférieures à 30 francs, n'est donc pas applicable en matière de prestations. Cela tient à ce que l'article 5 de la loi du 28 juillet 1824, qui est toujours en vigueur, porte que les dégrèvements sont prononcés *sans frais*. La discussion qui a précédé le vote de cet article, à la Chambre des

---

(1) Art. 19 de l'Instruction générale sur les réclamations arrêtée le 30 janvier 1892 par le directeur général des contributions directes et approuvée par le Ministre des Finances (*Ann. des Ch. vic.*, 1893-1894, 2ᵉ partie, p. 33).

députés, ne laisse aucun doute sur la portée à attribuer aux termes de la loi.

Les réclamations doivent être accompagnées de la quittance des termes échus, conformément à l'article 28 de la loi du 21 avril 1832, mais seulement dans le cas où ces réclamations concernent des prestations rachetées en argent (1) (C. d'État, 22 novembre 1895, *Sala*).

307. Les demandes sont adressées au préfet ou au sous-préfet, communiquées aux répartiteurs, puis vérifiées par le contrôleur et le directeur des contributions directes.

Si le directeur est d'avis qu'il y a lieu d'admettre la demande, il fait son rapport et le conseil de préfecture statue.

Dans le cas contraire, le directeur exprime les motifs de son opinion et transmet le dossier à la préfecture ou à la sous-préfecture. Le réclamant est invité à en prendre communication et à faire connaître, dans les dix jours (2), s'il veut fournir de nouvelles observations, ou bien recourir à la vérification par voie d'experts.

Le droit de réclamer une expertise a été consacré par la jurisprudence (C. d'État, 13 mai 1869, *Lanfranchi*; 14 avril 1870, *Pinsard*; 26 décembre 1870, *Guglielmi*; 25 juin 1875, *Coulon*). Toutefois, l'expertise pourrait ne pas être ordonnée, si l'autorité appelée à statuer sur la réclamation la jugeait inutile (C. d'État, 14 avril 1870, *Guégault*).

Les opérations de l'expertise sont confiées à deux experts dont l'un est nommé par le sous-préfet et l'autre par le réclamant (Arrêté consulaire du 24 floréal an VIII, art. 5). En cas de désaccord entre ces deux experts, une tierce-expertise peut être demandée par l'Administration ou par le réclamant. Le tiers-expert est désigné, sur simple requête de la partie la plus diligente et sans frais, par le juge de paix du canton (Loi du 29 décembre 1884, art. 5).

Les experts ne sont pas tenus de prêter serment (C. d'État, 23 mai 1873, *Benoit*).

---

(1) Jurisprudence du ministère de l'Intérieur (*Ann. des Ch. vic.*, 1893-1894, 2e partie, p. 477).

(2) Les pièces doivent rester pendant ces dix jours en dépôt à la préfecture ou à la sous-préfecture. S'il n'en est pas ainsi, cette circonstance constitue un vice d'instruction de nature à déterminer l'annulation de l'arrêté intervenu sur le fond de la réclamation (C. d'État, 20 mars 1852, *de Gardonne*).

308. Les prestataires qui se croient imposés à tort peuvent suivre une autre procédure que celle qui vient d'être indiquée.

D'après la loi du 21 juillet 1887 (art. 2), ils ont la faculté de faire leur déclaration à la mairie du lieu de l'imposition dans le mois qui suit la publication du rôle de prestation.

Cette déclaration est reçue, sans frais ni formalités, sur un registre tenu à la mairie ; elle est signée par le réclamant ou son mandataire.

Si la déclaration, après examen sommaire, a pu être immédiatement reconnue fondée, elle est analysée par les agents des contributions directes sur un état qui est revêtu de l'avis du maire et des répartiteurs, ainsi que de celui du contrôleur et du directeur. Le conseil de préfecture prononce ensuite le dégrèvement.

Si, au contraire, la déclaration n'a pas été portée ou maintenue sur l'état dont il s'agit, le prestataire en est avisé et il a la faculté de présenter une demande en dégrèvement, dans les formes ordinaires, dans un délai d'un mois à partir de la date de la notification, sans préjudice des délais fixés par les lois des 21 avril 1832, art. 28, et du 29 décembre 1884, art. 4.

309. Par suite de l'assimilation des prestations aux contributions directes, au point de vue des demandes en décharge ou réduction, c'est au conseil de préfecture qu'il appartient de statuer sur ces demandes.

Il apprécie, conformément aux règles des articles 130 et 131 du Code de Procédure civile, comment les frais d'expertise et de tierce-expertise doivent être supportés par la partie qui succombe (Loi du 29 décembre 1884, art. 5). Il s'ensuit que les frais peuvent être répartis entre les parties, lorsque chacune succombe sur un ou plusieurs chefs.

Comme en matière de contributions directes, il n'y a pas lieu de prononcer de condamnation aux dépens sur des réclamations relatives à l'imposition des prestations (C. d'État, 12 janvier 1850, *Martiné;* 26 juillet 1851, *Fournier;* 3 juin 1852, *Nabonne*).

310. Pour certaines contributions directes, le conseil de préfecture a le droit d'opérer des mutations de cotes. Il n'a pas ce pouvoir à l'égard des prestations. Quand il prononce, en faveur d'un contribuable, la décharge d'une cote de prestation, il ne peut donc mettre cette cote à la charge d'un autre contribuable, par voie de mutation (C. d'État, 23 décembre 1844, veuve *Brillant*; 8 mars 1851, de *Saint-Aignan*; 31 mai 1854, *Robert*; 29 juillet 1859, *Baudesson*; 22 janvier 1864, *Debois*; 27 juin 1879, *Vitalis*).

311. Recours contre les décisions du conseil de préfecture. — Les décisions du conseil de préfecture sont susceptibles d'un recours devant le Conseil d'État, dans un délai de deux mois à dater de la notification de la décision (Loi du 22 juillet 1889, art. 57).

Le recours peut être formé soit par les contribuables, soit par les communes. Ces dernières peuvent, en effet, avoir intérêt à contester un dégrèvement qu'elles considéreraient comme accordé à tort, puisque ce dégrèvement réduirait les ressources communales.

Dans ce dernier cas, le pourvoi est formé par le maire sur la seule délibération du conseil municipal, sans qu'il soit besoin de l'autorisation du conseil de préfecture (Instr. gén., art. 95).

312. Les recours peuvent être exercés, comme en matière de contributions directes, sans le ministère d'un avocat. Ils peuvent être déposés soit au secrétariat général du Conseil d'État, soit à la préfecture, soit à la sous-préfecture. Dans ces deux derniers cas, ils sont transmis par le préfet au secrétariat général du Conseil d'État (Loi du 22 juillet 1889, art. 61).

Les recours peuvent être produits sur papier libre, quel que soit le montant de la cote litigieuse (*Idem*).

§ 2. — **Demandes en remise ou modération**

313. Diverses circonstances peuvent être invoquées par les contribuables pour obtenir remise ou modération des taxes auxquelles ils ont été imposés. Au nombre de ces circonstances figure l'état de gène des prestataires (C. d'État, 27 septembre 1854, *Burtard;* 20 novembre 1856, *Richard;* 1ᵉʳ juin 1883, *Masson;* 28 mars 1884, *Raguet*).

Les demandes en remise ou modération ne sont pas de la compétence du conseil de préfecture (C. d'Ét., 20 novembre 1856, *Richard;* 18 décembre 1862, *Bazin;* 19 mars 1864, commune de *Brasseuse;* 19 mars 1886, *Rey*).

Elles doivent être soumises au conseil municipal auquel il appartient d'accorder la remise ou la modération de la cote, sous l'approbation du préfet (C. d'État, 19 mars 1864, commune de *Brasseuse;* 14 juin 1864, *Collé*).

Et la décision prise par le préfet n'est pas susceptible d'être attaquée devant le Conseil d'État par la voie contentieuse (C. d'État, 16 juillet 1886, *Gerbon*).

SECTION VII

OBJETS DIVERS

§ 1. — Affectation des prestations

314. Les prestations peuvent être appliquées aux chemins vicinaux de toute catégorie.

Elles peuvent être affectées aux travaux de toute nature, par conséquent, aussi bien aux travaux de construction qu'à ceux d'entretien.

Sur ce dernier point, la loi du 21 mai 1836 est assez obscure. D'après l'article 2, les prestations ne paraissent établies que pour pourvoir à l'*entretien* des chemins vicinaux. Plus loin, l'article 8 porte que les contingents communaux demandés pour les chemins de grande communication sont acquittés, en partie du moins, au moyen des prestations, et, d'après le § 3 de l'article 7, ces contingents sont fixés suivant la proportion dans laquelle chaque commune doit concourir à l'*entretien* de la ligne dont elle dépend. Mais il y a lieu de remarquer qu'aux termes du § 2 de l'article 7, le conseil général désigne les communes qui doivent contribuer à la *construction ou à l'entretien* de chaque chemin de grande communication. On ne s'expliquerait pas cette désignation des communes intéressées à la construction des lignes de grande communication, si elle n'était pas suivie de la fixation de leur contingent dans la dépense de construction. Aussi le Conseil d'État a-t-il toujours reconnu le droit d'affecter les contingents communaux aux travaux de construction des chemins de grande communication (Avis du 29 juillet 1870 (1) ; — Arrêt du 21 juillet 1869, commune d'*Yzeure*).

A l'égard des chemins d'intérêt commun, la loi du 21 mai 1836 ne comporte aucun doute sur la nature des travaux auxquels peuvent s'appliquer les contingents des communes : l'article 6 de cette loi charge le préfet (maintenant le conseil général) de déterminer la proportion dans laquelle chaque commune doit concourir tant à la *construction* qu'à l'*entretien* des chemins.

En ce qui concerne les chemins de grande communication et d'intérêt commun, la loi du 10 août 1871 s'est exprimée avec plus de clarté en comprenant dans les attributions du conseil général « la désignation des communes qui doivent concourir *à la construction et à l'entretien* desdits chemins et la fixation du contingent annuel de chaque commune. »

C'est donc seulement pour les chemins vicinaux ordinaires que les ressources spéciales de la vicinalité semblent uniquement destinées à l'entretien, d'après les termes de la loi du 21 mai 1836.

Il est cependant manifeste que cette loi, en autorisant le vote des prestations et des centimes spéciaux, n'avait pas exclusivement en vue l'entretien des chemins vicinaux. Ceux de ces chemins qui étaient parvenus à l'état d'entretien se trouvaient alors en petit nombre ; tous les autres existaient dans des conditions très imparfaites de viabilité. La loi a eu certainement pour objet de donner aux communes les moyens d'amener ces derniers chemins à un état plus complet de viabilité.

En fait, les prestations sont employées aux travaux de toute nature, aussi bien à ceux de grosses réparations et de construction qu'à ceux d'entretien, et cette destination des prestations a été consacrée par le décret du 3 juin 1880 portant

(1) Les *Conseils généraux*, t. I, p. 319.

règlement d'administration publique pour l'exécution de la loi
du 12 mars 1880 sur l'achèvement des chemins vicinaux. L'article 3 de ce décret dispose, en effet, que les communes doivent
affecter aux travaux à subventionner le reliquat de leurs ressources spéciales, c'est-à-dire la portion disponible de leurs
trois journées de prestation et de leurs 5 centimes spéciaux
ordinaires. Le décret dont il s'agit exige donc, le cas échéant,
l'application des prestations aux travaux neufs des chemins
vicinaux (n° 482).

§ 2. — Imposition d'office des prestations

315. Ainsi que l'a exposé le Ministre de l'Intérieur, dans son
Instruction du 24 juin 1836 (art. 5), l'une des principales causes
du peu d'efficacité de la loi du 28 juillet 1824 était l'absence
de toute sanction au principe qui met les dépenses des chemins
à la charge des communes. Aussi la loi du 21 mai 1836 ne
s'est-elle pas bornée à fournir aux communes les ressources
propres à assurer l'exécution des travaux de la vicinalité : elle
a investi le préfet, par les articles 5 et 9, du pouvoir d'imposer
d'office les communes quand les conseils municipaux, mis en
demeure, n'ont pas voté les prestations nécessaires.

316. On vient de voir (n° 314) que les prestations peuvent
être votées par les communes pour la construction, comme
pour l'entretien. Il ne s'ensuit pas que, faute de procéder à ce
vote pour ces deux catégories de travaux, l'imposition puisse
être prononcée d'office dans tous les cas.

La jurisprudence a dû établir une distinction à ce sujet.

En ce qui concerne les chemins vicinaux ordinaires, il est
admis que, si le préfet a le droit d'imposer d'office les communes jusqu'à concurrence de trois journées de prestation,
pour les dépenses d'entretien (1) de ces chemins, il n'en est

---

(1) Toutefois, il ne faut pas limiter d'une manière trop stricte le caractère des
travaux d'entretien Dans son avis du 29 juillet 1870, le Conseil d'État déclare
qu'on assimile avec raison à ces travaux ceux de réparation ou d'amélioration
qui n'ont pour objet que d'amener un chemin existant à un état plus ou moins
complet de viabilité.

pas de même pour les dépenses résultant de l'ouverture, du redressement ou de l'élargissement desdits chemins (Avis du Conseil d'État du 29 juillet 1870 (1) ; — Décret du 25 juin 1875 annulant deux délibérations du conseil général de la *Dordogne*).

En ce qui a trait aux chemins de grande communication et d'intérêt commun, au contraire, l'imposition d'office peut être ordonnée par le préfet pour les dépenses de construction comme pour celles d'entretien (Avis précité du Conseil d'État du 29 juillet 1870).

317. Quant aux moyens à employer pour imposer d'office des journées de prestation, ils sont très simples, et ils ont été décrits dans l'Instruction ministérielle du 24 juin 1836 (art. 5).

Le préfet met la commune en demeure de voter le nombre de journées nécessaires. Faute par le conseil municipal de se conformer à cette invitation, le préfet prend un arrêté pour ordonner l'imposition d'office de ces journées. Cet arrêté est notifié au maire de la commune, ainsi qu'au directeur des contributions directes pour servir à la confection du rôle (Inst. gén., art. 70).

Une difficulté peut se présenter, s'il n'a pas été établi d'état-matrice. Ce cas est assurément très rare à l'heure actuelle ; cependant, il peut se produire dans certaines communes largement desservies par des routes nationales et départementales.

Dans ce cas, l'état-matrice doit être rédigé d'office, si l'autorité municipale refuse son concours dans l'intention de paralyser l'action de l'autorité supérieure.

§ 3. — Recouvrement des prestations exigibles en argent (2)

318. Aux termes de l'article 5 de la loi du 18 juillet 1824, le recouvrement des prestations acquittables en argent s'opère comme en matière de contributions directes.

---

(1) Les *Conseils généraux*, t. 1, p. 319.
(2) En ce qui concerne l'exécution des prestations acquittables en nature, voir aux n⁰ˢ 598 et suiv.

Il s'ensuit que les cotes payables en argent soit pour non-option, soit pour non-exécution, sont exigibles par douzièmes; mais le premier paiement fait par le contribuable doit comprendre les douzièmes échus (Instr. gén., art. 97).

Il en résulte aussi que les poursuites à exercer, pour la rentrée des cotes exigibles en argent, sont faites comme pour les contributions directes (Instr. gén., art. 98).

Les receveurs municipaux sont responsables envers les communes du recouvrement des prestations, comme du recouvrement de toute autre ressource communale (1).

§ 4. — De la réforme de l'impôt des prestations

319. Pendant longtemps, on a considéré l'impôt des prestations comme formant la partie principale des ressources de la vicinalité.

C'est pour mettre cette erreur en évidence que nous avons publié, dans la *Revue générale d'Administration* (2), une étude au sujet « du nombre de centimes additionnels perçus au profit de la vicinalité ».

Cette étude s'appliquait au département de la Marne où nous remplissions les fonctions d'agent voyer en chef. Nous avons montré que les 5 centimes spéciaux ordinaires, dont on opposait souvent le produit à celui des trois journées de prestations, n'occupaient qu'une place bien modeste au milieu des centimes de toute nature perçus pour le service des chemins vicinaux.

En 1887, la moyenne, pour le département de la Marne, était de 47 centimes au moins, et cette moyenne était très éloignée du maximum, qui atteignait 119 centimes. Sur les 662 communes du département, il y en avait 432 qui supportaient plus de 40 centimes de toute nature.

Bien que, dans ce département, le produit des rôles de prestations fut relativement considérable, puisqu'il était de 1.105.463 francs en 1887, il se trouvait bien inférieur au pro-

---

(1) V. aux nᵒˢ 700 et suiv.
(2) 1889, t. III, p. 335.

duit des centimes qui s'était élevé à 1.638.622 francs (1), soit à moitié en sus.

Dans l'étude précitée, nous présumions qu'il devait en être de même pour toute la France. Cette prévision a été confirmée par le travail auquel le Ministre de l'Intérieur a fait procéder quelque temps après.

Les résultats de ce travail figurent dans un tableau annexé au Rapport de M. le député Dupuy-Dutemps (2) et intitulé : *Ressources tirées de l'impôt direct pour alimenter le budget de la vicinalité*. On y voit qu'en 1888 le produit des centimes de toute nature, communaux et départementaux, s'est élevé à 94 millions environ, tandis que le produit des rôles de prestations n'a été que de 58 millions. Les centimes ont donc fourni la moitié en sus du produit des prestations. Il y a même des départements où le produit des centimes a été le triple de celui des prestations.

320. Il résulte de ces renseignements que si l'on fait abstraction des ressources éventuelles, telles que subventions industrielles, souscriptions particulières, subventions de l'État, les ressources de la vicinalité se divisent en deux parts : l'une qui est demandée à l'impôt direct, sous forme de centimes communaux et départementaux ; l'autre qui est demandée aux usagers des chemins, sous forme de prestations.

La première question à résoudre, dans la réforme des prestations, est celle de savoir si les usagers doivent, en principe, fournir une contribution spéciale.

Nous considérons comme très rationnel le système qui consiste à faire payer les dépenses de la vicinalité, partie par l'ensemble des habitants en raison de leurs facultés, partie par

---

(1) Voici le détail de cette somme :

§ 1. — *Centimes communaux*	Francs.
Centimes spéciaux ordinaires........................	237.723
Centimes spéciaux extraordinaires....................	51.174
Centimes pour insuffisance de revenus...............	209.332
Centimes pour impositions extraordinaires...........	91.915
§ 2. — *Centimes départementaux*...........	1.048.478
TOTAL	1.638.622

(2) Rapport au nom de la Commission chargée de l'examen de la réforme de l'impôt des prestations (Séance de la Chambre des députés du 27 juin 1891).

les usagers des chemins en raison de l'usure qu'ils déterminent.

Ce système est celui de la loi du 7 juin 1845 qui partage les frais de construction des trottoirs entre la commune et les propriétaires riverains. L'établissement des trottoirs intéresse l'ensemble des habitants de la localité, ce qui justifie la quote-part de la commune ; mais il intéresse plus particulièrement les propriétaires des bâtiments au droit desquels les trottoirs doivent être construits, ce qui justifie la quote-part spéciale de ces propriétaires.

La situation est analogue pour les chemins vicinaux.

321. Si l'on admet le principe d'une contribution spéciale pour ceux qui usent les chemins, il s'agit de rechercher comment cette contribution doit être établie.

Des indications peuvent être tirées de l'examen des inconvénients que présente l'organisation actuelle des prestations.

Nous signalerons d'abord l'inconvénient provenant de cette circonstance que les prestations sont votées en nombres entiers de journées (n° 257). Il en résulte que le produit des prestations peut excéder les besoins. Si, par exemple, la journée de prestation vaut 600 francs, et s'il est nécessaire d'avoir 1.400 francs pour couvrir les dépenses prévues, on est amené à demander trois journées de prestations, qui produisent 1.800 francs. On réclame 400 francs de plus qu'il ne faut.

Les ressources ne sont donc pas susceptibles d'être créées de manière à être toujours sensiblement égales au montant des dépenses qu'il suffirait d'effectuer. Quand il y a excès de ressources, il faut que le service vicinal avise aux moyens de l'utiliser (1). On subordonne alors les dépenses aux ressources, tandis que c'est le contraire qui devrait avoir lieu.

Nous devons reconnaître que cette manière de procéder a produit d'importants résultats. Pendant longtemps les prestations ont été votées en quantité supérieure aux besoins de l'entretien et, grâce à cet excédent de ressources, beaucoup de chemins ont pu être améliorés et même construits.

_____

(1) La loi du 21 juillet 1870 fournit un moyen d'obvier à l'inconvénient que nous indiquons, en permettant d'affecter l'excédent des prestations aux chemins ruraux. Mais, par suite des conditions imposées aux communes, cette loi n'a reçu qu'une application très restreinte (n° 526).

Mais, aujourd'hui, on peut se demander s'il ne conviendrait pas de séparer les travaux d'entretien des travaux d'amélioration et de construction, auquel cas les ressources normales de la vicinalité seraient exclusivement affectées à l'entretien. Quant aux travaux d'amélioration ou de construction, ils seraient exécutés à l'aide des diverses ressources susceptibles d'y être employées, et notamment des souscriptions des intéressés.

Quoi qu'il advienne à ce sujet, il est à retenir que le système actuel avec le vote des prestations par nombres entiers de journées comporte des écarts trop considérables entre les trois valeurs qui, seules, peuvent être adoptées pour le produit des prestations. Il serait assurément préférable que l'on fût à même de graduer davantage le produit des prestations, de manière à pouvoir tenir les ressources sensiblement égales au montant des dépenses à prévoir. Nous indiquerons plus loin une solution qui se prête à la réalisation de cette disposition (n° 324).

322. Les prestataires se divisent en deux catégories : les prestataires-manœuvres et les prestataires-voituriers. Les premiers exécutent les travaux qui n'exigent que les bras de l'homme, tels que le ramassage, l'extraction, le cassage, le répandage des matériaux ; les seconds effectuent les transports, y compris le chargement et le déchargement des matériaux.

Les prestataires, imposés uniquement pour leur personne ou celle des membres et serviteurs de la famille, appartiennent nécessairement à la catégorie des prestataires-manœuvres.

Quant aux prestataires imposés pour leurs chevaux et voitures, ils constituent des prestataires-voituriers, si le nombre des personnes portées à leur compte au rôle des prestations n'excède pas celui qui est nécessaire pour la conduite des attelages. Dans le cas contraire, les contribuables peuvent être tenus de se libérer, partie comme prestataires-voituriers, partie comme prestataires-manœuvres.

Dans ce dernier cas, lorsque la prestation s'acquitte en tâches, les contribuables se plaignent souvent des travaux de main-d'œuvre qui leur sont assignés, et ils demandent à effectuer leurs tâches exclusivement en transports.

Ce mode d'acquit est en effet accepté sans récrimination

aucune, surtout quand un délai d'une étendue suffisante est
donné aux prestataires, de manière à leur permettre de choisir
le moment qui leur convient pour l'exécution de leurs transports. Ainsi que l'a dit M. le sénateur Labiche dans son Rapport au nom de la Commission chargée d'examiner la réforme
de l'impôt des prestations (1), « la prestation des voitures et
des animaux est un des rares impôts qui rapportent plus à
la commune qu'ils ne coûtent au contribuable ».

Il n'en est pas de même de la prestation qui est demandée en travaux de main-d'œuvre. Le cassage des matériaux,
notamment, est repoussé par les contribuables dans une mesure
qui ne pourra aller qu'en grandissant.

Aussi, nous estimons que l'amélioration capitale à apporter
au régime des prestations est celle qui consisterait à supprimer
les prestataires-manœuvres, et, par conséquent, à ne laisser
subsister que les prestataires-voituriers. Nous ferons remarquer que cette mesure ne ferait pas disparaître entièrement
la prestation individuelle, puisque les prestataires-voituriers
auraient à employer les hommes nécessaires à la conduite des
attelages, ainsi qu'au chargement et au déchargement.

323. Dans cette solution, les prestataires-voituriers repré-
senteraient les usagers des chemins qui, d'après les considérations exposées au n° 320, doivent être tenus de fournir une
contribution spéciale.

Mais il conviendrait que cette contribution fût établie d'après
des éléments qui, autant que cela est possible en pareille
matière, donnent la mesure de l'usure causée par les contribuables. Ces éléments ne sauraient être à la fois les animaux,
les voitures et les conducteurs des attelages, c'est-à-dire les
éléments qui servent actuellement à établir la taxe des prestataires-voituriers. Il nous semble qu'il suffirait d'adopter
purement et simplement les bêtes de somme, de trait ou de
selle. Tels seraient les seuls éléments sur lesquels serait assise
la contribution spéciale à imposer aux usagers des chemins.

324. Pour les raisons que nous ferons valoir au n° 617, les
contribuables ayant opté pour l'acquit en nature ne pour-

---

(1) *Annexe au procès-verbal de la séance du Sénat du 19 février 1895.*

raient se libérer qu'à la tâche. Il ne serait plus dès lors nécessaire de baser leur cote sur un certain nombre de journées à
fournir. Il suffirait d'attribuer une taxe à chaque espèce d'animaux.

Cette solution, dont nous n'avons pas besoin de faire ressortir
la simplicité, comporterait, au point de vue de la création des
ressources, l'élasticité dont nous avons signalé, au n° 321, les
avantages.

325. La prestation serait donc remplacée par une taxe qui
serait payée à raison du nombre des bêtes de somme, de trait ou
de selle.

Le mot « prestation » disparaîtrait. On lui substituerait celui
de « taxe des chemins vicinaux », ou tel autre terme qui serait
adopté pour dénommer la taxe dont il s'agit.

Nous croyons devoir signaler l'intérêt qu'il y aurait à modifier radicalement la base de la contribution demandée aux usagers des chemins. Si la prestation évoque le souvenir de l'ancienne corvée, c'est parce qu'elle est établie sur l'obligation
qui est imposée aux habitants de fournir un certain nombre
de journées de travail. Il n'en serait plus de même si ces
habitants étaient tenus de payer une taxe calculée d'après des
éléments déterminés, tels que les nombres d'animaux à leur
service.

On peut citer, à ce sujet, ce qui se passe en matière de
curage des cours d'eau non navigables ni flottables. Ce curage
constitue l'entretien des cours d'eau. Dans un grand nombre
de cas, les riverains en ont la charge, chacun au droit de sa
propriété. Comme les prestataires, ils ont la faculté d'effectuer
eux-mêmes les travaux, c'est-à-dire de se libérer en nature,
faute de quoi la dépense des travaux est exigible en argent.

Or, la contribution ainsi imposée aux riverains ne donne
pas lieu aux griefs qui sont formulés contre la prestation. Il en
serait tout autrement si, au lieu de régler l'obligation des
riverains à raison des longueurs de rives, on leur demandait
un certain nombre de journées de travail pour les employer au
curage des cours d'eau.

Il conviendrait donc, à notre avis, de transformer complètement l'assiette de la contribution à fournir par les usagers
des chemins. Il ne devrait plus être question de journées de

travail pour établir cette contribution. La prestation, dont le
nom devrait disparaître, serait remplacée par une taxe qui
serait déterminée d'après certains éléments possédés par les
usagers.

326. Il est un point de la plus haute importance sur lequel
la révision du régime des prestations devrait porter. Nous voulons parler de la limitation des prestations à exécuter en nature.

Actuellement, dans un grand nombre de communes, l'abon-
dance des prestations en nature, par rapport aux ressources
en argent, cause les embarras les plus considérables.

Le service vicinal se trouve parfois dans l'impossibilité d'employer utilement une partie des prestations en nature.

Nous signalerons notamment un cas qui se produit fréquemment.

Au début de l'année, les agents voyers sont appelés à déterminer les travaux à faire sur les chemins à l'aide des ressources qui leur ont été notifiées. Ils ont à leur disposition des
ressources en argent en petite quantité et des ressources en
nature qui résultent des déclarations du registre d'option et
qui atteignent un chiffre très élevé. Ils présument que les ressources de cette dernière catégorie ne seront pas, en totalité,
réalisées en nature, soit parce que certains contribuables
seront empêchés, soit surtout parce que d'autres, tout en ayant
l'intention de se libérer en argent, ont opté pour l'acquit en
nature, dans le seul but de reculer jusqu'à la fin de l'année
l'époque où ils seront tenus de payer leur cote. Les agents
voyers supposent, en conséquence, qu'une portion seulement
des prestations sera faite en nature : ils escomptent, en
quelque sorte, ce que l'on appelle communément les non-
exécutions, c'est-à-dire les ressources qui deviendront ultérieurement exigibles en argent pour défaut d'exécution.

On aperçoit aisément les conséquences de cette manière de
procéder.

Imaginons, par exemple, que les matériaux à approvisionner soient extraits et cassés par un entrepreneur et que les
prestations, en quantité surabondante soient surtout susceptibles d'être employées en transports. Conformément aux errements que nous venons d'indiquer, les agents voyers com-
mandent un approvisionnement supérieur aux besoins, de

manière à utiliser toutes les prestations. Mais, si leurs prévisions ne se réalisent pas, si les non-exécutions sont moins nombreuses qu'ils ne l'avaient présumé, les ressources en argent manquent pour payer les matériaux transportés, d'autant plus que le cube de ces matériaux excède celui sur lequel les agents voyers avaient compté.

Dans l'hypothèse où nous nous sommes placé, il arrive aussi que l'approvisionnement est excessif dans les parties de chemin où les prestations commandées ont été effectuées en totalité. Par contre, l'approvisionnement est nul ou insuffisant là où les prestataires se sont plus ou moins abstenus. Les agents voyers sont alors obligés d'aviser aux moyens de remédier à cet état de choses.

Il est manifeste que le service vicinal ne peut fonctionner régulièrement qu'autant que les taxes acquittables en nature sont limitées au maximum susceptible d'être employé.

Il importerait, à notre avis, que ce maximum fût arrêté par l'Administration pour chaque commune. Dans le cas où le montant des options, c'est-à-dire des taxes acquittables en nature par suite de déclaration d'option, viendrait à dépasser ce maximum, l'excédent devrait être réparti entre les divers contribuables, au prorata de leurs taxes, pour être rendu immédiatement exigible en argent. Ces contribuables se libéreraient alors, partie en nature, partie en argent.

CHAPITRE III

CENTIMES SPÉCIAUX ORDINAIRES

§ 1. — Caractères distinctifs

327. D'après l'article 2 de la loi du 21 mai 1836, en cas d'insuffisance des ressources ordinaires des communes, il doit être pourvu à l'entretien des chemins vicinaux soit à l'aide de prestations, soit à l'aide de centimes spéciaux en addition au principal des quatre contributions directes.

Ces centimes sont qualifiés de *centimes spéciaux ordinaires*. Ils sont spéciaux, parce qu'ils sont exclusivement affectés à la vicinalité ; ils peuvent d'ailleurs être employés sur les chemins vicinaux de toute catégorie, c'est-à-dire aussi bien sur les chemins vicinaux ordinaires que sur les chemins de grande communication et d'intérêt commun. Ils sont ordinaires et figurent parmi les recettes du budget ordinaire des communes qui sont indiquées au § 3 de l'article 133 de la loi municipale du 5 avril 1884.

Leur maximum est de 5.

Ils sont votés par les conseils municipaux, soit concurremment avec les prestations, soit isolément. Sous le régime de la loi du 28 juillet 1824, les conseils municipaux ne pouvaient voter les centimes qu'autant qu'ils avaient voté les journées de prestation. La loi du 21 mai 1836 a affranchi de cette obligation les assemblées communales.

Les centimes spéciaux ordinaires peuvent être votés aussi bien pour les travaux de construction que pour ceux d'entretien. Nous ne pouvons que nous référer aux observations présentées à ce sujet, à l'occasion du vote des prestations (n° 314).

§ 2. — Imposition d'office

328. Afin de donner une sanction au principe qui met les dépenses des chemins à la charge des communes, les articles 5 et 9 de la loi du 21 mai 1836 confèrent au préfet le droit d'imposer d'office les communes dans la limite des 5 centimes, soit pour les dépenses des chemins vicinaux ordinaires, soit pour le paiement des contingents des chemins de grande communication et d'intérêt commun.

Mais, si les communes peuvent affecter les centimes spéciaux ordinaires aux travaux de toute nature, une distinction doit être faite, du moins en ce qui concerne les chemins vicinaux ordinaires, quand il s'agit d'une imposition d'office.

A l'égard des chemins de cette catégorie, le préfet peut user du pouvoir que lui attribue l'article 5 pour les dépenses d'entretien seulement (1). Il n'est pas investi du même droit pour les dépenses résultant de l'ouverture, du redressement ou de l'élargissement des chemins vicinaux ordinaires (Avis du Conseil d'État du 29 juillet 1870 (2) ; — Décret du 25 juin 1875 annulant deux délibérations du conseil général de la *Dordogne*).

Mais, en ce qui a trait aux chemins de grande communication et d'intérêt commun, l'imposition d'office peut être prononcée par le préfet aussi bien pour les dépenses de construction que pour celles d'entretien (C. d'État, 9 juin 1843, ville de *Vire* ; — Avis précité du Conseil d'État du 29 juillet 1870).

329. Quant aux moyens à employer pour imposer les centimes, ils sont très simples.

Le préfet met la commune en demeure de voter le nombre de centimes nécessaires. Faute par le conseil municipal de se conformer à cette invitation, le préfet prend un arrêté pour ordonner l'imposition d'office de ces centimes. Cet arrêté est notifié au maire de la commune, ainsi qu'au directeur des contributions (Instr. gén., art. 70). Le rôle est rendu exécutoire par le préfet et perçu dans la forme accoutumée.

(1) V. la note du n° 316.
(2) Les *Conseils généraux*, t. I, p. 319.

CHAPITRE IV

CENTIMES SPÉCIAUX EXTRAORDINAIRES

330. Ces centimes ont été imaginés au cours de la discussion de la loi municipale du 24 juillet 1867. A cette époque, les communes se plaignaient déjà des embarras que leur causait l'entretien de leurs chemins vicinaux ordinaires. Un membre de la Commission du Corps législatif proposa d'insérer dans la loi une disposition aux termes de laquelle les conseils municipaux pourraient voter 3 centimes pour le compte exclusif de la petite vicinalité. Cette disposition fut adoptée et introduite dans l'article 3 de la loi du 24 juillet 1867. Elle a été reproduite à l'article 141 de la loi du 5 avril 1884.

C'est ainsi qu'une mesure, dont la place était dans une loi spéciale, se trouve figurer, depuis 1867, dans la loi municipale.

Nous rappelons les circonstances dans lesquelles a eu lieu la création des 3 centimes spéciaux extraordinaires pour qu'on ne soit pas surpris si elle n'est pas en harmonie complète avec les dispositions de la loi organique du 21 mai 1836.

Les centimes spéciaux extraordinaires diffèrent, en effet, profondément de ceux que cette loi a institués. Ils sont exclusivement destinés aux chemins vicinaux ordinaires, tandis que les 5 centimes spéciaux ordinaires peuvent être affectés aux chemins de toute catégorie. Ils sont facultatifs, tandis que ces derniers centimes peuvent être rendus, s'il y a lieu, obligatoires.

Assurément, si la loi de 1836 avait été remaniée en 1867, c'est-à-dire à l'époque où les 5 centimes spéciaux étaient reconnus insuffisants, et si l'on avait jugé nécessaire de porter à 8 le nombre des centimes spéciaux à la vicinalité, on n'aurait pas eu l'idée de diviser ces 8 centimes en deux catégories, en soumettant chacune d'elles à des règles particulières, comme cela existe actuellement.

331. Les 3 centimes dont nous nous occupons ont été appelés *extraordinaires*. Cette dénomination se trouve peu justifiée par les considérations qui ont été présentées en 1867, lors de l'examen du projet de loi municipale, à l'appui de l'établissement de ces centimes. On constate, en effet, qu'ils ont été principalement créés dans le but d'assurer l'entretien ou la réparation des chemins vicinaux (1).

Il est vrai qu'on entendait aussi les affecter aux travaux de construction des chemins, et c'est pour ce motif que la loi du 24 juillet 1868 s'est exprimée, à leur égard, en des termes qui permettaient de les employer à des travaux de cette nature. Ils peuvent, par conséquent, servir à couvrir soit des dépenses ordinaires, soit des dépenses extraordinaires.

332. Cette circonstance ne laisse pas que de déterminer certains embarras, depuis que la loi municipale du 5 avril 1884 a édicté des prescriptions à l'effet d'introduire plus d'ordre et de clarté dans le budget communal.

Ce budget doit se diviser en budget ordinaire et budget extraordinaire. Les dépenses du budget ordinaire comprennent les dépenses annuelles et permanentes, et elles doivent être imputées sur les recettes ordinaires ; les dépenses du budget extraordinaire renferment les dépenses accidentelles ou temporaires, et elles doivent être imputées sur les recettes extraordinaires (à moins que les recettes ordinaires ne dépassent les dépenses ordinaires, auquel cas l'excédent peut naturellement être employé à des dépenses extraordinaires).

Dans quelle catégorie de recettes doit-on ranger les 3 centimes spéciaux ?

Pour se conformer aux règles établies par la loi du 5 avril 1884, il convient d'avoir égard au caractère des dépenses en vue desquelles ces 3 centimes sont votés.

---

(1) Discours de M. de Benoist (Séance du Corps législatif du 10 avril 1867).

S'ils concernent des dépenses ordinaires, telles que celles d'entretien, ils doivent figurer au budget ordinaire. Si, au contraire, ils ont trait à des dépenses extraordinaires, soit pour construction, soit pour remboursement d'emprunt, ils doivent prendre place au budget extraordinaire (1). S'ils servent à faire face à la fois à des dépenses ordinaires et à des dépenses extraordinaires, ce qui arrive quelquefois, ils doivent être portés, partie au budget ordinaire et partie au budget extraordinaire.

Il s'ensuit que les 3 centimes n'ont pas de caractère fixe. Tantôt ils sont considérés comme recette ordinaire, et alors ils rentrent dans la catégorie des ressources décrites au § 3 de l'article 133 de la loi municipale. Tantôt ils sont classés comme recette extraordinaire, et alors ils sont rangés dans la catégorie des ressources définies au § 1er de l'article 134 de la loi.

Cette manière de procéder, à l'égard des 3 centimes spéciaux, n'a assurément rien de satisfaisant, surtout dans le cas où ces centimes, expressément qualifiés d'extraordinaires, sont inscrits au budget ordinaire.

333. Mais l'incertitude qui pèse sur le caractère de ces 3 centimes a d'autres conséquences qu'il est bon de faire ressortir.

Aux termes des articles 141 et suivants de la loi du 5 avril 1884, les contributions extraordinaires doivent être autorisées par un décret ou par une loi, quand elles dépassent le maximum fixé par le conseil général. Il est donc nécessaire de savoir quelles sont les contributions qui restent en dehors de ce maximum.

Il est manifeste que ces contributions comprennent les centimes ordinaires, et notamment les 5 centimes spéciaux créés par l'article 2 de la loi du 21 mai 1836. Mais renferment-elles également les 3 centimes qui sont appelés centimes extraordinaires?

La logique exigerait peut-être que, dans cette question, la distinction décrite plus haut continuât à être observée. Si les 3 centimes devaient être considérés comme ressource ordinaire, ils ne seraient pas comptés dans le maximum; ils y

---

(1) Morgand, *La loi municipale*, t. II, p. 284; — Béquet, *Traité de la commune*, nos 3104 et 3189.

prendraient place, au contraire, s'ils étaient regardés comme ressource extraordinaire.

M. le Ministre de l'Intérieur en a décidé autrement. Déjà, par une circulaire du 3 août 1867, il avait jugé que les 3 centimes extraordinaires devaient être, en toute hypothèse, exclus du maximum fixé par le conseil général. Il a reproduit cette indication dans sa circulaire du 15 mai 1884 relative à l'exécution de la nouvelle loi municipale.

Ainsi, les 3 centimes n'ont pas, au regard des articles 141 et suivants, le caractère de contributions extraordinaires.

Par contre, ils revêtent ce caractère si l'on se place au point de vue de l'application du § 2 de l'article 145.

Aux termes de ce paragraphe, l'autorité supérieure est privée du droit de modifier les allocations portées au budget communal quand il pourvoit à toutes les dépenses obligatoires et qu'il ne prévoit *aucune recette extraordinaire*. Lorsque ces circonstances se produisent, la commune est entièrement maîtresse de son budget. Il importe donc d'être fixé sur le point de savoir si les 3 centimes spéciaux doivent être assimilés à une recette extraordinaire.

Ce point a été réglé par la circulaire ministérielle du 3 août 1867, qui s'est expliquée sur l'application de l'article 2 de la loi du 24 juillet 1867, dont les dispositions ont été reproduites par le § 2 de l'article 145 de la nouvelle loi municipale. M. le Ministre de l'Intérieur a déclaré que les 3 centimes spéciaux devaient être considérés comme extraordinaires, au sens de l'article dont il s'agit, et que dès lors le vote de cette ressource enlevait aux communes le bénéfice de la disposition inscrite en leur faveur dans cet article.

Les 3 centimes spéciaux établis par l'article 141 de la loi du 5 avril 1884, sont donc à double face : dans certains cas, ils sont extraordinaires ; dans d'autres, ils sont ordinaires. Ils changent d'aspect, suivant les circonstances dans lesquelles on les envisage.

La jurisprudence établie à leur égard détermine les anomalies les plus singulières. Nous comprenons que, pour respecter la vérité, on fasse bon marché de l'étiquette qui a été attribuée à tort aux 3 centimes spéciaux et qu'on les classe, soit au budget ordinaire, soit au budget extraordinaire, suivant le caractère de la dépense à laquelle ils doivent faire face. Mais nous trouvons étrange que, lorsqu'une ressource a été ainsi inscrite au budget ordinaire, on la regarde comme extraordinaire s'il s'agit d'appliquer l'article 145 de la loi municipale ; inversement, nous sommes surpris de constater que lorsque cette ressource a été portée au budget extraordinaire, on la tienne pour ordinaire s'il est question d'évaluer le nombre de centimes soumis au maximum.

334. Il nous reste à faire connaître une dernière critique à laquelle donnent lieu les 3 centimes spéciaux extraordinaires.

A notre avis, ils sont inutiles.

Quand les communes se plaignaient, en 1867, des embarras que leur causait l'entretien de leurs chemins vicinaux ordinaires, tout comme elles le font actuellement, ce n'était pas parce qu'elles n'avaient pas le moyen de voter des centimes en sus des 5 centimes spéciaux ordinaires, mais c'est parce qu'elles étaient obligées de voter une certaine quantité de ces centimes et qu'elles désiraient se soustraire à cette nécessité.

En 1867, les communes avaient, comme maintenant, la faculté de voter des centimes pour insuffisance de revenus et elles en usaient largement. L'article 3 de la loi du 24 juillet 1867, en leur permettant de voter 3 centimes spéciaux à la place de 3 centimes pour insuffisance de revenus qu'elles s'imposaient ou pouvaient s'imposer, n'a apporté aucun soulagement à leurs charges.

Aussi, un grand nombre de communes se sont-elles abstenues de toute application de la disposition inaugurée par la loi de 1867 et maintenue par celle de 1884.

Nous citerons, à l'appui de cette assertion, ce qui se passe dans le département de la Marne, où nous avons rempli les fonctions d'agent voyer en chef.

En 1887, il n'y a eu que 170 communes ayant voté les 3 centimes, tandis que 471 communes ont voté, au profit des chemins vicinaux, une imposition pour insuffisance de revenus. Le rapprochement de ces deux chiffres montre que la majeure partie de ces 471 communes se sont gardées de faire usage du droit que leur confère l'article 141 de la loi municipale, et ont préféré demander tous les centimes nécessaires à l'imposition pour insuffisance de revenus. Le nombre des communes qui ont agi ainsi a été de 351.

Nous estimons qu'elles ont eu raison de prendre ce parti. Elles ont, en effet, supprimé une catégorie de ressources et réalisé une simplification appréciable.

Il est vrai qu'en procédant de la sorte les communes renoncent à une ressource qu'elles pourraient voter elles-mêmes, pour la remplacer par une ressource subordonnée à l'autorisation de l'Administration. Mais nous ne sachons pas que l'Administration ait rejeté tout ou partie d'une imposition pour insuffisance de revenus, destinée à assurer l'entretien des chemins vicinaux ordinaires. Nous ne nous expliquerions pas, d'ailleurs, une semblable résolution. Nous comprendrions que l'Administration s'opposât au classement d'un chemin et, par suite, à sa construction, si l'entretien de cette voie devait entraîner le vote d'un nombre de centimes jugé excessif : ce serait un acte de tutelle très justifié. Mais, quand l'Administration a laissé construire des chemins, nous croyons qu'il lui serait difficile de faire obstacle à leur entretien : les intérêts de la commune risqueraient d'être lésés, au lieu d'être sauvegardés.

On peut encore objecter que l'imposition pour insuffisance de revenus ne doit servir qu'à couvrir des dépenses ordinaires, c'est-à-dire des dépenses d'entretien, et qu'elle ne permet pas dès lors de fournir des ressources pour les travaux de construction des chemins, tandis que les 3 centimes sont susceptibles d'être affectés à ces travaux. Mais nous ferons remarquer que les 3 centimes sont essentiellement employés en travaux d'entretien et, à l'appui de cette opinion, nous ferons savoir que, sur les 170 communes de la Marne qui ont voté ces centimes en 1887, il n'en existe que deux pour lesquelles cette ressource ait été consacrée à des travaux neufs. Nous ajouterons que, si des ressources sont nécessaires pour cette catégorie de dépenses, il est loisible aux communes de les créer à l'aide de contributions extraordinaires, conformément aux règles établies par la loi municipale.

Pour toutes les raisons que nous venons de développer, les 3 centimes spéciaux extraordinaires nous apparaissent comme une ressource qu'il conviendrait de supprimer.

CHAPITRE V

IMPOSITIONS EXTRAORDINAIRES.

EMPRUNTS COMMUNAUX

§ 1. — Règles relatives au vote des impositions extraordinaires ou des emprunts remboursables sur ces contributions

335. Ainsi que le prescrit la circulaire ministérielle du 13 décembre 1842 (1), les contributions extraordinaires doivent être destinées à couvrir des dépenses accidentelles : elles ne peuvent s'appliquer à des dépenses ayant un caractère annuel, comme celles qui concernent l'entretien des chemins vicinaux.

Ces contributions comprennent les impositions extraordinaires dont le produit est destiné soit à couvrir directement certaines dépenses extraordinaires, soit à assurer le remboursement d'emprunts communaux.

Les règles auxquelles est soumis l'établissement de ces contributions sont indiquées dans les articles 141, 142 et 143 de la loi municipale du 5 avril 1884. Elles régissent toutes les contributions extraordinaires communales, et elles s'appliquent, par conséquent, à celles qui concernent les chemins vicinaux (2).

L'autorité chargée d'approuver les contributions extraordinaires dépend, soit du nombre de centimes qu'elles com-

(1) *Bulletin officiel du Ministre de l'Intérieur*, 1842, p. 293.
(2) Les impositions extraordinaires présentent des inconvénients au point de vue de la confection des rôles, quand elles sont votées en sommes fixes. Aussi une circulaire ministérielle du 5 décembre 1878 a-t-elle recommandé aux préfets de veiller à ce que les votes des conseils municipaux soient toujours exprimés en centimes et fractions de centimes au principal des quatre contributions directes. L'indication de la somme correspondante ne doit figurer dans les délibérations municipales qu'à titre de simple renseignement.

portent, soit du temps pendant lequel elles doivent durer. De
là, trois sortes de contributions extraordinaires :

PREMIER CAS. — Le conseil municipal est compétent, quand
il vote, dans la limite du maximum fixé par le conseil général (1), des contributions n'excédant pas 5 centimes pendant
cinq années (Art. 141 de la loi du 5 avril 1884).

Il règle pareillement les emprunts communaux remboursables sur les centimes votés ainsi qu'il vient d'être dit (*Id.*).

DEUXIÈME CAS. — Les contributions extraordinaires sont, au
contraire, approuvées par le préfet, quand elles dépassent
5 centimes sans excéder le maximum fixé par le conseil général et quand leur durée, excédant cinq années, n'est pas supérieure à trente ans (Art. 142 de la loi du 5 avril 1884).

Les emprunts remboursables sur les mêmes contributions
sont également approuvés par le préfet (*Id.*).

TROISIÈME CAS. — Enfin un décret est nécessaire pour autoriser toute contribution extraordinaire qui dépasse le maximum
fixé par le conseil général ou tout emprunt remboursable sur
cette contribution (Art. 143 de la loi du 5 avril 1884).

Si la contribution est établie pour une durée de plus de
trente ans (2), ou si le remboursement de l'emprunt doit excéder cette durée, le décret est rendu en Conseil d'État (*Id.*).

---

(1) Le maximum fixé par le conseil général, en vertu de l'article 42 de la loi du
10 août 1871, est aujourd'hui de 20 centimes dans tous les départements, et il se
confond avec le maximum déterminé par les lois annuelles de finances, qui est
également de 20 centimes.

Dans ce maximum ne sont pas compris les 5 centimes spéciaux ordinaires, les
3 centimes spéciaux extraordinaires, non plus que les centimes pour insuffisance
de revenus (Circulaire ministérielle du 15 mai 1884, art. 133, 141, 142 et 143).

(2) Par une circulaire en date du 26 août 1885 (*Bulletin officiel du ministère de
l'Intérieur*, 1885, p. 182), le Ministre de l'Intérieur a fait remarquer que les
emprunts dont la durée excède trente ans constituent des opérations dangereuses et onéreuses pour les finances municipales : dangereuses, parce qu'elles
séduisent facilement les municipalités, qui y trouvent le moyen d'alléger les
charges du présent en les reportant sur l'avenir ; onéreuses, parce qu'elles ont
pour résultat d'imposer aux communes, par l'accumulation des intérêts, une
charge qui peut s'élever à un chiffre hors de proportion avec l'importance du
capital emprunté. Aussi le Gouvernement, d'accord avec le Conseil d'État, a-t-il
pris pour règle de considérer la durée de trente ans comme la limite extrême à
assigner à la période d'amortissement des emprunts des communes. Ce n'est que
dans des circonstances tout à fait exceptionnelles qu'il croit pouvoir dépasser
cette limite, sans d'ailleurs l'excéder notablement.

§ 2. — Ressources qui peuvent concourir au remboursement des emprunts communaux

336. Les impositions extraordinaires, susceptibles d'être votées conformément aux dispositions de la loi municipale du 5 avril 1884, ne sont pas les seules ressources que les communes peuvent affecter au remboursement des emprunts.

Elles peuvent aussi y appliquer les ressources ci-après :

1° Les revenus ordinaires disponibles (1) (Circulaire du 31 octobre 1872, section I, § 2) ;

2° Les 3 centimes spéciaux extraordinaires autorisés par l'article 141 de la loi du 5 avril 1884, sous la réserve que ces centimes ne sont pas nécessaires pour assurer l'entretien des chemins (*Id.*) ;

3° Les revenus extraordinaires, tels que coupes extraordinaires de bois, aliénation de rentes sur l'État, etc. (*Id*).

337. Le remboursement des emprunts ne peut s'effectuer au moyen du produit des prestations et des centimes spéciaux (Instr. gén., art. 74 ; — Circulaire du 31 octobre 1872, section I, § 2).

§ 3. — Des emprunts déguisés

338. Quelquefois les communes traitent avec un entrepreneur pour la construction d'un chemin ou d'un ouvrage d'art, avec stipulation que cet entrepreneur ne sera payé qu'en plusieurs années et à charge de lui tenir compte de l'intérêt de ses avances.

Des conventions de cette nature constituent de véritables

---

(1) Le produit de l'imposition pour insuffisance de revenus ne doit pas être compris parmi les ressources affectées au remboursement des emprunts (Circulaire du 31 octobre 1872, section I, § 2).

Les emprunts remboursables sur les revenus ordinaires sont réglés par le conseil municipal, quand l'amortissement ne dépasse pas trente ans (Loi du 5 avril 1884, art. 141). Dans le cas contraire, ils sont approuvés par le préfet (même loi, art. 142).

emprunts déguisés, ainsi que le Conseil d'État l'a reconnu dans un arrêt du 14 août 1865 (*Commune de Beaumont-en-Véron*).

Le Ministre de l'Intérieur, par plusieurs circulaires et notamment par celle du 11 mai 1864, a recommandé aux préfets d'instruire, comme en matière d'emprunt, les affaires dont il s'agit.

§ 4. — Cas des emprunts communaux pour l'achèvement des chemins vicinaux par application de la loi du 12 mars 1880

339. On verra plus loin (n° 482) que la part contributive des communes, dans la dépense des travaux des chemins vicinaux ordinaires qui s'exécutent en vertu de la loi du 12 mars 1880, doit être couverte au moyen de ressources extraordinaires.

Généralement cette part contributive est fournie par la voie d'un emprunt. L'amortissement de cet emprunt ne peut dès lors être gagé que par des recettes extraordinaires (Instruction spéciale du 25 mars 1893, art. 9).

340. Pendant tout le temps qu'a fonctionné la Caisse des Chemins vicinaux établie par la loi du 11 juillet 1868, les communes ont pu contracter à cette Caisse des emprunts dans des conditions avantageuses, puisque le remboursement s'effectuait au moyen de trente annuités de 4 0/0 de la somme empruntée.

Quand la Caisse des Chemins vicinaux a été supprimée, le Gouvernement s'est efforcé d'alléger le sacrifice imposé aux communes qui se trouvent dans l'obligation de recourir à l'emprunt pour subvenir aux dépenses des travaux subventionnés.

Grâce au concours de la Caisse nationale des Retraites pour la vieillesse, les communes peuvent se procurer, à des conditions encore privilégiées, les avances qui leur sont nécessaires pour couvrir la part de dépenses mise réglementairement à leur charge.

Ainsi que l'expose le Ministre de l'Intérieur dans sa circulaire du 8 juin 1895, les prêts de la Caisse nationale des Retraites sont destinés aux travaux subventionnés par l'État et ne peuvent, par suite, excéder les limites déterminées par les programmes annuels dressés en exécution de la loi du 12 mars 1880. Ils peuvent aussi être demandés pour le rachat des ponts à péage.

Ces prêts sont consentis, quelle que soit la période d'amortissement, au taux d'intérêt de 3 fr. 63 0/0 et remboursés par annuités ou par semestrialités, au gré des emprunteurs.

Lorsque le délai de remboursement est de trente ans, le taux de l'annuité est de 5 fr. 50 0/0, amortissement compris.

Le délai pour réaliser les fonds est de deux ans (1).

§ 5.— Relevé annuel des emprunts communaux et des contributions extraordinaires communales

341. Chaque année, à la session d'août du conseil général, la commission départementale doit présenter à l'assemblée le relevé de tous les emprunts communaux et de toutes les contributions extraordinaires communales qui ont été votées depuis la dernière session d'août, avec indication du chiffre total des centimes extraordinaires et des dettes dont chaque commune est grevée (Loi du 10 août 1871, art. 80).

(1) On trouve aux *Annales des Chemins vicinaux* (1895-1896, 2ᵉ partie, p. 237 et suiv.) une note détaillée relative aux conditions des emprunts à la Caisse nationale des Retraites, avec les modèles de la délibération du conseil municipal et de la demande d'emprunt à former par le maire, ainsi que la nomenclature des pièces à produire.

CHAPITRE VI

ALLOCATIONS DIVERSES

342. Les conseils municipaux peuvent voter, en faveur des chemins vicinaux, des allocations sur le produit des coupes extraordinaires de bois, de l'aliénation des terrains, de la vente des arbres plantés sur les chemins, etc. (1).

Quand ces allocations figurent au budget, elles sont approuvées par la décision même qui règle ce budget. Sinon, elles doivent être l'objet d'une *autorisation spéciale* (n° 687) qui est rendue, sur la délibération du conseil municipal, par l'autorité compétente pour régler le budget.

343. Les départements peuvent pareillement voter pour les chemins vicinaux des allocations sur les recettes accidentelles de leur budget.

---

(1) Le produit des ventes de terrains, d'arbres, de matériaux, alors même qu'il tire son origine des chemins vicinaux, constitue pour les communes une ressource extraordinaire qui ne peut être affectée aux dépenses de la vicinalité qu'en vertu d'une délibération du conseil municipal.

Quand le produit de la vente provient d'un chemin de grande communication ou d'intérêt commun, le département ne peut en faire recette au compte des produits éventuels et l'attribuer au chemin que s'il y est autorisé par un vote du conseil municipal intéressé (Circulaire du 8 décembre 1885, §§ 1 et 15 ; — Circulaire du 13 juillet 1893, § 46).

CHAPITRE VII

SOUSCRIPTIONS PARTICULIÈRES. — OFFRES DES COMMUNES

SECTION I

SOUSCRIPTIONS PARTICULIÈRES

344. Les particuliers s'engagent parfois à concourir aux dépenses des chemins vicinaux, soit en fournissant des terrains, soit en versant une somme d'argent, soit en exécutant des travaux en nature à la journée ou à la tâche. Ces engagements sont désignés sous le nom de *souscriptions particulières*.

§ 1. — Acceptation des souscriptions

345. En matière de chemins vicinaux ordinaires, les souscriptions sont acceptées par le conseil municipal, sous l'approbation du préfet, donnée sur l'avis de l'agent voyer en chef (Instr. gén., art. 101).

Les souscriptions applicables aux chemins de grande communication sont acceptées par le préfet (1) sur la proposition

---

(1) Le préfet n'est libre d'accepter les offres qu'autant qu'elles ne présentent pas de conditions dont la réalisation exige le concours du conseil général. Si, par exemple, les offres sont faites en vue d'obtenir le classement ou la rectification d'un chemin de grande communication, il est évident que le préfet ne peut pas les accepter à titre définitif. Il est nécessaire que le conseil général statue préalablement sur l'objet auquel les offres se rapportent (Instr. ministérielle du 24 juin 1836, art. 7 ; — *Traité pratique de voirie vicinale*, par HERMAN, n° 692).

L'acceptation des souscriptions peut d'ailleurs valablement émaner du conseil général. Elle peut notamment résulter de la délibération par laquelle cette assemblée vote l'exécution des travaux de construction d'un chemin de grande

de l'agent voyer en chef (Loi du 21 mai 1836, art. 7 ; — Instr. gén., art. 101 ; — Décret du 12 juillet 1893, art. 54). Il en est de même des souscriptions relatives aux chemins d'intérêt commun qui sont assimilés aux chemins de grande communication, au point de vue des actes d'administration dont ils peuvent être l'objet (Circulaire ministérielle du 20 mars 1877 ; — Décret du 12 juillet 1893, art. 54).

346. Les souscriptions ne constituent un engagement irrévocable qu'autant qu'elles ont été valablement acceptées (1) (C. d'État, 6 janvier 1849, *Maydieu-Fitou;* 15 février 1851, *Cretté*).

Aussi, jusqu'au moment de l'acceptation, les souscriptions peuvent être retirées ou modifiées (2) (C. d'État, 15 février 1851, *Cretté ;* 26 avril 1860, de *Rastignac ;* 30 avril 1864, de *Montalembert d'Essé ;* 27 juin 1884, des *Cars* et *Guédon*).

Mais, quand elles ont été acceptées, les souscriptions sont exigibles (3).

L'exécution des travaux pour lesquels une souscription a été offerte vaut acceptation de la part de l'Administration (C. d'État, 27 juin 1865, *Lejourdan ;* 7 mars 1890, *Berne*).

communication par application de la loi du 12 mars 1880, en faisant état des souscriptions offertes (C. d'État, 8 août 1894, *Pelloux*).

Il existe même un cas où, en matière de chemins de grande communication ou d'intérêt commun, les souscriptions peuvent être acceptées par le conseil municipal : c'est quand ces souscriptions sont offertes à la commune pour l'aider à parfaire le contingent qui lui est demandé en vue de concourir à l'exécution de travaux de construction (C d'État, 21 mars 1890, *Pilté;* 8 août 1894, *Pelloux*).

(1) L'approbation du préfet n'est pas indispensable pour lier les souscripteurs vis-à-vis de la commune. Du moment que la souscription a été acceptée par le conseil municipal, elle constitue un engagement définitif pour les particuliers. La validité du contrat intervenu entre la commune et ces particuliers n'est pas dès lors subordonnée à l'approbation préfectorale (C. d'État, 18 janvier 1878, héritiers *Germa ;* 23 novembre 1883, *Malgrain ;* 24 mai 1895, *Billard*).

Il en est ainsi, à plus forte raison, si la commission départementale a fait état de la souscription pour prononcer le classement du chemin (C. d'État, 12 février 1892, veuve *de Chateaubriant*).

(2) Si un propriétaire a offert de céder gratuitement des terrains pour la construction d'un chemin et si cette souscription n'est acceptée qu'après que le propriétaire a vendu lesdits terrains, l'Administration est sans droit pour exiger la réalisation de la souscription (C. d'État, 21 février 1867, *Laureau*).

(3) Si les souscripteurs viennent à décéder après l'acceptation, les héritiers sont tenus de remplir les engagements contractés par leurs auteurs (C. d'État, 18 janvier 1878, héritiers *Germa ;* 30 mai 1879, commune de *Savigny-en-Revermond ;* 1er août 1884, héritiers *Desral ;* 21 mars 1890, *Pilté*).

347. L'Instruction générale sur les chemins vicinaux prescrit, dans son article 101, de donner avis de l'acceptation aux souscripteurs. Elle ajoute que, si la souscription est faite par listes collectives, l'acceptation peut être portée à la connaissance des souscripteurs par une simple publication effectuée dans la commune suivant la forme ordinaire.

On ne saurait trop recommander l'accomplissement de ces formalités, bien qu'elles n'aient pas été reconnues obligatoires à peine de nullité, aucune disposition de loi n'exigeant la notification de l'acceptation aux souscripteurs (C. d'État, 21 juillet 1870, *Gonnet* ; 31 mars 1882, *Maillebiau*).

§ 2. — Réalisation des souscriptions

348. Il arrive souvent que les particuliers subordonnent leurs souscriptions à certaines conditions. Il importe de remplir ces conditions, sous peine de voir l'Administration déchue du droit d'exiger la réalisation des offres (C. d'État, 19 mars 1849, *Taillefer* ; 15 février 1851, *Cretté* ; 8 décembre 1853, de *Verdilhac* ; 6 juin 1856, de *Nettancourt* ; 12 avril 1878, *Labro* ; 30 janvier 1880, *Rigaud* ; 6 juillet 1883, ville de *Paris* ; 6 décembre 1889, département de la *Gironde* ; 26 décembre 1890, commune de *Châtillon-en-Bazois* ; 22 juillet 1892, *Landais*).

349. Quand les souscriptions sont exigibles en argent (1), leur recouvrement s'opère conformément aux dispositions de l'article 154 de la loi du 5 avril 1884, c'est-à-dire au moyen d'un état dressé par le maire et rendu exécutoire par le visa du sous-préfet ou du préfet (2) (Instr. gén., art. 102).

Ce mode de recouvrement a été ratifié par le Conseil d'État (31 mars 1882, *Maillebiau*).

---

(1) En ce qui concerne l'exécution des souscriptions acquittables en nature, voir au n° 631.

(2) Il suit de là que le recouvrement des souscriptions particulières n'est pas soumis aux règles établies pour le recouvrement des contributions directes. Des poursuites peuvent dès lors être exercées après l'expiration du délai de trois ans fixé par l'article 149 de la loi du 3 frimaire an VII (C. d'État, 23 juin 1853, *Germain* ; 31 mars 1882, *Maillebiau*).

Il ne s'applique d'ailleurs qu'aux souscriptions à encaisser par les communes.

S'il s'agit de souscriptions à verser dans la caisse départementale, pour des travaux relatifs à des chemins de grande communication ou d'intérêt commun, le recouvrement s'effectue à l'aide d'un titre délivré par le préfet. Le recouvrement s'opère alors par les soins du trésorier-payeur général (1).

§ 3. — Des contestations auxquelles donnent lieu les souscriptions

350. Les souscriptions sont des contrats administratifs et les contestations qui s'élèvent sur l'exécution de ces engagements sont de la compétence des tribunaux administratifs (C. d'État, 1er mai 1846, *Berlin ;* 23 mars 1850, *Montcharmont ;* 2 août 1851, *Chambord ;* 23 décembre 1852, *Soubeyrand ;* 26 novembre 1866, ville de *Mouy ;* 21 mai 1867, ville de *Nice ;* — Trib. Confl., 16 mai 1874, *Dubois ;* 2 juin 1883, *Cotelle ;* — Cass., 20 avril 1870, *Roblin ;* 4 mars 1872, de *la Guère*).

Il n'y a pas lieu de distinguer, sous ce rapport, entre l'engagement de payer une somme d'argent et l'abandon gratuit du terrain (C. d'État, 2 août 1851, *Chambord ;* 24 décembre 1875, *Leroux ;* — Trib. Confl., 27 mai 1876, de *Chargère ;* — C. d'État, 27 novembre 1885, *Jullien ;* — Trib. Confl., 30 juillet 1887, *Guillaumin ;* — C. d'État, 11 janvier 1890, *Veil*).

Lorsque le souscripteur est domicilié dans un autre département que celui des travaux, la compétence appartient au conseil de préfecture de ce dernier département (C. d'État, 26 juin 1874, *Vavin*).

SECTION II

OFFRES DES COMMUNES

351. Les communes peuvent concourir soit à la dépense de chemins vicinaux ordinaires situés sur le territoire de communes voisines, soit à la dépense de chemins de grande communica-

---

(1) V. aux nos 703 et suiv.

tion ou d'intérêt commun, en dehors des contingents qui sont fixés par le conseil général. Elles peuvent ainsi faire offre de sommes prélevées sur leurs revenus ordinaires, sur les fonds libres, sur ceux restés sans emploi à la fin de l'exercice, sur le produit des 5 centimes spéciaux et des prestations, ou sur toute autre ressource (Instr. gén., art. 103).

Les offres de concours applicables aux chemins vicinaux ordinaires sont acceptées par le conseil municipal, sous l'approbation du préfet. Quant à celles qui ont trait aux chemins de grande communication ou d'intérêt commun, elles sont acceptées par le préfet (Loi du 21 mai 1836, art. 7 ; — Instr. gén., art. 104 ; — Décret du 12 juillet 1893, art. 54).

Tant que ces formalités d'acceptation ne sont pas remplies, les communes peuvent, par de nouvelles délibérations, modifier leurs offres et ajouter, par exemple, des conditions auxquelles elles doivent être subordonnées (C. d'État, 6 décembre 1889, département de la *Gironde*).

Lorsque les offres de concours ont été régulièrement acceptées, elles constituent pour les communes des engagements obligatoires (Instr. gén., art. 105). Il s'ensuit que, lorsque les communes refusent de tenir ces engagements, il doit être procédé à leur égard dans la forme prescrite par l'article 149 de la loi du 5 avril 1884 (Avis du C. d'État du 8 juin 1843) (1).

Toutefois, la réalisation des offres de concours ne pourrait pas être exigée si les conditions auxquelles elles étaient subordonnées n'avaient pas été remplies (C. d'État, 26 juin 1845, *Boidon et Simon;* 6 décembre 1889, département de la *Gironde*).

---

(1) *Ann des Ch. vic.* (1845-1846, 2ᵉ partie, p. 118).

CHAPITRE VIII

SUBVENTIONS INDUSTRIELLES

SECTION I

INDICATIONS GÉNÉRALES

352. Le premier paragraphe de l'article 14 de la loi du 21 mai 1836 est ainsi conçu :

« Toutes les fois qu'un chemin vicinal, entretenu à l'état de viabilité par une commune, sera habituellement ou temporairement dégradé par des exploitations de mines, de carrières, de forêts ou de toute autre entreprise industrielle appartenant à des particuliers, à des établissements publics, à la Couronne ou à l'État, il pourra y avoir lieu à imposer aux entrepreneurs ou propriétaires, suivant que l'exploitation ou les transports auront lieu pour les uns ou pour les autres, des subventions spéciales dont la quotité sera proportionnée à la dégradation extraordinaire qui devra être attribuée aux exploitations. »

Les subventions prévues par cet article sont qualifiées de *spéciales*. L'expression n'a pas prévalu. Elle est généralement remplacée par celle de *subventions industrielles*, bien que les exploitations susceptibles de donner lieu à ces subventions, comme les forêts, par exemple, ne constituent pas toutes des industries.

353. Les subventions industrielles peuvent être motivées par toutes les dégradations extraordinaires commises sur les chemins vicinaux, même pour celles qui sont causées aux ouvrages d'art (C. d'État, 20 juillet 1832, ville de *Troyes*; 26 août 1842, commune de *Lescheroux*; *id.*, commune de *Paroy*).

354. Ces subventions se justifient par la nécessité, surtout en matière de chemins vicinaux ordinaires. Il peut se faire, par exemple, qu'une commune n'ait qu'un budget de 600 francs, avec lequel elle assure très strictement l'entretien de son réseau de petite vicinalité. Si un industriel venait à produire des dégradations extraordinaires exigeant 1.200 francs de réparations, la commune serait dans l'impossibilité d'y pourvoir, à moins de s'imposer des sacrifices souvent inadmissibles. Dans le cas où le centime communal vaudrait 20 francs, ces sacrifices s'élèveraient à 60 centimes.

Les subventions industrielles permettent d'épargner aux communes de pareilles conséquences.

355. Ces allocations ont le caractère de subventions d'entretien (1), fournies par les exploitants qui ont causé des dégradations extraordinaires. Elles s'ajoutent aux ressources ordinaires de la commune, sans faire double emploi avec les prestations et centimes spéciaux qui sont acquittés par les industriels. On verra, en effet, au n° 409, que les subventions industrielles doivent être calculées en tenant compte du droit qu'ont les exploitants de se servir des chemins dans les conditions ordinaires de leur destination. Aussi, les industriels ne peuvent-ils se prévaloir du paiement de leurs prestations et centimes spéciaux pour demander la décharge totale ou partielle des subventions spéciales auxquelles ils sont imposés (parmi les arrêts récents du Conseil d'État: 5 janvier 1883, *Braux*; 16 février 1883, *Lemaire*; 23 février 1883, *Favril*; 28 mai 1886, *Bullot*; 3 août 1388, *Mahieu*; 13 février 1892, *Montignies*; 27 octobre 1893, *Godart*).

356. Les communes ne sont pas tenues de réclamer des subventions industrielles. La loi leur confère un droit dont elles peuvent ne point faire usage. Mais le droit existe par le seul fait de la dégradation commise dans les conditions énoncées à l'article 14, et les communes peuvent l'exercer, quelle que soit la situation financière plus ou moins prospère dans laquelle elles se trouvent, alors même qu'elles n'auraient pas épuisé

(1) V. au n° 363.

toutes les ressources dont elles disposent (C. d'État, 25 août 1835, *Wautier*; 23 février 1883, *Féaux*).

357. Les subventions industrielles ne sont dues qu'autant que les chemins dégradés sont régulièrement classés vicinaux (1). Il suffit que le classement ait eu lieu avant le commencement des transports, quand bien même il ne serait pas antérieur au 1er janvier de l'année dans laquelle ces transports se sont effectués (C. d'État, 28 mai 1886, *Bullot*).

Les subventions sont exigibles tant que les chemins n'ont pas été régulièrement déclassés, même s'il était question de les remplacer, dans un avenir plus ou moins prochain, par d'autres voies à établir (C. d'État, 15 mars 1838, *Ministre des Finances* c. la commune de *Chavansin*).

Mais si les chemins se trouvaient retranchés du réseau de la vicinalité au moment où le tribunal est appelé à statuer, aucune subvention ne pourrait être imposée. Ce cas s'est présenté dans une affaire qui avait donné lieu à un pourvoi: le chemin ayant été supprimé postérieurement à l'arrêté du conseil de préfecture qui avait condamné un industriel à une subvention spéciale, ce dernier a été déchargé de la subvention fixée (C. d'État, 17 juin 1848, *Deguerre*).

358. Les chemins vicinaux de toute catégorie peuvent bénéficier de l'allocation de subventions industrielles.

La rédaction de l'article 14 de la loi du 21 mai 1836, qui investit les communes seules du droit de réclamer ces subventions, a conduit des exploitants à soutenir que cet article n'était pas applicable aux chemins de grande communication. Le Conseil d'État a rejeté leur requête en faisant remarquer que l'article 14 figure dans le titre III de la loi du 21 mai 1836, qui comprend les dispositions générales concernant les chemins vicinaux de toute nature (C. d'État, 3 juillet 1852, de *Grimaldi*; 19 avril 1855, Compagnie des Houillères et Fonderies de l'*Aveyron*).

Nous ajouterons que, si cet article ne vise que les communes, alors que les chemins dégradés peuvent appartenir à la grande vicinalité, c'est parce que les chemins de grande communica-

---

(1) Des subventions spéciales peuvent être aussi imposées pour les chemins ruraux reconnus, en vertu de la loi du 20 août 1881, art. 11.

tion, d'après le système de la loi de 1836, sont des chemins communaux, tout comme les autres chemins vicinaux.

359. Le droit des communes, en matière de subventions industrielles, n'est pas limité aux exploitations situées sur leur territoire. Il peut s'étendre à toutes les exploitations qui causent des dégradations extraordinaires, quel que soit le siège de ces exploitations (Instruction du Ministre de l'Intérieur en date du 24 juin 1836, art. 14; — C. d'État, 4 juillet 1837, *Puton*; 18 juin 1848, *Parquin* et *Margnon*; 21 décembre 1850, *Seiler* et de *Geiger*; 19 avril 1855, Compagnie des Houillères et Fonderies de l'*Aveyron*; 8 novembre 1889, *Colson-Blanche*).

360. La loi du 28 juillet 1824 ne permettait de réclamer de subventions qu'aux entrepreneurs ou propriétaires d'exploitations particulières. La loi du 21 mai 1836 a ajouté les exploitations appartenant à des établissements publics, à la Couronne ou à l'État. Les exploitations appartenant à des communes ou à des départements n'ont pas été expressément désignées. Ces dernières exploitations n'échappent pas cependant à l'application de l'article 14, ainsi que le Conseil d'État a eu l'occasion de le reconnaître, en ce qui concerne les exploitations communales (11 mai 1850, commune de *Savigny*; 6 août 1857, commune de *Beauvernois*).

SECTION II

CONDITIONS REQUISES POUR L'EXIGIBILITÉ DES SUBVENTIONS INDUSTRIELLES

361. Trois conditions sont nécessaires pour que des subventions industrielles puissent être réclamées.

1° Les chemins dégradés doivent être entretenus à l'état de viabilité;

2° Les dégradations doivent être extraordinaires;

3° Les transports doivent appartenir à la catégorie de ceux qui ont été visés par l'article 14 de la loi du 21 mai 1836.

Nous allons examiner successivement ces trois conditions.

§ 1. — De l'entretien des chemins à l'état de viabilité

362. Comment l'on doit entendre l'état de viabilité. — L'état de viabilité, qui est prescrit par l'article 14 de la loi du 21 mai 1836, ne peut assurément être exigé que pour les parties du chemin sur lesquelles les transports industriels se sont effectués. Il n'est donc pas nécessaire que le chemin soit en état de viabilité sur toute sa longueur. Il peut même être inachevé sur le surplus de son parcours (C. d'État, 18 avril 1845, *Boullé* ; 26 avril 1851, *Remy*).

Il y a plus. Si le chemin suivi par les voitures de l'industriel présentait de courtes lacunes, qui ne fussent pas de nature à empêcher la circulation de ces voitures, cette circonstance ne ferait pas perdre aux communes le droit que la loi leur confère de réclamer une subvention, sauf pour les lacunes dont la réparation resterait à la charge de ces communes (C. d'État, 17 juin 1848, *Deguerre*).

Mais dans quel état de viabilité les chemins ou les parties de chemins parcourus doivent-ils se trouver?

Il est à remarquer que le législateur s'est abstenu de caractériser cet état de viabilité par un adjectif quelconque. Il n'a pas dit que le chemin devait être en *bon* état de viabilité.

De cette absence de qualificatif, on est autorisé à conclure qu'il suffit que le chemin soit viable purement et simplement.

La viabilité peut dès lors laisser à désirer. Dans les arrêts des 26 juin 1885 (*Soupiron*) et 26 octobre 1888 (*Giraudier-Bootz*), le Conseil d'État a admis que le chemin pouvait être *en mauvais état d'entretien*.

Il n'est même pas nécessaire que le chemin soit pourvu d'une chaussée empierrée, s'il est praticable pour les voitures légèrement chargées (C. d'État, 24 août 1858, l'*État* c. le département de la *Meurthe*).

Ainsi, les chemins peuvent être dans un état de viabilité médiocre. Cela ne saurait surprendre. On sait que, notamment pour les chemins vicinaux ordinaires, les communes disposent de ressources très limitées, de telle sorte qu'elles sont souvent impuissantes à entretenir ces chemins dans un état satisfaisant.

Les exploitants ne sauraient y trouver un grief pour demander décharge des subventions auxquelles ils ont été imposés (C. d'État, 10 mars 1869, *Forges de Fourchambault*).

363. De l'obligation pour les communes d'entretenir les chemins à l'état de viabilité. — Nous venons de dire que l'état des chemins pouvait laisser plus ou moins à désirer. En quoi consiste donc l'obligation imposée aux communes par l'article 14 pour qu'elles soient fondées à réclamer des subventions industrielles ?

Cette obligation résulte de ce que la loi énonce que les chemins doivent être *entretenus* à l'état de viabilité.

Il ne suffit pas que les chemins soient plus ou moins viables : il faut surtout qu'ils soient *entretenus* dans cet état. Cet entretien constitue le fait essentiel.

C'est d'ailleurs pour ce motif que le législateur a qualifié de *subventions* et non pas d'*indemnités* les allocations à réclamer aux industriels. Si ces allocations avaient pu être demandées pour des chemins non entretenus, elles n'auraient eu que le caractère d'une indemnité. Du moment qu'elles ont été dénommées subventions, c'est qu'elles constituent un apport qui s'ajoute aux autres ressources, ce qui suppose des chemins entretenus.

En résumé, parmi les chemins qui composent le réseau des communes, ceux qui sont entretenus (1) peuvent seuls donner lieu à des subventions industrielles.

364. Lorsqu'un chemin n'est suivi que par un seul industriel, il doit être entretenu à l'époque où les transports ont commencé. Le Conseil d'État a eu souvent l'occasion d'énoncer cette règle. Il ne faut pas perdre de vue, toutefois, que, lorsqu'il s'agit de certains chemins vicinaux ordinaires, les travaux d'entretien ne sont pas continus comme ils le sont

---

(1) Quant à la qualité des matériaux employés à l'entretien des chemins, il suffit qu'elle convienne aux besoins ordinaires de la circulation. Les industriels ne peuvent élever aucun grief à ce sujet, en attribuant les dégradations à la mauvaise qualité des matériaux (C. d'État, 11 février 1876, *Daniel*). Sans doute, l'importance des dégradations varie avec la nature des matériaux qui composent l'empierrement, mais les communes ne peuvent être tenues de livrer aux industriels des chaussées ayant plus de résistance que ne l'exige la circulation ordinaire.

généralement sur les grandes lignes. Souvent ces chemins manquent de soins pendant de longues périodes. Il peut donc se faire que les travaux d'entretien les plus récents soient bien antérieurs à l'époque du commencement des transports. La règle doit dès lors être entendue dans un sens assez large.

365. Si les communes sont tenues d'entretenir le chemin avant l'ouverture de l'exploitation, sont-elles également obligées d'assurer l'entretien pendant la durée de cette exploitation?

Le Conseil d'État ne l'a pas pensé (10 mars 1869, *Forges de Fourchambault;* 11 août 1869, chemin de fer du *Nord;* 7 septembre 1869, de *Veauce;* 20 juin 1891, *Jaluzot;* 26 février 1892, *Coquet*). On ne peut pas, en effet, demander aux communes de faire ce qui n'est pas en leur pouvoir. Or, comme les subventions industrielles constituent souvent des ressources indispensables pour réparer les dégradations, et comme ces subventions sont généralement fournies après que l'exploitation a cessé, il est manifeste que les communes seraient dans l'impossibilité d'effectuer l'entretien pendant la durée des transports.

C'est pour ce motif que, si un industriel vient à suivre un chemin quelque temps après qu'un autre industriel l'a dégradé, il ne peut faire grief à la commune de ce que le chemin n'était pas entretenu au moment où il a commencé ses transports (C. d'État, 5 août 1881, *Pougnet;* 3 août 1888, *André* et *Châtel;* 8 décembre 1888, *Bajolot*).

366. De la constatation de l'accomplissement de l'obligation imposée aux communes. — Nous avons dit que l'obligation imposée aux communes consistait essentiellement à *entretenir* les chemins. Pour vérifier si une obligation de ce genre est remplie, alors qu'elle doit s'accomplir pendant une période plus ou moins longue, il est nécessaire de procéder à des investigations : par exemple, en entendant les cantonniers ou bien en consultant les documents de comptabilité du service vicinal. Il faut, en définitive, se livrer à une *instruction*. C'est ce que le Conseil d'État a maintes fois déclaré (26 novembre 1846, *Agombart;* 17 juin 1848, *Deguerre;* 12 février 1849, *Debrousse;* 3 août 1850, Ministre des *Finances;* 16 février 1853, *Boigues;* 26 mai 1853, *Debains; id., Colpart;*

19 avril 1855, Houillères et Fonderies de l'*Aveyron ;* 24 mai 1865, *Vallier ;* 11 février 1876, *Daniel*).

367. Une méprise s'est souvent produite, à ce sujet, de la part des industriels qui, ne prenant pas garde à l'obligation d'*entretenir* les chemins, ont cru que la loi astreignait seulement les communes à livrer ces chemins dans un certain état de viabilité, bien que l'article 14 fût muet sur la nature de cet état de viabilité.

D'après ces industriels, c'est à l'aide d'une constatation directe que l'on devait vérifier si les chemins satisfaisaient à la condition voulue par la loi.

Le Conseil d'État a dû mettre à néant le système des industriels, en décidant qu'il n'y avait pas lieu de procéder à une reconnaissance de la viabilité des chemins avant le commencement des transports industriels (26 novembre 1846, *Agombart ;* 10 décembre 1846, Ministre des *Finances ;* 12 février 1849, de la *Pouzaire ;* 26 avril 1851, *Remy* et *Courteville ;* 4 avril 1872, *Renard ;* 14 juin 1878, *Bureau*) et, à plus forte raison, à une reconnaissance contradictoire (16 février 1853, *Boigues ;* 26 mai 1853, *Debains ;* 5 janvier 1854, *Caillet ;* 19 avril 1855, Houillères et Fonderies de l'*Aveyron ;* 17 mars 1858, *Salorne ;* 18 mars 1858, *Rozet ;* 24 juin 1858, *Roulard ;* 12 avril 1860, *Piéron ;* 16 août 1860, *Nizerolles ;* 20 mars 1861, *Grindelle*).

368. Une autre méprise s'est produite par suite de cette circonstance que l'article 14 prescrit de régler les subventions *annuellement.* Des industriels en ont conclu que l'état de viabilité devait être constaté au début de chaque année. Cette interprétation a été également déclarée erronée par le Conseil d'État (7 mai 1856, *Dormoy ;* 17 mars 1858, *Salorne ;* 18 mars 1858, *Rozet ;* 22 juin 1858, *Roulard ;* 20 mars 1861, *Grindelle ;* 4 avril 1872, *Renard ;* 24 avril 1874, *Sueur ;* 22 décembre 1882, *Civet ;* 4 juillet 1884, *Faure ;* 18 juillet 1884, *Girard ;* 8 août 1884, *Lombardot ;* 21 novembre 1884, *Brochet ;* 26 novembre 1886, sucrerie-raffinerie de *Châlon-sur-Saône*).

Elle aurait eu des conséquences inadmissibles pour les communes. Certains établissements industriels, comme les fabriques de sucre, dégradent les chemins pendant les mois qui précèdent et ceux qui suivent le 1er janvier de l'année. Comme ces chemins ne sont pas, d'ordinaire, rétablis en état de viabilité à cette date, les communes n'auraient pu exiger de subvention industrielle que pour la première année de l'exploitation : elles eussent été privées de l'apport de la subvention spéciale pour l'année suivante. Le but que s'est proposé le législateur, en édictant l'article 14, n'eût pas été atteint pendant cette seconde année. Aussi a-t-il été jugé, dans le cas que nous venons de signaler, que la subvention était due alors même que la commune n'avait pas pu réparer les dégradations causées dans les derniers mois de l'année écoulée (C. d'État, 23 mars 1877, *Gilbert*; 5 août 1881, *Pougnet*; 30 juin 1882, préfet de la *Haute-Marne*; 3 août 1888, *André* et *Châtel*; 8 décembre 1888, *Bajolot*).

A plus forte raison, a-t-il été statué ainsi, lorsque l'insuffisance des réparations était due au retard mis par l'industriel à acquitter sa subvention de l'année précédente (C. d'État, 6 décembre 1878, *Labruyère*; 16 juillet 1886, *Nouteau* et *Robert*; 2 novembre 1888, *Bénard*). Dans l'arrêt *Bénard*, le Conseil d'État a pris soin, d'ailleurs, de constater qu'avant les transports effectués par l'industriel, le chemin était entretenu à l'état de viabilité : il a énoncé ainsi que ce chemin satisfaisait au vœu de l'article 14 de la loi.

369. En résumé, il suffit d'établir, par la voie d'une instruction, que les chemins sont *entretenus* à l'état de viabilité.

Mais il est nécessaire que cette justification soit faite pour que l'imposition d'une subvention industrielle soit fondée (C. d'État, 17 juin 1848, *Boileau*; 10 décembre 1857, *Queulain*; 22 juin 1858, *Roulard*; 3 décembre 1886, *Riant* et *Montreau*).

C'est aux communes qu'incombe la charge de faire la justification dont il s'agit (C. d'État, 7 mai 1856, *Dormoy*).

Pour y arriver, des mesures spéciales ont été prescrites par les articles 106 à 109 de l'Instruction générale du 6 décembre 1870 sur le service des chemins vicinaux.

Chaque année, au commencement du mois de janvier, un tableau, indiquant les chemins de toute catégorie entretenus à l'état de viabilité, doit être publié et affiché dans les communes où l'on prévoit l'application de l'article 14.

Ce tableau, préparé par l'agent voyer cantonal, est arrêté par le maire pour les chemins vicinaux ordinaires et par le préfet pour les chemins de grande communication et d'intérêt commun.

La publication et l'affichage sont constatés par un certificat du maire.

Dans les dix jours qui suivent la publication, les intéressés sont admis à présenter leurs observations sur l'état des chemins et à demander que cet état soit constaté contradictoirement entre eux ou leurs représentants et les agents de l'Administration.

Cette constatation doit avoir lieu dans les dix jours de la réclamation. Elle est faite par l'agent voyer cantonal, en présence du maire, pour les chemins vicinaux ordinaires, et par l'agent voyer d'arrondissement ou son délégué, pour les chemins de grande communication ou d'intérêt commun.

Faute par les intéressés ou leurs représentants de se rendre à la convocation qui leur a été adressée, la constatation est faite par l'agent voyer.

De plus, le droit reste ouvert à tout intéressé, dont les transports sont entrepris dans le courant de l'année, de demander que la constatation de l'état du chemin soit faite à une époque voisine du commencement de son exploitation. Dans ce cas, il doit adresser sa réclamation au maire pour les chemins vicinaux ordinaires ou au sous-préfet pour les chemins de grande communication et d'intérêt commun, au moins vingt jours avant le commencement de ses transports. La reconnaissance de l'état du chemin a lieu comme il a été dit ci-dessus.

370. Les dispositions qui précèdent n'ont que la valeur de simples prescriptions administratives (C. d'État, 18 mars 1858, *Rozet;* 9 juillet 1859, *Bourdon*).

Leur inobservation n'a d'autre conséquence vis-à-vis des communes que de leur laisser la charge d'établir ultérieurement que les chemins étaient entretenus à l'état de viabilité. Et, faute par elles de faire cette preuve, les industriels sont exonérés de toute subvention spéciale (C. d'État, 9 juillet 1859, *Bourdon;* 21 novembre 1884, *Lacroix;* 1er juin 1888, préfet de la *Manche;* 7 novembre 1891, *Mora*).

Par contre, l'accomplissement des formalités instituées par l'Instruction générale présente de grands avantages pour les communes. Il est admis, en effet, lorsque le tableau prescrit par l'article 106 n'a donné lieu à aucune réclamation, que les chemins qui y sont portés doivent être considérés comme étant entretenus à l'état de viabilité (parmi les arrêts les plus récents : 12 juin 1885, *Brière* ; 15 janvier 1886, *Lunel* ; 28 mai 1886, *Bullot* ; 20 juin 1891, *Jaluzot* ; 7 novembre 1891, dame *Martenot* ; 29 janvier 1892, *Gravier* ; 13 février 1892, *Montignies* ; 20 novembre 1893, de *Pruines* ; 2 décembre 1893, *Lambert*). Dans ce cas, qui est le plus fréquent, la publication du tableau constitue donc un moyen simple et pratique, pour les communes, de justifier de la condition imposée par l'article 14 de la loi.

Alors même qu'ils n'ont pas formulé de réclamation dans les dix jours qui suivent la publication du tableau, les exploitants ont toujours le droit de soutenir que les chemins n'étaient pas entretenus à l'état de viabilité. Mais, comme une présomption existe au profit des communes, c'est alors aux exploitants qu'incombe la charge d'apporter la preuve contraire. A défaut de cette preuve, les énonciations du tableau sont considérées comme exactes (parmi les arrêts les plus récents : 14 juillet 1876, préfet du *Calvados* ; 21 décembre 1877, *Bureau* ; 28 mai 1886, *Bullot* ; 20 décembre 1889, Société des Carrières réunies des *Deux-Charentes* ; 23 janvier 1892, *Breuil*).

En ce qui concerne les exploitants, les formalités prescrites par les articles 106 et suivants de l'Instruction générale ont une utilité qui ne saurait leur échapper. Nous signalerons notamment les constatations contradictoires qui peuvent avoir lieu, sur la demande des intéressés, bien qu'elles ne soient pas exigées par la loi, ainsi que nous l'avons fait remarquer. Ces constatations ont leur importance, quand les chemins sont en mauvais état lors du commencement des transports industriels, puisqu'il doit être tenu compte nécessairement de cet état dans la fixation du montant des subventions spéciales (C. d'État, 26 juin 1885, *Soupiron* ; 26 octobre 1888, *Giraudier-Bootz* ; 8 décembre 1888, *Bajolot*).

§ 2. — Du caractère extraordinaire des dégradations

371. D'après l'article 14 de la loi du 21 mai 1836, la quotité des subventions spéciales doit être proportionnée à la dégradation *extraordinaire* qui est attribuée aux exploitations.

La dégradation à envisager doit donc être *extraordinaire*.

Il est manifeste, en effet, que les exploitants ne peuvent être cherchés quand leurs transports ne donnent lieu qu'à un usage normal des chemins (C. d'État, 21 novembre 1884, *Bardoux*). Ils contribuent alors aux dépenses d'entretien de ces chemins par les prestations et les centimes qu'ils fournissent à la vicinalité.

C'est seulement quand les dégradations revêtent un caractère extraordinaire que des subventions spéciales peuvent être demandées aux exploitants.

372. Il est assurément malaisé de savoir quand les dégradations cessent d'être normales pour devenir extraordinaires.

Cette détermination est notamment difficile lorsque plusieurs exploitants se sont servis simultanément du même chemin, auquel cas il faut discerner les dégradations extraordinaires susceptibles d'être imputées à chacun d'eux. Même lorsque le chemin a été emprunté par un seul exploitant, les difficultés ne sont pas moins grandes. si les dégradations ont été réparées en totalité ou en partie, au fur et à mesure qu'elles se produisaient. Ce dernier cas se présente fréquemment, soit sur les grandes lignes, soit même sur certains chemins vicinaux ordinaires, quand les subventions industrielles relatives à l'année précédente, s'ajoutant aux ressources ordinaires de la vicinalité, permettent d'effectuer des réparations plus ou moins complètes.

373. Quoi qu'il en soit, il est nécessaire que l'instruction établisse l'existence de dégradations extraordinaires et, faute de cette justification, de nombreux arrêts du Conseil d'État ont accordé aux exploitants décharge des subventions qui leur avaient été imposées.

La haute assemblée s'est attachée, avec raison, à réprimer la tendance des communes à mettre les exploitants à contribution pour l'entretien des chemins. Les communes se laisseraient volontiers aller à réclamer des subventions toutes les fois que des exploitants fréquentent leurs chemins, ce qui reviendrait à exiger de ces exploitants une taxe spéciale qui n'est nullement autorisée par l'article 14. C'est seulement dans le cas de dégradations extraordinaires qu'une subvention peut être demandée.

374. Les circonstances dans lesquelles les transports se sont effectués ont permis parfois au Conseil d'État de reconnaître que les dégradations n'étaient pas extraordinaires au sens de l'article 14.

Il en a été ainsi quand les transports étaient peu considérables (9 janvier 1874, mines de la *Mayenne* et de la *Sarthe ;* 16 janvier 1874, *Davost*), notamment quand ils étaient faits à l'aide d'une ou de deux voitures par mois (15 février 1866, *Damay*).

Il en a été de même quand le poids des chargements était nécessairement restreint. Tel a été le cas d'un brasseur se servant de voitures à demi-chargées (5 décembre 1865, *Guilminot*), d'un marchand de lait effectuant ses transports avec des voitures suspendues conduites en poste (10 avril 1860, *Marcel*), d'un meunier employant des voitures à deux roues, attelées rarement de plus d'un cheval (8 février 1864, *Carré*).

L'époque des transports a constitué également une circonstance qui a permis d'écarter toute dégradation extraordinaire. C'est ce qui a eu lieu à l'occasion de transports de bois opérés pendant les mois de mai et juin (7 mars 1868, *Tripier*).

Mais c'est surtout en ayant égard au chiffre des réparations que le Conseil d'État a été amené à repousser l'existence de dégradations prétendues extraordinaires.

Il a jugé que des dégradations extraordinaires ne pouvaient être admises lorsqu'il n'existait qu'une faible différence entre les dépenses occasionnées par l'usage normal du chemin et les dépenses nécessitées par suite des transports des exploitants (29 juillet 1881, *Mahieu ;* 29 juin 1888, *Praquin ;* 8 février 1890, *Brun ;* 28 février 1891, *Gauthrin ;* 9 mai 1891, *Guerrier de Dumast ;* 14 mai 1891, *de Nédonchel ;* 17 juin 1892, préfet du *Pas-de-Calais ;* 18 novembre 1892, *Saint-Rémy ;* 22 décembre 1894, *Millot-Pilloy ;* 25 octobre 1895, *Lemaire*).

Le Conseil d'État s'est dès lors refusé à ranger dans la catégorie des dégradations extraordinaires celles qui pouvaient être couvertes par des subventions de faible importance.

De nombreux arrêts ont rejeté des subventions inférieures à 40 francs.

Il est manifeste, d'ailleurs, qu'il y a lieu de tenir compte de la longueur sur laquelle les dégradations ont été commises. C'est une indication que l'on trouve dans la plupart des arrêts ci-après qui ont écarté des subventions de :

41 francs : 8 août 1888, *Gros* (pour 9 kilomètres) ; 29 décembre 1894, *Cantaux* (pour 10 kilomètres) ;

41 fr. 08 : 29 juin 1888, *Praquin* (pour 1 kilomètre) ;

50 francs : 17 novembre 1894, *Couverchel* (pour 2.375 mètres) ;

53 fr. 19 : 19 novembre 1892, *Cornaire* (pour 4.600 mètres) ;

53 fr. 98 : 29 novembre 1890, *Nicard* (pour plus de 6 kilomètres) ;

55 fr. 60 et 97 fr. 12 : 23 juillet 1892, *Rahier* (pour deux chemins ayant ensemble une longueur de 5.500 mètres) ;

75 francs : 26 avril 1895, *Ballot-Cercelet* (pour 5.400 mètres) ;

84 francs : 18 janvier 1895, *Hatzfeld* (pour 6.700 mètres) ;

112 fr. 20 : 11 novembre 1887, *Thomas* (pour cinq chemins) ;

136 francs : 27 avril 1888, *Saint-Rémy* (pour trois chemins).

Par contre, le Conseil d'État a jugé que la modicité des subventions n'excluait pas l'idée de dégradations extraordinaires dans le cas d'une subvention de 164 francs pour 2.738 mètres et de 67 francs pour 899 mètres (24 mai 1895, *Meynard*).

§ 3. — Des transports passibles de subvention

375. L'article 14 désigne, comme exploitations passibles de subventions spéciales, les mines, les carrières, les forêts et toute autre entreprise industrielle. La jurisprudence a été, en conséquence, appelée à déterminer les établissements susceptibles d'être considérés comme des entreprises industrielles au sens de l'article dont il s'agit.

Elle a dû aller plus loin. De ce qu'un établissement est rangé dans la catégorie des exploitations imposables, il ne s'ensuit pas que tous les transports provoqués par cet établissement soient passibles de subventions. La jurisprudence a dû rechercher le caractère de ces transports et indiquer, le cas échéant, les transports qui n'étaient pas de nature à justifier l'imposition des subventions industrielles.

Nous passerons successivement en revue les diverses exploitations sur lesquelles le Conseil d'État a eu l'occasion de se prononcer.

1° MINES

376. Les mines sont expressément désignées par l'article 11 parmi les établissements susceptibles de donner lieu à des subventions spéciales.

Mais les transports qui motivent ces subventions ne sauraient comprendre les charrois de charbons effectués par les habitants des communes voisines pour leurs besoins domestiques (C. d'État, 21 février 1890, Compagnie houillère de *Béthune*; 26 avril et 15 novembre 1890, Société des Mines de *La Chapelle-sous-Dun*). Le Conseil d'État avait jugé autrefois que ces charrois faisaient partie de l'exploitation industrielle et que la Compagnie houillère était imposable à raison des dégradations qu'ils avaient pu causer (7 janvier 1858 et 28 juillet 1859, mines de *Lens*).

Les Compagnies houillères ne peuvent d'ailleurs être recherchées à raison des transports effectués en dehors du rayon d'exploitation de leurs mines (1). Elles ne sont pas dès lors responsables des dégradations causées par des charrois de charbon quand ces charrois ont été faits par des marchands qui ont pris livraison de la houille à une gare de chemin de fer et l'ont transportée à leurs dépôts ou magasins (C. d'État, 21 février 1890, Compagnie houillère de *Béthune*; 23 janvier 1892, préfet du *Pas-de-Calais* c. Compagnie houillère de *Béthune*).

377. Les salines ont été rangées dans la catégorie des établissements imposables (C. d'État, 3 juillet 1852, de *Grimaldi*). Il en a été de même des établissements salins (C. d'État, 15 mars 1849, *Agard*).

---

(1) Il en serait autrement si les transports étaient opérés dans le rayon d'exploitation de la mine. Cette jurisprudence est analogue à celle qui s'est établie pour les transports des betteraves destinées à une sucrerie. Si ces transports ont lieu en dehors du rayon d'approvisionnement de l'usine, l'industriel est affranchi de toute subvention ; dans le cas contraire, il est imposable (V. au n° 384).

2° CARRIÈRES

378. Les carrières figurent au nombre des exploitations expressément visées par la loi.

L'exploitation de cendres noires pour engrais a été assimilée à celle d'une carrière au point de vue de l'application de l'article 14 (C. d'État, 26 avril 1851, *Remy* et *Courteville*). Toutefois, lorsque les produits de la cendrière sont vendus et livrés sur place aux cultivateurs qui les emploient comme engrais et les transportent pour leur propre compte, l'exploitation ne peut donner lieu à aucune subvention (C. d'État, 14 avril 1870, *Gros*).

Une carrière communale, où les prestataires viennent chercher les matériaux nécessaires à l'entretien ou à l'amélioration des chemins vicinaux, n'échappe pas à l'application de l'article 14. Dans le cas où les transports des prestataires causent des dégradations à un chemin de grande communication, la commune, propriétaire de la carrière, peut être soumise à une subvention au profit des communes intéressées au chemin de grande communication (C. d'État, 6 août 1857, commune de *Beauvernois*).

3° FORÊTS

379. Les forêts sont expressément mentionnées à l'article 14 de la loi du 21 mai 1836 comme pouvant donner lieu à des subventions spéciales. L'exploitation d'un parc, qui comportait plus de 20 hectares de haute futaie, a été assimilée à une exploitation de forêt (C. d'État, 7 juin 1859, *Robineau*).

Peu importe le mode d'exploitation des forêts, du moment qu'il détermine des dégradations extraordinaires. C'est ainsi que des subventions spéciales ont été reconnues imposées avec raison :

Pour une exploitation de futaies (C. d'État, 24 février 1860, de *Luynes* ; 7 décembre 1888, de *Molembaix*) ;

Pour une exploitation de perches (C. d'État, 12 avril 1865, *Delbouve*) ;

Pour le défrichement d'un bois (C. d'État, 26 mai 1853, *Colpart ;* 9 janvier 1856, *Ficatier;* 4 juin 1857, *Bisson ;* 16 août 1860, *Nizerolles*).

Pour la vidange d'une coupe de bois (C. d'État, 9 mai 1884, *Bossu* et *Meunier*) ;

Pour une exploitation consistant à réduire sur place les bois en charbon et à vendre les produits qui étaient transportés par les acheteurs (C. d'État, 31 mars 1847, comte de *Coislin*).

Toutefois, il a été jugé que l'épluchage d'un bois, comportant uniquement un transport de bourrées, ne pouvait être rangé parmi les exploitations de forêts au sens de l'article 14 (C. d'État, 8 mai 1869, *Lainé*).

4° MOULINS A FARINE

380. Les moulins ne sont pas considérés comme des établissements industriels soumis à l'application de l'article 14 de la loi du 21 mai 1836, quand ils ont uniquement pour objet de moudre le blé qui est amené par les habitants des communes voisines en vue de leur alimentation. Tel est le cas des moulins dits au petit sac ou à petite mouture (C. d'État, 28 décembre 1858, *Ancien ;* 8 février 1860, *Blancard ;* 25 juillet 1860, *Ancien ;* 8 février 1864, *Demolon ;* 8 février 1864, *Carré ;* 10 juillet 1869, *Beaufrère;* 7 septembre 1869, *Secrétain ;* 9 mars 1870, *Beaufrère;* 29 janvier 1872, *Beaufrère ;* 10 janvier 1873, *Beaufrère;* 9 janvier 1874, *Beaufrère ;* 24 novembre 1882, *Bazin ;* 17 juin 1892, *Manceau-Carlier*).

Il en est de même quand les meuniers achètent des grains et vendent les farines non seulement aux habitants des communes environnantes, mais encore aux boulangers, si ces opérations s'effectuent dans les limites de la consommation locale (C. d'État, 28 mai 1862, *Boulanger;* 6 décembre 1866, *Egret;* 24 novembre 1882, *Bazin* et *Bazot*).

381. Mais, si les moulins sont employés à la fabrication des farines destinées au commerce, les transports auxquels ils donnent lieu sont passibles de subventions spéciales (C. d'État, 22 mars 1872, *Gay*; 10 janvier 1873, *Millot*; 29 juin 1883, *Devillers*; 13 janvier 1893, *Visseaux*; 27 octobre 1893, *Godard*; 22 décembre 1894, *Millot-Pilloy*), alors même que les grains achetés aux cultivateurs seraient transportés par ces derniers à l'usine (C. d'État, 8 mars 1851, *Roger-Hutin*; 11 décembre 1867, *Colliez*; 4 mars 1868, *Marnat-Solenne*; 15 juillet 1868, *Marnat-Solenne*; 10 janvier 1873, *Damay-Denizart*; 8 novembre 1889, *Lemoine*.)

382. Il arrive souvent que des moulins ont à la fois les deux destinations qui viennent d'être indiquées : ils servent à moudre le blé apporté par les habitants pour la consommation locale, tout en fabriquant des farines pour le commerce.

Si les meuniers travaillant pour la consommation locale ne se livrent qu'accidentellement à une fabrication, sans importance, de farines pour le commerce, ils peuvent échapper à l'imposition des subventions spéciales (C. d'État, 25 mars 1865, *Besancenet*).

Si, au contraire, la fabrication des farines pour le commerce constitue la destination principale du moulin, des subventions peuvent être réclamées (C. d'État, 6 août 1880, veuve *Barbeau*; 9 février 1883, *Bourdon*; 14 mars 1884, *Couverchel*; 8 août 1884, *Couverchel*; 11 décembre 1885, *Sébillote*; 5 mars 1886, *Vervel*; 16 décembre 1887, *Godard*; 13 janvier 1893, *Visseaux*; 27 octobre 1893, *Godard*).

Mais il manifeste que ces subventions ne peuvent être basées que sur les dégradations extraordinaires dues aux transports nécessités par la fabrication des farines du commerce. On ne saurait faire entrer en ligne de compte les transports opérés par les habitants des environs en vue de l'alimentation locale. C'est ce qui a été décidé par un arrêt du 17 juin 1892 (*Manceau-Carlier*) (1).

383. Il peut se faire que les grains à moudre proviennent de terres cultivées par le meunier. Cette circonstance ne nous paraît pas de nature à exonérer ce meunier des subventions

---

(1) On remarquera que cette manière de procéder est semblable à celle qui a été adoptée, en matière de mines, à l'égard des charrois de charbons effectués par les habitants des communes voisines pour leurs besoins domestiques (n° 376).

spéciales, bien qu'un arrêt du 5 mars 1886 (*Vervel*) semble avoir admis une solution contraire. A notre avis, c'est la destination du moulin qui constitue la raison décisive : si les grains provenant des terres du meunier fournissent la farine employée par la consommation locale, leur transport est affranchi de toute imposition de subventions spéciales ; si, au contraire, ces grains servent à fabriquer les farines du commerce, leur transport doit entrer en ligne de compte dans la détermination des subventions. Il n'y a pas de distinction à faire, au point de vue de l'origine des grains, entre les terres du meunier et celles des autres cultivateurs (1).

5° SUCRERIES

384. Les fabricants de sucre peuvent être astreints au paiement de subventions spéciales soit à raison des transports des produits de leur fabrication (C. d'État, 10 janvier 1856, *Delvigne*), soit à raison des transports des matières nécessaires à cette fabrication.

Parmi ces dernières, les betteraves sont celles qui donnent lieu le plus souvent à des dégradations extraordinaires sur les chemins vicinaux.

Lorsqu'elles sont amenées par l'industriel, ce dernier est passible de subventions (C. d'État, 6 mai 1858, *Bostenne* ; 11 juin 1870, *Ducharon* ; 6 décembre 1878, *Labruyère* ; 13 juin 1879, préfet du *Pas-de-Calais* c. *Grard* ; 15 juin 1883, *Lallouette* ; 3 août 1883, *Lallouette*).

Les subventions spéciales sont également dues par l'industriel, quand les betteraves sont transportées par les cultivateurs à l'usine, à une râperie ou à une bascule (parmi les arrêts les plus récents : 1er décembre 1876, préfet du *Pas-de-Calais* c. *Mention* ; 2 février 1877, *Labruyère* ; 9 mars 1877, *Hallette* ; 21 décembre 1877, *Pennelier* ; 11 janvier 1878, *Hallette* ; 25 janvier 1878, *d'Osmoy* ; id., *Legru* ; 8 février 1878, *Larue* ; 2 août 1878, *Bazin* ; 18 novembre 1881, *Arrachart* ; 8 décembre 1882, *Lallouette*).

(1) La jurisprudence, à ce sujet, doit évidemment être la même que pour les transports de betteraves provenant des terres cultivées par les fabricants de sucre (V. au n° 385).

Il n'y a pas lieu d'ailleurs d'avoir égard à l'époque à laquelle les marchés ont pu être passés avec l'industriel ni à la forme de ces marchés (C. d'État, 13 juin 1877, préfet du *Pas-de-Calais* c. *Grard* ; 16 novembre 1883, préfet du *Pas-de-Calais* c. de *Mot* ; 15 juin 1888, *Ansel* ; 8 février 1890, *Lesecq*.)

En outre, il n'est pas nécessaire que les betteraves soient livrées à l'usine même ou à l'un des établissements qui en dépendent. Des subventions peuvent être réclamées à l'industriel alors même que les cultivateurs transportent seulement les betteraves, soit jusqu'aux gares de chemins de fer, soit jusqu'aux ports des voies navigables, où elles sont chargées sur wagons ou sur bateaux (C. d'État, 6 juillet 1863, *Défontaine* ; 17 juin 1892, préfet du *Pas-de-Calais* c. *Stocklin*). Toutefois, pour qu'il en soit ainsi, il faut que les transports aient lieu dans le rayon d'approvisionnement de l'usine. S'il en était autrement, l'industriel ne pourrait être recherché à raison des dégradations causées par les transports (C. d'État, 4 mai 1894, préfet du *Pas-de-Calais* c. *Caron*). Il y a donc, dans le cas dont il s'agit, une question d'espèce à trancher (1).

Pendant quelque temps, les transports effectués par les cultivateurs ont été exemptés des subventions spéciales quand les betteraves provenaient du territoire de la commune où se trouvait la fabrique de sucre, mais, depuis 1877, le Conseil d'État a déclaré qu'il n'y avait pas lieu de distinguer entre les transports faits dans les limites de la commune de production et les transports opérés hors du territoire de cette commune (C. d'État, 12 janvier 1877, fabrique de sucre de *Ponthierry* ; id., fabrique centrale de sucre de *Meaux* ; 26 janvier 1877, *Duriez* ; 2 mars 1877, *Daniel* ; id., *Desmaret* ; 11 janvier 1878, *Leroy* ; 9 mai 1879, *Massignon* et *Dufour* ; 16 mai 1879, *Cheilus* ; 13 juin 1879, préfet du *Pas-de-Calais* c. *Grard* ; 16 novembre 1883, préfet du *Pas-de-Calais* c. de *Mot* ; id., commune de *Bourlon* ; 18 juillet 1884, *Ternynck* ; 25 juillet 1884, préfet du *Pas-de-Calais* ; 18 mai 1888, *Chappat* ; 1er juin 1888, *Poron-Grisart* ; 15 juin 1888, *Ansel*).

---

(1) Une jurisprudence analogue s'est établie à l'égard des mines. Des compagnies houillères ont été affranchies de toute subvention pour des charrois de charbon effectués par des marchands qui prenaient livraison de la houille à une gare de chemin de fer (n° 376). Les décisions rendues sont fondées sur cette circonstance que les transports étaient en dehors du rayon d'exploitation de la mine.

385. Quant aux transports des betteraves provenant des terres dont le fabricant de sucre est propriétaire ou fermier, ils tombent sous l'application de l'article 14 de la loi, comme tous les autres transports. Ils font partie en effet, comme ces derniers, de l'exploitation de l'usine(C. d'État, 12 février 1849, *Monnot-Leroy* ; 24 mars 1859, *Poulin* ; 15 juin 1883, *Lallouette* ; 3 août 1883, *Lallouette* ; 14 mars 1890, *Triboulet* ; 14 mai 1891, *Corbie*).

6° DISTILLERIES

386. Les transports auxquels les distilleries donnent lieu peuvent entraîner l'imposition de subventions spéciales (C. d'État, 24 mars 1859, *Poulin* ; 28 décembre 1859, *Minelle* ; 5 janvier 1860, *Blondel* ; 17 décembre 1862, *Minelle* ; 27 janvier 1865, *Bouiller* ; 10 avril 1867, *Bélin* ; 16 mai 1879, *Villers*).

En ce qui concerne les transports de betteraves amenées aux distilleries, la jurisprudence indiquée ci-dessus à l'égard des sucreries leur est naturellement applicable.

7° INDUSTRIES DIVERSES

387. Les établissements industriels proprement dits, c'est-à-dire ceux dans lesquels les produits naturels ou manufacturés sont transformés, peuvent donner lieu à des subventions spéciales.

Nous citerons notamment les suivants :

a) Les *forges et hauts fourneaux* (C. d'État, 30 juillet 1840, *Detouillon* ; 28 juillet 1849, *Lempereur* ; 9 février 1850, *Gautier* ; 3 juillet 1852, *Grognier* ; 16 février 1853, *Boigues* ; 21 juin 1855, *Beuret* ; 7 mai 1856, *Dormoy* ; 10 mai 1860, *Métairie* ; 27 décembre 1860, *Patret* ; 26 juin 1862, *Cellard* ; 14 janvier 1865, *Doré* ; 7 juin 1866, forges de *Franche-Comté* ; 10 mars 1869, forges de *Fourchambault* ; 7 avril 1869, *Chavanne* ; 31 mars 1870, *Ferrand*) ;

b) Les *filatures* (C. d'État, 18 janvier 1862, *Davilliers ;* 15 juin 1864, *Bouez*) ;

c) Les *scieries* (C. d'État, 11 décembre 1867, *Bordet ;* 14 décembre 1883, *Sueur ;* 11 décembre 1885, *Sueur ;* 26 mars 1886, *Meusnier-Poreaux ;* 28 janvier 1887, *Sueur ;* 21 février 1890, *Lignot*) ;

d) Les *féculeries*, alors même que les pommes de terre sont apportées par les cultivateurs (C. d'État, 12 avril 1878, *Delamarre ;* 5 mars 1886, *Vervel*) ;

e) Les *fours à chaux* (C. d'État, 28 juin 1860, *Pernot ;* 18 avril 1861, *Manquat ;* 5 décembre 1865, *Bally ;* 26 février 1867, *Thomas ;* 4 juillet 1873, *Robin ;* 13 mars 1874, *Thomas ;* 15 juillet 1881, *Clément*).

L'exploitant d'un four à chaux est passible de subventions spéciales, même quand la chaux est destinée à être employée comme engrais ou amendement par des cultivateurs, si les transports de cette chaux sont effectués par les voitures et chevaux du fabricant (C. d'État, 5 janvier 1877, *Davost ;* 13 décembre 1878, *Trion*).

Mais, si les transports de la chaux sont opérés par les cultivateurs eux-mêmes qui viennent en prendre livraison sur le carreau du four, aucune subvention ne peut être réclamée au fabricant à raison de ces transports (V. au n° 389).

Toutefois, dans ce cas, le fabricant reste passible de subvention pour le transport de la houille destinée à la cuisson de la chaux (C. d'État, 31 décembre 1869, *Bouchaud ;* 8 novembre 1872, mines de *Sarthe-et-Mayenne ;* 13 mars 1874, *Bouchaud*).

f) Les *plâtrières* (C. d'État, 18 juin 1848, *Parquin ;* 12 février 1849, *Petit ;* 15 décembre 1859, *Parquin ;* 21 décembre 1859, *Chéron ;* 13 juillet 1858, *Dru ;* 13 juin 1860, *Parquin ;* 10 avril 1869, *Delabarette*).

Mais, quand les plâtres sont transportés par les cultivateurs qui viennent en prendre livraison sur le carreau des fours, aucune subvention ne peut être réclamée de ce chef (V. au n° 389) ;

g) Les *briqueteries* (C. d'État, 10 mai 1862, *Poncelet*) ;

h) Les *tuileries* (C. d'État, 14 avril 1859, *Douzain ;* 25 avril 1861, *Marion ;* 12 août 1863, *Bertu ;* 26 juin 1865, *Bonjour*) ;

i) Les *fabriques de poteries, faïence ou porcelaine* (C. d'État, 3 janvier 1848, d'*Huart de Nothomb ;* 21 décembre 1850, *Seiler* *et de Geiger ;* 15 décembre 1864, *Litaud-Bernard ;* 14 novembre 1879, *Rohr-Woitier*) ;

j) Les *verreries et cristalleries* (C. d'État, 21 décembre 1850, *Seiler et de Geiger;* 9 mai 1855, *Van Lempoël de Colnet;* 23 février 1861, *Collignon*) ;

k) Les *brasseries* (C. d'État, 22 décembre 1852, commune de *la Flamangrie ;* 25 janvier 1855, *Moret-Simon*);

l) Les *huileries* (C. d'État, 24 avril 1874, *Fenaille*);

m) Les *fabriques de produits alimentaires* (C. d'État, 16 juillet 1857, *Chollet ;* 12 avril 1865, *Launois*)*;*

n) Les *fabriques de produits chimiques* (C. d'État, 10 janvier 1856, *Huriez;* 25 février 1863, *Deloubes*).

8° ENTREPRISES DE TRAVAUX

388. Les entrepreneurs de travaux publics sont passibles de subventions spéciales (1), quelle que soit la nature de ces travaux, par conséquent même quand il s'agit de travaux d'entretien de routes ou de chemins (C. d'État, 31 août 1863, *Tauveron ;* 22 février 1866, *Nicoullaud ;* 4 juillet 1868, *Moreau ;* 21 août 1868, *Moreau*).

Peu importe la personne publique pour le compte de laquelle les travaux s'exécutent. L'État n'échappe pas à cette règle (C. d'État, 9 janvier 1843, *Aubelle ;* 18 juin 1846, *Malâtre ;* 23 avril 1862, *Lorrain;* 11 mars 1863, *Breton;* 31 août 1863, *Tauveron;* 12 janvier 1865, *Ministre des Finances ;* 4 juillet et 21 août 1868, *Moreau ;* 26 décembre 1884, *Gras ;* 8 décembre 1888, *Bajolot ;* 4 juillet 1891, communes de *Toul* et autres), bien que les subventions payées par les entrepreneurs puissent être considérées comme supportées indirectement par l'État. Mais, du moment que ce dernier est tenu, aux termes de l'article 13 de la loi du 21 mai 1836, de contribuer, comme les particuliers, aux dépenses de la vicinalité, il n'y a pas de raison pour l'exonérer des charges que peut entraîner l'imposition des subventions spéciales.

(1) Ces subventions sont à leur charge, quand ils ont été mis en régie (C. d'État, 17 juin 1848, *Deguerre*).

Il en est de même pour les départements (C. d'État, 17 juin 1848, *Deguerre*; 18 juin 1852, *Hébert*; 27 août 1854, *Hébert*; 7 janvier 1857, *Pelletier*).

Quant aux entrepreneurs de travaux particuliers, ils ne peuvent qu'être traités comme les entrepreneurs de travaux publics, si leurs transports causent aux chemins des dégradations extraordinaires. Ils sont également susceptibles d'être astreints au paiement des subventions spéciales (C. d'État, 26 mars 1886, *Chabert*; 17 janvier 1890, *Belloc*).

9° ÉTABLISSEMENTS AGRICOLES

389. Les transports que comporte le service des exploitations agricoles, tels que ceux de la ferme au marché, ne peuvent pas donner lieu à subvention (C. d'État, 12 février 1875, *Bourdon*; 30 juin 1876, *Bourdon*).

Mais ces exploitations exigent parfois l'approvisionnement de certains produits, soit industriels, soit naturels, provenant d'établissements soumis à l'application de l'article 14 de la loi.

Le transport de ces produits à destination agricole est affranchi des subventions spéciales, *quand il est effectué par les cultivateurs*.

C'est ce qui a été décidé, à l'égard des produits industriels :

a) Pour le transport de la chaux employée comme engrais ou amendement, quand les cultivateurs viennent en prendre livraison sur le carreau des fours (C. d'État, 3 décembre 1867, *Fémeau*; 21 avril 1868, *Garçonnet*; 31 décembre 1869, *Bouchand*; 24 juin 1870, *Frossard*; 8 novembre 1872, mines de *Sarthe-et-Mayenne*; 7 février 1873, *Drouelle*; 9 janvier 1874, mines de la *Mayenne* et de la *Sarthe*; 16 janvier 1874, *Davost*; 13 mars 1874, *Thomas*);

b) Pour le transport des plâtres également pris par les cultivateurs sur le carreau des fours (C. d'État, 27 avril 1877, *Albert*);

c) Pour le transport des pulpes de betteraves conduites par les cultivateurs de l'usine à leurs fermes (C. d'État, 12 janvier 1877, fabrique de sucre de *Ponthierry*; 2 février 1877, *Labruyère*; 2 mars 1877, *Desmarest*; 23 mars 1877, *Gilbert*;

21 décembre 1877, *Pennelier ;* 11 janvier 1878, *Leroy ;* 25 janvier 1878, d'*Osmoy ;* 12 avril 1878, *Delamarre ;* 13 juin 1879, préfet du *Pas-de-Calais* c. *Grard ;* 16 mai 1879, *Villers ;* 19 mars 1880, *Massignon ;* 16 novembre 1883, préfet du *Pas-de-Calais* c. de *Mot ;* 15 juin 1888, *Ansel*).

C'est aussi ce qui a été décidé à l'égard des produits naturels :

a) Pour les transports de marne effectués par les cultivateurs (C. d'État, 11 juin 1870, *Battu*);

b) Pour les transports de cendres opérés par les cultivateurs qui les emploient comme engrais (C. d'État, 14 avril 1870, *Gros*).

390. Les transports n'échappent donc pas au paiement des subventions spéciales par la seule raison qu'ils sont à destination agricole. C'est ce qui résulte notamment des arrêts des 5 janvier 1877 (*Davost*) et 13 décembre 1878 (*Trion*) cités au n° 387 et rendus dans des affaires, où les transports de chaux ont donné lieu à des subventions, parce qu'ils avaient été effectués par le fabricant avec ses chevaux et voitures. Il faut, en outre, que les transports soient opérés par les cultivateurs eux-mêmes.

391. Nous venons de faire connaître ce qui est admis par la jurisprudence en matière de transports de produits industriels à destination agricole.

En ce qui concerne les transports de produits agricoles à destination industrielle, alors même que ces transports sont opérés par les cultivateurs eux-mêmes, ils sont soumis à l'application de l'article 14 de la loi et ils peuvent donner lieu à des subventions spéciales à la charge de l'industriel. C'est ce qui a lieu pour les transports de betteraves apportées par les cultivateurs aux fabriques de sucre (n° 384) ou pour les transports de pommes de terre amenées aux féculeries (n° 387).

10° ÉTABLISSEMENTS DE COMMERCE

392. En dehors des mines, des carrières et des forêts, qui sont expressément dénommées, l'article 14 de la loi ne désigne que les entreprises industrielles.

Les établissements de commerce en gros ou en détail échappent dès lors à l'application de cet article. Ils ont, en effet, uniquement pour objet d'acheter des produits divers et de les revendre. Ils ne comportent donc ni emploi, ni transformation de ces produits, et ils sont, par conséquent, entièrement dénués de tout caractère industriel.

Aussi, le Conseil d'État a-t-il décidé que des subventions spéciales ne pouvaient être demandées à raison des transports nécessités par le commerce :

a) Des charbons (14 décembre 1854, *Leconte-Dufour* ; 19 juin 1856, *Waxin-Plaquet* ; 10 juin 1857, *Lucq Rosa* ; 11 février 1858, *Lucq Rosa* ; 16 décembre 1858, *Moret-Béthune* ; 22 janvier 1863, *Moret* ; 6 juillet 1863, *Moret-Béthune* ; 27 février 1868, *Trochu* ; 26 juin 1869, *Capon* ; 11 janvier 1870, *Trochu* ; 4 avril 1873, *Dautreveaux* ; 23 juin 1882, *Jaboulay* ; 2 novembre 1888, *Faugeron*) ;

b) Des cendres (6 juillet 1854, *Boitelle* ; 22 janvier 1863, *Moret* ; 6 juillet 1863, *Moret-Béthune*) ;

c) Des matériaux de construction (27 juin 1884, *Linet* ; 15 janvier 1886, veuve *Ligny* ; 2 novembre 1888, *Faugeron* ; 7 février 1891, *Jourdan*) ;

d) Des bois (1), soit bois à brûler (11 janvier 1870, *Tripier*), soit bois de sciage (3 août 1888, *Bouvet*), soit traverses toutes confectionnées pour chemins de fer (8 février 1890, *Pigerol*) ;

e) Des fers (27 février 1868, *Trochu* ; 11 janvier 1870, *Trochu* ; id., *Tripier*) ;

f) Des grains (19 janvier 1860, *Desruelles* ; 7 décembre 1860, *Desruelles* ; 18 avril 1861, *Manquat* ; 26 mai 1869, *Morlet*), alors même qu'il s'agirait de l'alimentation des grands centres à l'intérieur (14 mars 1867, *Bru*) ou de l'exportation à l'étranger (5 février 1867, *Véret*) ;

g) Des farines (14 avril 1859, *Desbonnets* ; 30 mai 1879, *Tellier-Coquerel*) ;

h) Des pommes de terre (15 avril 1868, *Voyez*) ;

i) Des vins (13 août 1861, *Bulliot* ; 11 mars 1863, *Fossier* ;

---

(1) Il va sans dire que si les bois, qui font l'objet d'un commerce, subissaient dans l'établissement une transformation industrielle, cette circonstance ouvrirait aux communes le droit de réclamer des subventions spéciales (C. d'État, 26 mars 1886, *Meusnier-Poreaux*).

15 décembre 1864, *Fossier ;* 11 janvier 1870, *Lambert ; id.,*
Poitrinol ; id., Fournier ; 5 janvier 1877, *Brézilliat*) ;

j) Du lait (30 janvier 1868, *Bachimont*) ;

k) D'épicerie (18 avril 1861, *Manquat ;* 11 janvier 1870,
Driancourt ; id., Boileau).

11° ENTREPRISES DE TRANSPORTS

393. Lorsque les transports ne se rattachent à aucune des
exploitations visées par l'article 14 de la loi, ils ne revêtent
par eux-mêmes aucun caractère industriel, et ils sont dès lors
exempts du paiement des subventions spéciales.

C'est ce qui a lieu pour les entreprises de voitures publiques
affectées au transport des voyageurs ou des messageries
(C. d'État, 6 août 1857, *Bouché ;* 5 octobre 1857, *Bouché ;*
18 février 1858, *Peltier ;* 5 mai 1858, *Bouché ;* 1ᵉʳ décembre 1858,
Bouché ; 28 décembre 1859, *Monnier ;* 18 avril 1861, *Taveau ;*
— *id., Bouchené ; id., Manquat ;* 8 février 1864, *Demolon*).

Tel est également le cas des transports de marchandises à
destination ou en provenance des gares de chemins de fer, soit
que ces transports s'effectuent par des camionneurs, en vertu
de traités passés avec la Compagnie (C. d'État, 25 mars 1865,
chemin de fer de *Lyon à la Méditerranée*), soit que ces transports s'opèrent par la Compagnie ou par les particuliers
(C. d'État, 15 février 1866, chemin de fer de *Paris à Lyon ;*
28 mai 1866, chemin de fer de *Paris à la Méditerranée ;*
23 mars 1877, Compagnie des chemins de fer du *Midi*).

Quant aux simples voituriers de profession, ils ne sauraient
être non plus passibles de subventions spéciales (C. d'État,
27 décembre 1865, *Brizard ;* 7 décembre 1869, *Villet ;*
23 juin 1882, *Breuil ;* 27 juillet 1883, *Breuil ;* 7 août 1883,
Breuil ; 3 août 1888, *Bouvet*). Ils ne peuvent être recherchés
quand ils sont employés par un exploitant sujet à subvention
(C. d'État, 12 mars 1880, *Bureau*) ; c'est à ce dernier que la subvention doit être réclamée.

Il résulte de ce qui précède qu'à plus forte raison un propriétaire n'est point passible de subvention à raison des transports
qu'il effectue pour une construction de bâtiments (C. d'État,
29 novembre 1854, *Choumert ;* 28 juin 1878, *Souteyrand*).

SECTION III

DÉBITEURS DE LA SUBVENTION

§ 1. — Observations générales

394. L'article 14 de la loi du 21 mai 1836 porte que les subventions seront imposées « aux entrepreneurs ou propriétaires, suivant que l'exploitation ou les transports auront lieu pour les uns ou pour les autres ».

Il résulte de ces termes que les auteurs directs des dégradations, c'est-à-dire ceux qui exécutent effectivement les transports, ne sont pas nécessairement ceux qui doivent supporter les subventions spéciales.

Cela s'explique aisément. Il arrive souvent, en effet, que les transports sont effectués par un grand nombre de particuliers qui, par exemple, viennent acheter sur place les produits d'une exploitation. On ne pouvait mettre les communes dans l'obligation de rechercher tous ces particuliers et de s'engager ainsi dans une multitude de contestations d'un minime intérêt.

D'ailleurs, ces particuliers eussent pu alors échapper à l'application de l'article 14, qui veut que les dégradations soient extraordinaires.

Chacun d'eux aurait pu soutenir qu'il n'avait pas causé de dégradations extraordinaires. C'est par le fait de la collectivité des transports que les dégradations peuvent revêtir le caractère exigé par la loi.

Les exploitants peuvent donc être responsables des dégradations causées par des transports effectués par des tiers, quand ces transports font partie des moyens d'exploitation de leur établissement.

395. L'article 14 prévoit deux catégories d'exploitants responsables : les propriétaires et les entrepreneurs. Cette der-

nièré expression doit être considérée comme présentant une
certaine généralité. On verra, au § 3, que la responsabilité
peut, dans certains cas, passer non seulement du propriétaire à
l'entrepreneur, mais encore de l'entrepreneur au sous-entrepreneur.

Nous avons cherché à dégager de la jurisprudence les règles
d'après lesquelles les subventions spéciales doivent être réclamées soit au propriétaire, soit à l'entrepreneur ou même au
sous-entrepreneur. Nous ferons remarquer à ce sujet que ces
règles peuvent conduire à imposer certains exploitants qui,
par suite de traités particuliers, se sont affranchis du paiement des subventions. Il a été jugé, dans ce cas, que les traités dont il s'agit ne faisaient pas obstacle à l'application de la
jurisprudence. Ainsi, un propriétaire de mines avait passé
avec des entrepreneurs de transports des conventions aux
termes desquelles ces derniers se chargeaient de l'entretien
des chemins dégradés : il a été déclaré néanmoins passible des
subventions spéciales, sauf à lui à exercer un recours contre
les entrepreneurs de transports pour le recouvrement des
subventions mises à sa charge (C. d'État, 26 août 1867, *Coll*).

Pareillement, il a été reconnu que des subventions avaient
pu être imposées aux cessionnaires des produits d'une coupe
de forêts qui avaient acheté ces produits aux adjudicataires de
la coupe, bien que ces derniers fussent tenus, aux termes de
leur cahier des charges, d'acquitter le paiement des subventions spéciales (C. d'État, 14 novembre 1879, *Rohr-Woitier ;*
16 février 1883, *Lemaire*).

§ 2. — Cas où la subvention est à la charge du propriétaire (1)

396. Aucun doute ne peut exister quand le propriétaire
exploite en faisant lui-même les transports.

Mais le propriétaire est également imposable quand les
transports sont effectués par des tiers qui ne sont pas susceptibles d'être astreints au paiement d'une subvention spéciale.

C'est ce qui a lieu :

(1) V. au n° 397 un cas où le propriétaire est également imposable.

1° Quand les transports sont opérés par les cultivateurs, soit qu'ils apportent des grains à un moulin qui fabrique des farines destinées au commerce (n° 381), soit qu'ils amènent des betteraves à une sucrerie ou à une distillerie (n°ˢ 384 et 386), soit qu'ils conduisent des pommes de terre à une féculerie (n° 387) ;

2° Quand les transports sont effectués par des particuliers qui viennent acheter sur place les produits :

Des mines (C. d'État, 8 décembre 1853, Compagnie des mines de houille de *Montrelais ;* 7 mai 1857, Compagnie de *Vicoigne ;* 7 janvier 1858, Société des mines de *Lens ;* 28 juillet 1859, mines de *Lens*) ;

Des carrières (C. d'État, 10 juillet 1856, *Merlet ;* 22 janvier 1857, *Merlet ;* 3 décembre 1857, *Merlet ;* 28 juin 1870, *Mongenot ;* 13 février 1892, *Montignies*) ;

Du défrichement d'un bois (C. d'État, 16 août 1860, *Nizerolles*) ;

Des salines (C. d'État, 3 juillet 1852, de *Grimaldi*) ;

Des fours à chaux (C. d'État, 26 février 1867, *Thomas*) ;

Des plâtrières (C. d'État, 13 juillet 1858, *Dru*) ;

3° Quand les transports sont faits par des voituriers étrangers à l'exploitation, pour le compte des acheteurs auxquels les produits sont livrés sur place (C. d'État, 10 janvier 1856, *Huriez*).

Ou bien encore quand les transports sont opérés par des voituriers de profession qui apportent à l'exploitant les produits nécessaires à son industrie (C. d'État, 1ᵉʳ septembre 1860, *Ferrand ;* 23 juin 1882, *Breuil ;* 27 juillet 1883, *Breuil ;* 7 août 1883, *Breuil*) ;

Alors même que ces transports s'exécutent à forfait (C. d'État, 18 janvier 1862, *Davilliers*).

4° Quand les transports sont effectués par des marchands :

Soit qu'ils amènent des produits à l'usine, tels que des blés à un moulin (C. d'État, 19 mai 1835, *Tramoy*) ;

Soit qu'ils viennent prendre sur place les produits de l'exploitation, tels que ceux d'une mine de charbon (C. d'État, 26 avril et 15 novembre 1890, Société des mines de la *Chapelle-sous-Dun*), ou bien d'une cristallerie et d'une faïencerie (C. d'État, 21 décembre 1850, *Seiler et de Geiger*).

§ 3. — Cas où la subvention est à la charge de l'entrepreneur ou du sous-entrepreneur

397. Forêts. — Les forêts s'exploitent souvent par voie d'adjudication. Dans ce cas, ce sont les adjudicataires qui sont assujetties au paiement des subventions spéciales (C. d'État, 12 mai 1853, duc d'*Uzès* ; 15 avril 1857, de *Luynes* ; 22 juin 1858, *Boireau* ; id., *Roulard* ; 19 avril 1855, *Werlé* ; 12 avril 1865, *Delbouve* ; 25 juin 1868, *Debaty* ; 21 décembre 1877, *Bureau* ; 14 juin 1878, *Bureau* ; 5 mars 1880, *Blondeau* ; 12 mars 1880, *Bureau* ; 23 juin 1882, *Nicard* ; 3 août 1883, *Laurent* ; 26 mars 1886, *Saint-Denis* ; 26 novembre 1886, *Déforges* ; 14 novembre 1891, *Breul* ; 23 janvier 1892, *Breuil* ; — Circulaires du directeur général des forêts en date des 8 juin 1863 et 31 mai 1867) ;

Même si la forêt est située à l'étranger (C. d'État, 20 juillet 1854, prince de *Chimay*).

Toutefois, pour que les subventions puissent être réclamées aux adjudicataires, il faut que les lots présentent une importance suffisante. S'il n'en était pas ainsi, ces subventions resteraient à la charge du propriétaire. C'est ce qui a été jugé à l'égard de futaies et de taillis dont la vente s'était effectuée par petits lots très nombreux (C. d'État, 10 septembre 1856, *Lemareschal* ; 24 février 1860, de *Luynes* ; 7 décembre 1888, de *Molembaix*)

398. La jurisprudence qui a été indiquée au n° 396 pour les propriétaires passibles de subventions s'applique aux adjudicataires.

Ainsi ces derniers sont imposables soit à raison des transports opérés par les particuliers qui viennent s'approvisionner sur place (C. d'État, 29 juillet 1868, *Barrier*), soit à raison des transports effectués par les voituriers (C. d'État, 12 mars 1880, *Bureau* ; 23 janvier 1892, *Breuil*).

399. Il arrive parfois que des adjudicataires cèdent leurs lots en tout ou en partie. La question de savoir à qui incombent les subventions spéciales est alors une question d'espèce. Si un

adjudicataire vend une partie des produits d'une coupe à divers
sous-traitants, de telle sorte qu'il soit regardé comme opérant
toujours lui-même l'exploitation de cette coupe, il reste chargé
des subventions spéciales (C. d'État, 12 mars 1880, *Lemaire*).
Si, au contraire, l'adjudicataire fait place à un sous-acquéreur
qui effectue les transports, ce dernier peut être considéré comme
entrepreneur au sens de l'article 14 et être conséquemment
imposable (C. d'État, 14 novembre 1879, *Rohr-Woitier* (1) ;
16 février 1883, *Lemaire*).

Il y a lieu de remarquer que, dans les affaires qui ont donné
lieu à ces deux arrêts, les adjudicataires étaient tenus, en
vertu des dispositions de leur cahier des charges, de supporter
les subventions spéciales susceptibles d'être réclamées par les
communes. Le Conseil d'État a jugé que les sous-acquéreurs
ne pouvaient se prévaloir de ces dispositions pour se soustraire
au paiement des subventions qui leur avaient été imposées.

400. Carrières. — Lorsque les propriétaires de carrières
en livrent les produits sur place à des entrepreneurs de travaux qui opèrent eux-mêmes les transports ou les font opérer
pour leur compte, ce sont ces entrepreneurs qui doivent être
assujettis au paiement des subventions (C. d'État, 23 avril 1862,
Lorrain ; 11 mars 1863, *Breton* ; 15 décembre 1864, *Duques-
nois* ; 8 décembre 1888, *Bajolot*).

Il en est ainsi, à plus forte raison, quand les propriétaires de
carrières se bornent à recevoir une redevance fixe pour chaque
mètre cube extrait par les entrepreneurs (C. d'État, 17 mai 1855,
Elleaume). C'est ce qui se passe en matière d'occupations temporaires autorisées pour l'exécution des travaux publics.

401. Entreprises de travaux publics. — Il peut
arriver, à l'égard des entrepreneurs de travaux publics, ce qui
a été signalé au n° 399 à l'occasion des adjudicataires de bois.
Ces entrepreneurs peuvent faire exécuter par des tiers les travaux dont ils sont chargés. Il y a là encore des questions
d'espèce à résoudre pour savoir à qui incombe le paiement des
subventions spéciales.

---

(1) Dans cette espèce, le sous-acquéreur était un fabricant de faïence exerçant
une industrie qui le rendait passible de subventions spéciales. Cette circonstance justifiait encore l'arrêt (V. au n° 403).

Si les tiers ne sont autres que des tâcherons de l'entrepreneur, ce dernier demeure responsable des dégradations causées par leurs transports (C. d'État, 17 janvier 1890, *Nouteau*).

Si, au contraire, les tiers sont de véritables sous-traitants, auxquels l'entrepreneur a cédé une partie de ses travaux, c'est à ces cessionnaires qu'il y a lieu de réclamer les subventions spéciales (C. d'État, 7 janvier 1857, *Pelletier*).

402. Les Compagnies concessionnaires de chemins de fer, quand elles ont pris l'engagement de construire soit l'infrastructure, soit la superstructure de leurs lignes, n'exécutent pas elles-mêmes ces travaux. Elles ont recours à des entrepreneurs qui, d'après les indications précédentes, paraissent tout désignés pour supporter la charge des subventions spéciales.

La jurisprudence du Conseil d'État n'est pas cependant parfaitement fixée sur ce point. D'après deux arrêts de principe des 28 juillet et 28 décembre 1849 (Compagnie du chemin de fer de *Rouen au Havre*), les Compagnies de chemins de fer sont seules passibles des subventions, et les adjudications qu'elles ont passées pour la confection des ouvrages ne peuvent les affranchir des obligations résultant de l'application de l'article 14 de la loi du 21 mai 1836. Cette doctrine a été reproduite dans un arrêt du 16 juillet 1886 (Compagnie de *Paris-Lyon-Méditerranée* c. le préfet de la *Haute-Savoie*).

Mais, entre temps, le sieur *Burguy*, entrepreneur de la ligne de Nancy à Gray, qui avait été imposé à une subvention spéciale, avait demandé à en être déchargé, par la raison que cette subvention devait être supportée par la Compagnie de l'Est, et sa requête a été rejetée par un arrêt du Conseil d'État en date du 3 août 1865.

On peut aussi faire remarquer que, dans plusieurs circonstances, le Conseil d'État a sanctionné les subventions qui avaient été imposées, non pas aux Compagnies, mais bien à leurs entrepreneurs (9 décembre 1852, *Borguet* ; 5 juin 1874, *Parent, Schaken et Cⁱᵉ*). Il est vrai que, dans ces espèces, les entrepreneurs ne contestaient pas, en principe, l'allocation qui leur était réclamée.

Quoi qu'il en soit, la jurisprudence du Conseil d'État s'est surtout affirmée en faveur de la solution qui consiste à mettre les subventions à la charge des Compagnies. Cette solution

nous paraît en désaccord avec la jurisprudence qui a été
adoptée soit en matière d'adjudicataires de bois, où les sous-
acquéreurs ont été reconnus imposables (n° 399), soit même
en matière d'entrepreneurs de travaux publics, où les sous-
traitants ont été déclarés passibles des subventions (n° 401).

La solution que nous critiquons a l'inconvénient de rendre
les Compagnies responsables de dégradations auxquelles elles
sont absolument étrangères. On ne saurait y contredire s'il
n'était pas possible d'atteindre d'autres personnes que les Compagnies ; c'est ce qui se passe à l'égard des propriétaires
d'exploitations, toutes les fois que les transports sont effectués
par des tiers échappant à l'application de l'article 14 (n° 396).
Mais rien de semblable n'existe en ce qui concerne les Compagnies, puisque les entrepreneurs avec lesquels elles traitent
appartiennent à la catégorie des personnes passibles de subventions spéciales.

En réclamant les subventions à ces entrepreneurs, on
s'adresserait aux auteurs directs des dommages causés aux
chemins, ce qui est assurément préférable. On ferait, en outre,
disparaître l'anomalie qui se produit, quand les entrepreneurs
sont adjudicataires de travaux de chemins de fer, tantôt pour
le compte des Compagnies, tantôt pour le compte de l'État.
Les entrepreneurs cesseraient d'être indemnes dans le premier
cas, alors qu'ils sont tenus au paiement de subventions dans
le second.

L'imposition des entrepreneurs est tellement rationnelle
que, lorsqu'ils sont ignorants de la jurisprudence du Conseil
d'État, ils ne songent pas à protester contre les demandes de
subventions. C'est ce qui a eu lieu notamment dans les arrêts
précités du 9 décembre 1852 (*Borguet*) et du 5 juin 1874
(*Parent, Schaken et C*ⁱᵉ).

§ 4.— Cas où les produits en provenance d'une exploitation imposable sont destinés à une autre exploitation également imposable

403. Dans ce cas, les deux exploitations sont susceptibles
d'être atteintes par l'application de l'article 14, suivant que
l'on considère les produits comme écoulés par la première
exploitation, ou bien amenés à la seconde pour ses besoins.

Il est donc nécessaire de faire un choix entre les deux exploitations.

L'exploitation à laquelle les subventions doivent être demandées est celle qui effectue les transports ou les fait opérer pour son compte. Telle est, du moins, la règle qui se dégage des arrêts du Conseil d'État que nous allons citer. Elle se justifie par cette considération qu'elle met en cause l'auteur direct des dommages causés aux chemins.

Il en résulte que, suivant les cas, les subventions incombent au vendeur, c'est-à-dire à l'exploitation qui écoule ses produits, ou à l'acheteur, c'est-à-dire à l'exploitation qui s'approvisionne avec les produits dont il s'agit.

Les subventions ont été mises à la charge de l'exploitant pour le compte duquel les transports avaient été effectués, dans les cas ci-après :

a) A la charge des *vendeurs :*

Fabrique de sucre pour des betteraves vendues à une autre fabrique de sucre (C. d'État, 12 janvier 1860, *Tilloy-Delaune ;* 11 janvier 1884, *Bourdon*) ;

Carriers pour des matériaux vendus à des entrepreneurs de travaux publics (C. d'État, 4 juillet 1891, communes de *Toul* et autres).

b) A la charge des *acheteurs :*

Maîtres de forges pour les bois provenant d'une forêt (C. d'État, 9 février 1850, *Gautier*) ou pour le minerai provenant d'un bocard (C. d'État, 3 juillet 1852, *Grognier*) ;

Chaufourniers pour les charbons pris sur le carreau d'une mine (C. d'État, 8 décembre 1853, Compagnie des mines de houille de *Montrelais ;* 7 janvier 1858, Compagnie générale des mines de la *Mayenne ;* 20 mars 1861, mines de *Montet-aux-Moines ;* 29 novembre 1866, mines de *Saint-Laurs*), ou pour les pierres à chaux provenant d'une carrière (C. d'État, 7 janvier 1858, Compagnie générale des mines de la *Mayenne et de la Sarthe*) ;

Fabricants de tuiles pour les charbons pris sur le carreau d'une mine (C. d'État, 20 mars 1861, mines de *Montet-aux-Moines*) ;

Fabricants de plâtre pour des bourrées prises sur le parterre d'une coupe de bois (C. d'État, 13 juin 1866, *Parquin*) ;

Filateur pour des houilles achetées sur place (C. d'État, 25 juin 1868, *Courroux*) ;

Distillateurs pour des mélasses achetées à des fabricants de sucre (C. d'État, 12 février 1875, *Bourdon* ; 30 juin 1876, *Bourdon*) ;

Fabricants de faïence pour des bois achetés à l'adjudicataire de la coupe d'une forêt (C. d'État, 14 novembre 1879, *Rohr-Woitier*) ;

Entrepreneurs de travaux publics pour des matériaux tirés de carrières (C. d'État, 23 avril 1862, *Lorrain* ; 11 mars 1863, *Breton* ; 8 décembre 1888, *Bajolot* ; 4 juillet 1891, communes de *Toul* et autres).

SECTION IV

ANNUALITÉ DU RÈGLEMENT DES SUBVENTIONS INDUSTRIELLES

404. Aux termes de l'article 14 de la loi du 21 mai 1836, les subventions spéciales doivent être réglées *annuellement* par les conseils de préfecture.

S'il n'en était pas ainsi, c'est-à-dire si le règlement pouvait s'effectuer après une période de plusieurs années de dégradations, il est aisé de concevoir tous les inconvénients qui pourraient en résulter, aussi bien pour les communes que pour les exploitants. Dans le cas où les communes, disposant de fonds libres, procéderaient à la réparation des chemins, l'appréciation des dégradations extraordinaires à la fin de la période ne laisserait pas que de présenter de sérieuses difficultés. Dans le cas contraire, qui est le plus fréquent, surtout en matière de petite vicinalité, les chemins resteraient en mauvais état pendant toute la durée de la période, puisque les subventions industrielles feraient défaut pour assurer la réparation de ces chemins. Ce résultat serait fâcheux, d'abord pour les usagers ordinaires des chemins qui seraient privés de voies suffisamment viables, ensuite pour les exploitants eux-mêmes, qui causeraient des dégradations d'autant plus fortes que les chemins seraient plus détériorés et qui, conséquemment, seraient tenus à des subventions plus considérables.

On peut ajouter aussi que, d'après l'article 14, les subventions industrielles sont assimilées aux prestations au point de vue de leur acquittement en nature. Il convient dès lors de faciliter aux exploitants les moyens de se libérer à l'aide des éléments, hommes, chevaux, voitures, qui sont à leur disposition. On irait à l'encontre de ce but en faisant régler les subventions pour une période de plusieurs années, puisque les exploitants seraient obligés d'exécuter en une seule fois les travaux qui leur seraient demandés, alors que leurs éléments de travail resteraient sans emploi pendant le surplus du temps.

Le règlement *annuel* remédie, autant que faire se peut, à ces inconvénients. Au surplus, du moment que les subventions industrielles complètent les ressources qui constituent la dotation des chemins, elles doivent être annuelles comme les ressources ordinaires auxquelles elles s'ajoutent.

Aussi l'Instruction générale du 6 décembre 1870 prescritelle, dans ses articles 110 et suivants, des mesures propres à assurer le règlement annuel des subventions. Ces mesures ont pour point de départ la préparation, par les soins des agents voyers, des subventions à réclamer, et ces états doivent être dressés dans le courant du mois de janvier pour les dégradations commises l'année précédente.

L'Instruction générale prévoit, en outre, le cas où la dégradation serait temporaire et où les transports se termineraient avant la fin de l'année. Dans ce cas, l'état des subventions doit être établi dans le mois qui suit l'achèvement des transports. Cette mesure se justifie d'elle-même : il n'y a pas de raison d'attendre l'expiration de l'année et il y a intérêt pour tous à faire régler les subventions le plus tôt possible.

Il s'ensuit que, si un exploitant dégradait un chemin à deux ou trois reprises différentes dans la même année, on pourrait procéder à deux ou trois règlements successifs (C. d'État, 18 août 1869, *Molinos* ; 28 décembre 1879, *Duriez* ; 26 décembre 1891, *Renard*).

405. Il existe un cas où l'observation du principe de l'annualité des subventions a présenté quelque embarras.

Certains transports s'opèrent d'une manière continue pendant les derniers mois d'une année et pendant les premiers mois de la suivante. Ce sont, par exemple, ceux des fabriques de sucre ou des distilleries, ceux des entrepreneurs d'importants travaux publics, ceux des exploitants de forêts.

Est-il nécessaire de réclamer une subvention pour chacune des deux années et de faire prononcer par le conseil de préfecture deux règlements distincts, après expertise portant sur les dégradations de chaque année ?

Le Conseil d'État l'a d'abord pensé (12 février 1849, *Monnot-Leroy* ; 28 juillet 1849, *Lempereur* ; id., *Fayard* ; id., *Cléry-Derniame* ; 27 avril 1850, *Milon* ; 11 mai 1850, *Huyart* ; 18 janvier 1851, *Morlet* ; 8 mars 1851, *Roger-Hutin* ; 26 avril 1851, *Remy et Courteville* ; 18 juin 1852, *Hébert* ; 24 février 1853, *Recq de Malezines* ; 24 avril 1862, chemin de fer d'*Orléans* ; 29 janvier 1863, chemin de fer de *Paris à Lyon* ; 27 janvier 1865, *Bouiller*).

Mais cette manière de procéder comportait des complications inutiles et donnait lieu à des difficultés pour l'évaluation des dégradations afférentes à chaque année. Il est déjà très malaisé de déterminer les dégradations causées par l'ensemble des transports d'une exploitation : il était à peu près impossible d'apprécier dans quelle proportion les dégradations devaient être partagées entre les deux périodes séparées par le 1ᵉʳ janvier.

Aussi le Conseil d'État a-t-il été amené à modifier sa jurisprudence. Il admet maintenant, lorsque les transports d'une exploitation sont à cheval sur deux années, que les communes peuvent former une seule demande à l'issue de la campagne industrielle et qu'il peut être procédé à un règlement unique pour l'ensemble des transports (11 août 1869, chemin de fer du *Nord* ; 21 décembre 1877, *Bureau* ; 12 mars 1880, *Bureau* ; 28 mai 1886, *Bullot* ; 16 juillet 1886, *Bullot*). Cette dernière jurisprudence est assurément conforme au vœu de la loi (1).

---

(1) Sous l'empire de la loi du 28 juillet 1824, certains conseils de préfecture déterminaient, pour l'avenir, la proportion dans laquelle les exploitations devaient concourir aux dépenses de réparation des chemins, en prévision des dégradations extraordinaires que ces exploitations étaient appelées à produire. Le Conseil d'État jugea, à diverses reprises, que rien n'autorisait les conseils de préfecture à statuer ainsi (25 août 1835, *Wautier* ; 21 octobre 1835, commune de *Wuisse* ; 19 janvier 1836, commune de *Villers-les-Nancy*. C'est pour consacrer la doctrine du Conseil d'État que le mot « annuellement » a été introduit, par voie d'amendement, dans la loi du 21 mai 1836.

SECTION V

DÉTERMINATION DU MONTANT DES SUBVENTIONS INDUSTRIELLES

§ 1. — Observations générales

406. D'après l'article 14, la quotité des subventions doit être « proportionnée à la dégradation extraordinaire qui doit être attribuée aux exploitations ».

Il faut donc, chaque fois qu'une exploitation donne lieu à une demande de subvention, rechercher quelle est la dégradation effectivement causée par cette exploitation et en faire la base de la subvention à réclamer. Il s'ensuit que, lorsqu'un industriel dégrade un chemin tous les ans, les subventions peuvent varier d'une année à l'autre, bien que la consistance de l'établissement reste la même. Cet industriel n'est pas fondé, dès lors, à repousser une subvention parce qu'elle est supérieure à celle des années précédentes (C. d'État, 5 juillet 1878, *Aubineau*).

407. L'appréciation de la dégradation extraordinaire à attribuer aux exploitations est chose assurément difficile, même dans le cas où les dégradations du chemin ne sont l'objet d'aucune réparation. Il faut, en effet, faire la part des dégradations dues à la circulation ordinaire et tenir compte du droit des exploitants à user du chemin dans les conditions ordinaires de sa destination. En outre, quand plusieurs industriels ont concouru à dégrader le chemin, il est nécessaire de rechercher dans quelle proportion la dégradation doit être répartie entre eux.

Mais les appréciations sont bien plus malaisées quand les dégradations sont réparées au fur et à mesure qu'elles se produisent. Toute constatation directe se trouve alors impossible. Le Conseil d'État a maintes fois déclaré que cette circonstance ne faisait pas obstacle à la détermination des subventions (14 juin 1878, *Bureau ;* 2 août 1878, *Bazin ;* 9 mai 1879, *Mas-*

signon et *Dufour ;* 12 mars 1880, *Lemaire ;* 13 avril 1881, com-
mune d'*Arnaville ;* 23 janvier 1885, *Arrachart ;* 12 novembre 1886,
Giraudier-Bootz ; 12 avril 1889, d^ll^e *Ragon ;* 17 novembre 1894,
Couverchel ; 26 avril 1895, *Mangon* et *Rousseau ;* 24 mai 1895,
Meynard).

§ 2. — Éléments dont il y a lieu de tenir compte pour l'appréciation des dégradations extraordinaires

408. Quoi qu'il advienne des dégradations commises sur les
chemins, les subventions doivent être déterminées eu égard
aux diverses circonstances dans lesquelles les transports se
sont effectués. Le Conseil d'État a eu souvent l'occasion de
faire connaître qu'il y avait lieu de tenir compte des éléments
ci-après :

1° L'état du chemin au moment des transports (C. d'État,
8 février 1864, *Marnat ;* 7 juin 1866, *Belin ;* 23 janvier 1868,
chemin de fer de *Paris à Lyon ;* 31 décembre 1869, *Bouchaud ;*
9 avril 1875, *Simon Lemuth ;* 26 juin 1885, *Soupiron ;*
3 décembre 1886, *Salin ;* 26 octobre 1888, *Giraudier-Bootz ;*
8 décembre 1888, *Bajolot*) ;

Ainsi que les conditions d'entretien (C. d'État, 16 février 1883,
Leclerc ; 23 janvier 1885, *Martin ;* 23 janvier 1892, *Opoix*) ;

Ou les conditions d'assiette du chemin (C. d'État, 16 février
1883, *Leclerc ;* 23 janvier 1892, *Opoix*), notamment la nature
du sol sur lequel le chemin est assis (C. d'État, 24 avril 1874,
Hénique ; 20 novembre 1893, de *Pruines*).

2° Le nombre des voitures ou mieux des colliers attelés aux
voitures des exploitants (Jurisprudence constante).

L'Administration fait habituellement procéder au comptage
de ces colliers au moyen des cantonniers dont elle dispose. Cette
constatation est très importante pour les communes. Bien
qu'elle soit opérée par des agents qui n'ont reçu de la loi aucune
mission à cet effet; bien que les comptages ne revêtent pas
un caractère d'exactitude absolue, les états de circulation dressés par les soins du service vicinal sont admis par le Conseil
d'État à l'appui du calcul des subventions (10 janvier 1873,

Millot; 23 février 1883, *Favril;* 12 janvier 1885, *Brière;* 7 août 1885, *Faure;* 15 janvier 1886, *Lunel;* 24 mai 1895, *Meynard*). Et, faute de production de ces états de circulation, les industriels peuvent être déchargés de toute subvention, si l'importance de leurs transports n'est pas établie par d'autres moyens (C. d'État, 11 décembre 1885, *Sueur;* 28 janvier 1887, *Sueur;* 9 novembre 1889, héritiers *Pruvost;* 2 mai 1891, héritiers *Pruvost*).

Il va sans dire que les industriels peuvent, le cas échéant, contester l'exactitude des comptages de l'Administration. Les relevés de leurs livres de commerce fournissent souvent des renseignements susceptibles de contrôler les chiffres des comptages (C. d'État, 29 juillet 1881, *Mathieu;* 8 août 1885, *Girard et Amiot*). Il en est de même, dans certains cas, des relevés tirés des écritures des gares de chemins de fer (C. d'État, 10 avril 1867, *Bélin*).

Les comptages de la circulation constituent, en définitive, un procédé pratique pour déterminer le nombre de colliers des exploitants, et il importe que le service vicinal prenne, en temps opportun, les mesures nécessaires pour opérer cette constatation.

Lorsque l'Administration fait procéder au comptage de la circulation industrielle, il est nécessaire qu'une distinction soit faite entre les colliers chargés et les colliers vides. Ces derniers ne causent pas, en général, de dégradations extraordinaires, et le Conseil d'État a eu l'occasion de réduire des subventions dans le calcul desquelles on avait fait entrer à tort le tonnage des voitures vides (17 janvier 1890, *Husson;* 8 avril 1892, Société de sucrerie de *Bray-sur-Seine*).

3° Le poids des matières transportées, et, à défaut de ce poids, la quantité ou bien le volume (Jurisprudence constante).

4° La nature des matières transportées (Jurisprudence constante).

Ce renseignement est assurément utile pour apprécier l'importance du poids d'où dépendent les dégradations extraordinaires.

5° L'espèce des voitures employées aux transports (C. d'État, 9 mai 1879, *Massignon*), le mode de chargement (C. d'État, 14 mars 1873, *Pochet*), et les conditions dans lesquelles les transports se sont effectués [C. d'État, 16 janvier 1874, *Stieve-nard* (1)].

6° Les longueurs parcourues par les voitures des industriels (Jurisprudence constante).

7° La saison pendant laquelle les transports ont été opérés. (Jurisprudence constante);

Et notamment les conditions atmosphériques (C. d'État, 10 janvier 1873, *Millot* ; 30 juin 1876, *Bourdon* ; 15 juin 1883, *Giraudier-Bootz*).

Si les transports ont lieu pendant le dégel, qui, sur certains chemins, détruit plus ou moins complètement la résistance de la chaussée, il importe d'avoir égard à cette circonstance (C. d'État, 26 août 1858, *Locoge* ; 16 janvier 1874, *Stievenard* ; 28 juin 1878, *Mercier* ; 7 juin 1889, *Chevalier*).

8° Les autres circonstances particulières dans lesquelles les transports ont été effectués et l'influence que ces circonstances ont pu exercer sur la détérioration des chemins.

409. Pour apprécier l'étendue des dégradations extraordinaires sur lesquelles doivent être basées les subventions industrielles, il faut, en outre, tenir compte des éléments ci-après :

1° Les dégradations résultant du droit qu'ont les industriels de faire usage du chemin dans les conditions ordinaires de sa destination (Parmi les arrêts les plus récents : 5 avril 1889, *Millot* ; 7 juin 1889, *Clavon-Collignon* ; 14 décembre 1889, *Nizerolles* ; 20 décembre 1889, Société des carrières réunies des *Deux-Charentes* ; 25 avril 1891, *Giraudier-Bootz* ; 2 mai 1891, *Levinstein* ; 17 juin 1892, *Sergeant* ; id., *Manceau-Carlier* ; 20 novembre 1893, de *Pruines* ; 22 décembre 1894, *Millot-Pilloy*).

Les industriels fournissent, en effet, des centimes et des prestations pour l'entretien du chemin. Cette contribution leur donne, dès lors, le droit de se servir de ce chemin comme les autres usagers.

2° Les dégradations causées par la circulation générale (Parmi les arrêts les plus récents : 14 mars 1884, *Couverchel* ; 21 novembre 1884, *Brochet* ; 7 août 1885, *Faure* ; 8 août 1885,

---

(1) Dans cette affaire, les transports avaient eu lieu dans un espace de seize jours. Ils s'étaient opérés par convois de 25 à 30 voitures qui se suivaient sans interruption, à raison de deux convois par jour.

Girard ; 23 janvier 1892, *Opoix ;* 13 février 1892, *Montignies ;* 20 novembre 1893, de *Pruines*).

Pour déterminer la part des dégradations imputables à la circulation générale, le service vicinal fait habituellement relever les colliers dont cette circulation se compose, en même temps que l'on compte les colliers industriels. C'est une mesure dont l'utilité est manifeste.

<h3 style="text-align:center">§ 3. — Calcul du montant des subventions</h3>

410. Indications générales. — Quand, à l'aide des indications précédentes, on a apprécié l'importance des dégradations extraordinaires imputables aux industriels, il reste à évaluer le montant de la subvention motivée par ces dégradations.

Cette subvention doit représenter la dépense des travaux à faire pour réparer les dégradations dont il s'agit.

Ces travaux doivent être tels qu'ils rétablissent le chemin dans ses conditions primitives. Ils ne peuvent procurer l'amélioration de ce chemin (C. d'État, 26 août 1842, commune de *Lescheroux ;* 27 avril 1877, *Albert ;* 28 juin 1878, *Mercier ;* 13 avril 1881, *Sauvage ;* 8 août 1885, *Girard*).

La dépense consiste tant en fourniture de matériaux qu'en main-d'œuvre.

En principe, les matériaux doivent être supposés de même qualité que ceux dont la chaussée était composée. Cependant, dans l'arrêt du 5 avril 1889 (*Millot*), le Conseil d'État a admis l'emploi de matériaux plus résistants et plus coûteux. Cette solution ne peut s'expliquer, à notre avis, qu'autant que ces matériaux étaient en quantité telle qu'ils formaient une chaussée équivalente à l'ancienne.

Quant à la main-d'œuvre, elle doit être estimée à sa juste valeur. Le Conseil d'État a eu parfois à réduire le montant des subventions parce que le prix de la main-d'œuvre était trop élevé (24 décembre 1886, *Ythier ;* 27 juillet 1888, *Giraudier-Bootz ;* 7 juin 1889, *Clavon-Collignon;* 25 avril 1891, *Giraudier-Bootz ; id.*, Société de la sucrerie de *Bray-sur-Seine*).

En ce qui concerne la main-d'œuvre, il peut arriver qu'il y ait lieu d'introduire dans la dépense les journées de cantonniers et d'auxiliaires employés à la réparation des dégradations extraordinaires, avant le règlement de la subvention (C. d'État, 23 février 1883, *Favril*). Mais il va de soi que ces journées ne peuvent entrer en compte, quand elles ont servi à la réparation des dégradations causées par la circulation générale (C. d'État, 14 mai 1858, *Desmarest;* 26 juin 1885, *Bonjour;* 25 avril 1891, *Giraudier-Bootz;* 8 avril 1892, Société de la sucrerie de *Bray-sur-Seine*).

411. Quelquefois les industriels exécutent eux-mêmes des travaux de réparation pendant leurs transports. Il doit en être tenu compte dans la fixation de la subvention (C. d'État, 16 avril 1856, *Ravisy;* 18 août 1857, *Berthommié;* 29 janvier 1863, chemin de fer de *Paris à Lyon;* 4 juin 1875, *Desgranges;* 23 mai 1879, *Guillotin;* 6 janvier 1882, commune de *Saint-Ouen-de-Thouberville;* 23 juillet 1892, *Thouvenot*).

412. Des procédés employés pour le calcul des subventions. — La détermination des subventions d'après les indications qui viennent d'être données ne laisse pas que d'être extrêmement délicate. Aussi a-t-on imaginé divers procédés à l'effet de calculer plus facilement l'importance des subventions.

PREMIER PROCÉDÉ. — *Répartition de la différence entre la dépense totale de réparation et la dépense ordinaire d'entretien.* — Ce procédé consiste à calculer d'abord la dépense totale des réparations faites ou à faire pour rétablir le chemin dans son état antérieur, puis la dépense qu'eût occasionnée la circulation ordinaire, si les transports industriels n'avaient pas eu lieu, en ayant soin toutefois de faire entrer dans cette dernière dépense celle qui se rapporte à l'usage du chemin par les industriels dans les conditions ordinaires de sa destination. La différence entre la dépense totale de réparation et la dépense ordinaire d'entretien représente le montant de la subvention due par l'industriel, s'il n'y en a qu'un, ou bien l'ensemble des subventions à réclamer aux divers industriels, s'il y en a plusieurs.

Ce procédé suppose qu'il est possible de déterminer exactement les deux termes ont don prend la différence. Or, en ce qui concerne le premier terme, il peut exister quelque incertitude sur le point de savoir si la réparation, faite ou à faire, a rétabli ou rétablira la chaussée dans sa situation primitive : il se peut, par exemple, que les quantités de matériaux employées ou prévues réduisent ou augmentent l'épaisseur de cette chaussée. En ce qui a trait au second terme, l'appréciation de la dépense ordinaire d'entretien présente parfois des difficultés, soit parce que la circulation générale varie d'une année à l'autre, soit parce qu'elle détermine des dégradations dont l'importance dépend des conditions atmosphériques de l'année, soit pour toute autre cause.

Quoi qu'il en soit, le procédé dont il s'agit, quand il est appliqué avec discernement par des agents ayant l'expérience des chemins, peut conduire à une évaluation satisfaisante des subventions industrielles.

Aussi, dans le cas d'un industriel unique, ce procédé a-t-il été admis par le Conseil d'État, mais à la condition que les résultats en soient contrôlés par l'examen de toutes les circonstances qui justifient l'importance des dégradations extraordinaires et qui ont été énumérées aux n°⁸ 408 et 409 (7 mai 1857, compagnie dite de *Vicoigne* ; 28 janvier 1858, *Robert de Massy* ; 13 juillet 1864, *Vaux* ; 14 janvier 1865, *Doré* ; 24 mai 1865, *Vallier* ; 11 août 1869, chemin de fer du *Nord*).

Faute de produire ces justifications, la subvention obtenue par différence entre la dépense totale de réparation et la dépense ordinaire d'entretien n'est pas suffisamment établie, et elle ne peut dès lors être imposée à l'industriel (C. d'État, 10 janvier 1856, *Delvigne* ; 28 décembre 1859, *Minelle* ; 25 janvier 1860, *Descars* ; 23 janvier 1868, chemin de fer de *Paris à Lyon* ; 10 décembre 1875, fabrique centrale de sucre de *Meaux* ; 14 novembre 1879, *Hamon* ; 16 février 1883, d'*Osmoy*).

Dans le cas de plusieurs industriels, la solution est moins simple. Il faut, en effet, procéder par voie de répartition pour partager entre les divers industriels la différence obtenue en retranchant la dépense ordinaire d'entretien de la dépense totale de réparation.

Il est indispensable de faire connaître les bases d'après lesquelles la répartition a été faite (C. d'État, 10 décembre 1857, *Queulain* ; 12 août 1861, *Deysson* ; 22 février 1870, *Colin* ; 14 mars 1873, *Pochet*).

Cette répartition ne peut avoir lieu :

Ni proportionnellement aux nombres des colliers et aux distances parcourues (C. d'État, 7 juin 1866, *Bélin ;* 18 août 1869, *Molinos ;* 12 février 1870, *Potheau ;* 8 août 1872, *Potheau ;* 4 juin 1875, *Desgranges ;* 3 août 1888, *Mahieu*) ;

Ni proportionnellement aux poids des matières transportées et aux distances parcourues (C. d'État, 27 août 1854, *Hébert ;* 13 juillet 1883, *Lemoine ;* 23 mai 1884, *Lemoine*).

La répartition doit être effectuée en raison de toutes les circonstances qui justifient l'importance des dégradations extraordinaires et qui ont été énumérées aux n°⁵ 408 et 409 (C. d'État, 25 février 1863, *Deysson ;* 20 décembre 1889, Société des carrières réunies des *Deux-Charentes*).

DEUXIÈME PROCÉDÉ. — *Répartition de la dépense totale de réparation proportionnellement aux colliers de la circulation industrielle et de la circulation générale.* — Ce système a été repoussé par le Conseil d'État (4 juin 1857, *Parquin ;* 16 août 1860, *Nizerolles ;* 27 janvier 1865, *Bouiller*).

Il est manifeste que tous les colliers ne déterminent pas, par leur passage, les mêmes dégradations. Les dégradations dépendent des circonstances qui ont été signalées au n° 408. Ainsi, par exemple, la charge des voitures par collier est très variable, et, à égalité de charge, on ne peut comparer les dégradations causées pendant l'hiver à celles qui se produisent dans la belle saison. Il est à remarquer, d'ailleurs, comme l'a mentionné l'arrêt du 27 janvier 1865 (*Bouiller*), que le procédé dont il est question ne tient pas compte de l'usage que les industriels ont le droit de faire du chemin dans les conditions ordinaires de sa destination.

TROISIÈME PROCÉDÉ. — *Adoption d'un coefficient uniforme par collier kilométrique.* — Dans ce système, on évalue préalablement la dépense de réparation qui correspond en moyenne à la circulation d'un collier par kilomètre, et on applique ce coefficient à tous les colliers constatés au compte de chaque industriel. Ce système a été rejeté par le Conseil d'État pour des motifs analogues à ceux qui viennent d'être indiqués (21 janvier 1857, *Dautcourt ;* 30 avril 1867, *Aultier ;* 15 avril 1868, *Lechat*).

QUATRIÈME PROCÉDÉ. — *Adoption d'un coefficient uniforme par tonne kilométrique.* — Système également écarté (C. d'État, 14 décembre 1883, *Sueur* ; 11 décembre 1885, *Sueur* ; 7 août 1889, *Sueur*).

SECTION VI

FORMATION DES DEMANDES

§ 1. — A qui appartient-il de réclamer les subventions industrielles ?

1° CHEMINS DE GRANDE COMMUNICATION

413. En matière de chemins de grande communication, le préfet a qualité pour réclamer les subventions soit auprès des exploitants en vue d'un règlement à l'amiable, soit devant le conseil de préfecture pour obtenir un règlement par la voie contentieuse.

La rédaction de l'article 14 de la loi du 21 mai 1836 laisse assurément à désirer à ce sujet. Les communes sont, en effet, expressément désignées, dans cet article, comme demanderesses pour les chemins de toute catégorie.

Mais la loi du 21 mai 1836 renferme une disposition qui permet au préfet d'agir au nom des communes : c'est celle de l'article 9, aux termes duquel les chemins de grande communication sont placés sous l'autorité de ce magistrat.

Cette solution a été indiquée par le Ministre de l'Intérieur, au lendemain de la loi de 1836, dans son Instruction du 24 juin 1836. Elle a été prescrite par l'article 111 de l'Instruction générale du 6 décembre 1870 sur le service des chemins vicinaux. Enfin, elle a été constamment admise par le Conseil d'État, qui a eu l'occasion de la justifier explicitement dans plusieurs arrêts, en déclarant que l'article 9 de la loi du 21 mai 1836 donne au préfet le droit de représenter les communes intéressées et de réclamer en leur nom les subventions industrielles relatives aux chemins de grande communication (17 mars 1857, *Vinas* ; 16 août 1860, *Nizerolles* ; 18 février 1864,

Watel ; 25 janvier 1865, *Pointelet ;* 10 janvier 1873, *Damay-Denizart*, 20 décembre 1889, Société des carrières réunies des *Deux-Charentes;* 23 janvier 1892. *Opoix*).

Le préfet n'a pas besoin d'ailleurs, pour agir, de l'autorisation des communes intéressées (16 novembre 1883, préfet du *Pas-de-Calais*, c. de *Mot ;* 23 janvier 1892, *Breuil*).

2° CHEMINS D'INTÉRÊT COMMUN

414. En ce qui concerne les chemins d'intérêt commun, c'est également le préfet qui, agissant au nom des communes intéressées, provoque le règlement des subventions industrielles.

Cette intervention du préfet ne pouvait résulter des dispositions de la loi du 21 mai 1836, qui n'a pas prévu les chemins d'intérêt commun tels qu'ils existent aujourd'hui. Aussi pendant longtemps le préfet a-t-il été considéré comme dépourvu de qualité pour réclamer les subventions industrielles relatives aux chemins dont il s'agit.

Cette situation était fâcheuse. Il était difficile d'obtenir l'action collective des maires des communes intéressées pour provoquer le règlement des subventions. On risquait de perdre des ressources nécessaires à la réparation des chemins. La marche du service vicinal était entravée.

M. le Ministre de l'Intérieur ne cessa de faire valoir ces inconvénients auprès du Conseil d'État et, bien qu'il eût toujours échoué dans ses demandes (17 mars 1857, *Vinas ;* 25 janvier 1865, *Pointelet*), il inséra, dans l'article 111 de son Instruction générale du 6 décembre 1870, une disposition aux termes de laquelle le préfet était chargé de réclamer les subventions industrielles pour les chemins d'intérêt commun, aussi bien que pour ceux de grande communication.

Le Conseil d'État continua à lui donner tort, en décidant que, si l'article 9 de la loi de 1836 a conféré au préfet le droit de représenter les communes intéressées aux chemins de grande communication et de demander en leur nom des subventions industrielles, ni cet article ni aucune autre disposition législative ne lui ont donné le même droit pour les chemins d'intérêt commun (19 décembre 1873, *Leclercq ;* 14 juillet 1876, préfet du *Calvados* ; 1ᵉʳ décembre 1876, préfet du *Pas-de-Calais* c. *Mention* ; — *id.*, *Lemoine* et *Théry*).

C'est seulement à partir de 1877 que le Conseil d'État a cru devoir modifier sa jurisprudence.

Ce changement date de l'arrêt du 12 janvier 1877 (préfet de l'*Aude* c. *Pirognat*), qui avait trait à une contestation portant sur l'exécution des travaux d'un chemin d'intérêt commun. Le Conseil d'État décida que la loi du 10 août 1871 sur les conseils généraux a assimilé, par diverses dispositions, les chemins d'intérêt commun aux chemins de grande communication ; qu'il suit de là que, dans la même mesure que ces derniers, les chemins d'intérêt commun sont placés sous l'autorité du préfet, et qu'il appartient dès lors à ce magistrat d'agir, au nom des communes intéressées à ces chemins, dans les contestations relatives à l'exécution des travaux desdits chemins (1).

Ce principe ne tarda pas à être appliqué en matière de subventions industrielles, et il a toujours été maintenu. La jurisprudence du Conseil d'État est définitivement fixée à ce sujet (9 mars 1877, *Hallette* ; 25 mars 1881, préfet de la *Nièvre* ; 5 août 1881, *Pougnet* ; 4 mai 1883, préfet du *Lot* ; 11 mai 1883, *Donnard* ; 16 novembre 1883, préfet du *Pas-de-Calais* ; 20 décembre 1889, Société des carrières réunies des *Deux-Charentes*).

En définitive, c'est aux préfets qu'il appartient d'agir, au nom des communes intéressées, pour provoquer le règlement des subventions industrielles en ce qui concerne les chemins d'intérêt commun. Telles sont, du reste, les instructions que le Ministre de l'Intérieur leur a adressées, par une circulaire du 20 mars 1877.

De même que pour les chemins de grande communication les préfets n'ont pas besoin d'une autorisation des communes intéressées (C. d'État, 16 novembre 1883, préfet du *Pas-de-Calais*, c. de *Mot*).

3° CHEMINS VICINAUX ORDINAIRES

415. L'article 14 de la loi de 1836 porte que les subventions seront réglées sur la demande des communes.

_____

(1) V. au n° 993.

En matière de chemins vicinaux ordinaires, le maire est donc chargé d'introduire cette demande, puisque c'est lui qui représente la commune en justice, aux termes de l'article 90, n° 8, de la loi municipale du 5 avril 1884. C'est ce qui a été prescrit par l'article 111 de l'Instruction générale du 6 décembre 1870 et confirmé par divers arrêts du Conseil d'État (18 février 1864, *Watel;* 20 février 1880, *Monfourny—Ancelin;* 11 mai 1883, *Donnard*).

La commune n'a besoin, d'ailleurs, d'aucune autorisation pour porter sa requête devant le conseil de préfecture (1).

Mais, pour saisir ce tribunal, le maire est tenu de justifier d'une autorisation du conseil municipal de sa commune (1).

416. Le préfet n'a pas qualité pour introduire devant le conseil de préfecture une demande de subvention spéciale ayant trait aux chemins vicinaux ordinaires d'une commune. Aucune disposition législative ne lui confère ce droit (C. d'État, 18 février 1864, *Watel*).

C'est même à tort que l'article 111 de l'Instruction générale du 6 décembre 1870 énonce que les maires des communes intéressées « pourront demander au préfet d'ordonner et de suivre, au nom de la commune, l'accomplissement des formalités et des opérations nécessaires pour arriver au règlement des subventions ». D'après l'article 82 de la loi du 5 avril 1884, le maire ne peut déléguer une partie de ses fonctions qu'à un adjoint ou à un membre du conseil municipal.

On peut se demander toutefois si le préfet n'aurait pas qualité pour agir, à la place du maire, dans le cas où ce dernier négligerait de faire le nécessaire.

La solution de cette question nous paraît dépendre du point de savoir si le conseil municipal a réclamé ou non le règlement des subventions industrielles.

S'il y a eu délibération à cette fin et si le maire ne provoque pas le règlement dont il s'agit, le préfet a le droit d'intervenir, en vertu de l'article 85 de la loi du 5 avril 1884, puisque le maire refuse ou néglige de faire un des actes qui lui sont prescrits par la loi. Parmi ces actes figure assurément l'exécution de toute décision régulièrement prise par le conseil municipal.

V. au n° 994.

Si, au contraire, le conseil municipal n'a point délibéré à ce sujet, le maire ne peut engager aucune instance et le préfet ne peut dès lors appliquer l'article 85 de la loi municipale.

417. Il peut se faire que le chemin dégradé soit entretenu par une commune autre que celle sur le territoire de laquelle le chemin est situé.

Lorsque ce cas se produit, une question se pose : à qui appartient-il de réclamer les subventions? Est-ce à la commune qui entretient le chemin ou à la commune sur le territoire de laquelle ce chemin est établi?

Le Conseil d'État a décidé, à plusieurs reprises, que cette dernière commune était seule investie du droit de provoquer le règlement des subventicns (7 août 1884, *Arrachart* ; 25 mai 1877, *Bazin;* 2 août 1878, *Bazin*).

Cette jurisprudence, quelque fondée qu'elle soit, n'est pas sans inconvénient. Il est manifeste, en effet, que la commune appelée à être demanderesse n'est pas, dans l'espèce, intéressée à la mise en état du chemin dégradé. Elle peut, dès lors, être amenée à négliger et même à refuser d'engager et de suivre une action devant le conseil de préfecture, et à plus forte raison, le cas échéant, devant le Conseil d'État. Si ce fait se produit, la commune qui a pris à sa charge l'entretien du chemin perd le bénéfice de l'apport des subventions industrielles.

Pour parer à cette éventualité, le meilleur moyen consiste à obtenir le classement du chemin dont il s'agit parmi les lignes d'intérêt commun, ainsi que nous l'avons expliqué au n° 68.

§ 2. — Délai dans lequel les subventions doivent être réclamées

418. La loi ne fixe pas ce délai.

Il est certain cependant que si la demande était formée trop longtemps après les dégradations du chemin, l'évaluation de ces dernières deviendrait fort difficile. Les tribunaux administratifs seraient dès lors amenés à rejeter la demande comme tardive. C'est ce que le Conseil d'État a fait, par un arrêt du 11 mai 1888, à l'occasion d'une demande de la commune de

Gondrin qui avait été formée en juin 1886 pour des dégradations remontant aux années 1882 et 1883. Par un arrêt du 26 juin 1866 (*Vial*), la haute assemblée avait également repoussé comme tardive une demande formée le 3 décembre 1864 pour des dégradations commises en 1861.

Aussi l'Instruction générale du 6 décembre 1870 renferme-t-elle des prescriptions destinées à assurer la présentation des demandes en temps utile.

Aux termes des articles 110 et 111, les états de subventions doivent être préparés par les agents voyers dans le courant du mois de janvier pour les dégradations commises l'année précédente. Si la dégradation a été temporaire et si les transports se sont terminés avant la fin de l'année, les états doivent être dressés dans le mois qui suit l'achèvement des transports.

En ce qui concerne les chemins vicinaux ordinaires, un état est dressé, par commune, par l'agent voyer cantonal; en ce qui a trait aux chemins de grande communication et d'intérêt commun, un état est préparé, par chemin, par l'agent voyer d'arrondissement.

L'état relatif aux chemins vicinaux ordinaires est remis au maire, après avoir été visé par l'agent voyer d'arrondissement ; celui qui concerne les chemins de grande communication et d'intérêt commun est remis au préfet, après avoir été visé par l'agent voyer en chef.

D'après l'article 112 de l'Instruction générale, la demande de subvention, formée soit par le maire, soit par le préfet, est notifiée administrativement à chaque exploitant, avec invitation de faire connaître, dans le délai de dix jours, s'il adhère à cette demande.

Dans le cas où il ne donne pas son adhésion, le conseil de préfecture est saisi du règlement de la subvention.

SECTION VII

RÈGLEMENT DES SUBVENTIONS INDUSTRIELLES PAR VOIE D'ABONNEMENT

§ 1. — De l'insertion dans la loi du règlement par voie d'abonnement

419. D'après l'article 7 de la loi du 28 juillet 1824, les subventions industrielles devaient être fixées par le conseil de préfecture. Aucun autre mode de règlement n'avait été prévu.

Cependant, sous l'empire de cette législation, les communes n'avaient pas toujours recours aux tribunaux administratifs pour obtenir des exploitants les subventions qui leur paraissaient dues. Elles provoquaient soit des conventions, soit des offres, à l'effet d'assurer la réparation des dégradations causées aux chemins, de telle sorte qu'il n'y avait pas lieu de faire intervenir le conseil de préfecture.

Ces arrangements étaient soumis aux règles ordinaires des transactions ou des souscriptions acceptées par les communes, notamment au point de vue du recouvrement des sommes stipulées.

Le législateur de 1836 a pensé qu'il convenait de prévoir le mode de règlement dont il s'agit et, en l'introduisant dans l'article 14, il a assuré aux subventions ainsi arrêtées le bénéfice du mode de recouvrement, rapide et énergique, employé en matière de contributions directes.

C'est surtout cette considération qui justifie l'insertion, dans la loi du 21 mai 1836, du mode de règlement des subventions par voie d'abonnement.

§ 2. — En quoi consiste l'abonnement.

420. Ainsi que l'expose le Ministre de l'Intérieur dans son Instruction du 24 juin 1836, « le mot *abonnement* emporte nécessairement l'idée d'une convention amiable entre les parties ». Cette convention se forme généralement de la manière que nous allons indiquer.

L'exploitant signe un engagement aux termes duquel il consent à payer une subvention déterminée pour la réparation des dégradations causées par son établissement. Cet engagement est soumis à l'acceptation de la commune ou du représentant des communes.

Il y a, à ce sujet, à distinguer suivant que les chemins dégradés sont des chemins vicinaux ordinaires, ou bien des chemins de grande communication ou d'intérêt commun.

Dans le premier cas, l'engagement doit être accepté par le conseil municipal de la commune (art. 61 et 68, n° 4, de la loi municipale du 5 avril 1884 ; — art. 115 de l'Instruction générale du 6 décembre 1870).

Dans le deuxième cas, c'est le préfet qui a qualité pour consentir à l'abonnement, puisqu'il est le représentant des communes intéressées aux chemins de grande communication et d'intérêt commun. L'adhésion du préfet résulte d'ordinaire du rapport par lequel il saisit de l'affaire l'autorité chargée d'approuver l'abonnement. Le préfet n'a pas besoin, d'ailleurs, d'être autorisé par des délibérations des conseils municipaux intéressés, puisqu'il a été jugé que cette autorisation ne lui est pas nécessaire pour porter et suivre, devant le conseil de préfecture, le règlement des subventions, quand il ne peut s'effectuer à l'amiable (nᵒˢ 413 et 414).

§ 3. — De la rédaction des abonnements

421. Quand les règlements de subventions à l'amiable sont nombreux, il est d'usage d'avoir recours à une formule imprimée pour recueillir l'engagement de l'industriel. L'administration supérieure n'ayant fourni aucun modèle à ce sujet, l'établissement de la formule est laissé aux soins du service vicinal de chaque département.

Cette formule énonce les nom et prénom de l'exploitant, sa profession et son domicile. Elle fait connaître le numéro et la désignation des chemins dégradés, avec le nom de la commune quand il s'agit de chemins vicinaux ordinaires. Elle indique le montant de la subvention consentie pour chaque chemin, ainsi que l'année ou les années auxquelles s'applique cette subvention. Enfin, elle mentionne le mode d'acquit de la subvention en faveur duquel l'exploitant a opté, c'est-à-dire l'exécution en nature ou le paiement en argent.

Il est bon, pour prévenir toute contestation, de rappeler dans l'abonnement que les subventions acquittables en nature seront exécutées suivant les règles adoptées pour la prestation.

L'application de ces règles ne saurait donner lieu à aucune difficulté en ce qui concerne le délai d'exécution, si les abonnements sont approuvés au début de l'année, avant l'époque où les bulletins de réquisition sont envoyés aux prestataires. Les subventionnaires sont alors traités comme ces derniers. Mais il n'en est pas de même quand l'homologation des abonnements subit des retards et quand elle survient à un moment tel que l'exécution des subventions est impossible au terme fixé pour les prestations par le Règlement des chemins vicinaux. Dans ce cas, il convient d'insérer dans l'abonnement soit la date extrême à laquelle les subventions en nature doivent être effectuées, soit le délai d'exécution qui leur est assigné à partir de la notification de la décision approbative de la commission départementale.

Il peut être encore utile d'introduire d'autres stipulations dans l'abonnement. Si la commune, sur le territoire de laquelle la subvention doit être acquittée en nature, n'a pas adopté la conversion des prestations en tâches, il peut être avantageux, aussi bien pour l'industriel que pour le service vicinal, d'appliquer le système des tâches au mode d'acquit de la subvention. Il est alors nécessaire de régler toutes les conditions d'exécution des tâches, en indiquant notamment la nature des travaux et les prix d'unité.

§ 4. — Approbation des abonnements

422. L'approbation des abonnements est actuellement confiée à la commission départementale, aux termes de l'article 86 de la loi du 10 août 1871 sur les conseils généraux. Elle appartenait autrefois au préfet, en conseil de préfecture, d'après l'article 14 de la loi du 21 mai 1836.

Le choix de la commission départementale se justifie aisément à l'égard des chemins de grande communication et d'intérêt commun. Du moment que la loi du 10 août 1871 rendait le conseil général maître du budget de ces chemins, en lui donnant le droit d'arrêter les ressources essentielles de ce budget, c'est-à-dire les contingents des communes et les subventions du département, il était rationnel d'attribuer à cette même assemblée l'approbation des abonnements, qui constituent une ressource complémentaire éventuelle. Et comme on ne pouvait pratiquement attendre les réunions du conseil général pour obtenir cette approbation, il était naturel de la conférer, par une sorte de délégation, à la commission départementale.

Mais, si la disposition de l'article 86 est en harmonie avec les principes en ce qui concerne les chemins de grande communication et d'intérêt commun, il n'en est pas de même à l'égard des chemins vicinaux ordinaires. Les abonnements, qui ne sont que des transactions, devraient être soumis aux mêmes règles que ces dernières. Ils devraient être approuvés par le préfet en conseil de préfecture, conformément aux dispositions des articles 68, n° 4, et 69 de la loi municipale du 5 avril 1884. On ne s'explique pas pour quel motif le législateur a substitué, en cette matière, la commission départementale au préfet.

La décision par laquelle la commission départementale approuve un abonnement n'a que le caractère d'un acte de pure administration. Elle donne force exécutoire à la convention acceptée par les parties. Elle autorise les communes ou leur représentant à recouvrer, comme en matière de contributions directes, le montant de l'abonnement, dans le cas où le subventionnaire refuserait de remplir ses obligations. Par contre, elle lie les parties et elle leur interdit de saisir le conseil de préfecture du règlement de la subvention, quand l'abonnement a été régulièrement homologué par la commission départementale (C. d'État, 3 août 1850, Min. des *Finances;* 31 mai 1851, Compagnie de *Decazeville*).

423. La fixation des subventions par voie d'abonnement n'est pas soumise à la règle de l'annualité qui a été imposée

par l'article 14 en ce qui concerne les subventions arrêtées par
le conseil de préfecture : les abonnements peuvent s'appliquer
à une période de plusieurs années (art. 115 de l'Instruction
générale du 6 décembre 1870). Du moment, en effet, que
l'abonnement n'est autre qu'une convention amiable, on conçoit que les parties aient la faculté d'agir ainsi.

Il est à remarquer qu'en employant le mot *abonnement*, le
législateur s'est servi d'un terme qui consacre cette faculté.

Par contre, il ne faudrait pas croire que ce terme doive être
exclusivement entendu dans le sens qui vient d'être indiqué.
Le mot *abonnement* a une autre acception, d'après laquelle il
s'applique à l'évaluation fixe d'une chose incertaine. Aussi, le
règlement par voie d'abonnement peut s'opérer aussi bien
pour les dégradations d'une année que pour celles d'une période
plus ou moins étendue.

424. Les décisions approbatives des abonnements, aux
termes de l'article 88 de la loi du 10 août 1871, doivent être
communiquées aux parties intéressées, c'est-à-dire, d'une part,
aux exploitants et, d'autre part, au préfet ou aux conseils municipaux, suivant qu'il s'agit de chemins de grande communication et d'intérêt commun ou bien de chemins vicinaux ordinaires.

La circulaire du Ministre de l'Intérieur en date du 9 août 1879,
§ IV, a réglé les formes de cette communication (voir au
n° 980).

§ 5. — Cas où l'abonnement intervient en cours d'instance devant le conseil de préfecture.

425. Il arrive quelquefois que les parties se mettent d'accord, dans le cours de l'expertise ordonnée par le conseil de
préfecture, et consentent à régler la subvention par la voie
d'un abonnement.

Cette solution a l'avantage d'arrêter les opérations de l'expertise et de rendre inutiles la rédaction et le dépôt du rapport. Elle nous paraît susceptible d'être adoptée, mais en
ayant soin de ne procéder au désistement, devant le conseil de

préfecture, qu'après l'homologation de l'abonnement par la commission départementale.

Lorsque la solution dont il s'agit est admise par les parties, il y a lieu de s'entendre, en outre, sur le point de savoir comment les frais déjà effectués seront payés. Un accord est indispensable à ce sujet. On ne peut laisser cette question pendante, en confiant à la commission départementale le soin de la trancher, puisque cette commission n'a pas les attributions d'un tribunal.

Si les parties ne pouvaient parvenir à régler à l'amiable le paiement des frais, il faudrait renoncer à l'approbation d'un abonnement et faire statuer le conseil de préfecture, qui pourrait donner acte aux parties de leur accord sur le montant de la subvention. La question des frais serait alors réglée conformément aux dispositions de la loi du 22 juillet 1889.

§ 6. — Des avantages du mode de règlement par voie d'abonnement

426. Le mode de règlement des subventions par voie d'abonnement constitue le procédé le plus fréquemment employé et celui dont on recherche d'abord l'application. Ce n'est qu'autant que les tentatives d'abonnement ont échoué que les communes ou leur représentant prennent le parti de faire régler les subventions par le conseil de préfecture.

L'abonnement présente des avantages importants. D'abord il permet d'obtenir plus tôt la réalisation de la subvention et, par suite, de hâter la réparation des dégradations commises. On sait qu'il y a de graves inconvénients à laisser se prolonger l'état de détérioration d'un chemin : le rétablissement de la chaussée coûte généralement d'autant plus cher qu'on a attendu plus longtemps pour l'opérer.

Ensuite, lorsque les abonnements sont approuvés dès le début de l'année qui suit celle des dégradations, le service vicinal se trouve mieux en mesure d'utiliser les subventions acquittables en nature. Il lui est plus facile, en réunissant ces subventions aux prestations, d'en organiser l'emploi, eu égard aux ressources en argent dont il dispose. Les choses se passent d'une manière tout autre quand les subventions sont réglées par le conseil de préfecture : ces subventions peuvent n'être fixées que tardivement, dans le cours de l'année, après que le service vicinal a arrêté les combinaisons propres à assurer l'emploi de ses diverses ressources. Et, lorsque les industriels entendent se libérer en nature, si ce mode d'acquit exige des ressources en argent qui manquent au budget des chemins, le service vicinal se trouve dans les plus grands embarras.

Ces avantages sont tellement marqués que l'Administration préfère d'ordinaire les abonnements, alors même que leur montant n'atteint pas celui des subventions que l'on suppose susceptibles d'être allouées par le conseil de préfecture.

On ne saurait donc trop agir auprès des agents voyers cantonaux pour qu'ils recueillent des abonnements. Dans plusieurs départements, on récompense leurs efforts en leur allouant des honoraires calculés sur le montant des abonnements obtenus. Ces honoraires sont fixés par le conseil général pour les chemins de grande communication et d'intérêt commun, et par les conseils municipaux en ce qui concerne les chemins vicinaux ordinaires. Nous savons que cette prime donnée aux agents voyers n'est pas à l'abri de toute critique, mais nous devons déclarer que, dans les départements où nous l'avons vu pratiquer, elle n'a produit que de bons résultats, et nous ne pouvons que la recommander.

SECTION VIII

RÈGLEMENT DES SUBVENTIONS INDUSTRIELLES PAR LA VOIE CONTENTIEUSE

§ 1. — Introduction des instances devant le conseil de préfecture

427. Nous avons dit (n° 418) que les exploitants doivent être invités à faire connaître, dans le délai de dix jours, s'ils adhèrent à la demande de l'Administration. Généralement, la mise en demeure qui leur est notifiée est accompagnée d'un

abonnement à signer dans le cas où ils acceptent les propositions de l'Administration. Il convient d'avertir les exploitants
que, faute par eux de souscrire à ces propositions, le règlement des subventions sera porté devant le conseil de préfecture.

428. Ce tribunal est saisi lorsqu'à l'expiration du délai
imparti les industriels ont refusé de signer l'abonnement qui
leur a été présenté.

La loi du 21 mai 1836 avait institué, dans son article 17, un
mode spécial de règlement devant le conseil de préfecture. Ce
mode a été supprimé par la loi du 22 juillet 1889 qui a déterminé la procédure à suivre devant les conseils de préfecture et
qui a soumis à cette procédure le règlement des subventions
spéciales (art. 11).

L'introduction des demandes est donc régie par la loi du
22 juillet 1889.

429. La requête doit dès lors être déposée au greffe du
conseil de préfecture. Elle doit émaner du préfet pour les chemins de grande communication et d'intérêt commun, et du
maire pour les chemins vicinaux ordinaires, ce dernier agissant en vertu d'une autorisation du conseil municipal de la
commune (V., à ce sujet, les nᵒˢ 413 et suivants).

La requête doit être faite sur papier timbré (Circulaire du
ministre de l'Intérieur en date du 31 juillet 1890, art. 2).

Elle doit contenir les nom, qualité et domicile du demandeur,
les nom et demeure du défendeur, l'objet de la demande et
l'énonciation des pièces dont le requérant entend se servir et
qui y sont jointes.

La requête doit être accompagnée de copies certifiées conformes par le requérant. Ces copies, destinées à être notifiées
aux parties en cause, ne sont pas assujetties au droit de timbre.

L'obligation de fournir des copies ne s'étend pas aux pièces
annexées à la requête (Circulaire précitée, art. 3).

§ 2. — Des expertises

430. Cas où l'expertise est ordonnée. — Avant la loi
du 22 juillet 1889 sur la procédure à suivre devant les conseils

de préfecture, l'expertise était toujours obligatoire en matière de règlement de subventions industrielles. Cela résultait des termes de l'article 14 de la loi du 21 mai 1836.

Actuellement, d'après l'article 13 de la loi du 22 juillet 1889, le conseil de préfecture a la faculté d'ordonner une expertise. Il n'y est tenu qu'autant qu'elle est demandée par les parties ou par l'une d'elles *pour faire vérifier les faits qui servent de base à la réclamation*.

Il suit de là que le conseil de préfecture ne serait pas astreint à prescrire une expertise, alors même qu'elle serait réclamée par l'une des parties, si la requête était frappée d'une fin de non-recevoir ou si la solution de l'affaire dépendait d'une question de droit et non d'une vérification de fait (Circulaire du Ministre de l'Intérieur du 31 juillet 1890, art. 13). C'est ainsi que sous le régime des expertises réglées par les articles 14 et 17 de la loi de 1836, il a été jugé qu'une tierce-expertise n'était pas nécessaire quand le désaccord portait sur le point de savoir s'il y avait lieu de tenir compte à l'industriel du montant des prestations et des centimes auxquels il avait été imposé (C. d'État, 5 janvier 1883, *Braux* ; 3 août 1888, *Mahieu*).

431. Du nombre et de la nomination des experts. — Aux termes de l'article 14 de la loi du 22 juillet 1889, l'expertise est faite par trois experts, à moins que les parties ne consentent qu'il y soit procédé par un seul.

Dans ce dernier cas, l'expert est nommé par le conseil, à moins que les parties ne s'accordent pour le désigner.

Si l'expertise est confiée à trois experts, l'un d'eux est nommé par le conseil de préfecture, et chacune des parties est appelée à nommer son expert.

D'après l'article 15 de la loi précitée, les parties qui ne sont pas présentes à la séance publique où l'expertise est ordonnée, ou qui n'ont pas dans leurs requêtes et mémoires fait connaître leur expert, sont invitées à le désigner dans le délai de huit jours.

Si cette désignation n'est pas parvenue au greffe dans ce délai, la nomination est faite d'office par le conseil de préfecture.

432. En matière de subventions industrielles, les parties appelées à désigner un expert sont, d'une part, les exploitants auxquels les dégradations des chemins sont imputées et, d'autre part, les autorités qui agissent au nom des communes intéressées. Ces autorités sont celles qui ont saisi le conseil de préfecture, c'est-à-dire le préfet pour les chemins de grande communication ou d'intérêt commun et le maire pour les chemins vicinaux ordinaires. Ce dernier n'est pas, d'ailleurs, obligé de se pourvoir, à cet effet, d'une délibération du conseil municipal, par la raison que le choix d'un expert constitue une mesure d'exécution qui rentre dans ses attributions, aux termes de l'article 90 de la loi du 5 avril 1884.

433. La loi du 22 juillet 1889 n'a prévu que deux parties en cause, ce qui a permis de fixer à trois le nombre des experts, en accordant à chaque partie et au conseil de préfecture le droit de nommer un expert.

Mais il peut arriver qu'il y ait plus de deux parties au procès. Dans ce cas, pour que l'expertise soit faite par trois experts, il faut que les parties n'usent pas de leur droit de nommer chacune leur expert : inversement, si on leur maintient l'exercice de ce droit, il faut que le nombre des experts soit supérieur à trois.

M. le Ministre de l'Intérieur a fait savoir, dans sa circulaire du 31 juillet 1890 (article 13), que cette dernière solution paraissait seule conforme à l'esprit de la loi. D'après lui, le principe qui domine la matière, c'est le droit pour chacune des parties d'être représentée par un expert de son choix.

Dans un arrêt du 1er juillet 1892 (veuve *Vaccaro* et *ministre des Travaux publics*), le Conseil d'État a ratifié cette manière d'appliquer la loi.

434. Du choix des experts. — Avant la loi du 22 juillet 1889, les fonctions d'expert pouvaient être confiées aux agents du service vicinal qui avaient participé à l'instruction de la demande de subvention. Il n'en est plus ainsi actuellement. Aux termes de l'article 17 de la loi sur la procédure à suivre devant les conseils de préfecture, « les fonctionnaires qui ont exprimé une opinion dans une affaire litigieuse ou qui ont pris part aux travaux qui donnent lieu à une réclamation ne peuvent être désignés comme experts. »

Cette incapacité frappe les experts de toute nature, aussi

bien les experts nommés par le conseil de préfecture que les experts choisis par les parties.

435. Des experts désignés par les parties. — Les parties ne peuvent pas opérer elles-mêmes comme experts. Aussi a-t-il été jugé que c'était avec raison que l'expert d'une commune avait refusé de procéder avec l'industriel lui-même à la constatation des dégradations commises (C. d'État, 26 avril 1851, *Rémy* et *Courteville*).

En principe, toute personne peut être désignée comme expert par les parties. Les agents du service vicinal, en service dans le département, peuvent donc être choisis par le préfet ou les maires, suivant le cas (C. d'État, 21 décembre 1877, *Lemaire* ; 28 novembre 1879, *Duriez* ; 5 janvier 1883, *Braux* ; 3 août 1888, *André*), mais à la condition que ces agents n'aient pas exprimé d'opinion dans l'affaire ou qu'ils n'aient pas pris part aux travaux.

Il n'y a, pour les représentants des communes, aucun scrupule à porter leur choix sur les agents dont il s'agit.

Cela tient à ce que les experts choisis par les parties sont leurs *défenseurs*, ainsi que l'a déclaré le rapporteur de la commission du Sénat, dans la séance du 5 février 1889.

La loi du 22 juillet 1889 a maintenu aux experts des parties le caractère qu'ils avaient sous le régime de l'article 17 de la loi du 21 mai 1836. Le changement apporté par la nouvelle loi a consisté à faire opérer simultanément les deux experts des parties et l'expert nommé par le conseil de préfecture, au lieu de faire succéder les opérations de ce dernier à celles des deux premiers experts. Il n'y a, en définitive, dans le système de la loi de 1889 qu'un seul expert à l'abri de tout soupçon de partialité : c'est celui qui est désigné par le conseil de préfecture. Aussi a-t-il été jugé nécessaire d'édicter une disposition qui permît au conseil de préfecture de trouver, dans le rapport, l'appréciation de cet expert. Elle a consisté à déroger aux prescriptions de l'article 318 du Code de Procédure civile et à obliger les experts à faire connaître l'opinion de chacun d'eux, dans le cas où ils sont d'avis différents.

Du moment que les industriels peuvent profiter de la faculté qui leur est donnée de faire défendre leurs intérêts par des mandataires de leur choix, il n'y a pas de raison pour que l'Administration n'use pas de la même faculté, en désignant les agents du service vicinal du département, qui sont, plus que toutes autres personnes, à même de justifier les demandes de subventions.

436. Des experts désignés d'office. — Le conseil de préfecture n'a pas, dans le choix des experts qu'il désigne d'office, la latitude dont jouissent les parties.

Ces experts sont susceptibles d'être récusés. D'après l'article 17 de la loi du 22 juillet 1889, les règles établies par le Code de Procédure civile pour la récusation des experts leur sont applicables. Ces règles sont contenues dans l'article 283 (1); formulées à l'égard des témoins, elles ont été étendues aux experts, aux termes de l'article 310 du Code de Procédure civile.

Les experts nommés par le conseil de préfecture ne doivent donc appartenir à aucune des catégories de personnes mentionnées dans l'article 283.

Il convient d'ajouter que cette énumération n'a pas été jugée limitative par la Cour de Cassation. Le Conseil d'État adoptera vraisemblablement la même manière de voir.

Il ne pourra que continuer à repousser la nomination d'office des maires des communes intéressées aux chemins de grande communication ou d'intérêt commun en vue desquels des subventions sont réclamées (23 mars 1877, *Brunehaut ;* 5 juillet 1878, *Giraudier-Bootz ;* 13 décembre 1878, *Legras ;* 31 décembre 1878, *Painvin ;* 6 juin 1879, *Giraudier-Bootz*). Mais, pour que cette exclusion soit prononcée, il faut que la commune figure au nombre des communes intéressées. Le Conseil d'État n'a pas considéré comme telle une commune dont le territoire n'était pas traversé par le chemin, qui en était éloi-

---

(1) ART. 283. — Pourront être reprochés, les parents ou alliés de l'une ou de l'autre des parties jusqu'au degré de cousin issu de germain inclusivement ; les parents et alliés des conjoints au degré ci-dessus, si le conjoint est vivant, ou si la partie ou le témoin en a des enfants vivants : en cas que le conjoint soit décédé, et qu'il n'ait pas laissé de descendants, pourront être reprochés les parents et alliés en ligne directe, les frères, beaux-frères, sœurs et belles-sœurs.
Pourront aussi être reprochés, le témoin héritier présomptif ou donataire ; celui qui aura bu et mangé avec la partie et à ses frais, depuis la prononciation du jugement qui a ordonné l'enquête ; celui qui aura donné des certificats sur les faits relatifs au procès ; les serviteurs et domestiques ; le témoin en état d'arrestation ; celui qui aura été condamné à une peine afflictive ou infamante, ou même à une peine correctionnelle pour cause de vol.

gnée de près de 5 kilomètres et qui ne fournissait aucun contingent pour son entretien (7 juin 1889, *Joncourt*).

Quant aux agents du service vicinal du département, le Conseil d'État jugeait, sous l'empire de l'ancienne législation, qu'aucune disposition ne s'opposait à ce qu'ils fussent soit choisis d'office comme experts des industriels (13 mars 1860, *Guy-Vaissier*; 24 avril 1874, *Fenaille*; 1er décembre 1876, *Labarre*; 22 juin 1877, *Legru*; 28 décembre 1877, *Ducharron*), soit désignés pour les fonctions de tiers-expert, correspondant à celles que la loi du 22 juillet 1889 a attribuées à l'expert du conseil de préfecture (9 janvier 1874, *Dollot*; 20 mars 1875, *Dollot*; 27 février 1880, *Massignon* et *Dufour*; 8 novembre 1889, *Lemoine*). Nous présumons qu'en présence des termes de l'article 17, qui renvoie aux règles du Code de Procédure civile, une nouvelle jurisprudence s'établira à ce sujet. Les agents voyers en service dans le département, qui dépendent soit du préfet, soit des maires, nous paraissent devoir rentrer dans la catégorie des personnes visées par le Code de Procédure civile, non d'après les termes, mais d'après l'esprit de l'article 283.

Quoiqu'il advienne à ce sujet, nous estimons qu'il convient de s'abstenir de désigner les agents voyers du département comme experts d'office des industriels ou comme experts du conseil de préfecture, afin de prévenir les critiques que ce choix ne saurait manquer de provoquer.

437. Du mode de récusation des experts. — La proposition de récusation des experts doit être faite dans les formes de l'article 309 du Code de Procédure civile, sauf en ce qui touche le délai, que l'article 17 de la loi du 22 juillet 1889 a porté à huit jours à partir de la notification. Elle comporte donc : 1° une requête motivée sur timbre ; 2° des preuves ou des offres de preuves par écrit ou par témoins ; 3° la signature de la partie ou de son mandataire.

Après l'expiration du délai de huit jours, la proposition de récusation n'est plus recevable (C. d'État, 1er juillet 1892, *Vaccaro*).

Quand l'instruction prescrite par le conseil de préfecture sur la demande en récusation est terminée, la cause est jugée d'urgence après convocation des intéressés.

Si la récusation est admise, l'arrêté qui la prononce nomme le nouvel expert (Circulaire du ministre de l'Intérieur du 31 juillet 1890, art. 17).

438. Du serment des experts. — Les experts doivent prêter serment, à moins que le conseil de préfecture ne les en dispense, du consentement des parties.

Cette formalité du serment est substantielle. Son omission entraînerait la nullité des opérations et, par suite, celle du jugement qui serait rendu.

Toutefois, cette nullité ne pourrait être invoquée si les parties avaient assisté à l'expertise, sans protestation ni réserve (C. d'État, 12 mars 1880, *Bureau*).

Ajoutons que, lorsque le conseil de préfecture ordonne, non pas une expertise nouvelle, mais un complément d'expertise, les experts n'ont pas besoin de prêter serment à nouveau (C. d'État, 11 août 1859, *Collignon ;* 17 avril 1869, *Josse*).

Nous venons de dire que la dispense du serment peut être prononcée par le conseil de préfecture, si les parties y consentent.

On ne peut, à notre avis, que conseiller aux parties d'user du bénéfice de cette disposition. Elles abrègeront ainsi la procédure et diminueront les frais. La formalité du serment est, d'ailleurs, d'une opportunité discutable, alors que les experts des parties sont librement choisis par elles pour leur servir de défenseurs.

439. La loi laisse au conseil de préfecture le soin de désigner l'autorité qui doit recevoir la prestation de serment.

Le serment peut être prêté :

Soit devant les conseillers de préfecture siégeant en corps (C. d'État, 12 avril 1878, *Delamarre*) ou individuellement ;

Soit devant le secrétaire général de la préfecture ;

Soit devant le sous-préfet (C. d'État, 19 mai 1835, *Tramoy ;* 11 août 1859, *Collignon*) ;

Soit devant un maire (C. d'État, 18 janvier 1862, *Jumel*) ou, en l'absence du maire empêché, devant son adjoint (C. d'État, 11 janvier 1878, *Halette ;* 12 mars 1880, *Lemaire*). Le maire peut même être celui de la commune dont le chemin a été dégradé (C. d'État, 18 janvier 1862, *Jumel*) ;

Soit devant un juge de paix (C. d'État, 10 mars 1869, Forges de *Fourchambault* ; 5 août 1881, *Leclerc*).

440. Le procès-verbal de prestation du serment et, le cas échéant, l'expédition de ce procès-verbal, sont soumis au droit de timbre (Instruction du directeur général de l'Enregistrement du 5 octobre 1889 ; — Circulaire du Ministre de l'Intérieur du 31 juillet 1890, art. 16) ; mais ils ne donnent lieu à la perception d'aucun droit d'enregistrement (Loi du 22 juillet 1889, art. 16).

Aux termes de l'article 14 de la loi du 27 ventôse an IX, l'enregistrement de l'acte de prestation de serment doit s'opérer dans les vingt jours de sa date.

En cas de retard dans l'enregistrement de cet acte, l'expertise ne serait pas entachée de nullité, s'il était établi que le serment ait été prêté préalablement à l'expertise (C. d'État, 14 juillet 1876, préfet du département du *Calvados*).

441. Du remplacement des experts. — Les parties peuvent, jusqu'à la prestation de serment, remplacer l'expert qu'elles ont choisi (Circulaire du ministre de l'Intérieur en date du 31 juillet 1880, art. 17).

Les experts doivent être remplacés quand ils n'acceptent pas la mission qui leur a été confiée.

Ils doivent l'être également si, après avoir accepté cette mission, ils ne la remplissent pas ou ne déposent pas leur rapport dans le délai fixé par le conseil de préfecture. Toutefois, si un expert avait des motifs légitimes d'excuse, il aurait la ressource de les faire agréer par le conseil de préfecture, auquel cas sa mission pourrait lui être maintenue.

Le remplacement des experts doit avoir lieu dans les mêmes formes que la nomination. Il s'ensuit que les nouveaux experts des parties, s'il est procédé par trois experts, ou bien l'expert unique, s'il est procédé par un seul, ne peuvent être nommés d'office qu'après une mise en demeure adressée aux parties (C. d'État, 12 novembre 1886, *Salin* ; 20 avril 1888, Compagnie du chemin de fer du *Nord* ; 8 août 1888, *Gros*). Cette mise en demeure a lieu conformément aux dispositions de l'article 15 de la loi du 22 juillet 1889.

442. Objet de l'expertise. — Aux termes de l'article 16 de la loi du 22 juillet 1889, l'arrêté du conseil de préfecture qui ordonne l'expertise doit en fixer l'objet.

Si l'industriel ne conteste pas le montant de la subvention et se borne à soutenir qu'elle lui est réclamée à tort pour des transports non passibles de subvention, le conseil peut limiter la mission des experts à l'appréciation du caractère de ces transports (C. d'État, 26 mars 1886, *Bizouard*).

L'expertise ne peut pas porter sur d'autres objets, par exemple sur d'autres transports, que ceux indiqués par le conseil de préfecture (C. d'État, 26 février 1867, *Thomas*).

443. De la visite des lieux. — Les experts sont souvent dans l'impossibilité de constater *de visu* les dégradations commises. Cela tient à ce que ces dégradations sont généralement réparées soit au fur et à mesure qu'elles se produisent, soit dans l'intervalle qui s'écoule jusqu'au moment où les experts procèdent à leurs opérations. On a vu au n° 407 que cette circonstance ne fait pas obstacle à la détermination des subventions.

Quoi qu'il en soit, il importe que les experts visitent les chemins dégradés.

Cette visite n'est pas exigée à peine de nullité (C. d'État, 16 février 1883, *Leclerc*).

Mais elle n'en constitue pas moins un moyen d'instruction de la plus haute utilité. Elle permet d'apprécier les conditions d'assiette et d'entretien des chemins et toutes autres circonstances propres à renseigner sur les conséquences des transports effectués sur ces chemins. Aussi le Conseil d'État ne manque-t-il pas de mentionner la visite des chemins à l'appui des constatations qui justifient l'allocation des subventions imposées.

Les parties doivent être averties par les experts des jours et heures auxquels il doit être procédé à l'expertise; cet avis leur est adressé quatre jours au moins à l'avance, par lettre recommandée (art. 19 de la loi du 22 juillet 1889).

Toutefois, quand les experts décident, en présence des parties, de faire une nouvelle visite de lieux dont ils arrêtent la date, une nouvelle convocation des parties, dans la forme qui vient d'être indiquée, n'est pas indispensable (C. d'État, 8 décembre 1893, commune de *Portiragues*).

444. Du rapport des experts. — S'il y a plusieurs experts, ils dressent un seul rapport. Dans le cas où ils sont d'avis différents, ils indiquent l'opinion de chacun d'eux et les motifs à l'appui (art. 20 de la loi du 22 juillet 1889).

Les experts ne peuvent se borner à fixer le montant auquel doit s'élever la subvention. Il est indispensable qu'ils fassent connaître tous les éléments qui leur ont servi à déterminer cette subvention, de manière à permettre au tribunal administratif de vérifier la formation des dégradations extraordinaires et d'apprécier l'importance des sommes indiquées pour leur réparation. On a fait savoir aux n°s 408 et suivants comment la détermination des subventions devait avoir lieu.

Faute de justifications suffisantes, le conseil de préfecture peut ordonner un supplément d'instruction, ou bien ordonner que les experts comparaîtront devant lui pour donner toutes les explications et renseignements nécessaires (art. 22 de la loi précitée).

Il est d'autant plus nécessaire de produire des justifications complètes que, dans le cas où l'affaire serait portée devant le Conseil d'État, il pourrait arriver que ce conseil, jugeant l'expertise insuffisante, prît le parti, eu égard au temps écoulé depuis les dégradations, d'accorder la décharge des subventions. C'est ce qui a eu lieu en maintes circonstances.

Les observations faites par les parties, dans le cours des opérations, doivent être consignées dans le rapport (art. 19 de la loi précitée).

445. Le conseil de préfecture fixe le délai dans lequel les experts sont tenus de déposer leur rapport au greffe. Dans le cas où ils ne se conforment pas à cette injonction, ils peuvent être condamnés à tous les frais frustratoires et même à des dommages-intérêts. Ils sont, en outre, remplacés, s'il y a lieu (art. 16 et 18 de la loi précitée).

Le rapport doit être timbré et enregistré (Instruction du directeur général de l'Enregistrement du 5 octobre 1889).

Il est déposé au greffe du conseil. Les parties sont invitées, par une notification faite administrativement, à en prendre connaissance et à fournir leurs observations dans le délai de quinze jours; une prorogation de délai peut être accordée (art. 21 de la loi précitée).

446. Règlement des frais d'expertise. — Aux termes de l'article 23 de la loi du 22 juillet 1889, les experts doivent joindre à leur rapport un état de leurs vacations, frais et honoraires.

Cet état doit être sur timbre et sur feuille séparée (Circulaire du ministre de l'Intérieur du 31 juillet 1890, art. 23). Il est dressé conformément aux dispositions du décret-tarif du 18 janvier 1890, qui a été rendu en exécution des articles 65 et 67 de la loi du 22 juillet 1889.

La liquidation et la taxe sont faites par un arrêté du président du conseil de préfecture. Elles ne peuvent être effectuées par le conseil lui-même (C. d'État, 24 mai 1895, *Meynard*; 28 juin 1895, *Deschamps*; 24 avril 1896, *Coignet*).

L'arrêté du président tient lieu d'exécutoire contre la partie qui a requis l'expertise, ou contre les parties solidairement, quand l'expertise a été ordonnée d'office. L'exécution peut être demandée même avant que le jugement soit rendu sur le fond (Circulaire du 31 juillet 1890, art. 23).

447. Attribution des frais d'expertise. — L'arrêté de taxe ne comporte que la fixation des sommes à allouer aux experts. L'attribution de la part des frais à supporter par chaque partie est faite, comme celle des dépens, dans l'arrêté définitif du conseil de préfecture.

D'après l'article 62 de la loi du 22 juillet 1889, toute partie qui succombe est condamnée aux dépens, et les dépens peuvent, en raison des circonstances de l'affaire, être compensés en tout ou en partie.

§ 3. — Du jugement et de sa notification

448. Convocation à l'audience. — Jugement. — Les parties sont averties du jour où l'affaire doit être portée en séance publique. L'avertissement est donné quatre jours au moins avant la séance (art. 44 de la loi du 22 juillet 1889).

Cette convocation est obligatoire alors même que les parties n'ont pas fait connaître qu'elles entendaient user du droit de présenter des observations orales.

A l'audience, après le rapport qui est fait par un des conseillers, les parties peuvent formuler des observations orales à l'appui de leurs conclusions écrites. Si elles présentent des conclusions nouvelles ou des moyens nouveaux, le conseil ne peut les adopter sans ordonner un supplément d'instruction (art. 45 de la loi précitée).

Le conseil de préfecture peut également entendre les agents de l'administration vicinale ou les appeler devant lui pour fournir des explications (même article).

449. L'arrêté à intervenir ne peut imposer à l'industriel une subvention supérieure à celle qui avait été réclamée par les communes (C. d'État, 23 mars 1888, *Deregnaucourt*). C'est l'application de la règle *ultra petita*.

450. L'arrêté ne peut pas non plus condamner l'industriel aux intérêts des sommes allouées, par la raison que les subventions spéciales sont recouvrables comme en matière de contributions directes (C. d'État, 5 juin 1874, *Parent, Schaken* et Cie).

451. Notification des arrêtés. — L'article 51 de la loi du 22 juillet 1889 prescrit la notification par exploit d'huissier. Cette notification suppose la délivrance, sur la demande des parties, d'expéditions sur timbre de l'arrêté.

Mais, d'après la circulaire ministérielle du 31 juillet 1890 (art. 51), cette prescription ne paraît pas interdire l'usage antérieur de délivrer au préfet une expédition, sur papier libre, des arrêtés intéressant le département et les communes. Le préfet communique ces expéditions aux intéressés dans la forme administrative. Le maintien de cet usage ne lèse aucun droit, et il assure l'exécution des arrêtés.

Toutefois, la notification par ministère d'huissier fait seule courir le délai d'appel à l'égard du département et des communes, comme à l'égard des parties privées.

§ 4. — Opposition et recours contre les arrêtés du conseil de préfecture.

452. De l'opposition. — Les arrêtés non contradictoires du conseil de préfecture peuvent être attaqués par voie d'opposition dans le délai d'un mois à dater de la notification qui en est faite à la partie (Loi du 22 juillet 1889, art. 5 2).

L'absence d'observations orales à la séance publique ne suffit pas pour rendre un arrêté non contradictoire (même loi, art. 53).

Si, après l'expertise, les parties n'ont pas été appelées à prendre connaissance du rapport d'experts, elles peuvent former opposition contre la décision du conseil de préfecture (*Idem*).

L'opposition suspend l'exécution, à moins qu'il n'en ait été autrement ordonné par la décision qui a statué par défaut (même loi, art. 55).

453. Du recours devant le Conseil d'État. — L'arrêté du conseil de préfecture peut être attaqué devant le Conseil d'État dans le délai de deux mois à dater de la notification, quand il est contradictoire, et à dater de l'expiration du délai d'opposition, quand il a été rendu par défaut (Loi du 22 juillet 1889, art. 57).

Ce délai est augmenté lorsque le requérant est domicilié hors de la France continentale (même loi, art. 58).

Le recours n'est pas recevable contre les arrêtés préparatoires. Tel est le cas d'un arrêté qui ordonne une expertise (C. d'État, 5 janvier 1877, *Chambard;* 4 janvier 1878, *Cheilus;* 11 juin 1886, *Lacombe ;* 13 décembre 1890, mines de *La Chapelle-sous-Dun*) ou un supplément d'expertise (C. d'État, 13 février 1892, *Péquart*). Tel est aussi le cas d'un arrêté qui nomme d'office l'expert d'une partie, faute par elle de l'avoir désigné dans le délai voulu (C. d'État, 27 décembre 1860, de *Bayecourt ;* 15 décembre 1864, *Marcellin ;* 23 décembre 1881, *Macrez ;* 18 juillet 1884, *Vivier*).

C'est seulement contre les arrêtés définitifs ou interlocutoires que le recours est recevable. Un arrêté est interlocutoire quand, en prescrivant une mesure d'instruction, il préjuge en même temps le fond : lorsque, par exemple, il statue sur le caractère industriel des transports et détermine ceux qui devront être seuls pris en considération en vue de la fixation de la subvention (C. d'État, 16 novembre 1883, préfet du *Pas-de-Calais* c. de *Mot ; id.*, commune de *Bourlon*).

454. Le recours ne peut être formé que par les parties en cause ou par leurs mandataires autorisés.

En ce qui concerne les chemins de grande communication et d'intérêt commun, il appartient au préfet de se pourvoir contre les arrêtés du conseil de préfecture (nᵒˢ 992 et suivants).

En ce qui a trait aux chemins vicinaux ordinaires, c'est le maire qui a qualité pour intervenir. Le pourvoi ne serait pas recevable s'il était formé par le préfet (C. d'État, 4 mai 1894, préfet du *Pas-de-Calais* c. *Caron*).

Le maire n'a pas besoin, d'ailleurs, d'une autorisation du conseil de préfecture pour se pourvoir, mais il ne peut se passer de l'autorisation du conseil municipal (C. d'État, 9 mai 1860, communes de *Banneville* et d'*Emiéville ;* 14 juillet 1876, préfet du *Calvados*) (1).

455. Le recours peut avoir lieu sans frais et sans l'intervention d'un avocat au Conseil d'État.

Toutefois, l'exemption du droit de timbre n'est applicable que lorsque la subvention est inférieure à trente francs (art. 61 de la loi du 22 juillet 1889).

Le recours peut être déposé soit au secrétariat général du Conseil d'État, soit à la préfecture, soit à la sous-préfecture. Il en est délivré récépissé à la partie qui le demande (même article).

456. D'après la règle du double degré de juridiction, les moyens invoqués à l'appui du recours doivent avoir été présentés devant le conseil de préfecture. Ainsi la régularité de l'expertise ne peut être attaquée pour la première fois devant le Conseil d'État (C. d'État, 23 mars 1888, *Deregnaucourt ;* 15 juin 1888, *Ansel*). On ne peut non plus demander au Con-

---

(1) Voir, d'ailleurs, au nᵒ 994.

seil d'État de statuer sur une question de frais d'expertise, si elle n'a pas été soumise au conseil de préfecture (C. d'État, 12 février 1875, *Bourdon*).

457. Le recours n'est pas suspensif (C. d'État, 14 décembre 1853, *Simonet* ; 11 décembre 1867, *Bordet*).

Si un industriel acquitte sans réserve le montant des subventions auxquelles il a été condamné par l'arrêté du conseil de préfecture, ce fait ne peut être considéré comme un acte d'exécution volontaire de nature à rendre non recevable le pourvoi qui serait ultérieurement formé contre l'arrêté (C. d'État, 14 décembre 1853, *Simonet*).

Dans le cas où l'arrêt du Conseil d'État prononce la décharge des subventions indûment imposées, l'industriel n'a pas droit aux intérêts des sommes restituées (C. d'État, 24 avril 1874, *Fenaille* ; 9 avril 1875, fabrique centrale de sucre de *Meaux* ; 4 juin 1875, *Rives* ; 2 novembre 1888, *Bénard*).

SECTION IX

DIVISION DES SUBVENTIONS EN NATURE ET EN ARGENT

§ 1. — Subventions acquittables en nature

458. Du droit d'option conféré aux subventionnaires. — Aux termes de l'article 14 de la loi du 21 mai 1836, les subventionnaires ont le droit de se libérer, à leur choix, soit en nature, soit en argent.

Quand la subvention est réglée par un abonnement, l'exploitant fait connaître d'ordinaire comment il entend acquitter la subvention qu'il consent à fournir.

Si l'abonnement est muet à ce sujet, ou bien si la subvention a été fixée par le conseil de préfecture (1), il est nécessaire de mettre l'exploitant en demeure de se prononcer sur le

---

(1) De ce que les arrêtés des conseils de préfecture règlent les subventions en indiquant leur évaluation en argent, il ne s'ensuit pas que ces tribunaux entendent obliger les exploitants à s'acquitter en argent (C. d'État, 8 août 1865, *Fontaine*).

mode d'acquittement de la subvention. Sa déclaration doit être adressée au préfet pour les chemins de grande communication et d'intérêt commun et au maire pour les chemins vicinaux ordinaires, d'après les indications de l'article 113 de l'Instruction générale du 6 décembre 1870.

Cette Instruction recommande, dans le même article, de profiter de la notification de la décision du conseil de préfecture pour adresser la mise en demeure dont il vient d'être question.

Cette manière de procéder prévient toute perte de temps. Mais il est manifeste que, si l'on oubliait de joindre la mise en demeure à la notification de la décision, et si l'on se bornait à remplir seulement cette dernière formalité, il serait toujours loisible aux représentants des communes de procéder ultérieurement à la mise en demeure des subventionnaires.

459. Observations relatives au droit d'option. — Le droit d'option a été conféré aux subventionnaires par suite de l'assimilation que la loi a établie entre les exploitants et les prestataires. Cette assimilation paraît admissible au premier abord, mais elle donne lieu, dans l'application, à de nombreuses difficultés. On en trouvera plus loin quelques-unes pour lesquelles nous avons indiqué des solutions pratiques.

Il existe bien d'autres difficultés que nous n'avons pas signalées. Nous citerons celle qui a été soulevée par la Société des Ardoisières de *Rimogne* et qui n'a pas été résolue par l'arrêt du 8 février 1860. Il s'agissait de prétendues dégradations commises à 40 kilomètres de l'établissement. Ce cas peut se produire, puisque les industriels sont parfois responsables des dégradations causées par des tiers à des distances considérables de leur usine. On se demande comment on pourrait exiger l'acquittement de la subvention en nature, alors que, d'après la jurisprudence relative aux prestations, le trajet imposé aux attelages doit pouvoir être effectué pendant le nombre d'heures qui constitue la durée de la journée (1).

Mais la plus grave difficulté est celle qui réside dans l'impossibilité d'effectuer les réparations sur certains chemins dégradés, à l'aide des subventions fournies par les exploitants, si ces subventions doivent être acquittées en nature.

(1) Voir la note du n° 601.

Il suffit d'imaginer, par exemple, que la région voisine de l'établissement industriel ne produise pas de pierres, et que, par conséquent, les matériaux doivent être extraits de carrières éloignées. Des ressources en argent sont alors nécessaires pour l'acquisition des matériaux et quelquefois même pour leur transport en chemin de fer jusqu'à une gare déterminée. Et il peut se faire, surtout s'il est question de chemins vicinaux ordinaires, que la commune soit dépourvue de toutes ressources en argent.

Il n'échappera pas que la situation de la commune est tout autre à l'égard des prestataires. D'abord, il arrive généralement qu'une partie des prestataires s'acquittent en argent, ce qui permet à la commune d'encaisser les sommes nécessaires pour employer les prestations en nature. Ensuite, le vote des centimes spéciaux fournit un certain apport en argent. En ce qui concerne les subventions industrielles, notamment si elles sont dues par un seul exploitant, les choses ne peuvent plus se passer de la même manière.

Nous avons eu l'occasion de nous trouver aux prises avec cette difficulté et nous nous souvenons que, sur un chemin qui était entretenu avec des matériaux très durs provenant de carrières éloignées et amenés par voie ferrée, il nous a fallu, pour réaliser une subvention due en nature, demander à l'industriel d'approvisionner du gravier très tendre à tirer de champs voisins. Au point de vue de l'entretien de la chaussée, la mesure a été déplorable.

Aussi il nous paraît absolument indispensable, quand on procédera à la revision de l'article 14 de la loi, de retirer aux exploitants le droit de s'acquitter en nature (1).

460. De l'étendue du délai d'option. — Le législateur n'a pas fixé le délai dans lequel les subventionnaires sont tenus de faire savoir s'ils entendent se libérer en nature ou en argent.

A l'égard des prestataires, le législateur s'est également abstenu d'indiquer la durée du délai d'option, mais il a chargé le

---

(1) On a vu, au n° 353, que des subventions industrielles peuvent être réclamées pour des dégradations extraordinaires causées aux ouvrages d'art des chemins. On ne se représente pas comment ces dégradations pourraient être réparées, si les industriels déclaraient vouloir se libérer en nature.

préfet de la déterminer dans le Règlement général ordonné par l'article 21 de la loi du 21 mai 1836 : c'est ce qui a été fait à l'article 10.

En ce qui concerne les subventions industrielles, le Règlement ne fixe aucun délai d'option. Ce silence s'explique par cette circonstance que l'article 21 ne désigne pas les subventions industrielles parmi les objets auxquels le Règlement peut s'appliquer.

On ne trouve, en définitive, de prescription à ce sujet que dans l'Instruction générale du 6 décembre 1870. L'article 113 porte que le délai d'option à accorder aux subventionnaires est de quinze jours.

Dans son *Traité de la Voirie vicinale*, M. Guillaume déclare que cette prescription ne saurait être considérée comme rigoureusement obligatoire. Nous partageons son avis, et nous croyons même que le délai obligatoire doit être non pas de quinze jours, mais d'un mois.

Nous fondons notre opinion sur l'interprétation des termes ci-après de l'article 14 de la loi de 1836 :

« Ces subventions pourront, au choix des subventionnaires, être acquittées en argent ou en *prestations en nature.* »

L'interprétation de ces termes se trouve consignée d'abord dans l'Instruction ministérielle du 24 juin 1836, puis dans l'Instruction générale du 6 décembre 1870, dont l'article 114 est ainsi conçu :

« ART. 114. — Si le subventionnaire a déclaré vouloir se libérer en nature, il sera procédé selon les règles indiquées pour l'exécution de la prestation. »

Cette interprétation se fortifie notamment par cette considération que l'article 21 de la loi de 1836 s'est gardé de signaler les subventions industrielles parmi les matières à réglementer. Il paraît manifeste que, si le législateur s'est abstenu de les viser, c'est parce qu'il assimilait leur acquittement à celui des prestations et que dès lors il jugeait inutile d'en parler.

Or, du moment que la réalisation des subventions en nature est ainsi soumise aux mêmes règles que l'exécution des prestations, le délai d'option à accorder aux industriels doit être celui que le Règlement assigne aux prestataires, c'est-à-dire le délai d'un mois fixé par l'article 10 de ce Règlement.

Nous croyons, en conséquence, que l'on s'exposerait à des

mécomptes si l'on n'observait pas ce délai d'un mois. Nous
verrons plus loin que la subvention est exigible en argent en
cas d'absence de déclaration dans le délai d'option. Or, si l'on
se bornait à donner à ce délai la durée de quinze jours indiquée par l'Instruction générale, et si, à l'expiration de ce délai,
l'on poursuivait le recouvrement en argent de la subvention,
l'exploitant serait, à notre avis, fondé à demander l'annulation
du titre de recouvrement, alors qu'il aurait fait connaître dans
le délai d'un mois son intention de se libérer en nature.

On peut, il est vrai, trouver que si le délai d'un mois convient pour recueillir les déclarations des prestataires d'une
commune, il est excessif à l'égard des subventionnaires.
Assurément le délai de quinze jours suffirait pour ces derniers.
Il est fâcheux que le législateur n'ait pas avisé aux moyens de
faire régler spécialement ce délai. C'est une lacune qu'il y aura
lieu de combler quand on revisera la loi organique de la vicinalité.

§ 2. — Subventions acquittables en argent

461. Les subventions doivent être payées en argent quand
l'exploitant a déclaré qu'il acceptait ce mode d'acquit. Elles sont
également exigibles en argent dans les deux cas ci-après :

**Subventions exigibles en argent pour défaut d'op-
tion.** — Il peut arriver que, mis en demeure de faire connaître
s'ils entendent s'acquitter en nature ou en argent, les subventionnaires s'abstiennent de toute déclaration.

En matière de prestations, la loi du 21 mai 1836 porte que,
toutes les fois que les contribuables n'auront pas opté dans le
délai prescrit, la prestation sera de droit exigible en argent.
Rien d'analogue n'a été prévu pour les subventions. Pour la
raison que nous avons indiquée précédemment, le Règlement
général des chemins vicinaux a dû se taire sur ce point.

L'Instruction générale du 6 décembre 1870 a comblé cette
lacune. Elle énonce, dans son article 113, que l'absence de
déclaration des exploitants dans le délai fixé sera considérée
comme une option pour le paiement en argent, et que le montant de la subvention sera immédiatement exigible.

Cette règle a été confirmée par la jurisprudence (C. d'État, 23 mars 1877, *Brunehaut* ; 7 août 1885, *Faure* ; 8 août 1885, *Girard*). Il convient de la rappeler aux subventionnaires en les prévenant, dans la mise en demeure, que, faute par eux de produire leur déclaration dans le délai indiqué, ils seront censés avoir préféré s'acquitter en argent. C'est, d'ailleurs, ce qui se fait en matière de prestations, ainsi qu'on peut en juger par le libellé de l'avertissement gratis dont le modèle est annexé à l'Instruction générale du 6 décembre 1870.

462. Lorsque la subvention a été réglée par un arrêté du conseil de préfecture, l'exploitant qui a l'intention de se libérer en nature doit répondre à la mise en demeure qui accompagne ou suit la notification de l'arrêté, alors même qu'il formerait un pourvoi à l'effet d'obtenir le dégrèvement total ou partiel de la subvention fixée par cet arrêté. Le silence de l'exploitant mettrait le représentant des communes en droit d'exiger le paiement en argent de la subvention ultérieurement déterminée par le Conseil d'État. C'est ce qui nous paraît avoir eu lieu dans les affaires *Brunehaut*, *Faure* et *Girard* citées au n° 461.

Il importe donc, dans ce cas, que les exploitants fassent connaître, dans le délai imparti par la mise en demeure, qu'ils entendent s'acquitter en nature, sauf à entourer cette déclaration de telles réserves que de raison.

Les difficultés qui pourraient s'élever au sujet de la déclaration d'option doivent être portées devant le conseil de préfecture (C. d'État, 19 mars 1886, *Ragon*).

463. Subventions exigibles en argent pour défaut d'exécution. — Les subventions doivent encore être payées en argent lorsque l'exploitant, quoique ayant régulièrement opté pour l'acquit en nature, n'exécute pas tout ou partie des travaux qui lui ont été demandés.

Cette règle est en vigueur pour les prestations. Elle s'applique aux subventions industrielles, en vertu du principe que nous avons fait connaître (n° 460). Elle a été, d'ailleurs, confirmée par la jurisprudence (C. d'État, 7 septembre 1869, *Magniet* ; 22 novembre 1890, *Bénard* et *Tabarant* ; 23 juillet 1892, *Thouvenot*).

Il est à peine besoin d'ajouter que les subventions ne peuvent être converties en argent, pour défaut d'exécution, qu'autant que les exploitants ont été préalablement et régulièrement requis d'effectuer les journées ou les tâches auxquelles donnent lieu ces subventions. C'est ce qui a été reconnu à l'occasion de l'exécution des prestations (n° 302).

SECTION X

RECOUVREMENT DES SUBVENTIONS EXIGIBLES EN ARGENT (1)

§ 1. — Chemins vicinaux ordinaires

464. Les subventions dues pour les chemins vicinaux ordinaires d'une commune constituent une recette communale dont le receveur municipal est chargé, sous sa responsabilité, d'opérer le recouvrement (n° 700).

Le titre de perception, en vertu duquel le receveur agit, est formé par la décision de la commission départementale qui a approuvé l'abonnement, ou bien par l'arrêté du conseil de préfecture qui a réglé la subvention (art. 137, § 3, du Règlement général, — art. 238, § 3, de l'Instruction générale du 6 décembre 1870).

Le recouvrement est poursuivi pour le montant du titre, si l'exploitant a opté pour l'acquittement en argent, ou s'il n'a pas opté dans le délai fixé. Le receveur municipal est renseigné soit par la déclaration émanant du subventionnaire, soit par le certificat délivré par le maire et constatant l'absence d'option.

Lorsque l'exploitant, quoique ayant fait connaître son intention de se libérer en nature, n'a exécuté qu'une partie des travaux prescrits, le receveur municipal est appelé à mettre en recouvrement la différence entre le montant du titre et celui des travaux effectués, différence qui figure sur l'état d'indication émargé en partie.

Toutes les pièces dont il vient d'être question sont trans-

(1) En ce qui concerne l'exécution des subventions acquittables en nature, voir aux n°˙ 622 et suiv.

mises au receveur municipal par l'intermédiaire du receveur particulier des finances (n° 700).

Il peut arriver que certaines subventions deviennent irrécouvrables, par suite d'absence, de décès, d'insolvabilité ou de toute autre cause. Le receveur doit suivre, à ce sujet, la procédure prescrite en matière de contributions directes. L'admission de ces subventions en non-valeurs ne peut avoir lieu qu'en vertu d'une délibération du conseil municipal, approuvée par le préfet (art. 1537 de l'Instruction générale des Finances du 20 juin 1859. — Voir, d'ailleurs, les circulaires du Ministre de l'Intérieur des 31 août 1842, 18 novembre 1845 et 16 juillet 1855).

§ 2. — Chemins de grande communication et d'intérêt commun

465. Les subventions industrielles concernant les chemins de grande communication ou d'intérêt commun appartiennent à la ligne à laquelle elles se rapportent, c'est-à-dire à l'ensemble des communes intéressées à cette ligne (C. d'État, 11 mai 1883, *Donnard*). Elles doivent être versées au compte de ladite ligne, dont elles augmentent ainsi la dotation.

Elles sont rangées parmi les ressources éventuelles du service vicinal et elles sont dès lors rattachées au budget départemental (Circulaire du Ministre de l'Intérieur du 8 mai 1870 ; — art. 140 du Règlement général ; — art. 241 de l'Instruction générale du 6 décembre 1870 ; — art. 58, n° 9, de la loi du 10 août 1871).

Elles sont, en conséquence, recouvrées à la diligence du trésorier-payeur général (Art. 116 de l'Instruction générale du 6 décembre 1870).

Le titre de perception consiste en un état de recouvrement, arrêté par le préfet et accompagné soit de la décision de la commission départementale, soit de l'arrêté du conseil de préfecture.

L'état dont il s'agit est préparé sur la proposition de l'agent voyer en chef, qui fait connaître au préfet les sommes à mettre en recouvrement, soit par suite de l'option du subventionnaire, soit par suite du défaut d'option dans le délai fixé, soit enfin par suite du défaut d'exécution.

Lorsque des subventions deviennent irrecouvrables, le trésorier général doit suivre à leur égard la procédure établie par les articles 73 à 75 du décret du 12 juillet 1893 portant règlement sur la comptabilité départementale. L'admission de ces subventions en non-valeurs est prononcée par le conseil général dans la session d'avril qui suit l'année à laquelle se rapportent les subventions (n° 704).

§ 3. — Dispositions communes aux chemins de toute catégorie

466. Le recouvrement des subventions dues en argent s'opère comme en matière de contributions directes (Art. 14 de la loi du 21 mai 1836). Les formes à suivre sont trop connues pour que nous ayons à les rappeler ici (1).

En cas de difficultés sur le paiement, la contestation doit être déférée au conseil de préfecture (Art. 445 de l'Instruction générale des Finances du 20 juin 1859).

A l'égard des contributions directes, les percepteurs qui n'ont fait aucune poursuite contre les contribuables, pendant trois années consécutives, sont déchus de tous droits et de toute action contre eux (Art. 149 de la loi du 3 frimaire an VII et arrêté des consuls du 16 thermidor an VIII). Cette prescription s'applique aux cotes de prestations dues en argent (C. d'État, 22 avril 1848, *Lippmann*). Le Ministre de l'Intérieur a eu l'occasion de faire savoir qu'à son avis elle devait s'étendre aux subventions industrielles, quel que fût le mode de règlement employé (2).

Mais, en cas d'opposition fondée sur cette prescription triennale, c'est aux tribunaux ordinaires qu'il appartient de statuer (C. d'État, 17 février 1888, *Mathieu*).

---

(1) Les subventions industrielles étant recouvrables comme les contributions directes, les communes ne peuvent réclamer d'intérêts, notamment à partir de la date de l'arrêté qui a réglé ces subventions (C. d'État, 5 juin 1874, *Parent, Schaken et C*).

(2) Voir la note au *Recueil Lebon* sous l'arrêt du 17 février 1888, *Mathieu*.

SECTION XI

OBJETS DIVERS

§ 1. — Affectation des subventions industrielles

467. Aux termes de l'article 14 de la loi du 21 mai 1836, les subventions doivent être « exclusivement affectées à ceux des chemins qui y auront donné lieu (1) ».

Cette prescription est rappelée par l'article 117 de l'Instruction générale sur le service des chemins vicinaux. Cet article la développe en énonçant que le produit des subventions doit être soit appliqué à la réparation du chemin dégradé, soit employé au remboursement des dépenses faites pour cette réparation.

Le Ministre de l'Intérieur a montré, dans son Instruction du 24 juin 1836, combien la prescription de l'article 14 était conforme à la plus rigoureuse équité. Il a même ajouté qu'il y aurait un véritable détournement de deniers si on ne l'observait pas.

Il y a lieu de remarquer que fréquemment le règlement soumis au conseil de préfecture, quoique concernant un seul industriel, s'applique soit à plusieurs chemins de grande communication ou d'intérêt commun, soit à plusieurs chemins vicinaux ordinaires d'une même commune. Aussi arrive-t-il parfois que la subvention, mise à la charge de l'industriel, est fixée en bloc, par conséquent sans aucune indication relative à la part afférente à chaque chemin. Ce fait a été considéré comme ne constituant pas une violation de l'article 14 de la loi (C. d'État, 18 novembre 1881, *Arrachart* ; 18 juillet 1884, *Ternynck*).

---

(1) Lorsqu'un tronçon de chemin dégradé vient à être supprimé postérieurement à la demande de subvention ou même à l'arrêté du conseil de préfecture qui a réglé la subvention, la portion de subvention afférente à ce tronçon ne peut plus être employée. Aussi l'exploitant peut-il en être déchargé (C. d'État, 17 juin 1848, *Deguerre*).

Il en serait autrement si la suppression du tronçon devait résulter d'un projet de rectification du chemin qui ne serait encore qu'à l'étude (C. d'État, 15 mars 1838, Ministre des *Finances* c. la commune de *Chavansin*).

Il comporte néanmoins des inconvénients, par la raison que l'industriel peut critiquer la répartition opérée ultérieurement par le service vicinal entre les divers chemins. L'exploitant peut prétendre que la subvention n'a pas été employée sur les chemins conformément au vœu de l'article 14, en alléguant que certains chemins ont reçu plus que leur part au détriment d'autres chemins.

Pour prévenir toute réclamation à ce sujet, il nous paraît bon que le conseil de préfecture détermine la subvention due pour chaque chemin et que les experts procèdent à leurs opérations en conséquence.

Nous avons eu soin, à l'occasion de la rédaction des abonnements, d'indiquer cette distinction (n° 421).

§ 2. — Dispositions de comptabilité relatives aux subventions industrielles

468. Chemins vicinaux ordinaires. — De même que les prestations, les subventions relatives aux chemins vicinaux ordinaires figurent en recette au budget communal, pour leur montant total, tant en nature qu'en argent.

Elles sont prévues au budget primitif quand elles sont réglées par un abonnement qui embrasse plusieurs années : elles sont alors connues à l'époque où ce budget se prépare.

Si elles sont réglées au début d'une année, elles peuvent être portées au budget additionnel de cette année.

Enfin, si elles sont fixées après l'établissement du budget additionnel, les décisions qui les déterminent ont le caractère des autorisations spéciales qui surviennent hors budget (n° 687).

Ajoutons que, si les subventions en argent n'ont pu être recouvrées avant le 31 mars qui suit l'année à laquelle elles appartiennent, elles se trouvent comprises dans les restes à recouvrer, à moins qu'elles n'aient été admises en non-valeurs, et elles sont reportées au budget additionnel dans le reliquat de l'année écoulée.

469. Les dépenses d'entretien des chemins vicinaux ordinaires sont imputées tant sur les crédits ordinaires de la vicinalité que sur les subventions portées en ressources. Les subventions acquittées en nature sont inscrites en dépense, ainsi que cela a lieu pour les prestations également effectuées en nature.

Les subventions industrielles, quelque soit leur mode d'acquit, apparaissent donc, en recette et en dépense, au compte de gestion du receveur municipal (n° 723).

470. Chemins de grande communication et d'intérêt commun. — Les subventions attribuées à ces chemins figurent en recette au budget départemental, non pour leur montant total, mais seulement pour la partie acquittée en argent. C'est, d'ailleurs, ce qui se fait à l'égard des contingents sur prestations. Le budget départemental se borne à prévoir, pour chaque ligne de grande communication ou d'intérêt commun, une somme globale comme montant des produits éventuels afférents à cette ligne. Ces produits renferment les contingents communaux, subventions industrielles, souscriptions particulières et toutes autres recettes éventuelles en argent (n° 695).

Lorsque la somme ainsi portée pour chaque ligne se trouve insuffisante, notamment par suite du règlement de subventions sur lesquelles on n'avait pas compté, on a recours à une décision modificative, approuvée par décret, pour augmenter la somme inscrite au budget départemental (n° 698).

Ajoutons que, si une subvention n'est pas recouvrée au 31 mars de l'année qui suit celle à laquelle elle appartient, elle est rattachée au budget du nouvel exercice, à moins qu'elle n'ait été admise en non-valeur (Art. 73 et suivants du décret du 12 juillet 1893 sur la comptabilité départementale).

471. Les dépenses d'entretien des chemins de grande communication et d'intérêt commun sont imputées sur les crédits ouverts au budget départemental et, par conséquent, sur les subventions exclusivement acquittées en argent. Les subventions acquittées en nature ne sont pas portées en dépense.

Le compte départemental passe donc sous silence ces dernières subventions, tant en recette qu'en dépense.

Le conseil général est tenu au courant des subventions réalisées, quelque soit le mode de libération choisi par les exploitants, par la communication des comptes annuels (Modèles n°ˢ 33 et 34 de l'Instruction générale du 6 décembre 1870). Ces comptes lui sont soumis dans sa session d'août (Art. 66 de la loi du 10 août 1871 ; — art. 109 du Règlement général des chemins vicinaux, reproduit par l'article 210 de l'Instruction générale).

CHAPITRE IX

PRESTATIONS PAR SUITE DE CONDAMNATIONS JUDICIAIRES

---

472. D'après la loi du 18 juin 1859, qui a modifié diverses dispositions du Code forestier, les délinquants insolvables peuvent être admis à se libérer des condamnations prononcées contre eux au moyen de prestations en nature sur les chemins vicinaux.

Un décret du 21 décembre 1859 (1) a réglé le mode d'exécution de ces prestations.

473. Cas où les délits et contraventions ont été commis dans les bois soumis au régime forestier. — Les agents forestiers sont chargés d'assurer l'exécution des prestations en nature.

Une allocation pour frais de nourriture est attribuée aux délinquants insolvables qui en font la demande. Elle ne peut être inférieure au tiers, ni supérieure à la moitié du prix de journée fixé par le conseil général ; elle est déterminée par le préfet. Le montant de cette allocation est déduit de la valeur des journées ou des tâches effectuées par les délinquants.

Si les délits et contraventions ont été commis dans les forêts domaniales, les prestations dues pour l'acquittement des amendes, réparations civiles et frais, sont appliquées à ces forêts ou aux chemins vicinaux qui servent à la vidange des coupes.

Si les délits et contraventions ont été commis dans les bois des communes et établissements publics, les prestations peuvent toujours être appliquées aux forêts domaniales et aux chemins

---

(1) L'application de ce décret a donné lieu à des instructions spéciales du Ministre des Finances, qui sont contenues dans un arrêté du 27 décembre 1861 (*Bulletin officiel du Ministère de l'Intérieur*, 1862, p. 128). Les prescriptions de cet arrêté ont été rappelées. dans l'Instruction du Ministre des Finances en date du 5 juillet 1895 sur le service des amendes et condamnations pécuniaires (art. 183 et suiv).

vicinaux qui les desservent, en ce qui concerne l'amende et les frais avancés par l'État ; mais les prestations dues pour l'acquittement des réparations civiles doivent être appliquées aux bois des communes et établissements publics qui auront souffert desdits délits et contraventions ou aux chemins vicinaux qui servent à la vidange de ces bois.

Les maires des communes propriétaires de ces bois, qui veulent profiter des prestations en nature dues par les délinquants insolvables, font connaître à l'inspecteur des forêts le montant des sommes qui peuvent être affectées par la commune au paiement des frais de nourriture des délinquants.

474. Cas où les délits et contraventions ont été commis dans les bois non soumis au régime forestier. — Les délinquants insolvables, qui veulent se libérer en nature des condamnations à l'amende et aux frais prononcées contre eux au profit de l'État, pour délits et contraventions commis dans les bois des particuliers, adressent leur demande au maire de la commune sur le territoire de laquelle les délits et contraventions ont eu lieu.

Le maire transmet cette demande, avec son avis, au sous-préfet de l'arrondissement, qui statue et fixe le nombre de journées dues par les délinquants.

Les prestations sont appliquées aux chemins vicinaux dépendant de la commune sur le territoire de laquelle le délit a été commis. Ces chemins sont désignés par le préfet, sur la proposition de l'agent voyer en chef (Instruction générale, art. 118).

Ce sont les agents voyers qui sont chargés de surveiller l'exécution des prestations dont il s'agit.

Ils peuvent convertir les prestations en tâches. Ils fixent le délai dans lequel les travaux doivent être effectués.

Comme dans le cas précédent, les délinquants reçoivent une allocation pour frais de nourriture. Elle est prélevée sur les fonds affectés à la construction et à l'entretien des chemins vicinaux.

En cas d'inexécution du travail, ou en cas de faute grave commise par le délinquant, l'agent voyer en donne avis au maire et il est passé outre à l'exécution des poursuites ; il est tenu compte du travail utilement accompli.

CHAPITRE X

SUBVENTIONS DÉPARTEMENTALES

§ 1. — De la faculté accordée aux départements d'allouer des subventions

475. Aux termes de l'article 8 de la loi du 21 mai 1836, les chemins de grande communication et, dans des cas extraordinaires, les autres chemins vicinaux *peuvent* recevoir des subventions sur les fonds départementaux. Les chemins d'intérêt commun, qui ont maintenant une importance comparable à celle des chemins de grande communication, bénéficient, comme ces derniers, des subventions du département ; et ce sont seulement les chemins vicinaux ordinaires qui, au point de vue des allocations départementales, constituent l'exception.

Les départements ne sont pas tenus de fournir des subventions aux chemins de grande communication et d'intérêt commun. En ce qui concerne les chemins de grande communication, le Ministre de l'Intérieur, notamment dans son Instruction du 24 juin 1836, a fait remarquer que, d'après les termes mêmes de la loi du 21 mai 1836, il s'agit d'une disposition facultative et non d'une disposition obligatoire. A l'égard des chemins d'intérêt commun, il a été jugé pareillement qu'aucune disposition de loi n'obligeait les départements à accorder des subventions aux chemins de cette catégorie (C. d'État, 31 juillet 1874, département d'*Ille-et-Vilaine*).

Le conseil général subvient aux travaux des chemins de grande communication et d'intérêt commun par voie de concours volontaire. Les subventions qu'il accorde ont le caractère de secours (1).

_____

(1) V. au n° 10.

§ 2. — Fonds sur lesquels les subventions départementales peuvent être imputées

476. L'article 8 de la loi du 21 mai 1836 porte qu'il est pourvu aux subventions au moyen des centimes facultatifs ordinaires du département et de centimes spéciaux votés annuellement par le conseil général.

Ces centimes spéciaux ont été créés à l'effet de faire face aux besoins des chemins vicinaux. Le législateur a institué des centimes spéciaux pour les départements, comme il l'a fait pour les communes, mais, tandis qu'il a fixé un maximum ferme de cinq centimes pour les communes, il a laissé à la loi de finances le soin de déterminer annuellement le maximum des centimes spéciaux susceptibles d'être votés par les conseils généraux.

De même que pour les communes, les ressources prévues par la loi du 21 mai 1836 sont souvent insuffisantes pour les départements. Elles ne leur permettent pas de s'acquitter des charges que leur impose la vicinalité. Aussi les départements sont-ils obligés de recourir aux moyens que leur donne la loi du 10 août 1871, pour se créer des ressources complémentaires.

Il suit de là que les centimes départementaux appliqués à la vicinalité se partagent en trois catégories, savoir:

1° CENTIMES FACULTATIFS ORDINAIRES. — Ce sont ceux qui sont autorisés par l'article 58, n° 1, de la loi du 10 août 1871.

Ils sont votés par le conseil général.

Leur maximum est fixé annuellement par la loi de finances (Loi du 10 août 1871, art. 40 et 58). Ce maximum est actuellement de 26 centimes, dont 25 centimes additionnels au principal des deux premières contributions (foncière et personnelle-mobilière) et un centime additionnel au principal des quatre contributions directes.

Les centimes facultatifs ordinaires figurent parmi les recettes du budget ordinaire (Loi du 10 août 1871, art. 58, n° 1).

Ceux des centimes facultatifs ordinaires qui sont consacrés

au service des chemins vicinaux présentent un inconvénient analogue à celui que nous avons reproché aux centimes pour insuffisance de revenus communaux (n° 256): ils n'apparaissent pas au budget.

Il faut se livrer à des recherches pour en découvrir le nombre. Et encore ces recherches ne sont pas à l'abri de toute incertitude. On ne sait pas si l'on doit considérer le prélèvement opéré en faveur de la vicinalité comme étant imputé entièrement sur les 25 centimes restreints ou bien comme étant fourni d'abord par le centime plein, ensuite par les centimes restreints.

Il serait assurément désirable qu'il fût possible d'accuser avec netteté le nombre des centimes affectés à la vicinalité sur les ressources ordinaires du budget.

2° CENTIMES SPÉCIAUX ORDINAIRES. — Ces centimes, autorisés par l'article 8 de la loi du 21 mai 1836, sont votés par le conseil général.

Leur maximum, qui est fixé par la loi de finances, est actuellement de 7 centimes.

Ils frappent les quatre contributions directes.

Ils sont classés parmi les recettes du budget ordinaire (Loi du 10 août 1871, art. 58, n° 2).

3° CENTIMES EXTRAORDINAIRES. — Ces centimes sont de deux sortes, suivant l'autorité qui les établit.

Ils sont votés par le conseil général quand ils ne dépassent pas le maximum fixé annuellement par la loi de finances (Loi du 10 août 1871, art. 40). Ce maximum est actuellement de 12 centimes.

Les centimes extraordinaires sont autorisés par une loi spéciale dans le cas contraire (même loi, art. 41).

Ces deux sortes de centimes constituent une ressource extraordinaire, d'après les énonciations de l'article 59, n° 1, de la loi du 10 août 1871.

Ils devraient être exclusivement employés à des dépenses extraordinaires.

Il n'en est rien cependant. Les centimes départementaux extraordinaires servent souvent à faire face à des dépenses ordinaires annuelles et permanentes, telles que celles de l'en-

tretien des chemins de grande communication et d'intérêt
commun.

Ce singulier résultat est dû principalement à cette circonstance que la loi de finances persiste à maintenir le maximum
de 7 centimes spéciaux ordinaires qui date de 1868. Il est
certain que, depuis cette époque, l'étendue du réseau de grande
et de moyenne vicinalité a été sans cesse en grandissant et que
les dépenses de ce réseau se sont constamment accrues. Comme
les autres services départementaux ont, de leur côté, également augmenté en importance et qu'ils ont exigé une portion
de plus en plus grande des recettes ordinaires, il s'ensuit qu'il
eût fallu élever graduellement le maximum assigné aux centimes spéciaux. Le législateur n'en ayant rien fait, les départements se sont tirés d'embarras en imputant les dépenses
d'entretien sur les 12 centimes extraordinaires.

Cette solution, outre qu'elle est incorrecte, a l'inconvénient
de réduire le nombre de centimes extraordinaires mis par la loi
à la disposition du conseil général en vue des dépenses accidentelles.

Mais elle n'a pas suffi à certains départements, qui se sont
trouvés dans la nécessité de dépasser les 12 centimes pour assurer le service d'entretien des lignes de grande communication
ou d'intérêt commun. Ils ont alors provoqué l'émission de lois
spéciales qui les ont autorisés à s'imposer extraordinairement
à cette fin. C'est ainsi qu'on a vu des centimes extraordinaires
autorisés, en matière de simple entretien, pour une durée
limitée, telle que celle de cinq ans, d'où il résulte qu'il faudrait
périodiquement avoir recours à l'appareil d'une loi spéciale
pour continuer l'entretien dont il s'agit.

De pareils errements appellent une réforme à bref délai (1).

---

(1) D'après un tableau annexé au Rapport de M. Dupuy-Dutemps (Séance de la
Chambre des députés du 27 juin 1891), les centimes départementaux affectés à la
vicinalité, en 1888, ont fourni une somme de 63.865.013 francs, se décomposant
ainsi qu'il suit :

		francs
1° Centimes facultatifs ordinaires................		9.480.949
2° Centimes spéciaux ordinaires..................		22.537.434
3° Centimes extraordinaires { Compris dans la limite du maximum de 12 centimes...........		19.027.030
En dehors de ce maximum........		12.819.600
	TOTAL....	63.865.013

477. Les subventions allouées par les départements peuvent aussi provenir de fonds d'emprunt.

Les emprunts départementaux sont soumis aux règles énoncées aux articles 40 et 41 de la loi du 10 août 1871. Ils sont votés par le conseil général quand la durée du remboursement n'excède pas quinze ans ; dans le cas contraire, ils doivent être autorisés par une loi (1).

Le service des intérêts et le remboursement peuvent être assurés sur le budget ordinaire, aussi bien que sur le budget extraordinaire (Loi du 10 août 1871, art. 40).

§ 3. — Répartition des subventions départementales

478. Actuellement, en vertu de l'article 46, n° 7, de la loi du 10 août 1871, le conseil général est chargé de faire la répartition des subventions départementales accordées aux chemins vicinaux de toute catégorie.

Le conseil général ne saurait déléguer à la commission départementale la répartition des subventions du département qui doivent être allouées à chaque ligne de grande communication ou d'intérêt commun. Il s'agit là d'une des attributions financières que le conseil général doit exercer lui-même (Circulaire du 9 août 1879, § 1).

Mais cette assemblée peut donner à la commission départementale l'autorisation de proposer, dans l'intervalle des sessions, des virements entre les crédits des diverses lignes, virements qui sont assujettis, d'ailleurs, comme ceux votés par le conseil général, à la sanction d'un décret présidentiel (n° 698).

---

(1) Les engagements à long terme contractés par les départements sont assimilés à des emprunts et soumis aux mêmes règles (Décret du 12 juillet 1893, art. 61).

Dans sa circulaire du 13 juillet 1893, § 63, le Ministre de l'Intérieur a fait ressortir tous les inconvénients que comportent ces engagements à long terme.

§ 4. — Cas des subventions allouées en exécution de la loi du 12 mars 1880

479. On verra plus loin (n° 487) comment les subventions du département doivent être déterminées quand il s'agit de travaux de chemins vicinaux ordinaires subventionnés en vertu de la loi du 12 mars 1880. On verra aussi comment est fixée la part contributive du département dans la dépense des travaux des chemins de grande communication et d'intérêt commun, quand ces travaux reçoivent une subvention de l'État.

Généralement, les départements ont recours à des emprunts pour fournir leur part contributive. Ces emprunts doivent être remboursés au moyen de ressources extraordinaires, à moins que les départements ne demandent aucun concours à l'État. Dans ce dernier cas, les emprunts destinés à acquitter leur part contributive peuvent être remboursés à l'aide des ressources spéciales ordinaires (Décret du 3 juin 1880, art. 8; — Instr. spéciale du 25 mars 1893, art. 9).

Depuis que la Caisse des chemins vicinaux a été supprimée, les départements ont cessé de pouvoir contracter les emprunts à taux réduit qui avaient été autorisés par la loi du 11 juillet 1868. La Caisse nationale des retraites pour la vieillesse consent à faire des avances aux départements et aux communes dans des conditions qui sont encore avantageuses. Ces conditions ont été indiquées au n° 340, à l'occasion des emprunts communaux qui sont destinés aux travaux subventionnés en exécution de la loi du 12 mars 1880.

CHAPITRE XI

SUBVENTIONS DE L'ÉTAT

480. La distribution des subventions de l'État s'opère actuellement en vertu de la loi du 12 mars 1880 et du Règlement d'administration publique du 3 juin 1880 dont les barêmes ont été modifiés par le décret de 4 juillet 1895.

Les détails d'application sont réglés par une Instruction spéciale du Ministre de l'Intérieur en date du 25 mars 1893.

§ 1. — De l'application de la loi du 12 mars 1880

481. Aucune limite n'est fixée pour la durée de cette loi. Elle cessera de fonctionner lorsque l'État n'inscrira plus à son budget de crédit destiné à être employé en subventions.

Dans le système institué par la loi du 12 mars 1880, il n'y a plus de réseau constitué à l'avance et appelé à bénéficier exclusivement des subventions. Ces subventions sont accordées annuellement, en vue de la construction de chemins déterminés. Ces chemins peuvent appartenir à toutes les catégories de chemins vicinaux.

La loi du 12 mars 1880 a pour but l'*achèvement* du réseau vicinal. Des difficultés se sont souvent élevées, entre les départements et le Ministère de l'Intérieur, sur le point de savoir si les travaux projetés étaient de nature à être subventionnés. Cela tient à ce que la plupart des chemins vicinaux n'ont jamais été construits de toutes pièces : tracés d'abord à la surface du sol dont ils suivaient les mouvements, ils ont été plus ou moins améliorés, notamment à l'aide de prestations ou de souscriptions volontaires. Ils ont passé d'un état rudimentaire à un état de viabilité qui se présente sous les aspects les plus variés, comme largeur, comme déclivités, comme chaussée.

L'achèvement des chemins vicinaux exige donc des travaux de nature très variable.

L'Instruction spéciale du 25 mars 1893 (art. 2) indique ainsi qu'il suit les travaux susceptibles d'être subventionnés :

1° La construction d'une chaussée sur des chemins qui, bien que livrés à la circulation, n'ont jamais été empierrés ;

2° Les rectifications ayant pour objet d'adoucir les déclivités supérieures à celles généralement admises dans la région et qui constituent un réel obstacle pour le roulage ;

2° L'élargissement, quand il est impérieusement commandé par les besoins de la circulation ;

4° La transformation des tabliers de ponts ;

5° La consolidation des ponts suspendus, quand elle doit avoir pour résultat d'éviter le remplacement de ces ouvrages par des ponts fixes ;

6° La reconstruction des ponts parvenus à l'extrême limite de durée.

La même Instruction, dans son article 13, exclut. en conséquence, du bénéfice des subventions de l'État les travaux ayant pour objet la restauration ou l'amélioration des chemins parvenus à l'état d'entretien ou de viabilité, et notamment :

a) Les rechargements de chaussée ;

b) L'établissement de trottoirs et des caniveaux pavés ;

c) La substitution d'une chaussée pavée à une chaussée d'empierrement et réciproquement ;

d) La construction d'égouts ;

e) Le convertissement de cassis en aqueducs ;

f) Les améliorations dans les traverses des villes, bourgs et villages et, en particulier, les rescindements, lorsque ces améliorations constituent, en fait, une opération de voirie urbaine.

§ 2. — Obligations imposées aux départements et aux communes

482. Pour être admis à profiter des avantages de la loi du 12 mars 1880, les départements et les communes sont tenus :

1° De consacrer aux dépenses de la vicinalité l'intégralité des ressources spéciales ordinaires que les lois en vigueur leur permettent d'inscrire dans leurs budgets (Loi du 12 mars 1880, art. 8) ;

2° D'appliquer aux travaux à subventionner la portion de ces ressources qui n'est pas nécessaire pour assurer l'entretien des chemins construits et de ceux à l'état de viabilité (Décret du 3 juin 1880, art. 3) ;

3° De couvrir, au moyen de ressources extraordinaires, dans la proportion fixée par les tableaux A et B annexés au décret du 4 juillet 1895, le déficit subsistant après application aux dépenses prévues des ressources ordinaires et spéciales qui ne donnent pas droit aux subventions (Loi du 12 mars 1880, art 4).

483. Les communes doivent en outre :

1° Affecter aux travaux à subventionner l'excédent disponible sur l'ensemble de leurs revenus ordinaires, après qu'il a été pourvu à toutes les dépenses obligatoires, ainsi que les fonds libres de la vicinalité (Décret du 3 juin 1880, art. 3).

Sont considérées comme ordinaires, en ce qui concerne l'exécution de la loi du 12 mars 1880, toutes les recettes énumérées à l'article 133 de la loi du 5 avril 1884, sauf le produit des centimes additionnels pour insuffisance de revenus (Inst. spéc., art. 8).

2° Assurer l'entretien normal et permanent de leurs chemins vicinaux ordinaires construits ou à l'état de viabilité (Décret du 3 juin 1880, art. 5). Les chemins dont l'entretien doit être assuré sont non seulement ceux qui sont à l'état de viabilité au moment de l'établissement du programme, mais encore ceux dont la construction est demandée avec le concours de l'État (Circulaires ministérielles des 11 juin 1887 et 6 août 1888. — Voir, d'ailleurs, le type de délibération du Conseil municipal annexé, sous le n°3, à l'Instruction spéciale du 25 mars 1893).

§ 3. — Établissement du programme annuel

484. Le conseil général arrête chaque année :

1° Les travaux de construction à faire sur les chemins de grande communication et d'intérêt commun en faveur desquels il sollicite des subventions de l'État (tableau n° 1 annexé à l'Instruction spéciale) ;

2° Sur la proposition des conseils municipaux, les travaux de construction à subventionner sur les chemins vicinaux ordinaires (tableau n° 2 annexé à la même Instruction).

Ces deux tableaux constituent le *programme ferme* des travaux à subventionner.

Ce programme doit être composé de manière à comporter une subvention totale de l'État qui ne dépasse pas la somme notifiée préalablement au préfet par le Ministre de l'Intérieur.

Tous les travaux inscrits au programme doivent avoir fait l'objet de projets réguliers, dressés conformément au programme arrêté par décision ministérielle du 20 mars 1893.

Pour éviter la dissémination des ressources de l'État et du département, les projets à comprendre au programme doivent s'élever au minimum à 5.000 francs, à moins qu'il ne s'agisse de chemins pouvant être entièrement construits ou achevés avec une dépense moindre.

Lorsque la construction ou l'achèvement d'un chemin doit donner lieu à une dépense trop considérable pour être inscrite sur un seul programme, le service vicinal dresse un avant-projet destiné à déterminer l'ensemble des dispositions techniques et à évaluer aussi approximativement que possible la dépense totale de construction. Il présente en même temps le projet d'exécution de la section à comprendre au programme.

Les projets inscrits au programme doivent y être portés pour la totalité de la dépense prévue.

Par exception à cette règle, la dépense prévue peut être répartie sur deux programmes consécutifs:

1° Lorsqu'il s'agit d'un travail qui, par sa nature, ne se

prête pas à l'établissement de projets partiels successifs et qui
doit donner lieu à une dépense hors de proportion avec la subvention allouée au département ;

2° Lorsque le délai de deux ans, fixé par l'article 7 de la loi
du 12 mars 1880 (n° 492) pour l'emploi de la subvention de
l'État, est manifestement insuffisant pour l'exécution d'un
projet qui ne peut être ni scindé ni restreint.

485. En ce qui concerne spécialement les travaux des chemins vicinaux ordinaires, les communes ne peuvent obtenir le
concours de l'État pour de nouveaux chemins qu'après avoir
terminé la construction de ceux qui ont été commencés par
application de la loi du 12 mars 1880, ou l'avoir tout au moins
poursuivie jusqu'à la rencontre d'une voie de communication
à l'état de viabilité ou d'un centre de population de quelque
importance (Décret du 3 juin 1880, art. 5 ; — Instr. sp.,
art. 25).

L'inscription simultanée de plusieurs chemins d'une même
commune n'est admise qu'autant que ces différents chemins
peuvent être exécutés dans les conditions qui viennent d'être
indiquées. Dans le cas contraire, les ressources doivent être
concentrées sur le chemin dont la construction présente le plus
d'intérêt (Instr. sp., art. 26).

Ces règles ont pour but d'obliger les communes à mettre de
l'esprit de suite dans leurs travaux. Elles les empêchent de
délaisser la construction de chemins commencés pour en
entreprendre de nouveaux.

486. Les départements peuvent, en vue d'assurer l'utili-
sation des rabais et des autres disponibilités, constituer en
session d'août un *programme éventuel* (Instr. sp., art. 19).

§ 4. — Parts contributives de l'État, du département et des communes

487. Les parts contributives de l'État, du département et
des communes sont déterminées d'après la dépense des travaux subventionnés, déduction faite de la portion qui doit

être couverte par des ressources ne donnant pas droit à subvention (n° 482).

Les subventions sont allouées :

1° Aux départements, pour les chemins de grande communication et d'intérêt commun, en raison inverse du produit, par kilomètre carré, du centime départemental ;

2° Aux communes, pour les chemins vicinaux ordinaires, en raison inverse du produit, par hectare, du centime communal.

Des barêmes font connaître les proportions suivant lesquelles les parts contributives de l'État, du département et des communes doivent être fixées.

Ces barêmes avaient été annexés primitivement au décret du 3 juin 1880. Ils ont dû être revisés après la suppression de la Caisse des chemins vicinaux : les départements et les communes ayant été privés de la subvention indirecte que comportaient les emprunts à taux réduit opérés à cette caisse, on a cru devoir leur accorder une compensation en augmentant l'importance de la part contributive de l'État, et, par conséquent, en diminuant la part contributive des départements et des communes. On a profité, en outre, du remaniement des barêmes pour adopter, à l'égard des communes, des bases de subvention analogues à celles qui avaient été admises à l'égard des départements. Les barêmes joints au décret du 3 juin 1880 avaient gradué les subventions d'après la valeur du centime communal seulement : on a jugé rationnel de tenir compte de l'étendue du territoire de la commune, comme on l'avait fait pour le territoire du département.

Ces nouvelles dispositions ont fait l'objet des deux barêmes A et B ci-après, qui ont été approuvés par décret du 4 juillet 1895.

TABLEAU A

*servant à déterminer, pour les chemins de grande communication et d'intérêt commun, la part des dépenses
à couvrir par les départements au moyen de ressources extraordinaires et le montant de la subvention qui
doit leur être allouée par l'État.*

VALEUR DU CENTIME par KILOMÈTRE CARRÉ	COEFFICIENT de SUBVENTION	DÉPENSE A COUVRIR par le département	VALEUR DU CENTIME par KILOMÈTRE CARRÉ	COEFFICIENT de SUBVENTION	DÉPENSE A COUVRIR par le département
Au-dessous de 2f..........	61,35	38,65	De 4f 01c à 5f..........	36,35	63,65
De 2f 01c à 2f 50c..........	56,35	43,65	De 5f 01c à 6f..........	31,35	68,65
De 2f 51c à 3f..........	51,35	48,65	De 6f 01c à 9f..........	26,35	73,65
De 3f 01c à 3f 50c..........	46,35	53,65	De 9f 01c et au dessus......	21,35	78,65
De 3f 51c à 4f..........	41,35	58,65			

BARÉME servant à déterminer les parts contribu

RAPPORT du CENTIME COMMUNAL à la superficie en hectares	PART de DÉPENSE à la charge de la commune	VALEUR DU CENTIME							
		SÉRIE 1 au-dessous de 2ᶠ		SÉRIE 2 de 2ᶠ01ᶜ à 2ᶠ50ᶜ		SÉRIE 3 de 2ᶠ51ᶜ à 3ᶠ		SÉRIE 4 de 3ᶠ01ᶜ à 3ᶠ50ᶜ	
		Subvention à la charge		Subvention à la charge		Subvention à la charge		Subvention à la charge	
		du département	de l'État	du département	de l'État	du département	de l'État	du département	de l'État
Inférieur à 0ᶠ021ᶜ...	15,45	12,35	72,20	16,35	68,20	20,35	64,20	24,35	60,20
De 0,021 à 0,038....	20,45	11,60	67,95	15,35	64,20	19,10	60,45	22,85	56,70
De 0,038 à 0,042....	25,45	10,80	63,75	14,30	60,25	17,80	56,75	21,30	53,25
De 0,042 à 0,069....	30,45	10,05	59,50	13,30	56,25	16,55	53,00	19,80	49,75
De 0,069 à 0,084....	35,45	9,25	55,30	12,25	52,30	15,25	49,30	18,25	46,30
De 0,084 à 0,160....	45,45	7,70	46,85	10,20	44,35	12,70	41,85	15,20	39,35
De 0,160 à 0,260....	55,45	6,20	38,35	8,20	36,35	10,20	34,35	12,20	32,35
De 0,260 à 0,620....	65,45	4,65	29,90	6,15	28,40	7,65	26,90	9,15	25,40
De 0,620 à 1,020....	75,45	3,10	21,45	4,10	20,45	5,10	19,45	6,10	18,45
De 1,020 et au dessus	85,45	1,55	13,00	2,05	12,50	2,55	12,00	3,05	11,50

B

tives des communes, des départements et de l'État.

DÉPARTEMENTAL PAR KILOMÈTRE CARRÉ

SÉRIE 5 de 3ᶠ51ᶜ à 4ᶠ		SÉRIE 6 de 4ᶠ01ᶜ à 5ᶠ		SÉRIE 7 de 5ᶠ01ᶜ à 6ᶠ		SÉRIE 8 de 6ᶠ01ᶜ à 9ᶠ		SÉRIE 9 de 9ᶠ01ᶜ a 15ᶠ		SÉRIE 10 de 15ᶠ01ᶜ et au dessus	
Subvention à la charge		Subvention à la charge		Subvention à la charge		Subvention à la charge		Subvention à la charge		Subvention à la charge	
du département	de l'État	du département	de l'État	du département	de l'État	du département	de l'État	du département	de l'État	du département	de l'État
28,35	56,20	36,35	48,20	44,35	40,20	52,35	32,20	60,35	24,20	68,35	16,20
26,60	52,95	34,10	45,45	41,60	37,95	49,10	30,45	56,60	22,95	64,10	15,45
24,80	49,75	31,80	42,75	38,80	35,75	45,80	28,75	52,80	21,75	59,80	14,75
23,05	46,50	29,55	40,00	36,05	33,50	42,55	27,00	49,05	20,50	55,55	14,00
21,25	43,30	27,25	37,30	33,25	31,30	39,25	25,30	45,25	19,30	51,25	13,30
17,70	36,85	22,70	31,85	27,70	26,85	32,70	21,85	37,70	16,85	42,70	11,85
14,20	30,35	18,20	26,35	22,20	22,35	26,20	18,35	30,20	14,35	34,20	10,3:
10,65	23,90	13,65	20,90	16,65	17,90	19,65	14,90	22,65	11,90	25 65	8,90
7,10	17,45	9,40	15,45	11,10	13,45	13,10	11,45	15,1	9,45	17,10	7,45
3,55	11,00	4,55	10,00	5,55	9,00	6,55	8,00	7,55	7,00	8,55	6,00

488. Nous avons dit que les parts contributives des communes et du département devaient être couvertes au moyen de ressources extraordinaires (n° 482).

Les ressources auxquelles ce caractère est reconnu, d'après l'Instruction spéciale du 25 mars 1893 (art. 9), sont les suivantes :

a) POUR LES COMMUNES

1° Le produit des centimes extraordinaires dont la perception est régulièrement autorisée et le reliquat des centimes votés pour insuffisance de revenus ;

2° Les fonds libres provenant de ressources extraordinaires ;

3° Le prix des aliénations des biens mobiliers ou immobiliers, à l'exception toutefois du produit des délaissés du chemin qu'on remplace (1) ;

4° Les libéralités de toute espèce : dons, legs, souscriptions (2), cessions gratuites de terrains, etc ;

5° Le produit des coupes extraordinaires de bois ;

6° Le produit du remboursement des capitaux exigibles ou des rentes rachetées ;

7° Les emprunts dont l'amortissement est gagé par des recettes extraordinaires.

b) POUR LES DÉPARTEMENTS

1° Le produit des centimes extraordinaires autorisés tant par la loi de finances que par des lois spéciales ;

2° Les ressources énumérées ci-dessus pour les communes sous les n°s 2 à 6 ;

---

(1) Le produit de ces délaissés doit être affecté aux travaux comme ressource ne donnant pas droit à subvention (Instr. sp., art. 32).

L'affectation d'un terrain communal à l'établissement ou à la rectification d'un chemin vicinal ne constitue pas non plus un sacrifice, et la valeur des parcelles incorporées à la voie publique ne doit entrer en ligne de compte ni comme ressource ni comme dépense (Instr. sp., art. 31).

(2) Si les souscriptions en argent ou en nature, formant la part contributive de la commune, ne sont pas réalisées, celle-ci doit pourvoir à leur remplacement par le vote de nouvelles ressources extraordinaires (Instr. sp., art. 72).

3° Les offres de concours des communes provenant de ressources extraordinaires ;

4° Les emprunts départementaux dont l'amortissement est assuré au moyen de ressources extraordinaires, à moins toutefois que les départements ne sollicitent pas le concours de l'État pour leurs grandes lignes, auquel cas les emprunts départementaux peuvent être remboursés au moyen des ressources spéciales ordinaires, c'est-à-dire des sept centimes (Décret du 3 juin 1880, art. 8 ; — Circulaire ministérielle du 5 juin 1880).

489. Des substitutions peuvent s'opérer pour l'acquit des parts contributives résultant de l'application des barèmes.

Ainsi les départements peuvent prendre à leur charge tout ou partie de la part incombant aux communes. Inversement les communes peuvent se substituer au département (Loi du 12 mars 1880, art. 6).

Une commune peut aussi se substituer à une autre pour l'exécution d'un chemin vicinal ordinaire. Dans ce cas, la subvention de l'État est calculée d'après la valeur du produit du centime, à l'hectare, pour la commune à laquelle le chemin appartient (Instr. sp., art. 27).

§ 5. — Exécution du programme

490. D'après l'article 9 du décret du 3 juin 1880, le préfet transmet au Ministre de l'Intérieur la délibération du conseil général qui arrête le programme des travaux à subventionner, et il doit y joindre les justifications prescrites par ce décret.

Le Ministre de l'Intérieur, en conséquence, demande en communication les projets des travaux portés au programme, mais il ne se borne pas à vérifier si ces projets ont été régulièrement dressés et approuvés, ainsi que le prescrit l'article 2 du décret du 3 juin 1880 : il fait examiner ces projets, au point de vue technique, par le comité consultatif de la vicinalité.

Les travaux à subventionner ne peuvent être mis en adjudication qu'après l'admission des projets par le Ministre de l'Intérieur.

Il ne doit d'ailleurs être procédé à l'adjudication des travaux qu'autant que les voies et moyens d'exécution sont assurés.

Un exemplaire des placards annonçant l'adjudication est adressé au Ministère au fur et à mesure de l'affichage (Instr. sp., art. 79).

A la fin de chaque mois, le service vicinal envoie au Ministère les procès-verbaux des adjudications approuvées dans le mois. Si, exceptionnellement, l'Administration locale a traité de gré à gré ou obtenu l'autorisation d'exécuter les travaux en régie, le préfet adresse à l'Administration supérieure une copie de la soumission approuvée ou de l'arrêté motivé autorisant l'exécution en régie (Instr. sp., art. 80).

491. Si, en cours d'exécution, les agents voyers reconnaissent la nécessité de modifier le projet approuvé, ils présentent au préfet un rapport exposant : 1° l'objet des modifications ; 2° les considérations qui les justifient ; 3° les voies et moyens qu'ils proposent pour couvrir la dépense. A ce rapport sont annexés les dessins, métrés, estimations et toutes autres pièces utiles.

L'approbation de ces modifications et l'inscription au programme des dépenses qui en sont la conséquence sont soumises aux mêmes formalités que le projet primitif (Instr. sp., art. 62).

492. Les travaux doivent, en principe, s'exécuter dans l'année à laquelle appartiennent les ressources destinées à y faire face. La loi du 12 mars 1880, par son article 7, a toutefois admis que les subventions de l'État pourraient recevoir leur emploi dans l'année qui suit celle pour laquelle elles ont été accordées. Tous les travaux subventionnés doivent donc être terminés à l'expiration de la deuxième année d'exécution du programme.

Si les travaux ne sont pas achevés dans ce délai, le service vicinal arrête la situation des dépenses faites au 31 décembre. L'État contribue à ces dépenses dans la proportion réglementaire ; la subvention correspondant aux travaux restant à effectuer est annulée conformément à l'article 7 de la loi (Instr. sp., art. 86).

§ 6. — Subventions extraordinaires

493. Des subventions extraordinaires peuvent, en vertu de l'article 9 de la loi du 12 mars 1880, être accordées aux départements et aux communes pour l'exécution des ouvrages d'art d'une importance exceptionnelle, lorsque les ressources locales, augmentées de la subvention normale de l'État correspondante, sont insuffisantes pour faire face à la dépense.

Il peut également être accordé des subventions extraordinaires en cas de circonstances ou de besoins exceptionnels.

Les départements et les communes n'obtiennent le concours extraordinaire de l'État que si les sacrifices qu'ils se sont imposés correspondent au maximum d'efforts dont ils sont capables.

Sauf en ce qui concerne les travaux ayant pour objet la réparation des dommages causés par les inondations, l'allocation d'une subvention extraordinaire est expressément subordonnée à l'inscription au programme de la partie de la dépense qui peut être couverte tant au moyen des sacrifices départementaux et communaux que de la subvention normale correspondante.

La subvention extraordinaire demandée à l'État n'est pas comptée en ressources au programme ; mention en est faite simplement dans la colonne d'observations.

494. Le versement des subventions extraordinaires n'a lieu qu'après l'emploi intégral de toutes les ressources affectées à l'entreprise.

Dès que cette condition est remplie, il peut être versé sur la subvention extraordinaire un acompte proportionné aux besoins, mais en laissant toutefois une marge d'une certaine importance pour le règlement définitif.

§ 7. — Dispositions de comptabilité

495. Les subventions de l'État attribuées aux chemins de grande communication et d'intérêt commun sont rattachées en recettes et réparties en dépenses au budget départemental.

Si une loi spéciale doit intervenir à l'effet d'autoriser les impositions extraordinaires ou les emprunts votés par le conseil général pour former la part contributive du département, cette circonstance ne fait pas obstacle à l'inscription, dans le budget départemental, de la subvention de l'État correspondante.

L'emploi des crédits ouverts pour l'exécution du programme reste toutefois expressément subordonné au vote de la loi spéciale qui doit assurer les voies et moyens financiers.

496. Les subventions aux communes sont inscrites en recettes et en dépenses dans les budgets municipaux de l'année correspondant au programme ou rattachées par décisions spéciales.

Les sommes non réalisées avant la clôture de l'exercice sont réinscrites en recettes et en dépenses aux chapitres additionnels du budget de l'exercice suivant. Il convient de s'assurer, lors de l'examen des budgets communaux, que cette prescription est observée.

§ 8. — Compte Rendu des opérations du programme

497. Aux termes de l'article 11 de la loi du 12 mars 1880, le Ministre de l'Intérieur rend compte chaque année au Président de la République, dans un rapport qui est communiqué au Sénat et à la Chambre des députés, de la distribution des subventions, ainsi que des dépenses et de l'état d'avancement de la vicinalité.

A cet effet, à l'expiration de la période d'exécution du programme, l'agent voyer en chef établit le compte rendu des opérations effectuées, ainsi que le compte d'emploi des subventions extraordinaires. Ce compte est dressé sur trois formules distinctes dont les modèles sont annexés à l'Instruction spéciale du 25 mars 1893. Il est envoyé au Ministre le 15 mai au plus tard, accompagné d'un rapport signalant les particularités de nature à fixer l'attention de l'Administration supérieure.

CHAPITRE XII

RESSOURCES DES CHEMINS
DE GRANDE COMMUNICATION ET D'INTÉRÊT COMMUN

SECTION I

INDICATION DES RESSOURCES

498. Les chemins de grande communication et d'intérêt commun sont, en principe, à la charge des communes intéressées à ces chemins. Les communes sont donc appelées, en première ligne, à fournir les ressources nécessaires à l'établissement et à l'entretien des chemins dont il s'agit. Mais elles peuvent recevoir des subventions du département, de l'État, des particuliers.

Les ressources des chemins de grande communication et d'intérêt commun peuvent dès lors être les suivantes :

1° Les contingents communaux imputables sur les revenus ordinaires, les prestations et les centimes spéciaux dont disposent les communes intéressées.

Ces contingents peuvent s'appliquer aussi bien aux dépenses de construction qu'à celles d'entretien (n° 314) ;

2° Les ressources extraordinaires votées par les conseils municipaux, telles qu'impositions extraordinaires ou emprunts ;

3° Les ressources éventuelles consistant en subventions départementales, subventions de l'État, subventions industrielles, souscriptions particulières, prestations par suite de condamnations judiciaires.

SECTION II

DE LA FIXATION DES CONTINGENTS COMMUNAUX

§ 1. — Désignation des communes intéressées

499. C'est au conseil général qu'il appartient de désigner les communes appelées à fournir des contingents pour les chemins de grande communication et d'intérêt commun (Loi du 21 mai 1836, art. 7 ; — Loi du 10 août 1871, art. 46, n° 7).

Cette désignation n'est pas restreinte aux communes traversées par les chemins. Elle peut porter sur les communes auxquelles ces chemins servent de débouché, bien qu'elles soient situées à des distances plus ou moins grandes (1) (Instruction ministérielle du 24 juin 1836, art. 7).

§ 2. — Autorité chargée de fixer les contingents

500. Autrefois, sous l'empire de la loi du 21 mai 1836 (art. 6 et 7), les contingents des chemins de grande communication et d'intérêt commun étaient fixés par le préfet. Cette attribution a été transférée au conseil général par la loi du 10 août 1871 (art. 46, n° 7).

Les contingents communaux doivent être déterminés, chaque année, par délibération du conseil général, alors même qu'ils ne subiraient aucun changement (C. d'État, 14 février 1873, commune de *Saint-Pierre-le-Moutier*).

---

(1) Une commune qui n'a pas été consultée, lors du classement d'un chemin de grande communication ou d'intérêt commun, peut être appelée ultérieurement à contribuer à l'entretien de ce chemin (C. d'État, 30 août 1847, commune de *Moëlan*).

✦

§ 3. — Formalités qui doivent précéder la fixation des contingents

501. Aux termes de l'article 46, n° 7, de la loi du 10 août 1871, le conseil général doit fixer les contingents communaux sur l'avis des *conseils compétents*.

Ces mots désignent les conseils municipaux et les conseils d'arrondissement (C. d'État, 28 mars 1884, commune de *Chef-Boutonne*).

Le conseil général n'est pas tenu de se conformer aux avis des conseils dont il s'agit (C. d'État, 8 avril 1892, ville de *Bourges*).

Il n'est même pas nécessaire, pour que la décision soit valable, que le conseil d'arrondissement ait exprimé un avis : il suffit qu'il soit constaté que ce conseil a été consulté (C. d'État, 26 décembre 1873, commune d'*Ambarès*).

§ 4. — Ressources servant à former les contingents. — Limitation de ces ressources

502. Les contingents sont acquittés par les communes au moyen de leurs revenus ordinaires et, en cas d'insuffisance, au moyen des prestations et centimes spéciaux ordinaires votés en vertu de l'article 2 de la loi du 21 mai 1836.

En ce qui concerne les chemins de grande communication, les contingents ne peuvent pas absorber plus de deux journées de prestations ni plus des deux tiers des 5 centimes spéciaux ordinaires. Cette limite a été imposée par l'article 8 de la loi du 21 mai 1836, en vue de réserver aux communes des ressources pour les dépenses des chemins vicinaux autres que ceux de grande communication.

La limite dont il s'agit est absolue. Elle doit être observée alors même que la commune ne serait appelée à concourir à l'entretien d'aucun autre chemin vicinal, soit chemin d'intérêt commun, soit chemin vicinal ordinaire (C. d'État, 28 novembre 1873, commune de *Villeneuve-sous-Dammartin*).

En ce qui a trait aux chemins d'intérêt commun, aucun maximum n'a été fixé par le législateur pour les prestations ou centimes spéciaux destinés à former les contingents communaux. Ces contingents peuvent donc, concurremment avec ceux des chemins de grande communication, absorber la totalité des trois journées de prestation et des 5 centimes spéciaux ordinaires (1). Il en résulte que les conseils généraux pourraient, s'ils voulaient user de leur droit, ne rien laisser aux communes des ressources spéciales que la loi a autorisées en faveur des chemins vicinaux. Ces communes seraient dès lors obligées de créer des ressources extraordinaires pour entretenir leur réseau de petite vicinalité. Il y a là une situation qui méritera d'attirer l'attention du législateur, quand il procédera à la revision de la loi vicinale.

503. Il arrive parfois que certaines communes disposent de revenus ordinaires assez importants pour n'avoir pas besoin de recourir au vote des prestations et des 5 centimes. Elles ne sauraient assurément prétendre qu'elles ne peuvent pas être tenues de fournir, pour les chemins de grande communication, des contingents dépassant la valeur des deux tiers de trois journées de prestations et de 5 centimes. Elles ne seraient pas non plus fondées à repousser, pour les chemins d'intérêt commun, des contingents excédant la valeur de l'ensemble de trois journées et de 5 centimes. C'est ce qui résulte des explications contenues dans la circulaire ministérielle du 30 avril 1839.

Pareillement, quand les contingents sont obtenus au moyen de revenus ordinaires auxquels s'ajoutent des prestations et des centimes, la limite légale des deux tiers s'applique exclusivement aux prestations et aux centimes. Les revenus ordinaires restent en dehors.

§ 5. — Détermination du montant des contingents

504. Les contingents communaux, aussi bien pour les chemins de grande communication que pour ceux d'intérêt com-

_____

(1) Il en est de même quand les communes ne sont pas intéressées à des chemins de grande communication (Décret du 12 juillet 1893 sur la comptabilité départementale, art. 53).

mun, sont fixés par ligne (Instruction du 24 juin 1836, art. 9 ;
— Circulaire du 31 mars 1875 ; — Circulaire du 13 juillet 1893,
§ 19).

Ces contingents doivent être fixés en sommes invariables
(Circulaire du 31 mars 1875). Il convient même de les exprimer en nombres ronds de francs, en multiples de 5 francs, par
exemple.

Pendant longtemps les contingents ont été fixés en nombres
ou fractions de journées et de centimes, et il peut se faire que
cette manière de procéder soit encore employée dans quelques
départements. Elle comporte des complications, et elle a surtout l'inconvénient de ne pas arrêter d'une manière ferme, dès
le début de l'exercice, les ressources du budget des chemins
de grande communication et d'intérêt commun, puisque la
valeur de la journée de prestation n'est connue que tardivement, après qu'il a été statué sur les demandes en décharge,
réduction ou remise.

Ce mode de fixation permet, il est vrai, de réaliser exactement, pour les chemins de grande communication, le produit
maximum des contingents, quand ils sont portés aux deux
tiers des trois journées de prestations. C'est un avantage que
n'a pas le système des contingents invariables, qui sont déterminés, dans le cas dont il s'agit, de telle sorte que leur somme,
pour chaque commune, se tienne un peu au-dessous de la
valeur probable des deux tiers de trois journées de prestations.
Cette précaution est utile pour contenir l'ensemble des contingents dans la limite légale, quand le produit effectif de la
journée vient à fléchir, en déjouant les prévisions du service
vicinal. On prévient ainsi les réclamations que les communes
seraient fondées à présenter.

Sans doute, les contingents communaux ainsi fixés fournissent un rendement moindre. Ils donnent lieu à une perte
qui doit être compensée par un accroissement de la subvention
départementale. Mais cet accroissement est faible, et on ne saurait guère le regretter, alors qu'il profite aux communes pour
les besoins de leur petite vicinalité.

On ne peut donc y voir un inconvénient sérieux, et surtout
un inconvénient susceptible d'être mis en balance avec les
avantages considérables que comporte le système des contingents invariables.

505. Comment peut-on déterminer le montant des contingents communaux ?

La loi du 21 mai 1836 donne, à ce sujet, des indications.

Elle fournit d'abord une indication directe, dans son article 7, quand elle énonce que le préfet (aujourd'hui le conseil général) détermine la *proportion* dans laquelle chaque commune doit concourir à l'entretien de la ligne vicinale. La proportion implique le degré d'intérêt. Aussi le Conseil d'État a-t-il maintes fois déclaré que les contingents devaient être fixés *en proportion du degré* d'intérêt que les communes ont à l'existence du chemin (14 février 1873, commune de *Saint-Pierre-le-Moutier ;* 19 mars 1875, commune de *Saint-Pierre-le-Moutier ;* 3 août 1877, ville de *Clamecy ;* 8 août 1890, ville de *Versailles*).

La loi de 1836 donne ensuite, dans son article 8, des indications indirectes, quand elle énonce que les subventions départementales doivent être déterminées, en ayant égard *aux ressources, aux sacrifices et aux besoins des communes.*

C'est qu'il existe, en effet, une relation entre les contingents des communes et les subventions du département. Si l'on envisage un chemin de grande communication ou d'intérêt commun, l'entretien de ce chemin exige une certaine somme qui doit être fournie tant par les communes intéressées que par le département. Les contingents communaux et la subvention départementale se complètent mutuellement de manière à former un total égal au montant de la dépense d'entretien du chemin. Il en résulte que, si le législateur avait tracé des règles permettant de calculer exactement les contingents communaux, il n'aurait pas eu à indiquer les bases d'après lesquelles la subvention du département devait être déterminée, puisque cette subvention devait être représentée par la différence entre la dépense d'entretien et l'ensemble des contingents communaux.

Le législateur a procédé tout autrement. Il a fait connaître les éléments auxquels on devait avoir égard pour évaluer la subvention départementale. Ces éléments influent nécessairement, mais en sens inverse, sur les contingents communaux. Si, parmi ces éléments, on considère, par exemple, les ressources des communes, et si naturellement la subvention doit s'élever d'autant plus que ces ressources sont faibles, les contingents devront, par contre, s'abaisser. Par conséquent, il y a lieu de tenir compte des ressources dans la fixation des contingents. On peut en dire autant des sacrifices et des besoins des communes.

Ainsi, par cela même que la loi ordonne de tenir compte des ressources, des sacrifices et des besoins des communes pour la détermination des subventions du département, elle oblige d'avoir égard à ces éléments pour fixer les contingents communaux.

Ces prescriptions sont assurément très équitables.

Si l'on imagine deux communes ayant le même degré d'intérêt à l'entretien d'un chemin, serait-il juste de leur demander la même part dans la dépense, c'est-à-dire la même somme, alors que leurs ressources, formées des journées de prestation et des centimes spéciaux, seraient très différentes ?

Ne convient-il pas d'avoir égard aux sacrifices qu'impose aux communes l'entretien de leurs chemins vicinaux ordinaires et peut-on traiter de la même manière deux communes dont l'une fait face aux dépenses de la vicinalité avec le tiers disponible des ressources normales, tandis que l'autre est obligée d'y ajouter, grâce au jeu de l'imposition extraordinaire pour insuffisance de revenus, un nombre considérable de centimes ?

N'y a-t-il pas lieu de tenir compte des besoins que crée le réseau de petite vicinalité, si variable sous le rapport de l'étendue et des conditions d'entretien ? Ne peut-on pas exiger davantage d'une commune qui est traversée dans son agglomération et desservie par des routes nationales et départementales, sans bourse délier, ce qui réduit parfois à peu de chose les besoins de la petite vicinalité ?

506. Nous nous hâtons de reconnaître qu'il est difficile d'apprécier les diverses circonstances de nature à influer sur la valeur des contingents communaux. Aussi la fixation de ces contingents constitue-t-elle une des questions les plus ardues que le service vicinal ait à examiner et que le conseil général soit appelé à résoudre.

Les attributions conférées au conseil général sont d'autant plus délicates que les intérêts financiers du département ne sont pas en dehors de cette question, puisque la subvention départementale est d'autant plus forte que les contingents communaux sont moindres.

Et le conseil général a un pouvoir souverain d'appréciation pour déterminer la proportion dans laquelle une commune doit, d'après son degré d'intérêt, concourir à la dépense d'entretien des chemins de grande communication et d'intérêt commun. La question de savoir si l'assemblée départementale a fait une exacte appréciation de ce degré d'intérêt n'est pas de celles qui peuvent être portées devant le Conseil d'État (C. d'État, 26 décembre 1873, commune d'*Ambarès*; 19 mars 1875, commune de *Saint-Pierre-le-Moutier*; 7 mai 1875, commune de *Flers*; 3 août 1877, ville de *Clamecy*; 8 août 1890, ville de *Versailles*).

Le Conseil d'État avait eu l'occasion d'annuler une délibération du conseil général de la Nièvre, parce que cette assemblée avait déterminé le contingent d'une commune, non en raison de son intérêt particulier aux chemins de grande communication et d'intérêt commun, mais par application d'un principe adopté par l'assemblée départementale, à savoir que toutes les communes, étant également intéressées à l'entretien du réseau, devaient y contribuer dans la même proportion, soit à raison de 40 0/0 des ressources vicinales (C. d'État, 14 février 1873, commune de *Saint-Pierre-le-Moutier*).

Mais, l'année suivante, le conseil général de la *Nièvre* fixa les contingents de la même manière, en prenant la précaution de déclarer, dans sa délibération, que le tableau des contingents avait été étudié de manière à tenir compte du degré d'intérêt de chaque commune. En présence de cette déclaration formelle, le Conseil d'État dut juger que l'assemblée départementale n'avait fait qu'user du pouvoir souverain d'appréciation que lui confère la législation vicinale (C. d'État, 19 mars 1875, commune de *Saint-Pierre-le-Moutier*).

SECTION III

DU MODE D'ACQUIT DES CONTINGENTS COMMUNAUX

§ 1. – **De l'imputation des contingents sur les diverses catégories de ressources communales**

507. Ainsi que nous l'avons dit au n° 498, les contingents peuvent être formés au moyen de prélèvements sur les revenus ordinaires des communes et sur le produit des trois journées de prestation et des 5 centimes spéciaux.

Le conseil général a le pouvoir non seulement de fixer le montant du contingent dû par chaque commune pour chaque ligne de grande communication ou d'intérêt commun, mais encore de déterminer comment ce contingent doit être partagé, s'il y a lieu, entre les trois catégories de ressources. Le conseil général doit donc arrêter les portions du contingent acquittables sur revenus ordinaires, sur prestations et, enfin, sur centimes spéciaux.

Cette prérogative résulte de ce que l'assemblée départementale est actuellement maîtresse des ressources qui doivent composer le budget de chaque ligne. Nous reviendrons plus loin sur ce point (520).

§ 2. — De la répartition des non-options

508. Après que la répartition des contingents a été ainsi effectuée par le conseil général, il y a lieu de procéder à une opération consistant à subdiviser, pour chaque contingent, la portion acquittable sur le produit des prestations.

On a vu, au n° 300, qu'un délai d'un mois, expirant au plus tard le 1ᵉʳ décembre, est accordé aux prestataires pour qu'ils déclarent s'ils entendent se libérer en nature, faute de quoi leurs cotes sont exigibles en argent. Dans la quinzaine suivante, le receveur municipal dresse un extrait de rôle renfermant les contribuables qui ont opté pour l'exécution en nature et indiquant, en outre, le total des cotes dues en argent par suite de non-déclaration d'option.

Ces cotes qui sont désignées, en langage courant, sous le nom de *non-options*, constituent une ressource précieuse, parce qu'elle est en argent et disponible au début de l'exercice.

Il s'agit de procéder à la répartition des non-options, d'abord entre les lignes de grande communication et d'intérêt commun, d'une part, et les chemins vicinaux ordinaires, d'autre part ; puis entre les diverses lignes auxquelles contribue la commune, ce qui conduit à subdiviser la portion du contingent acquittable sur prestations en non-options et en prestations destinées à être exécutées en nature.

Cette opération est très importante, et elle n'est pas suffisamment réglée par le législateur. Aussi croyons-nous devoir présenter à ce sujet des observations tirées d'une étude que nous avons publiée sur cette question (1).

509. Des conséquences que comporte la répartition des non-options entre la grande et la moyenne vicinalité, d'une part, et la petite vicinalité, d'autre part. — L'intérêt qui s'attache à la distribution des non-options est manifeste. Suivant que ces ressources, exigibles en argent, sont attribuées aux grandes lignes ou aux chemins vicinaux ordinaires, on favorise les unes ou les autres, au point de vue de l'équilibre des ressources en argent et des ressources en nature.

Si l'on affecte les non-options aux grandes lignes autant que faire se peut, on accroît la dotation en argent de ces lignes, au grand avantage du département qui peut ainsi n'être pas obligé d'augmenter sa subvention d'entretien ; si, au contraire, on porte les non-options sur les chemins vicinaux ordinaires, on les pourvoit de la plus grande somme possible de ressources en argent, ce qui peut dispenser la commune de recourir à des centimes extraordinaires pour assurer le service de ces chemins.

---

(1) *De la répartition des prestations recouvrables en argent par suite de non-option.* — Revue générale d'administration, mai 1890 ; — Ann. des chemins vicinaux, 2ᵉ partie, 1891-1892.

Il suit de là que les intérêts du département se trouvent en opposition avec ceux des communes, à moins que, par suite de circonstances particulières, le département et les communes ne soient indifférents à la question de répartition des non-options. Mais, si ces circonstances n'existent pas, on voit combien est important le pouvoir conféré à l'autorité chargée de distribuer les non-options.

510. Nous ne nous bornerons pas à cette indication générale. Nous allons préciser les conséquences que comporte la répartition des non-options.

Pour y arriver, il nous faut rappeler que le service vicinal, quand il prépare les propositions relatives à la fixation de la subvention départementale pour chaque ligne de grande communication ou d'intérêt commun, est obligé de tabler sur les ressources probables en argent provenant des contingents communaux afférents à chaque ligne. Ces ressources comprennent la portion des contingents prélevée sur revenus ordinaires, la portion imputée sur les centimes spéciaux, enfin la portion acquittable sur les non-options.

Les agents voyers, après avoir évalué la dépense de chaque chemin de grande communication ou d'intérêt commun, se rendent compte de la fraction de cette dépense qui ne peut être couverte que par des ressources en argent. Les résultats de leur travail sont consignés dans le budget (modèle n° 11) qui est prescrit par l'article 68 du Règlement sur les chemins vicinaux. La colonne 2 renferme la dépense totale du chemin, tant en nature qu'en argent, et la colonne 3 le minimum indispensable en argent.

La subvention départementale, demandée par le service vicinal, ne doit pas seulement faire face à la dépense totale du chemin, en se joignant au montant intégral des contingents communaux : elle doit encore être telle qu'ajoutée à la portion des contingents supposée acquittable en argent, elle donne un total égal ou supérieur au minimum nécessaire en argent (Col. 3 du budget n° 11).

Cela posé, prenons un exemple :

Admettons que la subvention départementale ait été déterminée *de manière à assurer exactement le minimum en argent*, le mode d'acquit d'un contingent communal de 1.200 francs pour un chemin de grande communication ayant été prévu comme il suit :

	Francs.
Non-options	1.000
Prestations en nature	200
TOTAL	1.200

Faisons remarquer que deux faits résultent de cette hypothèse :

Le premier, c'est que la somme de 1.000 francs, en argent, est absolument nécessaire pour assurer le service du chemin de grande communication.

Le second, c'est que le maximum des prestations susceptibles d'être employées sur ce chemin est de 200 francs, car, s'il en était autrement, on pourrait exécuter en nature des travaux compris parmi ceux que l'on a jugé indispensable d'effectuer à prix d'argent.

Dès lors, si l'autorité appelée à répartir les non-options adoptait la distribution ci-après :

	Francs.
Non-options	»
Prestations en nature	1.200
TOTAL	1.200

il s'ensuivrait :

1° Qu'il manquerait 1.000 francs de ressources en argent au budget du chemin de grande communication et qu'il faudrait, en conséquence, demander au conseil général l'ouverture, au budget rectificatif du département, d'un supplément de subvention de 1.000 francs ;

2° Que des prestations seraient inutilisables sur le chemin de grande communication pour une valeur de 1.000 francs, de telle sorte que le contingent servi à ce chemin se réduirait de 1.200 francs à 200 francs. La fixation du contingent, opérée par l'assemblée départementale, ne serait pas observée.

L'exercice du droit de répartition des non-options est donc de nature à agir sur l'importance de la subvention départementale, ainsi que sur le montant des contingents à employer sur les lignes de grande communication et d'intérêt commun.

511. Des conséquences que comporte la répartition des non-options entre les lignes de grande communication ou d'intérêt commun auxquelles contribue une même commune. — Nous venons d'examiner la question de répartition des non-options sous le rapport du partage de ces ressources entre les grandes lignes et la petite vicinalité.

Il y a lieu de l'envisager à un autre point de vue.

Admettons qu'on ait arrêté, pour chaque commune, le montant des non-options attribué aux chemins de grande communication (1) : il reste à répartir ce montant entre les diverses lignes auxquelles chaque commune contribue.

Cette sous-répartition n'intéresse plus les communes au point de vue budgétaire.

A l'égard des chemins de grande communication, bien qu'elle ne change en rien le total des ressources en argent qui leur sont affectées, elle a des conséquences qu'il y a lieu de signaler.

Considérons une commune appelée à fournir des contingents à deux lignes nᵒˢ 1 et 2.

Les contingents sur prestations sont de 800 francs pour la ligne nᵒ 1 et de 700 francs pour la ligne nᵒ 2.

Le service vicinal a formulé des demandes de subvention départementale, ainsi que nous l'avons expliqué précédemment, en comptant sur le mode d'acquit que voici :

		Francs.
Ligne nᵒ 1	Sur non-options..............	300
	Sur prestations en nature.......	500
	TOTAL..........	800

		Francs.
Ligne nᵒ 2	Sur non-options..............	100
	Sur prestations en nature........	600
	TOTAL..........	700

Supposons enfin que la portion de contingent de la ligne nᵒ 1, montant à 500 francs et acquittable en nature, représente

---

(1) Pour plus de simplicité, nous supposons qu'il n'existe pas de chemins d'intérêt commun.

le *maximum des prestations susceptibles d'être employées* sur ladite ligne.

Qu'arrivera-t-il si l'autorité investie du pouvoir de répartir les non-options n'adopte pas les chiffres indiqués ci-dessus ?

Si, par exemple, cette autorité vient à retirer de la ligne n° 1 les 300 francs de non-options pour les ajouter aux 100 francs de la ligne n° 2, les contingents sont réglés comme il suit :

		Francs.
Ligne n° 1 {	Sur non-options.................	»
	Sur prestations en nature.........	800
	TOTAL............	800

		Francs.
Ligne n° 2 {	Sur non-options.................	400
	Sur prestations en nature........	300
	TOTAL............	700

Pas de difficultés pour la ligne n° 2. Mais, d'après notre hypothèse, les 800 francs de prestations en nature ne pourront pas être employés sur la ligne n° 1. Une partie de ces prestations, montant à 300 francs, sera inutilisée pour l'entretien de la ligne. La dotation de cette ligne sera donc réduite de 300 francs, et il sera nécessaire, pour la rétablir à son chiffre primitivement fixé, de demander au conseil général l'ouverture, au budget rectificatif, d'un crédit supplémentaire de 300 francs. En outre, la commune, qui était imposée pour un contingent total de 1.500 francs au profit des deux lignes de grande communication, ne fournira, effectivement, qu'un contingent de 1.200 francs.

Les conséquences seraient les mêmes que dans le cas précédemment examiné, où il s'agissait de la répartition des non-options entre la grande et la moyenne vicinalité, d'une part, et la petite vicinalité, d'autre part.

512. Recherches sur le sens de la disposition de l'article 81 de la loi du 10 août 1871. — Quelle est l'autorité chargée de distribuer les non-options ?

La loi du 21 mai 1836 est muette à ce sujet.

La loi du 10 août 1871 sur les conseils généraux est le seul document où il soit question de la répartition des non-options.

Elle renferme ce qui suit :

« Art. 81. — La commission départementale, après avoir entendu l'avis ou les propositions du préfet :

« 1° Répartit... les fonds provenant du rachat des prestations en nature sur les lignes que ces prestations concernent. »

Cette disposition manque de clarté. L'expression *lignes* semble ne s'appliquer qu'aux chemins vicinaux de grande communication et d'intérêt commun. Il en résulte que les attributions confiées à la commission départementale porteraient exclusivement sur la répartition des non-options afférentes à la grande et à la moyenne vicinalité.

De plus, les termes « sur les lignes que ces prestations concernent » ne permettent même pas de considérer la commission départementale comme appelée à distribuer les non-options *entre* les lignes auxquelles une même commune contribue. Ces termes paraissent viser une répartition *sur* chaque ligne, c'est-à-dire dans l'étendue de chaque ligne.

Nous reconnaissons qu'une pareille interprétation peut paraître singulière à tous ceux qui connaissent le service vicinal. Nous allons la justifier à l'aide de renseignements tirés de la discussion du projet de loi.

Nous ferons remarquer tout d'abord que la proposition de loi, déposée par M. Savary le 27 avril 1871, ne contenait aucune disposition à l'égard des non-options.

Ce fut la commission chargée d'examiner cette proposition qui introduisit la répartition des non-options au nombre des objets sur lesquels la commission départementale devait statuer.

La rédaction proposée par la commission, c'est-à-dire le texte primitif du projet de loi, renfermait, en effet, ce qui suit :

« Art. 81. — La commission départementale, après avoir entendu l'avis ou les propositions du préfet :

« Répartit..... les fonds provenant du rachat des prestations en nature. »

Le rapport de M. Waddington, déposé le 14 juin 1871, contient bien quelques explications au sujet des diverses attributions énumérées à l'article 81, mais il passe complètement sous silence celle qui concerne les non-options.

Cet article 81 fut adopté en seconde délibération le 25 juillet 1871. Il est manifeste que, si aucune modification n'y avait été ultérieurement apportée, la commission départementale serait investie du droit de répartir les non-options, non seulement entre les diverses lignes auxquelles une commune contribue, mais encore entre ces lignes et les chemins vicinaux ordinaires.

Mais, à la troisième délibération, M. le Président de l'Assemblée nationale fit connaître que la commission, tout en maintenant l'article 81, proposait de terminer le paragraphe n° 1 par ces mots : *sur les lignes que ces prestations concernent.*

Un rapport supplémentaire de M. Waddington renferme un renseignement relativement à cette addition.

Il est ainsi conçu :

« A l'article 81, nous proposons d'ajouter à la fin du premier paragraphe les mots : *sur les lignes qu'elles concernent*, afin de préciser la portée d'une disposition qui nous a été signalée comme incomplète par plusieurs de nos collègues. »

Cet article, ainsi complété, a été finalement adopté.

Toutefois, il a donné lieu à un amendement de M. Arfeuillère, qui consistait à supprimer la deuxième partie du paragraphe 1er : « Les fonds provenant des amendes de police correctionnelle, et les fonds provenant du rachat des prestations en nature sur les lignes que ces prestations concernent. »

Cet amendement était inspiré par cette idée que le conseil général devait rester maître de tous les éléments de son budget et que la commission départementale ne devait avoir de subventions ou de ressources à répartir qu'autant que le conseil général lui en aurait confié le mandat.

Les développements produits par M. Arfeuillère contiennent des explications sur le point que nous cherchons à éclaircir. En voici un extrait :

« Dans la première rédaction de l'article 81, on laisse les fonds qui ont cette origine à la discrétion absolue de la commission départementale, ce qui est, vous le comprenez, absolument contraire à notre législation vicinale, car ces fonds appartiennent, par leur origine même, aux communes dont ils représentent les prestations. Par l'addition que la commission a faite à ce paragraphe du membre de phrase qui vous a été lu : *sur les lignes qu'elles concernent*, elle semble donner à l'article un sens restreint qui fera que la commission départementale aura seulement la faculté de répartir ces fonds sur les divers points de la ligne à laquelle ces fonds se rapportent ; mais cela ne me suffit pas, parce qu'il me semble que le conseil général, au sein duquel tous les cantons ont des représentants, sera meilleur juge que la commission pour déterminer les points qui appelleront de préférence l'emploi de ces ressources.

« Du reste, le département n'a pas seulement à son budget, en fait de subventions, les fonds qui proviennent du rachat des prestations en nature, il a ses centimes additionnels facultatifs, ses centimes spéciaux, à l'aide desquels il se crée des ressources très importantes.

« Eh bien, chaque année, lorsqu'il a été pourvu aux nécessités du service général, il répartit une portion de ses ressources sur les différentes branches de son réseau vicinal, suivant l'importance de chaque ligne. Assurément vous ne voudriez pas décharger le conseil général de ce soin pour le remettre à la commission. Pourquoi faire deux natures de subvention, suivant l'origine des fonds, en attribuant les uns au conseil général, les autres à la commission départementale ?

« Il vaut bien mieux confondre toutes les ressources d'une ligne et laisser le conseil général en régler l'emploi suivant qu'il le jugera convenable. D'un autre côté, les ressources qui proviennent du rachat de prestations en nature ont une importance sérieuse.

« A certains moments de l'année, quand le prix de la main-d'œuvre est très élevé dans les campagnes, les prestataires, ne trouvant pas leurs journées suffisamment rétribuées par le taux de l'atelier, préfèrent se libérer en argent et, dans ce cas, il n'est pas rare que la moitié, quelquefois plus, du rôle se convertisse en argent dans la caisse du percepteur. Quand cet argent a été versé dans la caisse du percepteur, qu'arrive-t-il ? Il est versé à la caisse départementale et porté au compte particulier de la ligne à laquelle étaient affectées les prestations dont cet argent provient. Cet argent est confondu avec les autres ressources de la ligne, et quand il a été pourvu au salaire des cantonniers, à l'entretien de l'outillage, aux menus frais ordinaires et extraordinaires de la ligne, l'excédent, se joignant à la subvention qui, à un moment donné, sera faite par le département, constituera une ressource importante qui sera appliquée à tel ou tel point de la ligne, suivant que le conseil général le jugera à propos, et, dans ce cas, la subvention aurait ce grand avantage qu'elle permettrait de faire exécuter les travaux par la voie de l'adjudication qui, comme vous le savez, est de beaucoup préférable à toute autre, mais qu'on ne peut employer avec les prestations seules. »

Les observations de M. Arfeuillère n'ont provoqué aucune rectification. On peut en conclure que l'Assemblée nationale a entendu l'article 81 de la même manière que l'honorable membre, c'est-à-dire en ce sens que la commission départementale a seulement la faculté de répartir les non-options sur les divers points de la ligne à laquelle ces fonds se rapportent.

513. Nous avons cherché, en nous aidant des indications du discours de M. Arfeuillère, à nous rendre compte du but que le législateur avait poursuivi en chargeant la commission départementale du soin de distribuer *sur les divers points d'une ligne* le montant des non-options afférentes à cette ligne. Nous n'avons pu parvenir à découvrir en quoi consisterait l'exercice de cette attribution de la commission départementale, alors que les non-options se confondent avec les autres ressources en argent de la ligne, telles que les portions de contingents acquittables sur revenus ordinaires, les portions de contingents acquittables sur centimes spéciaux ordinaires, la subvention allouée par le département. Et l'on sait que l'ensemble de ces ressources forme une masse sur laquelle s'imputent, sans distinction d'origine, les dépenses en argent de la ligne.

Si nous sommes bien informé, la disposition de l'article 81, en ce qui concerne les non-options, est restée incomprise et, par suite, à l'état de lettre morte.

514. De la nécessité de résoudre la question de répartition des non-options. — La disposition de l'article 81 de la loi du 10 août 1871, quelle que soit l'application qui puisse lui être réservée, laisse entièrement à l'écart la question de la répartition des non-options, d'abord entre la grande et la moyenne vicinalité, d'une part, et la petite vicinalité, d'autre part, puis entre les lignes de la grande et de la moyenne vicinalité.

Cette question est cependant de celles qui exigent absolument une solution, car il est indispensable, au début de l'exercice, de faire savoir aux percepteurs quelle est la portion des non-options de chaque commune qui doit être versée dans la caisse du département pour le compte des chemins de grande communication et d'intérêt commun, et quelle est la portion qui doit être gardée par la commune au profit de ses chemins vicinaux ordinaires. Il est non moins nécessaire d'indiquer comment la somme à encaisser par le département doit être partagée, le cas échéant, entre les divers chemins de grande communication et d'intérêt commun auxquels la commune contribue. C'est pour fournir ces renseignements aux comptables qu'a été institué l'état (modèle n° 14) prescrit par l'article 72 du Règlement sur les chemins vicinaux (1).

515. Examen d'une solution qui ne comporte l'intervention d'aucune autorité pour répartir les non-options. — Dans certains départements, où les contingents sur prestations sont fixés par le conseil général *en nombres ou fractions de journées*, une solution en usage consiste à calculer le montant des non-options d'après ces bases. Si, par exemple, une commune est intéressée à une seule ligne de grande communication pour laquelle elle doit un contingent de deux journées de prestation, les deux tiers du produit des non-options sont attribués à cette ligne, et le troisième tiers est affecté aux chemins vicinaux ordinaires. La répartition des non-options s'effectue en vertu d'une simple opération arithmétique, qui est faite par le préfet et dont les résultats sont consignés dans l'état de répartition (modèle n° 14) des ressources créées en vertu de l'article 2 de la loi du 21 mai 1836 (1).

Cette manière de procéder paraît fondée sur ce principe que, du moment que les contingents sont fixés en nombres de journées, les communes sont tenues de mettre à la disposition du service de la grande vicinalité *l'ensemble des prestataires* pour les nombres de journées arrêtés par le conseil général, d'où il suit que, si une partie de ces prestataires acquittent leurs journées en argent, le prix de leur rachat doit appartenir aux chemins de grande communication pour la valeur correspondant aux nombres de journées attribués à ces chemins.

Mais ce principe, qui n'est d'ailleurs écrit dans aucune loi, n'est nullement observé lors de l'exécution des prestations en

(1) V. au n° 523.

nature. Pour reprendre l'exemple très simple cité plus haut, l'Administration n'est pas obligée de faire passer à chaque prestataire deux jours sur le chemin de grande communication et un jour sur les chemins vicinaux ordinaires, si les prestations sont faites à la journée ; ou bien, dans le cas où elles s'effectuent à la tâche, l'Administration n'est pas tenue de partager la tâche de chaque prestataire en deux portions, l'une pour le chemin de grande communication, et l'autre pour les chemins vicinaux ordinaires, cette dernière étant la moitié de la première.

Il est heureux qu'il n'en soit pas ainsi. Si l'on remarque que certaines communes concourent parfois à l'entretien de cinq ou six lignes de grande communication, il est aisé de se représenter tous les inconvénients que comporterait le morcellement du travail de chaque prestataire, obligé qu'il serait de fournir son temps ou sa tâche sur ces cinq ou six lignes, ainsi que sur les chemins vicinaux ordinaires. Le service de la prestation est déjà assez difficile pour qu'on n'y introduise pas cette complication.

Généralement on se borne donc à déterminer la valeur de chaque contingent en formant le produit de la journée de prestation par le nombre entier ou fractionnaire de journées fixé par le conseil général, et l'agent voyer, de concert avec le maire, choisit les prestataires qui, soit par leurs journées, soit par leurs tâches, effectuent une somme de travaux égale au montant du contingent.

Ces errements sont consacrés par le Règlement des chemins vicinaux, ainsi que par le dispositif de l'état (modèle n° 16) destiné à indiquer les prestataires employés à l'acquit des contingents. Ils établissent que les prestations, commandées en nature, ne se partagent pas forcément entre la grande vicinalité et la petite, en raison des nombres de journées ou fractions de journées attribués à chaque réseau. Or, il est manifeste que, si cette règle n'existe pas à l'égard des prestations acquittables en nature, elle n'a point de raison d'être pour les prestations acquittables en argent pour défaut d'option.

516. La règle dont il s'agit a dû être imaginée, grâce à cette circonstance que les contingents à servir aux chemins de grande communication ont été fixés dans divers départements en nombres entiers ou fractionnaires de journées de prestations. Si ces contingents avaient été déterminés en sommes fixes, ainsi que cela a lieu maintenant dans un certain nombre de départements et ainsi que cela ressort des indications des modèles de l'Administration, on n'aurait pas eu, ce nous semble, l'idée de cette règle.

Son application, dans ce dernier cas, entraînerait, d'ailleurs, les calculs les plus fastidieux. Il faudrait diviser le montant de chaque contingent par le produit de la journée de prestation qui revêt la forme d'un nombre peu simple, comportant même des centimes. Le quotient serait une fraction compliquée : tel serait le coefficient qui devrait servir pour opérer la répartition des non-options.

Mais la détermination de ce coefficient serait même moins facile qu'on ne pourrait le croire au premier abord. La répartition des non-options doit, en effet, s'effectuer dans les premiers mois de l'année : or, on ne connaît, à cette époque, que le produit *brut* de la journée de prestation. La division, dont il vient d'être parlé, donnerait donc un coefficient inexact, qui, cependant, devrait être employé quand même. Plus tard, quand les décharges, remises et non-valeurs seraient connues, on pourrait, en les déduisant du produit brut, obtenir le produit *net* de la journée de prestation. Une nouvelle division permettrait de calculer le véritable coefficient. Mais il serait alors nécessaire de rectifier la répartition provisoirement faite au début de l'année. Ajoutons, d'ailleurs, que tous les dégrèvements ne sont pas prononcés dans le cours de l'exercice. Il en est de même de certaines cotes irrecouvrables qui ne sont notifiées qu'après la clôture.

517. Mais le système de répartition que nous examinons en ce moment présenterait un grave inconvénient qu'il importe de signaler.

Ce système attribuerait invariablement aux chemins de grande communication une certaine fraction des non-options, alors que ces chemins pourraient n'en avoir pas besoin, et alors que ces ressources en argent seraient très utiles aux chemins vicinaux ordinaires. Par contre, il pourrait arriver que cette fraction de non-options fut insuffisante pour les chemins de grande communication, alors qu'elle serait susceptible d'être

augmentée sans porter préjudice à la petite vicinalité. Cette
dernière hypothèse se justifie notamment par cette considération que les communes se contentent parfois des matériaux du
pays livrés entièrement à pied-d'œuvre par les prestataires,
tandis que les chemins de grande communication exigent des
approvisionnements en pierres du dehors, qui entraînent une
dépense relativement considérable en argent.

**518. De l'avantage capital que comporte l'inter-
vention d'une autorité pour répartir les non-options.**
— La solution la plus satisfaisante est celle qui comporte l'intervention d'une autorité chargée de procéder à la répartition
des non-options. Cette solution présente un avantage capital :
elle permet de disposer librement des non-options, eu égard
aux besoins respectifs des chemins de grande communication
et d'intérêt commun, d'une part, et des chemins vicinaux ordinaires, d'autre part, en les portant plus ou moins sur les
uns ou sur les autres, de manière à tirer le meilleur parti
de l'emploi de ces ressources en argent.

Nous pouvons fournir, à ce sujet, un renseignement qui ne
manque pas d'intérêt, en ce qui concerne le département de la
Marne, où la répartition des non-options a lieu par les soins de
la commission départementale.

En 1889, cette répartition a été faite de telle sorte que
149 communes ont reçu, pour leurs chemins vicinaux ordinaires, une somme de non-options supérieure à celle qui cor-
respondait au nombre fractionnaire de journées réservé à la
petite vicinalité. Il y a même 84 de ces communes auxquelles
la totalité des non-options a été abandonnée.

On comprend aisément tout le bénéfice que cette répartition
a procuré aux communes dont il s'agit. Il va sans dire qu'il a
pu être obtenu sans nuire au service des chemins de grande
communication.

**519. De l'autorité qui, avant la loi du 10 août 1871,
répartissait les non-options.** — Antérieurement à la loi
du 18 juillet 1866 sur les conseils généraux, l'assemblée départementale n'intervenait que pour désigner les communes qui
devaient contribuer aux dépenses des chemins de grande communication (art. 7 de la loi du 21 mai 1836). Tout ce qui s'en-

suivait rentrait dans le cadre des attributions du préfet, parmi lesquelles la loi plaçait expressément la détermination de la proportion suivant laquelle les communes devaient participer aux dépenses de la grande vicinalité.

C'est d'ailleurs ce qui a été expliqué par M. de Montalivet, ministre de l'Intérieur, dans l'exposé des motifs présenté à l'appui du projet de loi sur les chemins vicinaux (séance de la Chambre des pairs du 11 mars 1836) :

« Au conseil général nous avons donné le droit de déterminer la direction de chaque chemin vicinal ; il désignera les communes qui doivent contribuer à sa construction et à son entretien. Ces opérations terminées, le chemin vicinal passe entièrement dans le domaine de l'Administration proprement dite, et c'est le préfet qui en est chargé. »

Ce magistrat pouvait donc seul statuer sur les non-options.

Plus tard, la loi du 18 juillet 1866 confia au conseil général le soin de répartir lui-même la subvention départementale entre les diverses lignes de grande communication, mais elle laissa intact le pouvoir que la loi de 1836 avait conféré au préfet, en ce qui concernait la fixation des contingents communaux. Il en résultait un système absolument défectueux pour l'établissement de la dotation de chaque ligne de grande communication ou d'intérêt commun : deux autorités différentes, le conseil général, d'une part, le préfet, de l'autre, intervenaient pour constituer cette dotation.

Quoi qu'il en soit, on admettait que le préfet, qui avait qualité pour régler le mode d'acquit des contingents tant sur centimes que sur prestations, était également compétent pour déterminer la répartition, en options et non-options, de la portion des contingents imputés sur prestations.

Aussi, le nouveau projet de Règlement, élaboré en 1870, renfermait-il, à ce sujet, la disposition suivante :

« ART. 72. — Dans les premiers mois de chaque année, le préfet prend, sur la proposition de l'agent voyer en chef, un arrêté fixant, dans chaque commune, par catégories de chemins, la répartition des ressources créées en vertu de l'article 2 de la loi du 21 mai 1836. Cet arrêté est notifié aux maires, aux receveurs municipaux et aux agents voyers (modèle n° 14). »

Le modèle de cet arrêté ne laissait aucun doute sur la portée de la répartition ainsi confiée au préfet : il comportait le partage

des non-options, non seulement entre la grande et la moyenne
vicinalité d'une part, et la petite vicinalité d'autre part, mais
encore entre les diverses lignes de grande et de moyenne communication.

**520. De l'autorité qui est actuellement investie
du droit de répartir les non-options.** — Après le vote
de la loi du 10 août 1871, le Ministre de l'Intérieur reconnut
la nécessité d'apporter des changements au projet de Règlement
qu'il avait préparé. Il les porta à la connaissance des préfets
par une circulaire du 23 septembre 1871, qui fit connaître le
nouveau texte de l'article 72, savoir :

« ART. 72. — Dans les premiers mois de chaque année, la
répartition dans chaque commune, par catégories de chemins,
des ressources créées en vertu de l'article 2 de la loi du
21 mai 1836 est publiée dans le *Recueil des Actes administratifs*.

« Cette répartition est notifiée aux maires, aux receveurs
municipaux et aux agents voyers. »

On voit que le Ministre de l'Intérieur fit disparaître les
termes d'après lesquels la répartition était opérée par le préfet.

Il s'abstint, il est vrai, d'indiquer quelle était l'autorité qui
devait remplacer ce magistrat. Mais ce que nous nous bornons
à constater, c'est que, d'après le Ministre, le préfet ne pouvait
plus conserver le droit de répartir les non-options.

Cette opinion nous paraît facile à justifier.

La loi du 10 août 1871, en chargeant le conseil général de
fixer lui-même, pour chaque ligne de grande communication
ou d'intérêt commun, les contingents communaux et la subvention départementale, lui a donné le pouvoir de régler tout ce
qui concerne la dotation des chemins de grande communication
et d'intérêt commun.

Cette assemblée est actuellement maîtresse des ressources qui
doivent composer le crédit de chaque ligne. Or, parmi ces
ressources, figurent les non-options dont nous avons cherché à
faire ressortir toute l'importance. Nous avons montré qu'il
existait une corrélation entre les non-options et la subvention
départementale, à telles enseignes que, si sur certaines lignes
on diminuait les premières, les contingents communaux subiraient une réduction effective, et la subvention départementale
devrait être augmentée.

Du moment que la répartition des non-options a de pareilles conséquences, elle ne peut appartenir au préfet : on ne saurait admettre, en effet, que ce magistrat soit à même de prendre des mesures qui rendent impossible la réalisation des contingents fixés par le conseil général et qui portent ainsi atteinte aux droits conférés à cette assemblée en cette matière. On ne saurait admettre davantage que le conseil général soit amené à augmenter les subventions qu'il avait accordées à certaines lignes, à seule fin de couvrir les déficits en argent déterminés par les mesures du préfet.

En définitive, les non-options ne peuvent être distribuées que par l'autorité chargée de fixer, pour chaque ligne, le montant des contingents des communes ainsi que la subvention du département. Depuis 1871, l'autorité dont il s'agit n'est autre que le conseil général : c'est donc à cette assemblée qu'il appartient de répartir les ressources dont nous nous occupons.

Ces considérations nous paraissent établir, en définitive, que le conseil général est, actuellement, l'autorité investie du droit de distribuer les non-options, d'abord entre les chemins de grande communication et d'intérêt commun, d'une part, et les chemins vicinaux ordinaires, d'autre part, puis entre les chemins de grande communication ou d'intérêt commun.

521. Délégation à donner à la commission départementale. — Il y a lieu de remarquer qu'il y aurait des inconvénients à faire statuer le conseil général sur la distribution des non-options, par la raison qu'il ne pourrait être saisi que dans la session d'avril de l'année à laquelle s'appliqueraient ces ressources. Il faudrait ensuite dresser l'état de répartition (modèle n° 14) des ressources créées en vertu de l'article 2 de la loi de 1836, établir les budgets des chemins de grande communication, arrêter les états d'indication des fournitures à effectuer par les entrepreneurs pour le service de la prestation, préparer les états d'indication des travaux à demander aux prestataires. On n'arriverait pas certainement à lancer les bulletins de réquisition assez tôt pour que les prestataires aient le temps d'exécuter leurs tâches, avec quelque latitude, avant la date fixée pour la réception (1).

---

(1) La date limite est fixée au 15 juillet dans certains départements.

Il s'ensuit qu'il convient de charger la commission départementale du soin de répartir les non-options. Il suffit de la pourvoir, à cette fin, d'une délégation du conseil général.

SECTION IV

IMPOSITION D'OFFICE DES CONTINGENTS COMMUNAUX

522. L'article 9 de la loi du 21 mai 1836 a investi le préfet du pouvoir d'imposer d'office les prestations et centimes spéciaux dont le montant a été arrêté par le conseil général pour l'acquittement des contingents communaux.

Le préfet a le même pouvoir à l'égard de la portion des contingents qui, d'après la décision du conseil général, doit être prélevée sur les revenus ordinaires. Cela résulte de ce que les contingents communaux, fixés par l'assemblée départementale pour le service des chemins vicinaux, constituent des dépenses obligatoires (C. d'État, 9 juin 1843, ville de *Vire*; 13 juin 1845, ville d'*Elbeuf*). C'est dans la loi municipale que l'on trouve les règles à suivre pour l'imposition d'office dont il s'agit, ainsi que nous l'avons expliqué au n° 251.

Il arrive parfois que les communes, au lieu d'attaquer pour excès de pouvoir la délibération fixant les contingents, forment un recours contre l'arrêté qui impose d'office ces contingents à leur budget. Si la délibération est devenue définitive, faute d'avoir été attaquée dans le délai de trois mois à partir de sa notification, les communes ne sont pas fondées à demander l'annulation de l'arrêté (C. d'État, 27 juillet 1883, ville de *Saint-Étienne*; 25 mars 1892, ville de *Mantes*; 29 avril 1892, commune de *Gendrey*).

CHAPITRE XIII

OBJETS DIVERS

---

§ 1. — Répartition des ressources normales de la vicinalité

523. Aussitôt que la distribution des non-options a été opérée par la commission départementale, le préfet prend un arrêté qui porte le n° 14 des modèles annexés à l'Instruction générale du 6 décembre 1870 et qui fixe la répartition pour chaque commune, par catégorie de chemins, des ressources créées en vertu de l'article 2 de la loi du 21 mai 1836.

Cet arrêté indique les portions des contingents communaux acquittables sur revenus ordinaires, sur centimes spéciaux, enfin sur prestations, cette dernière portion étant subdivisée en non-options et en prestations à exécuter en nature. Le surplus des ressources est affecté aux chemins vicinaux ordinaires, la portion relative aux prestations étant également subdivisée en non-options et en prestations à exécuter en nature.

L'arrêté dont il s'agit est publié dans le *Recueil des Actes administratifs* de la préfecture. Il est notifié aux maires, aux receveurs municipaux et aux agents voyers (Règl. gén., art. 72; — Instr. gén., art. 126).

Il sert de titre de perception pour les chemins de grande communication et d'intérêt commun.

Par une circulaire du 31 mars 1875, le Ministre de l'Intérieur a exprimé le désir de recevoir, au commencement de chaque année, un exemplaire de l'arrêté préfectoral portant répartition des ressources normales de la vicinalité.

§ 2. — Imposition des propriétés de l'État

524. Aux termes de l'article 13 de la loi du 21 mai 1836, les propriétés de l'État, productives de revenus, contribuent aux dépenses des chemins vicinaux dans les mêmes proportions que les propriétés privées et d'après un rôle spécial dressé par le préfet.

Les propriétés de l'État, pour être imposées, doivent donc être productives de revenus, comme les forêts et les biens affermés ; celles qui ne donnent lieu à aucun revenu, telles que les domaines affectés à des services publics, les casernes, etc., ne doivent pas contribuer aux dépenses des chemins vicinaux.

Il n'échappera pas que les contributions à fournir par les propriétés de l'État ne doivent pas être assises seulement en vue des centimes spéciaux (1) votés par les conseils municipaux. Les centimes spéciaux votés par les conseils généraux doivent également atteindre les propriétés de l'État : cela résulte de l'obligation imposée à ces propriétés de contribuer aux travaux des chemins vicinaux dans les mêmes proportions que les propriétés privées (Instruction ministérielle du 24 juin 1836, art. 13).

§ 3. — Spécialité des ressources

525. Parmi les ressources énumérées au présent titre, il en est qui sont autorisées par le législateur avec une affectation toute spéciale : elles ne peuvent être appliquées qu'aux chemins vicinaux.

Ces ressources sont :

Les prestations (art. 2 de la loi du 21 mai 1836) ;

---

(1) La loi municipale du 5 avril 1884 porte, dans son article 144, que les forêts et bois de l'État acquittent les centimes ordinaires et extraordinaires affectés aux dépenses des communes, dans la même proportion que les propriétés privées.

Les centimes spéciaux ordinaires votés par les communes (*Idem*) ;

Les centimes spéciaux extraordinaires votés par les communes (Art. 141 de la loi du 5 avril 1884) ;

Les subventions industrielles (article 14 de la loi du 21 mai 1836) ;

Les prestations par suite de condamnations judiciaires (Art. 210 et 215 de la loi du 18 juin 1859) ;

Les centimes spéciaux ordinaires votés par les départements (Art. 8 de la loi du 21 mai 1836).

526. Cette règle de la spécialité des ressources subit toutefois trois exceptions :

1° Les ressources créées en vertu de la loi du 21 mai 1836, c'est-à-dire les prestations et les centimes spéciaux ordinaires, peuvent être appliquées en partie à la dépense des chemins de fer d'intérêt local et des tramways, par les communes qui ont assuré l'entretien de tous les chemins classés (Loi du 11 juin 1880, art. 12 et 39).

2° Les communes dans lesquelles les chemins vicinaux classés sont entièrement terminés peuvent, sur la proposition du conseil municipal et après autorisation du conseil général, appliquer aux chemins publics ruraux l'excédent de leurs prestations disponibles, après avoir assuré l'entretien de leurs chemins vicinaux et fourni le contingent qui leur est assigné pour les chemins de grande communication et d'intérêt commun (Loi du 21 juillet 1870).

Toutefois les communes ne peuvent jouir de cette faculté que dans la limite du tiers des prestations et lorsque, en outre, elles ne reçoivent, pour l'entretien de leurs chemins vicinaux ordinaires, aucune subvention de l'État ou du département (même loi).

Ces dispositions sont importantes. Elles fournissent un moyen d'obvier à l'inconvénient que comporte le vote des prestations par nombres entiers de journées (n° 321).

Cependant peu de communes mettent à profit les dispositions dont il s'agit (1). Cela tient surtout à ce qu'il existe encore un

_____

(1) En 1888, le nombre de ces communes a été de 967 seulement et le montant des remises aux chemins ruraux a été de 353. 737 francs, d'après le tableau annexé au Rapport de M. Dupuy-Dutemps (au nom de la Commission chargée

grand nombre de communes où le réseau de la petite vicinalité comporte des chemins en lacune.

On remarquera que, d'après les termes de la loi du 21 juillet 1870, c'est le conseil général qui doit autoriser le prélèvement des prestations en faveur des chemins ruraux. Il en résulte qu'il convient de saisir l'assemblée départementale dans la session d'août qui précède l'année à laquelle s'appliquera le prélèvement. Il serait plus rationnel d'évaluer ce prélèvement au commencement de l'année, c'est-à-dire après que le service vicinal a préparé le budget vicinal des communes. C'est à cette époque que les agents voyers peuvent déterminer avec précision le montant des prestations disponibles. Il serait, par conséquent, à désirer que la législation conférât à la commission départementale le pouvoir d'autoriser les remises de prestations aux chemins ruraux.

3° Lorsque les départements n'ont pas besoin, pour assurer le service des chemins vicinaux, de faire emploi de la totalité des centimes spéciaux ordinaires, ils peuvent appliquer le surplus aux autres dépenses de leur budget ordinaire (Loi du 10 août 1871, art. 60) (1).

Sauf ces trois exceptions, les ressources qui viennent d'être indiquées ne peuvent être affectées qu'aux dépenses des chemins vicinaux. Ce principe de la spécialité des ressources suit les fonds qui, n'ayant pu être employés dans le cours de l'exercice, sont reportés au budget de l'exercice suivant. Ces reliquats continuent d'être frappés de l'affectation spéciale due à leur origine ; ils ne peuvent donc être employés qu'à des dépenses de la vicinalité.

527. Quant aux autres ressources, telles que revenus ordinaires, impositions extraordinaires, subventions, etc., elles se trouvent également spécialisées par suite de leur affectation aux dépenses des chemins vicinaux, mais elles diffèrent des ressources dont il vient d'être question en ce que leur destination peut être changée par l'autorité qui a voté ou autorisé ces ressources.

d'examiner la réforme de l'impôt des prestations. — Séance de la Chambre des députés du 27 juin 1891.

(1) Dans ce cas, les départements perdent le bénéfice des subventions accordées par l'État en exécution de la loi du 12 mars 1880 (Circulaire du 13 juillet 1893, § 19). V., au surplus, au n° 482.

Tant qu'aucun changement n'a été régulièrement opéré, ces ressources ne peuvent recevoir d'autre destination que celle en vue de laquelle elles ont été créées (Règl. gén., art. 67 ; — Instr. gén., art. 121).

528. Tout emploi, soit de fonds, soit de prestations en nature, effectué contrairement aux règles ci-dessus, doit être rejeté des comptes et mis à la charge du comptable ou de l'ordonnateur, suivant le cas (v. au n° 716).

529. Pour assurer l'exécution de ces dispositions, des mesures ont été concertées, en 1869, entre les Ministres de l'Intérieur et des Finances. Par une circulaire du 5 décembre 1869, le Ministre de l'Intérieur a décidé qu'à partir du 1er janvier 1870 toutes les dépenses relatives à la vicinalité seraient constatées et certifiées par les agents du service vicinal. De son côté, le Ministre des Finances, par une circulaire du 9 décembre 1869, a enjoint aux receveurs municipaux de n'acquitter aucune dépense relative à la vicinalité qu'autant qu'elle a été constatée et certifiée par les agents du service vicinal.

Ces mesures ont pris place dans le Règlement général des chemins vicinaux, où elles sont l'objet de l'article 19 (1).

Elles font obstacle à ce que les ressources affectées au service des chemins vicinaux soient employées à des dépenses étrangères à ce service.

§ 4. — De la variété des centimes perçus au profit de la vicinalité

530. Les centimes additionnels perçus au profit de la vicinalité se partagent en deux groupes : les centimes communaux et les centimes départementaux.

Le premier groupe peut être divisé en quatre catégories, savoir :

1° Les 5 centimes spéciaux ordinaires ;

2° Les 3 centimes spéciaux extraordinaires ;

---

(1) Ces mesures ont été reproduites à l'article 131 de l'Instruction générale du 6 décembre 1870.

3° Les centimes pour insuffisance de revenus ;

4° Les centimes pour impositions extraordinaires.

Le second groupe comprend trois catégories, savoir :

1° Les centimes facultatifs ordinaires ;

2° Les centimes spéciaux ordinaires ;

3° Les centimes extraordinaires.

Les centimes de toute nature affectés aux chemins vicinaux peuvent donc être rangés en sept catégories.

Le nombre de ces catégories est excessif.

Nous allons indiquer comment il conviendrait de le réduire, quand on procédera à la revision de la législation vicinale.

531. Centimes communaux. — Les ressources de la vicinalité se divisent, comme toutes les ressources communales, en ressources ordinaires et ressources extraordinaires.

Ces dernières comprennent les contributions extraordinaires, dont le produit est destiné soit à couvrir directement certaines dépenses extraordinaires, soit à assurer le remboursement d'emprunts communaux.

Les règles auxquelles est soumis l'établissement de ces contributions sont indiquées dans les articles 141, 142 et 143 de la loi municipale du 5 avril 1884. Elles régissent toutes les contributions extraordinaires communales et elles s'appliquent, par conséquent, à celles qui concernent les chemins vicinaux.

Il convient assurément de se garder d'introduire aucune disposition nouvelle en faveur de la vicinalité. Il n'y a donc rien à changer en ce qui a trait à la catégorie des centimes pour impositions extraordinaires.

C'est en matière de ressources ordinaires qu'une revision de la législation est nécessaire.

Ces ressources comprennent les 5 centimes spéciaux ordinaires, les 3 centimes spéciaux extraordinaires (1) et les centimes pour insuffisance de revenus.

Ces trois catégories de centimes présentent, à tous les points de vue, la diversité la plus grande.

Les centimes spéciaux ordinaires constituent des ressources spéciales aux chemins vicinaux. Il n'en est pas de même des centimes pour insuffisance de revenus.

_____

(1) Sous la réserve indiquée au n° 332.

Les centimes spéciaux ordinaires et les centimes pour insuffisance de revenus peuvent être affectés aux chemins de toute catégorie ; les centimes spéciaux extraordinaires sont exclusivement destinés aux chemins vicinaux ordinaires.

Les centimes spéciaux ordinaires et extraordinaires sont votés par le conseil municipal sans aucune sanction de l'Administration, tandis que les centimes pour insuffisance de revenus sont autorisés par décret, à moins que, par suite de circonstances particulières, ils n'aient pour objet de payer une dépense obligatoire, auquel cas ils sont approuvés par arrêté du préfet.

Enfin, les centimes spéciaux ordinaires peuvent être imposés d'office, jusqu'à concurrence de 5, alors que les deux autres catégories de centimes forment des ressources essentiellement facultatives.

Cette dernière distinction est surtout singulière dans les communes où les 5 centimes ne représentent que l'accessoire, tandis que les autres centimes constituent le principal des ressources. Il est étrange de voir que la loi n'a rendu obligatoire que l'accessoire. Et les communes où ce fait se produit sont nombreuses, puisque, dans le département de la Marne, sur 662 communes il y en avait, en 1887, 433 dans lesquelles les centimes autres que les centimes spéciaux ordinaires étaient en nombre supérieur à cinq.

532. Il est manifeste qu'il ne devrait exister qu'une seule espèce de centimes ordinaires, sur lesquels les dépenses ordinaires, c'est-à-dire annuelles et permanentes, seraient seules imputées.

Ces centimes seraient spéciaux à la vicinalité.

Ils ne seraient soumis à aucun maximum. L'établissement d'un maximum se conçoit pour les dépenses extraordinaires, par la raison que, lorsque les ressources à créer excèdent cette limite, il est possible à l'Administration supérieure de les rejeter. Le projet d'une construction nouvelle peut, en effet, à la rigueur, ne pas recevoir de suite : la commune en est quitte pour rester dans la situation où elle se trouvait. Mais il n'en est pas de même en matière d'entretien : les dépenses à faire de ce chef s'imposent, et l'on ne saurait obliger une commune à les tenir au-dessous d'un maximum, s'il était insuffisant, sous peine de compromettre les intérêts de cette commune. C'est sans doute pour ces motifs que la loi municipale n'a assigné aucune limite au vote des centimes qui s'ajoutent aux ressources ordinaires, tandis qu'elle a fixé un maximum pour les contributions extraordinaires.

Mais, du moment que les centimes ordinaires de la vicinalité seraient affranchis de tout maximum, il conviendrait d'en soumettre l'établissement à l'autorisation de l'Administration. Nous estimons que le préfet pourrait être chargé de statuer, ainsi qu'il le fait actuellement à l'égard des ressources destinées au paiement des dépenses ordinaires obligatoires. L'exercice du droit ainsi confié au préfet serait, d'ailleurs, entouré des garanties que comporte l'avis du personnel spécial attaché au service des chemins vicinaux.

533. Dans la solution que nous indiquons, les chemins vicinaux pourraient continuer à recevoir une dotation sur les revenus ordinaires proprement dits, mais à la condition expresse que le prélèvement soit opéré sans que la commune ait recours à une imposition extraordinaire pour insuffisance de revenus.

534. En définitive, les budgets communaux comprendraient purement et simplement, en ce qui concerne la vicinalité :

1° Au budget ordinaire, les centimes spéciaux ordinaires destinés aux dépenses annuelles et permanentes, telles que celles de l'entretien ;

2° Au budget extraordinaire, les centimes extraordinaires destinés aux dépenses accidentelles ou temporaires, telles que celles des travaux neufs.

Il n'y aurait plus que deux catégories de centimes communaux, dont l'une serait soumise aux règles de la loi vicinale à intervenir et dont l'autre serait régie par les dispositions de la loi municipale.

535. Centimes départementaux. — Les ressources consacrées par les départements au service de la vicinalité se divisent, comme toutes les ressources départementales, en ressources ordinaires et ressources extraordinaires.

Ces dernières comprennent les contributions extraordinaires dont le produit est destiné en principe soit à payer directement certaines dépenses extraordinaires, soit à assurer le remboursement d'emprunts départementaux.

Les règles auxquelles est soumis l'établissement de ces contributions sont tracées dans les articles 40 et 41 de la loi du 10 août 1871.

Il n'y a rien à changer à ces règles en ce qui concerne la vicinalité.

Ce qui laisse à désirer, c'est la création des ressources affectées aux dépenses ordinaires des chemins vicinaux.

Ces ressources sont fournies non seulement par les centimes facultatifs ordinaires et les centimes spéciaux ordinaires, mais encore par des centimes extraordinaires (1).

De même que les centimes communaux, les centimes départementaux consacrés aux dépenses ordinaires de la vicinalité offrent une diversité marquée.

Les centimes spéciaux ordinaires sont les seuls qui soient exclusivement destinés aux chemins vicinaux. Tous les autres sont sans affectation spéciale.

Les centimes facultatifs et les centimes spéciaux sont classés dans les recettes ordinaires. Les autres centimes appartiennent aux ressources extraordinaires.

Les deux premières catégories de centimes n'exigent que le vote du conseil général, sans approbation d'aucune autre autorité. Il en est de même des centimes extraordinaires, quand ils sont compris dans la limite du maximum de 12 centimes. Mais s'ils la dépassent, ils sont autorisés par une loi spéciale.

Enfin, les centimes facultatifs ordinaires, sauf un seul, ne pèsent que sur les deux premières contributions, tandis que tous les autres centimes portent sur les quatre contributions directes.

Cette anomalie est étrange. La vicinalité intéresse les contribuables des quatre contributions, ou bien elle n'intéresse que ceux des deux premières. C'est une question qu'il faut trancher et, suivant la décision qui interviendra, les centimes de la vicinalité devront frapper toutes les contributions ou seulement deux d'entre elles.

Nous ne pensons pas que des doutes puissent s'élever sur la solution de la question dont il s'agit. Il n'y a pas de raison pour

(1) En ce qui concerne le vote de centimes extraordinaires pour faire face aux dépenses ordinaires de la vicinalité, voir au n° 476.

tenir en dehors des charges de la vicinalité les contribuables imposés pour les patentes ou les portes et fenêtres. D'un autre côté, en matière de chemins vicinaux, les centimes départementaux doivent être puisés aux mêmes sources que les centimes communaux, et ces derniers sont demandés aux quatre contributions directes.

En faisant porter sur les quatre contributions tous les centimes départementaux affectés à la vicinalité, on obtiendrait, en outre, un résultat important : nous voulons parler de l'augmentation de la plus-value annuelle afférente à la dotation des chemins vicinaux. On sait, en effet, que si le centime départemental s'accroît tous les ans, c'est surtout grâce à l'impôt des patentes. Le centime restreint reste presque invariable, parce qu'il ne frappe que les contributions foncière et personnelle-mobilière.

Or, il convient que le service vicinal soit à même de faire face à l'augmentation incessante des dépenses, sans qu'il soit besoin d'élever le nombre des centimes départementaux, lorsque le développement du réseau des lignes vicinales ne subit aucun changement. Pour qu'il en soit ainsi, il faut que les ressources soient progressives comme les dépenses, et il est clair que ce résultat pourra être plus facilement atteint si tous les centimes départementaux pèsent sur les quatre contributions.

536. La réforme à opérer consiste dans l'établissement de centimes exclusivement ordinaires pour couvrir les dépenses ordinaires de la vicinalité.

Une seule catégorie de centimes serait instituée.

Ces centimes porteraient sur les quatre contributions directes, et ils seraient spéciaux aux chemins vicinaux.

Ils ne pourraient être appliqués qu'à des dépenses annuelles et permanentes.

Ils ne seraient soumis à aucun maximum. Nous ne pouvons que rappeler, à ce sujet, les observations que nous avons présentées à l'occasion des centimes ordinaires communaux. On peut imposer une limite aux dépenses extraordinaires, telles que celles des travaux neufs, mais on ne saurait empêcher un conseil général de créer les ressources nécessaires pour assurer l'entretien de chemins livrés au public.

La suppression du maximum soulève une objection.

On a admis jusqu'à présent que le Parlement ne pouvait déléguer aux conseils généraux le pouvoir de voter des impôts qu'à la condition de leur assigner une limite. C'est un principe rappelé par M. Waddington dans son rapport du 14 juin 1871 à l'appui du projet de loi sur les conseils généraux : « On ne peut songer à accorder aux conseils généraux le droit de voter des centimes en nombre illimité sans le contrôle de l'Assemblée nationale ; ce serait s'exposer à porter une grave atteinte aux ressources générales de l'état et ouvrir le champ à tous les entraînements. »

Mais il convient de reconnaître que, si ce principe a été appliqué à l'égard des départements, il ne l'a pas été vis-à-vis des communes. On n'assujettit ces dernières à aucun maximum pour le vote des centimes destinés à faire face aux dépenses ordinaires. On ne soumet le vote qu'à la formalité d'une approbation par arrêté préfectoral, s'il s'agit de dépenses obligatoires, et par décret, s'il s'agit de dépenses facultatives.

C'est ainsi que le nombre de centimes autorisés sous le titre d'imposition pour insuffisance de revenus a dépassé 150 pour un certain nombre de communes du département de la Marne : nous avons relevé, en 1889, des impositions s'élevant à 153, 156, 160, 162, 163, 171, 178, 180, 186, 187 et 244 centimes.

Nous ne voyons pas, dès lors, pour quels motifs on ne traiterait pas les conseils généraux comme les conseils municipaux, d'autant plus que les entraînements qui préoccupaient M. le rapporteur Waddington sont bien moins à craindre de la part des assemblées départementales que de celle des assemblées communales.

Nous estimons, en conséquence, que le vote des centimes départementaux ordinaires, spécialement affectés à la vicinalité, pourrait n'être subordonné qu'à une autorisation par décret, de même que les centimes communaux ordinaires, également destinés aux chemins vicinaux, seraient uniquement soumis à une autorisation par arrêté préfectoral, ainsi que nous l'avons indiqué.

La ratification du vote du conseil général, par la voie d'un décret, permettrait à l'administration supérieure d'exercer un contrôle utile, et notamment de vérifier si les centimes votés ne doivent être employés qu'au paiement des dépenses ordinaires de la vicinalité.

L'émission du décret pourrait, d'ailleurs, avoir lieu assez tôt pour qu'aucun retard ne survienne dans l'établissement des rôles des contributions directes.

537. En définitive, le budget départemental comprendrait purement et simplement, en ce qui concerne la vicinalité :

1° Au budget ordinaire, les centimes spéciaux ordinaires destinés aux dépenses annuelles et permanentes, telles que celles de l'entretien et du personnel ;

2° Au budget extraordinaire, les centimes extraordinaires destinés aux dépenses accidentelles ou temporaires, telles que celles des travaux neufs.

Il n'y aurait plus que deux catégories de centimes départementaux, dont l'une serait soumise aux règles de la loi vicinale à intervenir, et dont l'autre serait régie par les dispositions de la loi sur les conseils généraux.

Cette réforme introduirait dans le budget du département une simplicité et, par suite, une clarté qui lui manque actuellement. Elle donnerait ainsi satisfaction, en ce qui concerne le service vicinal, aux conseils généraux qui se plaignent de la confusion qui règne dans le budget départemental.

TITRE V

EXÉCUTION DES TRAVAUX

TITRE V

EXÉCUTION DES TRAVAUX

CHAPITRE I

PROJETS

§ 1. — Occupation des propriétés particulières pour les études de projets

538. La préparation d'un projet nécessite des études préliminaires sur le terrain. Pour les opérer, il est indispensable que les agents de l'Administration puissent pénétrer dans les propriétés particulières. Ce droit leur avait été reconnu, bien qu'il ne fût explicitement établi par aucun texte. La législation présentait, à ce sujet, une lacune qui a été comblée par l'article 1er de la loi du 29 décembre 1892 sur les dommages causés à la propriété privée par l'exécution des travaux publics.

Le Ministre de l'Intérieur, par une circulaire du 25 janvier 1894, a, en conséquence, complété l'Instruction générale sur le service des chemins vicinaux en créant un chapitre VIII, qui concerne les études des projets et comprend deux nouveaux articles 47 et 48.

539. Arrêté d'autorisation. — Notification. — Le préfet peut autoriser les agents voyers à pénétrer dans les propriétés privées pour y exécuter toutes les opérations de lever de plans, de nivellements, de sondages et autres, nécessaires à l'étude des projets de chemins vicinaux.

L'arrêté qu'il prend à cet effet indique les communes sur le territoire desquelles les études doivent être faites. Il est publié et affiché à la mairie de ces communes au moins dix jours à l'avance. Le maire justifie de l'accomplissement de cette formalité par un certificat qu'il adresse de suite au préfet.

L'introduction des personnes désignées pour procéder aux études ne peut être autorisée à l'intérieur des maisons d'habitation.

Dans les propriétés closes, elle ne peut avoir lieu que cinq jours (1) après la notification de l'arrêté au propriétaire ou, en son absence, au gardien de la propriété.

A défaut de gardien connu demeurant dans la commune, le délai ne court qu'à partir de la notification au propriétaire, faite en la mairie; ce délai expiré, si personne ne se présente pour permettre l'accès, lesdites personnes peuvent entrer avec l'assistance du juge de paix (Loi du 29 décembre 1892, art. 1er).

Les agents chargés des études doivent être munis d'une copie de l'arrêté préfectoral, qu'ils sont tenus de présenter à toute réquisition (Circulaire ministérielle du 25 janvier 1894; — Instr. gén., art. 47).

540. Péremption de l'arrêté d'autorisation. — Tout arrêté qui autorise des études est périmé de plein droit s'il n'est pas suivi d'exécution dans les six mois de sa date (Loi du 29 décembre 1892, art. 8).

541. Règlement des indemnités. — Lorsqu'il est nécessaire d'abattre des arbres fruitiers, d'ornement et de haute futaie, de faire des fouilles ou de causer tout autre dommage aux propriétés, les agents voyers en préviennent les propriétaires ou leurs représentants sur les lieux, et fixent immédiatement avec eux, autant que possible, le montant de l'indemnité qui pourrait leur être due pour ce fait. Cette indemnité est réglée suivant les formes adoptées en matière d'occupations temporaires de terrains (nos 645 et suiv.).

A défaut d'accord amiable, il est procédé à une constatation

(1) Les différents délais, imposés par la loi du 29 décembre 1892, sont, sans exception, et par analogie avec ce que décident le Conseil d'État et la Cour de Cassation en matière d'enquête, des délais francs, c'est-à-dire qu'on ne doit compter pour leur calcul ni le jour de la notification ni le jour de la mise à exécution. Par exemple, en ce qui concerne le délai de cinq jours dont il s'agit, si l'on suppose que la signification de l'arrêté a été faite le 1er du mois, les agents-voyers doivent attendre l'expiration du cinquième jour qui suit celui de l'avertissement donné aux intéressés; ils doivent, par conséquent, attendre jusqu'au 7 pour procéder à l'accomplissement de leur mission (Circulaire du Ministre de l'Intérieur du 25 janvier 1894).

contradictoire, destinée à fournir les éléments nécessaires pour l'évaluation des dommages. La partie la plus diligente saisit ensuite le conseil de préfecture, pour obtenir le règlement de l'indemnité, dans les formes indiquées par la loi du 22 juillet 1889 (Loi du 29 décembre 1892, art. 1er, — Instr. gén., art. 48).

542. Empêchements apportés aux études des projets. — Les propriétaires, locataires ou fermiers, ne peuvent apporter aucun trouble ou empêchement aux occupations temporaires régulièrement autorisées pour études de projets.

Tout trouble ou empêchement à ces opérations peut être constaté par un procès-verbal, qui doit être transmis au procureur de la République pour y être donné telle suite que de droit (Instr. gén., art. 60).

Il a été jugé que l'article 438 du Code pénal (n° 683) permet de réprimer l'opposition faite aux études préparatoires (Cass., 4 mars 1825, *Mayet* et *Pajet*).

543. Opérations dans l'étendue des zones de servitudes militaires. — Il est défendu d'exécuter aucune opération de topographie, sans le consentement de l'autorité militaire, dans la troisième zone de servitudes des places et des postes (Décret du 10 août 1853, art. 9). Cette zone commence aux fortifications et s'étend à la distance de 974 mètres pour les places et de 584 mètres pour les postes (même décret, art. 5).

§ 2. – Rédaction des projets

544. Programme pour la rédaction des projets. — Le Ministre de l'Intérieur a arrêté, à la date du 20 mars 1893, un programme qui remplace celui du 6 décembre 1870, annexé à l'Instruction générale sur le service des chemins vicinaux.

Ce programme renferme d'utiles indications sur les dispositions à adopter dans la construction des chemins et des ouvrages d'art qui en dépendent. Il réglemente la rédaction des pièces des avant-projets et des projets définitifs. Enfin, il contient des instructions au sujet du mode d'évaluation des travaux et des terrains à acquérir.

545. Types d'ouvrages d'art et de formules. — Afin de faciliter la tâche des agents voyers et aussi afin d'assurer plus d'unité et de régularité dans la préparation des projets, le Ministre de l'Intérieur a fait établir, par les soins du comité consultatif de la vicinalité, un recueil comprenant :

1° Une collection de types d'ouvrages d'art ;

2° Une collection de formules pour les pièces écrites les plus importantes à fournir à l'appui des projets définitifs, savoir : un cahier des charges général, les devis particuliers, avant-métrés, détail estimatif, analyse et bordereau des prix.

Ces deux collections ont été adressées aux préfets par des circulaires en date des 20 août 1881 (1) et 14 janvier 1882.

Parmi les formules dont il vient d'être question, le cahier des charges général présente une importance toute particulière. Il renferme les dispositions générales qui ont trait à l'exécution des travaux, de telle sorte qu'il suffit de mentionner, dans le devis particulier, les conditions spéciales à l'entreprise, sauf à se référer, pour toutes les conditions générales, au cahier des charges général.

Ce cahier est, d'ailleurs, revêtu de l'approbation du préfet et rendu applicable à toutes les entreprises qui s'exécutent, dans son département, sur les chemins vicinaux.

546. Clauses et conditions générales. — Aux termes de l'article 39 du Règlement général sur les chemins vicinaux, les devis et cahiers des charges doivent toujours contenir la condition que l'entrepreneur sera assujetti aux clauses et conditions générales imposées aux entrepreneurs des travaux des chemins vicinaux et annexées à l'Instruction générale du 6 décembre 1870.

Ces clauses et conditions générales sont, sauf quelques légères modifications, la reproduction de celles qui étaient imposées aux entrepreneurs des travaux des Ponts et Chaussées par l'arrêté ministériel du 16 novembre 1866 (2).

(1) Le modèle D annexé à cette circulaire a été modifié conformément à une circulaire du 25 janvier 1894.

(2) Un nouveau cahier des charges a été arrêté par le Ministre des Travaux publics à la date du 16 février 1892.

547. Il convient de signaler les additions qui ont été faites aux articles 26 et 31. Elles ont trait à l'emploi des prestations ou des souscriptions en nature.

L'article 26 oblige l'entrepreneur à recevoir en compte les journées ou les matériaux provenant de prestations ou de souscriptions (1). De plus, l'entrepreneur ne peut demander aucune indemnité pour manque de gain sur les travaux que l'Administration fait exécuter par la prestation en nature ou par l'acquit des souscriptions en nature.

Cette disposition constitue une dérogation au principe, établi par la jurisprudence, d'après lequel l'entrepreneur a droit à l'exécution intégrale des ouvrages compris dans son marché, d'où il résulte qu'il est fondé à réclamer une indemnité, lorsque l'Administration lui enlève une partie de ses travaux pour les faire exécuter soit par un autre entrepreneur, soit en régie.

548. L'article 31 des clauses et conditions générales accorde à l'entrepreneur le droit de réclamer une indemnité, en cas de diminution dans la masse des ouvrages, quand la réduction excède le sixième du montant de l'entreprise.

Une dérogation est habituellement introduite, à ce sujet, dans les baux d'entretien. Elle consiste à stipuler que les quantités de matériaux à fournir pourront varier, en raison des crédits, sans que l'entrepreneur puisse demander d'indemnité. Cette dérogation est consacrée par la jurisprudence (C. d'État, 6 mars 1891, *Gourrion*).

Dans un ordre d'idées analogue, une autre dérogation est explicitement prévue à l'article 31. Il est stipulé que, dans aucun cas, l'entrepreneur ne peut élever de réclamation si la diminution survenue dans la masse des ouvrages effectués par cet entrepreneur résulte des travaux de prestations ou de souscriptions en nature.

549. Ponts à établir sur des cours d'eau. — La construction d'un pont sur un cours d'eau est de nature à affecter le régime des eaux. Il est donc indispensable que les dispositions de cet ouvrage ne donnent lieu à aucune objection de la part de l'Administration qui a le cours d'eau dans ses

---

(1) Au sujet de l'exécution des prestations ou des souscriptions ainsi remises à l'entrepreneur, voir les observations du n° 620.

attributions. De là, des formalités qui doivent être remplies avant l'approbation du projet définitif.

a) RIVIÈRES NAVIGABLES OU FLOTTABLES

550. Ces rivières sont placées sous l'autorité du Ministre des Travaux publics.

La procédure à suivre, pour obtenir son adhésion, a été tracée par le Ministre de l'Intérieur dans une Circulaire du 1er mai 1887.

Lorsqu'un pont doit être établi sur une rivière navigable ou flottable, le service vicinal dresse tout d'abord un avant-projet comportant : 1° un plan s'étendant jusqu'aux limites du champ d'inondation ; 2° un profil en long à l'échelle de 1 à 1.000 pour les longueurs et de 1 à 200 pour les hauteurs ; 3° un dessin coté indiquant, par de simples traits en plan et en élévation, l'ouverture et la forme des arches ou des travées ; 4° enfin, un mémoire sommaire descriptif justifiant le débouché, les dispositions et le mode de construction proposés.

Cet avant-projet, après avoir été soumis à l'examen des ingénieurs des Ponts et Chaussées, est transmis, par les soins du préfet, au Ministre de l'Intérieur qui provoque, auprès de son collègue des Travaux publics, la décision à intervenir.

C'est seulement au vu de cette décision que le service vicinal peut utilement préparer le projet définitif de l'ouvrage à construire.

551. La circulaire ministérielle du 1er mai 1887 a été rédigée en vue des ponts à établir sur les rivières navigables ou flottables. Elle s'applique également aux ponts à construire sur les canaux ou leurs dépendances, ainsi qu'aux arches de décharge à ménager sous les chemins vicinaux dans la traversée des vallées submersibles.

b) COURS D'EAU NON NAVIGABLES NI FLOTTABLES

552. Ces cours d'eau sont placés dans les attributions des préfets, sous l'autorité du Ministre de l'Agriculture.

La procédure à suivre a été indiquée dans la circulaire du Ministre de l'Intérieur du 29 octobre 1872, confirmée par celle du 1er mai 1887.

Avant toute approbation, les projets de ponts à construire sur des cours d'eau non navigables ni flottables doivent faire l'objet d'une conférence entre les agents voyers et les ingénieurs du service de l'Hydraulique agricole. Si ces derniers ne donnent pas leur adhésion aux dispositions projetées, le préfet est tenu d'en référer au Ministre de l'Intérieur, en lui transmettant les pièces de l'affaire avec ses observations. Le Ministre de l'Intérieur examine la difficulté et fait connaître au préfet, après s'être concerté avec le département de l'Agriculture, la solution à laquelle il s'est arrêté.

On ne saurait trop recommander l'exécution des prescriptions qui viennent d'être reproduites. Leur inobservation peut avoir de graves conséquences pour le service vicinal. Si un pont est reconnu ultérieurement insuffisant comme débouché, le Ministre de l'Agriculture est fondé à en réclamer la réfection, dans le cas où il a été irrégulièrement établi.

553. Aucune instruction n'a réglé les formes de la conférence dont il est question dans les circulaires précitées. Habituellement, on s'inspire des règles prescrites pour les conférences en matière de travaux mixtes (n° 971). L'instruction a lieu, en conséquence, au premier degré entre l'agent voyer d'arrondissement et l'ingénieur ordinaire du service de l'Hydraulique agricole ; au second degré, entre l'agent voyer en chef et l'ingénieur en chef. Le procès-verbal de la conférence est accompagné des plans et dessins nécessaires.

Par analogie avec ce qui se passe pour les travaux mixtes, l'instruction aux deux degrés peut être remplacée, dans certains cas, par une instruction sommaire et rapide. Elle consiste, quand le service vicinal ne prévoit aucune difficulté, à saisir les ingénieurs de l'Hydraulique agricole, par l'intermédiaire du préfet, d'un simple rapport des agents voyers, de manière à provoquer l'adhésion des ingénieurs.

C'est surtout en cas de désaccord qu'un procès-verbal de conférence est utile, par la raison qu'il permet d'exposer nettement la discussion à laquelle ont donné lieu les points en litige.

554. Nouveaux ouvrages à établir à l'effet de franchir un chemin de fer. — Lorsqu'un nouveau chemin vicinal doit franchir un chemin de fer d'intérêt général, les projets des ouvrages (passages supérieurs, inférieurs ou à niveau), doivent être soumis à l'approbation du Ministre des Travaux publics, après conférence entre les représentants des services intéressés. Toutes les dépenses qu'entraîne l'exécution de ces ouvrages incombent au service vicinal. Il en est de même des dépenses de gardiennage et de manœuvre des passages à niveau. Le Ministre peut d'ailleurs décider, dans l'intérêt de la sécurité de l'exploitation, que les travaux seront confiés à l'État ou à la compagnie, suivant le cas (1).

§ 3. — Approbation des projets

555. De la valeur des dispositions insérées au Règlement général. — L'article 38 du Règlement indique les autorités chargées d'approuver les projets des chemins vicinaux de diverses catégories.

Les prescriptions de cet article ne sont pas valables, à notre avis, par la raison que l'article 21 de la loi du 21 mai 1836 n'a pas compris l'approbation des projets parmi les matières sur lesquelles le Règlement pouvait statuer.

S'il en est ainsi, ce n'est pas parce que le législateur a commis une omission, c'est tout simplement parce qu'en 1836 le besoin ne se faisait pas sentir de prévoir aucune disposition à ce sujet.

Il convient, en effet, de se rappeler qu'à cette époque les travaux des chemins vicinaux revêtaient un caractère communal incontesté pour les chemins vicinaux ordinaires comme pour les chemins de grande communication. Aussi, à l'égard de ces derniers chemins, les ressources ont-elles été tout d'abord assimilées à des cotisations municipales et centralisées, sous ce titre, dans la caisse du receveur général. C'est ce qui résultait des prescriptions de l'Instruction ministérielle du 24 juin 1836.

---

(1) ALFRED PICARD, *Traité des chemins de fer*, t. II, p. 777.

Le préfet était tout naturellement appelé à statuer sur les projets des chemins vicinaux, ainsi qu'il le faisait à l'égard des travaux communaux.

Au reste, quelle autre autorité aurait pu alors revendiquer les attributions ainsi exercées par le préfet ? Ce n'était pas assurément le conseil municipal, dont toutes les délibérations relatives à l'acceptation des projets étaient assujetties à l'approbation préfectorale. Ce n'était pas davantage le conseil général, dont l'intervention en matière de grande vicinalité était très limitée. L'assemblée départementale qui ne fixait ni les contingents des communes, ni même la subvention afférente à chaque ligne, ne pouvait assurément songer à s'occuper d'une mesure relative à l'emploi de ces ressources.

On s'explique, dès lors, pourquoi le Ministre, dans son Instruction du 24 juin 1836, a glissé rapidement sur la question de l'approbation des projets. Il s'est borné à dire aux préfets que les travaux devaient être « précédés de devis, d'adjudications, de *toutes les formes enfin applicables aux travaux communaux* ».

Ces considérations paraissent justifier le silence de l'article 21 de la loi de 1836, en ce qui a trait aux formalités d'approbation des projets des chemins vicinaux.

556. Mais des changements considérables ont été apportés à la législation depuis que la loi du 21 mai 1836 a été rendue. Non seulement les attributions des conseils municipaux ont été augmentées, mais encore le pouvoir conféré au conseil général s'est accru, en ce qui concerne les chemins de grande communication et d'intérêt commun. De plus, la commission départementale a été créée. Aussi a-t-on vu surgir la question de savoir si c'est toujours le préfet qui se trouve chargé d'approuver les projets des chemins vicinaux de toute catégorie.

Dans les contestations qui ont eu lieu sur cette question, il est à remarquer que l'article 38 du Règlement n'a pas été invoqué pour résoudre les difficultés.

Le conseil général de la *Manche*, par une délibération du 23 août 1873, avait revendiqué, pour sa commission départementale, le pouvoir d'approuver les projets des chemins vicinaux ordinaires. Le préfet se pourvut contre cette délibération.

Dans les observations qu'il présenta à l'appui de son

recours (1), le Ministre de l'Intérieur exposa que l'article 86 de la loi du 10 août 1871 n'avait fait que transporter à la commission départementale les pouvoirs que les articles 15 et 16 de la loi de 1836 avaient confiés au préfet. Il en conclut que les attributions de ce dernier étaient demeurées intactes, en ce qui concerne le droit d'approuver les projets. Il fit remarquer que ce droit avait sa source non dans la loi du 21 mai 1836, mais dans les lois générales qui régissent l'organisation communale. Le Conseil d'État accueillit ces motifs, et un décret du 8 novembre 1873 annula la délibération du conseil général de la *Manche*.

Nous signalerons ce fait singulier que l'on ne trouve, ni dans les observations du Ministre, ni dans les considérants du décret, aucune mention du Règlement général sur les chemins vicinaux. Or, l'article 38 de ce Règlement stipulait que les projets des chemins vicinaux ordinaires devaient être approuvés par le préfet. Si cette disposition n'a pas été invoquée pour trancher le débat, c'est sans doute parce qu'elle a été considérée comme n'ayant pas de valeur légale.

557. De l'assimilation des travaux des chemins vicinaux aux travaux communaux, au point de vue de l'approbation des projets. — Les travaux des chemins vicinaux ont le caractère de travaux communaux, par la raison que ces chemins sont des voies communales, même quand ils sont classés de grande communication ou d'intérêt commun (n° 10). On en a conclu que, pour les chemins de toute catégorie, l'autorité appelée à approuver les projets est la même que pour les travaux communaux. Elle est déterminée, par conséquent, par les lois qui régissent l'administration communale.

Cette opinion a été exprimée par le Ministre de l'Intérieur à diverses reprises, d'abord dans l'Instruction du 24 juin 1836, puis notamment dans les observations présentées à l'appui du recours contre la délibération du conseil général de la *Manche* (n° 556) et dans la circulaire du 20 novembre 1873, qui renferme les instructions adressées aux préfets relativement à l'approbation des projets.

(1) *Les Conseils généraux*, t. I, p. 409.

Examinons comment la règle que nous venons d'énoncer a été appliquée depuis la loi du 21 mai 1836 jusqu'à ce jour.

Nous envisagerons quatre périodes, séparées par le décret du 25 mars 1852, la loi du 24 juillet 1867 et celle du 5 avril 1884.

1° PÉRIODE ANTÉRIEURE AU DÉCRET DU 25 MARS 1852

558. Pendant cette période, la loi municipale du 18 juillet 1837 était en vigueur. Les formalités d'approbation des projets étaient réglées par les articles 19, 20 et 45.

Les projets étaient, en conséquence, divisés en deux catégories, suivant que leur estimation était inférieure ou supérieure à 30.000 francs. L'approbation appartenait au préfet dans le premier cas, au Ministre dans le second.

Nous ne serions pas surpris si, par suite de l'absence d'instructions ministérielles à ce sujet, les projets des chemins vicinaux avaient été approuvés, dans tous les cas, par le préfet.

2° PÉRIODE COMPRISE ENTRE LE DÉCRET DU 25 MARS 1852 ET LA LOI DU 24 JUILLET 1867

559. L'attribution conférée au Ministre par l'article 45 de la loi municipale du 18 juillet 1837 a été supprimée par le décret de décentralisation en date du 25 mars 1852.

Aux termes du § 49 du tableau A annexé à ce décret, le préfet fut appelé à statuer sur l'approbation de tous les projets, quel qu'en fût le montant.

Il est probable que cette règle a été observée pendant la période que nous considérons.

Cependant, il convient de remarquer que le Règlement général, dont le modèle avait été envoyé par la circulaire ministérielle du 21 juillet 1854, était en désaccord avec la règle dont il s'agit. Il désignait, en effet, dans son article 175, pour l'approbation des projets : le sous-préfet, quand la dépense était inférieure à 1.000 francs, le préfet dans le cas contraire.

Nous ignorons si les dispositions du Règlement ont été quelquefois suivies, en matière de travaux évalués à moins de
1.000 francs.

3ᵃ PÉRIODE COMPRISE ENTRE LA LOI DU 24 JUILLET 1867 ET CELLE DU 5 AVRIL 1884

560. Les attributions des conseils municipaux ont été élar-
gies par la loi du 24 juillet 1867. D'après l'article 1ᵉʳ de cette
loi, § 3, les projets de grosses réparations et d'entretien étaient
réglés par la délibération de l'assemblée communale « lorsque
la dépense totale afférente à ces projets et aux autres projets
de la même nature, adoptés dans le même exercice, ne
dépassait pas le cinquième des revenus ordinaires de la commune, ni en aucun cas une somme de 50.000 francs ». Toutefois, cette prérogative ne pouvait s'exercer qu'autant que le
maire était d'accord avec le conseil municipal.

En dehors du cas qui vient d'être indiqué, les projets
continuaient à être approuvés par le préfet, conformément aux
prescriptions de la loi du 18 juillet 1837 et des décrets de
décentralisation.

Nous ferons remarquer que ces dispositions différaient de
celles qui étaient contenues dans le Règlement général, soit
que le document fût conforme au modèle de 1854, soit qu'il
eût été dressé d'après le modèle de 1870. Aucun de ces modèles ne prévoyait, en effet, le pouvoir d'approbation conféré
aux conseils municipaux par la loi du 24 juillet 1867.

Nous inclinons à penser que ces assemblées n'ont dû faire
qu'un usage très limité de leur pouvoir, si tant est qu'elles
l'aient jamais exercé.

561. Des incidents se sont produits pendant la période que
nous envisageons, à la suite de la promulgation de la loi du
10 août 1871.

Cette loi augmenta les pouvoirs des conseils généraux, à
l'égard des chemins de grande communication et d'intérêt
commun, au point d'en faire, en quelque sorte, des chemins

départementaux à la dépense desquels les communes intéressées peuvent être appelées à contribuer.

En examinant l'article 46 de la loi de 1871, on remarqua que le législateur avait pris soin d'attribuer au conseil général le droit d'approuver les projets, quand il s'agissait de routes départementales (§ 6) et tous autres travaux départementaux (§ 9), tandis qu'il s'était abstenu de désigner l'autorité appelée à statuer en matière de travaux de chemins de grande communication et d'intérêt commun (§ 7).

On fut ainsi amené à se demander si le silence de la loi sur ce dernier point n'était pas le résultat d'une omission involontaire.

Dans une circulaire du 3 janvier 1872, le Ministre de l'Intérieur fit savoir que, d'après les communications officieuses du président et du rapporteur de la commission parlementaire chargée d'élaborer la loi du 10 août 1871, les mots « projets, plans et devis » n'avaient pas été intentionnellement omis dans le texte du § 7. Il ajouta que les auteurs de la loi avaient entendu que le conseil général serait appelé à statuer sur les projets relatifs aux travaux des chemins de grande communication et d'intérêt commun.

562. Peu de temps après, le Ministre de l'Intérieur fut conduit à modifier les instructions qu'il avait adressées aux préfets.

Ce changement se produisit à la suite du décret du 8 novembre 1873, annulant la délibération du conseil général de la *Manche*, que nous avons eu déjà l'occasion de citer.

Cette délibération revendiquait, pour la commission départementale, le droit d'approuver les projets des chemins vicinaux ordinaires. Elle se fondait sur cette circonstance que l'article 86 de la loi du 10 août 1871 a transféré à la commission départementale le pouvoir d'autoriser l'ouverture et le redressement des chemins vicinaux ordinaires, qui appartenait antérieurement au préfet, et elle en tirait cette conséquence que la commission départementale devait être chargée d'approuver les projets des travaux à exécuter sur ces chemins.

Le Ministre réfuta cette argumentation, ainsi que nous l'avons fait savoir au n° 556. Il montra que le droit d'approuver les projets était dévolu au préfet, non pas par la loi du

21 mai 1836, mais bien par les lois qui régissent l'organisation communale.

Le décret du 8 novembre 1873 ayant ratifié le système développé par le Ministre, ce dernier envoya aux préfets, à la date du 20 novembre 1873, une nouvelle circulaire par laquelle il les invita à approuver les projets non seulement des chemins vicinaux ordinaires, mais encore des chemins de grande communication et d'intérêt commun. Il leur fit remarquer que la doctrine consacrée par le Conseil d'État s'appliquait aussi bien à l'article 44 qu'à l'article 86 de la loi du 10 août 1871 et que, d'ailleurs, les travaux des chemins de grande communication et d'intérêt commun sont également des travaux communaux, d'où il suit que le droit d'approuver les projets appartient au préfet, en vertu de la loi municipale du 18 juillet 1837 (1) et du décret du 25 mars 1852, sauf le pouvoir de règlement accordé aux conseils municipaux par l'article 1er, n° 3, de la loi du 24 juillet 1867.

La décision prise par le Ministre à l'égard des chemins de grande communication et d'intérêt commun, a été ultérieurement confirmée par deux décrets des 23 et 25 juin 1874, annulant des délibérations par lesquelles les conseils généraux du *Cantal* et des *Vosges* avaient réclamé pour eux-mêmes le droit d'approuver les projets de ces deux catégories de chemins.

4° PÉRIODE POSTÉRIEURE AU 5 AVRIL 1884

563. La nouvelle loi municipale du 5 avril 1884 a encore étendu le pouvoir des conseils municipaux en matière d'approbation de projets.

Aux termes des articles 68, n° 3, et 114, le conseil municipal est compétent quand la dépense totalisée avec les dépenses de même nature pendant l'exercice courant ne dépasse pas les limites des ressources ordinaires et extraordinaires que les communes peuvent se créer sans autorisation spéciale. En dehors de ce cas, l'approbation appartient au préfet.

Ces dispositions, d'après la doctrine contenue dans la circu-

(1) Loi remplacée par celle du 5 avril 1884.

laire ministérielle du 20 novembre 1873, sont donc celles qui doivent régir les travaux des chemins vicinaux ordinaires.

Nous ne serions pas éloigné de croire que les préfets perdent de vue, en matière vicinale, le pouvoir de règlement conféré aux conseils municipaux par l'article 68, n° 3, de la loi du 5 avril 1884. Quant à nous, nous ne l'avons pas vu s'appliquer.

564. En résumé, le Conseil d'État admet que c'est au préfet qu'il appartient d'approuver les projets des travaux non seulement pour les chemins vicinaux ordinaires (Décret du 8 novembre 1873), mais encore pour les chemins de grande communication et d'intérêt commun (Décrets des 23 et 25 juin 1874 ; — Arrêt du 22 mars 1878, ville de *Dinan*).

Le Ministre de l'Intérieur, par ses circulaires des 20 novembre 1873 et 9 août 1879, a, en conséquence, informé les préfets qu'ils étaient investis du droit d'approuver les projets pour les chemins vicinaux de toutes catégories. Seulement, par la première de ces circulaires, il a réservé le pouvoir de règlement attribué aux conseils municipaux dans le cas prévu par la loi municipale, c'est-à-dire maintenant quand la dépense totalisée avec les dépenses de même nature pendant l'exercice courant ne dépasse pas les limites des ressources ordinaires et extraordinaires que les communes peuvent se créer sans autorisation spéciale.

Il résulte de ces instructions ministérielles que les dispositions de l'article 38 du Règlement général (Art. 150 de l'Instruction générale) doivent être considérées comme nulles. Ces dispositions sont contraires aux instructions ministérielles : en ce qui concerne les chemins de grande communication et d'intérêt commun, elles confèrent, en effet, l'approbation au conseil général (1) et, en ce qui a trait aux chemins vicinaux ordinaires, si elles attribuent cette approbation au préfet, c'est sans formuler aucune réserve.

565. Défectuosités de la solution actuellement adoptée. — L'attribution conférée aux conseils municipaux, dans le cas indiqué à l'article 68, n° 3, de la nouvelle loi municipale, présente plusieurs inconvénients.

(1) Du moins quand le Règlement général a été rendu antérieurement à la circulaire ministérielle du 20 novembre 1873.

Le premier est d'ordre pratique. Lorsqu'un conseil municipal a accepté un projet de petite vicinalité, les agents voyers sont appelés à faire connaître leur avis sur la suite à donner à la délibération. Ils doivent proposer au préfet, ou bien de revêtir de son approbation les pièces du projet ou bien de rendre exécutoire la délibération du conseil municipal. Mais, pour conclure dans un sens ou dans l'autre, il faut que les agents du service vicinal sachent si la dépense du projet, totalisée avec les dépenses de même nature pendant l'exercice courant, dépasse ou ne dépasse pas les limites des ressources ordinaires et extraordinaires que la commune peut se créer sans autorisation spéciale.

Or, les agents du service vicinal ne sont pas toujours en situation de résoudre eux-mêmes cette question. Nous citerons, par exemple, ce qui se passe en matière de devis d'entretien. La dépense est souvent imputée non seulement sur le produit des centimes spéciaux et des prestations acquittables en argent, mais encore sur le montant du prélèvement opéré sur les revenus ordinaires, et l'on sait que, fréquemment, ce prélèvement a sa source dans une imposition pour insuffisance de revenus qui fait l'objet d'une autorisation spéciale. Dans ce cas, l'approbation du devis d'entretien échappe au conseil municipal. Il faut donc que les agents voyers, qui n'ont même pas un exemplaire du budget général de la commune, recherchent l'origine des ressources affectées aux travaux. Leur service n'est pas organisé en vue d'une pareille tâche.

Nous reconnaissons qu'il serait possible de remédier, par divers moyens, à cet état de choses. Aussi bien nous n'attachons pas à ce premier inconvénient autant d'importance qu'à celui que nous allons signaler.

566. Actuellement il est rare que les chemins vicinaux ordinaires intéressent uniquement la commune sur le territoire de laquelle ils sont situés, alors même que la dépense de construction est entièrement supportée par cette commune. La plupart des chemins de cette catégorie sont, en effet, destinés à mettre en communication des localités voisines.

Si l'on considère, par exemple, un chemin à ouvrir pour relier les chefs-lieux de deux communes, il traverse deux territoires et se compose ainsi de deux tronçons qui sont généralement construits par les soins et aux frais de chaque commune. Il est manifeste que chacun de ces tronçons ne saurait être établi comme s'il était à l'usage exclusif de la commune chargée des travaux. Une certaine harmonie doit exister entre les dispositions essentielles des deux tronçons. On ne comprendrait pas, par exemple, que l'une des communes s'efforçât de réaliser de faibles déclivités, tandis que l'autre adopterait des rampes excessives.

C'est cependant ce qui peut arriver lorsque les communes sont maîtresses d'arrêter les dispositions des projets ainsi qu'elles l'entendent.

La mesure libérale, contenue dans l'article 68, n° 3, de la loi du 5 avril 1884, se conçoit quand il s'agit de travaux d'intérêt exclusivement communal. Elle cesse d'être admissible, lorsque les travaux ne revêtent pas ce caractère, ce qui est actuellement le cas d'un grand nombre de chemins vicinaux ordinaires.

567. Le pouvoir d'approbation dont la nouvelle loi municipale a investi les conseils municipaux offre encore un autre inconvénient.

Il est commun, d'ailleurs, avec celui que comporte l'approbation des projets par le préfet.

Cet inconvénient est dû à cette circonstance que, lorsqu'il s'agit de l'élargissement d'un chemin vicinal ordinaire, les limites de ce chemin sont arrêtées par une autorité autre que celle à laquelle il appartient d'approuver le projet. On a vu (n° 120) que ces limites sont fixées par la commission départementale.

Pour bien saisir l'inconvénient que nous signalons, il convient de remarquer que les travaux d'élargissement d'un chemin peuvent comporter une légère régularisation du tracé et une amélioration du profil en long. Dans ce cas, le dossier du projet comprend essentiellement un plan indiquant le tracé de l'axe du chemin, un profil en long suivant cet axe, enfin des profils en travers en nombre convenable. Ces pièces définissent l'œuvre que l'on a conçue ; elles fixent les dispositions suivant lesquelles le chemin doit être établi.

Le plan parcellaire en découle. Les limites des emprises figurées sur ce plan résultent, en effet, de l'intersection des profils en travers avec le sol naturel.

CHEMINS VICINAUX.

Il est donc singulier que ces limites soient arrêtées par la commission départementale, alors qu'elles sont la conséquence immédiate des dispositions approuvées soit par le préfet, soit par le conseil municipal. L'anomalie est comparable à celle qui se produirait si le détail estimatif des travaux était approuvé par la commission départementale, car cette pièce se déduit, comme le plan parcellaire, des autres pièces du projet.

Pour procéder d'une manière rationnelle, il conviendrait que le projet fût d'abord approuvé par le préfet (ou par le conseil municipal). Cette marche serait analogue à celle qui est pratiquée en matière de travaux exécutés par le service des Ponts et Chaussées. Le Ministre des Travaux publics commence par revêtir le projet de son approbation. Le plan parcellaire est ensuite dressé.

A l'égard des chemins vicinaux ordinaires, nous ne connaissons pas les errements suivis dans tous les départements, mais nous savons que souvent la commission départementale est appelée à statuer la première. Le projet est ensuite approuvé par le préfet. Cette marche s'explique par la déférence qui est due à la commission départementale, mais elle n'en est pas moins illogique. Il est manifeste qu'approuver le plan parcellaire avant le projet, c'est — qu'on nous passe l'expression — mettre la charrue avant les bœufs.

Il n'échappera pas que le pouvoir d'approbation conféré au préfet (ou au conseil municipal) reçoit, dans ce cas, une profonde atteinte. Du moment que le plan parcellaire est arrêté à l'avance par la commission départementale, le préfet (ou le conseil municipal) n'a plus qu'à approuver les dispositions qui concordent avec ce plan.

La situation est d'ailleurs la même dans le cas où la marche inverse est adoptée, c'est-à-dire lorsque le préfet (ou le conseil municipal) statue le premier. Si la commission départementale fixe des limites en désaccord avec le projet approuvé, le préfet (ou le conseil municipal) est obligé de revenir sur sa décision.

568. La dernière critique que nous venons de formuler n'est pas spéciale aux chemins vicinaux ordinaires. Elle peut être répétée à l'égard des chemins de grande communication et d'intérêt commun dont les projets sont approuvés par le pré-

fet, tandis que les limites des chemins, en matière d'élargissement, sont arrêtées par le conseil général.

569. Nous nous hâtons d'ajouter qu'en fait l'anomalie que
nous avons cru devoir faire ressortir n'engendre pas de difficultés, surtout si la commission départementale (ou l'assemblée
départementale) est appelée à statuer la première. Le projet lui
est soumis à l'appui du plan parcellaire, afin de justifier les
dispositions de ce plan et, si elle les homologue, le préfet n'a
plus qu'à revêtir de son approbation les pièces du projet. Les
choses se passent, en définitive, comme si la commission départementale (ou le conseil général) approuvait le tout.

570. Nous terminerons ces observations en faisant remarquer que, lorsqu'on modifiera la législation vicinale, la nouvelle loi devra nécessairement régler ce qui concerne l'approbation des projets pour les travaux des chemins de diverses
catégories.

Les lois du 21 mai 1836 et du 10 août 1871 étant muettes à
ce sujet, il a fallu recourir à la loi municipale pour trouver
une solution. On a dû invoquer la fiction en vertu de laquelle
les travaux des chemins de grande communication et d'intérêt commun sont des travaux communaux, alors que ces chemins sont maintenant traités, dans la plupart des cas, comme
des voies départementales.

Ce n'est pas au moyen d'un Règlement général, comme
celui qui est prévu par l'article 21 de la loi de 1836, que la
question de l'approbation devra, à notre avis, être résolue. On
ne saurait déléguer au préfet le pouvoir de trancher, par un
Règlement soumis à une simple approbation ministérielle, une
question où sont en jeu les prérogatives du conseil général, de
la commission départementale, des conseils municipaux, et
les siennes propres. Le représentant de l'Administration active
serait, en quelque sorte, juge et partie. Il n'y a qu'une loi qui
puisse statuer en pareille matière, et c'est pour des motifs
analogues que le législateur a désigné les autorités chargées
d'approuver soit les projets communaux, soit les projets des
routes départementales ou de tous autres travaux départementaux.

571. Formalités qui doivent précéder l'approbation des projets. — En ce qui concerne les chemins vicinaux ordinaires, les projets doivent être soumis aux conseils municipaux, avant de recevoir l'approbation du préfet.

Cette approbation est subordonnée à l'acceptation du conseil municipal, quand il s'agit de constructions nouvelles ou de reconstructions (Loi du 5 avril 1884, art. 114).

Toutefois, si la dépense était obligatoire, le préfet aurait qualité pour approuver le projet, malgré l'opposition du conseil municipal (Circulaire ministérielle du 15 mai 1884, art. 114).

572. En ce qui a trait aux chemins de grande communication et d'intérêt commun, le Ministre de l'Intérieur, dans sa circulaire du 9 août 1879, § 2, a fait remarquer que, par suite d'une omission involontaire dans le texte de la loi du 10 août 1871, les conseils généraux n'avaient pas actuellement le droit d'exiger que les projets leur fussent soumis. Il a, en conséquence, invité les préfets à leur communiquer les projets relatifs aux travaux de construction et de rectification et à n'approuver ces projets que sur l'avis favorable de l'assemblée départementale.

573. Projets soumis à l'examen du comité consultatif de la vicinalité. — Par sa circulaire du 9 août 1879, § 2, le Ministre de l'Intérieur a invité les préfets à lui transmettre, avant toute approbation, les projets d'ouvrages d'art dont la dépense atteint ou dépasse 10.000 francs. Ces projets sont soumis à l'examen du comité consultatif de la vicinalité institué, près du Ministère de l'Intérieur, par le décret du 9 juillet 1879. Le Ministre renvoie les projets en faisant connaître aux préfets, s'il y a lieu, les modifications ou les conditions moyennant lesquelles ils pourront revêtir les projets de leur approbation.

Dans la circulaire précitée, le Ministre ajoute que les préfets ont d'ailleurs la faculté de lui transmettre les projets de construction ou d'amélioration de chemins dont l'importance leur paraît justifier cette mesure.

574. Les projets des travaux à subventionner en vertu de la loi du 12 mars 1880 sont soumis à des règles spéciales qui ont été édictées par l'Instruction ministérielle du 25 mars 1893.

Ces projets doivent être joints aux programmes qui sont adressés au Ministre de l'Intérieur (Art. 35).

Ils sont examinés par le comité consultatif de la vicinalité, sur l'avis duquel le Ministre prend une décision.

Les projets peuvent n'être admis au programme que sous réserve d'observations d'ordre technique. Si le préfet satisfait à ces observations, il en avise le Ministre, et les travaux peuvent alors être mis en adjudication. Si, au contraire, le préfet, sur l'avis du service vicinal, a des objections à présenter au sujet des observations techniques, il retourne au ministère le projet avec un rapport faisant connaître les raisons qui semblent justifier le maintien des dispositions primitivement proposées (Art. 46, 47 et 48).

575. Justification préalable des voies et moyens. — Les projets ne doivent être approuvés qu'autant que les voies et moyens sont régulièrement assurés.

Cette règle est capitale. Elle a été, à maintes reprises, rappelée aux préfets par le Ministre de l'Intérieur, notamment par les circulaires des 1ᵉʳ mai 1855 et 12 août 1875.

Faute d'observer cette règle, les communes notamment, qui sont parfois disposées à se jeter dans des dépenses dont elles n'ont pas toujours bien calculé l'importance, pourraient compromettre leur situation financière en contractant des engagements qu'elles ne sauraient remplir qu'à l'aide de ressources extraordinaires. D'un autre côté, lorsque ces ressources ne peuvent être autorisées que par une loi ou par un décret, le Gouvernement se trouverait dans la fâcheuse alternative soit d'accueillir, sans liberté d'appréciation, les propositions des autorités locales, soit de les rejeter comme inadmissibles, sans tenir compte des embarras qui en seraient la suite (Circulaire du 1ᵉʳ mai 1855).

CHAPITRE II

TRAVAUX A PRIX D'ARGENT

576. Les travaux à prix d'argent s'exécutent par voie d'adjudication publique, par voie de marché de gré à gré, ou bien par voie de régie.

§ 1. — Travaux par voie d'adjudication (1)

577. L'exécution des travaux par voie d'adjudication publique est prescrite comme règle générale (Règl. gén., art. 37 ; — Instr. gén., art. 149).

Ce mode de procéder présente, en effet, des avantages considérables. Il provoque la concurrence qui procure l'exécution des travaux avec la moindre dépense (2) ; il met à l'abri du soupçon les fonctionnaires qui ont participé à la passation du marché.

Mais des précautions doivent être prises à l'égard des concurrents, en vue d'assurer la bonne exécution des travaux. Ces précautions sont prévues par les articles 2, 3 et 4 du cahier des clauses et conditions générales imposées aux entrepreneurs

---

(1) D'après la loi du 29 juillet 1893, les associations d'ouvriers français sont admises aux adjudications des travaux communaux et, par conséquent, aux adjudications des travaux des chemins vicinaux, dans les conditions déterminées par le décret du 4 juin 1888 relatif à la participation des sociétés françaises d'ouvriers aux adjudications et marchés de l'État.

(2) Quand une entreprise comprend des travaux distincts d'une certaine importance, il convient de procéder à l'adjudication, par lots séparés, des diverses natures de travaux. Cette mesure permet notamment d'obtenir les rabais les plus élevés (Circulaire du Ministre de l'Intérieur en date du 23 juillet 1885).

des travaux des chemins vicinaux (Annexe n° 2 à l'Instruction
générale du 6 décembre 1870). Elles consistent dans la production d'un certificat de capacité et dans le versement d'un cautionnement.

578. Certificats de capacité. — Les certificats de capacité sont délivrés par des hommes de l'art. Ils ne doivent pas
avoir plus de trois ans de date au moment de l'adjudication. Il
y est fait mention de la manière dont les soumissionnaires ont
rempli leurs engagements soit envers l'Administration, soit
envers les tiers, soit envers les ouvriers, dans les travaux qu'ils
ont exécutés, surveillés ou suivis. Ces travaux doivent avoir été
faits dans les dix dernières années.

Les certificats de capacité sont présentés, huit jours au
moins avant l'adjudication, pour être visés à titre de communication, à l'agent voyer en chef pour les chemins de grande
communication et d'intérêt commun, à l'agent voyer d'arrondissement pour les chemins vicinaux ordinaires (Art. 3 des
clauses et conditions générales).

Nous ferons remarquer que parfois les agents voyers se
méprennent sur la portée de ce visa : ils croient que cette formalité leur permet d'écarter eux-mêmes les soumissionnaires
qui n'ont pas les qualités requises pour concourir à l'adjudication. Comme on le verra plus loin, c'est au bureau de l'adjudication qu'il appartient de prononcer à ce sujet. La communication des certificats, huit jours au moins avant l'adjudication,
a uniquement pour but de mettre les agents voyers à même de
recueillir les renseignements propres à éclairer le bureau sur
les candidats. Il suit de là que le visa des certificats ne peut
être refusé.

579. La production d'un certificat de capacité constitue une
règle qui comporte des exceptions. D'après l'article 3 des
clauses et conditions générales, il n'est pas exigé de certificats
pour la fourniture des matériaux d'entretien des chemins en
empierrement, ni pour les travaux de terrassement dont l'estimation ne s'élève pas à plus de 1.000 francs (1).

_____

(1) Cette limite est faible. Le cahier des clauses et conditions générales pour le
service des Ponts et Chaussées admet la dispense du certificat de capacité pour les
travaux de terrassement dont l'estimation n'excède pas 20.000 francs.

580. Cautionnement. — Un cautionnement est demandé aux soumissionnaires comme gage destiné à garantir l'exécution de leurs obligations.

Il doit être versé dans la caisse du trésorier-payeur général ou d'un receveur particulier des finances pour les adjudications des travaux des chemins de grande communication et d'intérêt commun, et dans la caisse du receveur municipal de la commune pour les chemins vicinaux ordinaires. La justification du versement du cautionnement peut être remplacée par un engagement valable de le fournir (Règl. gén., art. 50; — Instr. gén., art. 162; — art. 2 des clauses et conditions générales).

Le cahier des charges détermine, dans chaque cas particulier, la nature et le montant du cautionnement. S'il ne stipule rien à cet égard, le cautionnement est fait soit en numéraire, soit en inscription de rentes sur l'État, et le montant en est fixé au trentième de l'estimation des travaux, déduction faite de toutes les sommes portées à valoir pour dépenses imprévues et ouvrages en régie, ou pour indemnités de terrain.

Le cautionnement reste affecté à la garantie des engagements contractés par l'adjudicataire jusqu'à la liquidation définitive des travaux (1). Toutefois, le préfet peut, dans le cours de l'entreprise, autoriser la restitution de tout ou partie du cautionnement (Art. 4 des clauses et conditions générales).

581. Formes à suivre pour les adjudications. — Les formes des adjudications figurent parmi les objets sur lesquels doit statuer le Règlement général à édicter en vertu de l'article 21 de la loi du 21 mai 1836. Cette disposition s'explique aisément, surtout en ce qui concerne les chemins de grande communication et d'intérêt commun. Les travaux relatifs à ces chemins intéressent la collectivité des communes qui fournissent une quote-part dans la dépense; ils intéressent aussi le département qui participe à cette dépense. Les formes adoptées en matière de travaux départementaux n'étaient pas applicables aux adjudications des travaux de la grande ou de la moyenne vicinalité.

(1) Aux termes de l'article 59 de l'Instruction générale sur les chemins vicinaux, l'entrepreneur ne peut être remboursé de son cautionnement que lorsqu'il a justifié, par des quittances en forme, avoir payé les indemnités à sa charge pour occupations temporaires de terrains (n° 652).

Les articles 40 et suivants du Règlement général décrivent les formes à suivre pour les adjudications des travaux des diverses catégories de chemins vicinaux.

En ce qui concerne les chemins de grande communication et d'intérêt commun, les adjudications sont passées à la préfecture. Le bureau se compose du préfet ou de son délégué, président, et de deux membres du conseil général ou du conseil d'arrondissement, assistés de l'agent voyer en chef. Toutefois, lorsque les travaux doivent s'exécuter sur le territoire d'un seul arrondissement, l'adjudication peut être passée à la sous-préfecture. Le bureau est alors formé du sous-préfet, président, et de deux membres du conseil général ou du conseil d'arrondissement, assistés de l'agent voyer en chef ou de l'agent voyer d'arrondissement.

Les membres des conseils appelés à faire partie du bureau sont, suivant le cas, désignés par le préfet ou le sous-préfet.

En ce qui concerne les chemins vicinaux ordinaires, les adjudications sont passées soit dans la commune de la situation des lieux, soit au chef-lieu de canton, soit à la sous-préfecture. Dans son Instruction du 24 juin 1836 (art. 21), le Ministre de l'Intérieur recommande de choisir la sous-préfecture. Il fait remarquer qu'on peut alors réunir dans une même affiche les travaux à faire dans un certain nombre de communes de l'arrondissement. Il en résulte un double avantage : d'abord, on réalise une économie dans les frais d'impression des affiches et autres frais d'adjudication ; ensuite, on attire un plus grand nombre de soumissionnaires et on provoque plus de concurrence, ce qui augmente les chances de rabais. Nous ajouterons que les adjudications soulèvent souvent des incidents, dont la solution ne laisse pas parfois d'être embarrassante. La régularité des opérations est mieux assurée à la sous-préfecture que dans beaucoup de communes rurales.

A l'égard des travaux des chemins vicinaux ordinaires, le bureau d'adjudication se compose du maire, président, et de deux conseillers municipaux. Le receveur municipal et l'agent voyer assistent à l'adjudication. Ces dispositions indiquées à l'article 40 du Règlement général sont d'accord avec celles qui sont prescrites, en matière de travaux communaux, par l'article 89 de la loi municipale du 5 avril 1884.

L'absence des personnes ci-dessus désignées, autres que le

président, n'empêche pas l'adjudication, quand ces personnes
ont été dûment convoquées (Règl. gén., art. 40 ; — Instr. gén.,
art. 152).

582. Les adjudications sont annoncées au moins vingt
jours à l'avance, par des affiches placardées tant au chef-lieu
du département que dans les principales communes des arrondissements et dans celles où seront situés les travaux. Elles
sont portées à la connaissance des entrepreneurs par tous les
moyens de publicité (1).

Les affiches indiquent sommairement :

Le lieu, le jour, l'heure et le mode fixés pour l'adjudication
et le dépôt des soumissions ;

Les autorités chargées d'y procéder ;

La nature des travaux, le montant de la dépense prévue et
du cautionnement à fournir, et le lieu où l'on peut prendre
connaissance des pièces du projet;

Enfin, le modèle des soumissions.

Dans le cas d'urgence, le délai de vingt jours ci-dessus indiqué peut être réduit, sans être jamais inférieur à dix jours
(Règl. gén., art. 42; — Instr. gén., art 154).

583. Les adjudications se font au rabais et sur soumissions
cachetées (2). Le rabais doit s'appliquer non au montant total
du devis, mais aux prix du bordereau servant de base aux évaluations. Dans le cas où il serait nécessaire de fixer préalablement un minimum de rabais, ce minimun est déterminé par le
président, sur l'avis de l'agent voyer assistant à l'adjudication,
et déposé, sous enveloppe cachetée, sur le bureau, à l'ouverture de la séance (Règl. gén., art. 43 ; — Instr. gén., art. 155).

584. Les soumissions doivent toujours être placées seules
dans une enveloppe cachetée portant la désignation des travaux
et le nom de l'entrepreneur (3). Cette première enveloppe

---

(1) Par une circulaire du 21 mai 1883, le Ministre de l'Intérieur a recommandé
l'insertion des avis d'adjudication dans le *Journal des Travaux publics*. Il a signalé
aussi l'utilité de cette insertion dans le *Journal officiel*, pour les adjudications
de 30.000 francs et au dessus.

(2) Ces soumissions doivent être sur papier timbré, sous peine d'être déclarées nulles et non avenues (C. d'État, 4 février 1876, *Boyer* et *Blot*).

(3) Les concurrents qui ne savent pas écrire peuvent faire signer leur soumission par un fondé de procuration verbale, sous la condition de le déclarer,

forme, avec les certificats de capacité, s'ils sont exigés, et les pièces constatant le versement du cautionnement ou un engagement valable de le fournir, un paquet qui doit être mis dans une seconde enveloppe également cachetée portant aussi la désignation des travaux.

Tous les paquets déposés par les concurrents sont rangés sur le bureau par le fonctionnaire qui préside l'adjudication (Règl. gén., art. 44 ; — Instr. gén., art. 156).

Les soumissions peuvent être remises directement sur le bureau ou déposées dans une boîte à ce destinée. Il y a un autre mode qui est admis dans les adjudications de l'État (Décret du 18 novembre 1882, art. 13) : c'est celui qui consiste à faire parvenir les soumissions par lettres recommandées. Rien ne nous paraît faire obstacle à ce qu'il soit adopté dans les adjudications des travaux de la vicinalité, lorsque son emploi paraît utile. Il suffit alors de l'autoriser par une disposition du cahier des charges et d'en faire mention dans l'affiche, en indiquant le délai dans lequel les lettres recommandées doivent parvenir au fonctionnaire chargé de présider l'adjudication.

585. A l'instant fixé par l'affiche, le premier cachet de chaque paquet est rompu publiquement, et il est dressé un état des pièces qui s'y trouvent renfermées. Le public et les concurrents se retirent de la salle d'adjudication et le bureau, après avoir pris l'avis de l'agent voyer et du comptable présents, arrête la liste des concurrents agréés (Règl. gén., art. 45 ; — Instr. gén., art. 157).

Immédiatement après, la séance redevient publique, et le président fait connaître les candidats agréés. Les soumissions présentées par ces derniers sont ouvertes publiquement.

Le concurrent qui a fait l'offre d'exécuter les travaux aux conditions les plus avantageuses est déclaré adjudicataire, si son rabais n'est pas inférieur au minimum fixé conformément à l'article 43 du Règlement général, et si, à défaut de la fixation de ce minimum, sa soumission ne comporte pas d'augmentation sur les prix prévus.

Dans le cas où le rabais le plus avantageux est offert par

avant l'ouverture de leur soumission, au fonctionnaire qui préside l'adjudication (Règl. gén., art. 46 ; — Instr. gén., art. 158).

plusieurs concurrents, il est procédé, séance tenante, entre ceux-ci, à une nouvelle adjudication sur soumissions cachetées. Les rabais de la nouvelle adjudication ne peuvent être inférieurs à ceux de la première.

Si les concurrents maintiennent les rabais primitifs, le bureau désigne, après avoir pris l'avis de l'agent voyer, celui des concurrents qui doit être déclaré adjudicataire (Règl. gén., art. 47 ; — Inst. gén. art. 159).

Lorsque ce cas se présente dans les adjudications passées au nom de l'État, le bureau doit procéder au tirage au sort entre les concurrents qui ont maintenu le même rabais. Cette procédure, qui est prescrite par le décret du 18 novembre 1882 (art. 14), ne peut qu'être recommandée pour les adjudications des travaux de la vicinalité.

586. Diverses questions sont souvent soulevées pendant l'adjudication. C'est au bureau qu'il appartient de les résoudre. Elles sont décidées à la majorité des voix (Loi du 5 avril 1884, art. 89). En cas de partage dans le vote du bureau, la voix du président est prépondérante (Règl. gén., art. 45 ; — Instr. gén., art. 157).

Quelquefois le bureau est saisi de demandes tendant à modifier les clauses du marché. Ces demandes ne peuvent être accueillies, alors même que leur rejet aurait pour effet de rendre l'adjudication infructueuse. Les clauses du marché ne peuvent être changées que par l'autorité qui les a approuvées (C. d'État, 25 novembre 1852, *Quatranvaux*). Le maire, qui est le président du bureau pour les chemins vicinaux ordinaires, ne peut modifier des dispositions arrêtées par le préfet. Pareille incompétence existe, en matière de chemins de grande communication ou d'intérêt commun, pour le président du bureau, qui est généralement un fonctionnaire, secrétaire général ou conseiller de préfecture, exclusivement délégué pour les opérations de l'adjudication. Au surplus, en apportant en séance des changements aux clauses du marché, on violerait le principe de concurrence et de publicité qui doit régir les adjudications, puisque les concurrents présents à la séance seraient seuls prévenus de ces changements.

587. Il est dressé, pour chaque adjudication, un procès-verbal qui relate toutes les circonstances de l'opération (Règl., gén., art. 48 ; — Instr. gén., art. 160).

Les adjudications ne sont définitives qu'après l'approbation du préfet (Règl. gén., art. 49 ; — art. 5 des clauses et conditions générales).

L'entrepreneur ne peut prétendre à aucune indemnité dans le cas où l'adjudication n'est pas approuvée (art. 5 des clauses et conditions générales).

Dans les vingt jours de la date de son approbation, la minute du procès-verbal d'adjudication est soumise au timbre et à l'enregistrement (Loi du 15 mai 1818, Art. 78 ; — Règl. gén., art. 49). Il ne peut en être délivré ni expédition, ni extrait, qu'après l'accomplissement de cette formalité (Règl. gén., art. 49 ; — Instr. gén., art., 161).

588. Entraves apportées à la liberté des soumissions. — Des pénalités ont été établies par la législation en vue de réprimer les entraves apportées à la liberté des enchères. L'article 412 du Code pénal punit d'un emprisonnement de quinze jours au moins et de trois mois au plus, ainsi que d'une amende de 100 francs au moins et de 5.000 francs au plus, ceux qui auraient « entravé ou troublé la liberté des enchères ou des soumissions, par voies de fait, violences ou menaces, soit avant, soit pendant les enchères ou soumissions » et « ceux qui, par dons ou promesses, auraient écarté les enchérisseurs ». Ces dispositions sont applicables aux adjudications de travaux publics (Cass., 23 novembre 1849, *Picard*).

589. Pièces délivrées à l'entrepreneur. — Aux termes de l'article 6 des clauses et conditions générales, le préfet, le sous-préfet ou le maire délivre à l'entrepreneur, sur son récépissé, une expédition dûment légalisée du devis, du bordereau des prix et du détail estimatif, ainsi qu'une copie certifiée du procès-verbal d'adjudication et un exemplaire imprimé du cahier des clauses et conditions générales annexé à l'Instruction générale du 6 décembre 1870.

Les pièces à délivrer à l'entrepreneur sont, en définitive, celles qui servent de base au marché. Il résulte de ce principe que, si le devis de l'entreprise se réfère au cahier des charges

général adopté dans chaque département, et conforme au
type annexé à la circulaire du 20 août 1881, un exemplaire
imprimé de ce document doit être également remis à l'entrepreneur.

L'avant-métré des travaux ne figure pas parmi les pièces
ainsi délivrées à l'entrepreneur, parce qu'il ne forme pas un
élément constitutif du contrat (C. d'État, 10 décembre 1875,
Joret ; 15 février 1884, *Maguin* ; 15 mars 1889, *Martin-Héry*).

Toutefois, il est un cas où l'avant-métré devient un des éléments du contrat : c'est, en matière de travaux de terrassements, lorsque le cahier des charges stipule que les chiffres
de l'avant-métré serviront de base aux règlements du décompte,
s'ils ne sont pas contestés dans un délai déterminé (C. d'État,
6 mars 1856, *Passemard* ; 23 janvier 1868, *Giordano* ; 13 janvier 1868, *Avril*; 14 décembre 1888, *Giordano*; 7 juin 1889,
Varinot ; 26 juillet 1889, *Lacroix* ; 9 août 1889, *Daniel*; 22 décembre 1893, *Chupin*). Dans ce cas, une expédition dûment
légalisée de l'avant-métré doit être délivrée à l'entrepreneur.

590. Il importe de ne pas confondre les pièces dont il vient
d'être question avec les plans, dessins et autres documents
que les agents voyers délivrent à l'entrepreneur, soit au lendemain de l'adjudication, soit au fur et à mesure de l'avancement des travaux, en vue de préciser et d'assurer l'exécution
des travaux. Ces dernières pièces, auxquelles le devis ne se
réfère pas formellement, ne sont remises qu'à titre de renseignements (C. d'État, 12 décembre 1873, Ministre des *Travaux
publics* c. *Clément*). Alors même qu'elles auraient été déposées,
suivant le cas, à la préfecture, à la sous-préfecture ou à la
mairie, avec les pièces constitutives au contrat, elles ne sauraient être considérées comme ayant servi de base à l'adjudication. Afin de prévenir toute méprise à ce sujet, il convient
de réunir ces pièces ou un dossier distinct avec l'indication
qu'elles sont uniquement destinées à faciliter aux concurrents
l'intelligence du projet à exécuter.

Les pièces dont il s'agit sont délivrées gratuitement à
l'entrepreneur (Art. 6 des clauses et conditions générales).

591. Frais d'adjudication. — Les frais d'adjudication
sont à la charge de l'entrepreneur. Il en verse le montant à la

caisse du trésorier-payeur général ou à celle du receveur particulier pour les chemins de grande communication ou d'intérêt commun. Pour les chemins vicinaux ordinaires, le versement peut être fait, suivant le cas, dans la caisse du receveur particulier ou dans celle du receveur municipal (Art. 7 des clauses et conditions générales).

Ces frais, dont l'état est arrêté par le fonctionnaire qui a présidé l'adjudication, sont ceux d'affiches et de publication, ceux de timbre et d'expédition du devis, du bordereau des prix, du détail estimatif et du procès-verbal d'adjudication, et le droit fixe d'enregistrement (1) (Règl. gén., art. 51 ; — art. 7 des clauses et conditions générales).

Il va sans dire que, si l'avant-métré constituait une pièce servant de base au marché, les frais d'adjudication devraient comprendre, en outre, ceux de timbre et d'expédition de cette pièce.

Quant au cahier des clauses et conditions générales, la remise d'un exemplaire imprimé ne saurait justifier une demande en remboursement de frais. La question s'est seulement posée de savoir s'il n'y avait pas lieu de remplacer cet exemplaire par une copie sur papier timbré. Dans une circulaire du 31 mai 1875, le Ministre de l'Intérieur a fait savoir qu'à la suite d'un accord intervenu entre son département et celui des Finances, la question avait été résolue négativement, par ce motif que le document dont il s'agit n'est pas un acte spécial aux travaux de tel département ou de telle commune, mais un ensemble de dispositions réglementaires applicables à toutes les entreprises et édictées dans un intérêt public (Lettre du Ministre des Finances du 7 avril 1875).

592. Cas où l'adjudication est infructueuse. — Après une tentative infructueuse d'adjudication, les travaux peuvent, avec l'autorisation du préfet, donner lieu à un marché de gré à gré, lorsqu'on trouve un soumissionnaire s'engageant à les exécuter sans augmentation de prix, aux conditions du devis et cahier des charges.

Mais si, à défaut de cette soumission, on reconnaît la nécessité d'augmenter certains prix et de modifier les conditions du

(1) Ce droit est actuellement de 1 fr. 875, décimes compris (n° 998).

cahier des charges, il doit être procédé à une nouvelle tentative d'adjudication, après qu'on a opéré sur les pièces du projet les changements adoptés.

Dans le cas où cette seconde tentative est encore infructueuse, on peut recourir à un marché de gré à gré pour l'ensemble du projet ou bien à plusieurs marchés distincts en scindant les travaux soit en lots moins importants, soit en lots de diverses natures.

Le préfet peut aussi autoriser l'exécution par voie de régie, après la seconde tentative infructueuse d'adjudication (Règl. gén., art. 52; — Instr. gén., art. 164).

§ 2. — Travaux par voie de marché de gré à gré

593. Le Règlement général, après avoir posé en principe que les travaux à prix d'argent doivent être exécutés par voie d'adjudication, a admis, dans son article 37, qu'il pouvait être traité de gré à gré, sur série de prix ou à forfait, avec l'autorisation du préfet, dans les cas suivants :

1° Pour les ouvrages et fournitures dont la dépense n'excède pas 3.000 francs ;

2° Pour ceux dont l'exécution ne comporte pas les délais d'une adjudication ;

3° Pour ceux qui, par leur nature ou leur spécialité, exigent des conditions particulières d'aptitude de la part de l'entrepreneur ;

4° Enfin, pour ceux dont la mise en adjudication n'a pas abouti.

594. Par une circulaire du 7 avril 1873, le Ministre de l'Intérieur a pris des mesures à l'effet d'obliger les administrateurs à se conformer à ces dispositions. Ces mesures sont destinées, en outre, à prévenir tout conflit avec les comptables qui, s'ils n'ont pas qualité, en principe, pour juger du mérite des faits auxquels se rapportent les pièces jointes aux mandats, ont besoin d'être mis à même de s'assurer que l'Administration ne s'est écartée de la voie de l'adjudication qu'en exécution d'une disposition formelle du Règlement.

Voici quelles sont les mesures arrêtées par le Ministre de l'Intérieur, d'accord avec son collègue des Finances :

Quand le marché est exécuté en vertu du § 1 de l'article 37 du Règlement (premier cas indiqué ci-dessus), l'ordonnateur, en approuvant le marché, doit viser ce paragraphe.

Dans le cas des § 2 et 3 de l'article 37 (deuxième et troisième cas ci-dessus), en outre de la référence au paragraphe, l'ordonnateur doit ajouter, sous forme de *considérant*, un exposé très sommaire des faits ou circonstances qui ont obligé l'Administration à s'écarter des règles habituelles.

Enfin, dans le cas du § 4 (quatrième cas ci-dessus), l'ordonnateur doit faire connaître, succinctement et toujours sous forme de *considérant*, que les formalités prescrites par l'article 52 du Règlement (voir au n° 592) ont été accomplies sans donner de résultats.

Ces mesures sont analogues à celles qui sont prescrites en matière de marchés passés au compte de l'État. Le décret du 18 novembre 1882 porte, en effet, dans son article 19, que tout marché de gré à gré doit rappeler le paragraphe qui dispense de l'adjudication et dont il est fait application.

Nous ferons remarquer que la règle de l'adjudication a pour objet d'établir des garanties dans l'intérêt des communes ou du département qui leur vient en aide. Il s'ensuit que l'inobservation de cette règle, si elle venait à se produire, ne saurait ouvrir un recours devant le Conseil d'État, au profit des tiers et spécialement au profit d'un entrepreneur qui avait l'intention de concourir à l'adjudication (C. d'État, 4 juillet 1873, *Lefort* ; 18 janvier 1878, gaz de *Wazemmes*).

595. Lorsqu'il y a lieu de faire exécuter les travaux par voie de marché de gré à gré, l'agent voyer en chef pour les chemins de grande communication et d'intérêt commun, l'agent voyer d'arrondissement pour les chemins vicinaux ordinaires, invitent les entrepreneurs à prendre connaissance des conditions de l'entreprise, et à leur remettre dans un délai déterminé leurs propositions par soumissions écrites.

Les soumissions ainsi déposées doivent contenir l'engagement de se soumettre aux conditions du devis particulier des ouvrages et aux clauses et conditions générales.

Elles tiennent lieu de devis lorsqu'elles énoncent les quantités, les prix et les conditions d'exécution des ouvrages. Elles doivent toujours mentionner l'assujettissement aux clauses et conditions générales.

Les agents voyers transmettent les soumissions, avec leur avis, au préfet pour les chemins de grande communication et d'intérêt commun et au maire pour les chemins vicinaux ordinaires (Règl. gén., art. 53; — Instr. gén., art. 165).

La soumission la plus avantageuse est acceptée par le préfet, pour les chemins de grande communication et d'intérêt commun; par le maire, dûment autorisé, pour les chemins vicinaux ordinaires. Cette dernière acceptation est soumise à l'approbation du préfet (Règl. gén., art. 54; — Instr. gén., art. 166).

Les dispositions des articles 50 et 51 du Règlement général, relatives au versement du cautionnement et au paiement des frais du marché, sont applicables aux soumissionnaires des marchés de gré à gré. Néanmoins, le préfet peut, sur l'avis de l'agent voyer en chef pour les chemins de grande communication et d'intérêt commun, et sur l'avis du maire pour les chemins vicinaux ordinaires, dispenser les soumissionnaires de fournir un cautionnement (Règl. gén., art. 56; — Instr. gén., art. 168).

§ 3. — Travaux en régie

596. Les travaux au compte de l'Administration peuvent, avec l'autorisation du préfet, être effectués par voie de régie, soit en cas d'urgence, soit lorsque les autres modes d'exécution ont été reconnus impossibles ou moins avantageux. L'autorisation préfectorale n'est toutefois nécessaire que lorsque la dépense en argent dépasse 300 francs (Règl. gén., art. 37; — Instr. gén., art. 149).

Cette dernière disposition reproduit celle qui est depuis longtemps en vigueur en matière de travaux communaux (Décret du 10 brumaire an XIV; — Décret du 17 juillet 1803; — Circulaire du Ministre de l'Intérieur du 9 juin 1838).

Elle est parfois diversement interprétée soit par les fonctionnaires chargés d'effectuer les dépenses, soit par les comptables appelés à en contrôler la régularité.

Il arrive quelquefois que des receveurs municipaux réclament une autorisation préfectorale, quand l'ensemble des dépenses faites en régie sur les chemins vicinaux ordinaires d'une commune excède la somme de 300 francs.

Cette prétention n'est pas fondée.

D'abord, le Règlement général, dans son article 138, § 2, indique, pour la justification des dépenses en régie, l'autorisation du préfet, si les travaux à exécuter *sur un même chemin* s'élèvent à plus de 300 francs.

Ensuite, on ne saurait assurément soumettre à cette règle la totalité des dépenses faites successivement, *pour des objets différents*, sur un même chemin. S'il en était ainsi, après avoir dépensé 250 francs pour la construction d'un aqueduc, il faudrait provoquer une approbation préfectorale pour pouvoir dépenser 100 francs en ouverture de fossés à la tâche. On serait ainsi amené à demander une autorisation pour un travail inférieur à 300 francs.

Il nous paraît manifeste que la règle dont il s'agit ne doit s'appliquer qu'à un objet déterminé. Elle a pour but de permettre au préfet d'examiner, *avant que la dépense ne soit engagée*, si l'importance et la nature des travaux n'exigent pas un autre mode d'exécution, soit marché de gré à gré, soit même adjudication.

La règle pourrait quelquefois être éludée, en divisant le travail en plusieurs parties, de telle sorte que chacune de ces parties comporte une dépense inférieure à 300 francs, bien que l'ensemble de la dépense excède ce chiffre. Une pareille pratique ne saurait être admise, et le Ministre de l'Intérieur l'a signalée aux préfets, dans sa circulaire du 9 juin 1838, à l'occasion de la limite de 3.000 francs imposée aux communes pour la dépense des travaux à exécuter par traité de gré à gré.

597. Ce qui précède ne s'applique pas aux travaux en régie, exécutés par l'Administration au compte d'un entrepreneur qui ne remplit pas les obligations de son marché. La procédure à suivre pour l'établissement d'une régie aux frais d'un adjudicataire est décrite à l'article 35 des clauses et conditions générales.

CHAPITRE III

TRAVAUX EN NATURE

SECTION I

PRESTATIONS EN NATURE

---

§ 1. — Époques d'exécution des prestations

598. Règles générales. — D'après l'article 21 de la loi du 21 mai 1836, le Règlement général sur le service des chemins vicinaux fixe les époques auxquelles les prestations en nature doivent être faites.

Ces époques sont indiquées à l'article 20 du Règlement : elles sont comprises entre deux termes séparés par un intervalle de plusieurs mois.

Ainsi que l'a recommandé le Ministre de l'Intérieur dans ses circulaires du 24 juin 1836 (art. 21) et du 19 novembre 1838, il convient que les époques d'exécution soient déterminées de manière à nuire le moins possible aux travaux de l'agriculture et, par suite, à permettre aux contribuables d'effectuer leurs prestations aux moments où ils ont le plus de loisir.

Il importe que le dernier terme assigné à l'exécution des prestations ne soit pas trop reculé. Il y a lieu, en effet, de ne pas perdre de vue qu'il faut constater, après l'expiration du délai, les prestations non exécutées et dresser l'état des cotes exigibles en argent pour défaut d'exécution. Ces cotes doivent être recouvrées assez tôt pour fournir les ressources nécessaires au paiement des travaux de l'année. Si les prestations étaient faites trop tardivement, les ressources provenant du recouvrement des non-exécutions risqueraient d'être reportées au budget de l'année suivante. Le service de la vicinalité ne fonctionnerait pas alors avec la régularité désirable, puisque les agents voyers n'auraient pas à leur disposition les ressources sur lesquelles ils avaient compté et d'après lesquelles ils avaient établi leurs prévisions de travaux.

599. Les dates auxquelles les journées ou les travaux de prestations doivent être exécutés sont choisies dans les limites déterminées par l'article 20 du Règlement général. Elles sont arrêtées, chaque année, par le préfet en ce qui concerne les chemins de grande communication et d'intérêt commun (Règl. gén., art. 20 ; — Instr. gén., art. 132) et par le maire, de concert avec l'agent voyer cantonal, en ce qui a trait aux chemins vicinaux ordinaires.

Toutefois, les fermiers ou colons qui, par suite de fin de bail, doivent quitter la commune avant l'époque fixée pour l'emploi des prestations, peuvent être admis à effectuer leurs travaux avant leur départ (Règl. gén., art. 20 ; — Instr. gén., art. 132).

En outre, lorsque des circonstances particulières l'exigent, l'époque des prestations peut être changée et notamment reculée. Dans ce cas, les modifications doivent faire l'objet d'un arrêté spécial du préfet, rendu sur la demande du maire, l'avis du conseil municipal (1) et du sous-préfet et le rapport des agents voyers (Règl. gén., art. 20 ; — Instr. gén., art. 132).

Ces modifications ne peuvent pas, d'ailleurs, transporter la date d'exécution des prestations au-delà du 31 décembre. Les prestations doivent, en effet, être effectuées dans l'année pour laquelle elles ont été votées (Règl. gén., art. 20; — Instr. gén., art. 132). Elles ne peuvent être reportées d'une année sur l'autre (C. d'État, 7 août 1874, *Guillaume;* 20 mars 1875, *Guillaume;* 28 mars 1884, *Haillard;* 15 janvier 1892, commune de *Lesquin*). Cette règle dérive de ce principe qu'il ne peut être demandé à un contribuable, dans le cours d'une année, plus de trois journées de prestation pour sa personne et chacun des autres éléments imposables.

---

(1) Il a été jugé que l'avis du conseil municipal n'est pas exigé à peine de nullité. Un arrêté préfectoral, portant prorogation du délai d'exécution de la prestation en nature, n'est pas entaché de vice de forme parce qu'il n'a pas été précédé de l'avis du conseil municipal. En conséquence, un contribuable ne saurait se fonder sur cette circonstance pour obtenir le remboursement de la taxe à laquelle il a été imposé, faute par lui d'avoir exécuté ses prestations dans le délai imparti par l'arrêté (C. d'État, 24 mai 1889, *Prunier*).

Il suit de là que, lorsqu'un prestataire a déclaré vouloir se libérer en nature, on ne peut exiger sa prestation en nature après l'expiration de l'année pour laquelle cette prestation a été imposée (C. d'État, 2 mars 1858, commune de *Réveillon*; 9 septembre 1864, commune de *Berthouville*).

600. Dérogations aux règles précédentes. — Les règles qui viennent d'être indiquées ne sont pas, dans la pratique, toujours observées.

On comprend aisément que les besoins de l'entretien des chemins réclament parfois certains travaux en dehors de la période assignée par l'article 20 à l'exécution des prestations.

Si l'on imagine, par exemple, une commune qui n'a pas assez de ressources en argent pour payer un cantonnier et qui n'a que des prestations pour entretenir ses chemins vicinaux ordinaires, il est manifeste que l'état de ces chemins laissera fortement à désirer, si le Règlement général oblige la commune à effectuer les réparations dans une période de quelques mois, comprise entre le 1er avril et le 15 juillet, comme cela est prescrit dans certains départements. Sans entrer dans des détails à ce sujet, nous signalerons notamment le répandage des matériaux qui ne peut s'opérer que dans l'hiver, c'est-à-dire en dehors de la période qui vient d'être indiquée.

Dans ce cas, les agents voyers se servent de journées d'hommes pour effectuer le répandage des matériaux ou l'éboulage des chaussées en dehors de la période réglementaire. Tantôt ils mettent ces journées en réserve pour les utiliser dans les derniers mois de l'année; tantôt, au contraire, ils emploient les journées par anticipation dans les premiers mois. Comme les agents voyers ne procèdent ainsi qu'avec l'adhésion des prestataires, aucune difficulté ne se produit.

§ 2. — Prestations à la journée

601. Durée de la journée de travail. — Le Règlement général fixe, dans son article 21, le nombre d'heures de la journée de travail des prestataires, des bêtes de somme et de trait. Ce nombre est habituellement de dix heures. Il ne comprend pas les heures de repos et de repas.

Les prestataires peuvent être appelés à sortir du territoire de la commune (1), notamment pour l'entretien des chemins de grande communication et d'intérêt commun. Ils peuvent, par conséquent, être obligés de se transporter à une distance plus ou moins grande de leur habitation. Aussi le Règlement a-t-il dû déterminer le moment à partir duquel ces prestataires sont considérés comme fournissant le travail de leur journée : on doit compter comme passé sur l'atelier le temps employé, à l'aller et au retour, pour parcourir les distances qui excèdent une certaine limite fixée par le Règlement (Règl. gén., art. 21 ; — Instr. gén., art. 133). Cette limite varie suivant les départements. Nous regardons comme très rationnelle la disposition qui consiste à placer ladite limite à une certaine distance, 2 kilomètres, par exemple, de l'habitation du prestataire. Il est peu équitable, comme cela existe dans divers Règlements, d'adopter la limite même de la commune, ou une certaine distance à partir de cette limite.

602. États d'indication des travaux à exécuter par les prestataires. — Chaque année, après la remise de l'extrait de rôle (n° 300) par le receveur municipal et après la publication de l'état de répartition des ressources créées en vertu de l'article 2 de la loi du 21 mai 1836 (n° 523), le maire et l'agent voyer cantonal se concertent pour déterminer :

1° La répartition des travailleurs entre les divers chemins;

2° Les jours d'ouverture et de clôture des travaux de prestation pour chaque chantier.

L'agent voyer cantonal dresse, pour chaque chemin de grande communication ou d'intérêt commun et pour l'ensemble des chemins vicinaux ordinaires, un état indiquant les prestataires qui doivent y être appelés et les journées qui leur sont demandées. L'état est visé par le maire (Règl. gén., art. 22; — Instr. gén., art. 134).

Ces états d'indication ont une importance toute particulière. Comme on le verra plus loin, ils permettent de constater les journées exécutées, et ils servent à établir les cotes ou portions de cotes exigibles en argent par suite de non-exécution.

(1) Le parcours imposé aux prestataires doit d'ailleurs pouvoir être effectué pendant la durée de la journée de prestation (C. d'État, 12 mai 1853, *Crespel-De-lisse*).

603. Convocation des prestataires. — Cinq jours au moins avant l'époque fixée pour l'ouverture des travaux, le maire fait remettre à chaque contribuable figurant sur les états d'indication un avis gratis ou bulletin signé de lui, portant réquisition de se rendre, muni des outils indiqués, tel jour et à telle heure sur tel chemin (Règl. gén., art. 23 ; — Instr. gén., art. 135).

Ces avis gratis rappellent les nombres de journées de diverses natures que les prestataires doivent fournir.

Lorsqu'un prestataire est empêché, par la maladie ou pour tout autre motif grave, de se rendre sur le chantier, il doit le faire connaître au moins dans les vingt-quatre heures qui précèdent le jour fixé pour l'exécution des travaux. En ce cas, le maire et l'agent voyer s'entendent pour la remise de la prestation à une autre époque, qui est fixée d'après la nature de l'empêchement (Règl. gén., art. 24 ; — Instr. gén., art. 136).

604. Surveillance des prestataires. — Le maire et l'agent voyer désignent de concert, pour la surveillance spéciale des travailleurs sur chaque chantier, les cantonniers des chemins ou, à leur défaut, toute autre personne présentant des garanties suffisantes (Règl. gén., art. 25 ; — Instr. gén., art. 137).

L'état d'indication des travaux à faire est remis au surveillant, qui fait l'appel des prestataires sur le lieu indiqué dans le bulletin de réquisition, marque les absents et tient note de l'emploi des journées effectuées (Règl. gén., art. 26 ; — Instr. gén., art. 138).

605. Outils. — Harnais. — Conducteurs. — Chaque prestataire doit porter sur l'atelier les outils qui lui ont été indiqués dans le bulletin de réquisition.

Les bêtes de somme et les bêtes de trait doivent être garnies de leurs harnais (Règl. gén., art. 27 ; — Instr. gén., art. 139). Si un contribuable n'emploie ses chevaux que comme bêtes de somme, il n'est tenu que de les munir de leur harnachement ordinaire, et il n'est pas dès lors astreint à les amener sur l'atelier avec l'équipement des bêtes de trait (C. d'État, 17 août 1841, commune de *Jégun*).

Les voitures doivent être attelées. Le Règlement général

exige, en outre, dans son article 27, qu'elles soient accompagnées d'un conducteur. Mais cette prescription suppose que le possesseur de la voiture est imposé pour des journées d'hommes. Il a été jugé, en effet, que le contribuable, imposé seulement à raison d'un cheval et d'une voiture, accomplit sa tâche en se bornant à amener sur le chantier le cheval et la voiture ; il n'est pas tenu de fournir un homme pour conduire l'équipage (1) (C. d'État, 12 août 1879, *Lazare*).

En fournissant un conducteur, le contribuable s'acquitte d'une journée d'homme, puisqu'il donne à la commune le temps de cette journée (Circulaire ministérielle du 21 octobre 1836). Peu importe que ce conducteur ne travaille pas manuellement à la réparation des chemins. Il peut d'ailleurs être astreint à travailler avec les autres ouvriers commis au chargement (Règl. gén., art. 27 ; — Instr. gén., art. 139).

606. Les prestataires ne peuvent être tenus, d'ailleurs, d'amener sur l'atelier que les voitures et les chevaux à raison desquels ils ont été imposés, alors même que ces voitures et ces chevaux seraient impropres à l'exécution des travaux de la vicinalité (2). Ainsi, un contribuable, qui a mis à la disposition de l'Administration les voitures de luxe et les chevaux de selle qu'il possède, a satisfait aux prescriptions de la loi (C. d'État, 8 novembre 1890, de *Juge de Montespieu*).

Les voitures de luxe ne sont pas les seules dont on ne puisse faire usage. Il existe des voitures de cultivateurs qui ne sauraient être utilisées au transport de menus matériaux, tels que le sable, la terre, le gravier et même la pierre cassée. L'emploi de la prestation en journées serait donc de nature à créer de grands embarras aux agents voyers, si les prestataires ne se prêtaient pas à l'acquittement d'un impôt dont ils sentent toute l'utilité.

607. Nous venons de dire que les prestataires ne peuvent être obligés d'amener sur l'atelier que leurs voitures telles qu'elles sont. Il peut arriver que ces voitures présentent des dispositions qui soient interdites par la loi du 30 mai 1851 et le décret du 10 août 1852 sur la police du roulage. Ces voi-

(1) V. au n° 279.
(2) V. au n° 280.

tures ne peuvent dès lors circuler que sur les voies autres que les routes nationales ou départementales et les chemins de grande communication, sous peine de donner lieu à un procès-verbal de contravention. Or, l'exécution des travaux ordonnés par l'Administration peut entraîner l'obligation, pour les possesseurs de ces voitures, de passer sur des voies régies par les règlements de la police du roulage. Ces prestataires sont alors susceptibles d'être poursuivis pour contravention. C'est ce qui a été jugé par un arrêt du Conseil d'État du 4 juillet 1857 (*Cazaux*), dans une affaire où les moyeux des roues d'un tombereau présentaient une saillie supérieure à celle qu'autorise le décret du 10 août 1852.

Dans ce cas, les contribuables sont mis dans une alternative singulière : ou bien ils doivent s'abstenir d'acquitter leurs prestations en nature, et, par conséquent, d'user du droit d'option que la loi leur a accordé, ou bien ils s'exposent à une condamnation pour infraction à la police du roulage. Il va sans dire que les prestataires qui se trouvent dans cette situation doivent en prévenir les agents voyers, et nul doute que ces derniers n'avisent aux moyens de leur épargner tout préjudice.

608. De l'acquittement des journées. — Les prestataires peuvent se faire remplacer, pour leur personne et celle des membres de leur famille, par des ouvriers à leurs gages. Les remplaçants doivent être valides, âgés de dix-huit ans au moins et de soixante au plus. Ils doivent être agréés par le surveillant des travaux, sauf appel au maire de la commune. Les prestataires en nom restent responsables du travail de leurs remplaçants (Règl. gén., art. 28 ; — Instr. gén., art. 140).

Le prestataire doit fournir la journée de prestation tout entière et sans interruption, sauf dans les cas exceptionnels autorisés par le maire ou l'agent voyer cantonal.

Quand le mauvais temps exige la fermeture du chantier, il n'est tenu compte que des journées ou fractions de journées effectuées, et les contribuables sont tenus de compléter plus tard leurs prestations (Règl. gén., art. 29 ; — Instr. gén., art. 141).

La journée de prestation n'est réputée acquittée que si le surveillant reconnaît qu'elle a été convenablement employée. Dans le cas contraire, il n'est tenu compte au prestataire que de la fraction de journée répondant au temps pendant lequel il a travaillé (Règl. gén., art. 30 ; — Instr. gén., art. 142).

Il va de soi que, si le prestataire n'a pu fournir ses journées de travail par suite d'une faute des agents de l'Administration, il se trouve néanmoins libéré. Ainsi, lorsqu'un contribuable, requis d'opérer des transports, a conduit sa voiture attelée sur le chemin conformément aux indications du bulletin de réquisition, si sa voiture n'a pas été employée malgré son attente et ses démarches, il doit être considéré comme ayant acquitté ses prestations (C. d'État, 19 décembre 1879, *Lemaire*).

609. Réception et émargement. — Le surveillant indique, à la fin de chaque jour, au dos du bulletin de réquisition, le nombre et l'espèce de journées ou de fractions de journée dont le prestataire s'est acquitté. Il certifie, en même temps, cet acquit dans la colonne d'émargement de l'état d'indication qui lui a été remis (Règl. gén., art. 30 ; — Instr. gén., art. 142).

Lorsque les prestations sont terminées sur un chemin de grande communication ou d'intérêt commun, ou bien sur l'ensemble des chemins vicinaux ordinaires de la commune, le surveillant remet l'état d'indication émargé à l'agent voyer cantonal. Celui-ci fait, en présence du maire, la réception des travaux effectués sur les chemins de grande communication et d'intérêt commun. Le maire fait la réception des travaux exécutés sur les chemins vicinaux ordinaires. L'agent voyer cantonal inscrit le décompte résumé des divers travaux sur la dernière page de l'état d'indication, porte le résultat sur son carnet et adresse l'état à l'agent voyer d'arrondissement, après avoir émargé les cotes ou parties de cotes exécutées en nature sur l'extrait de rôle dont il a été question au n° 300 (Règl. gén., art. 31 ; — Instr. gén., art. 143).

§ 3. — Prestations à la tâche

610. Aux termes du dernier paragraphe de l'article 4 de la loi du 21 mai 1836, la prestation non rachetée en argent peut être convertie en tâches d'après les bases et évaluations de travaux préalablement fixées par le conseil municipal.

611. Pouvoir du conseil municipal. — D'après la disposition qui vient d'être rappelée, le conseil municipal a seul le droit d'arrêter un tarif pour la conversion en tâches. Il en résulte que l'assemblée communale est investie du pouvoir d'écarter ce mode d'exécution des prestations : il lui suffit de s'abstenir de voter un tarif de conversion.

Quand le conseil municipal a adopté un tarif, les autorités chargées d'assurer l'emploi des prestations ont à décider si ce tarif doit être appliqué à tout ou partie des prestations. Ces autorités sont le préfet, pour les chemins de grande communication et d'intérêt commun, et le maire, pour les chemins vicinaux ordinaires (1) (Règl. gén., art. 32 ; — Instr. gén., art. 144).

Il n'échappera pas que le conseil municipal exerce un pouvoir important. Le rendement de la prestation en nature dépend, en effet, des prix plus ou moins élevés attribués aux travaux à effectuer en tâches. Ajoutons que les conséquences d'un tarif excessif affecteraient non seulement les intérêts de la commune, mais aussi ceux du département, puisque les prestations en nature peuvent être faites aussi bien sur les chemins de grande communication et d'intérêt commun que sur les chemins vicinaux ordinaires.

La modification à apporter à la législation, sur ce point, est bien simple. La commission départementale semble toute désignée pour approuver les tarifs de conversion, le conseil municipal étant uniquement appelé à donner son avis.

612. Nous venons de signaler l'intérêt qui s'attache à l'établissement des tarifs de conversion. Nous croyons devoir faire connaître une règle qu'il importe, à notre avis, de suivre dans l'évaluation des prix des diverses tâches à prévoir.

Ces prix doivent être les prix réels des travaux, c'est-à-dire les prix auxquels on trouverait des tâcherons pour les exécuter.

En se conformant à cette règle, on obtient deux avantages marqués.

D'abord on traite de la même manière le contribuable qui exécute ses prestations et celui qui les rachète : l'un fournit en nature exactement ce que l'autre donne en argent. L'impôt

---

(1) Les prestataires sont sans droit pour protester contre la conversion en tâches (C. d'État, 11 décembre 1867, *Deleut*).

de la prestation devient égal pour tous : il n'y a de différence que dans le mode d'acquittement (1).

Ensuite on assure le fonctionnement régulier du service vicinal. La réalisation des prévisions des agents voyers n'est pas subordonnée à la manière dont se comportent les prestataires qui ont déclaré vouloir se libérer en nature. Qu'ils exécutent leurs tâches ou qu'ils ne les exécutent pas, les travaux effectués sur les chemins peuvent être les mêmes. Les non-exécutions n'apportent aucun trouble dans le service (1).

613. Délai d'exécution. — Le maire et l'agent voyer cantonal se concertent pour déterminer la date à laquelle les tâches doivent être terminées. Cette date doit être comprise dans les limites de la période fixée pour l'exécution des prestations par l'article 20 du Règlement général.

Des dérogations peuvent toutefois être apportées à cette règle, ainsi qu'il a été indiqué aux nᵒˢ 599 et 600.

614. États d'indication des travaux à exécuter par les prestataires. — La répartition des tâches à faire sur chaque chemin par les prestataires est arrêtée de concert par le maire et l'agent voyer cantonal (2).

Ce dernier dresse des états d'indication sur lesquels sont mentionnés les travaux à effectuer par chaque prestataire (Règl. gén., art. 32 ; — Instr. gén., art. 144).

La détermination des tâches à assigner à chaque prestataire ne laisse pas que de présenter des difficultés, si l'on veut se mettre à l'abri de réclamations qui pourraient être reconnues fondées.

La loi de 1836 ne permet pas qu'un contribuable soit tenu de fournir plus de trois journées d'hommes, de chevaux ou de voitures. Il s'ensuit que les tâches doivent être déterminées de manière à respecter la proportion existant entre les divers éléments de la taxe. On ne saurait dès lors adopter des tâches que le contribuable ne pourrait accomplir qu'en augmentant le nombre de certaines journées dont il est redevable (C. d'État, 15 avril 1863, *Debout ;* 7 mars 1868, *Triger ;* 8 novembre 1872,

---

(1) Voir les observations semblables que nous avons présentées au nᵒ 263, à l'occasion de la fixation du prix des journées.

(2) V. au nᵒ 602.

Rabot ; 7 août 1874, *Guillaume* ; 20 mars 1875, *Guillaume* ; 6 novembre 1880, *Paumier* ; 7 juillet 1882, *Bouvier*).

La loi de 1836 a accordé aux contribuables la faculté de s'acquitter en nature sans débourser d'argent. Il en résulte qu'ils ne peuvent être contraints d'amener sur les chemins des matériaux qu'ils seraient obligés d'acquérir à leurs frais (C. d'État, 7 mars 1868, *Friger* ; 28 mars 1884, *Haillard* ; 3 février 1888, dame *Le Camus*).

L'observation de ces règles est souvent difficile, parfois même impossible. On a vu, par exemple, au n° 279, qu'un contribuable possédant un cheval et une voiture est soumis à la prestation, alors même qu'il n'est pas imposable pour sa personne, auquel cas il ne peut fournir de conducteur pour cette voiture. On ne voit pas, dans ce cas, quelle tâche on pourrait imaginer qui n'employât que des journées de cheval et de voiture. Cette tâche, consistant nécessairement en transports, obligerait le prestataire à salarier un conducteur.

Un cas plus fréquent est celui d'un contribuable imposé pour un nombre de chevaux bien supérieur à celui qu'exige l'attelage de ses voitures. Quelle tâche peut-on trouver pour employer exclusivement les chevaux en excédent ?

Nous pourrions citer beaucoup d'autres exemples. Si l'on veut se rendre compte des difficultés auxquelles peut donner lieu la détermination des tâches, conformément aux règles établies par la jurisprudence, il suffit de supposer diverses espèces dans lesquelles on fait varier les quantités d'éléments imposables : on reconnaîtra combien il est malaisé de résoudre le problème que comporte chaque espèce.

Il est heureux que la prestation soit un impôt d'un caractère essentiellement familial. Grâce à cette circonstance, les contribuables sont généralement disposés à accepter les solutions adoptées par les agents voyers, même quand elles s'écartent des règles que nous avons fait connaître.

615. Bulletins de réquisition. — Le maire adresse à chaque contribuable un avis gratis ou bulletin de réquisition, indiquant les travaux à effectuer, ainsi que l'époque à laquelle les tâches doivent être exécutées. Le détail et l'emplacement des travaux à faire sont inscrits sur le bulletin et indiqués sur le terrain par les soins de l'agent voyer cantonal (Règl. gén., art. 33 ; — Instr. gén., art. 145).

Il convient d'envoyer les bulletins de réquisition assez tôt pour qu'il s'écoule un délai d'une certaine étendue, deux mois par exemple, entre la remise de ces bulletins et la date de la réception des travaux.

616. Réception et émargement. — La réception des travaux en tâches est faite par le maire assisté de l'agent voyer cantonal, soit au fur et à mesure de l'avancement des travaux, soit à l'expiration du délai fixé pour leur achèvement. Le prestataire est convoqué pour cette réception. Il n'est complètement libéré que si les travaux satisfont, pour la quantité et la qualité, aux conditions du tarif de conversion en tâches. Dans le cas contraire, la cote n'est acquittée que pour la valeur des travaux effectués. La retenue à faire pour mettre les travaux en état de réception est déterminée de concert par le maire et l'agent voyer cantonal (Règl. gén., art. 34 ; — Instr. gén., art. 146).

L'agent voyer cantonal inscrit le décompte résumé des travaux sur la dernière page de l'état d'indication, le soumet à la signature du maire, porte les résultats sur son carnet, et adresse l'état à l'agent voyer d'arrondissement, après avoir émargé les cotes ou parties de cotes acquittées sur l'extrait de rôle dont il a été question au n° 300 (Règl. gén., art. 34 ; — Instr. gén., art. 146).

617. Avantages des prestations à la tâche. — Ces avantages sont si considérables qu'on s'explique difficilement pourquoi le système des tâches n'est pas en vigueur dans tous les départements.

Ce système ôte à la prestation le caractère vexatoire que lui imprime l'exécution à la journée. Au lieu de faire travailler les contribuables, en les plaçant sous la surveillance de cantonniers, pendant des jours déterminés, on se borne à les aviser qu'ils auront à effectuer certains travaux pour une date fixée. On leur donne un délai qui leur permet de choisir, pour exécuter ces travaux, le moment qui leur convient le mieux. Point de surveillance de la part des agents de l'Administration : les choses se passent comme si les contribuables travaillaient pour leur propre compte.

Le système des tâches pare aux inconvénients qui se produisent quand le conseil général adopte des prix trop faibles pour les journées de prestation (n° 263). En évaluant les tâches à leur réelle valeur, on traite de la même manière le contribuable qui exécute ses prestations et celui qui se rachète : l'un fournit en nature exactement ce que l'autre donne en argent. L'impôt devient égal pour tous.

Si les tâches sont estimées à leur réelle valeur, aucun trouble ne résulte du défaut d'exécution des travaux par les prestataires qui avaient déclaré vouloir s'acquitter en nature. Peu importe que ces prestataires remplissent ou non leur engagement. La valeur des cotes exigibles en argent étant égale à celle des tâches non effectuées, les agents voyers sont en situation de faire exécuter les travaux qu'ils avaient prévus. Le service de la vicinalité peut fonctionner avec régularité : c'est un point essentiel sur lequel nous ne saurions trop insister.

Le système des tâches supprime toutes les difficultés que comporte l'organisation des chantiers destinés à employer les diverses espèces de journées. Ces difficultés sont grandes, même quand, au moment de l'exécution des travaux, on dispose de toutes les journées sur lesquelles on avait compté. C'est bien autre chose quand certaines journées viennent à manquer. Se représente-t-on les embarras des agents voyers si des journées d'hommes, prévues pour le ramassage ou l'extraction des matériaux, font défaut alors qu'on a les voitures qui devaient les transporter à pied-d'œuvre ?

Avec le système des prestations à la journée, les résultats de l'emploi des ressources sont aléatoires ; avec le système des prestations à la tâche, au contraire, les ressources fournissent d'une manière certaine les travaux prévus, et le service de la vicinalité est parfaitement assuré.

Il est vivement à désirer que la loi appelée à remplacer celle du 21 mai 1836 n'autorise l'acquittement en nature qu'au moyen d'exécution de travaux à la tâche.

§ 4. — Dispositions communes aux prestations à la journée et à la tâche

618. Formalités à remplir après l'exécution des prestations. — Dès que l'agent voyer d'arrondissement a reçu de l'agent voyer cantonal les états d'indication, il inscrit les dépenses faites et transmet les états au receveur municipal par l'intermédiaire du receveur des finances. Le receveur municipal émarge sur le rôle général de la commune les cotes et parties de cotes acquittées en nature, les totalise et en inscrit le montant, en un seul article, sur son registre à souche. Il opère ensuite le recouvrement soit des journées ou portions de journées, soit des tâches ou portions de tâches restant dues.

Après l'achèvement complet des travaux de prestation dans chaque commune, l'agent voyer cantonal envoie l'extrait de rôle émargé à l'agent voyer d'arrondissement, qui le fait remettre au receveur municipal en échange des différents états d'indication adressés à ce comptable pendant l'exécution des travaux (Règl. gén., art. 31 et 34 ; — Instr. gén., art. 143 et 146).

619. Des contingents en nature pour les chemins de grande communication et d'intérêt commun. — Après l'exécution des prestations, l'agent voyer d'arrondissement adresse à l'agent voyer en chef, pour chaque chemin de grande communication ou d'intérêt commun, un état faisant connaître, d'après le relevé des états d'indication, le montant des prestations demandées, celui des prestations exécutées et les sommes à recouvrer en argent. Ces états sont visés par l'agent voyer en chef et transmis au préfet avec ses observations et propositions, pour servir à établir le titre de recette destiné au trésorier-payeur général (Règl. gén., art. 35 ; — Instr. gén., art. 147 ; — Circulaire du 13 juillet 1893, § 46).

620. Emploi de prestations à l'exécution des travaux confiés à un entrepreneur. — Il arrive souvent que des prestations en nature doivent être employées à l'exécution de travaux confiés à un entrepreneur.

L'article 26 des clauses et conditions générales porte que l'entrepreneur est tenu de recevoir en compte, suivant les conditions stipulées au devis particulier de son entreprise, les journées ou les matériaux provenant de ces prestations.

La rédaction de cet article n'est pas claire en ce qui concerne les journées de prestation. Nous ne pensons pas que l'on ait entendu remettre ces journées à l'entrepreneur pour qu'il en assure l'emploi.

Cette manière de procéder a été formellement interdite par le Ministre dans son Instruction du 24 juin 1836, et les considérations qu'il a fait valoir à cette époque n'ont rien perdu de leur force :

« Placer les prestataires à la disposition d'un adjudicataire qui a un intérêt matériel et pécuniaire à ce qu'ils remplissent leur tâche ; les mettre sous la surveillance d'un homme qui a acheté leurs travaux et qui doit avoir, par conséquent, le droit de réprimander les négligents, de leur refuser même leur certificat de libération, lorsqu'ils ne lui paraissent pas avoir assez travaillé : c'est changer la condition des prestataires, c'est ramener le travail de la prestation à l'ancienne corvée. »

Il suit de là que, lorsque les prestations s'effectuent à la journée, elles doivent être exécutées dans les conditions ordinaires de la prestation, telles qu'elles ont été indiquées précédemment. Il est donc nécessaire d'employer séparément les prestataires à un travail déterminé ; cette mesure s'impose, d'ailleurs, par suite de cette considération qu'il est indispensable de pouvoir évaluer le travail exécuté, afin d'établir le montant du décompte de l'entrepreneur.

Des observations semblables peuvent être présentées à l'égard des prestations effectuées en tâches.

Au surplus, le Règlement général oblige l'agent voyer cantonal (Règl. gén., art. 76 ; — Instr. gén., art. 177) à prendre, sur son carnet, les attachements des travaux ou des fournitures qui doivent faire l'objet d'une remise à l'entrepreneur. Ce même Règlement (Règl. gén., art. 84 ; — Instr. gén., art. 185) prescrit, en outre, de constater les travaux ou les approvisionnements par un procès-verbal sur lequel ils sont évalués aux prix du bordereau de l'entreprise, rabais déduit.

Les dispositions dont il s'agit ont été reproduites dans l'Instruction spéciale du 25 mars 1893, relative à l'exécution de la loi du 12 mars 1880. L'article 77 porte que les travaux ou les fournitures faites sont remis à l'entrepreneur, conformément à l'article 185 de l'Instruction générale du 2 décembre 1870, pour la valeur déterminée par l'application des prix du bordereau, rabais déduit.

621. Contestations relatives à l'acquittement des prestations. — Ces contestations sont résolues par le maire et l'agent voyer cantonal et, en cas de désaccord, par le préfet, sur l'avis de l'agent voyer en chef, sauf recours devant l'autorité compétente (Règl. gén., art. 30 et 34; — Instr. gén., art. 142 et 146).

Cette autorité est, suivant les cas, soit le Ministre de l'Intérieur, soit le conseil de préfecture, avec appel devant le Conseil d'État, s'il y a lieu.

Si les décisions contestées sont uniquement des mesures administratives qui froissent les intérêts, sans porter atteinte aux droits des prestataires, elles ne peuvent être déférées qu'au Ministre (C. d'État, 7 septembre 1861, *Delair*). Tel serait le cas des décisions fixant la nature des travaux de main-d'œuvre, destinés à employer les journées d'hommes dont les prestataires sont redevables.

Mais, si les décisions lèsent des droits, c'est devant le conseil de préfecture que les réclamations doivent être portées (C. d'État, 3 février 1888, dame *Le Camus*). La compétence de ce tribunal résulte de la disposition de l'article 5 de la loi du 28 juillet 1824, aux termes de laquelle le recouvrement des prestations s'opère comme en matière de contributions directes. Le conseil de préfecture devrait être saisi, par exemple, si les tâches avaient été établies sans observer les règles que nous avons fait connaître au n° 614.

Les réclamations doivent être portées devant le conseil de préfecture dans le délai de trois mois. Ce délai ne court pas du jour où le bulletin de réquisition a été remis au prestataire (C. d'État, 7 mars 1868, *Triger*). Il ne part que de la mise en demeure faite au contribuable d'acquitter sa cote en argent (C. d'État, 15 janvier 1892, commune de *Lesquin*).

SECTION II

SUBVENTIONS INDUSTRIELLES EN NATURE

622. La loi du 21 mai 1836 se borne à énoncer, dans son article 14, que les subventions industrielles peuvent, au choix des subventionnaires, être acquittées en argent ou *en prestations en nature.* L'Instruction générale du 6 décembre 1870 ajoute, dans son article 114, que cet acquittement doit s'effectuer *selon les règles indiquées pour l'exécution de la prestation.*

L'application de ces règles présente des difficultés. Il y a plus : quelques-unes de ces règles doivent être nécessairement modifiées, quand il s'agit des chemins de grande communication et d'intérêt commun, par la raison que les subventions relatives à ces chemins sont dépourvues d'un caractère exclusivement communal. Un exploitant peut être traité comme un prestataire, quand sa subvention doit être employée sur les chemins vicinaux ordinaires d'une commune: le maire a tous pouvoirs pour agir. Mais quand la subvention concerne un chemin de grande communication ou d'intérêt commun, elle appartient à l'ensemble des communes intéressées à ce chemin, elle est indivise entre elles, et le préfet, qui représente ces communes, a seul qualité pour assurer l'emploi de la subvention dont il s'agit.

§ 1. — Époques d'exécution des subventions

623. La règle doit être, à notre avis, d'exiger les subventions industrielles pendant la période d'exécution des prestations, telle qu'elle est fixée à l'article 20 du Règlement général.

Nous fondons notre opinion sur le principe contenu dans l'article 14 de la loi de 1836 et développé dans l'article 114 de l'Instruction générale. Nous pensons que les règles édictées pour la prestation doivent s'appliquer aux subventions toutes les fois que rien n'y fait obstacle.

On peut, il est vrai, faire remarquer que la période d'exécution des prestations est généralement déterminée, dans chaque département, en ayant égard aux époques des travaux de l'agriculture, de manière à permettre aux cultivateurs, qui forment la majorité des prestataires, de se libérer aux moments où ils ont le plus de loisir. On peut en conclure que cette période n'a aucun rapport avec celles qui conviennent aux divers établissements industriels. Nous répondrons à cette objection en faisant observer que les exploitants figurent parmi les prestataires et qu'en cette qualité ils doivent être requis dans la période indiquée au Règlement général. Comme subventionnaires ou comme prestataires, ils doivent fournir les mêmes éléments de travail, hommes, chevaux ou voitures ; nous ne voyons pas ce qui pourrait s'opposer à ce que ces éléments fussent employés à la même époque, alors même qu'ils serviraient à acquitter deux contributions différentes.

624. Lorsque les subventions sont réglées par voie d'abonnement au début de l'année, elles peuvent être acquittées en nature à l'époque prescrite pour les prestations. Cette solution est avantageuse pour le service vicinal qui est en mesure de combiner, en temps utile, l'emploi de toutes les ressources dont il dispose.

Mais il peut arriver que les subventions soient réglées d'une manière tardive, notamment quand elles sont fixées par le conseil de préfecture. Elles peuvent alors n'être déterminées qu'après l'expiration de la période d'exécution des prestations. Et cependant il peut se faire qu'il soit possible de les utiliser, pendant l'hiver, par exemple, et qu'il y ait même intérêt à agir ainsi.

Dans ce cas, il y a lieu de faire procéder à l'acquittement des subventions à l'époque que l'Administration croit devoir fixer. Pour être en règle, il suffit de provoquer une décision du préfet qui autorise l'exécution des travaux à la date adoptée, sans qu'il soit besoin de consulter les conseils municipaux (1), même si les subventions doivent être employées sur des chemins vicinaux ordinaires.

---

(1) L'avis du conseil municipal, même en matière de prestations, ne constitue pas une formalité substantielle, quand il s'agit de changer l'époque d'exécution des travaux (n° 599).

625. Cas des subventions acquittables en journées. — La rédaction de l'état d'indication présente une difficulté qui n'existe pas en matière de prestation. Nous voulons parler de la détermination des nombres de journées de diverses espèces qu'il convient d'attribuer au subventionnaire. Quand il s'agit d'un prestataire, ces nombres de journées sont connus, et l'état d'indication ne peut que reproduire les nombres portés au rôle des prestations. Mais, en ce qui concerne le subventionnaire, il n'y a pas d'autre donnée que le montant de la somme en argent à laquelle la subvention a été fixée.

On conçoit qu'on puisse imaginer les combinaisons de journées les plus variées pour obtenir la valeur de cette subvention. Les agents voyers, qui sont chargés de préparer l'état d'indication, ont-ils toute latitude pour choisir la combinaison la plus avantageuse au point de vue des besoins de leur service ? Nous ne le pensons pas.

Il est manifeste qu'ils ne pourraient pas, par exemple, exiger d'un exploitant des journées de voitures à deux roues, s'il ne possédait que des voitures à quatre roues, ou bien des journées de chevaux, s'il n'avait que des bœufs dans son établissement.

Les agents voyers ne doivent pas perdre de vue que les journées demandées à un subventionnaire doivent pouvoir être fournies avec les moyens dont il dispose. C'est un principe qui a été reconnu par le Conseil d'État, à l'occasion de l'exécution des prestations en tâches (n° 614). Il n'est pas douteux que ce principe soit applicable aux subventions industrielles.

Mais comment les agents du service vicinal peuvent-ils savoir quelles sont les espèces de journées susceptibles d'être réclamées à un subventionnaire ? Il leur suffit, à notre avis, de consulter le rôle de prestations, sur lequel cet exploitant est porté. Cette solution, qui a l'avantage d'éviter toute recherche directe dans l'établissement imposé, nous semble d'ailleurs justifiée par les termes dont le législateur s'est servi, quand il a décidé que les subventionnaires auraient la faculté de s'acquitter *en prestations en nature*.

L'examen du rôle des prestations permettra donc aux agents voyers de se renseigner sur la nature des journées à exiger des subventionnaires. Mais une nouvelle question succède à celle que nous venons de résoudre : le service vicinal peut-il fixer les nombres des journées de diverses natures au gré de ses besoins ? Nous ne le croyons pas non plus.

Si les agents voyers ne demandaient, par exemple, que des journées de manœuvres et épuisaient avec ces journées la valeur d'une subvention élevée, sans requérir les chevaux et les voitures de l'exploitant, il est certain que cette manière de procéder soulèverait les protestations du subventionnaire. Si, sans laisser entièrement à l'écart les moyens de transport, l'emploi de la subvention était déterminé de manière à donner aux journées de manœuvres une part relativement excessive, l'exploitant pourrait encore être amené à se plaindre, car l'on sait qu'il en est des subventionnaires comme des prestataires-voituriers : ils préfèrent s'acquitter avec leurs chevaux et leurs voitures plutôt qu'avec leurs hommes.

Nous estimons, sur ce point, que la solution de la question est encore contenue dans les termes de l'article 14. Le législateur ne s'est pas borné à déclarer que les subventionnaires pourraient se libérer *en nature :* il a été plus précis et il a dit qu'ils pourraient s'acquitter « en *prestations* en nature ». Ce sont donc des prestations que les subventionnaires doivent fournir quand ils optent pour l'exécution en nature, et ces prestations doivent dès lors être établies sur les mêmes bases que les autres.

Il s'ensuit que les nombres des diverses espèces de journées à demander aux subventionnaires doivent être proportionnels à ceux qui sont portés à l'état-matrice ou bien au rôle des prestations. Si, par exemple, la subvention était égale à dix fois la valeur d'une journée de prestation de l'exploitant, l'état d'indication devrait être dressé comme s'il s'agissait de commander dix journées de prestation.

626. Cas des subventions acquittables en tâches.

— L'état d'indication, dressé comme en matière de prestations, doit renfermer des quantités de travaux telles que la somme des produits de ces quantités par les prix d'unité atteigne exactement le montant de la subvention. Quant aux prix d'unité, ils sont tirés du tarif de conversion des prestations en tâches, qui est fixé par le conseil municipal de la commune.

On ne peut qu'engager les subventionnaires à consulter les prix portés au tarif de conversion, s'ils veulent se rendre compte à l'avance des avantages que la libération en nature est susceptible de leur procurer. Cette précaution leur épargnera parfois des surprises lors de la réception des bulletins de réquisition. Souvent, en effet, les prix du tarif diffèrent, même assez profondément, des prix courants des travaux auxquels ils s'appliquent. Tantôt ils leur sont supérieurs, tantôt ils leur sont inférieurs. Quand ce dernier cas se présente, il peut se faire que l'avantage sur lequel comptait le subventionnaire soit notablement réduit. Il en résulte aussi que, si on lui demande une fourniture de matériaux, elle se trouve évaluée à un prix inférieur à celui qui a servi à calculer le montant de la subvention. Cette anomalie a été relevée comme un grief dans une affaire qui a donné lieu à l'arrêt du 19 mars 1880 (*Massignon et Dufour*). Le Conseil d'État a jugé qu'elle ne constituait aucune irrégularité.

627. La conversion des prestations en tâches est soumise, d'après la jurisprudence, à des règles qui nous paraissent devoir s'appliquer également en matière de subventions industrielles.

D'abord les contribuables ne peuvent être tenus de débourser aucune somme d'argent. Ils ne peuvent, par suite, être contraints de fournir des matériaux qu'ils seraient obligés d'acheter à leurs frais (n° 614). Cette règle se justifie aisément aussi bien pour les subventionnaires que pour les prestataires ; du moment que la loi leur a donné la faculté de se libérer en nature, on ne peut limiter l'exercice de cette faculté à une partie seulement de la somme due.

Ensuite, les tâches en matière de prestations doivent avoir pour objet l'emploi des différents éléments de l'imposition à laquelle le prestataire est assujetti, sans pouvoir astreindre ce dernier à fournir, pour chaque espèce de journées, soit d'hommes, soit de chevaux, soit de voitures, plus que le nombre dont il est redevable (n° 614). Ainsi les tâches ne peuvent pas comporter la conversion de journées de transports en main-d'œuvre, ni inversement la conversion de journées de main-d'œuvre en transports.

Une règle analogue nous semble devoir être observée en matière de subventions industrielles. On ne saurait, en effet, pouvoir se dispenser de tenir compte des moyens dont les exploitants disposent. On ne pourrait assurément, par exemple, leur demander exclusivement des travaux de main-d'œuvre, tels que cassage, emmétrage, ouverture de fossés, etc., alors qu'ils possèdent de nombreux attelages. Nous ne pouvons que reproduire, à ce sujet, l'opinion que nous avons émise en ce qui concerne les subventions acquittables en journées. Nous croyons que les éléments d'imposition, pour lesquels l'exploitant est porté à l'état-matrice ou au rôle des prestations, doivent constituer la base d'après laquelle il y a lieu d'établir les tâches. Les diverses journées soit d'hommes, soit d'animaux, soit de voitures, que comporte l'exécution de ces tâches, doivent être en proportion avec celles qui figurent à l'état-matrice ou au rôle.

628. Du visa des états d'indication. — En matière de prestations, les états d'indication sont visés par le maire.

Rien ne s'oppose à ce qu'il en soit ainsi pour les états d'indication concernant des subventions qui doivent être employées sur des chemins vicinaux ordinaires.

Il n'en saurait être de même quand les subventions s'appliquent à des lignes de grande communication ou d'intérêt commun. Les maires n'ont pas qualité pour agir, surtout si la subvention, relative à l'une de ces lignes, doit être employée sur les territoires de plusieurs communes. L'état d'indication, qui comporte nécessairement la répartition de la subvention entre ces communes, ne peut être visé que par le préfet.

§ 3. — Bulletins de réquisition

629. Les bulletins de réquisition à remettre aux subventionnaires s'établissent à l'aide des états d'indication qui font connaître soit les journées, soit les tâches à exécuter.

Ils peuvent être signés par les maires, comme cela a lieu pour les prestations, quand il s'agit de subventions à acquitter sur des chemins vicinaux ordinaires.

Mais, pour les subventions à employer sur des chemins de grande communication ou d'intérêt commun, nous ne pensons pas qu'il soit possible de demander aux maires de signer les bulletins de réquisition.

Il y a, selon nous, une raison décisive pour laquelle les bulletins ne peuvent être délivrés par les maires : c'est qu'ils constituent des actes administratifs qui peuvent léser les droits des subventionnaires et qui sont dès lors susceptibles d'être déférés aux tribunaux administratifs. Or, il ne nous semble pas possible d'en faire endosser la responsabilité par les maires, alors qu'ils sont restés absolument étrangers à ces actes. On ne saurait obliger un maire à défendre, devant le conseil de préfecture, à une action qui lui serait intentée à ce sujet.

Les agents du service vicinal peuvent, encore moins que les maires, être chargés de signer les avis gratis, puisqu'ils n'ont pas qualité pour prendre des décisions de cette nature, qui appartiennent exclusivement à une autorité administrative.

Il n'y a que le préfet qui puisse revêtir de sa signature les bulletins de réquisition dont il s'agit, prendre la responsabilité des mesures qu'ils renferment et en soutenir la validité dans le cas où elle serait contestée par les subventionnaires.

§ 4. — Réception des travaux

630. L'intervention du maire peut s'effectuer, comme en matière de prestations, en ce qui concerne les subventions employées sur des chemins vicinaux ordinaires.

Mais quand les subventions ont été acquittées sur des lignes de grande communication ou d'intérêt commun, il en est autrement. Du moment que les états d'indication, ainsi que les bulletins de réquisition, sont arrêtés sans aucune participation des maires, on ne peut demander à ces magistrats de procéder ou d'assister à la réception des travaux. Cette opération doit se faire sous l'autorité du préfet, qui a décidé toutes les mesures d'exécution.

D'après l'article 59 du Règlement général, les réceptions de travaux sur les chemins de grande communication et d'intérêt commun doivent être faites par l'agent voyer d'arrondissement, assisté de l'agent voyer cantonal. Le préfet peut donc confier aux agents voyers le soin de recevoir les travaux exécutés par les subventionnaires.

SECTION III

SOUSCRIPTIONS PARTICULIÈRES EN NATURE

631. Quand les souscriptions sont réalisables en nature, elles peuvent être acquittées en journées ou en tâches.

Dans le premier cas, l'acte constatant la souscription doit mentionner le prix des journées de diverses natures. Dans le second cas, cet acte doit faire connaître le prix unitaire des divers travaux, et il convient même d'y indiquer le détail de chaque prix, de manière à pouvoir établir sans difficulté l'évaluation des travaux restant à faire, si les souscripteurs n'ont pas exécuté complètement les travaux. Ainsi, par exemple, si ces particuliers n'ont fourni que des matériaux bruts, alors qu'ils s'étaient engagés à livrer des matériaux cassés, l'estimation de la somme à mettre en recouvrement ne peut donner lieu à aucune contestation, lorsque le détail du prix unitaire fait ressortir le prix de cassage.

L'époque à laquelle l'exécution des journées ou des tâches peut être demandée n'est pas, en général, indifférente pour les souscripteurs. Il convient de l'indiquer dans l'acte constatant la souscription.

632. Très souvent les souscriptions doivent être employées à l'exécution de travaux confiés à un entrepreneur.

Les règles à suivre sont celles que nous avons fait connaître au n° 620, à l'occasion des prestations destinées aux mêmes fins.

CHAPITRE IV

OCCUPATIONS TEMPORAIRES DE TERRAINS

633. L'article 17 de la loi du 21 mars 1836 avait investi le préfet du droit d'autoriser les extractions de matériaux, les dépôts ou enlèvements de terres, et toutes occupations temporaires nécessitées par les besoins du service des chemins vicinaux ; il avait, en outre, édicté les règles à suivre pour le règlement des indemnités.

Les dispositions de cet article ont été remplacées par celles de la loi du 29 décembre 1892 sur les dommages causés à la propriété privée par l'exécution des travaux publics.

Le Ministre de l'Intérieur, par une circulaire du 25 janvier 1894, a, en conséquence, substitué au chapitre VIII de l'Instruction générale sur les chemins vicinaux un nouveau chapitre IX consacré aux occupations temporaires de terrains et comprenant les articles 49 à 62.

§ 1. — Désignation des terrains

634. Terrains exemptés de la servitude d'occupation. — Aux termes de l'article 2 de la loi du 29 décembre 1892, aucune occupation temporaire de terrain ne peut être autorisée à l'intérieur des propriétés attenant aux habitations et closes par des murs ou par des clôtures équivalentes, suivant les usages du pays.

Cet article consacre la jurisprudence qui s'était établie. Il laisse nécessairement subsister les difficultés d'interprétation sur le point de savoir quelles sont les dépendances des habitations, quelles sont les clôtures équivalentes à un mur.

Le Conseil d'État ne considère pas comme attenant à une habitation les terrains séparés de cette habitation :

Soit par un cours d'eau (21 mai 1867, *Watel*) ;

Soit par un chemin de grande communication ou une route nationale (22 mars 1851, *Blancler ;* 6 février 1885, *Bonnaud*) ;

Soit par une avenue ouverte à ses deux extrémités et sur laquelle des tiers ont un droit de passage (13 août 1861, *Martell*) ;

Soit par différentes parcelles entourées chacune d'une clôture distincte (9 décembre 1892, *Joly*)

Le Conseil d'État admet aussi que la clôture peut être formée :

Soit par une rivière (7 mars 1861, *Thiac ;* 6 août 1875, *Busquet de Caumont*) ;

Soit par des fossés bordés de levées de terre qui sont surmontées de pieux reliés par des fils de fer (8 août 1872, *Ledoux*) ;

Soit par des palissades ou des treillages en bois et fil de fer (18 novembre 1881, commune de *Fouqueville*) ;

Soit par un parapet en terre et pierres sèches ou bien une haie vive (6 août 1875, *Busquet de Caumont*).

Mais l'exception ne peut être invoquée si les haies présentent de nombreuses solutions de continuité qui permettent le libre accès de la propriété (6 juillet 1854, de *Lantage ;* 21 mai 1867, *Watel*).

Quant aux contestations relatives à l'application du cas d'exemption dont il s'agit, elles doivent être portées devant le conseil de préfecture (C. d'État, 29 novembre 1848, *Rolland ;* 2 juillet 1859, chemin de fer des *Ardennes ;* 7 juillet 1863, *Leremboure ;* 7 janvier 1864, *Guyot de Villeneuve*).

635. Arrêté d'autorisation. — Lorsqu'il y a lieu d'occuper temporairement un terrain, soit pour extraire ou ramasser des matériaux, soit pour y fouiller ou y faire des dépôts de terre, soit pour tout autre objet (1), cette occupation doit être autorisée par un arrêté du préfet.

(1) Notamment pour l'établissement de voies de service (C. d'État, 23 décembre 1892, *de Ravel d'Esclapon*).

Un arrêté du préfet est indispensable. Il ne peut être remplacé par les désignations du devis (Trib. Confl., 9 mai 1891, *Lebel*).

Lorsque l'occupation doit avoir lieu dans un département autre que celui où s'exécutent les travaux, l'autorisation doit être délivrée par le préfet du département où sont situés les terrains (C. d'État, 31 mai 1866, *Serre;* 12 novembre 1875, *Juigné*).

636. L'arrêté préfectoral indique le nom de la commune où se trouve le terrain à occuper, les numéros sous lesquels les parcelles sont portées au plan cadastral et le nom du propriétaire tel qu'il est inscrit à la matrice des rôles.

Il détermine, en outre, d'une façon précise, les travaux à raison desquels l'occupation est ordonnée, les surfaces sur lesquelles elle doit porter(1), la nature et la durée de l'occupation(2) et le chemin d'accès jusqu'à la voie publique la plus rapprochée.

Un plan parcellaire, extrait du cadastre, désignant par une teinte rose les terrains à occuper et par une teinte jaune le chemin d'accès, est annexé à l'arrêté, à moins que l'occupation n'ait pour but exclusif le ramassage des matériaux (Loi du 29 décembre 1892, art. 3; — Instr. gén., art. 49).

Quelquefois les cours d'eau non navigables ni flottables sont choisis comme lieux d'extraction. Bien que ces cours d'eau rentrent dans la catégorie des choses qui n'appartiennent à personne et dont l'usage est commun à tous, la loi du 14 floréal an XI, en mettant à la charge des riverains le curage et l'entretien desdits cours d'eau, leur a virtuellement attribué le produit du curage et conféré le droit exclusif d'extraire le limon, le sable et les graviers (Cass., 22 février 1888, *Martin*). Il s'ensuit que les riverains ont droit à l'allocation d'une indemnité quand l'arrêté d'occupation s'applique au lit d'un cours d'eau non navigable ni flottable. Les formalités précédentes

---

(1) Lorsque l'entrepreneur dépasse la contenance autorisée par l'arrêté d'occupation, le règlement de l'indemnité, pour extraction de matériaux dans la partie excédant ladite contenance, appartient à l'autorité judiciaire (C. d'État, 16 août 1862, *Nicolas;* 18 décembre 1862 *Dajon;* 7 janvier 1864, *Guyot de Villeneuve;* 17 novembre 1882, de *Carbon-Ferrières*).

(2) Même sous l'empire de l'ancienne législation, il a été jugé qu'un arrêté d'autorisation doit être tenu pour nul et non avenu, s'il ne fixe pas la durée de l'occupation (C. d'État, 15 mars 1889, *Touzé*).

En ce qui concerne cette durée, voir au n° 653.

doivent donc être remplies dans ce cas (Cass., 18 juillet 1890, *Pierre Sansot*).

637. Les arrêtés d'autorisation ne peuvent être déférés directement au Conseil d'État par la voie contentieuse. Lorsque leur légalité est contestée, c'est devant le conseil de préfecture que la réclamation doit être portée (C, d'État, 15 décembre 1876, *Baroux;* 13 décembre 1878, Compagnie des *Salins du Midi;* 3 décembre 1880, *Ménard;* 1er mai 1885, *Larose*).

Quant aux décisions portant refus d'autorisation, elles constituent des actes d'administration qui ne peuvent pas être attaqués par la voie contentieuse (C. d'État, 3 mai 1850, *Savalette;* 5 juillet 1878, chemin de fer d'*Orléans à Châlons;* 4 décembre 1891, compagnie des chemins de fer *Paris-Lyon-Méditerranée*).

638. Publicité à donner à l'arrêté d'autorisation. — L'arrêté doit être publié et affiché dans la forme habituelle. Le maire constate, le jour même, la publication et l'affichage par un certificat qu'il fait parvenir, de suite, au préfet.

Cet arrêté doit, en outre, être inséré dans un journal de l'arrondissement ou, à défaut, du département. Un exemplaire du journal reste annexé à l'original de l'arrêté pour justifier de l'accomplissement de cette formalité.

Ces mesures, que la loi du 29 décembre 1892 n'a pas rendues obligatoires, ont été néanmoins formellement prescrites par l'article 51 de l'Instruction générale pour tous les arrêtés d'occupation relatifs aux travaux des chemins vicinaux. On verra plus loin (n° 649) les avantages qui peuvent en résulter.

Il s'agissait, toutefois, de savoir comment devaient être payés les frais d'insertion de l'arrêté dans un journal. Cette question a été examinée et résolue par le Ministre de l'Intérieur dans sa circulaire du 25 janvier 1894.

Il ne pouvait y avoir de difficulté que dans le cas où le droit d'occupation a été délégué à un entrepreneur.

Dans ce cas, c'est dans l'intérêt de l'entrepreneur que l'arrêté est soumis à une certaine publicité. Il est donc équitable que les frais de cette publicité soient à sa charge. Au surplus, pour prévenir toute contestation à cet égard, le Ministre engage à insérer, dans le devis spécial à chaque entreprise, une disposition précisant les obligations de l'adjudicataire à ce sujet.

C'est, d'ailleurs, l'Administration qui doit procéder aux formalités de publicité. L'avance des frais est imputée sur les crédits affectés aux travaux, et l'Administration en poursuit ensuite le recouvrement au moyen d'un titre régulier.

Dans la circulaire précitée, le Ministre de l'Intérieur recommande de réduire les frais au strict nécessaire. Les extraits de la loi de 1892, imprimés à la suite des modèles d'arrêtés préfectoraux, ne doivent pas figurer au journal : le préambule et le dispositif des arrêtés doivent seuls y être insérés.

639. Notification de l'arrêté d'autorisation. — Le préfet envoie à l'agent voyer en chef une ampliation de son arrêté et du plan annexé. Si l'Administration ne doit pas procéder elle-même à l'occupation du terrain, l'agent voyer en chef remet une copie certifiée des deux pièces à la personne à laquelle elle a délégué ses droits.

Le maire reçoit également du préfet autant d'exemplaires de l'arrêté et du plan qu'il existe de propriétaires désignés. Ils sont notifiés administrativement à chaque propriétaire ou, si le propriétaire n'est pas domicilié dans la commune, au fermier, locataire, gardien ou régisseur de la propriété. La notification est constatée par un reçu des parties ou par un procès-verbal de l'agent chargé de la notification. Une copie du procès-verbal est laissée au particulier, et la minute déposée à la mairie.

S'il n'y a dans la commune personne pour recevoir la notification, elle est valablement faite par lettre chargée adressée au dernier domicile connu du propriétaire. L'arrêté et le plan parcellaire restent déposés à la mairie pour être communiqués sans déplacement aux intéressés sur leur demande (Loi du 29 décembre 1892, art. 4 ; — Instr. gén., art. 52).

640. La notification de l'arrêté d'autorisation est indispensable pour assurer le bénéfice des dispositions de la loi sur les occupations temporaires. Si elle n'a pas eu lieu, un entrepreneur ne peut se prévaloir de sa qualité d'entrepreneur de travaux publics, et, par suite, la juridiction judiciaire est seule compétente pour statuer sur le dommage (C. d'État, 19 juillet 1872, *Prigione* ; 9 mai 1884, *Fournier* ; — Cass., 18 octobre 1887, *Lecoq*).

641. Péremption de l'arrêté d'autorisation. — Tout arrêté qui autorise une occupation temporaire est périmé de plein droit, s'il n'est suivi d'exécution dans les six mois de sa date (Loi du 29 décembre 1892, art. 8).

Dans sa circulaire du 15 mars 1893, le Ministre de l'Intérieur, pour éviter toute difficulté sur ce point, recommande aux préfets de mentionner dans leurs arrêtés que, faute d'avoir été utilisés dans le délai de six mois, ils seront nuls et non avenus.

§ 2. — Constatation de l'état des lieux

642. Si le propriétaire, averti comme il vient d'être dit, s'entend avec l'Administration ou avec l'entrepreneur, une convention intervient pour régler les conditions de cet accord.

A défaut d'arrangement, le propriétaire doit être mis à même d'assister aux opérations de reconnaissance de l'état des lieux pour faire valoir ses droits.

A cet effet, l'agent voyer en chef, ou la personne à laquelle l'Administration a délégué ses droits, fait au propriétaire, préalablement à toute occupation du terrain désigné, une notification par lettre recommandée, indiquant le jour et l'heure où il compte se rendre sur les lieux ou s'y faire représenter. Il l'invite à s'y trouver ou à s'y faire représenter, pour procéder contradictoirement à la constatation de l'état des lieux.

En même temps, il informe par écrit le maire de la commune de la notification par lui faite au propriétaire.

Si le propriétaire n'est pas domicilié dans la commune, la notification est faite ainsi qu'il a été indiqué plus haut pour l'arrêté d'autorisation.

Entre cette notification et la visite des lieux, il doit y avoir un intervalle de dix jours (1) au moins (Loi du 29 décembre 1892, art. 5 ; — Instr. gén, art. 53).

_____

(1) Ce délai doit être franc (voir la note du nº 539).

643. La loi exige formellement que l'occupation soit ajournée jusqu'à ce que l'état des lieux ait été contradictoirement constaté. Or, il n'est pas admissible qu'un propriétaire puisse, en s'abstenant de répondre à la convocation, retarder indéfiniment l'exécution de l'arrêté d'autorisation. Aussi, à défaut par le propriétaire de se faire représenter sur les lieux, le maire a-t-il été investi du droit de désigner d'office un représentant de ce propriétaire pour opérer contradictoirement avec celui de l'Administration ou de la personne au profit de laquelle l'occupation a été autorisée.

644. Le procès-verbal de l'opération, qui doit fournir les éléments nécessaires pour évaluer le dommage (1), est dressé en trois expéditions destinées l'une à être déposée à la mairie et les deux autres à être remises aux parties intéressées.

Si les parties ou leurs représentants sont d'accord, les travaux autorisés par l'arrêté peuvent être commencés aussitôt.

En cas de désaccord sur l'état des lieux, la partie la plus diligente saisit le conseil de préfecture, et les travaux peuvent commencer aussitôt que le conseil a rendu sa décision (Loi du 29 décembre 1892, art. 7 ; — Instr. gén., art. 55).

§ 3. — Règlement des indemnités

645. Immédiatement après la fin de l'occupation temporaire des terrains ou à la fin de chaque campagne, si les travaux doivent durer plusieurs années, l'Administration, ou la personne à laquelle elle a délégué ses droits, provoque le règlement de l'indemnité due au propriétaire.

646. Règlement amiable. — L'indemnité doit être, autant que possible, réglée à l'amiable. Les conventions souscrites à ce sujet pour les chemins vicinaux ordinaires sont soumises à l'approbation du conseil municipal, et la délibération intervenue est, s'il y a lieu, homologuée par le pré-

---

(1) La circonstance que les terres sont ensemencées ne saurait faire obstacle à l'occupation (Cass., 1er octobre 1841, *Delécourt* et *Picard* ; 25 juillet 1856, *Hermant-Binoteux*).

fet, sur le rapport de l'agent voyer en chef. Lorsque l'occupation doit avoir lieu pour le service des chemins de grande communication ou d'intérêt commun, le règlement amiable conclu avec le propriétaire est soumis au préfet pour être approuvé, s'il y a lieu, sur le rapport de l'agent voyer en chef. Ces dispositions ne sont pas applicables dans le cas où les indemnités sont à la charge des entrepreneurs (Instr. gén., art. 57) (1).

647. Règlement non amiable. — A défaut d'accord amiable, la partie la plus diligente saisit le conseil de préfecture pour obtenir le règlement de l'indemnité, conformément à la loi du 22 juillet 1889 (Loi du 29 décembre 1892, art. 10; — Instr. gén., art. 57).

Ces dispositions abrogent celles de l'article 17 de la loi du 21 mai 1836.

Nous renvoyons aux nᵒˢ 429 et suivants pour les détails de la procédure à suivre devant le conseil de préfecture. Signalons cependant que l'expertise n'est plus obligatoire et que la mission d'expert est interdite aux fonctionnaires qui ont exprimé une opinion dans l'affaire ou qui ont pris part à l'exécution des travaux.

648. Bases de l'indemnité. — En ce qui concerne l'évaluation de l'indemnité, la loi du 29 décembre 1892 contient, dans son article 13, une disposition de haute importance.

Antérieurement à cette loi, les bases de l'indemnité étaient déterminées par l'article 55 de la loi du 16 septembre 1807. On distinguait entre les terres, pierres ou graviers tirés d'une carrière en exploitation et ceux provenant d'un terrain non encore utilisé comme carrière.

Dans le premier cas, l'Administration, ou son représentant, payait la valeur des matériaux; dans le second, il n'était tenu compte que du dommage causé au fonds.

Cette disposition avait été vivement critiquée. On faisait remarquer qu'il paraissait exorbitant que, par cela seul qu'un

---

(1) Les litiges auxquels peut donner lieu l'exécution des règlements amiables sont de la compétence de l'autorité judiciaire, bien que l'occupation ait été autorisée par un arrêté du préfet (C. d'État, 5 janvier 1860, *Canterranne* ; 8 mai 1861, *Leclerc de Pulligny* ; 27 juin 1864, *Cardinal* ; 2 juin 1876, *Abougit* ; — Cass., 11 novembre 1872, chemin de fer d'*Orléans*).

-particulier ne tirait pas parti des matériaux existant dans sa propriété, l'État, un département ou une commune pussent s'en saisir, sans lui payer la valeur qu'ils représentaient.

La loi du 29 décembre 1892 a mis un terme à l'état de choses qui provoquait ces récriminations. D'après l'article 13, il doit être tenu compte, dans l'évaluation de l'indemnité, tant du dommage à la surface que de la valeur des matériaux extraits. La valeur des matériaux doit être estimée d'après les prix courants sur place, abstraction faite de l'existence et des besoins du chemin pour lequel ils sont pris ou des constructions auxquelles on les destine, et en tenant compte des frais de découverte et d'exploitation.

649. Indemnités dues aux fermiers, locataires et autres ayants droit. — Le droit d'agir en paiement d'une indemnité, longtemps attribué d'une manière exclusive au propriétaire des terrains occupés, avait fini par être reconnu aux fermiers, locataires, et autres personnes lésées par l'occupation. Ce droit a été consacré par la loi du 29 décembre 1892, qui a pris toutes les mesures propres à en assurer l'exercice.

Avant qu'il soit procédé au règlement de l'indemnité, le propriétaire figurant sur l'instance ou dûment appelé est tenu de mettre lui-même en cause ou de faire connaître à la partie adverse, soit par la demande introductive d'instance, soit dans un délai de quinzaine à compter de l'assignation qui lui est donnée, les fermiers, les locataires, les colons partiaires, ceux qui ont des droits d'usufruit ou d'usage tels qu'ils sont réglés par le Code civil, et ceux qui peuvent réclamer des servitudes résultant des titres mêmes du propriétaire ou d'autres actes dans lesquels il serait intervenu ; sinon, il reste seul chargé envers eux des indemnités que ces derniers pourraient réclamer (Loi du 29 décembre 1892, art. 11).

Le législateur a, en outre, prévu le cas où la sanction qui vient d'être indiquée tournerait au détriment de ceux qu'il a entendu protéger.

Si le propriétaire est insolvable, il serait inadmissible, en effet, que les tiers, qui n'ont pas été avertis par sa faute, restassent exposés aux effets de sa négligence. Aussi l'article 12 de la loi porte-t-il qu'en cas d'insolvabilité du propriétaire,

les autres ayants droit ont, pendant un délai de deux ans (1),
recours subsidiaire contre l'Administration ou contre la personne à laquelle elle a délégué ses droits, à moins que l'arrêté
autorisant l'occupation n'ait été affiché dans la commune et
inséré dans un journal de l'arrondissement ou, à défaut, dans
un journal du département.

Dans sa circulaire du 15 mars 1893 (art. 12), le Ministre de
l'Intérieur a pensé qu'il importait de mettre les communes à
l'abri de ce recours subsidiaire. Aussi a-t-il prescrit de faire
toujours remplir les formalités d'affichage et d'insertion de
l'arrêté d'autorisation. L'accomplissement de ces formalités
permet à tous les ayants droit de se révéler en temps opportun,
et l'on ne saurait prétendre que l'Administration, après avoir
averti tous les intéressés, dût rester exposée à leurs tardives
revendications.

650. Compensation de plus-value. — Il est une circonstance à laquelle il y a lieu d'avoir égard dans la détermination de l'indemnité. Nous voulons parler de la plus-value
procurée à la propriété par l'exécution des travaux. Le principe de la compensation de plus-value, existant dans la loi du
3 mai 1841 sur l'expropriation, a été appliqué aux occupations
temporaires par la loi du 29 décembre 1892.

Aux termes de l'article 14 de cette loi, si l'exécution des
travaux doit procurer une augmentation de valeur immédiate
et spéciale à la propriété, cette augmentation doit être prise en
considération dans l'évaluation du montant de l'indemnité.

Il convient de remarquer que l'augmentation de valeur doit
être *spéciale*. Le législateur a entendu, par là, ne pas faire
payer à un propriétaire, par la réduction de l'indemnité qui lui
est due, une quote-part des avantages généraux procurés par
l'exécution des travaux et dont ses voisins, qui n'ont pas eu à
supporter d'occupation, bénéficieront gratuitement, peut-être
même dans une plus grande proportion (Circulaire du Ministre
de l'Intérieur en date du 15 mars 1893, art. 14).

651. Travaux dont il n'est pas tenu compte. —

---

(1) Ce délai est celui qui est fixé par l'article 17 de la loi du 29 décembre 1892
pour la prescription de l'action en indemnité. Il court à compter du moment où
cesse l'occupation.

Signalons, enfin, le cas prévu par l'article 15 de la loi du 29 décembre 1892 :

Les constructions, plantations et améliorations ne donnent lieu à aucune indemnité lorsque, à raison de l'époque où elles ont été faites ou de toute autre circonstance, il peut être établi qu'elles ont été effectuées dans le but d'obtenir une indemnité plus élevée.

Cette disposition est empruntée à la loi du 3 mai 1841, dont elle rappelle l'article 52.

§ 4. — Paiement des indemnités

652. Si le cahier des charges ne met pas les indemnités aux frais de l'entrepreneur, ces indemnités, réglées ainsi qu'il vient d'être dit, sont payées par les communes, lorsque les travaux se font sur des chemins vicinaux ordinaires, et sur les fonds affectés aux travaux, lorsqu'il s'agit des chemins de grande communication ou d'intérêt commun (Instr. gén., art. 58).

Mais habituellement les indemnités sont à la charge de l'entrepreneur, par la raison qu'il est généralement soumis aux clauses et conditions générales du 6 décembre 1870 et que l'article 19 de ces clauses l'oblige à payer tous les dommages occasionnés par les extractions de matériaux et autres occupations temporaires.

Dans ce cas, l'entrepreneur ne peut toucher le solde de son entreprise, ni être remboursé de son cautionnement, que lorsqu'il a justifié, par des quittances en forme, avoir payé les indemnités à sa charge (Instr. gén., art. 59 ; — art. 4 et 48 des clauses et conditions générales).

§ 5. — Dispositions diverses

653. Durée de l'occupation. — L'occupation des terrains ou des carrières nécessaires à l'exécution des travaux de la voirie vicinale ne peut être ordonnée pour un délai supérieur à cinq années. Il suit de là que les baux d'entretien des chemins ne sauraient embrasser une période de plus longue durée.

Si l'occupation doit se prolonger au-delà du délai de cinq ans et à défaut d'accord amiable, l'Administration doit procéder à l'expropriation, qui peut aussi être réclamée par le propriétaire dans les formes prescrites par la loi du 3 mai 1841 (Loi du 29 décembre 1892, art. 9 ; — Instr. gén., art. 56).

654. Cas du ramassage des matériaux. — Lorsque l'occupation temporaire a pour objet exclusif le ramassage des matériaux à la surface du sol, les formalités précédemment indiquées sont simplifiées.

Les notifications individuelles prescrites par les articles 4 et 5 de la loi du 29 décembre 1892, tant pour l'arrêté d'autorisation que pour la convocation sur les lieux, sont remplacées par des notifications collectives par voie d'affichage et de publication à son de caisse ou de trompe dans la commune. En ce cas, le délai de dix jours, qui doit s'écouler avant la visite des lieux, court du jour de l'affichage (Loi du 29 décembre 1892, art. 6).

Dans sa circulaire du 25 janvier 1894, le Ministre de l'Intérieur a prescrit une mesure en vue de prévenir, lors du ramassage des matériaux, les abus et les contestations. Chacune des personnes chargées du travail doit être munie d'une carte d'identité, signée des agents voyers ou de l'entrepreneur et destinée à la faire reconnaître des propriétaires dont les terres seront traversées. Le type d'arrêté d'autorisation, qui accompagne la circulaire dont il s'agit, renferme une disposition à ce sujet.

En ce qui concerne la fixation de l'indemnité due pour ramassage, une règle spéciale a été établie par l'article 13 de la loi du 29 décembre 1892. Les matériaux n'ayant d'autre valeur que celle qui résulte du travail de ramassage, ils ne peuvent donner lieu à indemnité que pour le dommage causé à la surface.

655. Extraction dans les bois soumis au régime forestier. — Lorsqu'il est nécessaire de faire opérer des extractions de matériaux dans les bois régis par l'Administration des forêts ou de faire occuper temporairement des terrains dépendant de ces bois, il est procédé conformément aux dispositions de l'ordonnance royale du 8 août 1845 (Instr. gén., art. 62).

D'après cette ordonnance, les agents forestiers, de concert avec les agents voyers ou, à défaut de ceux-ci, avec le maire, procèdent à la reconnaissance du terrain susceptible d'être désigné pour les occupations et en déterminent les limites. Ils indiquent également le nombre, l'espèce et les dimensions des arbres dont l'abatage est jugé nécessaire, ainsi que les chemins à suivre pour le transport des matériaux. En cas de contestation sur ces divers objets, il est statué par le préfet (Art. 2 de l'ordonnance).

Les clauses et conditions qui doivent, en conséquence des dispositions précédentes, être imposées, tant pour le mode d'extraction que pour le rétablissement des lieux en l'état, sont rédigées par les agents forestiers et remises par eux au préfet, qui les fait insérer au cahier des charges des travaux (Art. 3 de l'ordonnance).

Lorsque cette insertion n'a pas eu lieu, l'entrepreneur est tenu de provoquer l'accomplissement des formalités prescrites par l'article 2 de l'ordonnance du 8 août 1845. Tant que ces formalités n'ont pas été remplies, il n'a pas le droit de commencer l'extraction des matériaux (Cass., 10 septembre 1847, *Mazier*).

Et, lorsque le procès-verbal de reconnaissance est ainsi dressé postérieurement à la rédaction du cahier des charges, ce procès-verbal s'unit à cet acte et en devient partie intégrante, comme s'il avait été rédigé antérieurement. Les fouilles faites hors des endroits indiqués au procès-verbal doivent dès lors être considérées comme faites hors des lieux indiqués par le cahier des charges (Cass., 24 avril 1847, *Moreau* et *Béguéry*).

656. Quand les occupations, au lieu d'être à la charge d'un entrepreneur, sont effectuées par l'Administration elle-même, un arrêté spécial, pris par le préfet, doit régler les conditions de ces occupations d'après les propositions des agents forestiers (Art. 3 de l'ordonnance du 8 août 1845).

657. Lorsque les indemnités peuvent être fixées à l'amiable, elles sont, en vertu de l'article 2 de l'ordonnance du 4 décembre 1844, arrêtées par le conservateur des forêts, s'il s'agit de bois de l'État, et par le préfet, sur la proposition des maires et des administrateurs, s'il s'agit de communes ou d'établissements publics (Circulaire du directeur général de l'Administration des Forêts, en date du 31 mai 1867, art. 78).

658. Occupations temporaires dans les propriétés régies par l'Administration des domaines. — Lorsque les terrains à occuper ou à fouiller dépendent de propriétés régies par l'Administration des domaines, des mesures analogues à celles qui ont été indiquées au paragraphe précédent doivent être concertées avec les agents de cette Administration (Instr. gén., art. 62).

659. Privilège des propriétaires. — Recours contre l'Administration. — D'après la loi du 25 juillet 1891, les ouvriers et fournisseurs d'entreprises relatives à tous les travaux publics, par conséquent aux travaux des chemins vicinaux, jouissent d'un privilège, pour le paiement de leurs salaires ou fournitures, sur les sommes restant dues à l'entrepreneur. De plus, les ouvriers ont un droit de préférence, non seulement vis-à-vis de tous les autres créanciers, mais aussi vis-à-vis des fournisseurs (n° 674).

La loi du 29 décembre 1892 a accordé aux propriétaires une garantie analogue, lorsque l'occupation est effectuée par un entrepreneur. Aux termes de l'article 18, les propriétaires et autres ayants droit ont, pour le recouvrement des sommes qui leur sont dues, privilège et préférence à tous les créanciers sur les fonds déposés dans les caisses publiques pour être délivrés à l'entrepreneur, dans les conditions de la loi du 25 juillet 1891. Cette dernière disposition doit être entendue en ce sens que les propriétaires et autres ayants droit ne viennent en rang utile qu'après le complet désintéressement des ouvriers et concurremment avec les fournisseurs. Les explications échangées devant la Chambre des députés, le 19 décembre 1892, ne laissent aucun doute à cet égard (Circulaire du Ministre de l'Intérieur en date du 15 mars 1893, art. 18).

660. En outre, comme l'occupation temporaire constitue une obligation légale à laquelle les propriétaires et autres

ayants droit ne sont pas maîtres de se soustraire, il était de
toute équité d'assurer contre toutes les éventualités le remboursement de leurs créances. Aussi la loi du 29 décembre 1892,
dans son article 18, leur ouvre-t-elle un recours subsidiaire
contre l'Administration, en cas d'insolvabilité de l'entrepreneur ou des autres personnes auxquelles l'Administration a
délégué ses droits.

**661. Empêchements apportés aux occupations
temporaires.** — Après l'accomplissement des formalités
relatives à la constatation de l'état des lieux, les propriétaires,
locataires ou fermiers ne peuvent apporter aucun trouble ou
empêchement à l'occupation des terrains ou à l'extraction des
matériaux.

Tout trouble ou empêchement à ces opérations peut faire
l'objet d'un procès-verbal, qui doit être transmis au procureur
de la République pour recevoir telle suite que de droit (Instr.
gén., art. 60).

L'article 438 du Code pénal permet de réprimer l'opposition
violente aux occupations temporaires régulièrement autorisées
(Cass., 4 avril 1867, *Malicorne*). Cet article punit d'un emprisonnement de trois mois à deux ans et d'une amende qui ne
peut excéder le quart des dommages-intérêts, ni être au-dessous de 16 francs.

Les conseils de préfecture seraient incompétents pour statuer sur les demandes en dommages-intérêts formées par les
entrepreneurs à raison des troubles apportés à leurs travaux
d'extraction (C. d'État, 10 décembre 1846, *Brian*; 16 février 1870,
Malicorne).

**662. Défense d'employer les matériaux à d'autres
travaux que ceux en vue desquels l'autorisation a
été accordée.** — Aux termes de l'article 16 de la loi du
29 décembre 1892, les matériaux dont l'extraction est autorisée ne peuvent, sans le consentement écrit du propriétaire,
être employés soit à l'exécution de travaux privés, soit à
l'exécution de travaux publics autres que ceux en vue desquels
l'autorisation a été accordée.

En cas d'infraction, le contrevenant paye la valeur des matériaux extraits (1) et est puni correctionnellement d'une amende fixée ainsi qu'il suit :

Par charretée ou tombereau, de 10 à 30 francs par chaque bête attelée ;

Par charge de bête de somme, de 5 à 15 francs ;

Par charge d'homme, de 2 à 6 francs.

Il peut d'ailleurs être fait application de l'article 463 du Code pénal relatif à l'admission de circonstances atténuantes.

663. Timbre et enregistrement. — D'après la loi du 21 mai 1836, les divers actes nécessités par les occupations temporaires devaient être soumis au timbre et enregistrés moyennant le droit fixe d'un franc (2) (art. 20).

La loi du 29 décembre 1892 contient une disposition avantageuse dont la voirie vicinale recueille le bénéfice. Son article 19, qui reproduit textuellement l'article 58 de la loi du 3 mai 1841, porte que les plans, procès-verbaux, certificats, jugements, contrats, quittances et autres actes faits en exécution de la nouvelle loi sont visés pour timbre et enregistrés gratis, quand il y a lieu à la formalité de l'enregistrement.

664. Prescription de l'action en indemnité. — L'article 18 de la loi du 21 mai 1836 porte que l'action en indemnité des propriétaires pour extraction de matériaux se prescrit par le laps de deux ans.

Cette disposition a été maintenue et complétée par la loi du 29 décembre 1892. Aux termes de l'article 17 de cette loi, l'action en indemnité des propriétaires ou autres ayants droit, pour toute occupation temporaire régulièrement autorisée, est prescrite par un délai de deux ans à compter du moment où cesse l'occupation.

665. Cas où les occupations n'ont pas été précédées de l'autorisation administrative. — Dans ce cas, c'est devant les tribunaux ordinaires que doivent être portées toutes les contestations, soit que les occupations aient eu lieu

---

(1) La fixation de cette valeur n'est pas de la compétence du conseil de préfecture (C. d'État, 11 août 1849, *Quesnel*).

(2) Droit porté à 1 fr. 50, en principal, par l'article 4 de la loi du 28 février 1872 et s'élevant à 1 fr. 875, avec les décimes (n° 998).

sans le consentement des propriétaires, soit qu'elles aient été effectuées en vertu de conventions survenues entre ces propriétaires et les entrepreneurs (C. d'État, 6 août 1861, *Pées* ; 26 novembre 1866, *Laget* ; 5 mai 1869, *Dufau* ; 26 février 1870, Compagnie de *Paris-Lyon-Méditerranée* ; 10 mars 1876, *de Moracin* ; 28 mai 1880, *Labat* ; 6 décembre 1889, *Girard* ; 6 février 1891, *Guillaumin* ; 16 décembre 1892, *Blayac* ; — Trib. Confl., 9 mai 1891, *Lebel* ; — Cass., 30 juillet 1867, *Curière* ; 11 novembre 1872, chemin de fer d'*Orléans*).

En outre, l'extraction qui n'a pas été précédée de l'autorisation administrative peut être punie des peines édictées par l'article 16 de la loi du 29 décembre 1892 pour le cas où les matériaux sont employés à des travaux autres que ceux désignés à l'arrêté d'autorisation (n° 662).

666. Il arrive parfois qu'après avoir effectué des extractions de matériaux sans l'autorisation administrative, un entrepreneur provoque un arrêté préfectoral dans les formes prescrites par la loi du 29 décembre 1892. Cet arrêté ne peut avoir d'effet rétroactif (C. d'État, 15 juin 1861, *Roubière*). Les tribunaux ordinaires restent donc chargés de la connaissance des faits d'occupation antérieurs à cet arrêté (C. d'État, 25 février 1867, *Sol*).

Le conseil de préfecture a compétence pour régler l'indemnité à partir du moment où l'arrêté produit ses effets. Mais il peut se faire que les extractions se soient continuées, sans interruption, ainsi qu'elles avaient été jusque-là pratiquées. Il peut être très difficile de faire un départ entre les fouilles effectuées avant l'arrêté et les fouilles opérées après cet arrêté. Dans ce cas, faute d'être à même de répartir le règlement de l'indemnité entre les deux juridictions, il a été admis que l'autorité judiciaire devait être chargée de prononcer sur l'ensemble des faits d'occupation (C. d'État, 17 janvier 1868, *Burnet-Stears* ; — Cass., 11 novembre 1872, chemin de fer d'*Orléans*).

CHAPITRE V

DISPOSITIONS DIVERSES

667. Direction des travaux. — Les travaux des chemins vicinaux de grande communication et d'intérêt commun s'effectuent sous l'autorité et la direction du préfet (Règl. gén., art. 18; — Loi du 21 mai 1836, art. 9; — Circulaire ministérielle du 20 mars 1877). Les travaux des chemins vicinaux ordinaires s'exécutent sous l'autorité du préfet et la direction du maire (Règl. gén., art. 18; — Décret du 11 janvier 1875 suspendant une délibération du conseil général d'*Eure-et-Loir;* — Loi du 5 avril 1884, art. 90, n° 4).

Les agents voyers sont chargés d'assurer, de surveiller et de constater la bonne exécution des travaux (Règl. gén., art. 18).

Le rôle des agents voyers est généralement plus limité à l'égard des chemins vicinaux ordinaires, par la raison que les maires sont plus à même d'intervenir dans la direction des travaux. Ainsi que le fait remarquer le Ministre de l'Intérieur, dans une circulaire du 4 août 1870 (1), il appartient à ces magistrats d'employer les crédits suivant le vœu des assemblées municipales, d'imprimer aux travaux l'impulsion et la direction qui leur paraissent conformes aux intérêts bien entendus de la commune. Les agents voyers ne doivent intervenir que comme simples auxiliaires, et ils sont tenus de suivre les instructions des maires dont ils ne sont, dans ce cas, que les agents d'exécution.

(1) *Ann. des Chemins vicinaux,* 1869-1870; 2ᵉ partie, p. 460.

668. Réception des travaux. — Les réceptions provisoires ou définitives des travaux et fournitures effectués sur les chemins de grande communication ou d'intérêt commun sont faites par l'agent voyer d'arrondissement, assisté de l'agent voyer cantonal, en présence de l'entrepreneur dûment convoqué (Règl. gén., art. 59 ; — Instr. gén., art. 171).

Les mêmes réceptions pour les chemins vicinaux ordinaires sont faites par le maire, en présence de l'agent voyer cantonal, de deux conseillers municipaux de la commune et de l'entrepreneur dûment convoqué (Règl. gén., art. 60 ; — Instr. gén., art. 172).

Les réceptions font l'objet d'un procès-verbal. L'absence de l'entrepreneur et des autres personnes indiquées ci-dessus ne fait pas obstacle à la réception (Règl. gén., art. 61 ; — Instr. gén., art. 173). En cas d'absence de l'entrepreneur, il en est fait mention au procès-verbal (Clauses et conditions générales, art. 46).

669. Cantonniers. — Sur les chemins de grande communication et d'intérêt commun, c'est le préfet qui, sur la proposition de l'agent voyer en chef, nomme et révoque les cantonniers. Il fixe leur traitement.

Ces attributions sont exercées par le maire sur les chemins vicinaux ordinaires (Loi du 5 avril 1884, art. 88). Le préfet ne saurait imposer à ce magistrat l'emploi d'un cantonnier et, en cas de résistance, mandater d'office son traitement (C. d'État, 23 décembre 1892, commune de *Montagnac*).

670. D'après l'article 176 de l'Instruction générale sur les chemins vicinaux, le préfet arrête, sur la proposition de l'agent voyer en chef, un règlement pour le service des cantonniers. Ce droit ne saurait lui être contesté en ce qui concerne les cantonniers des chemins de grande communication et d'intérêt commun. Il n'en est pas de même à l'égard des cantonniers des chemins vicinaux ordinaires, qui sont placés exclusivement sous l'autorité des maires.

671. Les cantonniers n'ont pas le droit de constater les contraventions à la police de la voirie vicinale. La loi du 21 mai 1836, dans son article 11, n'accorde ce droit qu'aux agents voyers.

Il y a lieu, toutefois, de remarquer que la loi du 5 avril 1884 (art. 88) donne au maire la faculté de faire assermenter les agents nommés par lui, afin de leur permettre de verbaliser, mais à la condition que ces agents soient agréés par le préfet ou le sous-préfet. Cette disposition semble applicable aux cantonniers des chemins vicinaux ordinaires (1).

En matière de police du roulage, les cantonniers-chefs peuvent dresser procès-verbal des contraventions commises sur les chemins de grande communication (Loi du 30 mai 1851, art. 15 ; — Circulaire du Ministre de l'Intérieur du 16 novembre 1874). Il serait très désirable que les cantonniers-chefs pussent constater également les contraventions à la police de la voirie sur les chemins vicinaux de toute catégorie, comme ils peuvent le faire sur les routes nationales et départementales (Loi du 23 mars 1842, art. 2). Il y a à ce sujet, dans la législation vicinale, une lacune qu'il serait utile de combler.

672. Emploi d'office des prestations et centimes spéciaux. — La loi du 21 mai 1836 ne s'est pas bornée à donner au préfet le pouvoir d'imposer d'office les prestations et centimes spéciaux nécessaires aux travaux des chemins vicinaux : elle a prévu le cas où il ne serait pas fait emploi de ces ressources spéciales, soit qu'elles aient été votées par le conseil municipal, soit qu'elles aient été imposées d'office.

Aux termes des articles 5 et 9 de la loi, le préfet a le droit de faire exécuter les travaux, après mise en demeure de la commune, ainsi que l'indique l'Instruction ministérielle du 24 juin 1836, articles 4 et 8.

673. Des travaux supplémentaires. — Lorsque des travaux non prévus aux projets approuvés sont reconnus nécessaires, ces travaux supplémentaires sont soumis aux mêmes règles que les travaux primitifs : ils doivent faire l'objet des mêmes formalités d'approbation, et ils ne doivent être exécutés qu'autant que les voies et moyens sont assurés. Toutefois, si les dépenses supplémentaires étaient motivées par des cas de force majeure ou par des faits accidentels ou fortuits exigeant des résolutions immédiates, les agents voyers devraient

---

(1) Guillaume, *Traité pratique de la voirie vicinale*, n° 37.

prendre, sous leur propre responsabilité, les mesures que les circonstances leur paraîtraient commander pour la sauvegarde des intérêts en cause. Les agents voyers en rendraient compte, sans délai, au préfet ou au maire, suivant le cas et, si les travaux étaient subventionnés par l'État en vertu de la loi du 12 mars 1880, le préfet en aviserait aussitôt l'Administration supérieure (Instr. spéciale du 25 mars 1893, art. 63).

En matière de chemins vicinaux ordinaires, les communes ne sont tenues, en principe, de supporter les dépenses supplémentaires des travaux de construction ou d'amélioration qu'autant que ces dépenses ont été votées par les conseils municipaux et régulièrement approuvées.

Toutefois, lorsque les travaux supplémentaires ont été ordonnés sans l'autorisation préalable du conseil municipal, leur dépense est à la charge de la commune si ces travaux ont eu pour objet de pourvoir, soit à l'insuffisance des prévisions du devis, soit à des nécessités survenues dans le cours de l'entreprise, et si ces travaux étaient dès lors nécessaires à la bonne exécution du projet. La jurisprudence est bien établie à ce sujet.

Mais, si les travaux supplémentaires, non autorisés par le conseil municipal, constituent une dérogation considérable aux conditions essentielles du devis, qui n'était commandée ni par la nécessité, ni par un intérêt évident de la commune, cette dernière n'est pas tenue d'en supporter la dépense (C. d'État, 18 mai 1870, *Fleurant* ; 3 décembre 1875, commune de *Vaire-sous-Corbie* ; 8 décembre 1882, commune de *Marnes-la-Coquette*) ;

Alors même que les travaux auraient été ordonnés par le maire (C. d'État, 11 février 1858, *Thareau* ; 30 mai 1873, *Lannes* ; 2 février 1883, *Lutz*) ;

Ou par les agents voyers qui auraient pris sur eux d'apporter, en cours d'exécution, une modification au tracé approuvé (C. d'État, 6 février 1885, commune de *Lissac*).

674. Privilèges accordés aux ouvriers et fournisseurs des entrepreneurs. — La loi du 25 juillet 1891 a étendu les dispositions du décret du 26 pluviôse-28 ventôse an II à tous les travaux ayant le caractère de travaux publics, et, par conséquent, aux travaux des chemins vicinaux.

En conséquence, les sommes dues aux entrepreneurs de ces travaux ne peuvent être frappées de saisie-arrêt, ni d'opposition, au préjudice soit des ouvriers auxquels des salaires sont dus, soit des fournisseurs qui sont créanciers à raison des fournitures de matériaux et d'autres objets servant à la construction des ouvrages.

Les sommes dues aux ouvriers pour salaires sont payées de préférence à celles dues aux fournisseurs.

675. Dommages causés par l'exécution ou l'inexécution des travaux de la vicinalité. — Les travaux de la voirie vicinale rentrent dans la catégorie des travaux publics (Cass., 29 août 1839, *Brame* ; — C. d'État, 28 août 1844, de *Chavaille* ; 27 novembre 1844, *Cassan* ; 19 mai 1845, *Collin* ; 23 décembre 1845, *Garnier* ; 20 février 1846, *Pinasseau* ; 24 juillet 1847, *Passerieu*).

Il en résulte que l'article 4 de la loi du 28 pluviôse an VIII est applicable aux travaux des chemins vicinaux. C'est dès lors au conseil de préfecture qu'il appartient de prononcer sur les contestations relatives aux dommages causés par ces travaux.

Il est à remarquer que l'article 4 de la loi précitée donne compétence au conseil de préfecture pour les « torts et dommages procédant du fait personnel des entrepreneurs et non du fait de l'Administration. »

Bien que ces termes soient aussi formels que possible, il est admis que la juridiction administrative est compétente pour connaître des réclamations auxquelles le fait même de l'Administration donne lieu. De nombreux arrêts ont établi cette jurisprudence, et, parmi les plus récents, ceux du Conseil d'État du 17 avril 1851 (*Rougier*), du 19 juin 1856 (*Tonnelier*), du 30 novembre 1877 (*Lefort*), du 23 janvier 1888 (*Serra et d'Ortoli*). Citons aussi l'arrêt de la Cour de Cassation du 29 mars 1852 (*Pommier*).

Il paraît que la rédaction vicieuse de l'article 4 de la loi du 28 pluviôse an VIII est le résultat d'une erreur. Il est regrettable que cette erreur n'ait pas été rectifiée, dès qu'elle a été reconnue. On eût ainsi épargné les frais d'un procès à tous les particuliers qui se croyaient fondés à invoquer les termes précis de la loi. On n'eût pas mis la jurisprudence dans la nécessité de dire exactement le contraire de ce que la loi a déclaré de la manière la plus nette. Mais l'étude de l'Administration française montre que chez nous on se décide très difficilement à changer la législation, même quand on la sait défectueuse. Il a fallu attendre quatre-vingt-deux ans pour faire disparaître la disposition de l'article 56 de la loi du 16 septembre 1807 qui imposait l'ingénieur en chef comme tiers expert pour l'évaluation des indemnités relatives aux occupations de terrains, en matière de grande voirie, bien que cette disposition fût unanimement condamnée.

676. Le conseil de préfecture est compétent non-seulement quand les dommages sont causés par l'exécution des travaux publics, mais encore quand ils sont dus à l'inexécution de ces travaux, notamment au défaut d'entretien des routes ou de leurs ouvrages d'art (C. d'État, 30 mars 1867, *Georges* ; 8 juillet 1881, min. des *Travaux Publics* c. *Gilles* ; 29 janvier 1886, Préfet de la *Loire;* — Confl, 17 avril 1886, d^{lle} *O. Carroll;* — C. d'État, 11 juillet 1891, *Lagrave;* 18 novembre 1893, *Bérard*).

677. On sait qu'en matière d'expropriation, l'augmentation de valeur immédiate et spéciale déterminée par l'exécution des travaux est prise en considération dans l'évaluation du montant de l'indemnité (Loi du 3 mai 1841, art. 51).

Cette disposition a été déclarée applicable au cas des dommages causés par l'exécution des travaux des chemins vicinaux (C. d'État, 1er mars 1866, ville de *Desvres;* 8 août 1885, commune de *Bosc-Roger* ; 19 février 1886, commune de *Goux-les-Usiers*).

La plus-value ne peut d'ailleurs compenser entièrement l'indemnité, d'après une jurisprudence constante.

678. Quand, à défaut d'accord à l'amiable, le règlement des indemnités pour dommages est porté devant les tribunaux administratifs, c'est au maire qu'il appartient de défendre à l'action, s'il s'agit de travaux effectués sur les chemins vicinaux ordinaires (n° 994).

En ce qui concerne les chemins de grande communication et d'intérêt commun, les départements ne sont pas responsables des dommages causés par l'exécution des travaux sur ces chemins. C'est contre les communes intéressées à l'entretien des chemins que les demandes d'indemnité doivent être dirigées (C. d'État, 31 juillet 1874, département d'*Ille-et-Vilaine*; 19 juillet 1878, *Méhouas*; 19 décembre 1890, préfet de l'*Hérault*).

Mais c'est au préfet qu'il appartient d'intervenir, au nom des communes intéressées, dans l'instance engagée contre elles (n°ˢ 992 et suivants).

Les formes de la procédure à suivre devant les conseils de préfecture ont été réglées par la loi du 22 juillet 1889. Nous les avons indiquées à l'occasion du règlement des subventions industrielles.

Nous ferons remarquer qu'en matière de dommages, de même qu'en matière de subventions industrielles, l'expertise doit être ordonnée si elle est demandée par les parties ou par l'une d'elles, pour faire vérifier les faits qui servent de base à la réclamation (Loi du 22 juillet 1889, art. 13).

679. Nous ajouterons que l'article 24 de la loi du 22 juillet 1889 renferme une innovation importante : en cas d'urgence, le président du conseil de préfecture peut, sur la demande des parties, désigner un expert pour constater des faits qui seraient de nature à motiver une réclamation devant ce conseil. Avis doit en être immédiatement donné au défendeur éventuel.

Ces nouvelles dispositions ont été l'objet d'explications que nous extrayons de la circulaire du Ministre de l'Intérieur du 31 juillet 1890 (art. 24).

La vérification est ordonnée comme une simple mesure conservatoire, un simple constat. Elle doit être faite sans qu'il y ait lieu d'apprécier les droits respectifs des parties, la recevabilité ou le mérite de leurs prétentions. Ces questions appartiennent au fond du litige qui doit rester intact (1).

Ainsi, à la différence de la situation faite aux présidents des tribunaux civils par les articles 806 et suivants du Code de Procédure civile, le président du conseil de préfecture ne peut prendre aucune décision, même provisoire, sur le litige.

C'est donc par suite d'une extension de langage que l'usage s'est introduit de donner à cette procédure le nom de *référé administratif*. La procédure autorisée par l'article 24 ne saurait être confondue avec le référé en matière civile.

---

(1) Rapport présenté au Sénat par M. Léon Clément, 17 janvier 1889.

L'arrêté prescrivant un constat n'est pas susceptible d'opposition (Art. 809 du Code de Procédure civile).

L'expert désigné prête serment. Le défendeur éventuel, s'il est connu, doit être averti, par un avis du secrétaire-greffier, de la désignation de l'expert et, s'il est possible, du jour de la vérification.

Les frais de l'expertise sont mis à la charge du demandeur, s'il est établi que le constat était inutile ou s'il n'a pas été suivi d'une instance.

680. L'article 18 de la loi du 21 mai 1836 porte que l'action en indemnité des propriétaires pour les terrains qui auront servi à la confection des chemins vicinaux et pour extraction de matériaux se prescrit par le laps de deux ans.

Bien que ces termes soient précis, le bénéfice de la prescription biennale a été réclamé en faveur des dommages causés par l'exécution des travaux. Cette prétention a été repoussée par le Conseil d'État (13 mars 1874, communes de *Presle* et de *Nerville ;* 12 décembre 1890, *Long*).

Il n'y a aucune prescription spéciale pour les dommages résultant des travaux de la voirie vicinale. La prescription qui leur est applicable est donc celle de trente ans (C. d'État, 4 avril 1884, *Bréan*).

681. Jugement des contestations entre l'Administration et les entrepreneurs des travaux. — Les travaux des chemins vicinaux ayant le caractère de travaux publics, ainsi qu'on vient de le voir (n° 675), c'est au conseil de préfecture qu'il appartient, aux termes de l'article 4 de la loi du 28 pluviôse an VIII, de statuer sur les difficultés qui s'élèvent entre l'Administration et les entrepreneurs sur le sens ou l'exécution des clauses de leurs marchés.

C'est ce que rappelle l'article 52 des clauses et conditions générales imposées aux entrepreneurs des chemins vicinaux.

On ne peut déroger à l'ordre des juridictions établies par la loi. Aussi la compétence du conseil de préfecture subsiste-t-elle, malgré les stipulations contraires du cahier des charges (C. d'État, 11 janvier 1833, de *Taverne ;* 18 juin 1852, *Chapot ;* 17 mai 1855, *Klotz*).

On ne peut pas stipuler non plus que le conseil de préfecture statuera en dernier ressort (C. d'État, 23 juin 1853, *Nougaret*; 21 juillet 1853, commune de *Gesté*; 31 août 1863, *Maret-Besson*).

682. Les formes de la procédure à suivre devant le conseil de préfecture ont été déterminées par la loi du 22 juillet 1889. Nous avons fait connaître ces formes à l'occasion du règlement des subventions industrielles.

Nous ferons remarquer toutefois qu'en matière de contestations entre l'Administration et les entrepreneurs, le conseil est libre d'apprécier s'il y a lieu, ou non, d'ordonner une expertise sur les points de fait contestés (Loi du 22 juillet 1889, art. 13).

Lorsque des difficultés se produisent en cours d'exécution des travaux, il peut être utile de procéder à un constat d'urgence. Nous avons indiqué au n° 679 les dispositions édictées à ce sujet par l'article 24 de la loi du 22 juillet 1889.

Quant aux autorités appelées à intervenir dans les instances, ce sont les maires pour les chemins vicinaux ordinaires et le préfet pour les chemins de grande communication ou d'intérêt commun (n°ˢ 992 et suiv.)

683. Opposition à l'exécution des travaux. — L'article 438 du Code pénal punit quiconque s'oppose, par des voies de fait, à la confection des travaux autorisés par le gouvernement. Cet article a été déclaré applicable aux travaux de la voirie vicinale (Cass., 2 février 1844, *Louvrier*).

Si les particuliers portent leurs plaintes devant les tribunaux ordinaires, ceux-ci ne peuvent prescrire ni la destruction, ni la modification des ouvrages ordonnés par l'autorité administrative (Loi du 16 fructidor an III ; — C. d'État, 2 décembre 1853, *Bereyziat*; 7 décembre 1867, *Danède* ; — Cass., 23 mai 1859, *Pillias*; 31 janvier 1860, *Pillias*; 8 novembre 1864, *Champavier*; 27 janvier 1868, *Horliac*; 21 juillet 1874, chemin de fer du *Midi* ; 10 janvier 1883, *Grattoni*; 21 juillet 1886, *Loiselot*).

Il en est ainsi, alors même que les travaux ordonnés par l'Administration auraient été effectués sur des terrains irrégulièrement occupés (C. d'État, 25 mars 1852, *Mathieu*; 15 mai 1858, département de la *Gironde* ; 30 décembre 1858, de *Novillars* ; — Confl., 9 mars 1870, ville de *Sens*; Trib.

Confl., 12 mai 1877, *Dodun;* 13 décembre 1890, *Parant;* — Cass., 21 octobre 1889, *Leroy;* 16 novembre 1892, *Guibert*).

Mais, dans ce dernier cas, les tribunaux ordinaires peuvent ordonner la suspension des travaux irrégulièrement entrepris (C. d'État, 7 juillet 1853, *Robin de la Grimaudière;* 15 décembre 1858, *Sellenet;* 11 avril 1863, commune d'*Allauch*).

Les tribunaux ordinaires sont d'ailleurs compétents pour connaître des demandes en dommages-intérêts à raison de troubles apportés à la jouissance par une occupation irrégulière des terrains nécessaires à l'assiette des chemins vicinaux (C. d'État, 4 juillet 1845, *Delaruelle-Duport;* 13 décembre 1845, *Leloup;* — Arrêté du gouvernement du 16 mars 1848, de *Pastoret;* — C. d'État, 25 mars 1852, *Mathieu;* 26 avril 1860, de *Rastignac;* 3 juillet 1869, *Liauzu;* 3 juillet 1869, *Despoux*).

TITRE VI

COMPTABILITÉ

DES CHEMINS VICINAUX

———

———

TITRE VI

COMPTABILITÉ DES CHEMINS VICINAUX

CHAPITRE I

BUDGETS COMMUNAUX

§ 1. — Observations générales

684. Les dépenses de la vicinalité constituent des dépenses communales, soit en ce qui concerne les chemins vicinaux ordinaires, soit en ce qui a trait à la part contributive des communes dans les travaux des chemins de grande communication et d'intérêt commun. Ces dépenses doivent donc figurer au budget général de la commune. Il en est de même des ressources destinées à faire face à ces dépenses.

Les prévisions du budget général de la commune, en ce qui touche la vicinalité, ne peuvent être établies qu'au moyen des propositions émanant des agents voyers. Puis, après que le budget général de la commune a été réglé, il est nécessaire que les agents voyers soient renseignés sur les ressources et les dépenses portées à ce budget général.

Nous indiquerons ci-après les dispositions prises à cette double fin par le Règlement général sur les chemins vicinaux. Nous montrerons qu'elles laissent à désirer, parce qu'on a perdu de vue un principe capital que nous allons faire connaître.

Des relations étroites existent, en matière de comptabilité des chemins vicinaux ordinaires, entre la gestion de l'agent voyer cantonal et celle du receveur municipal. Le premier constate et certifie les dépenses faites dans la limite des crédits ouverts ; le second effectue les paiements, après avoir opéré toutes les vérifications exigées par les règlements. En outre, ces deux agents dressent, après la clôture de l'exercice, et chacun de son côté, le compte rendu des opérations de cet exercice, tant en ressources qu'en dépenses, de manière à faire ressortir le reliquat ou excédent de ressources à reporter à l'exercice suivant. Il va de soi que le compte de l'agent voyer (tableaux modèles n°ˢ 33 et 34) (1) doit être en parfaite concordance avec le compte du receveur municipal (modèle n° 68) (2).

Pour qu'il en soit ainsi, il faut que les deux comptables soient *également et exactement avisés des ressources créées et des crédits ouverts* pour les dépenses de la vicinalité, de telle sorte qu'aucun désaccord ne puisse s'élever entre eux à ce sujet.

C'est ce qui n'a pas lieu d'une manière suffisante.

Rappelons d'abord que les ressources et les dépenses communales de toute nature s'établissent par trois moyens :

1° Par la voie du budget primitif ;

2° Par la voie du budget additionnel ou supplémentaire, qu'on désigne aussi sous le nom de chapitres additionnels ;

3° Par la voie des autorisations spéciales qui surviennent hors budget.

§ 2. — Budget primitif

685. Aux termes de l'article 63 du Règlement (Art. 65 de l'Instruction générale), le service vicinal prépare, du 1ᵉʳ au 15 avril, pour chaque commune, un état (modèle n° 2) qui fait connaître la situation des chemins vicinaux ordinaires, ainsi que les dépenses à faire et les ressources à créer pour l'année suivante. Il comprend les contingents à fournir pour les chemins de grande communication et d'intérêt commun.

Cet état est transmis au maire pour être communiqué au conseil municipal dans la session de mai, c'est-à-dire dans celle où est voté le budget primitif général de la commune.

La délibération qui intervient est prise sur la formule (modèle n° 3). Elle ne renferme pas seulement les *ressources* votées pour la vicinalité, elle indique aussi les crédits affectés aux *dépenses*, soit pour remboursement d'emprunts, soit pour frais généraux, personnel, etc. soit pour contingents des chemins de grande communication et d'intérêt commun.

(1) Art. 93 du Règl. gén. ; — art. 194 de l'Instr. gén.
(2) Art. 133 du Règl. gén. ; — art. 234 de l'Instr. gén.

Cette délibération revêtue de l'approbation préfectorale est notifiée à l'agent voyer.

La délibération dont il s'agit reproduit, tant en ressources qu'en dépenses, les articles portés au budget général de la commune, sauf toutefois sur un point : nous voulons parler du crédit destiné aux travaux des chemins vicinaux ordinaires.

Ce crédit ne figure pas explicitement sur la formule n° 3. Il est vrai qu'il peut se déduire, par voie de soustraction, des chiffres consignés sur cette formule. Il eût été assurément préférable, pour prévenir toute discordance, d'indiquer expressément dans la délibération le crédit attribué aux travaux de la petite vicinalité, tel qu'il est porté au budget général de la commune.

Bien que ce crédit ne soit pas explicitement dégagé, le conseil municipal fait connaître, d'après les termes de la délibération imprimée, qu'il en déterminera ultérieurement l'emploi. C'est à la session de novembre qu'il est appelé à se prononcer à ce sujet, à l'aide de la formule n° 13 dont il sera parlé plus loin.

Il résulte de ces indications que le receveur municipal et l'agent voyer cantonal n e sont pas renseignés de la même manière au sujet des votes contenus dans le budget primitif. Le premier reçoit une expédition du budget primitif général de la commune ; il y trouve, au titre I, les ressources et, au titre II, les crédits pour dépenses relatives à la vicinalité. C'est par ce document officiel qu'il est avisé. L'agent voyer cantonal ne reçoit qu'une expédition de la délibération prise sur la formule n° 3 et libellée tout autrement que le budget général de la commune.

§ 3. — Budget additionnel

686. Les agents voyers consignent sur l'état (modèle n° 2) dont il vient d'être question leurs propositions pour l'emploi du reliquat de l'exercice précédent (Règl. gén., art. 63 ; — Instr. gén., art. 65). Le conseil municipal est dès lors saisi de ces propositions dans la session de mai, et la délibération prise sur la formule n° 3 fait connaître l'emploi de ce reliquat

(Règl. gén., art. 64 ; — Instr. gén., art. 66). Cette délibération est notifiée à l'agent voyer cantonal.

De son côté, le receveur municipal reçoit une expédition des chapitres additionnels au budget général de la commune. C'est dans ce document qu'il trouve, au titre I, les recettes et, au titre II, les dépenses ayant trait à la vicinalité.

Si les chapitres additionnels ne comportaient pas, en matière vicinale, d'autre inscription que celle du reliquat, on pourrait tenir comme suffisante, à l'égard de l'agent voyer cantonal, la délibération rédigée sur la formule n° 3.

Mais il y a d'autres ressources et, par conséquent, d'autres dépenses qui peuvent prendre place aux chapitres additionnels. Nous signalerons notamment les prélèvements sur fonds libres, qui sont affectés aux chemins vicinaux lors de l'établissement du budget supplémentaire.

Toutes les fois que des crédits sont ainsi ouverts, la délibération (modèle n° 3) cesse de remplir, à l'égard de l'agent voyer, le même office que le budget additionnel à l'égard du receveur municipal.

Il est vrai que le préfet est tenu de notifier aux agents voyers toutes les ressources qui, en dehors du reliquat, sont inscrites au budget supplémentaire de la commune. Peut-être, dans la plupart des préfectures, cette notification s'effectue-t-elle régulièrement, mais on reconnaîtra qu'elle exige le dépouillement des chapitres additionnels et que des omissions peuvent aisément se produire pour diverses raisons.

§ 4. — Autorisations spéciales

687. Le receveur municipal est d'ordinaire informé des autorisations spéciales, survenues hors budget, par les délibérations du conseil municipal qui ouvrent les nouveaux crédits.

Ces autorisations spéciales doivent être également notifiées au service vicinal par les soins de la préfecture. C'est à cette condition que l'accord peut exister entre les écritures du receveur municipal et celles de l'agent voyer.

§ 5. — Du budget (modèle n° 13)

688. Aux termes des articles 70 et 71 du Règlement général (Art. 124 et 125 de l'Instr. générale), le service vicinal dresse sur la formule n° 13 un budget qui est soumis au conseil municipal dans sa session de novembre, puis présenté à la ratification du préfet.

Ce budget se compose de deux parties : dans la première, il rappelle les ressources qui résultent du budget primitif et des votes subséquents émis jusqu'au mois de novembre ; dans la seconde partie, il indique l'emploi de ces ressources.

Quelle est la valeur de ce document ?

La première partie n'a d'autre caractère que celui d'une pièce d'ordre intérieur. Quant à la seconde partie, elle comprend la répartition du crédit voté au budget primitif pour les travaux de petite vicinalité. Cette répartition devrait être observée par le receveur municipal, si elle lui était notifiée. Dans ce cas, elle aurait le caractère d'une décision modifiant la destination d'un crédit.

Mais les articles 70 et 71 du Règlement sont entièrement muets sur la notification du budget n° 13 au comptable de la commune. Il s'ensuit que ce budget est exclusivement à l'usage des agents voyers.

L'examen du dispositif de cette pièce confirme cette conclusion.

En définitive, le budget n° 13 est aux chemins vicinaux ordinaires ce que le budget n° 11 (n° 699) est aux chemins de grande communication et d'intérêt commun. Il constitue un budget d'ordre intérieur, établi en harmonie avec le budget général de la commune. Le receveur municipal n'a pas à le connaître : il lui suffit de veiller, en ce qui concerne les dépenses de petite vicinalité, à ce qu'elles soient renfermées dans la limite du crédit unique inscrit au budget général.

Nous sommes d'avis qu'il n'est pas nécessaire de dresser le budget spécial dont il vient d'être question.

Son but principal est d'établir, au moment où l'exercice va s'ouvrir, le budget des chemins vicinaux ordinaires. Sans

doute il serait très désirable que ce budget pût être fixé au
début de l'année, ainsi que cela a lieu pour les routes nationales
ou départementales, mais malheureusement le budget de la
petite vicinalité est d'une consistance essentiellement variable,
et les modifications qui y sont apportées se produisent généralement dans l'année où s'exécutent les travaux, parfois
même jusqu'à la fin de l'exercice.

Les ressources dont la formation est postérieure à la session
de mai consistent, d'ordinaire, dans le reliquat, qui n'est
arrêté que l'année suivante ; dans des allocations sur fonds libres
qui sont votées soit lors de l'établissement des chapitres additionnels, soit dans le cours de l'exercice auquel s'applique le
budget ; dans des réalisations d'emprunts ou dans des subventions qui, à moins de circonstances particulières, sont encore
accordées dans l'année de cet exercice.

Toutes ces ressources sont recueillies après le mois d'octobre,
c'est-à-dire après l'époque où la formule n° 13 est préparée. Il
suit de là que la première partie de cette formule se borne
généralement à reproduire les ressources portées au budget
primitif. Elle donne lieu à une répétition inutile.

Quant à la deuxième partie, elle ne fait œuvre nouvelle
qu'en ce qui concerne la répartition du crédit total réservé aux
travaux des chemins vicinaux ordinaires. Or, il ne nous
semble pas indispensable d'attendre le mois de novembre pour
opérer cette répartition. Elle peut s'effectuer au mois de mai,
comme cela a lieu pour les autres dépenses du budget communal et peut dès lors figurer au budget primitif.

§ 6. — Modifications à apporter aux documents réglementaires

689. Nous venons de montrer que les mesures édictées par
le Règlement, outre qu'elles renferment la production d'une
pièce (modèle n° 13) susceptible d'être supprimée sans inconvénient, ne renseignent pas de la même manière le receveur
municipal d'une part, l'agent voyer de l'autre, sur les ressources et les dépenses de la vicinalité.

Il importe, à notre avis, *d'aviser ces deux comptables dans
des termes identiques*, pour prévenir tout désaccord entre eux.

Comme les budgets de la commune, primitif et additionnel, constituent les seuls documents qui fassent loi, ce sont leurs énonciations qu'il y a lieu de porter à la connaissance de l'agent voyer.

On ne saurait songer à remplacer les modèles réglementaires par les budgets généraux de la commune, d'abord parce que ces documents renferment en très grande partie des articles étrangers et, par conséquent, inutiles au service vicinal, ensuite parce qu'il est nécessaire de ménager aux agents voyers le moyen de formuler les propositions à soumettre aux conseils municipaux.

Mais le principe que nous venons de poser peut aisément être réalisé à l'aide de deux imprimés spéciaux consistant en *extraits du budget primitif et du budget additionnel*, avec une colonne destinée à recevoir les propositions des agents voyers.

Cette solution est pratiquée depuis 1881 dans le département de la Marne. Les formules en usage ont été annexées à l'article que nous avons rédigé sur *les budgets communaux de la vicinalité* et qui a été inséré aux *Annales des chemins vicinaux* (1).

Ce sont deux projets de budget dont les termes reproduisent exactement ceux des budgets communaux. Pour arriver à une identité complète, il suffit que, tous les ans, la préfecture et le service vicinal s'entendent au moment de l'impression des formules dont ils ont respectivement la charge.

Il y a toutefois un point sur lequel les budgets vicinaux dont il s'agit diffèrent des budgets communaux.

Au titre I du budget primitif vicinal, on trouve, en tête du chapitre I, le prélèvement sur l'ensemble des revenus ordinaires de la commune. Cet article ne correspond nécessairement à aucun article du budget général.

Il en est de même, au budget additionnel vicinal, à l'égard du prélèvement sur les fonds libres.

Nous ajouterons, au sujet de ces prélèvements, que nous avons constaté l'utilité d'une mesure de détail destinée à les placer sous les yeux du receveur municipal.

En ce qui concerne le prélèvement prévu sur revenus ordinaires par le budget primitif, le receveur est avisé par l'état

(1) Année 1889-1890, 2° partie, p. 442.

de répartition (modèle n° 14) des ressources normales, qui lui est notifié, aux termes de l'article 72 du Règlement (n° 523). De plus, ce receveur peut se rendre compte de l'importance du prélèvement par les indications mentionnées au titre des dépenses. Il peut trouver la décomposition des crédits, eu égard aux diverses ressources sur lesquelles ils sont imputés.

Mais ces indications ne sont pas toujours suffisantes. Certains receveurs perdent de vue soit l'état n° 14, soit la contexture des crédits. Aussi nous paraît-il bon d'insérer une observation au titre II du budget primitif général, en regard des dépenses des chemins vicinaux. Cette observation indiquerait le montant du prélèvement à opérer sur l'ensemble des revenus ordinaires de la commune, en vue de couvrir les dépenses dont il s'agit.

Il convient de consigner une observation semblable aux chapitres additionnels. Elle y est plus nécessaire qu'au budget primitif, parce que, sans elle, le receveur municipal ne peut découvrir le montant du prélèvement sur les fonds libres qu'en se livrant à des recherches sur la nature des ressources à l'aide desquelles les crédits sont constitués. Il est à noter, en effet, qu'aucun document officiel analogue à l'état n° 14 n'informe le receveur des prélèvements opérés sur les fonds libres, lors de l'établissement du budget additionnel.

690. En définitive, sauf l'insertion de l'article relatif aux prélèvements et sauf la note consignée dans la colonne d'observations, le budget vicinal et le budget général peuvent être libellés d'une manière identique. Cette identité des termes des parties communes aux deux documents assure des garanties qu'il n'est point besoin de faire ressortir.

Les deux projets de budget vicinal (primitif et additionnel) dont il vient d'être question sont préparés, dans le département de la Marne, par les agents voyers, au cours du mois d'avril, et soumis dans la session de mai au conseil municipal, qui introduit les mêmes chiffres aux budgets de la commune et de la vicinalité. Le préfet approuve en même temps soit les deux budgets primitifs, soit les deux budgets additionnels.

§ 7. — De la mise en demeure des communes
à l'effet de voter les ressources nécessaires aux chemins vicinaux

691. D'après l'article 63 du Règlement (Art. 65 de l'Instr. générale), l'état (modèle n° 2) dont il a été question au n° 685 doit être communiqué au conseil municipal, avec l'arrêté de mise en demeure prescrit par l'article 5 de la loi du 21 mai 1336. Cet arrêté figure, en conséquence, en tête de la formule n° 3.

Cette manière de procéder n'est guère justifiée, aujourd'hui qu'il n'existe plus qu'un très petit nombre de communes à l'égard desquelles il y a lieu d'user de la mesure coercitive autorisée par l'article 5 de la loi de 1836.

Il paraît dès lors préférable de ne point adresser de mise en demeure aux conseils municipaux lors de leur session de mai, c'est-à-dire avant qu'ils n'aient délibéré sur le budget communal. C'est seulement après le vote de ce budget qu'il convient pour l'Administration d'agir, si elle le juge nécessaire. L'arrêté de mise en demeure est alors rendu en pleine connaissance de cause.

En opérant ainsi, on s'épargne des écritures et on évite d'employer la menace vis-à-vis de communes qui sont parfaitement disposées à voter les ressources de la vicinalité.

Cette marche est d'ailleurs légale. Il ne faut pas croire, en effet, que le préfet soit tenu d'adresser sa mise en demeure dans la session de mai. Il peut procéder en matière vicinale comme il le fait pour les autres dépenses obligatoires que le conseil municipal a refusé de voter dans la session de mai. L'Instruction ministérielle du 24 juin 1836 est précise sur ce point : « Vous devrez donc, par un arrêté motivé, inviter le maire à convoquer son conseil municipal dans un délai que vous fixerez, à l'effet de délibérer sur la réparation des chemins dont le mauvais état a été constaté par vos ordres. Le droit de fixer le délai pour la réunion du conseil municipal vous appartient non seulement en vertu des lois générales, mais encore en vertu de l'article 5 de la loi du 21 mai 1836, car le mot de session dont se sert cet article s'entend aussi bien des réunions extraordinaires que des réunions ordinaires. »

692. Nous ajouterons que l'arrêté de mise en demeure ne saurait porter sur toutes les ressources énumérées dans la formule n° 3.

Le paragraphe relatif aux contingents des chemins de grande communication et d'intérêt commun ne peut subsister. Depuis la loi du 10 août 1871, les contingents sont arrêtés par le conseil général, dans sa session d'août, après les avis du conseil municipal et du conseil d'arrondissement. A moins de préjuger la décision du conseil général et de faire bon marché des avis des conseils à consulter, il nous paraît impossible de mettre, au mois de mai, la commune en demeure de voter les contingents simplement proposés par le service vicinal.

Quant au prélèvement qui fait l'objet d'un autre paragraphe de l'arrêté de mise en demeure inséré dans la formule n° 3, il peut être exigé, à la condition d'être opéré sur de *véritables revenus ordinaires*. Or, il existe beaucoup de communes qui ne réalisent leur prélèvement qu'à l'aide de centimes additionnels, sous le couvert d'une imposition extraordinaire pour insuffisance de revenus ordinaires. Il est manifeste que le préfet n'a pas qualité pour mettre ces communes en demeure de voter une imposition extraordinaire qui leur permette d'affecter à la vicinalité le prélèvement reconnu nécessaire par le service vicinal.

Le paragraphe dont il s'agit pourrait être maintenu à l'égard des communes qui ne se trouvent pas dans la situation qui vient d'être indiquée. Mais il serait difficile aux agents voyers de distinguer ces communes. Au surplus, la situation des communes peut se modifier tous les ans à raison des besoins des autres services communaux, et c'est seulement après l'établissement du budget général que l'on peut être fixé sur la nature des ressources qui constituent les revenus ordinaires de la commune.

Cette considération est encore de nature à déterminer l'Administration à ne saisir les conseils municipaux d'aucun arrêté de mise en demeure dans la session de mai.

En définitive, ces assemblées délibèrent sur de simples propositions émanant des agents voyers et tendant à la création de ressources soit obligatoires, soit facultatives. Parmi ces dernières figurent non seulement les prélèvements sur pseudo-revenus ordinaires, mais encore les 3 centimes spéciaux extraordinaires (Loi du 5 avril 1884, art. 141). C'est uniquement dans le cas où certaines communes refusent de voter les ressources obligatoires que le préfet, après avoir vérifié l'étendue de ses droits en ce qui concerne les revenus ordinaires, peut user de mesures coercitives.

CHAPITRE II

BUDGET DÉPARTEMENTAL

---

§ 1. — Indications générales

693. En matière de vicinalité, le budget départemental peut renfermer :

1° Les subventions allouées par le département pour les travaux d'entretien, les travaux neufs ou les grosses réparations des chemins des diverses catégories ;

2° Les contingents communaux et les ressources éventuelles (subventions industrielles, souscriptions particulières, etc.) des chemins de grande communication et d'intérêt commun. Le rattachement de ces ressources, tant en recette qu'en dépense, a d'abord été prescrit pour les chemins de grande communication par une circulaire du Ministre de l'Intérieur en date du 15 mai 1838. Il a été ensuite étendu aux chemins d'intérêt commun par une circulaire du 8 mai 1870. Pour ces deux catégories de chemins, le rattachement au budget départemental, ordonné par le Règlement général sur les chemins vicinaux (art. 140), a été consacré par la loi du 10 août 1871 (art. 58 et 60) ;

3° Les subventions accordées par l'État aux chemins de grande communication et d'intérêt commun en exécution de la loi du 12 mars 1880 (Instruction spéciale du 25 mars 1893 pour l'application de cette loi, art. 107) ;

4° Les ressources communales relatives aux chemins vicinaux ordinaires dont l'achèvement, suivant le mode adopté pour les chemins d'intérêt commun, a été autorisé par une loi spéciale (Instr. gén., art. 256 ; — Décret du 13 juillet 1893, art. 56).

Le service vicinal est appelé à fournir à l'Administration préfectorale les propositions nécessaires pour l'établissement du budget du département, sous les diverses formes qu'il revêt.

§ 2. — Budget primitif

694. Chaque chemin de grande communication ou d'intérêt commun doit faire l'objet d'un crédit spécial au budget. Ce crédit est la représentation de la recette *en argent* qui résulte, s'il y a lieu : 1° des contingents imposés aux communes ou librement consentis par elles ; 2° des souscriptions particulières ; 3° des subventions spéciales pour dégradations extraordinaires ; 4° des produits divers du service vicinal ; 5° des subventions du département ; 6° des subsides du Trésor (Circul. du 13 juillet 1893, § 19).

Il n'en est pas de même en ce qui concerne les chemins vicinaux ordinaires dont l'administration appartient à l'autorité municipale, qui est chargée d'employer directement la subvention allouée sur les fonds du département. Un crédit unique représentant l'ensemble des subventions suffit dès lors au budget départemental. Une exception doit toutefois être signalée : c'est lorsqu'une loi spéciale a autorisé un département à centraliser dans son budget les ressources communales destinées aux chemins vicinaux ordinaires, de manière à ce que les fonds soient employés et les travaux exécutés d'après le mode adopté pour les chemins d'intérêt commun (Circulaire du 20 octobre 1877, § VIII ; — Décret du 12 juillet 1893, art. 56).

695. Propositions des agents voyers. — Des propositions doivent être adressées par l'agent voyer en chef au préfet, non seulement pour la détermination des subventions départementales, mais encore pour le rattachement des contingents communaux et des ressources éventuelles des chemins de grande communication et d'intérêt commun.

En ce qui concerne les dépenses relatives à chaque ligne, l'agent voyer en chef doit, d'après l'article 62 du Règlement général (article 64 de l'Instruction générale), préparer, dans le courant du mois de mars, un état sommaire (modèle n° 1) des besoins auxquels il y aura lieu de faire face l'année suivante. Il indique les contingents que les communes peuvent être appelées à fournir et pour quelle part ces contingents doivent être prélevés sur les revenus ordinaires, les prestations et les centimes spéciaux ordinaires.

Les contingents portés sur cet état sont introduits dans les projets de budgets vicinaux soumis aux conseils municipaux à la session de mai (n° 685). Ces contingents sont également ceux sur lesquels un avis est demandé aux conseils d'arrondissement avant la session d'août du conseil général (Loi du 10 mai 1838 ; — Loi du 10 août 1871, art. 46, n° 7).

A l'issue de cette instruction, l'agent voyer en chef remet au préfet ses propositions relatives à la fixation des contingents communaux avec le mode d'acquit de ces contingents.

Ce chef de service, se plaçant dans l'hypothèse où ces contingents seront admis, détermine le montant de la subvention départementale nécessaire pour couvrir, avec les contingents communaux, s'il y a lieu, la dépense des travaux de chaque chemin de grande communication ou d'intérêt commun, soit pour entretien, soit pour travaux neufs ou de grosses réparations.

L'agent voyer en chef évalue, en outre, la portion des contingents et des ressources éventuelles qui doit être rattachée à chaque ligne. Cette portion est celle qui doit être réalisée en argent : elle comprend notamment les prélèvements sur les revenus ordinaires des communes, les prestations acquittables en argent pour non-option et non-exécution, les subventions industrielles et souscriptions payables en argent. Il va sans dire que les ressources en argent à rattacher ainsi au budget départemental ne constituent que des prévisions. Il convient de les tenir assez haut pour qu'elles aient toutes chances d'être supérieures à la réalité, de telle sorte que les dépenses à payer n'excèdent pas le crédit ouvert au budget. On évite ainsi l'obligation de recourir à une décision modificative pour attacher au budget l'excédent de ressources réalisées en argent (n° 698).

L'agent voyer en chef adresse aussi au préfet ses propositions pour l'allocation des crédits nécessaires aux dépenses générales, telles que le traitement des agents voyers, les secours au personnel, les dépenses diverses, la réserve pour travaux imprévus (Circulaire du 13 juillet 1893, § 19).

§ 3. — Budget de report

696. Aux termes de l'article 63 de la loi du 10 août 1871, les fonds qui n'ont pu recevoir leur emploi dans le cours de l'exercice sont reportés, après clôture, sur l'exercice en cours d'exécution, avec l'affectation qu'ils avaient au budget primitif.

Il s'ensuit que le report ne peut ouvrir de crédits nouveaux : il fait simplement revivre les crédits ou portions de crédits appartenant à l'exercice qui vient de finir.

Ce serait donner une trop grande extension aux termes de l'article 63 que de reporter à l'exercice en cours tous les reliquats de crédits de l'exercice clos. Parmi les dépenses à continuer, on ne saurait comprendre que les crédits ou portions de crédits affectés à des entreprises qui n'ont pas le caractère annuel et qui ne trouvent pas dans chaque budget la dotation qui leur est nécessaire. Ainsi, les traitements, les dépenses d'entretien et autres de même nature, ne doivent pas être reportés, attendu que chaque budget pourvoit aux besoins de son année et que les services ordinaires y reçoivent toujours une part que l'expérience permet de fixer avec assez de garanties d'exactitude (Circulaire ministérielle du 13 juillet 1893, § 37).

§ 4. — Budget rectificatif

697. Le règlement du report fixe le montant des fonds libres. D'après l'article 63 de la loi du 10 août 1871, ces fonds libres sont cumulés, suivant la nature de leur origine, avec les ressources de l'exercice en cours d'exécution, pour recevoir l'affectation nouvelle qui leur est donnée par le conseil général dans le budget rectificatif de l'exercice courant.

Les dépenses nouvelles ou les augmentations des crédits déjà existants forment la partie essentielle du budget rectificatif. Mais, indépendamment de cet élément principal qui caractérise, à proprement parler, le budget rectificatif, ce document est susceptible de se prêter à toutes les modifications budgétaires qui résulteraient des délibérations du conseil général.

Il permet notamment soit d'opérer des virements de crédits, soit de déterminer l'emploi des plus-values qui proviennent de la réalisation des produits éventuels et qui ne peuvent être mises à la disposition du préfet sans un vote préalable du conseil général (Circulaire du 13 juillet 1893, § 38).

§ 5. — Décisions modificatives

698. Les modifications à apporter, en cours d'exercice, aux crédits du budget départemental doivent être délibérées par le conseil général et approuvées par décret, soit qu'il s'agisse de virements de crédits (Décret du 12 juillet 1893, art. 35), soit qu'il s'agisse de l'emploi des plus-values constatées en cours d'exercice (même décret. art. 36).

Les virements de crédits ne peuvent avoir lieu du budget ordinaire au budget extraordinaire, et réciproquement. Il faut entendre cette disposition en ce sens que les virements de crédits doivent être traduits dans l'intérieur d'un même budget ordinaire ou extraordinaire et qu'on ne saurait ouvrir, par exemple, au budget ordinaire, une allocation dont le montant serait *directement* prélevé sur un crédit du budget extraordinaire (Circulaire du 13 juillet 1893, § 34).

Le conseil général peut déléguer à la commission départementale, dans des formes strictement déterminées, la faculté de proposer soit des virements, soit l'emploi des plus-values de certaines recettes. Les décisions modificatives, délibérées par la commission départementale, sont d'ailleurs assujetties, comme celles qui émanent du conseil général, à la sanction d'un décret présidentiel (Circulaire du 13 juillet 1893, § 40).

§ 6. — Des budgets particuliers des chemins de grande communication et d'intérêt commun

699. D'après l'article 69 du Règlement général (art. 123 de l'Instruction générale), l'agent voyer en chef, après avoir reçu la notification du budget départemental, soumet à l'approbation du préfet la sous-répartition des crédits affectés aux chemins de grande communication et d'intérêt commun.

Cette sous-répartition est dressée, pour chaque chemin, sur la formule n° 11, qui forme le budget particulier du chemin.

Il est, en effet, indispensable d'abord de réunir toutes les ressources qui composent la dotation de chaque chemin, puis de déterminer la nature des dépenses à effectuer au moyen de ces ressources, soit fourniture de matériaux, soit cantonniers, soit dépenses en régie, par exemple.

Nous ferons remarquer que l'approbation donnée par le préfet aux budgets (modèle n° 11) autorise l'exécution des dépenses en régie qui y sont prévues, lorsque ces dépenses excèdent 300 francs (1).

Nous ajouterons que les budgets dont il s'agit ont besoin d'être tenus à jour. La dotation des chemins de grande communication et d'intérêt commun ne reste pas toujours ce qu'elle était à l'ouverture de l'exercice. Des ressources nouvelles viennent parfois l'augmenter. Il importe donc de remanier les budgets toutes les fois qu'un changement survient dans la composition des ressources.

(1) V. au n° 596.

CHAPITRE III

RECOUVREMENT DES RESSOURCES EN ARGENT (1)

§ 1. — Gestion du receveur municipal

700. Obligations du receveur municipal. — Les ressources communales destinées aux chemins vicinaux sont recouvrées par le receveur municipal (Règl. gén., art. 122; — Instr. gén., art. 223).

Tous les rôles de taxes, de sous-répartition et de prestations locales doivent parvenir à ce comptable par l'intermédiaire du receveur des Finances (Règl. gén., art. 122; — art. 544 du décret du 31 mai 1862; — art. 153 de la loi du 5 avril 1884).

Le receveur municipal doit recouvrer les divers produits aux échéances déterminées par les titres de perception ou par l'Administration et d'après le mode de recouvrement prescrit par les lois et règlements (Règl. gén., art. 124; — Instr. gén., art. 225).

Il doit adresser, le 5 de chaque mois, aux maires des communes de sa circonscription, un état faisant connaître le montant des recouvrements effectués pendant le mois écoulé sur les ressources des chemins vicinaux (Règl. gén., art. 125; — Instr. gén., art. 226). Cet état permet de maintenir l'ordonnancement des dépenses dans la limite des ressources recouvrées, ainsi que le prescrivent les instructions ministérielles (Circ. du 22 novembre 1871).

Le recouvrement des produits de chaque exercice doit être terminé le 31 mars de la seconde année.

(1) Voir spécialement au n° 318 pour les prestations, au n° 349 pour les souscriptions particulières, et aux n°ˢ 464 et suivants pour les subventions industrielles.

701. Restes à recouvrer. — Le receveur municipal peut être tenu de verser dans sa caisse, sauf à exercer personnellement son recours contre les débiteurs, le montant des restes à recouvrer, pour le recouvrement desquels il ne justifierait pas avoir fait les diligences nécessaires (Règl. gén., art. 126; — Instr. gén., art. 227).

Quand il prouve que la rentrée des ressources n'a été retardée que par des obstacles impossibles à surmonter, le receveur municipal doit demander l'approbation de l'état des cotes qu'il n'a pu recouvrer (Instr. gén., art. 99).

Les restes à recouvrer sont alors reportés au budget supplémentaire de la commune pour l'exercice suivant (Décret du 31 mai 1862, art. 507 ; — Instr. gén., art. 99).

702. Cotes irrecouvrables. — Les conseils municipaux sont préalablement consultés sur l'admission des cotes irrecouvrables en matière de prestations. Ces cotes, en effet, forment, en principe, une ressource ou une créance pour les communes; leur irrecouvrabilité constitue, dès lors, une perte pour ces communes qui, en leur qualité de créancières, doivent être mises à même de donner leur consentement à l'admission des cotes en non-valeurs. Les délibérations prises à ce sujet par les conseils municipaux doivent ensuite être soumises à l'approbation du préfet, qui règle les budgets communaux (Circulaires des 31 août 1842, 18 novembre 1845 et 16 juillet 1855 ; — art. 1537 de l'Instruction générale du Ministre des Finances en date du 20 juin 1859).

§ 2. — Gestion du trésorier-payeur général

703. Obligations du trésorier général. — Le trésorier-payeur général est chargé de recouvrer les divers produits afférents aux chemins de grande communication et d'intérêt commun (Règl. gén., art. 147 ; — Instr. gén., art. 248 ; — Décret du 12 juillet 1893, art. 72)

Les rôles et états des produits sont rendus exécutoires par le préfet et par lui remis au trésorier général (Loi du 10 août 1871, art. 64 ; — Décret du 12 juillet 1893, art. 66).

Le montant des recouvrements opérés sur les titres de perception émis au profit des chemins vicinaux est arrêté au 31 mars de la deuxième année de l'exercice (Règl. gén., art. 151 ; — Décret du 12 juillet 1893, art. 73 ; — Circul. du 13 juillet 1893, art. 11).

A la fin de chaque mois, le trésorier-payeur général dresse le relevé des recouvrements opérés en ce qui concerne les ressources éventuelles des chemins de grande communication et d'intérêt commun (Règl. gén., art. 150 ; — Instr. gén., art. 251). Ce relevé est envoyé, dans les premiers jours du mois suivant, au préfet qui en avise l'agent voyer en chef. Ce dernier est ainsi à même de présenter des propositions de paiement dans la limite des ressources recouvrées, ainsi que le prescrivent les instructions ministérielles (Circul. du 22 novembre 1871).

704. Restes à recouvrer. — Les produits non réalisés au 31 mars sont inscrits dans l'état des restes à recouvrer qui indique la nature des produits, le nom et le domicile des débiteurs, les sommes dues par chacun d'eux et les motifs du non-recouvrement.

Le préfet fait inscrire sur cet état :

1° La portion de l'arriéré qu'il y aurait lieu de reporter à l'exercice suivant ;

2° La portion dont le trésorier-payeur général serait dans le cas d'obtenir décharge ;

3° Celle qui devrait demeurer à la charge du comptable.

L'état des restes à recouvrer est soumis par le préfet au conseil général dans sa session d'avril. L'assemblée départementale délibère alors sur les motifs qui se sont opposés au recouvrement des ressources et sur les créances dont l'abandon définitif lui est proposé (Décret du 12 juillet 1893 sur la comptabilité départementale, art. 74).

Le préfet assure l'exécution de la délibération prise par le conseil général, au moyen d'un arrêté inséré à la suite de l'état des restes à recouvrer. Au vu de cet arrêté, le trésorier-payeur général déduit du montant total des titres de perception de l'exercice expiré l'ensemble des créances à recouvrer au 31 mars précédent, et il prend charge, comme créances nouvelles de l'exercice en cours, des sommes transportées à cet exercice et

de celles mises à sa charge (Règl. gén., art. 152 ; — Décret
du 12 juillet 1893, art. 75).

705. Créances irrecouvrables. — On vient de voir
que le conseil général, en examinant l'état des restes à recouvrer,
délibère notamment sur l'admission en non-valeurs des créances
présentées comme irrecouvrables.

CHAPITRE IV

JUSTIFICATION DES RECETTES ET DES DÉPENSES

706. La justification des recettes et des dépenses a lieu au moyen de pièces qui sont indiquées soit par le Règlement général, soit par l'Instruction générale du 6 décembre 1870, modifiée en vertu de circulaires subséquentes.

En ce qui concerne la comptabilité du receveur municipal, ces pièces sont énumérées :

Pour les recettes, à l'article 137 du Règlement général (Art. 238 de l'Instruction générale) ;

Pour les dépenses, à l'article 138 du Règlement général, ou à l'article 239 de l'Instruction générale, dont le § 4 a été modifié par la circulaire du 16 juin 1877.

En dehors des règles spéciales ainsi instituées, les recettes et dépenses relatives aux chemins vicinaux ordinaires sont soumises aux règles générales de la comptabilité communale (Instruction ministérielle du 24 juin 1836, art. 21).

707. En ce qui a trait à la comptabilité du trésorier-payeur général, les pièces justificatives sont énumérées :

Pour les recettes, dans le Règlement du 12 juillet 1893 sur la comptabilité départementale (Règl. gén., art. 145) ;

Pour les dépenses, soit dans le même Règlement de comptabilité (Règl. gén., art. 146), soit à l'article 239 de l'Instruction générale, dont le § 4 a été modifié par la circulaire du 16 juin 1877 (Instr. gén., art. 247).

CHAPITRE V

ORDONNANCEMENT DES DÉPENSES

§ 1. — Gestion du maire

708. Le maire est l'ordonnateur de toutes les dépenses relatives aux chemins vicinaux pour lesquelles un crédit a été ouvert au budget communal, mais il ne peut en payer aucune lui-même, et il lui est interdit de disposer, autrement que par mandats sur le receveur municipal, des fonds affectés aux chemins vicinaux, quelle que soit l'origine de ces fonds (Règl. gén., art. 110 ; — Instr. gén., art. 211).

Tout mandat, pour être valable, doit porter sur un crédit régulièrement ouvert et énoncer l'exercice, le chapitre, les article et paragraphe du budget auquel il s'applique, ainsi que le titre et le montant du crédit en vertu duquel il est délivré.

Les mandats sont remis par l'ordonnateur aux créanciers des communes, sur la justification de leur individualité, ou à leurs représentants munis de titres ou de pouvoirs en due forme (Règl. gén., art. 111 ; — Instr. gén., art. 212).

En cas de perte d'un mandat, l'ordonnateur peut en délivrer un duplicata, sur la déclaration motivée de la partie prenante portant que le mandat primitif est perdu et sur la production d'une attestation du receveur portant que le mandat primitif n'a pas été acquitté et ne le sera pas, s'il venait à être présenté (Art. 186 de l'Instruction générale des Finances du 20 juin 1859).

Les crédits étant ouverts spécialement pour chaque nature de dépenses, les maires ne doivent, pour quelque motif que ce soit, en changer l'affectation (Règl. gén., art. 113 ; — Instr. gén., art. 214).

Les maires ne peuvent outrepasser le montant des crédits par la délivrance de leurs mandats (Règl. gén., art. 113 ; — Instr. gén., art. 214).

709. Lorsque les travaux sont exécutés par voie de régie, le paiement des ouvriers peut s'effectuer de deux manières : si les ouvriers ne sont pas domiciliés dans la même localité, il est délivré à chacun d'eux un mandat individuel ; si tous habitent la même commune, il peut être délivré un mandat collectif auquel est joint un état indiquant le nombre de journées ou de tâches faites par les ouvriers, ainsi que le montant de la somme due à chacun d'eux. Cet état est destiné à être émargé entre les mains du receveur municipal par les parties prenantes (modèles nᵒˢ 21 et 28 annexés à l'Instruction générale du 6 décembre 1870).

Ces instructions, contenues dans la circulaire du 31 mai 1875 (II, § 2), ont été complétées par la circulaire du 16 octobre de la même année. Le Ministre de l'Intérieur a fait savoir que le mandat collectif peut être délivré soit au nom du receveur municipal, soit au nom de l'un quelconque des ouvriers, en le libellant ainsi qu'il suit : *Un tel et divers dénommés dans l'état ci-joint.*

710. Lorsque le maire refuse d'ordonnancer une dépense régulièrement autorisée et liquide, il est prononcé par le préfet en conseil de préfecture, et l'arrêté du préfet tient lieu du mandat du maire (Loi du 5 août 1884, art. 152).

711. Toutes les dépenses d'un exercice doivent être mandatées depuis le 1ᵉʳ janvier jusqu'au 15 mars de la seconde année (Règl. gén., art. 114 ; — Instr. gén., art. 215 ; — Décret du 31 mai 1862, art. 506).

712. Le maire tient ses écritures sur deux registres ouverts à la mairie :

1° Le *Journal des mandats*, sur lequel le maire inscrit tous les mandats au fur et à mesure de leur délivrance ;

2° Le *Livre de détail*, sur lequel le maire ouvre un compte à chaque article de crédit porté au budget.

Le livre de détail est clos au 16 mars. Les résultats sont résumés sur la dernière page et doivent reproduire le total général des mandatements donnés par le journal.

§ 2. — Gestion du préfet

713. Le préfet est chargé de mandater les dépenses relatives aux chemins de grande communication et d'intérêt commun (Règl. gén., art. 141 ; — Instr. gén., art. 242).

Les règles relatives au mandatement sont les mêmes qu'en matière de comptabilité départementale.

L'époque de la clôture de l'exercice est fixée, pour l'ordonnancement, au 31 mars de la deuxième année de l'exercice (Décret du 12 juillet 1893, art. 7).

Le préfet tient, pour le service de la vicinalité, un livre de comptabilité divisé en quatre parties, savoir : chemins de grande communication, chemins d'intérêt commun, prestations, dégrèvements (Règl. gén., art. 143 ; — Instr. gén., art. 244).

CHAPITRE VI

PAIEMENT DES DÉPENSES

§ 1. — Gestion du receveur municipal

714. Avant de procéder au paiement des mandats délivrés par le maire, le receveur municipal doit s'assurer, sous sa responsabilité :

1° Que la dépense porte sur un crédit régulièrement ouvert et qu'elle ne dépasse pas le montant de ce crédit ;

2° Que la date de la dépense constate une dette à la charge de l'exercice auquel on l'impute et que l'objet de cette dépense ressortit bien au service particulier que le crédit a en vue d'assurer ;

3° Que les pièces justificatives, dont le tableau est donné à l'article 138 du Règlement général (Art. 239 de l'Instruction générale) ont été produites à l'appui de la dépense (Règl. gén., art. 128 ; — Instr. gén., art. 229 ; — Circul. ministérielle du 30 décembre 1876).

En outre, d'après la circulaire du 22 novembre 1871, le receveur municipal doit aussi vérifier que le montant des dépenses payées n'excède pas le montant des ressources correspondantes réalisées. Cette recommandation concorde avec la prescription édictée par l'article 1000 de l'Instruction générale du Ministre des Finances du 20 juin 1859, aux termes de laquelle le receveur municipal doit refuser ou retarder le paiement des mandats dans le cas « où, par suite de retards dans le recouvrement des revenus, il y aurait insuffisance de fonds dans la caisse communale ».

Le receveur municipal doit, enfin, s'assurer que les pièces produites à l'appui des mandats sont certifiées et visées par les agents du service vicinal (1). Le Règlement général, dans son article 19 (Art. 131 de l'Instruction générale), énonce, en effet, qu'aucune dépense n'est admise dans les comptes qu'après avoir été reconnue, vérifiée et certifiée par les agents du service vicinal (2).

Le comptable n'a pas qualité pour apprécier le mérite des faits auxquels se rapportent les pièces jointes aux mandats. Il suffit, pour garantir sa responsabilité, qu'elles soient certifiées et visées par les agents voyers et que le mandatement concorde avec elles (Règl. gén., art., 129; — Instr. gén., art. 230).

715. Quand un receveur municipal refuse le paiement d'un mandat, le maire n'a pas le droit de requérir qu'il soit passé outre au paiement, ainsi que peuvent le faire les ordonnateurs des dépenses de l'État. Le Ministre de l'Intérieur, dans une circulaire du 22 février 1870, a fait connaître les raisons pour lesquelles les maires ne sont pas investis du droit de réquisition.

Par quel moyen le créancier, auquel il a été opposé un refus de paiement et qui juge ce refus mal fondé, peut-il vaincre la résistance du comptable et obtenir, s'il y a lieu, des dommages-intérêts pour le préjudice que le retard apporté au paiement lui a causé?

Cette question a été examinée par le Ministre de l'Intérieur dans sa circulaire du 30 novembre 1876.

C'est au Ministre de l'Intérieur que le créancier doit s'adresser pour faire trancher le débat. Le Ministre statue, après s'être concerté, s'il y a lieu, avec son collègue des Finances. Cette décision, notifiée au comptable, couvre entièrement la responsabilité de ce dernier et devient pour lui obligatoire. Le créancier, de son côté, peut s'en armer pour demander aux

---

(1) V. au n° 529.
(2) La Cour des Comptes a eu l'occasion de constater que, dans certaines villes, les travaux des chemins vicinaux étaient exécutés sans la participation du service vicinal, sous la direction d'un agent spécial nommé par le maire et n'ayant pas, par conséquent, le caractère d'un agent voyer.

Ce mode de procéder constitue une infraction aux prescriptions des articles 18 et 19 du Règlement général, ainsi que l'a rappelé le Ministre de l'Intérieur, dans une circulaire en date du 21 mai 1881.

tribunaux la réparation du préjudice que lui a fait éprouver le refus mal fondé du receveur.

Cette marche a été admise par le Ministre des Finances (Dépêche du 23 novembre 1876).

716. Les ressources créées pour le service des chemins vicinaux, quelle que soit leur origine, ne peuvent, sous aucun prétexte, être appliquées à des travaux étrangers à ce service. Les ressources créées en vue d'une dépense spéciale ne peuvent non plus recevoir une autre destination, à moins d'une autorisation régulière.

Tout emploi de fonds, effectué contrairement aux règles ci-dessus, doit être rejeté des comptes et mis à la charge du comptable ou de l'ordonnateur, suivant le cas (Règl. gén., art. 67 ; — Instr. gén., art. 121).

Ces prescriptions ont été rappelées par le Ministre de l'Intérieur dans une circulaire du 1er juillet 1872. Le trésorier général doit être invité par le préfet à forcer en recette les comptables qui ne se conforment pas aux prescriptions dont il s'agit et, au besoin, il doit être fait application des articles 1297 et 1311 de l'Instruction générale du Ministère des Finances en date du 20 juin 1859 (1).

717. L'exercice est clos le 31 mars : c'est dès lors à cette date que les mandats délivrés sur l'exercice doivent être acquittés (Décret du 31 mai 1862, art. 508 ; — Règl. gén., art. 114 ; — Instr. gén., art. 215).

Les mandats qui n'ont pas été payés au 31 mars sont annulés, et les créances sont mandatées à nouveau sur les crédits reportés de l'exercice clos (*Id.* ; — Circulaire du 22 novembre 1871).

718. Le receveur municipal, en outre des livres généraux dont la tenue est prescrite par les instructions sur la comptabilité communale, tient deux registres spéciaux pour la comptabilité des chemins vicinaux.

(1) L'article 1297 prévoit l'installation, près du receveur municipal, d'un agent spécial de surveillance.

L'article 1311 édicte une mesure disciplinaire consistant dans une retenue pouvant s'élever à deux mois de traitement, sous la déduction d'un quart pour frais de bureau.

Le premier, désigné sous le nom de *Livre de détail des recettes et des dépenses* pour les chemins vicinaux, est destiné à présenter d'une manière distincte les opérations relatives à ce service.

Le second, désigné sous le nom de *Carnet des ordonnances de dégrèvements*, sert à inscrire toutes les réductions et décharges prononcées dans le cours de l'exercice sur les produits relatifs à la vicinalité (Règl. gén., art. 130, 131 et 132 ; — Instr. gén., art. 231, 232 et 233).

§ 2. — Gestion du trésorier-payeur général

719. Le trésorier général est chargé d'assurer le paiement des dépenses relatives aux chemins de grande communication et d'intérêt commun.

L'exercice est clos le 30 avril pour les paiements (Décret du 12 juillet 1893, art. 7).

Les mandats qui n'ont pas été payés à cette date sont annulés, sans préjudice des droits des créanciers et sauf mandatement ultérieur sur un crédit régulièrement ouvert (Décret du 12 juillet 1893, art. 170).

Dans la quinzaine qui suit le 30 avril, le trésorier général adresse au préfet deux états : l'un qui indique le montant des crédits ouverts, des mandats délivrés et des mandats payés ou restant à payer ; l'autre qui donne, en ce qui concerne le service vicinal, les mandats impayés au moment de la clôture de l'exercice [Règl. gén., art. 153 ; — Instr. gén., art. 254 (1)].

(1) Modifié par la circulaire du 16 novembre 1877.

CHAPITRE VII

COMPTES DES RECETTES ET DES DÉPENSES

---

§ 1. — Comptes des agents du service vicinal

720. Ces comptes sont établis sur deux tableaux : l'un pour les ressources constatées (modèle n° 33), l'autre pour les dépenses effectuées (modèle n° 34).

En ce qui concerne les chemins vicinaux ordinaires, ces tableaux sont dressés à la clôture de l'exercice, par chaque agent voyer cantonal, pour toutes les communes de sa circonscription. Ils sont envoyés le 10 mai, au plus tard, à l'agent voyer d'arrondissement qui, après en avoir certifié l'exactitude, les transmet à l'agent voyer en chef. Ce dernier, après les avoir vérifiés, les fait parvenir au préfet pour être soumis au conseil général (Règl. gén., art. 93 ; — Instr. gén., art. 194).

En ce qui a trait aux chemins de grande communication et d'intérêt commun, les tableaux n°ˢ 33 et 34 sont établis par chaque agent voyer d'arrondissement pour les lignes comprises dans son service. Ils sont adressés, le 25 mai au plus tard, à l'agent voyer en chef.

A l'aide de ces documents, l'agent voyer en chef dresse les tableaux n°ˢ 33 et 34 pour l'ensemble des lignes du département. Il les envoie au préfet, qui les soumet, dans la session d'août, au conseil général, conformément à l'article 66 de la loi du 10 août 1871 (Règl. gén., art. 109 ; — Instr. gén., art. 210).

Des instructions ministérielles ont été données, notamment par la circulaire du 22 novembre 1871, pour l'établissement des tableaux dont il s'agit.

La rédaction de ces tableaux n'en est pas moins généralement laborieuse, surtout pour les chemins vicinaux ordinaires, et ce n'est pas sans peine que les agents voyers cantonaux arrivent à présenter une situation en concordance exacte avec celle que révèle le compte n° 68 du receveur municipal dont il sera parlé plus loin (n° 723).

Cela tient à ce que l'organisation du service, telle qu'elle est réglée par l'Instruction générale et les modèles annexés, laisse encore à désirer. Il faudrait que l'on pût indiquer aux agents voyers, avec clarté et précision, les endroits où, dans les documents à leur disposition, ils doivent puiser les chiffres à consigner dans les diverses colonnes des tableaux n°s 33 et 34. Ces tableaux pourraient alors être établis exactement et rapidement.

721. A la fin de l'exercice, l'agent voyer en chef doit dresser, en outre :

1° Une situation comparative des crédits ouverts et des dépenses faites pour les chemins de grande communication et d'intérêt commun, avec distinction des chapitres du budget sur lesquels les dépenses ont été imputées (modèle n° 57) ;

2° Un état des dépenses dont il rend personnellement compte (modèle n° 58) ;

3° Des états présentant, pour les chemins du département, les ressources et les dépenses de l'exercice, ainsi que la situation de ces chemins à la fin de l'année (modèles n°s 59, 60, 61 et 62). Ces derniers états, visés par le préfet, sont envoyés au Ministre de l'Intérieur le 15 juillet (Règl. gén., art. 109 ; — Instr. gén., art. 210). Ils fournissent les principaux éléments du rapport que le Ministre adresse au Chef de l'État sur la situation du service vicinal ;

4° Un état (modèle n° 59 *bis*) indiquant l'origine et la nature des sommes passées en non-valeurs (Circul. du 9 septembre 1878).

§ 2. — Comptes des ordonnateurs

722. Les comptes d'administration que les maires présentent aux conseils municipaux avant la délibération du budget (art. 151 de la loi du 5 avril 1884) doivent renfermer les recettes et dépenses de la vicinalité. Ils sont définitivement approuvés par le préfet.

Pareillement, les comptes d'administration que le préfet présente au conseil général, dans sa session d'août (art. 66 de la loi du 10 août 1871), doivent contenir les recettes et dépenses relatives aux chemins de grande communication et d'intérêt commun. Ces comptes, provisoirement arrêtés par le conseil général, sont définitivement réglés par décret.

A cette même session d'août, le préfet soumet à l'assemblée départementale le compte annuel de l'emploi des ressources municipales affectées aux chemins de grande communication et d'intérêt commun (n° 720).

§ 3. — Comptes des receveurs municipaux

723. Le receveur municipal présente, pour toutes les recettes et dépenses communales, un compte général de gestion. Après avoir été soumis au conseil municipal, ce compte est apuré par le conseil de préfecture, sauf recours à la Cour des Comptes, pour les communes dont les revenus ordinaires n'excèdent pas 30.000 francs, et par la Cour des Comptes pour les autres communes (Loi du 5 avril 1884, art. 157).

Bien que le compte général de gestion renferme les recettes et dépenses de la vicinalité, le receveur municipal est tenu de rendre chaque année un compte spécial pour les opérations relatives aux chemins vicinaux.

Ce compte, qui est dressé sur le modèle n° 68 (1), est transmis le 5 avril au plus tard au receveur des Finances qui, après l'avoir vérifié et certifié, le fait parvenir au préfet le 15 avril pour tout délai (Règl. gén., art. 133 ; — Instr. gén., art. 234).

Le compte n° 68, formé d'après les écritures, doit présenter la *situation* du comptable d'après le compte précédent, la *totalité des opérations* faites par le receveur pendant l'exercice, tant en recettes qu'en dépenses et le *résultat général* des

---

(1) Deux exemplaires de la formule n° 63 doivent être remis chaque année au receveur municipal, à la clôture de l'exercice. La dépense de ces imprimés est imputée sur les fonds du service vicinal (Circulaire du 31 mars 1875).

recettes et des paiements à la clôture de l'exercice (Règl. gén.,
art. 134 ; — Instr. gén., art. 235).

Une circulaire ministérielle du 31 mars 1875 contient des
instructions au sujet de l'établissement du compte n° 68.

Cette circulaire rappelle notamment que toutes les ressources, quelles que soient leur origine et leur nature, doivent
figurer dans le compte de la vicinalité. Ce compte doit dès
lors comprendre les souscriptions et les subventions industrielles effectuées en nature (n° 469).

La circulaire précitée appelle l'attention sur la nécessité de
déterminer avec le plus grand soin l'excédent de ressources à
la clôture de l'exercice précédent, puisqu'il forme la base de
toutes les opérations. Dans ce but, les comptables doivent se
mettre d'accord avec les agents voyers. En cas de dissentiment,
il doit en être référé au préfet qui, après avoir pris, s'il y a
lieu, l'avis des chefs de service, fixe définitivement le solde en
caisse et le montant des restes à recouvrer. Les chiffres ainsi
arrêtés doivent être reportés dans les écritures des comptables
et des agents voyers : ils ne peuvent, sous aucun prétexte,
subir de modifications dans le cours de l'exercice, et le préfet
doit veiller à ce qu'ils soient exactement consignés dans les
budgets additionnels.

§ 4. — Comptes du Trésorier-payeur général

724. Ces comptes sont soumis aux dispositions édictées
par le décret du 13 juillet 1893, articles 210 et suivants.

TITRE VII

POLICE DE LA VOIRIE

VICINALE

TITRE VII

POLICE DE LA VOIRIE VICINALE

CHAPITRE I

TRAVAUX ET ACTES SOUMIS A UNE AUTORISATION PRÉALABLE

SECTION I

INDICATION DES TRAVAUX ET ACTES SOUMIS A UNE AUTORISATION PRÉALABLE

§ 1. — Constructions, reconstructions ou réparations des bâtiments, murs ou clôtures quelconques à la limite des chemins

725. De l'obligation d'une autorisation. — L'article 172 (6°) du Règlement général sur les chemins vicinaux porte que nul ne peut, sans y être préalablement autorisé, construire, reconstruire ou réparer aucun bâtiment, mur ou clôture quelconque, à la limite des chemins.

Cette obligation s'applique aux édifices publics, aussi bien qu'aux constructions privées (Avis du Comité de l'Intérieur du Conseil d'État en date du 11 janvier 1848 ; — Cass., 30 avril 1863, *Gras*). Elle s'étend aux constructions ou clôtures provisoires (Cass., 30 mai 1833, *Challemaison ;* 5 août 1845, *Meyer*).

Elle s'impose également pour les immeubles qui sont portés sur un plan d'alignement comme devant être retranchés soit à l'amiable, soit par expropriation, mais seulement dans le cas où il s'agit d'exécuter des travaux à la façade de ces immeubles (C. d'État, 21 février 1890, *Piat ;* 29 juillet 1892, d'*Uzer ;* 19 janvier 1894, *Shoult*). Bien que les immeubles dont il est question échappent aux servitudes de voirie, en ce sens qu'ils peuvent être l'objet de travaux confortatifs tout comme s'ils étaient à l'alignement, ils n'en sont pas moins riverains des chemins et soumis, en ce qui concerne les travaux de leur façade, au contrôle préalable de l'Administration.

726. Quant aux travaux à exécuter, en dehors du mur de face, dans la partie retranchable des bâtiments soumis à la servitude de reculement, deux cas peuvent se présenter.

S'il s'agit de travaux à effectuer aux murs latéraux, soit murs de pignon, soit murs mitoyens mis à découvert par suite du reculement de maisons voisines, une autorisation doit être demandée, par la raison que ces murs confinent à la voie publique. Le Conseil d'État et la Cour de Cassation sont d'accord sur ce point (C. d'État, 5 décembre 1834, *Bertrand ;* 24 juillet 1848, *Lenrumet;* 31 janvier 1861, *Royer ; —* Cass., 17 janvier 1840, *Delalonde ;* 4 janvier 1849, *Sanitas ;* 22 novembre 1850, *Gédéon de Clairvaux;* 27 février 1863, *Giraud-Pinard ;* 17 juillet 1863, *Giraud-Pinard;* 20 juin 1864, *Giraud-Pinard;* 11 mai 1865, *Pierlay*).

S'il s'agit de travaux à faire à l'intérieur de la partie retranchable, il semble qu'il y ait dissidence entre les deux Cours. D'après le Conseil d'État, en effet, une autorisation n'est pas nécessaire, étant entendu que les travaux ne doivent pas avoir pour effet de consolider le mur de face (12 décembre 1834, *Pihet ;* 25 mars 1835, *Lafitte ;* 14 juin 1837, *Forgeron ;* 4 mai 1843, *Jousseran ;* 27 décembre 1844, *Thomassin ;* 26 avril 1847, *Ecorcheville*). D'après la Cour de Cassation, au contraire, une autorisation est indispensable (6 avril 1846, *Gamelin;* 25 mai 1848, *Chauvel;* 7 décembre 1848, *Lignière;* 2 février 1878, *Galtier;* 7 août 1885, *Petit*).

Mais il y a lieu de remarquer que la jurisprudence du Conseil d'État s'applique à la grande voirie qui est régie par des textes spéciaux. En matière de chemins vicinaux, l'article 172 du Règlement général exige une autorisation préalable pour les travaux à faire aux bâtiments *à la limite des chemins.* Les portions de bâtiments qui sont situées en avant de la limite légale des chemins paraissent à plus forte raison tomber sous l'application de cet article. Les travaux à effectuer dans ces portions de bâtiments doivent donc être autorisés.

En admettant que des doutes puissent exister sur ce point, nous pensons que les propriétaires agissent prudemment en se munissant d'une autorisation, d'autant plus que, si un procès-verbal était dressé contre eux, il serait déféré à la juridiction ordinaire, qui est placée sous le contrôle de la Cour de Cassation.

727. Cas où une autorisation n'est pas nécessaire.

— Une autorisation n'est pas nécessaire dans les cas suivants :

1° Lorsque les constructions à réparer ou à établir sont ou doivent être en retraite par rapport à la limite des chemins.

C'est ce qu'admet le Conseil d'État (4 février 1824, *Legros ;* 2 août 1828, *Marteau d'Autry ;* 29 juin 1842, *Hardy ;* 15 mars 1844, *Dupin ;* 21 juin 1844, *Sollet ;* 16 janvier 1846, *Mombrun ;* 17 février 1859, *Catillon*). Quant à la Cour de Cassation, elle a été d'un avis contraire à une époque où la délivrance des alignements n'était pas assujettie aux règles qui ont maintenant prévalu, mais la haute Cour paraît modifier sa jurisprudence dans le sens de celle du Conseil d'État (Cass., 24 mai 1873, de *Boissieu ;* 16 décembre 1886, *Bénard ;* 17 juin 1887, *Réal*).

Les termes de l'article 172 du Règlement général sur les chemis vicinaux présentent, au surplus, une précision toute particulière : l'autorisation n'est exigée que pour les bâtiments, murs ou clôtures quelconques, *à la limite des chemins.* Et il est à remarquer que les termes soulignés ont été substitués, assurément à dessein, à ceux de l'article 281 du Règlement modèle de 1854 qui disait : *le long et joignant les chemins.*

On ne peut qu'engager les propriétaires riverains à user avec une grande prudence du droit qui leur est conféré de se passer d'une autorisation. Ils peuvent se tromper sur la position de la limite du chemin, soit qu'ils ignorent l'approbation d'un plan fixant cette limite, soit qu'ils ne connaissent pas la modification apportée à un plan antérieur, soit qu'il y ait incertitude sur la limite de leur propriété en l'absence de tout plan d'alignement. D'ailleurs, il peut se faire que l'Administration, prévenue par une demande en autorisation de bâtir, se décide à faire approuver un élargissement qu'elle avait jusqu'alors ajourné, et le propriétaire préfère généralement attendre l'issue de cette instruction plutôt que de s'exposer à élever une construction qui serait frappée d'alignement.

2° Lorsque les constructions à réparer ou à édifier sont ou doivent être établies sur des terrains destinés à l'ouverture ou au redressement d'un chemin (1). — La déclaration d'utilité publique n'a pas pour effet de soumettre ces terrains aux servitudes de voirie (Cass., 28 février 1866, *Baril;* 4 juin 1858, *Montels;* 28 juin 1861, *Déhu;* 19 juillet 1861, *Lucotte;* 11 mars 1865, *Allouard;* 17 juin 1887, *Réal;* — C. d'Etat, 22 janvier 1863, de la *Moskowa;* 12 janvier 1883, *Matussière*).

3° Lorsque les travaux doivent être exécutés, en arrière de la façade de bâtiments frappés d'alignement, si l'approbation du plan d'alignement porte que ces immeubles ne pourront être réunis à la voie publique qu'à l'amiable ou par expropriation (C. d'État, 13 juillet 1866, *Leboucher*).

Il en est ainsi, alors même qu'aucune réserve n'aurait été insérée dans la décision approbative du plan, si l'emprise dont les immeubles sont frappés excède les limites dans lesquelles la jurisprudence restreint l'application de la servitude d'alignement (C. d'Etat, 22 juin 1888, *Schock* et *Chaumette*).

4° Lorsqu'il s'agit de peintures ou de badigeonnages (C. d'État, 16 juillet 1851, *Chambert;* 26 juillet 1854, *Dumaine.* — Cass., 27 juillet 1872, *Barré*).

Cette jurisprudence épargne à l'Administration vicinale une intervention qui ne laisserait pas que d'être assez active dans certaines villes (2).

728. But de l'alignement. — En délivrant l'alignement au propriétaire qui demande l'autorisation d'élever une construction ou clôture quelconque le long d'un chemin, l'Administration lui fait connaître la limite légale assignée à ce chemin. Cette mesure a essentiellement pour objet de maintenir ou de réaliser, suivant le cas, la largeur du chemin. Elle permet, en outre, au propriétaire de s'avancer, quand l'alignement détache

---

(1) Étant entendu que ces constructions ne joignent pas la voie publique actuelle (n° 725).

(2) Il peut arriver que des maires, agissant en vertu des pouvoirs de police qui leur sont conférés par la loi municipale, prennent des arrêtés portant défense de peindre ou de badigeonner les maisons sans leur autorisation. Dans ce cas, les propriétaires ne peuvent se passer de cette autorisation (Cass., 3 août 1888, *Pierre Le Galle*).

une portion du sol du chemin qui a été reconnue inutile aux besoins de la voie publique.

Si le propriétaire riverain est tenu de ne point dépasser l'alignement qui lui est indiqué, il n'est pas obligé de le suivre. Il peut établir ses constructions en arrière de cet alignement(1) (Circulaire du Ministre de l'Intérieur en date du 10 décembre 1839 ; — C. d'État, 6 décembre 1844, *Taque*).

Aussi convient-il, dans la rédaction des arrêtés de voirie, de ne point employer la formule impérative : « L'alignement *à suivre* est formé par... » Il est plus correct, à notre avis, de se borner à dire : « L'alignement du chemin est formé par... »

729. Comment se délivre l'alignement. — Deux cas sont à distinguer :

1° *S'il n'existe pas de plan approuvé* fixant les alignements ou les limites du chemin, l'alignement doit être délivré suivant la limite actuelle du chemin (Circulaire du Ministre de l'Intérieur en date du 12 mai 1869 ; — C. d'Etat, 6 mars 1885, *Saurin*; 2 novembre 1888, commune de *Villiers* ; — Cass. 31 mars 1870, *Brunet* ; 1er février 1877, *Cazalot*; *id.*, *Le Bras* ; 4 février 1882, *Brau* ; 23 janvier 1892, *Massiani*).

L'autorité chargée de donner l'alignement ne peut donc ni élargir le chemin en faisant reculer le propriétaire (C. d'État, 5 avril 1862, *Lebrun* ; 31 mars 1865, *Poncelet*; 5 mai 1865, *Gibaud*; — Cass., 11 décembre 1869, *Michaut*), ni rétrécir le chemin en faisant avancer le propriétaire (C. d'État, 21 mai 1867, *Cardeau*; 7 janvier 1869, commune de *Bourg-le-Roi* ; — Cass., 14 mars 1870, commune de *Vaudrey*).

Il est aisé de s'expliquer la règle qui vient d'être formulée.

Les autorités auxquelles il appartient de delivrer les alignements, préfets, sous-préfets ou maires, n'ont pas qualité pour élargir un chemin, puisqu'une semblable opération entraîne l'expropriation d'un terrain détenu par un tiers. Ces autorités sont également sans pouvoir pour réduire la largeur

---

(1) Toutefois le maire, usant des pouvoirs de police qui lui sont attribués par l'article 97 de la loi du 5 avril 1884, peut obliger les riverains, dans l'intérieur des agglomérations, à clore leurs propriétés à la limite de l'alignement (Circulaire du Ministre de l'Intérieur en date du 10 décembre 1839 ; — C. d'État, 24 décembre 1886, Compagnie des terrains de la gare de *Saint-Onen*; — Cass. 13 août 1846, *Mortet* ; 3 mai 1850, *Tronchet*; 1er février 1872, *Couvreur* ; 28 janvier 1887, *Wissner* et *Magnin*; 9 décembre 1887, *Lesage*).

d'un chemin, puisqu'une mesure de ce genre comporte le déclassement d'une partie de ce chemin. Ni l'expropriation pour cause d'élargissement, ni le déclassement d'une portion de chemin, ne peuvent être prononcés par un simple arrêté des autorités administratives commises à la délivrance des alignements.

Au surplus, il suffit de remarquer qu'en vertu de la loi du 10 août 1871, les limites des chemins vicinaux sont maintenant fixées, suivant les cas, par le conseil général du départetement ou par la commission départementale. Les attributions conférées à ces assemblées ne peuvent dès lors être exercées par le préfet, les sous-préfets ou les maires.

Il peut se faire que l'Administration trouve de graves inconvénients à délivrer les alignements suivant les limites actuelles des chemins. D'un autre côté, les propriétaires peuvent subir un sérieux préjudice quand leurs constructions, établies à la limite d'un chemin trop étroit, viennent à être ultérieurement frappées d'alignement. Le service vicinal doit alors examiner s'il ne convient pas de procéder d'urgence aux formalités d'approbation d'un plan fixant d'autres alignements ou limites. Les intéressés sont souvent disposés à attendre les résultats de l'instruction.

Quoi qu'il en soit, pour éviter ces divers inconvénients, il importe de ne laisser aucune traverse dépourvue de plan d'alignement régulièrement approuvé. Aussi, dans ses circulaires des 10 décembre 1839 et 12 mai 1869, le Ministre de l'Intérieur a-t-il vivement insisté auprès des préfets pour que la confection des plans fût poursuivie avec la plus grande activité.

2° *S'il existe un plan approuvé* fixant les alignements ou les limites du chemin, l'alignement doit être délivré suivant les lignes tracées sur ce plan.

Le plan approuvé peut consister soit en un plan d'alignement s'appliquant à une traverse et à ses abords, soit en un plan déterminant, en rase campagne, les limites du chemin.

Mais les alignements portés sur ces plans ne peuvent que maintenir les limites actuelles, réduire la largeur ou opérer le simple élargissement du chemin.

Si les alignements déterminaient un élargissement assimilable à un redressement ou à une ouverture de chemin, ils ne pourraient être imposés aux riverains. Dans cette catégorie rentrent les alignements qui ont fait l'objet d'une réserve aux termes de laquelle leur réalisation ne peut avoir lieu qu'à l'amiable ou par voie d'expropriation (n° 183). Les immeubles atteints par ces alignements échappent aux servitudes ordinaires de voirie, d'où il résulte que l'Administration ne peut refuser aux propriétaires, s'ils l'exigent, un alignement suivant la limite actuelle du chemin (C. d'État, 23 février 1883, dame *Sarlandie*).

Il en serait de même si la réserve dont il vient d'être question avait été omise dans la décision portant approbation du plan d'alignement (n° 183).

730. La même règle existe en matière d'ouverture ou de redressement d'un chemin, quand la déclaration d'utilité publique a été prononcée, si l'arrêté de cessibilité n'a pas été pris et si, dès lors, les terrains nécessaires à l'assiette du chemin n'ont pas été régulièrement désignés. L'Administration ne peut imposer aux propriétaires des alignements suivant les limites tracées sur le plan au vu duquel la déclaration d'utilité publique a été rendue (C. d'État, 22 janvier 1863, de la *Moskowa*; 12 janvier 1883, *Matussière*).

Inversement, dans le cas dont il s'agit, les propriétaires ne peuvent obliger l'Administration à leur délivrer l'alignement conformément au plan (C. d'État, 1er mars 1895, *Sauton*; 22 mars 1895, veuve *Sanoner*). Cette jurisprudence peut être invoquée quand, après avoir obtenu la déclaration d'utilité publique des travaux d'ouverture ou de redressement d'un chemin, la commune se ravise et se propose de poursuivre ultérieurement la réalisation d'un autre projet.

731. Des saillies. — Lorsque les propriétaires élèvent des constructions à la limite des chemins ou bien modifient l'aménagement des constructions qui bordent ces chemins, ils ont souvent besoin d'établir des ouvrages en saillie, tels que soubassements, devantures de boutiques, appuis de fenêtres, tuyaux de descente des eaux, enseignes, balcons, marquises, corniches, etc.

L'Administration est investie d'un pouvoir discrétionnaire pour autoriser ces saillies, qui sont généralement mesurées à partir du nu du mur de face au-dessus de la retraite du soubassement.

Un Règlement spécial arrêté par le préfet doit fixer les conditions auxquelles sont tenues de satisfaire les saillies dont il vient d'être question. Ce Règlement doit aussi déterminer le mode d'ouverture des portes et fenêtres. Dans les départements où ce Règlement n'a pas été rendu, il y est pourvu, dans chaque cas particulier, par le préfet s'il s'agit d'un chemin de grande communication ou d'intérêt commun, et par le maire s'il s'agit d'un chemin vicinal ordinaire (Règl. gén., art. 179 ; — Instr. gén., art. 280).

L'utilité d'un Règlement spécial est manifeste, non seulement pour assurer de l'uniformité sur les chemins de toute catégorie, mais encore pour simplifier le travail des agents de l'Administration (1). Pour la préparation de ce document, on peut s'inspirer des dispositions de l'arrêté réglementaire relatif aux permissions de grande voirie. On peut consulter aussi le décret du 22 juillet 1882, qui a réglementé les saillies pour la ville de Paris.

Il serait assurément à désirer que tous les Règlements spéciaux, dans les divers départements, fussent conformes à un type qui serait arrêté par le Ministre de l'Intérieur (2). C'est ce qui a été fait pour les Règlements de grande voirie, en vertu de la circulaire du Ministre des Travaux publics du 20 septembre 1858.

Il conviendrait même que les Ministres des Travaux publics et de l'Intérieur se missent d'accord pour fixer les dispositions qui seraient communes aux Règlements de grande voirie, de voirie vicinale et aussi de voirie urbaine. Car, dans certaines villes, il existe actuellement trois Règlements qui régissent les propriétés riveraines, et qui soumettent les saillies à des conditions différentes, suivant les rues dans lesquelles se trouvent les constructions. Cette diversité de traitement produit un fâcheux effet : le public ne s'explique pas pourquoi l'Administration a plusieurs poids et mesures à l'intérieur de la même ville.

---

(1) Il suffit, dans chaque cas, de se référer au Règlement spécial, qui est imprimé, en annexe, sur la formule d'arrêté d'autorisation. La partie manuscrite se trouve ainsi très réduite.

(2) Des modifications ou des additions pourraient être apportées à ce type, mais à la condition d'être justifiées par des circonstances locales.

732. Travaux à exécuter aux bâtiments en saillie sur l'alignement. — Quelques années après la promulgation de la loi du 21 mai 1836, l'Administration s'est demandé si, en matière de voirie vicinale, l'autorité pouvait, comme elle en a le droit en matière de voirie urbaine et de grande voirie, défendre l'exécution de tous travaux confortatifs aux constructions situées en saillie sur les alignements régulièrement approuvés.

L'article 21 de la loi de 1836 donne aux préfets le droit de statuer *sur tout ce qui est relatif aux alignements et aux autorisations de construire le long des chemins*, mais il ne dit rien *sur les réparations à faire aux constructions existantes*. Le silence de l'article 21, sur ce point, nous paraît, d'ailleurs, s'expliquer par cette circonstance que les bâtiments à réparer sont surtout situés à l'intérieur des agglomérations et, comme le législateur de 1836 avait admis que les chemins vicinaux ne comprenaient pas les traversées de ces agglomérations (n° 79), il n'est pas surprenant qu'il n'ait pas mentionné, à l'article 21 de la loi, la réparation des constructions riveraines parmi les objets à réglementer.

Quoi qu'il en soit, des doutes existaient sur la question de savoir si les termes de l'article 21 investissaient le préfet du droit d'interdire l'exécution de réparations confortatives aux bâtiments sujets à reculement.

Le Conseil d'État, consulté à ce sujet, déclara, dans un avis du 16 juillet 1845, que la délégation faite aux préfets dans l'article 21 de la loi du 21 mai 1836 révèle, par la généralité de ses termes, l'intention du législateur d'assurer, en ce qui touche les chemins vicinaux, l'application des règles de la voirie urbaine et de la grande voirie et que, dès lors, les préfets ont le pouvoir d'empêcher les propriétaires d'effectuer des réparations confortatives aux bâtiments frappés d'alignement.

Le Règlement général sur le service des chemins vicinaux renferme, en conséquence, la disposition suivante :

« ART. 180. — Les travaux à faire à des constructions en saillie sur les alignements d'un plan régulièrement approuvé ne seront autorisés que dans le cas où ces travaux n'auront pas pour effet de consolider le mur de face. »

733. Cette disposition applique aux chemins vicinaux la jurisprudence du Conseil d'État.

D'après cette jurisprudence, les propriétaires peuvent exécuter leurs travaux, soit réparations, soit constructions nouvelles, dans la partie retranchable de leurs immeubles, pourvu que ces travaux n'aient pas pour résultat de réconforter le mur de face (30 décembre 1841, *Gogois ;* 22 février 1850, *Piollet;* 2 février 1854, *Loriot ;* 5 janvier 1860, *Périé ;* 24 janvier 1861, *Leneveu*).

Toutefois, le Conseil d'État réserve à l'Administration le droit d'exiger la démolition de la totalité des constructions établies en avant de l'alignement, le jour où le mur de face devra être démoli (12 décembre 1834, *Pihet ;* 25 mars 1835, *Lafitte ;* 28 mai 1835, *Debure ;* 14 juin 1837, *Forgeron;* 4 mai 1843, *Jousseran;* 27 décembre 1844, *Thomassin;* 7 février 1845, *Macquart ;* 26 avril 1847, *Écorcheville ;* 3 juin 1858, *Cohas ;* 21 septembre 1859, *Jenteville*).

Il s'ensuit qu'à la condition de ne pas consolider le mur de face, les propriétaires peuvent être autorisés, soit à effectuer la réfection d'un pignon (C. d'État, 9 décembre 1864, *Bourgeois*), soit à réparer ou à reconstruire un mur mitoyen, mis à découvert par suite du reculement de la maison voisine (C. d'État, 24 juillet 1848, *Lenrumet;* 31 janvier 1861, *Royer ;* 12 mai 1869, *Clément*).

734. Cette jurisprudence donne lieu à diverses critiques.

Elle a pour pivot le mur de face. Mais les bâtiments frappés d'alignement ne se présentent pas toujours avec un véritable mur de face à peu près parallèle à la direction de la voie publique. On trouve, dans certaines localités rurales, à travers lesquelles on a fait passer un chemin, des bâtiments disposés avec deux faces sensiblement inclinées de la même manière par rapport à l'axe de ce chemin. Quelle est, de ces deux faces, celle dont la consolidation doit être interdite ? Et si les deux faces sont à peu près semblables, pourquoi l'une est-elle soumise à cette interdiction, tandis que l'autre y échappe?

Il existe aussi des villages, essentiellement agricoles, où les bâtiments sont placés perpendiculairement au chemin et séparés les uns des autres par des cours plus ou moins larges. La façade principale est perpendiculaire à la voie publique; sur le bord de cette voie se trouve un mur de pignon. Il y a lieu de croire que, dans ce cas, c'est le pignon qui constitue le mur de face auquel il est défendu d'exécuter des travaux confortatifs, mais il est assurément singulier que le mur principal de la maison puisse être consolidé ou reconstruit dans la partie où il est en saillie sur l'alignement.

La jurisprudence du Conseil d'État a l'inconvénient de ne pas être saisie de tous les intéressés. Les populations, qui sont simplistes, ne comprennent pas pourquoi il est permis de reconstruire, par exemple, des murs latéraux en saillie sur l'alignement, alors qu'il est interdit de traiter de la même manière le mur de face ; elles ne s'expliquent pas pourquoi toute la partie retranchable des bâtiments n'est pas soumise au même régime. Des protestations sont parfois provoquées par les autorisations délivrées en vertu de la jurisprudence du Conseil d'État ; des soupçons de partialité s'élèvent même contre l'Administration, qui ne parvient pas aisément à les dissiper.

735. Cas où les bâtiments en saillie sont affranchis de la servitude d'alignement. — Nous avons indiqué, aux nᵒˢ 181 et suivants, les cas dans lesquels les immeubles frappés d'alignement sont exonérés des servitudes de voirie.

Les propriétaires ont alors le droit d'exécuter des travaux confortatifs au mur de face, et l'autorisation qu'ils sollicitent à cet effet ne peut leur être refusée, même si aucune réserve n'a été insérée à ce sujet dans la décision approbative du plan (C. d'État, 21 février 1890, *Piat* ; 16 janvier 1891, *Palfray* ; 8 juillet 1892, *Imbert* ; 19 janvier 1894, *Doby* ; id., *Shoult* ; 2 février 1894, ville de *Rouen*).

§ 2. — Voies ferrées sur le sol des chemins

736. Les voies ferrées à établir sur le sol des chemins vicinaux sont de deux sortes : les unes sont à l'usage du public et elles sont autorisées par une loi ou par un décret ; les autres sont destinées exclusivement à l'exploitation d'un établissement agricole, industriel ou commercial, et elles sont autorisées par le préfet, à titre de permission de voirie.

Les tramways qui appartiennent à la première catégorie de ces voies ferrées font l'objet du chapitre ɪɪ du titre IX.

Quant aux voies de la seconde catégorie, les autorisations à intervenir sont soumises aux règles générales des permissions délivrées à titre précaire et révocable. Elles doivent être subordonnées à toutes les conditions jugées utiles tant pour l'établissement que pour l'entretien de la voie ferrée. Pour la détermination de ces conditions, on peut s'inspirer de celles qui ont été prévues soit au décret du 6 août 1881 rendu en exécution de la loi du 11 juin 1880 sur les tramways, soit au cahier des charges type approuvé par décret, également en date du 6 août 1881, pour la concession des tramways.

§ 3. — Aqueducs et autres ouvrages sur les fossés des chemins

737. Aux termes de l'article 172 (5°) du Règlement général sur les chemins vicinaux, nul ne peut, sans y être préalablement autorisé, établir sur les fossés des barrages, écluses, passages permanents ou temporaires.

En ce qui concerne les barrages ou écluses, les autorisations ne doivent être données que lorsque la surélévation des eaux ne peut nuire au bon état de la voie publique. Elles doivent prescrire les mesures nécessaires pour que les chemins ne puissent jamais être submergés. Elles sont toujours révocables sans indemnité, si les travaux sont reconnus nuisibles à la viabilité (Règl. gén., art. 200; — Instr. gén., art. 302).

En ce qui a trait aux aqueducs ou pontceaux à établir par les riverains sur les fossés des chemins, les autorisations doivent régler le mode de construction, les dimensions à donner aux ouvrages et les matériaux à employer (1); elles doivent stipuler la charge de l'entretien par l'impétrant et le retrait de l'autorisation, dans le cas où les conditions pres-

---

(1) Ces prescriptions du Règlement doivent être entendues d'une manière libérale. Il convient de se garder d'exigences qui pourraient entraîner une dépense trop élevée pour les permissionnaires. Ce qu'il importe d'assurer, c'est un débouché suffisant, un niveau convenable pour le radier et, comme il est indiqué d'autre part, un relief de l'ouvrage qui ne déforme pas le profil transversal du chemin. Le mode de construction ou la nature des matériaux employés n'affectent guère que l'intérêt des propriétaires riverains.

crites ne seraient pas remplies, ou bien s'il était reconnu que les ouvrages nuisent à l'écoulement des eaux ou à la circulation (Règl. gén., art. 197 ; — Instr. gén., art. 299).

Quand les héritages riverains sont en contrehaut du chemin, il arrive parfois que les propriétaires désirent disposer les aqueducs sur fossés de telle sorte que la rampe d'accès parte de la chaussée pour s'élever jusqu'au niveau des terres riveraines. Cette rampe se trouve alors en relief sur l'accotement, et elle constitue un obstacle non-seulement pour la circulation des piétons, mais aussi pour celle des voitures qui, notamment sur les chemins étroits, se croisent en passant sur l'accotement. Pour éviter cet inconvénient, le Règlement de grande voirie porte que les passages doivent être établis de manière à ne pas déformer le profil transversal de la route. L'insertion de cette prescription ne peut qu'être recommandée pour les chemins vicinaux.

§ 4. — Aqueducs et autres ouvrages à établir transversalement aux chemins

738. Les ouvrages à établir par les riverains pour la traversée des chemins peuvent être à niveau, en dessous ou au-dessus de ces chemins.

Pour les ouvrages à niveau, tels que ceux des voies ferrées industrielles (1), les autorisations doivent prescrire les dispositions propres à ménager toutes facilités à la circulation des piétons et des voitures ordinaires.

Pour les ouvrages sous les chemins, tels que les aqueducs destinés à conduire les eaux d'un côté à l'autre de ces chemins, les autorisations doivent indiquer les dimensions à donner aux ouvrages ainsi que leur mode de construction, afin de sauvegarder la sécurité de la circulation (Règl. gén., art. 198); — Instr. gén., art. 300). Il y a lieu, en outre, d'imposer aux permissionnaires les dispositions à prendre, pendant l'exécution des travaux, en vue d'assurer la circulation et de prévenir tout accident (Règl. gén., art. 199 ; — Instr. gén., art. 301).

---

(1) En ce qui concerne ces voies industrielles, voir au n° 736.

Pour les ouvrages à établir au-dessus des chemins, tels que les passerelles ou les conducteurs électriques (1), les autorisations doivent stipuler les dimensions à réserver soit en largeur, soit en hauteur, pour le passage des piétons et des voitures. En outre, toutes mesures doivent être prises pour que les ouvrages présentent une solidité suffisante.

En ce qui concerne les fils télégraphiques et autres conducteurs électriques, qui sont régis par le décret du 15 mai 1888, la déclaration préalable à faire au préfet, en exécution de l'article 2 de ce décret, ne dispense pas les propriétaires de se pourvoir d'une autorisation de voirie auprès de l'autorité compétente. Le décret précité n'a d'autre objet que de réglementer, au seul point de vue technique, la pose des appareils électriques et d'assurer, dans l'intérêt de la sécurité publique, le contrôle de ces appareils. Il ne contient aucune disposition concernant les permissions de voirie (C. d'État, 25 mars 1892, *Parent* ; 3 juin 1892, *Parent* ; 20 avril 1894, *Bruandet*).

Les autorisations relatives aux ouvrages dont il vient d'être question doivent stipuler, d'ailleurs, que ces ouvrages seront entretenus en bon état par les permissionnaires et qu'ils pourront être supprimés sans indemnité dans le cas où ils seraient reconnus nuisibles à la viabilité (Règl. gén., art. 205 ; — Instr. gén., art. 308).

§ 5. — Aqueducs et autres ouvrages à établir suivant la longueur des chemins

739. De même que les précédents, ces ouvrages peuvent être :

Soit à niveau, comme les voies ferrées industrielles ;

Soit sous les chemins, comme les conduites d'eau ou de gaz ;

(1) Aux termes de l'article 2 de la loi du 28 juillet 1885, l'État a le droit d'exécuter, sur le sol ou sous le sol des chemins vicinaux et de leurs dépendances, tous travaux nécessaires à la construction et à l'entretien des lignes télégraphiques ou téléphoniques.

Les fils télégraphiques ou téléphoniques autres que ceux des lignes d'intérêt général ne peuvent être établis dans les égouts appartenant aux communes qu'après avis des conseils municipaux et moyennant une redevance, si les conseils municipaux l'exigent.

Soit au-dessus des chemins, comme les fils télégraphiques et autres conducteurs électriques.

Les recommandations du paragraphe précédent s'appliquent aux autorisations accordées pour l'établissement des ouvrages dont il s'agit.

Il y a lieu d'ajouter que ces autorisations doivent fixer l'emplacement des ouvrages qui peuvent, suivant les cas, affecter la chaussée, les accotements ou les trottoirs.

§ 6. — Dépôts. — Permis de stationnement

740. Dépôts. — L'article 172 (1°) du Règlement général sur les chemins vicinaux interdit, à moins d'autorisation préalable, tout dépôt de pierres, terres, fumiers, décombres ou autres matières. Cette interdiction est générale et absolue : il n'y a donc pas à avoir égard à la mesure plus ou moins grande dans laquelle les dépôts ont diminué la liberté ou compromis la sûreté du passage (Cass., 28 janvier 1859, *Roy;* 20 février 1862, *Mouchez-Nana* ; 15 avril 1864, *Blondin ;* 6 mars 1884, *Lahitte* ; 7 décembre 1889, *Talencieux ;* 20 décembre 1889, *Beaumel ;* 7 décembre 1894, *Lapoutge*).

Une autorisation est nécessaire, alors même que le sol du chemin pourrait encore être l'objet du paiement d'une indemnité au profit du propriétaire, si l'incorporation au chemin résulte d'une décision rendue par application de l'article 15 de la loi du 21 mai 1836 (Cass., 29 mai 1852, *Chaintreuil ;* 5 novembre 1868, *Malgras ;* 18 juillet 1893, *Pernelle*) (1). Il en est ainsi pour les terrains qui deviennent libres par suite du reculement des bâtiments frappés d'alignement, bien que les propriétaires n'aient pas reçu l'indemnité à laquelle ils ont droit. Aucun dépôt ne peut être fait, sans autorisation, sur ces terrains (Cass., 16 juillet 1840, *Delalonde* ; 10 juin 1843, *Léger* ; 19 juin 1857, *Requiem*).

741. Une autorisation peut être accordée pour les échafaudages et les dépôts que nécessitent les travaux de construc-

(1) V. au n° 135.

tion ou de réparation des bâtiments riverains. Cette autorisation fixe l'espace à occuper, de manière à ne pas faire obstacle à la circulation, et elle détermine la durée de cette occupation (Règl. gén., art. 181 ; — Instr. gén., art. 282).

742. Les dépôts doivent être éclairés (Code pénal, art. 471, n° 4). Bien que cette disposition soit d'ordre public, il ne paraît pas inutile de la rappeler dans les autorisations. C'est, d'ailleurs, ce que fait le Règlement de grande voirie.

743. Il y a toutefois un cas où les dépôts peuvent être effectués sans autorisation : c'est quand ils ont lieu par nécessité (Code pénal, art. 471, n° 4).

Cette nécessité ne peut provenir que d'un événement accidentel, imprévu ou de force majeure, ainsi que la Cour de Cassation a eu maintes fois l'occasion de le déclarer.

Les besoins de l'exercice d'une profession ou d'une industrie ne comportent pas l'excuse de la nécessité (Cass., 17 mars 1855, *Borderie* et *Bert* ; 9 février 1856, *Chevalier* ; 13 octobre 1859, *Contou* ; 31 mars 1865, *Gachignard* ; 21 mars 1868, *Rousseville* ; 10 janvier 1885, *Boger* ; 20 décembre 1889, *Beaumel*).

744. Permis de stationnement ou de dépôts temporaires délivrés par les maires. — Il existe une catégorie de dépôts qui échappe à la police de la voirie vicinale : nous voulons parler des étalages mobiles, de l'installation temporaire de marchands, de la pose de tables, de bancs ou de chaises par les restaurateurs, cafetiers ou débitants de boissons. C'est au maire qu'il appartient d'accorder les autorisations, aussi bien pour la grande que pour la petite voirie, en vertu du § 2 de l'article 98 de la loi municipale du 5 avril 1884. Ces autorisations sont données moyennant le paiement de droits fixés par un tarif dûment établi. Elles ne peuvent être délivrées qu'autant que les intérêts de la circulation sur les chemins vicinaux ne peuvent en souffrir sérieusement (Circulaire du Ministre de l'Intérieur en date du 15 mai 1884, art 98).

§ 7. — Déversement d'eaux quelconques sur les chemins

745. L'article 172 (4°) du Règlement général oblige les riverains à se pourvoir d'une autorisation pour déverser des eaux quelconques sur les chemins.

Cette prescription vise les eaux que les chemins ne sont pas obligés de recevoir, telles que les eaux industrielles. Pour que l'autorisation soit accordée, il faut que la nature des eaux ne présente aucun inconvénient pour la salubrité publique (n° 801); il faut aussi que les ouvrages destinés à évacuer ces eaux, fossés, caniveaux ou aqueducs, aient des dimensions suffisantes pour débiter le volume qu'ils seront appelés à écouler.

La prescription dont il s'agit s'applique également aux eaux que les propriétaires riverains ont le droit de déverser sur les chemins. Telles sont les eaux pluviales qui tombent des toits (Code civil, art. 681). Telles sont aussi les eaux ménagères (Cass., 22 mars 1876, *Bauche*; 15 mars 1887, *Lenoir*). L'exercice de ce droit est soumis aux conditions jugées nécessaires non seulement pour prévenir la dégradation du chemin, mais encore pour ne pas incommoder la circulation.

C'est ainsi que des tuyaux de descente peuvent être prescrits afin d'éviter que les eaux ne se déversent directement des toits sur la voie publique (Cass., 21 novembre 1834, *Dupont*; 25 mars 1869, *Saupin*; 8 janvier 1885, *Chaloin*). Les propriétaires peuvent être également tenus de conduire les eaux jusqu'au caniveau du chemin, soit à l'aide d'une gargouille s'il existe un trottoir, soit au moyen d'un cassis pavé dans le cas contraire (Cass., 13 mars 1862, *Hutin*; — C. d'État, 13 décembre 1889, *Minot*).

746. Il y a lieu de remarquer qu'en ce qui concerne l'écoulement des eaux pluviales et ménagères, des obligations spéciales sont imposées aux riverains dans toutes les villes auxquelles le décret du 26 mars 1852, relatif à la grande voirie de Paris, a été déclaré applicable. D'après l'article 6 de ce décret, les propriétaires peuvent être contraints de construire

les ouvrages nécessaires pour conduire leurs eaux dans les
égouts dont les rues sont pourvues.

Cette obligation n'existe pas dans les villes qui ne sont point
soumises au régime du décret de 1852. l'Administration ne
peut donc pas prescrire l'établissement d'embranchements
débouchant dans les égouts dont les rues de ces villes peuvent
être munies (Cass., 7 mars 1862, *Bourjade* ; 25 mars 1869,
Saupin).

§ 8. — Enlèvement de terres, gazons et autres matériaux provenant des chemins

747. L'article 172 (2°) du Règlement général porte que nul
ne peut, sans y être préalablement autorisé, enlever sur les
chemins vicinaux du gazon, du gravier, de la terre ou d'autres
matériaux.

C'est la reproduction des dispositions de l'article 44 de la loi
des 28 septembre-6 octobre 1891 et de l'article 479, n° 12,
du Code pénal.

Quelquefois les riverains se chargent d'effectuer eux-mêmes
le curage des fossés des chemins, afin d'employer, comme
engrais, le limon qui s'y est déposé. Ce curage doit nécessairement faire l'objet d'une autorisation subordonnée aux
conditions que l'Administration croit devoir imposer (Cass,
2 mai 1845, *Ducasse*). Les contestations qui surviennent à
l'occasion de cette opération ne peuvent pas, d'ailleurs, être
considérées comme se rattachant à l'exécution de travaux
publics, et elles ne sont pas, dès lors, de la compétence du
conseil de préfecture (C. d'État, 21 août 1845, veuve *Mahaut*).

§ 9. — Ouverture de tranchées et autres excavations à travers les chemins

748. Il peut se faire que les propriétaires aient besoin de
pratiquer, dans les chemins, des tranchées ou autres excavations, notamment pour visiter ou entretenir les ouvrages
qu'ils ont construits sous ces chemins.

Une autorisation préalable est nécessaire, aux termes de
l'article 172 (1°) du Règlement général.

§ 10. — Plantations faites par les communes sur le sol des chemins

749. Les communes peuvent être autorisées à faire des plantations non seulement sur le sol de leurs chemins vicinaux ordinaires, mais encore sur celui des chemins de grande communication et d'intérêt commun.

L'autorisation est accordée par le préfet.

Aux termes de l'article 188 du Règlement, les conditions auxquelles les plantations peuvent être faites, l'espacement des arbres entre eux, ainsi que la distance à observer entre les plantations et les propriétés riveraines, sont déterminés par le préfet dans son arrêté d'autorisation.

Les dispositions de l'article 671 du Code civil, relatives aux distances à ménager entre les plantations et la limite des héritages, ont été reconnues inapplicables aux arbres plantés sur des propriétés privées bordées par une voie publique (n° 751). Mais la jurisprudence ne s'est pas encore prononcée, au sujet de l'application de l'article 671, dans le cas inverse où les plantations sont effectuées sur le sol des chemins publics. On admet que les dispositions de l'article 188 du Règlement confèrent aux préfets le droit de fixer, ainsi qu'ils croient devoir le faire, la distance à laquelle les arbres peuvent être placés de la limite des héritages riverains. Cette distance est souvent très réduite, quand le chemin est peu large, surtout s'il est dépourvu de fossés ou d'autres dépendances.

750. Les plantations effectuées par les communes, sur les chemins de grande communication et d'intérêt commun, donnent lieu parfois à des difficultés en ce qui concerne les frais d'élagage et l'encaissement du prix des produits de cet élagage.

Ces difficultés surviennent lorsque les arrêtés d'autorisation, comme cela existe habituellement, ne contiennent aucune clause à ce sujet.

En l'absence de toute stipulation relative à l'élagage, les frais de cette opération ne peuvent être réclamés à la commune propriétaire des arbres. Ils doivent être imputés sur le budget du chemin de grande communication ou d'intérêt commun

(C. d'État, 15 décembre 1893, commune de *Fillièvres*). Il convient, pour éviter tout malentendu, d'insérer dans l'arrêté une clause portant que l'élagage sera exécuté par les agents du service vicinal aux frais du chemin de grande communication ou d'intérêt commun. Cette clause prévient d'ailleurs tout élagage intempestif auquel la commune pourrait se livrer, si elle effectuait elle-même l'opération.

Quant au produit de l'élagage, il appartient à la commune (arrêt précité), et le prix doit en être versé, à moins de stipulation contraire, dans la caisse de cette commune, sans affectation spéciale. C'est ce qui a été déclaré par le Conseil d'État dans un avis du 6 août 1873 (1). C'est ce qui a été également reconnu par le Ministre de l'Intérieur dans sa circulaire du 13 juillet 1893, § 46.

Toutefois, du moment que le chemin de grande communication ou d'intérêt commun a la charge de l'élagage, il paraît rationnel de lui attribuer le produit de l'opération, auquel cas le prix de la vente serait versé au compte des produits éventuels du chemin. C'est la solution que recommande la circulaire précitée. Elle peut faire l'objet d'une clause de l'arrêté d'autorisation, mais à la condition qu'elle soit acceptée par le conseil municipal de la commune propriétaire des arbres (même circulaire).

§ 11. — Plantations le long des chemins

751. Jusqu'en 1836, les riverains des chemins vicinaux se considéraient comme en droit de planter sur l'extrême limite de leurs propriétés, par suite de cette circonstance que l'article 671 du Code civil, concernant la distance des plantations à la limite séparative des héritages, est inapplicable à l'égard des chemins vicinaux (C. d'État, 16 février 1826, *Quesney;* — Cass., 2 mars 1855, *Soyer;* 16 décembre 1881, comte de *Roquette-Buisson*).

Cet état de choses était très préjudiciable aux chemins. Le législateur y a remédié par l'article 21 de la loi du 21 mai 1836,

---

(1) *Les Conseils généraux*, t. I, p. 365.

en conférant aux préfets le droit de statuer *sur tout ce qui est relatif aux plantations.*

Cet article donne aux préfets le droit de régler la distance du bord des chemins vicinaux à laquelle les riverains peuvent planter sur leurs propriétés, ainsi que l'espacement des arbres entre eux. C'est ce que le Conseil d'État a reconnu dans un avis du 9 mai 1838, rapporté dans la circulaire ministérielle du 10 octobre 1839.

L'article 184 du Règlement général fait connaître les distances à observer pour les diverses espèces d'arbres, ainsi que l'écartement minimum à ménager entre les arbres d'une même rangée (1).

Les articles 189 et 190 ont trait aux haies vives. Le premier de ces articles fixe la distance minimum à laquelle les haies doivent être plantées de la limite extérieure des chemins (1) ; le second article détermine la hauteur que ces haies ne doivent jamais excéder.

Les autorisations doivent dès lors mentionner les dispositions prescrites à ce sujet par le Règlement en vigueur dans le département.

752. Lorsque les riverains veulent planter soit des arbres, soit une haie vive, à des distances qui excèdent les intervalles prescrites par le Règlement, une autorisation est inutile. Nous ne pouvons que renvoyer, à ce sujet, aux observations présentées au n° 727, en ce qui concerne les constructions à établir en dehors des limites des chemins.

§ 12. — Ouverture de fossés particuliers le long des chemins

753. Les riverains peuvent obtenir l'autorisation d'ouvrir des fossés le long des chemins (Règl. gén., art. 172, 7°).

Le Règlement fait connaître, dans son article 194, la distance

---

(1) Les plantations faites antérieurement à la publication du Règlement et à des distances moindres que celles qu'il prescrit peuvent être conservées, mais elles ne peuvent être renouvelées qu'à la charge d'observer les distances fixées (Règl. gén., art. 185 et 191 ; — Instr. gén., art. 287 et 293).

minimum à laquelle ces fossés doivent se trouver de la limite
des chemins. Cette distance varie suivant les départements.

Le même article indique l'inclinaison la plus forte que
devront présenter les talus des fossés. Elle est généralement
fixée à raison de 1 mètre de base pour 1 mètre de hauteur.
Cependant certains Règlements la portent, dans les terrains
sablonneux, à 2 mètres de base pour 1 mètre de hauteur.

Ces dispositions doivent être relatées dans l'autorisation à
intervenir.

754. Lorsque le Règlement fixe une distance de $0^m,50$ ou
de $0^m,75$ entre la limite du chemin et le bord des fossés, cette
bande de terrain est généralement incorporée de fait à l'accotement, de telle sorte que la plate-forme du chemin se trouve
ainsi élargie aux dépens des riverains. Ces derniers subissent
dès lors un certain préjudice, puisqu'ils ne peuvent guère tirer
parti du terrain compris entre leurs fossés et la limite légale
du chemin.

Si l'on remarque que, lorsque l'Administration juge à propos de border de fossés la plate-forme des chemins, elle les fait
ouvrir à la limite même de cette plate-forme, on n'aperçoit pas
les raisons d'intérêt public pour lesquelles le Règlement enjoint aux riverains de reculer leurs propres fossés. Il est donc
permis de penser que rien ne justifie la servitude édictée par
l'article 194 du Règlement.

Tout ce que l'on peut exiger, c'est que les fossés particuliers
soient établis de manière à ne pas occasionner l'éboulement
du sol du chemin (1).

Ces fossés ne doivent pas d'ailleurs présenter une profondeur
qui les rende dangereux. Une condition peut être insérée à ce
sujet dans l'arrêté d'autorisation.

755. La propriété des fossés donne lieu parfois à des
litiges. Il peut se faire, lorsque leur ouverture remonte à une
époque reculée, qu'aucun acte ou titre ne constate par qui ces
fossés ont été établis. Dans ce cas, c'est aux propriétaires riverains qu'incombe la charge de fournir la preuve de leurs droits
(Cass., 17 octobre 1834, *Baillat;* 28 juin 1839, *Collardette*).

---

(1) HERMAN, *Traité pratique de voirie vicinale,* n° 853.

§ 13. — Établissement de puits, citernes, carrières et autres excavations le long des chemins

756. Le Règlement général indique, dans ses articles 172 et 206, les distances à réserver entre la limite des chemins et les puits, citernes, carrières ou mares que les riverains désirent pratiquer à proximité des chemins vicinaux.

Il stipule, en outre, que les propriétaires de ces excavations peuvent être tenus de les couvrir ou de les entourer de clôtures propres à prévenir tout danger pour les voyageurs.

757. L'article 21 de la loi du 20 mai 1836 ne mentionne pas la sécurité de la circulation parmi les objets sur lesquels le Règlement général doit statuer. On peut se demander dès lors en vertu de quelles dispositions de loi le préfet a pu introduire dans le Règlement l'obligation de tenir à certaines distances les excavations dont il vient d'être question. Cette obligation constitue une servitude qui grève les propriétés riveraines.

On verra, au n° 759, à l'occasion des moulins à vent, que le Conseil d'État a dénié au préfet le pouvoir d'établir une servitude analogue.

En ce qui concerne les carrières, le droit du préfet se fonde, d'après Herman (1), sur les arrêts du Conseil du Roi des 14 mars 1741 et 5 avril 1772, qui interdisent à tout particulier d'ouvrir une carrière à moins de 30 toises des routes et chemins publics. D'autres auteurs (2) trouvent dans l'article 479, n° 4, du Code pénal un point d'appui légal à la prescription insérée à l'article 206 du Règlement général.

758. Nous croyons, d'ailleurs, devoir faire remarquer qu'en ce qui concerne les carrières à ciel ouvert, par exemple, la nécessité de les éloigner des chemins vicinaux n'est pas parfaitement justifiée. Cette mesure s'expliquerait si l'interposition d'une zone de terrain entre le chemin et le bord de la carrière

---

(1) *Traité pratique de voirie vicinale*, n° 878.
(2) FUZIER-HERMAN, *Chemin vicinal*, n° 2379.

constituait le seul moyen de protéger la sécurité de la circulation. Mais ce résultat peut assurément être obtenu par d'autres dispositions, notamment en accompagnant la plate-forme du chemin d'une banquette de sûreté placée au sommet d'un talus convenablement établi. Le chemin se trouverait ainsi dans des conditions analogues à celles d'un chemin en remblai ou à flanc de coteau.

Il semble que le propriétaire riverain devrait avoir la faculté de s'approcher de la sorte du chemin vicinal.

§ 14. — Établissement de moulins à vent ou de fours à chaux le long des chemins

759. Des règlements antérieurs à 1789 fixent la distance minimum à laquelle les moulins à vent doivent être placés du bord des chemins. Ces règlements existent pour le territoire de l'ancienne généralité de Lille (2 décembre 1773) et pour l'ancien territoire d'Artois (2 décembre 1773 et 13 juillet 1774). Ils sont considérés comme étant toujours en vigueur (C. d'État, 14 août 1852, *André* et *Rieder* ; 15 juillet 1853, *Débats*).

Le Règlement général sur les chemins vicinaux qui a précédé le Règlement actuel déterminait, dans son article 377, la distance à observer pour la construction des moulins à vent aux abords des chemins vicinaux. Des doutes s'étant élevés sur la légalité de cette disposition, le Ministre a consulté la section de l'Intérieur du Conseil d'État, qui, dans sa séance du 5 février 1867, a émis l'avis que rien, dans l'article 21 de la loi du 21 mai 1836, n'autorisait le préfet à prendre une mesure de cette nature. Cet avis a été porté à la connaissance des préfets par une circulaire du Ministre de l'Intérieur en date du 28 février 1867. L'article 377 a dû être considéré comme nul et non avenu, et le nouveau Règlement général, intervenu en 1870, passe sous silence l'établissement de moulins à vent auprès des chemins vicinaux.

L'article 21 de la loi de 1836 indique les objets sur lesquels le préfet peut statuer et parmi ces objets ne figure pas la sécurité de la circulation sur les chemins. Si donc le préfet avait le droit de prescrire des mesures relatives aux moulins à vent, ce serait exclusivement en vertu des pouvoirs généraux de police qui lui sont conférés en matière de sûreté publique.

Or, il a été jugé par le Conseil d'État qu'aucune disposition de loi n'autorisait le préfet à fixer la distance minimum à laquelle les moulins à vent devraient être établis (9 mai 1866, *Rouillon*). Il s'agissait, dans l'espèce, d'un moulin avoisinant une route départementale, dans le département du Loiret.

Mais, par contre, la Cour de Cassation a admis la légalité d'un arrêté municipal déterminant la distance à observer pour la construction des fours à chaux qui, au point de vue de la sécurité de la circulation, présentent des inconvénients analogues à ceux des moulins à vent (8 février 1856, *Baudry*).

Quoi qu'il en soit, il est manifeste qu'il conviendrait pour l'Administration de pouvoir éloigner des chemins vicinaux les établissements, tels que les moulins à vent, dont le voisinage est de nature à compromettre la sûreté de la circulation. La législation présente, à ce sujet, une lacune qu'il serait bon de combler, quand on procèdera à la revision de la loi du 21 mai 1836.

§ 15. — Installation de ruches d'abeilles à proximité des chemins

760. Les ruches d'abeilles peuvent être placées à proximité des chemins vicinaux, mais à la condition d'observer la distance déterminée par le préfet, après avis du conseil général (Loi sur le Code rural en date du 4 avril 1889, section II, art. 8).

SECTION II

DES AUTORISATIONS

§ 1. — Timbre des demandes

761. Les demandes à fin d'autorisation doivent être présentées sur papier timbré (Règl. gén., art. 172 ; — Loi du 13 brumaire, an VII, art. 12).

Par deux circulaires en date des 18 septembre 1871 et
6 avril 1886, le Ministre de l'Intérieur a invité les préfets à
s'abstenir de statuer sur les demandes qui leur parviendraient
sur papier non timbré, et il leur a recommandé d'inviter les
fonctionnaires sous leurs ordres à agir de même.

§ 2. — Autorités chargées de délivrer les autorisations

762. Les autorisations ne peuvent être délivrées que par
des autorités administratives, préfets, sous-préfets, maires. Les
agents voyers n'ont pas qualité pour les donner (Cass.,
29 mai 1852, *Chenin*; 8 décembre 1882, *Advielle*; — C. d'État,
9 février 1883, *Villiers*).

**763. Chemins de grande communication et d'in-
térêt commun.** — C'est au préfet qu'il appartient d'accorder
les autorisations (Règl. gén., art. 175; — Instr. gén., art. 276).

Cette règle subit toutefois des exceptions :

Lorsqu'il existe un plan d'alignement régulièrement approuvé,
l'alignement peut être donné par le sous-préfet (Loi du 4 mai 1864,
art. 2; — Règl. gén., art. 175).

Lorsqu'il s'agit de stationnement ou de dépôt temporaire sur
la voie publique, comme l'établissement d'étalages mobiles,
l'installation temporaire de marchands, la pose de tables, de
bancs ou de chaises par les restaurateurs ou débitants de boissons, les permis sont délivrés par le maire (Loi du 5 avril 1884,
art. 98; — Circulaire du Ministre de l'Intérieur du 15 mai 1884,
art. 98) (1).

(1) Il est encore un cas où les alignements et permissions de voirie, le long
des chemins de grande communication ou d'intérêt commun, doivent être donnés
par le maire : c'est lorsque ces chemins n'absorbent pas, dans les traverses,
toute la largeur comprise entre les constructions et se trouvent bordés de rues
ou de terrains appartenant à la voirie urbaine.

Quand les plans d'alignement ont été régulièrement établis, ils indiquent par
des lignes spéciales (habituellement ponctuées) et par une mention particulière
les limites qui séparent les chemins de la voirie urbaine. Aucun doute n'existe
alors sur le droit qui appartient au maire de statuer sur les demandes en alignement.

Mais il peut se faire que les plans d'alignement figurent à tort, au lieu de
simples limites de voirie, des alignements paraissant destinés à être délivrés aux

764. La décision du préfet ou du sous-préfet est prise sur le rapport des agents voyers, et après avis du maire (Loi du 5 avril 1884, art. 98).

L'avis de ce magistrat est nécessaire à peine de nullité (C. d'État, 12 février 1886, communes de *Baho* et autres; 26 novembre 1886, *Larbaud*).

La décision peut être rendue contrairement à l'avis du maire. Toutefois, dans les cas où il n'y a pas urgence et où la difficulté soulevée par le maire présente de la gravité, il convient que le préfet la soumette au Ministre de l'Intérieur (Circulaire du 15 mai 1884, art. 98).

765. Chemins vicinaux ordinaires. — Les autorisations sont données par le maire, sur l'avis de l'agent voyer (Règl gén., art. 173; — Instr. gén., art. 274).

Il peut se faire toutefois que le préfet soit amené à délivrer ces autorisations à la place du maire. Ce cas peut se produire dans deux circonstances.

Quand un propriétaire riverain sollicite l'autorisation de bâtir et l'indication de l'alignement à suivre, l'Administration est obligée de les lui donner, par la raison que ce propriétaire a le droit d'élever sur son fonds des constructions en bordure sur le chemin. Si donc le maire s'abstient de statuer, le préfet peut prendre lui-même l'arrêté, en vertu de l'article 85 de la loi du 5 avril 1884, aux termes duquel, quand le maire néglige ou refuse de faire un des actes qui lui sont prescrits par la loi, le préfet peut, après l'en avoir requis, y procéder d'office par lui-même ou par un délégué spécial (C. d'État, 2 février 1894, ville de *Rouen*).

Quand un particulier sollicite une simple permission de voirie, qui est purement facultative de la part de l'autorité compétente, notamment pour l'établissement de canalisations

---

propriétaires riverains de la traverse. Si des terrains faisant partie de la voirie urbaine sont situés en dehors de ces alignements, ces derniers doivent être considérés comme de simples limites de voirie, de telle sorte que les permissions de bâtir doivent encore être délivrées par le maire (C. d'État, 28 novembre 1861, commune de *Void*).

Enfin, en l'absence de tout plan d'alignement, il y a lieu d'examiner si le chemin occupe toute la largeur de la traverse et, dans le cas où il es reconnu que le chemin est bordé par des terrains affectés à la voirie urbaine c'est au maire que les demandes en alignement doivent être renvoyées (C. d'État, 16 décembre 1852, commune de *Darney*; 19 février 1857, ville de *Mauléon*).

dans le sol du chemin (1), si le refus du maire n'est justifié ni par les nécessités de la viabilité, ni par aucune autre considération d'intérêt général, le préfet peut encore délivrer la permission, en exécution de l'article 98 de la loi du 5 avril 1884 (Circulaire du 15 mai 1884, art. 98).

766. Cas des chemins vicinaux empruntant des voies comprises dans le domaine public national. — Il existe un certain nombre de chemins vicinaux empruntant des voies qui sont comprises dans le domaine public national et dont le sol appartient à l'État (n° 84). La délivrance des permissions de voirie comporte, dans ce cas, des formalités spéciales. S'il s'agit de chemins de halage de canaux de navigation classés dans la vicinalité, il est indispensable que l'autorité compétente pour statuer provoque préalablement l'avis des ingénieurs du service de la navigation. S'il s'agit de chemins vicinaux dont le sol fait partie du domaine militaire, la procédure peut être celle qui a été concertée entre le Ministre de la Guerre et celui des Travaux publics et qui a fait l'objet, de la part de ce dernier, d'une circulaire en date du 22 mars 1893.

D'après cette circulaire, les permissions de voirie doivent donner lieu à deux autorisations distinctes, délivrées l'une par l'autorité militaire, l'autre par l'autorité civile.

Le service du Génie doit se prononcer le premier sur les demandes, sauf à prendre l'avis du service civil, de manière à prévenir des discordances qui n'auraient pas leur raison d'être.

La permission accordée par l'autorité militaire doit spécifier que l'impétrant est tenu de se soumettre aux conditions que l'Administration civile jugera utile de lui imposer.

Enfin, les décisions prises par l'autorité militaire doivent être notifiées non seulement au pétitionnaire, mais encore à l'autorité civile, afin que cette dernière soit mise à même de statuer à son tour.

----

(1) Également pour la construction d'un trottoir sur un chemin vicinal ordinaire (C. d'État, 31 janvier 1890, commune de *Pétosse*).

§ 3. — Conditions auxquelles les autorisations peuvent être subordonnées

767. Les autorisations doivent réserver expressément les droits des tiers (Règl. gén., art. 176; — Instr. gén., art. 277).

Quand elles concernent des ouvrages joignant ou traversant les chemins, elles doivent toujours stipuler l'obligation, pour les permissionnaires, d'entretenir ces ouvrages en bon état (Règl. gén., art. 176, 195 et 197; — Instr. gén., art. 277, 297 et 299). Les arrêtés doivent, en outre, porter que les autorisations seront révocables, soit dans le cas où les permissionnaires ne rempliraient pas les conditions imposées, soit si la nécessité en était reconnue dans l'intérêt de la voirie (n° 774).

Les autorisations ne peuvent être subordonnées à d'autres conditions que celles qui sont justifiées par l'intérêt de la voie publique (C. d'État, 17 avril 1869, *Tabardel*).

Elles ne peuvent, dès lors, renfermer des clauses destinées à sauvegarder les intérêts financiers des communes. Ainsi les arrêtés d'alignement ne peuvent comporter des réserves impliquant une renonciation anticipée, de la part du propriétaire, à tout ou partie de l'indemnité qui pourrait lui être due, soit à raison de l'expropriation de ses nouvelles constructions pour le prolongement ultérieur d'un chemin (C. d'État, 23 janvier 1868, *Terravalien*), soit à raison des dommages causés par l'exécution d'un nivellement à l'état de projet (C. d'État, 23 juillet 1868, ville de *Marseille ;* 31 décembre 1869, ville de *Marseille*), soit à raison de la privation de l'usage des eaux d'une rivière dont la couverture est projetée (C. d'État, 17 avril 1869, *Tabardel*).

Les arrêtés d'alignement ne peuvent pas non plus contenir des clauses qui auraient pour effet de statuer soit sur des questions de propriété (C. d'État, 17 janvier 1890, dame *Dufresne*), soit sur l'interprétation de conventions intervenues entre les communes et les particuliers (C. d'État, 25 juin 1880, *Chabaud ;* 8 août 1892, de *Molembaix*).

768. D'après l'article 178 du Règlement général sur les chemins vicinaux, l'arrêté d'alignement, en cas d'avancement, doit faire connaître que la prise de possession ne peut avoir lieu qu'en vertu d'une délibération du conseil municipal régulièrement approuvée.

Quel est le but de cette prescription ? Si nous ne nous trompons, elle a été imaginée en vue du cas où la commune entendrait rester propriétaire du terrain détaché du domaine public et empêcher, par conséquent, le propriétaire de s'avancer jusqu'à l'alignement. Mais ce n'est pas à la commune qu'il appartient de décider sur les questions relatives à l'exercice du droit de préemption conféré aux riverains (n° 237). Ces questions, comme toutes les autres questions de propriété, ne peuvent être résolues que par l'autorité judiciaire.

La clause prescrite par l'article 178 du Règlement général peut donc être illégale, si elle préjuge la solution des questions dont il vient d'être parlé. C'est pour ce motif qu'elle a été annulée par le Conseil d'État dans l'affaire de *Molembaix* (Arrêt du 8 août 1892).

Il est dès lors préférable de s'abstenir d'insérer dans les arrêtés d'alignement la clause dont il s'agit. Elle est inutile, parce qu'elle est de droit, s'il n'y a pas de difficultés au sujet de la prise de possession du terrain détaché de la voie publique, et elle peut être illégale, dans le cas contraire.

Il a été jugé, d'ailleurs, que l'omission de cette clause n'affecte en rien la régularité de l'arrêté (C. d'État, 23 novembre 1888, commune de *Saint-Cyr-du-Doret*).

§ 4. — Formes des autorisations. — Assujettissement au timbre

769. Les autorisations ne peuvent être verbales. Elles doivent être données dans la forme d'un arrêté (Règl. gén., art. 174 ; — Instr. gén., art. 275).

Les expéditions des arrêtés d'autorisation sont assujetties au timbre (Loi du 13 brumaire an VII, art. 12, et loi du 15 mai 1818, art. 80).

Cette règle comporte toutefois une exception dans les deux cas suivants : lorsque les expéditions sont destinées à des individus indigents (Loi du 15 mai 1818, art. 80), ou lorsqu'elles sont délivrées à un fonctionnaire public dans l'intérêt du service qui lui est confié (Loi du 13 brumaire an VII, art. 16).

Les formules imprimées dont on fait usage pour les expéditions peuvent être revêtues d'un timbre mobile dans les bureaux des receveurs de l'enregistrement.

L'obligation de soumettre au timbre les expéditions des arrêtés préfectoraux ou municipaux portant permissions de voirie a été rappelée aux préfets par les circulaires du Ministre de l'Intérieur des 22 septembre 1875 et 6 avril 1886.

§ 5. — Remise et exécution des arrêtés de voirie

770. Une expédition des arrêtés doit être remise aux parties intéressées (Règl. gén., art. 174 ; — Instr. gén., art. 275).

Il n'est pas nécessaire de procéder à la notification individuelle de ces arrêtés. L'article 96 de la loi municipale du 5 avril 1884, qui exige cette notification pour rendre obligatoires les arrêtés des maires, n'est pas applicable aux arrêtés de voirie, rendus à la requête des parties (Cass., 6 juillet 1837, *Giraud* ; 21 juillet 1864, *Courboulin* ; 9 mai 1885, *Dousset*).

Les arrêtés de voirie sont immédiatement exécutoires. Ceux qui sont pris par les maires ne sont pas régis par les dispositions de l'article 95 de la loi municipale, qui donne au préfet le droit d'annuler les arrêtés des maires ou d'en suspendre l'exécution et qui prescrit, en conséquence, la transmission de ces arrêtés au sous-préfet ou au préfet (Cass., 5 août 1858. *Desvergnes*).

§ 6. — Durée des autorisations

771. Aux termes des lettres patentes du 22 octobre 1733, les permissions de bâtir ne sont valables que pour une année ; elles sont, par conséquent, périmées de plein droit dès que les permissionnaires ont laissé s'écouler une année sans en faire usage. Cette disposition ne s'applique qu'à la voirie urbaine, d'après l'arrêt de la Cour de Cassation du 22 juillet 1859

(*Divoux*). Elle n'a pas été insérée dans le Règlement général sur les chemins vicinaux.

Elle constitue une mesure très utile. Aussi est-il d'usage de l'introduire dans les arrêtés d'autorisation.

§ 7. — Récolement

772. L'édit de 1607, dans son article 5, prescrit le récolement des travaux, à l'effet de vérifier si les permissionnaires se sont conformés aux conditions de leur autorisation et de poursuivre promptement, s'il y a lieu, la répression des infractions commises. Le Règlement général des chemins vicinaux passe sous silence cette formalité du récolement. Elle est habituellement remplie, et on ne peut que la recommander.

§ 8. — Modification des autorisations

773. Les autorisations de bâtir, notamment celles qui délivrent l'alignement, peuvent être modifiées, dans certains cas, soit par les autorités dont elles émanent, soit par l'autorité supérieure.

Quand les autorisations n'ont été l'objet d'aucun commencement d'exécution, elles peuvent être remplacées, dans le cas où elles seraient reconnues irrégulières, par exemple si l'alignement indiqué n'était pas conforme à la limite légale de la voie publique (1) (Cass., 25 novembre 1837, *Gaucher;* 26 janvier 1856, *Jobert;* 22 août 1862, *Renaud*).

Quand, au contraire, les autorisations ont été suivies d'exécution, en tout ou en partie, elles sont acquises aux permission-

---

(1) Il peut se faire que l'autorité administrative néglige de remplacer un arrêté d'alignement, alors qu'une décision du conseil général ou de la commission départementale survient à l'effet de fixer de nouvelles limites au chemin. Cet arrêté cesse d'être valable, si le permissionnaire n'en pas fait usage avant l'affichage de la décision (C. d'État, 26 juillet 1889, *Courtiade*). Il s'ensuit que le propriétaire, averti par la publication de la décision, est tenu de se pourvoir d'un nouvel arrêté d'alignement.

naires, qui ne sont pas tenus de démolir leurs constructions ou de les interrompre, dans les cas où de nouveaux alignements leur seraient notifiés (C. d'État, 3 mai 1839, *Maricot;* 16 avril 1851, *Délier ;* 20 avril 1854, *Roux-Lecoynet;* 16 décembre 1864, *Mottu-Pétillault ;* 14 février 1873, *Coudray;* — Cass., 21 juillet 1864, *Courboulin*).

§ 9. — Retrait des autorisations

774. Parmi les autorisations, il en est qui sont accordées à titre précaire et révocable. Ce sont notamment celles qui ont trait aux ouvrages établis dans le sol ou à la surface des chemins et de leurs dépendances.

Ces autorisations peuvent être retirées quand les permissionnaires ne remplissent pas les conditions qui leur ont été imposées.

Elles peuvent être également révoquées, quand il est reconnu que les ouvrages nuisent à la viabilité du chemin ou à la conservation du domaine public (Règl. gén., art. 176, 197, 200 et 205; — C. d'État, 18 mars 1868, *Dubur;* 21 mars 1873, Compagnie du *Ragas;* 12 février 1886, *Charret;* 19 février 1886, *Georgi;* 8 février 1889, *Thorrand;* — Cass., 27 juillet 1893, *Colette;* 3 août 1893, *Raoulx-Jay*).

Mais la révocation des autorisations ne peut avoir lieu dans l'intérêt privé des communes (C. d'État, 18 mars 1868, *Dubur;* 21 mars 1873, Compagnie du *Ragas;* 12 février 1886, *Charret;* 8 février 1889, *Thorrand ;* 4 janvier 1895, Compagnie du *Gaz d'Agen;* 15 novembre 1895, *Tauveron;* — Cass., 27 juillet 1893, *Colette;* 3 août 1893, *Raoulx-Jay*), en particulier, dans l'intérêt financier de ces communes (C. d'État, 29 novembre 1878, *Dehaynin;* 19 mars 1880, *Compagnie centrale du Gaz;* 15 juin 1883, *Société française de matériel agricole*).

§ 10. — Refus d'autorisation

775. En ce qui concerne les autorisations d'un caractère précaire et révocable, le refus est soumis aux règles qui viennent d'être indiquées pour le retrait (1).

Quant aux autorisations relatives aux permissions de bâtir ou de réparer, elles ne peuvent être refusées, en principe, sous peine de faire obstacle à l'exercice des droits dont sont investis les propriétaires riverains des chemins (1).

L'alignement, notamment, ne peut être refusé par le motif que le terrain du demandeur serait nécessaire à l'élargissement, à la rectification ou à l'ouverture d'un chemin dont l'utilité publique n'aurait pas encore été déclarée (2) (C. d'État, 2 mai 1861, *Letellier;* 31 août 1861, *Diguet;* 11 janvier 1866, *Chabanne;* 23 janvier 1868, *Vogt).*

Il en est ainsi, alors même que la déclaration d'utilité publique a été prononcée, si, l'arrêté de cessibilité n'ayant pas été rendu, les terrains destinés à former l'assiette du chemin n'ont pas encore été régulièrement désignés (C. d'État 22 janvier 1863, de la *Moskowa;* 12 janvier 1883, *Matussière).*

776. Le refus d'autorisation de construire ou de réparer, ou même les retards apportés à la délivrance de l'autorisation, peuvent donner lieu à l'allocation d'une indemnité pour dommages, et le conseil de préfecture est compétent pour accorder cette indemnité (C. d'État, 18 mars 1868, *Labille* 26 mai 1869, *Labille;* 18 juillet 1873, *Lemarié;* 11 juil-

---

(1) En matière de chemins vicinaux ordinaires, lorsque le maire refuse de statuer, le demandeur peut s'adresser au préfet qui, par les articles 85 et 98 de la loi municipale du 5 avril 1884, est investi du droit d'accorder l'autorisation dans les circonstances indiquées au n° 765.

Il arrive parfois que l'immeuble du demandeur est séparé du chemin par une bande de terrain dont la propriété est revendiquée, d'une part par le demandeur, d'autre part par la commune, à titre de bien privé. Dans ce cas, le préfet est fondé à refuser l'alignement, jusqu'à ce que l'autorité judiciaire ait statué sur la contestation (C. d'État, 21 décembre 1894, *Thébaud).* L'alignement ne peut être, en effet, délivré par le préfet qu'autant que le terrain litigieux constitue une dépendance de l'immeuble du demandeur.

(2) Il va de soi que, dans les mêmes circonstances, l'autorisation de réparer un bâtiment ne peut être refusée (C. d'État, 7 février 1896, *Duchein).*

let 1879, ville d'*Alger*; 5 avril 1889, ville de *Pamiers*; 29 juillet 1892, d'*Uzer*).

Mais les propriétaires seraient mal fondés à réclamer une indemnité de ce chef, s'ils n'avaient ni renouvelé leur demande, ni fait aucune diligence pour obtenir qu'il y fût fait droit (C. d'État, 23 janvier 1874, *Brémond de Saint-Paul*; 28 janvier 1881, *Sarlandie*).

§ 11. — Recours contre les décisions

777. Les recours contre les décisions du maire ou du sous-préfet doivent être portés devant le préfet. Si ce magistrat ne donne pas satisfaction aux réclamants, ceux-ci peuvent s'adresser au Ministre de l'Intérieur. Les décisions sont, d'ailleurs, susceptibles d'être déférées directement au Conseil d'État pour excès de pouvoirs.

Le recours contre les décisions du préfet peut être pareillement porté soit devant le Ministre, soit devant le Conseil d'État.

CHAPITRE II

TRAVAUX ET ACTES PROHIBÉS

778. Dans le chapitre précédent, nous avons fait connaître les travaux et actes susceptibles d'être effectués moyennant une autorisation préalable et sous les conditions stipulées par cette autorisation. Nous allons indiquer maintenant les travaux et actes qui sont interdits d'une manière absolue.

§ 1. — Travaux confortatifs des constructions frappées d'alignement

779. D'après l'article 180 du Règlement général, quand des constructions sont en saillie sur les alignements d'un plan approuvé, il est interdit d'y exécuter des travaux ayant pour effet de consolider le mur de face.

Nous ne pouvons que renvoyer aux observations que nous avons déjà présentées à ce sujet (n° 732 et suiv.).

§ 2. — Anticipations ou usurpations

780. Les anticipations ou usurpations sont interdites par l'article 201 (11°) du Règlement général.

Les anticipations dont il s'agit sont celles qui s'effectuent sur le domaine du chemin vicinal. Elles comportent donc un empiètement au-delà des limites légales du chemin.

Ces limites légales peuvent être de deux sortes : ou bien elles sont déterminées par un acte émanant de l'autorité administrative, ou bien elles résultent de l'état des lieux.

781. Cas où les limites du chemin sont déterminées par un acte émanant de l'autorité administrative. — Cet acte peut être un plan d'ouverture ou de redressement. Si les terrains compris dans l'assiette du chemin ont été acquis à titre gratuit ou onéreux, les limites fixées par le plan approuvé sont celles que les tiers ne peuvent dépasser. Si, au contraire, le plan d'ouverture ou de redressement n'a donné lieu qu'à la déclaration d'utilité publique, les riverains restent propriétaires des parcelles comprises dans l'assiette assignée au chemin par le plan parcellaire, au vu duquel la déclaration d'utilité publique a été prononcée ; ils ne sauraient être recherchés s'ils effectuaient des travaux quelconques sur ces parcelles, en s'avançant, par conséquent, au-delà des limites du plan dont il vient d'être question. On a vu, en effet, au n° 727, que les riverains peuvent, dans ce cas, élever sans autorisation des constructions sur les terrains dont ils sont propriétaires.

782. L'acte émanant de l'autorité administrative peut consister en un plan d'élargissement, soit en rase campagne, soit dans la traversée d'une agglomération, auquel cas il prend le nom de plan d'alignement.

Cet acte a un effet tout autre que le précédent. Il attribue au chemin la propriété du sol compris dans les limites approuvées et, dès lors, aucun empiètement ne peut s'exercer par rapport à ces limites, alors même que le riverain conserverait le droit à une indemnité à raison de l'emprise opérée sur sa propriété (C. d'État, 24 mars 1893, *Giraudet*).

Mais, pour qu'il en soit ainsi, il faut nécessairement que l'acte administratif ait un caractère obligatoire à l'égard des tiers. Il faut qu'il ait été porté à leur connaissance, soit par publication, soit par notification individuelle (n° 983) (1).

---

(1) Il peut arriver qu'un propriétaire riverain, ayant obtenu un arrêté d'alignement, n'en ait pas fait usage avant qu'une décision de l'autorité compétente, portant élargissement du chemin, soit devenue exécutoire. Il ne peut, dans ce cas, que construire dans les limites du nouvel alignement, sous peine de commettre une anticipation (C. d'État, 26 juillet 1889, *Courtiade*).

783. Il arrive souvent que la décision portant classement d'un chemin en détermine la largeur, sans en fixer les limites (n° 130).

Cette décision n'a d'autre effet que de prononcer le classement du chemin. Pour réaliser la largeur prévue, il est indispensable qu'une autre décision approuve un plan indiquant les limites du chemin.

L'Administration a cru cependant pouvoir se baser sur la simple décision de classement, pour poursuivre des riverains dont les constructions ou entreprises ne réservaient pas au chemin la largeur approuvée. Il est manifeste que ces poursuites manquaient de base, puisque rien n'établissait ni dans quelle mesure, ni même de quel côté l'élargissement devait s'effectuer.

De nombreux arrêts du Conseil d'État ont renvoyé les riverains des fins des procès-verbaux qui avaient été dressés contre eux (Parmi les plus récents : 2 novembre 1888, commune de *Villiers*; 11 janvier 1889, commune de *Fillières*; 13 mars 1891, *Piatte*; 15 mai 1891, *Noguès*; 12 février 1892, *Hostin*; 25 mars 1892, *Demeure*; 8 juillet 1892, de *Dienne*; 27 janvier 1893, de *Quatre-Barbes*; 23 novembre 1894, commune de *Mazerat-Aurouze*).

784. Lorsque les plans fixant les limites d'un chemin comportent la réduction de la largeur de la voie publique, la question se pose de savoir quelle est la limite à partir de laquelle commencent les usurpations.

La décision qui approuve les plans dont il s'agit fait sortir du domaine public les parcelles laissées en dehors des limites tracées. Elle en prononce le déclassement. Il en résulte que les anticipations ne peuvent être poursuivies conformément à la législation vicinale qu'autant qu'elles constituent des empiètements par rapport aux limites approuvées. Si donc les anticipations sont effectuées sur des terrains ou dépendances situés en dehors de ces limites, elles ne peuvent être réprimées par le conseil de préfecture (C. d'État, 26 décembre 1839, *Ministre de l'Intérieur*; 30 mars 1854, commune des *Ventes*; 19 mars 1868, *Soupault*; 9 avril 1886, veuve *Golliaud*; 11 mars 1887, *Timotéi*). Ces anticipations sont exclusivement de la compétence des tribunaux ordinaires, et les mesures à prendre pour les faire cesser dépendent du caractère des terrains détachés de la voirie vicinale (1).

785. Cas où les limites du chemin résultent de l'état des lieux. — A défaut de plan portant fixation des limites d'un chemin, les limites à observer par les riverains sont celles qui résultent de l'état actuel des lieux. Ces limites peuvent être accusées soit par des bornes, soit par des fossés (C. d'État, 8 août 1873, *Cortade*), soit par des clôtures ou constructions appartenant aux riverains (C. d'État, 23 février 1870, *Gontier;* 13 avril 1870, *Picard;* 17 janvier 1873, *Lassablière;* 27 février 1880, *Arnaud;* 2 novembre 1888, commune de *Villiers;* 11 janvier 1889, commune de *Fillières;* 19 mai 1893, *Bonhomme*).

786. Des faits constituant une anticipation. — L'article 201 du Règlement général a en vue les usurpations de tout ou partie du sol des chemins vicinaux.

Les travaux confortatifs exécutés à une construction en saillie sur l'alignement approuvé ne sauraient présenter le caractère d'une usurpation (C. d'État, 26 juillet 1872, *Martin;* 17 janvier 1873, *Lassablière ;* 23 novembre 1883, veuve *Cadieu*).

Il en est de même du fait d'avoir curé les fossés d'un chemin et d'en avoir enlevé les terres (C. d'État, 2 juin 1866, *Normand ;* 17 novembre 1882, *Vallerand de la Fosse*), ou bien du fait d'avoir effectué une plantation le long d'un chemin, à une distance moindre que la distance réglementaire (C. d'État, 6 septembre 1842, *Maricot*), ou bien encore du fait d'avoir laissé une haie vive, plantée à la limite de la propriété riveraine, pousser des rejetons sur le sol du chemin (C. d'État, 30 janvier 1891, *Paillard*).

L'occupation temporaire du sol d'un chemin ne constitue pas non plus une usurpation. C'est ce qui a été reconnu pour la pose d'étais destinés à soutenir le mur de face d'une maison en

---

(1) Il peut arriver que ces terrains soient à l'état de voie publique communale ou urbaine (Cass., 31 mai 1855, *Thiveau*), auquel cas la répression est assurée par l'article 479, n° 11, du Code pénal.

Il en est autrement quand les terrains retranchés ne font pas partie d'une voie publique. L'usurpation d'un terrain purement communal ne constitue pas une contravention (Cass., 23 février 1894, veuve *Brissot*).

péril et pour l'établissement d'une barrière autour de ces étais (C. d'État, 18 janvier 1889, *Cassedane*).

Généralement, les usurpations se manifestent par des entreprises diverses opérées à la surface du sol des chemins (1). On peut se demander si des travaux exécutés sous le sol des chemins constituent également le fait d'usurpation. La question paraît résolue affirmativement, par un arrêt du Conseil d'État en date du 5 avril 1889 (*Denis*), à l'occasion de la construction, sans autorisation, d'une conduite d'eau sous le sol d'un chemin.

787. Cas des plantations faites par des particuliers sur le sol des chemins. — La législation antérieure à la loi du 21 mai 1836 était obscure au sujet du droit que les riverains pouvaient avoir de planter des arbres sur les chemins vicinaux. Ainsi que l'expose le Ministre de l'Intérieur dans sa circulaire du 10 octobre 1839, des usages s'étaient introduits, à la faveur de cette législation, qui nuisaient profondément aux intérêts de la vicinalité. C'est pour faire disparaître ces usages abusifs que le législateur a remis aux préfets, dans l'article 21 de la loi du 21 mai 1836, le droit de statuer sur *tout ce qui est relatif aux plantations.*

Dans un avis délibéré le 9 mai 1838, le Conseil d'État a reconnu que ce droit comprenait celui de défendre aux propriétaires riverains de planter sur le sol des chemins vicinaux.

Cette défense était énoncée explicitement dans l'ancien Règlement général sur le service des chemins vicinaux (art. 303). Elle est mentionnée implicitement dans l'article 186 du Règlement actuellement en vigueur.

788. La plantation faite par des particuliers sur le sol des chemins vicinaux constitue une usurpation du sol de ces chemins (Circulaire ministérielle du 10 octobre 1839 ; — C. d'État, 6 février 1837, d'*Assonvillez;* 7 mars 1861, *Baudry*).

789. Il peut se faire qu'il existe, sur le sol des chemins vicinaux, des arbres qui aient été plantés autrefois par les rive-

---

(1) Dans ces entreprises, on peut comprendre l'établissement d'ouvrages en saillie qui, comme les bornes, occupent une partie du sol du chemin (Cass., 11 octobre 1833, *Bernard;* — C. d'État, 4 août 1876, *Noyelle*).

rains. Bien que ces arbres soient sur un sol appartenant à la commune, les riverains en sont propriétaires ; les règles de droit commun contenues dans les articles 552 et 555 du Code civil cessent d'être applicables quand il s'agit de plantations faites sur des chemins publics (Cass., 3 février 1868, *Rombault*).

Des difficultés s'élèvent parfois sur le point de savoir si les arbres appartiennent au propriétaire riverain ou à la commune.

Les litiges relatifs à la propriété des arbres sont de la compétence des tribunaux judiciaires (C. d'État, 14 mai 1828, *Gacon;* 15 septembre 1831, *Dys*). Comme pour toute espèce de propriétés immobilières, la prescription est au nombre des moyens par lesquels le droit peut être établi (Cass., 18 mai 1858, *Duclerfays;* 24 décembre 1861, commune de *Lanzac;* 1er décembre 1874, *Martin;* 21 novembre 1877, commune de *Baynes*).

790. Aux termes de l'article 186 du Règlement général, les plantations opérées par les particuliers avant la publication de ce Règlement peuvent être conservées, si les besoins de la circulation le permettent, mais elles ne peuvent, dans aucun cas, être renouvelées.

Quand l'intérêt de la viabilité exige la destruction des plantations faites par les particuliers sur le sol des chemins à une époque plus ou moins reculée, les propriétaires doivent être mis en demeure, par un arrêté du maire pour les chemins vicinaux ordinaires, et par un arrêté du préfet pour les chemins de grande communication et d'intérêt commun, d'enlever, dans un délai déterminé, les arbres qui leur appartiennent, sauf à faire valoir le droit qu'ils croiraient avoir à une indemnité. Si les particuliers n'obtempèrent pas à cette mise en demeure, il est dressé un procès-verbal pour être statué par l'autorité compétente (Règl. gén., art. 187; — Instr. gén., art. 289).

Ces mesures se justifient par cette considération que le sol des chemins vicinaux est imprescriptible et que, dès lors, l'usurpation dont ils ont été l'objet peut être réprimée à une époque quelconque (n° 828).

§ 3. — Destruction des ponts, chaussées et autres constructions

791. L'article 437 du Code pénal punit ceux qui, volontairement, détruisent ou renversent, par quelque moyen que ce soit, en tout ou en partie, des édifices, des ponts, des digues ou chaussées, ou toutes autres constructions.

§4. — Dégradations

792. Les dégradations ou détériorations des chemins, de *quelque manière qu'elles aient lieu*, sont punies par l'article 479, n° 11, du Code pénal.

Malgré la généralité de ces termes, il est manifeste que les dégradations ne sont pas punissables, quand elles sont dues à l'usage des chemins dans les conditions de leur destination (Cass., 31 mai 1888, *Lignot* et *Toucheron*). Si les charrois déterminent des détériorations extraordinaires, une subvention peut seule être réclamée aux auteurs de ces charrois, et encore faut-il qu'ils satisfassent aux conditions de l'article 14 de la loi du 21 mai 1836.

793. Le Règlement général sur les chemins vicinaux énumère, dans son article 201, les actes qu'il interdit en vue d'empêcher les dégradations des chemins :

a) Dépaver les chemins (3°) ;

b) Enlever les pierres, fers, bois et autres matériaux mis en œuvre (4°) ;

c) Parcourir les chemins avec des instruments aratoires, sans prendre les précautions nécessaires pour éviter toute dégradation (6°) ;

d) Détériorer les berges, talus, fossés, ou les marques indicatives de la largeur des chemins (7°) ;

e) Labourer ou cultiver le sol des chemins (8°) ;

f) Faire ou laisser paître des animaux (9°) ;

g) Dégrader les bornes, poteaux et tableaux indicateurs, parapets des ponts et autres ouvrages (1°).

Il est à remarquer que le Règlement général ne contient pas, comme l'article 479 du Code pénal, l'interdiction générale de dégrader les chemins de quelque manière que ce soit. Si donc certaines dégradations commises échappaient aux prévisions du Règlement général, il serait possible de les réprimer par l'application de l'article précité du Code pénal.

§ 5. — Empêchements apportés au libre écoulement des eaux des chemins.

794. L'article 201 (11°) du Règlement général interdit tout ouvrage susceptible d'apporter un empêchement au libre écoulement des eaux, tel qu'il est aménagé sur les chemins mêmes.

L'article 204 du Règlement vise les eaux qui découlent naturellement des chemins et que les propriétés riveraines sont tenues de recevoir. Il interdit toute œuvre tendant à empêcher le libre écoulement de ces eaux et à les faire séjourner dans les fossés ou refluer sur le sol du chemin. La légalité de ces dispositions a été reconnue par la Cour de Cassation, 10 mai 1845, *Juffet ;* 7 avril 1887, veuve *Noël).*

§ 6. — Inondation des chemins

795. Aux termes de l'article 204 du Règlement général, les riverains ne peuvent entreprendre aucune œuvre qui tende à faire refluer les eaux sur le sol des chemins.

L'article 457 du Code pénal punit spécialement les propriétaires ou locataires d'usines ou d'étangs qui, par l'élévation du plan d'eau, inondent les chemins.

§ 7. — Mutilation des plantations

796. Le Règlement général, dans son article 201 (2°), défend de mutiler les arbres qui sont plantés sur les chemins

Le Code pénal prévoit d'une manière plus complète (art. 445 et suiv.) les faits punissables dont les plantations peuvent être l'objet; il vise notamment (art. 456) les haies vives qui sont passées sous silence dans le Règlement général.

§ 8. — Excavations ou constructions sous la voie publique et ses dépendances

797. Le Règlement, dans son article 201 (12°) mentionne ces excavations ou constructions comme étant interdites d'une manière absolue.

Une erreur paraît s'être glissée sur ce point. Il y a assurément des constructions qui peuvent être pratiquées sous le sol des chemins, par exemple celles que comporte l'établissement d'aqueducs ou de ponts. Elles peuvent être effectuées sans inconvénient si elles sont exécutées dans des conditions convenables. C'est, d'ailleurs, ce que prévoient les articles 198 et 199 du Règlement.

Ces constructions auraient dû figurer à l'article 172 du Règlement, parmi les ouvrages susceptibles d'être établis moyennant une autorisation préalable.

§ 9. — Stationnement, sans nécessité, de voitures, machines ou instruments aratoires, troupeaux, bêtes de somme ou de trait

798. Interdiction édictée par l'article 201 (1°) du Règlement général.

Il y a lieu de noter, en ce qui concerne le stationnement des voitures attelées ou non attelées, que ce fait est prévu par l'article 10 du Règlement d'administration publique du 10 août 1852 sur la police du roulage. Il y a donc pour les chemins vicinaux de grande communication, les seuls auxquels s'applique ce Règlement, deux pénalités susceptibles d'être appliquées, suivant que le fait est relevé pour infraction au Règlement général des chemins vicinaux ou bien pour infraction à la police du roulage.

§ 10. — Enlèvement de terres, pierres, fers, bois et autres matériaux destinés aux travaux des chemins

799. Cet enlèvement est interdit par l'article 201 (4°) du Règlement général.

§ 11. — Rouissage du chanvre dans les fossés des chemins

800. Opération défendue par l'article 201, (10°), du Règlement général.

§ 12. — Déversement d'eaux insalubres sur la voie publique

801. L'article 471, n° 6, punit ceux qui jettent ou exposent, au devant de leurs édifices, des choses de nature à nuire par des exhalaisons insalubres.

Cet article permet de réprimer l'écoulement d'eaux insalubres sur la voie publique (Cass., 2 mars 1855, *Soyer*; 31 juillet 1863, *Salvatori*; 8 février 1866, *Vidailhan*; 29 août 1867, veuve *Bazin*; 16 janvier 1886, *Pézeril*).

§ 13. — Développement des plantations en saillie sur la limite des chemins

802. Aux termes de l'article 192 du Règlement, les arbres, les branches, les haies et les racines qui avancent sur le sol des

chemins vicinaux doivent être coupés à l'aplomb des limites
de ces chemins, à la diligence des propriétaires ou des fermiers.

En ce qui concerne les bois et forêts, l'article 150 du Code
forestier porte que les propriétaires riverains ne peuvent se
prévaloir de l'article 672 du Code civil pour l'élagage des
lisières desdits bois et forêts, si ces arbres de lisière ont plus
de trente ans. Par exception à cette disposition, il a été jugé
que les prescriptions du Règlement des chemins vicinaux en
matière d'élagage pouvaient s'appliquer aux arbres formant la
lisière des bois et forêts le long des chemins (Cass., 5 septembre 1845, de *Castellane*).

803. L'Administration ne saurait tenir la main avec une
rigueur extrême aux prescriptions relatives à l'élagage. A
ce sujet, le Ministre de l'Intérieur, dans sa circulaire du
10 octobre 1839, a adressé aux préfets des recommandations
qu'il nous paraît bon de citer :

« Vous vous attacherez toujours à concilier ce qu'exige l'intérêt de la vicinalité avec ce que demande l'intérêt des propriétaires riverains, car, si l'élagage est nécessaire à l'assèchement
du chemin, il faut pourtant éviter qu'en le rendant trop fréquent, ou en le faisant faire à des époques inopportunes, on
nuise tellement aux plantations qu'on arriverait à les détruire.
C'est, en effet, dans la conciliation des intérêts privés avec l'intérêt public que l'Administration doit montrer qu'elle comprend la mission qui lui est donnée. »

CHAPITRE III

ARRÊTÉS DE POLICE

---

§ 1. — Objets des arrêtés de police

804. L'autorité administrative est appelée à prendre des mesures de police, notamment pour assurer la commodité, la liberté et la sécurité sur les chemins vicinaux. Elles consistent en injonctions, soit collectives, soit individuelles, qui comportent généralement un délai d'exécution déterminé.

Tantôt ces injonctions rappellent les prescriptions des lois et règlements. C'est ainsi que parfois des arrêtés sont rendus à l'effet de fixer une époque à laquelle les plantations ou haies riveraines doivent être élaguées, de manière à ne point s'avancer au-delà de la limite des chemins (Cass., 6 août 1886).

Tantôt les injonctions ont pour but de rétablir la circulation dans le cas où elle aurait été interceptée (Règl. gén., art. 203 ; — Instr. gén., art. 306 ; — C. d'État, 4 juin 1823, *Langlade;* 1ᵉʳ mars 1826, *Dervaux-Paulée;* 16 janvier 1846, duc de *Coigny;* — Cass., 29 mars 1855, *Mille*).

Tantôt les injonctions sont destinées à remédier aux dangers que présentent certains ouvrages établis par les riverains. Tel est le cas de fossés ouverts par les particuliers sur leurs terrains, le long des chemins, avec une profondeur telle que la sécurité de la circulation se trouve compromise (Règl. gén., art. 196 ; — Instr. gén., art., 298 ; — Cass., 4 janvier 1840, *Lacoste*). Tel est aussi le cas d'excavations pratiquées, à proximité des chemins, dans des conditions dangereuses pour la circulation (Règl. gén., art. 206 ; — Instr. gén., art. 309). Tel est également le cas des constructions qui, joignant les chemins, menacent, faute de solidité, la sécurité publique (Règl. gén., art. 207 ; — Instr. gén., art. 310).

Signalons, enfin, les injonctions que l'autorité administrative est en droit d'adresser, quand l'intérêt de la circulation l'exige, pour supprimer les bornes, auvents, escaliers, bancs, soupiraux et autres ouvrages en saillie, alors même que leur existence, quelque ancienne qu'elle soit, serait due à une permission antérieure (Cass., 3 février 1841, *Rivat-Madignier;* 18 août 1847, *Métreau;* 11 septembre 1847, *Pommeraye;* 25 mai 1850, *Lamant;* 29 avril 1852, *Pierson ;* 26 août 1859, *Causse;* 17 novembre 1859, *Beaugrand ;* 11 août 1864, *Monnot;* 27 octobre 1892, *Bernardini;* — C. d'État, 31 mai 1889, *Hulain*). Ces injonctions peuvent, d'ailleurs, s'appliquer à des ouvrages qui ne forment qu'une saillie accidentelle, tels que les contrevents du rez-de-chaussée ou les vantaux des portes s'ouvrant à l'extérieur (Cass., 18 février 1864, *Orsatelli ;* 10 novembre 1888, *Hugues;* 31 janvier 1890, *Rouzier; id.,* veuve *Cherrier*).

§ 2. — Autorités chargées de prendre les arrêtés de police

805. Deux cas sont à distinguer, suivant qu'il s'agit de chemins en rase campagne, ou à l'intérieur des agglomérations.

Dans le premier cas, la police appartient au préfet pour les chemins de grande communication et d'intérêt commun, et au maire pour les chemins vicinaux ordinaires. Toutefois, en ce qui concerne les mesures à prendre, soit pour rétablir la circulation si elle vient à être interceptée, soit pour sauvegarder la sécurité des passants si la solidité des constructions riveraines inspire des craintes sérieuses, les articles 203 et 207 du Règlement général investissent les maires d'attributions qui s'appliquent aux chemins vicinaux de toute catégorie.

Dans le second cas, c'est-à-dire à l'intérieur des agglomérations, le maire est chargé d'assurer la sûreté et la commodité du passage, aux termes de l'article 97 de la loi municipale du 5 avril 1884. Les pouvoirs de police conférés à ces magistrats s'étendent aux chemins de grande communication et d'intérêt commun, en ce qui touche à la circulation sur ces voies, d'après l'article 98 de la même loi.

§ 3. — Conditions à remplir pour que les arrêtés soient exécutoires

806. Arrêtés collectifs. — Les arrêtés collectifs émanant des maires ou des préfets ne sont obligatoires qu'autant qu'ils ont été portés à la connaissance des citoyens par voie de publication ou d'affiches (Cass., 27 février 1847, *Benac ;* 16 novembre 1849, *Llondres*).

Cette règle est énoncée, en ce qui concerne les arrêtés municipaux, dans l'article 96 de la loi du 5 avril 1884, qui prescrit de constater la publication à l'aide d'une déclaration certifiée par le maire.

Elle a été rappelée, en ce qui a trait aux arrêtés préfectoraux, par la circulaire du Ministre de l'Intérieur en date du 19 décembre 1846. Il ne suffit pas que ces arrêtés aient été insérés au *Recueil des actes administratifs de la préfecture :* il est indispensable qu'ils aient été publiés dans chaque localité par les moyens en usage (Cass., 5 juillet 1845, *Lorain ;* 28 novembre 1845, *Gabry ;* 12 avril 1861, *Vidon-Gris*). La circulaire précitée recommande, en outre, aux préfets de prescrire aux maires de constater la publication par un certificat qui doit être inscrit aux actes de la mairie, afin qu'il puisse en être justifié au besoin (1).

807. Les arrêtés municipaux, pour être obligatoires, sont encore soumis à d'autres règles.

Du moment qu'ils portent règlement permanent, ils ne sont exécutoires qu'un mois après la remise de l'ampliation constatée par les récépissés délivrés par le sous-préfet ou le préfet (Loi du 5 avril 1884, art. 95). A défaut de ces récépissés, les contraventions ne peuvent donner lieu à aucune poursuite (Cass., 18 juin 1887, *Quoy*).

Néanmoins, en cas d'urgence, le préfet peut autoriser l'exé-

---

(1) Si utile que soit cette mesure, son exécution n'est pas indispensable pour établir la publication. Cela tient à ce qu'aucune disposition législative n'a tracé de règles spéciales pour le mode de publication à suivre (Cass., 18 septembre 1847, *Bondier ;* 15 janvier 1857, *Gautard ;* 12 novembre 1887, *Cadieu*).

cution immédiate des arrêtés municipaux (Loi du 5 avril 1884, art. 95). Dans ce cas, le préfet doit mentionner dans l'arrêté d'approbation qu'il a autorisé l'exécution immédiate de l'arrêté municipal et les maires doivent constater cette mention spéciale, dans la déclaration de publication qu'ils ont à rédiger (Circulaire du Ministre de l'Intérieur en date du 23 mars 1886).

808. Arrêtés individuels. — Les injonctions individuelles ne sont exécutoires qu'autant qu'elles ont été notifiées aux intéressés.

En ce qui concerne spécialement les injonctions émanant des maires, les règles relatives à la notification sont indiquées à l'article 96 de la loi du 5 avril 1884. La notification est établie par le récépissé de la partie intéressée ou, à son défaut, par l'original de la notification conservée dans les archives de la mairie.

Il y a lieu de remarquer que les arrêtés individuels pris par le maire sont immédiatement exécutoires par eux-mêmes. Si l'article 95 de la loi du 5 avril 1884 prescrit d'en adresser une ampliation au sous-préfet ou, dans l'arrondissement du chef-lieu du département, au préfet, ce n'est pas dans l'intérêt des tiers, mais uniquement pour permettre à l'autorité supérieure de remplir sa mission de contrôle et de surveillance sur les actes de ses subordonnés (1). L'omission de cette transmission ne saurait donc vicier l'arrêté municipal (C. d'État, 20 novembre 1885, *Croppi*).

La Cour de Cassation a pareillement reconnu que les arrêtés individuels pris en cas d'urgence ou en vue des nécessités du moment étaient immédiatement exécutoires (22 décembre 1842, *Larcher* ; 8 avril 1852, *Maître* ; 10 août 1866, *Veysseyre* ; 27 février 1873, *Petit*).

§ 4. – Mode d'exécution des arrêtés

809. Les injonctions prescrivent généralement l'exécution, dans un délai déterminé, de certains travaux propres à assurer la commodité, la liberté ou la sécurité de la circulation.

---

(1) Avis du Ministre de l'Intérieur à l'occasion du pourvoi *Croppi*, qui a donné lieu à l'arrêt du 20 novembre 1885.

Quand les particuliers n'obtempèrent pas à ces injonctions, deux modes de procéder peuvent être employés.

1° S'il y a urgence, l'autorité administrative peut exécuter les travaux d'office et aux frais des particuliers.

C'est ce qui a été jugé à l'occasion d'arbres dont le développement des branches était de nature à entraver la circulation (Cass., 6 août 1886, *Hélie*), ou bien encore à l'occasion d'une carrière dont le comblement avait été reconnu nécessaire (C. d'État, 11 janvier 1866, *Ogier*). C'est aussi la marche indiquée à l'article 203 du Règlement général, dans le cas d'interruption de la circulation par une œuvre quelconque ;

2° S'il n'y a pas urgence, l'autorité administrative doit faire dresser un procès-verbal et le déférer au tribunal de police, qui fera cesser le préjudice causé à l'intérêt public en ordonnant l'exécution des travaux d'office et aux frais des particuliers (Cass., 25 avril 1857, *Louis* ; — C. d'État, 5 juillet 1851, *Viet* ; 30 juillet 1863, *Martin* ; 1er février 1884, *Marquez*).

§ 5. — Cas des bâtiments menaçant ruine

810. Procédure à suivre. — Les mesures à prendre à l'égard des bâtiments menaçant ruine (1) sont soumises à des règles spéciales qui sont tirées des déclarations du roi en date des 18 juillet 1729 et 18 août 1730.

Ainsi que l'énonce le Règlement général, dans son article 182, la procédure varie suivant que le péril est ou n'est pas imminent.

1° Si le péril est imminent, l'autorité administrative peut ordonner d'urgence soit la démolition des constructions menaçant ruine, soit leur réparation, lorsque rien ne fait obstacle à cette dernière mesure (Cass., 7 mars 1839, *Servatius* ; 25 avril 1857, *Louis*) ; mais, d'après le Conseil d'État, la démolition ne peut être ordonnée que sur le rapport d'un agent de la voirie et après que le propriétaire a été appelé à y contredire

(1) Ces mesures peuvent être prises même à l'égard d'un bâtiment qui ne joint pas la voie publique, si, par sa chute, il menace la sûreté du passage (Cass., 3 janvier 1863, *Gossot-Fauleau*).

(16 mai 1872, *Bassinot* ; 25 avril 1873, *Prévost* ; 10 novembre 1882, *Chassignon* ; 25 janvier 1889, *Courty* ; 5 février 1892, *Courmont*). Dans ce cas, lorsque le propriétaire n'obtempère pas à l'injonction, l'autorité administrative procède d'office à la démolition ou à la réparation.

2° Si, au contraire, le péril n'est pas imminent, il doit être constaté par un agent de la voirie, dont le rapport est communiqué au propriétaire avec injonction de faire cesser le péril dans un délai déterminé. En cas de refus, il doit être procédé à une expertise contradictoire. Cette opération est faite par deux experts nommés l'un par le propriétaire, l'autre par l'autorité d'où émane l'injonction ; pour gagner du temps, ce dernier expert est généralement désigné dans l'acte de mise en demeure. Si le propriétaire refuse ou néglige de choisir un expert, il est procédé par l'autre expert seul. En cas de désaccord entre les deux experts, l'autorité administrative nomme un tiers-expert.

A la suite de l'expertise, l'autorité administrative décide s'il y a lieu de prescrire la démolition ou, si elle est possible, la réparation des constructions reconnues dangereuses.

Lorsqu'une injonction a été adressée à l'une ou l'autre de ces fins, si le propriétaire ne s'y conforme pas, procès-verbal de la contravention doit être rédigé et déféré au tribunal de simple police. Le tribunal doit condamner le propriétaire non seulement à l'amende par application de l'article 471, n° 5, du Code pénal, mais encore à la démolition ou à la réparation, sous peine d'exécution d'office à ses frais. Le tribunal est, d'ailleurs, sans pouvoir soit pour vérifier la nécessité de ces mesures, soit pour accorder un sursis d'exécution (Cass., 30 janvier 1836, *Despictières* ; 4 octobre 1845, *Schwartz* ; 28 février 1846, *Arnoult* ; 2 octobre 1847, *Sicaud* ; 25 avril 1857, *Louis* ; 17 février 1860, *Malgat* ; 5 août 1887, *Durand*).

811. De l'autorité chargée d'adresser les injonctions. — En rase campagne, l'article 207 du Règlement général a confié aux maires le soin de veiller à la solidité des constructions bordant les chemins vicinaux de toute catégorie et de prendre les mesures nécessaires pour sauvegarder la sécurité des passants. Cette délégation ne nous paraît pas attribuer nécessairement aux maires le droit d'intervenir, par voie d'injonction, en cas de péril non imminent, à l'égard des chemins de grande communication ou d'intérêt commun ; elle n'autorise, à notre avis, l'action des maires que dans le cas de péril imminent sur les chemins dont il s'agit.

A l'intérieur des agglomérations, la loi du 5 avril 1884, dans son article 97, range expressément la démolition ou la réparation des édifices menaçant ruine parmi les objets compris dans la police municipale. Nous inclinons à penser qu'à l'égard des chemins de grande communication ou d'intérêt commun, les maires doivent laisser au préfet le soin d'intervenir quand le péril n'est pas imminent (1). Dans le cas contraire, ils peuvent et doivent agir. Il a été jugé, en effet, qu'en cas d'urgence, un arrêté de démolition peut être pris par le maire en ce qui concerne les bâtiments situés dans des traverses de routes nationales (Cass., 24 février 1882, *Lebin*) ou de routes départementales (Cass., 3 mai 1841, *Barré*). Par voie de conséquence, il doit en être de même dans les traverses des chemins de grande communication ou d'intérêt commun.

Sur les chemins de cette catégorie, il n'échappera pas que les maires, lorsqu'ils sont appelés à agir, doivent examiner avec la plus grande attention s'il est possible de faire cesser le péril en ordonnant la réparation des constructions. Cette réparation ne peut avoir lieu lorsque les constructions sont en saillie sur l'alignement approuvé, et il peut arriver que l'autorité municipale ne soit pas nantie soit du plan primitivement homologué, soit des plans modificatifs partiels survenus après l'approbation de ce plan.

812. De l'indemnité due au propriétaire. — Lorsqu'une construction, formant saillie sur l'alignement approuvé, vient à être démolie pour cause de péril, le terrain occupé par cette construction est de plein droit réuni à la voie publique.

Le propriétaire n'a droit à indemnité que pour la valeur du sol ainsi incorporé au chemin (Loi du 16 septembre 1807, art. 50 ; — Instr. gén., art. 284).

_____

(1) C'est ce qu'indique M. *Morgand* dans son ouvrage sur *la loi municipale* (t. II, p. 46).

§ 6. — Voies de recours contre les arrêtés

813. Les injonctions peuvent être l'objet d'un recours de la partie intéressée : s'il s'agit d'une injonction du maire, le recours peut être porté devant le préfet et devant le ministre ; si la mesure émane du préfet, le recours peut être formé devant le ministre.

Les arrêtés municipaux ou préfectoraux constituent généralement des actes de pure administration qui ne sont pas susceptibles d'être attaqués par la voie contentieuse, ainsi que de nombreux arrêts du Conseil d'État l'ont décidé. Mais ces arrêtés peuvent être déférés au Conseil d'État pour excès de pouvoirs.

Le recours n'est pas suspensif, conformément à la règle ordinaire, notamment en matière de démolition de bâtiments menaçant ruine (Cass., 25 janvier 1873, *de Vallin* ; 12 janvier 1882, *Courtinat*).

CHAPITRE IV

RÉPRESSION DES CONTRAVENTIONS

SECTION I

INFRACTIONS DONT LA RÉPRESSION APPARTIENT
AUX TRIBUNAUX ADMINISTRATIFS

§ 1. — Répression des usurpations. — Partage d'attributions entre l'autorité administrative et l'autorité judiciaire

814. Les usurpations ou anticipations sur le sol des chemins vicinaux sont les seules contraventions à la police de la voirie vicinale qui puissent être poursuivies devant les tribunaux administratifs, c'est-à-dire devant les conseils de préfecture, sauf recours au Conseil d'État. Et encore ces contraventions ne relèvent-elles des tribunaux administratifs qu'en ce qui concerne la restitution du sol usurpé : l'application de l'amende appartient aux tribunaux de simple police.

Les attributions de ces derniers tribunaux, au point de vue de la pénalité, résultent d'un texte précis, celui du § 11 de l'article 479 du Code pénal.

Il n'en est pas de même des attributions des tribunaux administratifs. Le texte est, en effet, celui des articles 6, 7 et 8 de la loi du 9 ventôse an XIII :

« ART. 6. — L'Administration publique fera rechercher et reconnaître les anciennes limites des chemins vicinaux et fixera, d'après cette reconnaissance, leur largeur, suivant les localités, sans pouvoir cependant, lorsqu'il sera nécessaire de l'augmenter, la porter au-delà de 6 mètres, ni faire aucun changement aux chemins qui excèdent actuellement cette dimension.

« Art. 7. — A l'avenir, nul ne pourra planter sur le bord , des chemins vicinaux, même dans sa propriété, sans leur conserver la largeur qui leur aura été fixée en exécution de l'article précédent.

« Art. 8. — Les poursuites en contravention aux dispositions de la présente loi seront portées devant les conseils de préfecture, sauf le recours au Conseil d'État. »

La loi de l'an XIII a été admise comme établissant la compétence des conseils de préfecture pour toutes les anticipations, soit qu'elles s'effectuent par la voie de plantations, soit qu'elles s'opèrent de toute autre manière.

La Cour de Cassation avait toutefois pensé pendant assez longtemps que la loi dont il s'agit avait été virtuellement abrogée par l'article 479, n° 11, du Code pénal ; mais elle a fini par se rallier à l'opinion du Conseil d'État, qui a toujours jugé que la loi de l'an XIII devait se combiner avec l'article 479 du Code pénal. Finalement, les deux Cours suprêmes sont maintenant d'accord pour reconnaître que les contraventions pour usurpations sur les chemins vicinaux donnent lieu à un partage d'attributions : les conseils de préfecture sont chargés de réprimer l'anticipation, c'est-à-dire d'ordonner la restitution du sol usurpé, et les tribunaux de simple police de prononcer l'amende (C. d'État, 16 mars 1848, *Renduel ; —* Trib. des Confl., 21 mars 1850, *Morel-Wasse ;* 7 novembre 1850, *Deswarte ; —* C. d'État, 30 janvier 1868, préfet de la *Sarthe ;* 4 août 1876, *Noyelle ;* 3 août 1877, commune de *Cintray ;* 4 avril 1879, *Pénillard ;* 17 novembre 1882, *Vallerand de la Fosse ;* 8 janvier 1886, *Piardon. —* Cass., 19 juin 1851, veuve *Beausseron ;* 26 décembre 1851, *Saint-Roman ;* 3 décembre 1858, *Nadaud-Beaupré ;* 7 juillet 1860, *Duplessis ;* 8 décembre 1865, *Martin ;* 1ᵉʳ février 1867, *Caillon).*

Mais les deux compétences sont distinctes et indépendantes l'une de l'autre, de telle sorte que le tribunal de simple police n'a pas à surseoir à statuer jusqu'après la décision du conseil de préfecture (Cass., 3 décembre 1858, *Nadaud-Beaupré ;* 10 mars 1859, *Bernardi* et *Soldi).*

Toutefois, l'Instruction générale du 6 décembre 1870 sur le service des chemins vicinaux prescrit, dans son article 317, de saisir le tribunal de simple police après que l'anticipation a été déclarée constante par le conseil de préfecture.

Il n'est pas besoin de faire ressortir les inconvénients du dualisme d'attributions qui a prévalu en matière d'usurpations sur les chemins vicinaux. Une réforme devra être opérée, sur ce point, lors de la revision de la législation vicinale (1).

§ 2. — Agents chargés de constater les contraventions

815. Ces agents sont énumérés à l'article 311 de l'Instruction générale du 6 décembre 1870. Ce sont : les maires, adjoints et commissaires de police, désignés à l'article 11 du Code d'Instruction criminelle ; les gardes champêtres, auxquels l'article 102 de la loi du 5 avril 1884 a conféré explicitement le pouvoir de constater les contraventions aux règlements et arrêtés de police municipale et auxquels la jurisprudence a reconnu qualité à l'effet de constater les anticipations commises sur les chemins vicinaux (C. d'État, 28 février 1828, *Bavoux* et *Pochet*. — Cass., 29 mars 1855, *Gailhard*) ; enfin, les agents voyers mentionnés à l'article 11 de la loi du 21 mai 1836 (2).

On remarquera que les chefs-cantonniers et, à plus forte raison, les simples cantonniers, ne figurent pas dans l'énumération qui précède. Mais la loi municipale du 5 avril 1884, dans son article 88, a donné au maire la faculté de faire assermenter et commissionner les agents nommés par lui, à la condition qu'ils soient agréés par le préfet ou le sous-préfet. Il semble, dès lors, que les chefs-cantonniers ou cantonniers ordinaires nommés par le maire pourraient constater les contraventions commises sur les chemins vicinaux ordinaires.

Il serait très désirable que les chefs-cantonniers pussent constater les contraventions à la police de la voirie sur les

(1) Actuellement les tribunaux compétents, en matière d'usurpations dans les rues d'une même ville, sont les suivants :
Le conseil de préfecture, si la rue fait partie d'une route nationale ;
Le tribunal de simple police, si la rue dépend de la voirie urbaine ;
Le conseil de préfecture et le tribunal de simple police, si la rue est comprise dans la voirie vicinale.
Cette variété de juridictions se passe de commentaires.
(2) En ce qui concerne le serment qui est exigé des agents voyers, nous avons fait connaître, au n° 53, devant quelle autorité il doit être prêté.

chemins vicinaux de toute catégorie, comme nous l'avons fait remarquer au n° 671.

816. Il peut arriver que les agents dont il vient d'être question s'abstiennent de constater une anticipation commise sur un chemin vicinal. Des tiers intéressés peuvent-ils suppléer à la négligence de l'Administration, en poursuivant eux-mêmes devant le conseil de préfecture l'auteur de l'usurpation? Il a été jugé que le tribunal administratif ne peut être saisi que par l'Administration sur un procès-verbal régulier (C. d'État, 5 septembre 1836, de *Lapeyrade*; 24 janvier 1872, *Dehan*).

§ 3. — Procès-verbaux de contravention

817. En matière d'infractions à la police de la voirie vici-nale, les procès-verbaux des gardes champêtres sont les seuls qui soient soumis à la formalité de l'affirmation. Les agents voyers sont donc dispensés d'accomplir cette formalité (Circulaire du Ministre de l'Intérieur en date du 16 novembre 1874; — Cass., 5 janvier 1838, *Mayeur*; 23 février 1838, *Benjamin* et *Jacob*; 29 novembre 1851, *Landryat*; — C. d'État, 14 mars 1845, *Billet*; 1er août 1884, *Chauve*).

Les procès-verbaux doivent être rédigés sur papier timbré ou être visés pour timbre en débet. Ils doivent être enregistrés et soumis à l'enregistrement en débet dans les quatre jours de leur date (1) (Loi du 22 frimaire an VII, art. 20; loi du 25 mars 1817, art. 74).

Les procès-verbaux des agents voyers font foi jusqu'à preuve contraire (Cass., 5 janvier 1838, *Mayeur*; 7 février 1845, *Bertrand*; 3 mai 1850, *Sauffrignon*; 29 novembre 1851, *Jacquet*; 7 février 1857, *Bourguet*).

Mais il n'en est ainsi qu'autant que le rédacteur du procès-verbal a été personnellement témoin du fait de la contravention. Sinon, le fait relaté au procès-verbal ne saurait être

---

(1) Le défaut de timbre et d'enregistrement des procès-verbaux n'entraîne pas leur nullité (C. d'État, 1er février 1851, *Bertron*; 29 juin 1853, *Rollier*; 19 avril 1854, *Bouvier*; 9 mars 1861, *Cochet*; 29 août 1867, Express de la *Seine*; 4 mars 1881, *Filoque*; — Cass., 31 mars 1848, *Redoulez*; 15 octobre 1852, *Benoist*).

admis qu'à titre de simple renseignement dont l'appréciation appartient au tribunal (C. d'État, 27 juin 1865, Compagnie des bateaux à vapeur du *Haut-Rhône*; 26 juillet 1878, *Toledano*; 16 mai 1884, *Lhomme*; 23 janvier 1885, *Lhomme*; 18 mai 1888, *Clémançon*; — Cass., 13 janvier 1888, *Morati*; 10 novembre 1888, *Daures*).

§ 4. — Procédure à suivre en matière d'usurpations

818. D'après l'article 313 de l'Instruction générale sur les chemins vicinaux, tout procès-verbal constatant une anticipation doit être notifié au contrevenant, avec injonction de restituer sous huitaine le sol usurpé, et si, à l'expiration de la huitaine, la restitution n'a pas eu lieu, le procès-verbal doit être immédiatement transmis au préfet pour qu'il soit statué par le conseil de préfecture.

Ces prescriptions ne sont pas d'accord avec celles de l'article 10 de la loi du 22 juillet 1889, relative à la procédure devant le conseil de préfecture. Pour se conformer à ces dernières, il y a lieu de ne verbaliser qu'après que le contrevenant n'a pas obtempéré soit à l'invitation verbale, qui a pu lui être faite, soit à l'injonction dont il est question à l'article 313 de l'Instruction générale.

Quand le procès-verbal a dû être dressé, la procédure à adopter est celle de l'article 10 de la loi du 22 juillet 1889. Dans les dix jours de la rédaction de ce procès-verbal ou de son affirmation, quand elle est exigée, le préfet fait faire au contrevenant notification de la copie du procès-verbal ainsi que de l'affirmation, avec citation à comparaître dans le délai d'un mois devant le conseil de préfecture. La notification et la citation sont faites dans la forme administrative.

La citation doit indiquer à l'inculpé qu'il est tenu, s'il veut fournir des défenses écrites, de les déposer dans le délai de quinzaine, à partir de la notification qui lui est faite; cette citation doit, en outre, inviter l'inculpé à faire connaître, en produisant sa défense écrite, s'il entend user du droit de présenter des observations orales à l'audience.

Il est dressé acte de la notification et de la citation; cet acte doit être envoyé au conseil de préfecture pour y être enregistré.

Le conseil de préfecture ordonne, s'il y a lieu, la communication à l'Administration compétente du mémoire en défense produit par l'inculpé et la communication à l'inculpé de la réponse faite par l'Administration.

§ 5. — Du jugement

819. Le conseil de préfecture n'est compétent qu'autant que l'usurpation a eu lieu sur un chemin vicinal. Il ne peut dès lors connaître d'une usurpation commise antérieurement à la décision qui a classé le chemin vicinal (C. d'État, 3 juillet 1861, *Grellier;* 22 mai 1874, *Longeaud-Desbrosses*). Il cesse également d'être compétent lorsque le chemin a été déclassé entre le moment où l'anticipation a été constatée et celui où il est saisi (C. d'État, 30 août 1842, *Morel;* 26 juin 1845, de *Charpin;* 22 décembre 1853, *Barrier*).

Lorsqu'il y a doute sur le point de savoir si une décision de classement s'applique au chemin sur lequel l'usurpation a été commise, le conseil de préfecture doit surseoir à statuer jusqu'à ce que la décision ait été interprétée par l'autorité dont elle émane (C. d'État, 6 février 1846, de *Drée;* 14 décembre 1854, *Duthuit;* 8 mai 1856, *Colombet*).

820. L'anticipation ne pouvant être réprimée qu'autant que les limites du chemin ont été reconnues, le conseil de préfecture peut être obligé, avant de prononcer sur la contravention, de rechercher l'assiette légale du chemin.

Si cette assiette a été déterminée par une décision émanant de l'autorité compétente, et s'il y a doute ou obscurité sur l'application de cette décision, le conseil de préfecture doit surseoir à statuer jusqu'à ce que la décision ait été interprétée par l'autorité administrative (C. d'État, 6 mars 1885, *Vandamme*).

Mais si, en l'absence d'une décision déterminant l'assiette du chemin, les limites résultent de l'état des lieux, le conseil de préfecture a le pouvoir de vérifier ces limites et d'ordonner des mesures d'instruction à cette fin (C. d'État, 2 juin 1866, *Normand*; 17 décembre 1880, *Rose-Desnoues*; 11 mai 1888, *Verdeau*).

821. Il arrive souvent que les contrevenants allèguent pour échapper aux conséquences de la poursuite, qu'ils sont propriétaires du sol usurpé.

Dans le cas où les limites du chemin ont été régulièrement fixées en vertu de l'article 15 de la loi du 21 mai 1836, le conseil de préfecture doit statuer sur l'usurpation, sans s'arrêter à la question de propriété (C. d'État, 18 novembre 1858, *Maquet-Dutrévy*; 4 avril 1879, *Pénillard*; 13 janvier 1882, *Pansier*; 15 juin 1883, *Natali*; 1er février 1884, *Ponceau*; 2 juillet 1886, *Knür*; 2 mars 1888, d'*Ortoli*; 6 décembre 1889, commune de *Charensot*; 14 novembre 1890, *Houillon*; 25 novembre 1892, *Charles*; 24 mars 1893, *Giraudet*).

Mais il peut arriver que le classement d'un chemin ait été prononcé comme si le chemin appartenait à la commune, alors qu'il était la propriété d'un tiers. Il existe un certain nombre de chemins privés qui ont été ainsi classés à une époque plus ou moins reculée. Parfois les propriétaires riverains se livrent sur ces chemins à des entreprises qui donnent lieu à des procès-verbaux pour usurpation. Ils se justifient en s'appuyant sur l'illégalité de la décision de classement et en alléguant que les chemins n'ont cessé de leur appartenir.

Tantôt le Conseil d'État maintient la condamnation prononcée, par la raison que la décision de classement n'a été l'objet d'aucun recours dans le délai légal (21 mai 1867, *Cauvet*; 31 mars 1882, *Cheynaud*; 15 juin 1883, *Natali*; 5 mars 1886, *Conio*; 31 janvier 1890, *Desgranges*). Il réserve, d'ailleurs, aux particuliers la faculté de faire valoir, s'ils s'y croient fondés, devant les tribunaux compétents, les droits qu'ils peuvent avoir à la propriété des chemins.

Tantôt, au contraire, le Conseil d'État juge qu'il appartient au conseil de préfecture d'apprécier si le chemin a été légalement reconnu vicinal, et il décide que le tribunal doit surseoir à statuer jusqu'à ce que la question de propriété, soulevée au débat, ait été tranchée par la juridiction compétente (27 avril 1877 *Delorme*; 19 juin 1891, *Tardieu*).

Il est assez malaisé de discerner les motifs d'après lesquels le

Conseil d'État s'est déterminé dans les diverses affaires qui viennent d'être indiquées.

Nous allons faire connaître comment il y a lieu, à notre avis, de décider en matière d'usurpation commise sur un chemin privé qui a été classé dans la vicinalité sans réserve, c'est-à-dire comme s'il appartenait à la commune.

Deux cas sont à distinguer :

1° Si la décision de classement n'a pas été suivie d'exécution et, par conséquent, si le particulier a conservé la jouissance de son chemin, il ne peut être condamné pour cause d'usurpation. Il en serait même ainsi si la décision de classement avait été régulièrement rendue, c'est-à-dire si elle avait stipulé l'obligation, pour la commune, de prendre possession du chemin soit à l'amiable, soit par expropriation (n° 95). Il en serait encore de même si la décision avait non seulement prononcé le classement, mais encore déclaré l'utilité publique de l'établissement du chemin, sans être suivie de l'accomplissement d'aucune autre formalité. Aucune de ces décisions ne dépouille le propriétaire de la jouissance de son chemin.

Le Conseil d'État nous paraît avoir fait l'application de ces principes dans l'affaire de la commune de *Bastennes* contre la veuve d'*Etchegoyen*, qui avait établi une barrière en travers d'un chemin classé vicinal en 1838. L'arrêt du 28 novembre 1873, qui n'a pas considéré ce fait comme constituant une anticipation, mentionne, en effet, que l'arrêté de classement n'avait reçu aucune exécution, et que le chemin, dont il ne subsistait aucune trace, n'avait jamais été livré au public.

2° Si, au contraire, la décision de classement a été suivie d'exécution et, par conséquent, si la commune a pris possession du chemin en l'affectant à l'usage du public, le propriétaire du chemin ne peut faire aucun acte qui interrompe cet usage. Nous avons exposé, au n° 96, les considérations qui justifient cette jurisprudence, et nous avons montré que le propriétaire n'avait d'autre ressource que de réclamer le paiement d'une indemnité en s'adressant, au besoin, aux tribunaux ordinaires.

Les arrêts *Cheynaud* et *Desgranges*, que nous avons cités plus haut, peuvent s'expliquer par la raison que nous venons d'indiquer. Les chemins auxquels ces arrêts s'appliquent étaient, en effet, des chemins publics et livrés, dès lors, à la circulation.

822. Nous nous sommes placé dans l'hypothèse où le chemin dont la commune s'est emparée appartient incontestablement à un tiers. Mais il peut se faire que l'usurpation ait trait à un chemin dont la propriété, revendiquée par un particulier, soit contestée par la commune.

Quand il en est ainsi, il y a lieu encore de distinguer les deux cas qui ont été envisagés ci-dessus :

1° Si la décision de classement n'a pas été suivie d'exécution, le conseil de préfecture doit surseoir à statuer jusqu'à ce que la question de propriété ait été résolue par les tribunaux compétents.

Le jugement du conseil de préfecture dépend, en effet, de la solution de cette question. Si le particulier est reconnu propriétaire du chemin, il n'a pas commis d'usurpation. Dans le cas contraire, la contravention est manifeste.

Ainsi peuvent s'expliquer les arrêts *Delorme* et *Tardieu*, que nous avons cités plus haut ;

2° Si la décision de classement a été suivie d'exécution, aucun sursis n'est nécessaire. L'usurpation doit être réprimée, alors même que le particulier serait propriétaire du chemin.

Les arrêts *Cauvet,* *Natali* et *Conio*, également signalés plus haut, peuvent se justifier par cette considération. Ils réservent, d'ailleurs, les droits que les propriétaires peuvent faire valoir, devant les tribunaux compétents, pour obtenir l'allocation d'une indemnité.

823. Il nous reste à examiner le cas où l'usurpation porte, non plus sur un chemin privé, mais sur des parcelles qui ne peuvent régulièrement former l'assiette d'un chemin qu'à la condition d'être préalablement acquises à l'amiable ou par voie d'expropriation.

De même que précédemment, les propriétaires conservent la jouissance de leurs parcelles tant que la commune ne s'en est pas emparée pour les affecter à l'usage du public, et ils ne commettent dès lors aucune anticipation en effectuant sur ces parcelles des constructions ou travaux quelconques.

C'est ce que le Conseil d'État a jugé dans une affaire où le chemin, qui avait été reconnu vicinal, traversait un terrain bâti, sur lequel avait eu lieu la prétendue usurpation. Le chemin avait été livré au public, sauf dans la traversée de ce terrain bâti. Le propriétaire pouvait donc y élever une construction (2 décembre 1887, *Mozziconacci*).

§ 6. — Notification et exécution des arrêtés du conseil de préfecture

824. Lorsqu'un arrêté du conseil de préfecture porte injonction de restituer le sol usurpé, cet arrêté peut être notifié administrativement au contrevenant, sous la condition que ce dernier donnera reçu de cette notification et déclarera la tenir pour suffisante. Dans le cas où cette déclaration ne serait pas immédiatement donnée, le maire ferait notifier l'arrêté par huissier (Instr. gén., art. 314).

La notification par ministère d'huissier fait seule courir le délai d'appel aussi bien à l'égard de la commune qu'à l'égard du contrevenant (Art. 51 de la loi du 12 juillet 1886 et de l'Instruction du Ministre de l'Intérieur du 31 juillet 1890).

825. Si, à l'expiration du délai fixé par le conseil de préfecture ou, à défaut, dans les trois jours qui suivent sa notification, le contrevenant n'a pas obéi, le maire fait procéder d'office à la reprise des terrains indûment occupés, ainsi qu'à la destruction des œuvres dont la suppression a été ordonnée (1). Cependant, s'il n'y a pas urgence à l'exécution immédiate de l'arrêté du conseil de préfecture ou s'il s'agit de bâtiments ou de constructions, le maire peut surseoir à l'exécution jusqu'à l'expiration du délai du pourvoi qu'il est loisible au contrevenant de former devant le Conseil d'État, ou bien jusqu'à ce qu'il ait été statué sur le pourvoi qui serait ainsi formé (2). Il doit être rendu compte au préfet de tout sursis ainsi accordé, afin qu'il puisse au besoin donner les instructions nécessaires (Instr. gén., art. 315).

Lorsque la décision du conseil de préfecture est devenue défi-

---

(1) Cette manière de procéder est possible, par suite de cette circonstance que le pourvoi devant le Conseil d'État, s'il venait à être formé, n'est pas suspensif.

(2) Si la démolition était faite par provision et si l'arrêté du conseil de préfecture venait ensuite à être annulé par le Conseil d'État, la commune pourrait avoir des dommages-intérêts à payer. Il est prudent, dans ce cas, d'attendre la décision du Conseil d'État sur le pourvoi.

nitive, soit à l'expiration du délai du pourvoi, soit par le rejet de ce pourvoi, le maire doit veiller à ce qu'elle reçoive son exécution (*Id.*, art. 316).

§ 7. — Opposition et recours contre les arrêtés du conseil de préfecture

826. Les arrêtés non contradictoires du conseil de préfecture peuvent être attaqués par voie d'opposition, dans le délai d'un mois à dater de la notification qui en est faite à la partie (Loi du 22 juillet 1889, art. 52).

L'opposition suspend l'exécution, à moins qu'il n'en ait été autrement ordonné par la décision qui a statué par défaut (même loi, art. 55).

827. Les arrêtés des conseils de préfecture peuvent être attaqués devant le Conseil d'État dans le délai de deux mois à dater de la notification, lorsqu'ils sont contradictoires, et à dater de l'expiration du délai d'opposition, lorsqu'ils ont été rendus par défaut (même loi, art. 57).

Le recours au Conseil d'État peut avoir lieu sans frais et sans l'intervention d'un avocat au Conseil d'État (1). Il peut être déposé soit au secrétariat général du Conseil d'État, soit à la préfecture, soit à la sous-préfecture. Il en est délivré récépissé à la partie qui le demande (même loi, art. 61).

Le recours n'est pas suspensif (Décret du 22 juillet 1806, art. 3 ; — Loi du 24 mai 1872, art. 24).

§ 8. — Prescription

828. La prescription annale, établie par l'article 640 du Code d'Instruction criminelle, ne s'applique, en matière d'usurpation, qu'à l'amende susceptible d'être prononcée par le tri-

---

(1) Il en résulte qu'il ne peut être prononcé de condamnation aux dépens (C. d'État, 13 avril 1870, *Picard;* 4 août 1876, *Ghighini*).

bunal de simple police. Le sol des chemins vicinaux étant imprescriptible, l'usurpation constitue une contravention permanente, dont la répression peut être poursuivie à toute époque (1) (C. d'État, 28 février 1828, *Bavoux* et *Pochet*; 4 septembre 1841, *Maguillat* et *Clet*; 13 avril 1870, *Dupin*; — Cass., 27 mars 1852, *Bastard*; 1er août 1856, *Baillet-Hecquet*; 28 novembre 1856, *Venèque*; 3 décembre 1858, *Nadaud-Beaupré*; 28 janvier 1859, *Lafond*).

§ 9. — De l'amnistie

829. L'amnistie ne fait pas obstacle à l'exécution des arrêtés des conseils de préfecture, qui ont ordonné la restitution du sol usurpé. Si elle est accordée postérieurement à l'anticipation, elle n'empêche ni l'Administration de poursuivre la contravention, ni le conseil de préfecture de prescrire la restitution du sol (C. d'État, 19 novembre 1852, *Chauveau*; 12 janvier 1860, *Lamotte*; 30 mars 1870, *Marzelle*).

SECTION II

INFRACTIONS DONT LA RÉPRESSION APPARTIENT
A L'AUTORITÉ JUDICIAIRE

§ 1. — Contraventions à l'égard desquelles les tribunaux de simple police sont compétents

830. Toutes les contraventions à la police de la voirie vicinale, autres que les usurpations, sont de la compétence exclusive des tribunaux de simple police, sauf appel devant le tribunal de police correctionnelle dans les cas prévus par

---

(1) Il en est ainsi quand l'anticipation résulte de l'établissement d'un balcon en saillie sur l'alignement, à une hauteur inférieure à celle qui est prescrite par l'arrêté d'autorisation (C. d'État, 26 décembre 1890, ministre des *Travaux publics* c. Van *Cronenburg*).

l'article 172 du Code d'Instruction criminelle. En matière
d'usurpation, les tribunaux de simple police interviennent toutefois, mais seulement pour prononcer l'amende, les conseils
de préfecture étant chargés d'ordonner la restitution du sol
usurpé (n° 814).

831. La compétence des tribunaux de simple police a été
pendant quelque temps contestée en ce qui concerne les dégradations commises sur les chemins vicinaux. Il est maintenant
bien établi qu'il n'appartient pas aux conseils de préfecture de
connaître de ces dégradations (C. d'État, 16 avril 1823, *Laya*;
6 septembre 1826, veuve d'*Amonneville*; 28 février 1828,
Bavoux et Pochet; 27 mai 1846, *Chantemesse*; — Trib. Confl.,
13 mars 1875, *Gérentet*; — Cass., 19 juin 1846, *Hervé*;
23 février 1878, *Douillet*).

Les tribunaux de police sont compétents non seulement pour
l'application de l'amende, mais encore pour la réparation du
dommage (Cass., 18 novembre 1853, *Richard*; 3 octobre 1857,
Padovani; — Trib. Confl., 17 mai 1873, *Desanti*; 13 mars 1875,
Gérentet; — C. d'État, 28 avril 1893, *Grandchamp*).

§ 2. — Agents chargés de constater les contraventions

832. Ces agents sont ceux qui ont été indiqués au n° 815.

§ 3. — Procès-verbaux de contravention

833. Ils sont soumis aux règles qui ont été mentionnées au
n° 817 pour les procès-verbaux à déférer aux conseils de préfecture.

§ 4 — Suite à donner aux procès-verbaux

834. Quand il s'agit d'usurpation, l'Instruction générale
sur les chemins vicinaux recommande de ne saisir le tribunal

de simple police qu'après que l'anticipation a été reconnue constante par le conseil de préfecture.

Dans les autres cas, le procès-verbal est immédiatement transmis, soit au procureur de la République de l'arrondissement, soit au fonctionnaire investi des attributions du ministère public près le tribunal de simple police, suivant que l'infraction constitue un délit ou une simple contravention (Instr. gén., art. 319).

§ 5. — Du jugement

835. Le tribunal doit, avant tout, examiner si le règlement ou l'arrêté dont l'application lui est demandée a été légalement rendu, c'est-à-dire pris dans le cercle des attributions conférées à l'autorité administrative (Cass., 23 janvier 1892, *Massiani*).

Quand des contestations s'élèvent soit sur la vicinalité du chemin (Cass., 15 mai 1856, *Audibert* et *Durand*), soit sur la fixation des limites du chemin (Cass., 2 mai 1845, *Goffre* ; 25 janvier 1895, *Crochet*), la question préjudicielle ainsi soulevée doit être résolue par l'autorité administrative, et le tribunal doit surseoir à statuer au fond jusqu'après la décision de cette autorité.

Mais, si les termes du règlement ou de l'arrêté à appliquer lui paraissent assez clairs et formels, le juge de police n'est pas tenu de surseoir, alors même qu'il y aurait contestation de la part d'une des parties (Cass., 2 décembre 1858, *Nadaud-Beaupré*).

§ 6. — Pénalité

836. La plupart des contraventions de police vicinale consistent en infractions au Règlement général sur le service des chemins vicinaux et elles tombent, dès lors, sous l'application de l'article 471 du Code pénal, qui atteint les personnes ayant contrevenu aux règlements légalement faits par l'autorité administrative.

Le Code pénal prévoit et punit, d'ailleurs, divers actes qui ne sont autres que des infractions au Règlement général. On peut citer notamment :

Le fait d'embarrasser la voie publique, en y déposant ou en y laissant sans nécessité des matériaux ou des choses quelconques qui empêchent ou diminuent la liberté ou la sûreté du passage (art. 471, n° 4) ;

Le fait de négliger ou de refuser d'obéir à la sommation, émanant de l'autorité administrative, de réparer ou de démolir les édifices menaçant ruine (art. 471, n° 5) ;

Le fait de dégrader ou détériorer, de quelque manière que ce soit, les chemins publics (art. 479, n° 11) ;

Le fait d'usurper sur la largeur des chemins publics(art. 479, n° 11) ;

Le fait d'enlever des chemins publics, sans y être dûment autorisé, des gazons, terres ou pierres (art. 479, n° 12).

Il y a lieu de remarquer que, pour les actes punissables par l'article 471 du Code pénal, la peine est la même que si ces actes étaient considérés comme des infractions au Règlement général des chemins vicinaux. Il n'en est pas de même à l'égard des actes prévus par l'article 479, qui édicte une peine supérieure à celle qu'entraîne l'infraction au Règlement.

Pour ces derniers actes, la peine à appliquer est celle de l'article 479 (Cass., 18 novembre 1853, *Richard de Rivière* ; 15 février 1856, *Joly*).

§ 7. — Réparation civile

837. D'après l'article 161 du Code d'Instruction criminelle, lorsqu'un prévenu est convaincu de contravention de police, le tribunal doit non seulement prononcer la peine, mais encore statuer par le même jugement sur les demandes en restitution et en dommages-intérêts.

En matière de contraventions de voirie, la condamnation en restitution et en dommages-intérêts peut consister dans la démolition ou la suppression des travaux indûment effectués (Cass., 20 septembre 1845, *Michelini* ; 23 février 1878, *Roques* ; 14 février 1880, *Jourde*).

Ainsi, s'il s'agit de plantations faites à une distance moindre que celles prescrites par le Règlement, la contravention doit être réprimée, non seulement par l'amende, mais encore par la condamnation à l'enlèvement des arbres ou des haies (Cass., 15 février 1856, *Joly*; 23 février 1878, *Douillet*).

De même, s'il s'agit d'un dépôt indûment effectué, l'enlèvement des matériaux doit être ordonné à titre de réparation civile (Cass., 17 juin 1858, *Martin*), comme doit être ordonnée la suppression des vantaux d'une porte qui s'ouvre en dehors (Cass., 27 juillet 1872, *Fabre*).

Pareillement, s'il est question d'un puits creusé à une distance insuffisante du chemin, le tribunal doit en prescrire le comblement (Cass., 27 décembre 1889, *Ogier*).

Enfin, s'il est question de travaux confortatifs exécutés aux bâtiments soumis à la servitude d'alignement, la destruction de ces travaux doit être également prononcée (Cass., 21 février 1863, *Bodier-Coffinet*; 20 novembre 1879, *Damiens*).

838. Il n'y a pas lieu, d'ailleurs, d'ordonner la démolition des travaux faits sans autorisation, quand il n'en résulte aucun préjudice pour la voirie.

Ainsi dans le cas où les travaux de construction ou de réparation effectués sans autorisation n'empiètent en aucune façon sur la voie publique (Cass., 30 avril 1846, *Giudicelli*; 2 janvier 1847, *Chefdebien*; 8 décembre 1849, *Jemain*; 9 août 1851, *Latour*; 30 juin 1853, *Bucheron*; 18 novembre 1853, *Despéroux*; 27 décembre 1856, *Soret*; 24 décembre 1859, *Lasnier*; 29 juillet 1864, *Siouret*; 28 août 1874, *Lafosse*; 7 juillet 1876, *Bailly*; 1er février 1877, *Cazalot*; 25 août 1881, *Maurin*; 4 février 1882, *Brau*; 11 mars 1893, *Blot*; 13 juillet 1894, *Hocquelet*; 21 juillet 1894, *Roubineau*).

La même règle est admise, mais par le Conseil d'État seulement, à l'égard des travaux non confortatifs exécutés aux constructions frappées de retranchement.

839. Il convient de remarquer que la démolition ne peut pas être poursuivie par voie d'action principale : elle ne peut être demandée qu'accessoirement à l'application de la peine. Il en résulte que, lorsqu'un tribunal a omis de prescrire la destruction des travaux, il n'est pas possible de le saisir une seconde fois pour obtenir cette destruction, s'il n'a été constaté aucun fait nouveau indûment accompli, depuis la rédaction du premier procès-verbal (Cass., 27 mars 1852, *Bastard*; 1er août 1856, *Baillet-Hecquet*; 7 juillet 1860, *Chaumillon*; 7 mai 1870, *Tahar-Bel-Hadj-Mohamed*; 31 mars 1877, *Firmin-Acary*).

De même, lorsque l'action publique se trouve atteinte par la prescription annale, le juge de police, n'ayant aucune amende à prononcer, ne peut ordonner la démolition de travaux indûment exécutés à un mur sujet à reculement (Cass., 10 juin 1843, *Maussion*; 12 décembre 1845, *Noël*; 27 mars 1852, *Bastard*; 28 novembre 1856, *Venèque*).

§ 8. — Prescription

840. Aux termes de l'article 640 du Code d'Instruction criminelle, l'action publique et l'action civile pour une contravention de police sont prescrites après une année révolue, à compter du jour où elle a été commise, même lorsqu'il y a eu procès-verbal, saisie, instruction ou poursuite, si, dans cet intervalle, il n'est point intervenu de condamnation (1).

Cette prescription annale s'applique aux contraventions de voirie, aussi bien sous le rapport de la réparation civile, c'est-à-dire de la destruction des travaux, que sous le rapport de la pénalité (Cass., 26 juin 1845, *Canton*; 12 décembre 1845, *Noël*; 25 mai 1850, *Lamant*; 30 novembre 1850, *Dupont*; 2 juin 1854, *Portier* et *Panaille*; 10 janvier 1857, *Satabin*; 3 décembre 1858, *Nadaud-Beaupré*; 3 août 1888, *Boussard*)

841. La clandestinité des travaux, et, par suite, l'impossibilité de les constater dès qu'ils s'exécutent, ne portent pas obstacle à la prescription (Cass., 26 juin 1845, *Canton*; 25 mai 1850, *Lamant*; 10 janvier 1857, *Satabin*).

842. L'usurpation sur un chemin vicinal constitue non une contravention successive, mais une contravention perma-

---

(1) Cette disposition est la seule qui assigne un terme pour la rédaction des procès-verbaux de contravention (C. d'État, 13 juillet 1870, Compagnie du *Canal du Midi*).

nente pouvant être atteinte par la prescription annale, qui court à partir du jour de l'empiètement (Cass., 28 janvier 1854, *Dauvergne* ; 24 décembre 1858, *Battesti* ; 2 juin 1865, *Profizy* ; 29 mai 1868, *Baril* ; 16 décembre 1882, *Burdel*).

Mais, comme on l'a vu au n° 828, cette prescription couvre seulement l'amende, et elle ne s'étend pas à l'action civile relative à la propriété du sol. La commune peut donc toujours poursuivre la restitution du sol usurpé.

Ne sont pas non plus considérés comme constituant une contravention successive :

Les dépôts de matériaux sur la voie publique faits en une seule fois (Cass., 24 décembre 1859, *Chamborand* ; 1er mars 1867, *Lavoix* ; 3 janvier 1885, *Leroux*) ;

Les plantations effectuées en contravention aux règlements (Cass., 28 janvier 1854, *Dauvergne* ; 6 mars 1884, *Dalicieux* ; — C. d'État, 4 janvier 1866, *Adam*).

Par contre, le défaut d'élagage des arbres avançant sur la voie publique forme une contravention successive et continue, dont la prescription ne commence pas à dater du premier procès-verbal de constat, mais court seulement du jour où cette contravention a cessé (Cass., 29 août 1867, *Gallien*).

De même la contravention, qui consiste dans le refus d'obtempérer à un arrêté ordonnant certains travaux (établissement de chéneaux et de tuyaux de descente, ainsi que réduction de saillie des avant-toits), se renouvelle chaque jour depuis l'époque fixée pour l'exécution de cet arrêté. La prescription ne commence dès lors à courir qu'à partir de la cessation du fait qui constitue la contravention (Cass., 8 janvier 1885, *Chaloin*).

Pareillement, quand un arrêté a ordonné la suppression d'un trottoir et d'un banc établis sur le sol d'un chemin à une époque plus ou moins reculée, c'est la résistance à l'injonction de l'autorité administrative qui constitue la contravention (Cass., 27 octobre 1892, *Bernardini*).

843. Les amendes prononcées par les tribunaux de simple police se prescrivent par deux ans (Art. 639 du Code d'Instruction criminelle).

§ 9. — De l'amnistie

844. L'amnistie éteint l'action publique ou la condamnation, en ce qui concerne l'application de l'amende, mais elle ne fait pas obstacle à l'exécution des jugements en ce qui a trait aux réparations civiles.

Si l'amnistie est accordée pendant que le tribunal de simple police est saisi d'une contravention, ce tribunal est dispensé de l'application de l'amende, mais il peut prononcer la condamnation à la suppression des travaux indûment effectués ou à la réparation du préjudice causé (Cass., 31 décembre 1869, *Lair*).

Si l'amnistie n'intervient qu'après la contravention, aucune réparation civile ne peut être obtenue par la raison que le tribunal n'est compétent pour statuer sur l'action civile qu'autant qu'il est saisi régulièrement de l'action publique (Cass. 22 décembre 1870, *Verzinhet*).

§ 10. — Mesures ayant pour objet de faire connaître les décisions de l'autorité judiciaire

845. Aux termes d'une circulaire du Ministre de l'Intérieur, en date du 16 novembre 1874, l'agent voyer en chef dresse tous les trois mois, pour chaque arrondissement, un état disposé de telle sorte que les fonctionnaires ou officiers du ministère public puissent indiquer la suite donnée aux procès-verbaux. Cet état est transmis par le préfet au procureur général près la cour d'appel à laquelle ressortit le département. Le procureur général le renvoie au préfet après l'avoir fait remplir par ses substituts de première instance, pour les délits, et par les commissaires de police ou officiers du ministère public près les tribunaux de simple police, pour les contraventions. Dès que le préfet a reçu l'état ainsi complété, il doit le faire transcrire sur un registre spécial, en adresser une copie au Ministre de l'Intérieur, et donner, s'il y a lieu, à l'agent voyer en chef, ainsi qu'aux autres agents ou fonctionnaires investis du droit de verbaliser, les instructions qui seraient nécessaires pour mieux assurer à l'avenir la prompte et régulière constatation des infractions relatives à la police de la voirie vicinale.

TITRE VIII

POLICE DU ROULAGE

TITRE VIII

POLICE DU ROULAGE

CHAPITRE I

CHEMINS DE GRANDE COMMUNICATION

846. La police du roulage est soumise, sur les chemins de grande communication, aux mêmes règles que sur les routes nationales et départementales. Ce sont celles qui sont contenues dans la loi du 30 mai 1851 et dans le décret du 10 août 1852, modifié par les décrets des 24 février 1858 et 29 août 1863.

SECTION I

DISPOSITIONS RÉGLEMENTAIRES

847. Essieux et moyeux. — Les essieux ne peuvent avoir plus de 2 m. 50 de longueur, ni dépasser à leurs extrémités le moyeu de plus de 0 m. 06.

La saillie des moyeux, y compris celle de l'essieu, ne peut excéder de plus de 0 m. 12 le plan passant par le bord extérieur des bandes (1). Il est accordé une tolérance de 0 m. 02 sur cette saillie, pour les roues qui ont déjà fait un certain service (Décret du 10 août 1852, art. 1er).

848. Clous des bandes. — Il est expressément défendu d'employer des clous à tête de diamant. Tout clou de bande

---

(1) Ces prescriptions s'appliquent aux voitures des prestataires (C. d'État, 4 juillet 1857, *Cazaux*).

doit être rivé à plat et ne peut, lorsqu'il est posé à neuf, former une saillie de plus de 0 m. 005 (*Id.*, art. 2).

849. Maximum du nombre des chevaux. — Il ne peut être attelé :

1° Aux voitures servant au transport des marchandises, plus de cinq chevaux si elles sont à deux roues ; plus de huit si elles sont à quatre roues, sans qu'il puisse y avoir plus de cinq chevaux de file ;

2° Aux voitures servant au transport des personnes, plus de trois chevaux si elles sont à deux roues, plus de six si elles sont à quatre roues (*Id.*, art. 3).

Lorsqu'il y a lieu de transporter des blocs de pierres, des locomotives ou d'autres objets d'un poids considérable, l'emploi d'un attelage exceptionnel peut être autorisé par le préfet, sur l'avis des agents voyers (*Id.*, art. 4).

Les prescriptions concernant les attelages ne sont pas applicables sur les portions de chemins vicinaux de grande communication affectées de rampes d'une déclivité ou d'une longueur exceptionnelle.

Les limites de ces portions de chemins, sur lesquelles l'emploi de chevaux de renfort est autorisé, sont déterminées par un arrêté du préfet, sur la proposition de l'agent voyer en chef du département, et indiquées sur place par des poteaux portant l'inscription : *chevaux de renfort.*

L'emploi de chevaux de renfort peut être autorisé temporairement sur des parties de chemins, lorsque, par suite de travaux de réparation ou d'autres circonstances accidentelles, cette mesure est nécessaire. Dans ce cas, le préfet fait placer des poteaux provisoires (*Id.*, art. 5).

En temps de neige ou de verglas, les prescriptions relatives à la limitation du nombre des chevaux demeurent suspendues (*Id.*, art. 6).

850. Largeur du chargement. — La largeur du chargement des voitures qui ne servent pas au transport des personnes ne peut excéder 2^m,50. Toutefois, le préfet peut délivrer des permis de circulation pour les objets d'un grand volume qui ne seraient pas susceptibles d'être chargés dans ces conditions (*Id.*, art. 11).

Sont toutefois affranchies de toute réglementation de largeur de chargement, les voitures d'agriculture, mais seulement lorsqu'elles servent au transport des récoltes de la ferme aux champs et des champs à la ferme ou au marché (Loi du 30 mai 1851, art. 2, § 2).

851. Saillie des colliers des chevaux. — La largeur des colliers des chevaux ou autres bêtes de trait ne peut dépasser 0m,90, mesurés entre les points les plus saillants des pattes des attelles (1) (Décret du 10 août 1852, art. 12).

852. Convois. — Lorsque plusieurs voitures de roulage marchent les unes à la suite des autres, elles doivent être distribuées en convois de quatre voitures au plus, si elles sont à quatre roues et attelées d'un seul cheval ; de trois voitures au plus, si elles sont à deux roues et attelées d'un seul cheval ; et de deux voitures au plus, si l'une d'elles est attelée de plus d'un cheval (*Id.*, art. 13).

Toutefois, lorsque la dimension des objets transportés donne au convoi une longueur nuisible à la liberté ou à la sûreté de la circulation, le préfet peut restreindre le nombre des voitures à réunir en convoi. L'arrêté préfectoral doit alors être affiché sur les parties de chemins auxquelles il s'applique (Décret du 24 février 1858, art. 3).

L'intervalle d'un convoi à l'autre ne peut être moindre de 50 mètres (Décret du 10 août 1852, art. 13).

853. Conduite des voitures de roulage. — Tout voiturier ou conducteur doit se tenir constamment à portée de ses chevaux ou bêtes de trait et en position de les guider (2) (*Id.*, art. 14). Cette prescription s'applique aux voitures de toute nature attelées avec des bœufs et autres animaux (Cass., 4 novembre 1858, *Birou;* 29 août 1861, *Mallet;* 17 novembre 1881, *Emery*).

---

(1) On entend par pattes d'attelles des colliers les parties supérieures et latérales dans lesquelles sont passés les guides ou cordeaux, soit au moyen d'anneaux, soit simplement au moyen de trous pratiqués dans les planchettes (Circulaire du ministre des Travaux publics, en date du 25 août 1852, art. 12).

(2) En ce qui concerne les bêtes de charge, qui, n'étant pas attelées, ne sont pas prévues par le règlement de 1852, leur conduite est soumise aux prescriptions de l'article 475, n° 3, du Code pénal (Cass., 1er juin 1855, *Long* et *Lazare*).

Il est interdit de faire conduire par un seul conducteur plus de quatre voitures à un cheval, si elles sont à quatre roues, et plus de trois voitures à un cheval, si elles sont à deux roues.

Chaque voiture attelée de plus d'un cheval doit avoir un conducteur. Toutefois, une voiture dont le cheval est attaché derrière une voiture attelée de quatre chevaux au plus n'a pas besoin de conducteur particulier (Décret du 10 août 1852, art. 14).

854. Voitures de messageries. — Le titre III du décret du 10 août 1852 (art. 17 et suiv.) renferme les dispositions relatives aux voitures publiques. Les conditions imposées concernent la solidité et la stabilité des voitures, le mode de chargement, de conduite et d'enrayage des voitures, le nombre de personnes qu'elles peuvent porter, la police des relais et les autres mesures à observer par les conducteurs, cochers et postillons, notamment pour éviter ou dépasser d'autres voitures.

Les dispositions dont il s'agit ne sont pas applicables aux voitures qui desservent les marchés et les gares de chemins de fer, sans sortir de la ville ou d'un rayon de 15 kilomètres (Circulaire ministérielle du 20 mars 1877).

855. De la plaque des voitures. — Aux termes de l'article 3 de la loi du 30 mai 1851, toute voiture circulant sur les chemins de grande communication doit être munie d'une plaque (1).

Sont exceptées de cette disposition :

1° Les voitures particulières destinées au transport des personnes, mais étrangères à un service public de messageries ;

2° Les malles-postes et autres voitures appartenant à l'Administration des Postes ;

3° Les voitures d'artillerie, chariots et fourgons appartenant aux départements de la Guerre et de la Marine ;

4° Les voitures employées à la culture des terres, au transport des récoltes, à l'exploitation des fermes, qui se rendent de

---

(1) Cette disposition a évidemment pour objet de signaler celui contre qui doivent, en cas de contravention, être dirigées les poursuites, sauf à lui, si le fait ne lui a pas été personnel, à en faire connaître l'auteur à la justice (Cass., 13 mai 1854, *Langlois;* 20 février 1874, *de Bourgogne*).

la ferme aux champs ou des champs à la ferme, ou qui servent au transport des objets récoltés, du lieu ou ils ont été recueillis jusqu'à celui où, pour les conserver ou les manipuler, le cultivateur les dépose ou les rassemble (1).

En ce qui concerne les voitures ne servant pas au transport des personnes, l'article 16 du décret du 10 août 1852 fixe les conditions dans lesquelles la plaque doit être établie. Tout propriétaire de voiture est tenu de faire placer, en avant des roues et au côté gauche de sa voiture, une plaque métallique portant, en caractères apparents et lisibles de 5 millimètres au moins de hauteur, ses nom, prénoms et profession, le nom de la commune, du canton et du département de son domicile.

Pour les voitures de messageries, le décret se borne à exiger, dans son article 29, que chaque voiture porte à l'extérieur dans un endroit apparent, indépendamment de l'estampille délivrée par l'Administration des Contributions indirectes, le nom et le domicile de l'entrepreneur et l'indication du nombre de places de chaque compartiment.

856. Éclairage des voitures. — Le décret du 10 août 1852 a déclaré l'éclairage obligatoire :

1° Pour les voitures de roulage :

L'article 15 du décret porte qu'aucune voiture marchant isolément ou en tête d'un convoi (2) ne peut circuler pendant la nuit sans être pourvue d'un falot ou d'une lanterne allumée.

2° Pour les voitures de messageries :

L'article 28 du décret exige que, pendant la nuit, les voitures publiques soient éclairées par une lanterne à réflecteur placée à droite et à l'avant de la voiture.

En ce qui concerne les voitures d'agriculture, l'obligation de l'éclairage peut leur être imposée par des arrêtés des préfets

---

(1) La dispense de plaque ne s'applique pas aux voitures d'agriculture qui transportent le produit des récoltes au marché (Cass., 22 juillet 1853, *Verdier;* 19 avril 1860, *Bétoulières;* 17 mars 1866, *Albour.* — Voir aussi la circulaire du ministre des Travaux publics en date du 25 août 1852, art. 16), non plus qu'aux voitures qui se rendent à une sucrerie située sur une commune voisine où elles sont appelées à être chargées de défécations destinées à l'engrais des terres (Cass., 7 décembre 1893, *Julien Schouleville*).

(2) Pour qu'une voiture soit dispensée de l'obligation de l'éclairage, il ne suffit pas qu'elle marche à la suite d'une autre voiture munie d'une lanterne : il faut qu'elle fasse partie d'un convoi réglementairement formé (Cass., 20 août 1853, *Debroize;* 12 mai 1854, *Fontaine;* 10 mars 1859, *Ricard;* 30 novembre 1861, *Latapie*).

ou des maires (Décret du 10 août 1852, art. 15). En l'absence
de tout arrêté, les voitures d'agriculture jouissent de l'exemption de l'éclairage, mais seulement lorsqu'elles se rendent de
la ferme aux champs ou des champs à la ferme, ou bien lorsqu'elles servent au transport des objets récoltés, du lieu où ils
ont été recueillis jusqu'à celui où, pour les conserver ou les
manipuler, le cultivateur les dépose ou les rassemble. Les voitures allant de la ferme au marché, ou inversement, ne
sont pas affranchies de l'obligation de l'éclairage (Cass.,
1er mars 1856, *Masson;* 30 avril 1857, *Vittet;* 3 mars 1859,
Poulet; 7 novembre 1863, *Mansard;* 15 février 1879, *Lemire;*
15 février 1879, *Pénin*).

En ce qui a trait aux voitures particulières servant au transport des personnes, le décret du 24 février 1858 donne aux
préfets le droit de leur appliquer les dispositions de l'article 15
du décret de 1852 relatives à l'éclairage des voitures de
roulage.

Il y a lieu de remarquer toutefois que les voitures particulières ne peuvent former un convoi dans le sens de cet article.
En conséquence, celles qui suivent la voiture de tête ne
peuvent bénéficier de la dispense d'éclairage que cet article
accorde aux voitures de roulage (Cass., 7 juillet 1865, *Ga-
varret*).

857. Au sujet de l'éclairage des voitures, la jurisprudence a
réglé quelques points qu'il est bon de signaler.

La lanterne doit être fixée au véhicule et placée en avant.
Elle ne saurait être tenue à la main (Cass., 20 juillet 1861,
Lecoq).

Le temps légal de la nuit est celui qui s'écoule depuis le
coucher jusqu'au lever du soleil (Cass., 29 novembre 1860,
Paillé; 2 février 1861, *Dugardin;* 20 février 1862, *Feugas;*
20 mars 1863, *Guignen;* 25 août 1877, *Philip;* 6 février 1886,
Boisson). L'absence de lanterne ne peut, d'ailleurs, être excusée
par le motif que la lune rendait l'éclairage inutile (Cass.,
4 février 1860, *Deffains*).

Enfin, l'obligation de l'éclairage s'applique aussi bien aux
voitures arrêtées momentanément qu'à celles qui sont en
marche (Cass., 14 janvier 1859, *Croussillat;* 2 février 1861,
Dugardin; 31 décembre 1891, *Vernhes*).

858. Stationnement des voitures. — Aux termes de l'article 10 du décret du 10 août 1852, il est interdit de laisser stationner sans nécessité sur la voie publique aucune voiture attelée ou non attelée.

859. Règles à suivre pour éviter ou dépasser d'autres voitures. — Tout roulier ou conducteur de voiture doit se ranger à sa droite à l'approche de toute autre voiture, de manière à lui laisser libre au moins la moitié de la chaussée (1) (Décret du 10 août 1852, art. 9).

C'est donc seulement à l'*approche d'une autre voiture* qu'un roulier ou conducteur est tenu de prendre sa droite, s'il laisse d'ailleurs aux piétons un intervalle suffisant pour se garer (Cass. 30 novembre 1872, *Braban* ; 19 avril 1873, *Debray*).

860. Traversée des ponts suspendus. — Les mesures de protection des ponts suspendus sont contenues dans l'article 8 du décret du 10 août 1852.

Les chevaux doivent être mis au pas, les voituriers doivent tenir les guides en mains, les conducteurs et postillons doivent rester sur leurs sièges.

Défense est faite aux rouliers et voituriers de dételer aucun de leurs chevaux pour le passage du pont.

Toute voiture attelée de plus de cinq chevaux ne peut pas s'engager sur le tablier d'une travée, quand il y a déjà sur cette travée une voiture d'un attelage supérieur à ce nombre de chevaux.

Lorsque les ponts suspendus n'offrent pas de garanties suffisantes pour le passage des voitures lourdement chargées, le Ministre de l'Intérieur (2) peut prendre telles autres dispositions qu'il juge nécessaires.

Ces mesures consistent généralement dans la limitation des chargements. Il convient de prescrire cette limitation d'après les poids ou les volumes des matières transportées et non

---

(1) Cette prescription ne s'applique point aux bicyclettes simples, qui ne peuvent être assimilées à des voitures (Cass., 1ᵉʳ juin 1894, *Godeau*).

(2) Il eût été plus correct de confier ce soin aux préfets, sous l'autorité desquels sont placés les chemins vicinaux. Habituellement les mesures sont prises par la voie d'arrêtés préfectoraux. Il est donc nécessaire de faire revêtir ces arrêtés de l'approbation du Ministre de l'Intérieur.

d'après le nombre des chevaux d'attelage ; les maximums doivent différer suivant que les voitures sont à deux ou quatre roues (1).

Il peut être bon aussi de limiter le nombre de bœufs ou vaches passant à la fois sur le pont, ainsi que de réglementer le passage des troupes (2).

Le décret du 10 août 1852 porte, dans son article 8, que, dans les circonstances urgentes, les préfets et les maires peuvent prendre telles mesures que leur paraît commander la sûreté publique, sauf à en rendre compte à l'autorité supérieure.

Dans tous les cas, les mesures prescrites pour la protection des ponts suspendus doivent être placardées à l'entrée et à la sortie de ces ouvrages.

861. Barrières de dégel. — Dans certains départements l'assiette des chaussées pavées et la résistance des chaussées empierrées s'affaiblissent lors des dégels, au point que le passage des voitures chargées y produirait les désordres les plus graves et rendrait pendant longtemps la circulation, sinon impossible, du moins extrêmement difficile.

Pour éviter ces inconvénients, la loi du 30 mai 1851 a autorisé l'établissement de barrières de dégel, dont la réglementation est actuellement contenue dans le décret du 29 août 1863.

Ces barrières ont pour objet d'indiquer les chemins ou parties de chemins sur lesquels la circulation doit être, non pas suspendue, mais seulement restreinte.

Peuvent seuls circuler pendant la fermeture des barrières de dégel :

1° Les courriers de la malle ;

2° Les voitures de voyage suspendues étrangères à toute entreprise publique de messagerie ;

3° Les voitures non chargées ;

4° Les voitures chargées, montées sur roues à jantes d'au

---

(1) On peut consulter, à ce sujet, les instructions données par le Ministre des Travaux publics, en ce qui concerne les ponts relevant de son département, dans les circulaires des 15 mai 1852 et 7 mai 1866.

(2) Le Ministre des Travaux publics a adopté, à la date du 4 mai 1870, un type d'arrêté de police à placarder aux abords des ponts suspendus. Cet arrêté rappelle les prescriptions du décret du 10 août 1852, et il les complète par d'autres prescriptions, notamment en ce qui concerne le passage des troupes sur le pont : les chefs de corps doivent faire marcher l'infanterie sur deux files seulement et à volonté, c'est-à-dire en rompant le pas, la cavalerie sur une seule ligne et au pas.

moins 11 centimètres de largeur et dont l'attelage n'excède pas le nombre de chevaux qui est fixé par le préfet, à raison du climat, du mode de construction et de l'état des chaussées, de la nature du sol, du nombre des roues de la voiture et des autres circonstances locales.

Toute voiture prise en contravention est arrêtée, et les chevaux sont mis en fourrière dans l'auberge la plus rapprochée.

Ce sont les préfets qui déterminent les chemins de grande communication sur lesquels les barrières peuvent être établies. Ils prennent, sur l'avis des agents voyers, des arrêtés comportant les mesures que la fermeture ou l'ouverture des barrières rendent nécessaires.

862. L'établissement des barrières de dégel détermine, pour les voituriers qui sont exclus, une gêne souvent sérieuse. Elle leur cause des dommages pour lesquels ils ne peuvent d'ailleurs obtenir d'indemnité (C. d'État, 14 juillet 1859, *Longueville*).

Il importe de ne recourir à ce moyen de conservation des chaussées qu'autant qu'il s'impose absolument. Ainsi que l'a fait remarquer le Ministre des Travaux publics, dans une circulaire du 15 septembre 1863, le but des barrières de dégel est moins de réaliser une économie sur les frais d'entretien ou de réparation des chaussées que de prévenir les dégradations extraordinaires par suite desquelles la circulation se trouverait pour longtemps interrompue, ou au moins très fortement entravée. On ne doit donc procéder à l'établissement des barrières qu'avec une extrême réserve et en cas de nécessité parfaitement reconnue. Il ne faut pas que l'intérêt qui s'attache à la conservation des chemins dégénère en un moyen d'économiser les deniers des départements ou des communes.

863. Aucune instruction ministérielle n'a réglé en détail les diverses questions que soulève l'établissement des barrières de dégel.

Ces barrières sont généralement fictives. Elles sont supposées exister par le fait de leur désignation dans l'arrêté préfectoral ; quelquefois, cependant, elles sont représentées matériellement par un poteau planté sur l'accotement du chemin. Le plus souvent, un cantonnier ou tout autre préposé est ins-

tallé à l'emplacement de la barrière, de manière à surveiller
l'exécution de l'arrêté.

Il n'échappera pas qu'il est essentiel de prévenir le public
de la fermeture des barrières de dégel. Le public appelé à fré-
quenter les chemins de grande communication appartient d'ordinaire à un assez grand nombre de communes. L'arrêté doit
donc être publié et affiché, par les soins des maires, dans les
communes intéressées. C'est une formalité qu'il convient d'insérer dans l'arrêté.

Il est non moins utile d'aviser le public de l'ouverture des
barrières. Des mesures doivent être prises à cette fin.

Mais il arrive parfois que des dégels se suivent à de courts
intervalles, de telle sorte que les barrières donnent lieu à des
fermetures et ouvertures successives. On admet que le même
arrêté régit cette série de fermetures, quand elles sont suffisamment rapprochées.

Si l'on remarque qu'il n'est guère facile de prévoir, plusieurs
jours à l'avance, le moment où le dégel se produira, on reconnaîtra qu'une grande diligence est nécessaire, de la part de
tous les agents de l'Administration, pour assurer l'exécution
des mesures que comporte l'établissement des barrières de
dégel.

**864. Règlements municipaux dans la traversée des
agglomérations.** — D'après l'article 14 du décret du
10 août 1852, des règlements de police municipale peuvent
déterminer, dans la traversée des villes, bourgs et villages,
des restrictions aux prescriptions du décret qui sont relatives
à la composition des convois et à la conduite des voitures.

Nous reviendrons au n° 891 sur ces règlements municipaux.

SECTION II

RÉPRESSION DES CONTRAVENTIONS

---

§ 1. — Juridictions auxquelles sont soumises les infractions à la police du roulage

865. D'après la loi du 30 mai 1851, les infractions à la police du roulage se divisent en deux catégories : celles qui sont de la compétence des conseils de préfecture et celles qui doivent être déférées aux tribunaux de police.

Ce partage d'attributions ne saurait guère être l'objet de justifications plausibles, surtout en matière de chemins de grande communication, où les contraventions, même celles qui intéressent la conservation des chemins, ressortissent aux tribunaux ordinaires.

On ne peut donc que se borner à extraire de la loi de 1851, sans y ajouter d'explications, les infractions dont la répression appartient aux tribunaux administratifs. Ce sont celles qui concernent :

Les essieux et moyeux (Décret du 10 août 1852, art. 1er) ;

Les clous des bandes (*id.*, art. 2) ;

Les maximum des attelages (*id.*, art. 3, 4 et 5) ;

Les barrières de dégel (Décret du 29 août 1863, art. 1er) ;

Les ponts suspendus (Décret du 10 août 1852, art. 8) ;

La largeur du chargement (*id.*, art. 11) ;

La saillie des colliers des chevaux (*id.*, art. 12).

Les conseils de préfecture connaissent, en outre, des dommages causés aux chemins ou à leurs dépendances par la faute, la négligence ou l'imprudence du conducteur (1) (Loi du 30 mai 1851, art. 9).

---

(1) Les dommages subis par les chemins pour toute autre cause sont de la compétence des tribunaux ordinaires. Il y a donc, en matière de vicinalité, une anomalie qui n'existe pas à l'égard des dommages causés en matière de grande voirie.

Le surplus des contraventions ou délits est soumis à la juridiction des tribunaux de simple police et des tribunaux de
police correctionnelle, suivant la gravité de la peine.

866. Les agents chargés de constater les contraventions
et délits prévus par la loi et les règlements de la police du roulage sont les agents voyers, les conducteurs voyers, les cantonniers-chefs et autres employés du service des chemins de
grande communication, commissionnés à cet effet ; les gendarmes, les gardes champêtres, les employés des contributions
indirectes, agents forestiers ou des douanes, et employés des
poids et mesures ayant droit de verbaliser, et les employés des
octrois ayant le même droit.

867. Peuvent également constater les mêmes contraventions et délits : les maires et adjoints, les commissaires et
agents assermentés de police, les ingénieurs voyers, les officiers et sous-officiers de gendarmerie, et toute personne com-
missionnée par l'autorité départementale pour la surveillance
de l'entretien des voies de communication.

868. Les dommages causés par la faute, la négligence ou
l'imprudence du conducteur sont constatés par les agents voyers,
ingénieurs ou conducteurs voyers, sans préjudice du droit
réservé à tous les fonctionnaires ci-dessus mentionnés de dresser
procès-verbal du fait de dégradation qui aurait lieu en leur
présence (Loi du 30 mai 1851, art. 15).

869. Dispositions générales. — Les procès-verbaux
rédigés par les agents mentionnés au n° 866, à l'exception des

gendarmes (1), doivent être affirmés dans les trois jours, à peine de nullité, devant le juge de paix du canton ou devant le maire de la commune, soit du domicile de l'agent qui a verbalisé, soit du lieu où la contravention a été constatée (Loi du 30 mai 1851, art. 18).

Les agents voyers étant compris parmi les agents dont il vient d'être question, il en résulte qu'ils sont tenus d'affirmer leurs procès-verbaux en matière de police de roulage, alors qu'ils sont dispensés de cette formalité, quand il s'agit de toute autre contravention. Il y a là une anomalie, qui est parfois la cause d'omissions regrettables. Certains agents voyers, habitués qu'ils sont à ne pas soumettre leurs procès-verbaux à la formalité de l'affirmation, oublient de le faire quand la contravention a trait à la police du roulage.

870. Les procès-verbaux doivent être visés pour timbre en débet.

Ils doivent être enregistrés en débet dans les trois jours de leur date ou de leur affirmation, à peine de nullité (Loi du 30 mai 1851, art. 19).

Les procès-verbaux constatant des contraventions à la police du roulage font foi jusqu'à preuve contraire (*Id.*, art. 15).

871. Cas où le contrevenant n'est pas domicilié en France. — Dans ce cas, la voiture est provisoirement retenue, et le procès-verbal est immédiatement porté à la connaissance du maire de la commune où il a été dressé, ou de la commune la plus proche sur la route que suit le prévenu.

Le maire arbitre provisoirement le montant de l'amende et, s'il y a lieu, des frais de réparation, et il en ordonne la consignation immédiate, à moins qu'il ne lui soit présenté une caution solvable.

A défaut de consignation ou de caution, la voiture est retenue jusqu'à ce qu'il ait été statué sur le procès-verbal. Les frais qui en résultent sont à la charge du propriétaire.

Le contrevenant est tenu d'élire domicile dans le département du lieu où la contravention a été constatée; à défaut

---

(1) La loi du 17 juillet 1856 a dispensé les gendarmes de la formalité de l'affirmation.

d'élection de domicile, toute notification lui est valablement
faite au secrétariat de la commune dont le maire a arbitré
l'amende ou les frais de réparation (Loi du 30 mai 1851,
art. 20).

872. Cas où la voiture est dépourvue de plaque. —
Lorsqu'une voiture est dépourvue de plaque, et que le propriétaire n'est pas connu, il est procédé ainsi qu'il vient d'être dit
au n° 871, sauf en ce qui concerne l'élection de domicile (Loi
du 30 mai 1851, art. 21).

873. Cas où le voiturier est inconnu. — Il est
encore procédé de la même manière à l'égard de tout conducteur de voiture de roulage ou de messageries inconnu dans le
lieu où il a été pris en contravention, et qui n'est point régulièrement muni d'un passeport, d'un livret ou d'une feuille
de route, à moins qu'il ne justifie que la voiture appartient à
une entreprise de roulage ou de messageries, ou qu'il ne
résulte des lettres de voiture, ou des autres papiers en sa
possession, que la voiture appartient à celui dont le domicile
est indiqué sur la plaque (Loi du 30 mai 1851, art. 21).

874. Suite à donner aux procès-verbaux. — Tout
procès-verbal constatant une infraction à la police du roulage
est adressé, dans les deux jours de l'enregistrement, au sous-
préfet de l'arrondissement dans lequel le procès-verbal a été
dressé.

Le sous-préfet le transmet, dans les deux jours de sa réception, au préfet, s'il s'agit d'une contravention de la compétence
des conseils de préfecture, ou au procureur de la République,
s'il s'agit d'une contravention de la compétence des tribunaux
judiciaires (Loi du 30 mai 1851, art. 22).

§ 4. — Procédure devant le conseil de préfecture

875. Cette procédure est réglée par les dispositions combinées de la loi du 22 juillet 1889 et des articles 23 et suivants de la loi du 30 mai 1851.

Une copie du procès-verbal, ainsi que de l'affirmation, quand elle est prescrite, est notifiée avec citation, par la voie administrative, au domicile du propriétaire tel qu'il est indiqué sur la plaque, ou tel qu'il a été déclaré par le contrevenant, et, quand il y a lieu, à celui du conducteur.

Cette notification a lieu dans le mois de l'enregistrement, à peine de déchéance.

Le délai est étendu à deux mois lorsque le contrevenant n'est pas domicilié dans le département où la contravention a été constatée; il est étendu à un an lorsque le domicile du contrevenant n'a pas pu être constaté au moment du procès-verbal.

Si le domicile du conducteur est resté inconnu, toute notification qui lui est faite au domicile du propriétaire est valable (Loi du 30 mai 1851, art. 23).

876. La citation doit indiquer à l'inculpé le délai dans lequel il est tenu de fournir des défenses écrites et l'inviter à faire connaître, en produisant sa défense écrite, s'il entend user du droit de présenter des observations orales à l'audience (Loi du 22 juillet 1889, art. 10).

Le délai à assigner pour la production des défenses écrites est de trente jours, et il court à compter de la date de la notification du procès-verbal ; mention en est faite dans ladite notification (Loi du 30 mai 1851, art. 24).

Le conseil de préfecture ordonne, s'il y a lieu, la communication à l'Administration compétente du mémoire en défense produit par l'inculpé et la communication à celui-ci de la réponse faite par l'Administration (Loi du 22 juillet 1889, art. 10).

Les arrêtés rendus par les conseils de préfecture sont notifiés aux contrevenants dans la forme administrative, dix jours au moins avant toute exécution. Si la condamnation a été prononcée par défaut, la notification faite au domicile énoncé sur la plaque est valable (Loi du 30 mai 1851, art. 24).

§ 5. — Opposition et recours contre les arrêtés du conseil de préfecture

877. L'opposition à l'arrêté rendu par défaut doit être formée dans le délai de quarante jours à compter de la date de la notification (Loi du 30 mai 1851, art. 24).

L'opposition suspend l'exécution, à moins qu'il n'en ait été autrement ordonné par la décision qui a statué par défaut (Loi du 22 juillet 1889, art. 55).

878. Le recours au Conseil d'État peut être déposé soit au secrétariat général du Conseil d'État, soit à la préfecture, soit à la sous-préfecture ; il peut avoir lieu sans frais et sans l'intervention d'un avocat au Conseil d'État (Loi du 30 mai 1851, art. 25 ; — Loi du 22 juillet 1889, art. 61).

Le délai du recours est de deux mois, d'après l'article 57 de la loi du 22 juillet 1889. Quand le recours est formé au nom de l'Administration, le délai court contre elle à partir de la date de l'arrêté (1) (Loi du 22 juillet 1889, art. 59).

Le pourvoi au Conseil d'État n'est pas suspensif (Décret du 22 juillet 1806 ; — Loi du 24 mai 1872, art. 24).

§ 6. — Pénalité

879. Le titre II de la loi du 30 mai 1851 indique les peines à appliquer en cas d'infractions aux règlements rendus en exécution de cette loi.

Ce titre mentionne, en outre, les peines encourues :

Lorsque le propriétaire ou le conducteur d'une voiture a fait usage d'une plaque portant un nom ou domicile faux ou supposé (Loi du 30 mai 1851, art. 8) ;

---

(1) D'après l'article 25 de la loi du 30 mai 1851, le recours doit, dans ce cas, être formé dans les *trois mois* de la date de l'arrêté. Cette disposition paraît avoir eu exclusivement pour objet de déclarer que le délai de recours courrait à partir de la date de l'arrêté ; si le laps de trois mois y a été inséré, c'est parce qu'il représentait la durée du délai de recours alors en vigueur (TESSIER et CHAPSAL, *Traité de la procédure devant les conseils de préfecture*, p. 438).

Lorsque celui qui conduit une voiture dépourvue de plaque a déclaré un nom ou domicile autre que le sien ou que celui du propriétaire pour le compte duquel la voiture est conduite (*Id.*, art. 8) ;

Lorsqu'un voiturier ou conducteur, sommé de s'arrêter par un agent chargé de constater les contraventions, refuse d'obtempérer à cette sommation et de se soumettre aux vérifications prescrites (*Id.*, art. 10) ;

Lorsque des outrages ou des violences ont été exercés contre les agents ayant qualité pour dresser des procès-verbaux (*Id.*, art. 11) ;

Enfin, lorsque, par la faute, la négligence ou l'imprudence du conducteur, une voiture a causé un dommage quelconque au chemin ou à ses dépendances (1) (*Id.*, art. 9).

Dans ce dernier cas, le conducteur doit être condamné, non seulement à une amende de 3 francs à 50 francs, mais encore aux frais de la réparation.

880. Ainsi que le fait remarquer M. Aucoc (2), quelques-unes des prescriptions du règlement d'administration publique du 10 août 1852, sur les voitures de messageries, vont au-delà des prévisions de la loi du 30 mai 1851. Il s'ensuit qu'elles ne peuvent avoir pour sanction les peines édictées par la loi en cas de contravention aux dispositions des règlements d'administration publique prévus par cette loi. La seule pénalité qui puisse être appliquée en pareil cas est l'amende édictée par l'article 471, n° 15, du Code pénal.

C'est également cet article qui permet de réprimer les infractions aux arrêtés spéciaux pris par le préfet ou les maires conformément aux règlements d'administration publique sur la police du roulage. Ainsi jugé notamment à l'occasion d'infrac-

---

(1) C'est ce qui a lieu lorsqu'on fait circuler sur un chemin de grande communication des charrettes chargées de pièces de bois, dont l'extrémité porte sur le sol de la voie de manière à le dégrader. Le procès-verbal doit alors être déféré au conseil de préfecture (C. d'État, 15 janvier 1868, préfet de la *Dordogne*).

C'est aussi le cas des dégradations causées par de la craie tombant d'une voiture et écrasée au passage d'autres voitures (C. d'État, 8 août 1873, *Baingean*).

Toutefois, l'article 9 de la loi du 30 mai 1851 n'est pas applicable aux dégradations occasionnées par une voiture à un chemin vicinal qui est encore en construction et qui n'a pas été livré à la circulation. Le conseil de préfecture est, par suite, incompétent pour statuer sur le dommage causé (C. d'État, 28 décembre 1853, *Machaux*).

(2) *Conférences*, t. III, p. 210.

tions à des arrêtés préfectoraux qui, en exécution du décret du 24 février 1858, avaient prescrit l'éclairage des voitures particulières (Cass., 18 mars 1859, *Perrin* ; 14 mai 1859, *Bernard* ; 5 juin 1874, *Bonnin*).

§ 7. — Attribution des amendes et des frais de réparation

881. D'après l'article 28 de la loi du 30 mai 1851, lorsque le procès-verbal a été dressé par l'un des agents désignés au n° 866, le tiers de l'amende prononcée devait appartenir à cet agent, à moins qu'il ne s'agit d'outrages ou de violences envers l'agent ou bien encore du refus d'un voiturier de s'arrêter, sur la sommation de cet agent.

Cette disposition a été modifiée par les lois de finances des 27 décembre 1890 et 28 avril 1893, qui ont fixé à 1 fr. 25 la gratification par condamnation recouvrée.

Aux termes de l'article 28 précité de la loi sur le roulage, le montant des frais de réparation, auxquels un conducteur peut être condamné pour dommages causés au chemin, doit être attribué aux communes intéressées à ce chemin. Conformément aux indications de la circulaire du Ministre de l'Intérieur en date du 13 juillet 1893, § 46, le montant de ces frais doit être encaissé au titre des produits éventuels du chemin de grande communication qui a subi les dommages.

§ 8. — Prescription

882. La loi du 30 mai 1851 institue quelques prescriptions spéciales.

L'instance à raison des contraventions de la compétence des conseils de préfecture est périmée par six mois, à compter de la date du dernier acte des poursuites, et l'action publique est éteinte, à moins de fausses indications sur la plaque ou de fausse déclaration en cas d'absence de plaque (Loi du 30 mai 1851, art. 26).

Les amendes se prescrivent par une année, à compter de la date de l'arrêté du conseil de préfecture, ou à compter de la décision du Conseil d'État, si le pourvoi a eu lieu.

En cas de fausses indications sur la plaque ou de fausse déclaration de nom ou de domicile, la prescription n'est acquise qu'après cinq années (*Id.*, art. 27).

CHAPITRE II

CHEMINS D'INTÉRÊT COMMUN ET CHEMINS VICINAUX ORDINAIRES

883. De la lacune existant dans la législation spéciale à la police du roulage. — La loi du 30 mai 1851 et les décrets rendus en exécution de cette loi ne s'appliquent ni aux chemins d'intérêt commun ni aux chemins vicinaux ordinaires.

Cela peut paraître singulier, surtout à l'égard des chemins d'intérêt commun qui sont maintenant traités de la même façon que les chemins de grande communication, mais cela s'explique par ce fait qu'en 1851 les chemins d'intérêt commun étaient presque à l'état naissant et n'avaient pas encore conquis le régime que la jurisprudence administrative a consenti à leur accorder.

On ne voit même pas pourquoi les prescriptions de la loi et des décrets sur la police du roulage ne s'appliqueraient pas aux chemins vicinaux ordinaires. Les voitures et les attelages qui circulent sur ces chemins sont les mêmes que ceux qui passent sur les chemins de grande communication. Au point de vue de la construction des chemins, soit comme déclivités, soit comme largeur, soit comme chaussée, les dispositions sont parfois les mêmes sur le réseau de la grande vicinalité et sur celui de la petite. Il suffit, pour s'en convaincre, de remarquer que tel chemin, rangé hier dans la petite vicinalité, est aujourd'hui classé dans la grande.

Toute les prescriptions de la police du roulage pourraient être mises en vigueur sur les chemins vicinaux ordinaires.

Dira-t-on, par exemple, qu'il ne serait pas possible, sur les chemins de petite communication, d'obliger le conducteur à se ranger à sa droite, à l'approche d'une autre voiture, de manière à lui laisser libre au moins la moitié de la chaussée? Mais cette disposition n'a rien d'inadmissible même pour des chemins pourvus d'une chaussée étroite ayant la largeur d'une simple voie charretière. Il existe, en effet, un grand nombre de chemins de grande communication qui n'ont pas d'autre chaussée et, pour satisfaire aux prescriptions de l'article 9 du décret du 10 août 1852, les conducteurs doivent faire passer une roue de leur voiture sur l'accotement généralement herbé du chemin. Les choses auraient lieu de la même manière sur les chemins vicinaux ordinaires.

A notre avis, la même législation devrait régir les chemins vicinaux de toute catégorie, en matière de police du roulage.

884. Comment on peut combler la lacune existant dans la législation spéciale à la police du roulage. — Un moyen existe de combler la lacune de la législation spéciale à la police du roulage, en ce qui concerne les chemins d'intérêt commun et les chemins vicinaux ordinaires.

Il consiste à insérer les mesures nécessaires dans le Règlement que chaque préfet peut établir en vertu de l'article 21 de la loi du 21 mai 1836, ou plutôt à édicter un règlement complémentaire en observant les formes prescrites par cet article, c'est-à-dire en le communiquant au conseil général et en le soumettant ensuite à l'approbation du Ministre de l'Intérieur (n° 38).

La police du roulage comprend des mesures de deux natures : celles qui intéressent la conservation de la voie publique et celles qui ont pour objet d'assurer la liberté et la sécurité de la circulation. Il n'est pas douteux que les premières mesures puissent prendre place dans le Règlement préfectoral, puisque, d'après l'article 21, ce règlement doit statuer sur tout ce qui touche à la conservation des chemins. Mais, en ce qui concerne les mesures relatives à la liberté et à la sécurité de la circulation, l'article 21 est absolument muet. M. Guillaume, dans son *Traité pratique de la voirie vicinale*, énonce cependant que ces dernières mesures peuvent être introduites, en exécution de l'article 21 de la loi de 1836, dans le Règlement préfectoral.

Nous croyons que, si les mesures dont il s'agit étaient
insérées dans le Règlement préfectoral, leur validité serait
fondée non sur les pouvoirs conférés au préfet par l'article 21,
mais uniquement sur les pouvoirs de police générale dont ce
magistrat est investi. C'est ainsi que se justifie, à nos yeux,
la section III du chapitre II (Titre IV) du Règlement général,
intitulée : *Mesures ayant pour objet la sûreté des voyageurs.*

Les dispositions ainsi édictées, quoique entourées des formes
indiquées par l'article 21, n'auraient d'autre caractère que
celles d'un arrêté réglementaire ordinaire rendu par le préfet.
Elles devraient nécessairement être prises dans la limite des
attributions confiées au préfet en matière de sécurité publique.

885. Dans le cas où le Règlement général serait complété
par des prescriptions relatives à la police du roulage, il va de
soi que les infractions tomberaient sous l'application de l'article
471, n° 15, du Code pénal, et non sous celle de la loi du
30 mai 1851.

**886. Cas où le Règlement préfectoral ne renferme
aucune disposition concernant la police du rou-
lage.** — L'autorité administrative est alors sans pouvoir pour
imposer au roulage des mesures destinées à assurer la conservation des chemins.

Parfois les maires se trompent sur l'étendue de leurs droits
en pareille matière. Ainsi il a été jugé qu'ils excèdent leurs
pouvoirs :

Lorsqu'ils enjoignent aux conducteurs de charrettes de diriger
leur marche de manière à ce que les chevaux ne suivent pas
la même piste et à ce que les roues ne passent pas dans les
mêmes ornières (Cass., 20 décembre 1867, *Cissac*) ;

Ou lorsqu'ils règlementent la police du roulage sur les
chemins vicinaux de leur commune, notamment en ce qui
concerne la limitation du chargement (Cass., 4 septembre 1847,
Descamps et *Broutin*) ;

Ou bien encore lorsqu'ils prennent des arrêtés à l'effet de
prescrire l'établissement de barrières de dégel sur les chemins
vicinaux ordinaires (Cass., 4 juillet 1857, *Moreau*).

887. Mais l'autorité administrative n'est pas désarmée en ce qui concerne la partie de la police du roulage qui intéresse la liberté et la sécurité de la circulation.

L'article 475, n° 3, du Code pénal punit d'amende, depuis 6 francs jusqu'à 10 francs inclusivement :

« Les rouliers, charretiers, conducteurs de voitures quelconques ou de bêtes de charge, qui auraient contrevenu aux règlements par lesquels ils sont obligés de se tenir constamment à portée de leurs chevaux, bêtes de trait ou de charge et de leurs voitures (1) et en état de les guider et conduire ; d'occuper un seul côté des rues, chemins ou voies publiques ; de se détourner ou ranger devant toutes autres voitures et à leur approche, de leur laisser libre au moins la moitié des rues, chaussées, routes et chemins. »

Il a été jugé que ces prescriptions étaient obligatoires, même en l'absence de tout règlement local de police. Elles régissent les voies publiques de toute nature et, par conséquent, les chemins vicinaux d'intérêt commun et les chemins vicinaux ordinaires (Cass., 1er juin 1855, *Long* et *Lazare*; 21 juin 1855, *Nicolas*; 8 août 1856, *Bachère*; 22 novembre 1856, *Courtot*; 28 avril 1859, *Pelletier*; 5 juin 1874, *Dieusy*; 23 janvier 1875, *Benedetti*).

888. De plus, l'article 471, n° 4, du Code pénal punit d'une amende depuis 1 franc jusqu'à 5 francs inclusivement :

« Ceux qui auront embarrassé la voie publique, en y déposant ou y laissant sans nécessité des matériaux ou des choses quelconques qui empêchent ou diminuent la liberté ou la sûreté du passage. »

Cette disposition s'applique au stationnement des voitures non attelées sur les chemins vicinaux autres que ceux de grande communication (Cass., 13 mai 1854, *Langlois*).

889. Enfin, le décret du 23 juin 1806, concernant la police du roulage, porte, dans son article 34 :

« Tout propriétaire de voitures de roulage sera tenu de faire peindre sur une plaque de métal, en caractères apparents, son

---

(1) Ces dispositions permettent de réprimer la contravention consistant dans l'abandon d'une voiture attelée sur la voie publique (Cass., 21 juin 1855, *Nicolas*; 8 août 1856, *Bachère*; 22 novembre 1856, *Courtot*; 23 janvier 1875, don *Louis Benedetti*).

nom et son domicile : cette plaque sera clouée en avant de la
roue et au côté gauche de la voiture. »

Les dispositions du décret de 1806 sont toujours en vigueur
sur les chemins vicinaux autres que ceux de grande communication, sauf en ce qui concerne la pénalité qui a été modifiée
par l'article 475, n° 4, du Code pénal, et qui consiste en une
amende de 6 francs à 10 francs inclusivement (Cass., 21 juin 1855,
Tanguy ; 13 mars 1856, *Geffrain* ; 9 mai 1856, *Tanguy* et *Steun* ;
16 juillet 1857, *Goulias* ; 27 avril 1860, *Boulanger* ; 22 novembre 1860, *Stephan* et *Bargain* ; 10 février 1870, *Pignon*).

890. En dehors de ces dispositions, les pouvoirs de police
générale dont sont investis les préfets permettent à ces magistrats de prendre toutes mesures relatives à la sûreté publique
sur les chemins. Ces pouvoirs ont été précisés par l'article 99
de la loi municipale du 5 avril 1884. Même avant cette loi, il
avait été reconnu, par exemple, qu'un arrêté préfectoral pouvait obliger les voitures d'agriculture et les voitures particulières circulant pendant la nuit sur les chemins vicinaux ordinaires à se munir d'une lanterne allumée (Cass., 10 octobre 1856,
Page ; 28 janvier 1875, *Morelli*).

Les maires ont pareillement le droit d'édicter des règlements
municipaux destinés à assurer la sécurité du passage sur les
voies publiques de leur commune (1). Ils peuvent interdire la
circulation des voitures non pourvues de lanternes (Cass.,
28 janvier 1875, *Morelli* ; 25 février 1876, *Renard*).

_____

(1) Voir, ci-après, au n° 891.

CHAPITRE III

DISPOSITIONS COMMUNES AUX CHEMINS VICINAUX
DE TOUTE CATÉGORIE

---

§ 1. — Règlements municipaux dans la traversée des agglomérations (1)

891. Le Code pénal prévoit, dans son article 475, n° 4, les règlements faits par l'autorité municipale, en ce qui concerne « le chargement, la rapidité ou la mauvaise direction des voitures », dans l'intérieur des lieux habités.

D'ailleurs, l'article 97 de la loi du 5 avril 1884 charge la police municipale d'assurer la sûreté publique et comprend dans cette police tout ce qui intéresse la sécurité et la commodité du passage dans les rues. Il a été jugé notamment que le maire pouvait interdire toute autre allure que le pas (Cass., 18 juillet 1868, *Bégué*), en particulier le grand trot (Cass., 20 septembre 1851, *Noguès*), même dans la traverse d'un chemin de grande communication (Cass., 30 juillet 1875, *Caylan*).

§ 2. — Circulation des vélocipèdes

892. Le besoin s'est fait sentir de réglementer la circulation des vélocipèdes sur toutes les voies publiques, y compris, par conséquent, les chemins vicinaux de toute catégorie.

Les Ministres des Travaux publics et de l'Intérieur se sont concertés pour déterminer les dispositions d'un arrêté que les

---

(1) V. aux n°° 864 et 890.

préfets ont été invités à prendre à la date du 29 février 1896 (Circulaire du 22 février 1896).

Cet arrêté se fonde essentiellement sur les pouvoirs de police conférés au préfet, en matière de sécurité publique, par la loi des 22 décembre 1789 ; — 8 janvier 1790.

Tout vélocipède doit être muni d'un appareil sonore avertisseur ; dès la chute du jour, il doit être pourvu, à l'avant, d'une lanterne allumée (art. 2).

Il doit porter une plaque indiquant le nom et le domicile du propriétaire, ainsi qu'un numéro d'ordre, si le propriétaire est loueur de vélocipèdes (art. 3).

Les vélocipédistes doivent prendre leur droite, lorsqu'ils croisent des voitures, des chevaux ou des vélocipèdes, et prendre leur gauche, lorsqu'ils veulent les dépasser ; les conducteurs de voitures et les cavaliers doivent se ranger à leur droite à l'approche d'un vélocipède, de manière à lui laisser un espace utilisable d'au moins 1^m.50 de largeur (art. 5).

La circulation des vélocipèdes est interdite sur les trottoirs et contre-allées affectées aux piétons. Toutefois, en dehors des villes et agglomérations, la circulation des vélocipèdes peut s'exercer sur les trottoirs et contre-allées, le long des chemins pavés ou en état de réfection (art. 6).

La circulation des vélocipèdes peut, d'ailleurs, être interdite par des arrêtés municipaux, temporairement ou d'une façon permanente, sur tout ou partie d'un chemin (art. 7).

Les agents voyers ont qualité pour constater les contraventions (art. 10), et leurs procès-verbaux doivent être déférés aux tribunaux compétents (art. 9). Généralement les contraventions tombent sous l'application de l'article 475, n° 15, du Code pénal, comme infractions à un règlement légalement fait par l'autorité administrative.

TITRE IX

OBJETS DIVERS

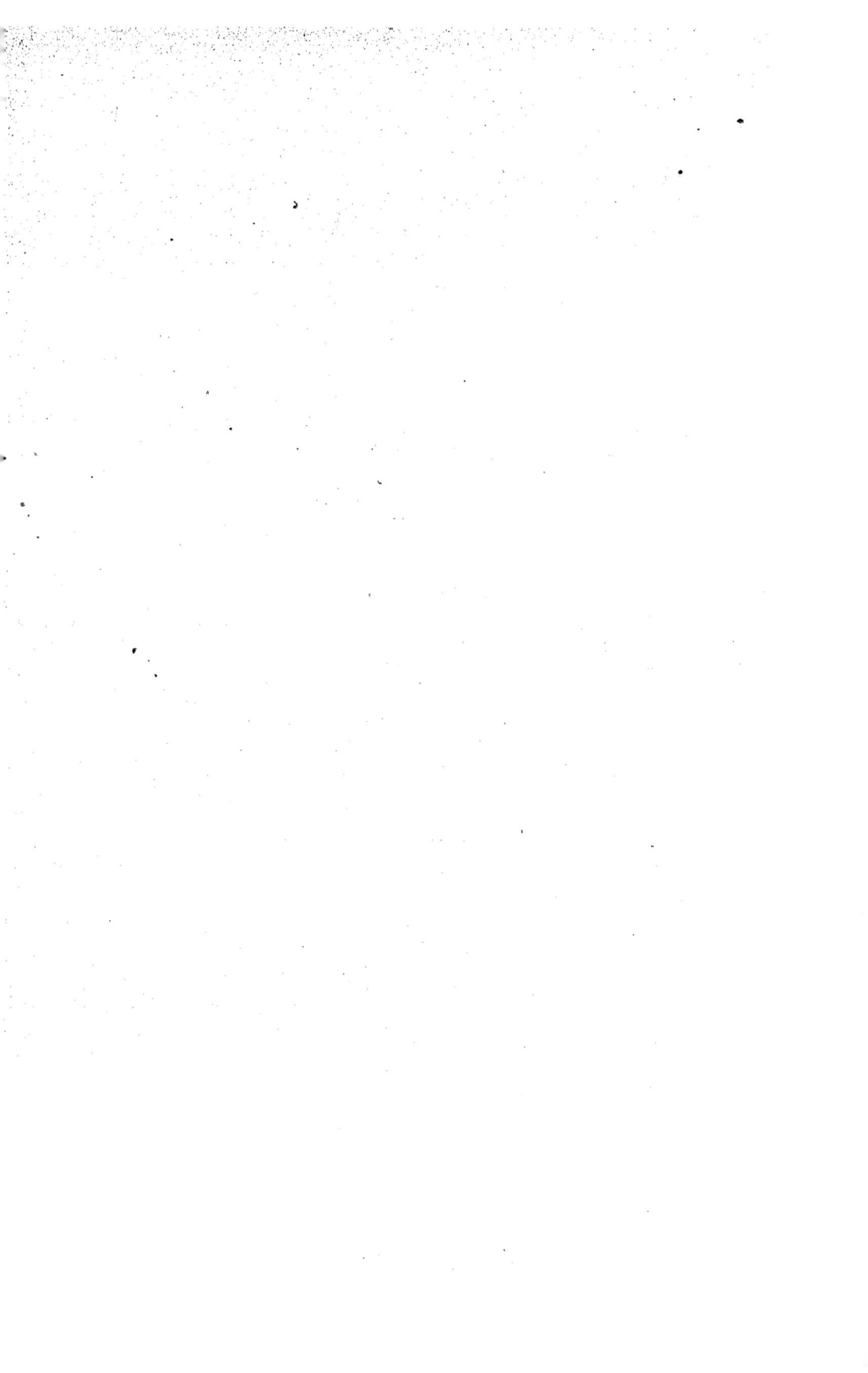

TITRE IX

OBJETS DIVERS

CHAPITRE I

PONTS ET OUVRAGES ACCESSOIRES

SECTION I

PONTS MÉTALLIQUES

893. Une circulaire du Ministre de l'Intérieur, en date du 21 mai 1892, a fait connaître les règles auxquelles les agents voyers devaient se conformer pour le calcul des tabliers métalliques. Elle a déterminé les épreuves auxquelles ces tabliers devaient être soumis après leur établissement.

Cette circulaire a prescrit, en outre, des mesures propres à assurer la surveillance régulière des ponts métalliques. Indépendamment d'une visite annuelle portant principalement sur la rivure, ces ouvrages doivent être l'objet, au moins une fois tous les cinq ans et, dans tous les cas, chaque fois qu'on renouvelle la peinture, d'un examen détaillé et d'une vérification des flèches permanentes.

Les résultats de ces vérifications quinquennales sont consignés dans des tableaux dont une copie est adressée à l'Administration supérieure.

SECTION II

PONTS SUSPENDUS

---

§ 1. — Établissement et consolidation des ponts suspendus

894. Malgré les améliorations dont ils ont été l'objet, les ponts suspendus exigent encore une surveillance constante et un entretien permanent. Ce sont de sérieux inconvénients pour le service vicinal où il convient, autant que possible, d'établir des ouvrages qui puissent impunément se passer de surveillance et d'entretien, du moins pendant des intervalles assez prolongés. Dans sa circulaire du 6 octobre 1852, le Ministre de l'Intérieur recommandait de donner la préférence aux ponts fixes, soit en pierre, soit en fer, toutes les fois que l'exécution en était possible. Ce conseil est resté excellent.

Cependant il est des cas où ces ouvrages ne peuvent être adoptés, notamment parce que la dépense serait trop élevée. Les agents voyers peuvent donc être appelés à projeter la construction de ponts suspendus.

Des modifications peuvent être apportées aux anciens ponts suspendus en vue d'en augmenter la résistance ou d'en prolonger la durée. La recherche des améliorations que comportent la consolidation et la construction des ponts suspendus présente de l'intérêt pour les agents du service vicinal. Aussi le Ministre de l'Intérieur a-t-il jugé utile d'adresser aux agents voyers en chef, par une circulaire du 7 juillet 1889, le rapport de la Commission spéciale qui a été chargée en 1885, par le Ministre des Travaux publics, de l'étude de cette importante question (1).

---

(1) Ce rapport se trouve aux *Annales des Chemins vicinaux* (1889-1890, 2ᵉ partie, p. 226).

§ 2. — Agents chargés de la surveillance des ponts suspendus

895. Jusqu'en 1888, par diverses circulaires concertées entre les Ministres des Travaux publics et de l'Intérieur, la surveillance des ponts suspendus appartenait aux ingénieurs des Ponts et Chaussées ou aux agents voyers, suivant que les uns ou les autres avaient suivi la construction de ces ouvrages. Mais on a reconnu que la loi du 10 août 1871 (art. 46), en donnant aux conseils généraux le droit de désigner le service chargé de l'entretien et de la construction des chemins vicinaux, n'avait imposé à l'exercice de ce droit aucune limitation ni réserve. On en a conclu que le service préposé à l'entretien et à la construction des chemins vicinaux devait nécessairement avoir la surveillance de tous les ouvrages qui en dépendent, y compris les ponts suspendus, sans qu'il y ait lieu d'avoir égard aux services qui avaient suivi les travaux de construction.

Les agents voyers sont donc maintenant chargés de la surveillance de tous les ponts suspendus établis au passage des chemins vicinaux. Cette mesure a été portée à la connaissance des ingénieurs par une circulaire du Ministre des Travaux publics en date du 26 novembre 1888 et à la connaissance des agents voyers par une circulaire du Ministre de l'Intérieur en date du 7 juillet 1889.

§ 3. — Visites annuelles

896. Les ponts suspendus doivent être l'objet d'une visite annuelle, dont les résultats sont consignés sur un état conforme au modèle (1) joint à la circulaire ministérielle du 1er février 1847. Les procès-verbaux de ces visites sont transmis par les préfets au Ministre de l'Intérieur.

(1) Ce modèle se trouve aux *Annales des Chemins vicinaux* (1847-1848, 2e partie, p. 74).

Ces dispositions ont été récemment rappelées aux préfets par une circulaire du 25 janvier 1893.

Elles s'appliquent aussi bien aux ponts à péage qu'aux ponts qui ont été construits sans concession de péage ou dont les concessions sont expirées (Circulaire du 25 janvier 1893).

Des instructions ont été données par le Ministre des Travaux publics, dans les circulaires des 24 mai et 14 août 1850, au sujet des visites et des vérifications des ponts suspendus. Ces instructions ont été déclarées applicables aux ponts placés sous la surveillance des agents voyers (Circulaires du Ministre de l'Intérieur des 14 juin et 9 septembre 1850).

Les concessionnaires, aux termes des cahiers des charges, supportent d'ailleurs les frais de visite des agents voyers, ainsi que les dépenses auxquelles donnent lieu les vérifications et les épreuves jugées utiles (Circulaires du Ministre des Travaux publics en date des 24 mai et 14 août 1850).

§ 4. — Des mesures de protection des ponts suspendus

897. La loi du 30 mai 1851 (art. 2, § 1er) a prévu les précautions à prendre pour la protection des ponts suspendus. Ces mesures, qui comprennent notamment la limitation des chargements, ont fait l'objet de l'article 8 du décret du 10 août 1852. Nous les avons indiquées au n° 860.

SECTION III

RACHAT DES PONTS A PÉAGE

§ 1. — But principal de la loi du 30 juillet 1880

898. Jusqu'à la promulgation de cette loi, quand l'acte de concession d'un pont à péage n'avait pas prévu la faculté de rachat, on ne pouvait exiger du concessionnaire le sacrifice de ses droits par application de la loi du 3 mai 1841 sur l'expropriation pour cause d'utilité publique. Le système organisé par cette loi concerne, en effet, exclusivement l'expropriation de droits de propriété ayant pour objet des immeubles fonciers : il était dès lors impossible de le considérer comme applicable à la privation de droits purement mobiliers résultant de la concession d'un péage. Pour imposer au concessionnaire cette privation de droits, une loi spéciale était indispensable dans chaque cas particulier. De là, une procédure compliquée, rarement justifiée par le degré d'importance des droits à exproprier.

C'est dans le but de simplifier la procédure et d'éviter des retards parfois prolongés qu'a été votée la loi du 30 juillet 1880. Cette loi permet d'autoriser et de déclarer d'utilité publique, par décret rendu en Conseil d'État, le rachat de la concession de tout pont à péage dépendant de la voirie vicinale. Ce décret doit être précédé d'une enquête effectuée dans les formes de l'ordonnance du 18 février 1834.

§ 2. — Cas d'un arrangement amiable

899. Même lorsque le rachat s'opère à l'amiable, un décret doit être rendu dans les formes qui viennent d'être indiquées. Cet acte est indispensable non seulement pour autoriser le rachat et assurer à l'opération l'exonération du timbre et la gratuité de l'enregistrement (n° 902), mais encore pour supprimer définitivement le péage (Circulaire du 31 juillet 1880).

Dans ce cas, les propositions tendant à provoquer l'émission du décret doivent être accompagnées de deux copies du traité intervenu entre le département ou les communes intéressées et le concessionnaire.

D'après la circulaire du 31 juillet 1880, le préfet doit produire, en outre :

1° Une ampliation de la décision du gouvernement en vertu de laquelle le péage a été concédé;

2° L'acte et le cahier des charges de la concession ;

3° L'état des dépenses faites pour la construction du pont et des ressources qui y ont été affectées ;

4° L'état du produit annuel, brut et net, du péage à racheter avec l'indication de la valeur actuelle de ce péage ;

5° Les documents financiers établissant que les voies et moyens du rachat sont assurés ;

6° Les pièces de l'enquête à laquelle a été soumis le projet de rachat ;

7° Un croquis d'ensemble indiquant le pont concédé à racheter, le cours d'eau sur lequel il est établi, les routes, les rues ou les chemins et les localités qu'il dessert ;

8° Les délibérations du conseil général et des conseils municipaux concernant le rachat.

§ 3. — Cas où un arrangement amiable ne peut être obtenu

900. Les pièces qui viennent d'être énumérées sont également jointes aux propositions destinées à provoquer le décret qui doit autoriser le rachat du péage, à défaut d'arrangement amiable.

Dans ce cas, si les droits du concessionnaire ne sont pas réglés soit par le cahier des charges, soit par une convention postérieure, l'article 3 de la loi du 30 juillet 1880 détermine ainsi qu'il suit le mode de fixation de l'indemnité à allouer pour le rachat de la concession.

Cette indemnité est fixée par une commission spéciale instituée par décret et composée de trois membres, dont un désigné par le préfet, un par le concessionnaire, et le troisième par les deux autres membres (1).

Si ces deux membres ne parviennent pas, dans le mois qui suit la notification à eux faite de leur nomination, à se mettre d'accord sur le nom du troisième, il est procédé à sa désignation

---

(1) La loi du 30 juillet 1880 n'ayant pas établi de règles spéciales de procédure pour le fonctionnement de la commission arbitrale, il a été jugé que la décision de cette commission ne pouvait être annulée pour excès de pouvoir, à raison de cette circonstance que les parties intéressées n'avaient pas été appelées à discuter devant la commission leurs prétentions respectives (C. d'État, 23 mai 1890, préfet de l'*Isère*).

par le président du tribunal de première instance du chef-lieu du département dans le ressort duquel le pont est situé. Le choix ne peut être fait que parmi les personnes désignées par le conseil général pour la formation du jury d'expropriation pour cause d'utilité publique dans les divers arrondissements du département.

Lorsque le pont est établi sur un cours d'eau servant de limite à deux départements, la nomination est faite dans les mêmes conditions par le président du tribunal de première instance du chef-lieu de celui des deux départements qui est désigné, à cet effet, dans le décret déclarant l'utilité publique du rachat.

Le même décret désigne celui des préfets qui doit faire la nomination de l'un des membres de la commission.

§ 4. — Subvention de l'État

901. Aux termes de l'article 7 de la loi du 30 juillet 1880, il peut être accordé, sur les fonds de l'État, pour le rachat des ponts à péage dépendant des chemins vicinaux de toute catégorie, une subvention dont le maximum est fixé à la moitié de la dépense.

Le Ministre de l'Intérieur a jugé que tous les départements ne devaient pas obtenir le maximum. Il a pensé qu'il était équitable et rationnel de proportionner l'importance des subventions de l'État à la situation financière de chacun d'eux. Il a décidé, en conséquence, par une circulaire du 15 avril 1882, que les départements seraient divisés en trois groupes, suivant le produit du centime additionnel au principal des quatre contributions directes. La subvention est égale à la moitié de la dépense quand le centime est inférieur à 20.000 francs ; elle est réduite à un tiers quand le centime est compris entre 20.000 francs et 40.000 francs, et à un quart quand le centime est supérieur à 40.000 francs.

L'allocation des subventions de l'État n'a qu'un caractère facultatif. Elle est d'ailleurs subordonnée à l'ouverture, par e Parlement, des crédits destinés à faciliter le rachat des ponts à péage.

Enfin, le concours de l'État ne devient définitif que lorsque le département et les communes intéressées ont pris l'engagement de couvrir la part de dépense restant à leur charge et ont voté les ressources nécessaires à cet effet.

§ 5. — Timbre et enregistrement

902. L'article 5 de la loi du 30 juillet 1880 porte que les actes de toute nature faits en vertu de cette loi sont dispensés du timbre et enregistrés gratis, lorsqu'il y a lieu à la formalité de l'enregistrement.

Le bénéfice de cette dispense et de cette gratuité s'applique sans distinguer si le rachat n'est pas ou est amiable.

§ 6. — Cas des ponts à péage construits après la promulgation de la loi du 30 juillet 1880

903. Actuellement les départements et les communes sont généralement en situation, grâce aux subventions de la loi du 12 mars 1880, de construire eux-mêmes les ponts les plus importants destinés au passage des chemins vicinaux. Le législateur n'a pas cru toutefois devoir leur interdire l'établissement de ponts à péage, mais il a voulu le restreindre le plus possible. C'est dans ce but qu'il a refusé le bénéfice de toute subvention de l'État pour le rachat des ponts à péage qui seraient construits sur les chemins vicinaux après la promulgation de la loi (Loi du 30 juillet 1880, art. 7).

SECTION IV

BACS ET PASSAGES D'EAU

904. La loi du 10 août 1871 (art. 46, n° 13) confère au conseil général le droit de statuer sur l'établissement et l'entretien des bacs et passages d'eau desservant « les routes et chemins à la charge du département », ainsi que sur la fixation des tarifs de péage. Cette même loi, dans son article 58, n° 6, attribue au département le produit des droits de péage sur les routes et chemins dont il s'agit.

Que faut-il entendre par « chemins à la charge du département » ? Le ministre de l'Intérieur est d'avis que ces chemins sont ceux de grande communication et d'intérêt commun (Circulaire du 8 octobre 1871, art. 46, § 13). Le Ministre des Travaux publics estime, au contraire, que les chemins de grande communication sont seuls désignés par les termes de la loi de 1871 (Circulaire du 14 octobre 1871). L'appréciation du Ministre de l'Intérieur nous paraît appelée à prévaloir : si les chemins de grande communication sont considérés comme étant à la charge du département, il doit en être de même des chemins d'intérêt commun.

905. Il suit de là que les bacs sur les chemins vicinaux ordinaires continuent à appartenir à l'État. Leur établissement est soumis aux règles qui régissent les bacs de l'État.

C'est le Ministre des Travaux publics qui statue. Sa décision est précédée d'une longue instruction. Les ingénieurs des Ponts et Chaussées font un rapport indiquant l'emplacement du bac et les voies de communication qu'il s'agit de relier ; ils y joignent un projet de tarif et un projet de cahier des charges de l'exploitation, qui doit être confiée à un fermier. Les conseils municipaux des communes intéressées, le sous-préfet de l'arrondissement et le directeur des contributions indirectes donnent leur avis. Le préfet transmet l'affaire au Ministère des Travaux publics (1).

Si le Ministre approuve l'établissement du passage, il communique au Ministre des finances le projet de tarif et le projet de cahier des charges. Il suffit de l'approbation du Ministre des finances pour le cahier des charges. Mais l'approbation du chef de l'État en Conseil d'État est nécessaire pour l'homologation du tarif de péage, conformément à l'article 10 de la loi du 14 floréal an X (1).

906. La différence de procédure, suivant la catégorie des chemins vicinaux desservis par les bacs, paraît singulière. Au

(1) Aucoc, *Conférences*, t. III, p. 67.

surplus, la législation est assurément incomplète. Elle ne prévoit ni le cas où le cours d'eau à traverser est à la limite de deux départements, ni le cas où le bac sert à relier un chemin vicinal ordinaire avec un chemin de grande communication ou d'intérêt commun.

SECTION V

DES TROTTOIRS

§ 1. — Trottoirs à établir en vertu de la loi du 7 juin 1845

907. Formalités à remplir. — La loi du 7 juin 1845 permet de construire des trottoirs à frais communs entre les propriétaires riverains et la commune, dans la traversée des agglomérations, quelle que soit la nature de la voie publique qui forme cette traversée.

Pour que cette loi soit applicable, deux conditions essentielles doivent être remplies : il faut que le conseil municipal demande la déclaration d'utilité publique de l'établissement des trottoirs et que les alignements des rues dans lesquelles les trottoirs doivent être construits aient été régulièrement approuvés.

Le conseil municipal adopte un devis de travaux indiquant non seulement pour les bordures, mais encore pour la surface des trottoirs, plusieurs espèces de matériaux, entre lesquelles les propriétaires riverains ont la faculté de faire un choix. Il répartit la dépense entre la commune et les propriétaires riverains, sans que la portion à la charge de la commune puisse être inférieure à la moitié (1).

Le projet d'établissement des trottoirs est soumis à une

(1) Il arrive parfois, notamment dans les traverses des chemins de grande communication ou d'intérêt commun, que le département prend à sa charge une portion de la dépense totale des trottoirs. Dans ce cas, on ne peut réclamer aux riverains que la moitié, au maximum, du surplus de la dépense (C. d'État, 8 mars 1889, *Espinasseau*).

enquête *de commodo et incommodo*. Les formes de cette enquête, d'après la circulaire ministérielle du 5 mai 1852, sont celles qui sont décrites dans l'ordonnance du 23 août 1835. En vertu des instructions de la même circulaire, le conseil municipal est appelé à délibérer sur le procès-verbal d'enquête, et le préfet prend l'avis des ingénieurs des Ponts et Chaussées, ce qui peut maintenant paraître assez singulier, quand il s'agit de trottoirs projetés sur des chemins vicinaux. Enfin, après avis du sous-préfet, il est statué par le préfet, qui déclare d'utilité publique l'établissement des trottoirs et approuve le devis des travaux ainsi que la répartition de la dépense (Décret du 25 mars 1852, n° 60, du tableau A annexé au décret du 13 avril 1861).

908. Des caniveaux. — La loi du 7 juin 1845 n'a en vue que l'établissement de véritables trottoirs. Elle ne s'applique dès lors :

Ni à la construction de caniveaux destinés à recevoir les eaux qui s'écoulent sur la voie publique (C. d'État, 1er mars 1866, *Cosmao*) ;

Ni à la construction d'un simple revers pavé, placé le long des maisons (C. d'État, 2 février 1889, *Languellier ;* 29 novembre 1890, ville de *Paris ;* 20 juin 1891, *Triboulet*).

909. Des gargouilles. — Les dépenses mises à la charge des propriétaires riverains, en exécution de la loi du 7 juin 1845, ne peuvent comprendre celles des gargouilles destinées à opérer le passage des eaux pluviales ou ménagères à travers les trottoirs (C. d'État, 11 juin 1886, *Pacqueteau ;* 20 juin 1891, *Triboulet*).

En vertu des pouvoirs de police que lui confère la loi du 5 avril 1884, le maire peut, d'ailleurs, imposer aux riverains l'établissement de ces gargouilles, dans l'intérêt de la salubrité et de la commodité de la circulation (C. d'État, 13 mars 1862, *Hutin ;* 13 décembre 1889, *Minot*).

910. De l'entretien des trottoirs. — La loi du 7 juin 1845 est muette en ce qui concerne l'entretien des trottoirs. Le concours des riverains ne peut pas, par conséquent, être réclamé pour cet entretien.

Les trottoirs constituent, en définitive, des ouvrages municipaux dont l'entretien incombe à la commune. Dans les traverses des chemins de grande communication et d'intérêt
commun, le budget de ces chemins, essentiellement alimenté
par les contingents de diverses communes, ne saurait supporter la charge des dépenses nécessaires pour maintenir en bon
état des trottoirs qui sont à l'usage à peu près exclusif des
habitants de l'agglomération à l'intérieur de laquelle ces
ouvrages sont établis.

§ 2. — Trottoirs à établir par le service vicinal

911. Dans les traverses rurales, ainsi qu'aux abords des
agglomérations, le service vicinal construit parfois des trottoirs en terre, garnis de bordures en pierre ou en pavés.

Ces ouvrages, qui ont surtout pour but de limiter la chaussée
et d'assurer l'écoulement des eaux, s'exécutent alors sans le
concours des propriétaires riverains. Quelquefois, dans les
traverses des chemins de grande communication ou d'intérêt
commun, la dépense est couverte, partie par un contingent
spécial de la commune, partie par une subvention spéciale du
département.

§ 3. — Trottoirs à établir par les particuliers

912. Souvent les riverains demandent à construire des
trottoirs entièrement à leurs frais au droit de leurs immeubles.
C'est au préfet qu'il appartient de délivrer l'autorisation, sur
les chemins vicinaux de grande communication et d'intérêt
commun, et au maire sur les chemins vicinaux ordinaires. Dans
ce cas, l'autorité qui statue peut déterminer la nature des
matériaux à employer (C. d'État, 2 février 1854, *Leroy;*
8 décembre 1857, *Mazelier*).

La permission ainsi donnée d'établir un trottoir est essentiellement révocable (n° 774). Et si le propriétaire refuse
d'enlever cet ouvrage, il commet une contravention que le tribunal de police doit réprimer, en ordonnant la démolition du
trottoir (Cass., 22 août 1862, *Renaud*).

SECTION VI

BORNES KILOMÉTRIQUES ET HECTOMÉTRIQUES. — PLAQUES DE TRAVERSE. — POTEAUX ET PLAQUES D'EMBRANCHEMENT

913. Les bornes, plaques de traverse et poteaux d'embranchement fournissent au public des indications très utiles. C'est le complément nécessaire de l'établissement des chemins. Aussi, en ce qui concerne particulièrement les tableaux et poteaux indicateurs, le Ministre de l'Intérieur, dans une circulaire du 19 août 1859, a-t-il invité les préfets à soumettre des propositions aux conseils généraux, à l'effet de voter les fonds nécessaires pour munir toutes les voies vicinales des appareils dont il s'agit.

§ 1. — Bornes kilométriques

914. Les bornes kilométriques se placent habituellement sur le côté gauche du chemin, de manière à se succéder dans le sens de la direction de ce chemin.

Elles portent sur la face principale l'indication du chemin, le nom du département, enfin le numéro d'ordre de la borne. Elles mentionnent, sur chaque face latérale, la distance de la borne à la localité la plus voisine.

Quelques observations peuvent être présentées au sujet de ces indications.

Bien qu'on ait pris généralement l'habitude de faire figurer le nom du département sur la face principale des bornes, il est permis de se demander si cette inscription est bien utile, eu égard au caractère de la circulation qui emprunte les chemins vicinaux, même ceux de grande communication. On pourrait peut-être se borner à mentionner le nom du département dans une zone de 5 ou 10 kilomètres, à partir de la limite séparative des départements.

Le numérotage kilométrique commence à la limite du département, quand le chemin forme le prolongement d'une voie existant dans le départemen: voisin. Sinon, le kilométrage commence à l'origine du chemin. Le kilométrage ne tien pas compte des emprunts faits à d'autres chemins ou à d'autres voies publiques, de telle sorte qu'il doit fournir la longueur propre du chemin.

La localité indiquée sur chaque face latérale est celle qui se trouve du côté de la face opposée, afin que le voyageur qui parcourt le chemin puisse être renseigné avant d'avoir atteint la borne. Si l'on procédait autrement, c'est-à-dire si l'on inscrivait la localité sur la face qui la regarde, le voyageur serait obligé de dépasser la borne et de se retourner pour lire la distance.

Il n'échappera pas que les bornes kilométriques ne sont pa exclusivement destinées à fournir des indications au public. Elles sont indispensables pour le service des agents voyers.

§ 2. — Bornes hectométriques

915. Ces bornes ne sont qu'à l'usage du service vicinal. Elles donnent les moyens de préciser les détails du service, tels que les ordres aux cantonniers, les états d'indication pour les fournisseurs de matériaux, les prestataires ou les subventionnaires.

Il convient de porter sur leur face principale non seulement le numéro de l'hectomètre, mais encore celui du kilomètre.

§ 3. — Plaques de traverse

916. Les plaques de traverse sont établies aux deux extrémités de l'agglomération traversée par le chemin.

Elles ont essentiellement pour objet de renseigner le voyageur sur le nom de la localité dans laquelle il pénètre.

On inscrit habituellement sur chaque plaque le nom du

département (1), la désignation du chemin, le nom de la traverse en caractères très apparents, enfin deux localités avec leur distance à l'agglomération.

Ces deux localités doivent être situées du côté même de la plaque, de telle sorte que les flèches, suivies des distances, soient tournées vers l'extérieur. C'est donc quand le voyageur sort de l'agglomération que les inscriptions relatives aux localités peuvent lui servir, et c'est, en effet, dans ce cas, qu'il a besoin d'être renseigné.

Le choix des deux localités dépend assurément des circonstances. En général, on indique la localité la plus voisine et la localité importante qui caractérise la direction du chemin.

Il convient que chaque plaque de traverse soit installée sur la façade de la construction située à l'extrémité de la traverse. Le public la trouve ainsi aisément. Il s'ensuit que les agents du service vicinal doivent déplacer les plaques au fur et à mesure que les traverses s'allongent.

Les règles qui viennent d'être exposées ne concernent que les agglomérations d'une certaine étendue. Quand la traverse se réduit à quelques maisons, une seule plaque suffit. Elle porte alors deux localités situées de part et d'autre.

§ 4. — Poteaux et plaques d'embranchement

917. Les poteaux d'embranchement sont posés en rase campagne à la rencontre de deux chemins.

Dans le cas où les deux chemins se croisent, il convient d'établir deux poteaux en diagonale, de telle sorte que les quatre plaques indicatrices soient dirigées dans le sens des quatre branches formées par les chemins. Chacune de ces plaques porte habituellement le nom du département (1), la désignation du chemin, et enfin deux localités situées du côté vers lequel se dirige la plaque. Comme pour les plaques de traverse, ces deux localités comprennent la localité voisine et la localité importante qui caractérise la direction du chemin.

(1) Voir l'observation faite à ce sujet au n° 914.

Dans le cas où un chemin s'embranche sur un autre, un seul poteau est posé en rase campagne. La plaque parallèle au chemin qui s'embranche reçoit, comme dans le cas précédent, deux localités situées du même côté. Mais la plaque parallèle à l'autre chemin doit nécessairement indiquer deux localités existant de part et d'autre du point d'embranchement. Quelquefois on ajoute une troisième localité, si son importance justifie cette inscription.

918. Quand les chemins se rencontrent à l'intérieur d'une agglomération, il n'est pas nécessaire, à moins de circonstances particulières, d'avoir recours à l'établissement de poteaux : il suffit de poser les plaques sur les façades des bâtiments construits à l'angle des chemins.

Les règles à suivre sont les mêmes qu'en rase campagne, sauf toutefois dans le cas d'embranchement d'un chemin sur un autre. Il est alors possible de poser trois plaques dans le sens des trois directions, et chacune de ces plaques porte deux localités situées du même côté.

§ 5. — Poteaux-limites

919. Quand un chemin se continue sur le territoire d'un département voisin, il est bon de placer, à la limite du département, un poteau qui marque exactement le point où le chemin cesse d'appartenir à la voirie de ce département.

Les poteaux-limites présentent une assez grande variété. On peut adopter le type des poteaux d'embranchement, en disposant les deux plaques dans le prolongement l'une de l'autre : chacune d'elles porte le nom du département dans lequel elle se trouve située.

§ 6. — Dispositions communes aux divers appareils indicateurs

920. Des localités à indiquer sur les bornes ou sur les plaques. — Il faut bien se garder de croire que les seules localités à mentionner soient celles qui se trouvent sur le parcours du chemin. Il convient, en effet, de ne pas perdre de vue que les indications des bornes et des plaques sont exclusivement destinées au public : il s'agit dès lors de lui fournir tous les renseignements dont il peut avoir besoin.

Un chemin ne conduit pas seulement aux localités qu'il traverse : il mène aussi à d'autres localités au moyen de chemins qui s'en détachent. Il est souvent utile de mentionner ces localités sur les plaques de traverse, qui se prêtent à un plus grand nombre d'inscriptions, et même sur les bornes kilométriques si les localités sont à peu de distance du chemin.

Ces observations s'appliquent, avec plus de raison encore, aux stations de chemin de fer qui sont généralement en dehors du chemin et reliées à ce dernier par une voie transversale. Comme ces stations constituent d'importants objectifs pour la circulation, il y a un grand intérêt à les désigner au public.

En résumé, le choix des localités ou des agglomérations doit être fait avec discernement. Il exige la connaissance des besoins du public, auquel il importe de donner toutes indications utiles.

921. Règles à adopter pour mesurer la distance aux localités. — Cette distance se compte à partir de la borne ou de la plaque sur laquelle elle est inscrite. Mais jusqu'à quel point de la localité doit-elle être mesurée ?

Est-ce jusqu'au milieu de la traverse ou bien jusqu'au commencement de l'agglomération ?

L'adoption du milieu est, à notre avis, défectueuse. Quand les traverses ont une grande longueur, 2 kilomètres, par exemple, on peut être amené à lire sur une borne qu'une localité est à 1.100 mètres, quand on est sur le point d'y entrer. Cette indication est choquante (1).

Au point de vue auquel il faut se placer, la distance à indiquer au public nous paraît devoir être celle qui s'étend jusqu'à l'entrée de l'agglomération. Cette règle a été adoptée dans divers départements, et elle n'a donné lieu à aucune critique.

_____

(1) Par suite de l'application de ce système, il existe des localités à l'intérieur desquelles des bornes font connaître la distance au milieu de la traverse. Il en résulte qu'un voyageur, entré dans une agglomération, est avisé qu'il est encore à une certaine distance de la localité constituée par cette agglomération.

Toutefois, elle comporte une exception quand la localité est une ville d'une certaine importance. Dans ce cas, il convient de compter les distances jusqu'à un point plus ou moins central, très connu du public, tel qu'une place principale. Il est bon alors de mentionner ce point, entre parenthèses, à la suite du nom de la ville, sur les plaques de traverses qui indiquent cette ville et même, si possible, sur les faces latérales des bornes kilométriques dans un certain rayon autour de ladite ville.

922. La distance ne saurait être exprimée avec une précision trop grande. Il serait assurément inutile d'aller jusqu'au mètre, et même jusqu'au décamètre. Il suffit d'exprimer la distance en kilomètres et hectomètres.

923. Méthode à employer pour déterminer les distances. — Il importe de déterminer avec le plus grand soin les distances qui doivent être inscrites sur les bornes et les plaques indicatrices. Elles sont l'objet du contrôle du public, et elles ne doivent révéler aucun désaccord, quand on les compare entre elles.

Pour prévenir toute erreur, nous croyons devoir recommander une méthode que nous avons employée et qui a bien réussi.

Elle consiste à dresser, pour chaque chemin, un plan itinéraire extrêmement simple. Le chemin est figuré par deux traits parallèles, avec mention de l'emplacement des bornes kilométriques et hectométriques. Les traverses sont représentées par un double liseré sur les deux rives du chemin ; l'extrémité de chaque traverse est cotée en kilomètres et hectomètres. Enfin, les chemins transversaux sont tracés avec la cote, en kilomètres et hectomètres, du point où ils rencontrent le chemin principal.

Ces indications permettent, par de simples soustractions, de calculer les distances à porter sur les bornes ou les plaques.

Toutefois, en ce qui concerne les poteaux ou les plaques d'embranchement, il est utile de dresser, en outre, des croquis qui figurent sommairement l'état des lieux, de manière à déterminer plus sûrement l'emplacement à assigner aux appareils.

CHAPITRE II

ÉTABLISSEMENT DE TRAMWAYS

924. Un Règlement d'administration publique, en date du 18 mai 1881, a indiqué les règles à suivre pour l'instruction des demandes en concession qui comportent l'établissement d'une voie ferrée sur le sol des voies publiques de toute nature. D'après l'article 11 de ce Règlement, le préfet doit adresser le dossier, avec l'avis des ingénieurs et son avis particulier, à l'autorité qui doit donner la concession. Il est à remarquer que l'avis des agents voyers n'est pas explicitement mentionné en vue du cas où la voie ferrée emprunterait des chemins vicinaux. Il appartient au préfet de provoquer cet avis, avant de formuler sa propre opinion.

§ 1. — Cas où la voie ferrée est accessible aux voitures ordinaires

925. D'après les prescriptions de l'article 6 du cahier des charges type approuvé par décret du 6 août 1881, la voie de fer, établie avec rails noyés, doit être posée au niveau du sol, sans saillie ni dépression, suivant le profil normal de la voie publique, et sans aucune altération de ce profil, soit dans le sens transversal, soit dans le sens longitudinal, à moins d'une autorisation spéciale du préfet. Les rails doivent être compris dans un pavage ou un empierrement qui règne dans l'entre-rails et à 0^m,50 au moins de chaque côté.

La chaussée de la voie publique doit être conservée ou éta-

blic avec des dimensions telles qu'en dehors de l'espace occupé
par le matériel du tramway (toutes saillies comprises), il reste
une largeur libre de chaussée d'au moins 2ᵐ,60, permettant à
une voiture ordinaire de se ranger pour laisser passer le matériel du tramway avec le jeu nécessaire.

Ces dispositions réglementaires nous paraissent insuffisantes.

Il importe, en effet, que les piétons puissent se garer lorsqu'une voiture ordinaire circule sur la portion de chaussée qui
lui est ménagée. Il est donc nécessaire que cette chaussée soit
accompagnée d'un accotement dont il convient de fixer la largeur minimum. L'insertion de cette disposition est justifiée,
d'ailleurs, par les prescriptions de l'article 5 du Règlement
d'administration publique du 6 août 1881 qui enjoint « d'assurer dans tous les cas la sécurité du piéton qui circule sur la
voie publique ».

L'accotement dont il vient d'être question est également
nécessaire pour le dépôt des matériaux d'entretien du chemin.
Il peut se faire que sa largeur soit insuffisante pour cet objet.
Dans ce cas, il convient d'imposer au concessionnaire l'établissement de gares de dépôt, en ayant soin de spécifier la profondeur minimum de ces gares à partir de l'arête extrême de
l'accotement. Pour justifier cette mesure, on peut s'autoriser,
sinon du texte, du moins de l'esprit des dispositions de l'article 6 du Règlement d'administration publique du 6 août 1881.

§ 2. — Cas où la voie ferrée est inaccessible aux voitures ordinaires

926. Dans ce cas, la voie ferrée est établie sur un accotement relevé en forme de trottoir.

L'article 7 du cahier des charges type est rédigé de manière
à fixer, suivant les circonstances, la largeur de la partie de la
voie publique qui doit rester réservée à la circulation des voitures ordinaires. Mais cette largeur doit être « mesurée en
dehors de l'accotement occupé par la voie ferrée et en dehors
des emplacements qui seront affectés au dépôt des matériaux
d'entretien de la route ».

Cette manière de déterminer la largeur laissée à la circulation ordinaire est défectueuse. En mesurant la largeur en

dehors de l'accotement occupé par la voie ferrée, on la compte à partir d'une ligne bien déterminée, qui est le bord du trottoir. Il n'en est pas de même pour la ligne qui correspond au bord des emplacements affectés au dépôt des matériaux : cette ligne est assurément mal définie.

Nous estimons que, pour fixer nettement le concessionnaire sur les obligations qui lui sont imposées à ce sujet, il conviendrait d'indiquer la largeur minimum à réserver pour la circulation des voitures et des piétons, cette largeur étant mesurée en dehors de l'accotement occupé par la voie ferrée jusqu'à l'arête extérieure de l'accotement opposé.

Il peut y avoir lieu, en outre, comme dans le cas précédent, de prescrire la construction de gares de dépôt des matériaux d'entretien du chemin, en ayant soin de spécifier la profondeur minimum de ces gares à partir de l'arête extérieure de l'accotement.

§ 3. — Écoulement des eaux

927. D'après l'article 8 du Règlement d'administration publique du 6 août 1881, le concessionnaire est tenu de rétablir et d'assurer à ses frais, pendant la durée de la concession, les écoulements d'eau qui seraient arrêtés, suspendus ou modifiés par ses travaux.

§ 4. — Entretien de la zone affectée à la circulation du tramway

928. Sur les chemins où la voie ferrée est accessible aux voitures ordinaires, l'entretien qui est à la charge du concessionnaire comprend le pavage ou l'empierrement des entre-rails et de l'entre-voie, ainsi que des zones de $0^m,50$ qui servent d'accotements extérieurs aux rails (Décret du 6 août 1881, art 19 ; — Cahier des charges type, art. 12). Le cahier des charges peut, d'ailleurs, stipuler l'allocation d'une subvention sur les fonds d'entretien du chemin, en raison de l'usure qui résulte de la circulation des voitures ordinaires sur la zone affectée au service de la voie ferrée. Le chiffre de cette subvention peut être revisé tous les cinq ans.

Sur les chemins où la voie ferrée n'est pas accessible aux voitures ordinaires, l'entretien qui est à la charge du concessionnaire comprend la surface entière des voies, augmentée d'une zone de 1 mètre, mesurée à partir de chaque rail extérieur (Décret du 6 août 1881, art. 19).

Si les parties du chemin dont l'entretien est confié au concessionnaire ne sont pas constamment entretenues en bon état, il y est pourvu d'office par le préfet et aux frais du concessionnaire. Le montant des avances faites est recouvré au moyen de rôles que le préfet rend exécutoires (*Idem*).

CHAPITRE III

MODIFICATIONS DES CHEMINS VICINAUX

PAR SUITE DE LA CONSTRUCTION DES CHEMINS DE FER

929. Les chemins vicinaux sont fréquemment appelés à subir des modifications plus ou moins importantes, par suite de l'exécution des travaux relevant des divers départements ministériels. Les travaux qui touchent le plus souvent aux lignes vicinales sont ceux des chemins de fer d'intérêt général ou d'intérêt local. Nous allons examiner les textes qui, en matière de chemins de fer, renferment des dispositions de nature à sauvegarder les intérêts de la vicinalité. On pourra utiliser les observations que nous présenterons dans le cas où il s'agirait de travaux autres que ceux des voies ferrées.

SECTION I

DISPOSITIONS DES OUVRAGES DESTINÉS
AU RÉTABLISSEMENT DES COMMUNICATIONS

§ 1. — Passages supérieurs

930. On appelle ainsi les ponts placés au-dessus du chemin de fer et au moyen desquels les chemins vicinaux rencontrés franchissent la voie ferrée.

La largeur de ces ponts, entre parapets, est fixée, suivant les cas, en tenant compte des circonstances locales. Mais, d'après les cahiers des charges, cette largeur ne peut être inférieure à 8 mètres pour les routes nationales, à 7 mètres pour les routes départementales, à 5 mètres pour les chemins vicinaux de grande communication, et à 4 mètres pour les simples chemins vicinaux.

On remarquera que les chemins d'intérêt commun ne sont pas mentionnés. Il serait assurément rationnel de les assimiler aux chemins de grande communication au point de vue dont il s'agit.

Les dispositions que nous venons de citer laissent profondément à désirer. Elles ont été adoptées à une époque reculée, où les questions de voirie étaient peu connues ; elles n'ont cessé d'être reproduites jusqu'à ce jour, bien qu'elles dérivent d'une idée qui, actuellement, est absolument fausse.

Cette idée est celle qui fait dépendre les besoins de la circulation de la catégorie des voies publiques appelées à la desservir.

L'importance de la circulation et, par suite, la largeur à assigner à un pont n'ont, en effet, aucun rapport avec l'étiquette de la voie publique. Si l'on envisage, par exemple, les routes nationales et les chemins vicinaux ordinaires qui forment les termes extrêmes de la série des voies indiquée aux cahiers des charges, il peut arriver qu'une route nationale ait la fréquentation d'un simple chemin vicinal, tandis qu'un chemin vicinal ordinaire peut être l'objet d'une circulation intense, notamment s'il sert de chemin d'accès à une gare de chemin de fer.

Il y a lieu de remarquer, d'ailleurs, que le classement d'une route ou d'un chemin n'a rien d'immuable. Tel chemin peut être, par exemple, simplement classé chemin vicinal ordinaire au moment de l'approbation des projets d'une ligne de chemin de fer, puis introduit dans le réseau de la grande vicinalité, lorsque les travaux seront mis à exécution.

Inversement, des routes départementales peuvent être transformées en chemins de grande communication. Nous avons exercé les fonctions d'agent voyer en chef dans un département où cette conversion s'est effectuée peu de temps après la construction de diverses lignes de chemins de fer : grâce à cette circonstance, les ouvrages d'art ont été établis avec une largeur de 7 mètres. C'est un résultat qu'il eût été très difficile d'obtenir, si le déclassement des routes départementales avait eu lieu avant l'établissement des lignes. Et cependant les besoins de la circulation eussent été les mêmes.

En outre, pour une voie publique d'une catégorie déterminée, l'importance de la fréquentation n'est pas toujours la même sur toute l'étendue du parcours. Elle présente souvent les variations les plus marquées : très faible, par exemple, en rase campagne, elle peut devenir considérable aux abords d'une ville, d'une gare ou de tout autre objectif pour la circulation. La même largeur ne saurait donc convenir pour les ponts à établir sur une voie qui se trouve dans ces conditions.

931. C'est dans un tout autre ordre d'idées qu'il y a lieu de se placer pour déterminer la largeur des ponts entre parapets.

Si l'on écarte le cas où une circulation intense exige des dispositions exceptionnelles, les ponts se divisent en deux catégories : les ponts à double voie charretière, sur lesquels les voitures peuvent se croiser, et les ponts à simple voie charretière, qui ne peuvent livrer passage qu'à une seule file de voitures.

La question à résoudre est dès lors celle de savoir si le pont à établir doit être à deux voies charretières ou à une seule. Peu importe le réseau dans lequel sont classés la route ou le chemin · le public n'a cure de leur étiquette. Il ne demande qu'à circuler avec le plus de commodité possible, quelle que soit la nature de la route ou du chemin. Un pont à une seule voie charretière lui suffit, quand la fréquentation est faible ; il n'en est plus ainsi, quand l'importance de la circulation amène les voitures à se croiser fréquemment.

932. La solution de la question ne laisse pas que de présenter des difficultés. On peut se décider en ayant égard à diverses circonstances, parmi lesquelles nous signalerons, en première ligne, la largeur de la chaussée du chemin dans la partie où il doit être rencontré par la voie ferrée. Le service vicinal laisse habituellement les accotements se couvrir d'herbe jusqu'à la limite où elle peut pousser librement : cela revient à charger la circulation du soin de déterminer elle-même la largeur de chaussée qui lui convient. Il en résulte que, sauf des cas exceptionnels, les chemins se divisent, comme les ponts en deux catégories : ceux qui ont une chaussée à simple voie charretière variant de $2^m,50$ à 3 mètres, et ceux qui sont pourvus d'une chaussée à double voie charretière variant de $4,^m50$ à 5 mètres. Quand le chemin auquel le pont projeté doit livrer passage peut ainsi être rangé dans l'une de ces deux catégories, la largeur du pont est tout indiquée.

On peut aussi avoir égard, s'il en existe, aux ouvrages d'art situés à proximité du pont projeté. Ils constituent, en quelque sorte, des précédents susceptibles d'être invoqués. A moins de circonstances particulières, l'autorité qui approuve les projets du chemin de fer ne saurait guère déclarer qu'un pont à une voie charretière est suffisant, alors que les communes ont fait les sacrifices nécessaires pour construire à double voie des ouvrages voisins ; par contre, le service vicinal serait en mauvaise posture pour réclamer une double voie, si les ponts voisins n'en avaient qu'une seule.

933. Quelle est la largeur à assigner, entre parapets, aux ponts à simple voie ou à double voie charretière ?

Cette largeur est égale au total de la largeur de la chaussée et des largeurs des trottoirs.

Les trottoirs peuvent comporter des largeurs très variables. A l'intérieur ou aux abords de certaines agglomérations, il peut se faire qu'une grande largeur soit nécessaire. En rase campagne, une largeur de $0,^m75$, même sur un pont très long, est parfaitement suffisante (1). Nous admettrons, dans ce qui va suivre, cette largeur de $0^m,75$, pour chaque trottoir.

Cela dit, en ce qui concerne les ponts à simple voie charretière, une largeur de 4 mètres, entre parapets, convient toutes les fois que les machines agricoles de grandes dimensions ne sont pas en usage dans le pays. Cette largeur se décompose en

---

(1) L'expérience montre que, *sur les ponts de peu de longueur*, en rase campagne, les trottoirs sont inutiles. Les piétons ne s'en servent pas ; ils passent sur la chaussée, ou se garent près du pont, à l'approche des voitures. Il n'y a pas dès lors d'inconvénient sérieux, en cas de besoin, à réduire ces trottoirs à de simples chasse-roues.

une largeur de $2^m,50$ pour la chaussée et deux largeurs de $0^m,75$ pour les trottoirs.

Mais, s'il y a lieu de prévoir le passage des machines agricoles, ces dispositions sont inadmissibles. La chaussée doit être élargie et même, en supprimant complètement les trottoirs, la largeur totale de 4 mètres peut être insuffisante. Ce résultat se produit avec certaines moissonneuses attelées de trois chevaux de front ; une largeur totale d'au moins $4^m,50$, sans trottoirs ou avec trottoirs réduits au rôle de chasse-roues, est alors nécessaire.

A ce sujet, nous signalerons l'avantage que présentent les ponts en maçonnerie. Si, contrairement aux prévisions, ces ponts viennent à être franchis par des machines agricoles, il est possible d'améliorer le passage en faisant disparaître les trottoirs ; on a même encore la ressource d'augmenter la largeur libre en plaçant en encorbellement les parapets du pont. Les tabliers métalliques ne se prêtent pas ainsi à un nouvel aménagement de la surface du pont, si l'ossature métallique a été divisée en parties qui correspondent à la chaussée et aux trottoirs. Aussi est-il bon, pour parer à toute éventualité, de disposer les tabliers à une voie de telle sorte que les poutres maîtresses de rive soient à l'aplomb des garde-corps, auquel cas le remaniement des trottoirs peut s'opérer comme sur un pont en maçonnerie.

En ce qui a trait aux ponts à double voie charretière, la largeur entre parapets peut, à notre avis, être fixée à $6^m,50$, dont 5 mètres de chaussée et $1^m,50$ pour les deux trottoirs. Il n'y a pas à se préoccuper des machines agricoles, dont le passage est largement assuré.

934. Dans l'ordre d'idées que nous venons d'indiquer, les dimensions mentionnées aux cahiers des charges des chemins de fer sont difficiles à justifier, sauf en ce qui concerne les routes départementales et les chemins vicinaux ordinaires.

On peut admettre que la largeur de 7 mètres pour les routes départementales est celle d'un pont à deux voies, et que la largeur de 4 mètres pour les chemins vicinaux ordinaires est celle d'un pont à une voie.

Mais que penser de la largeur de 8 mètres pour les routes

nationales? A-t-on voulu tenir au-dessus du strict nécessaire la largeur de la chaussée ou bien celle des trottoirs ?

Quant à la largeur de 5 mètres, pour les chemins de grande communication, elle est trop faible pour un pont à deux voies et trop forte pour un pont à simple voie.

935. Il est vrai que les dimensions énoncées aux cahiers des charges ne sont, aux termes de ces documents, que des minima. Cette observation ne fait pas tomber les critiques que nous avons présentées, car les ingénieurs des services de chemins de fer s'autorisent des cahiers des charges pour adopter, à moins de circonstances exceptionnelles, les dimensions qui y sont indiquées.

Mais cette observation est importante, en matière de chemins vicinaux. Elle montre que les prescriptions des cahiers des charges ne font pas obstacle à l'adoption de dimensions supérieures, telles que celles que nous avons fait connaître.

§ 2. — Passages inférieurs

936. Les passages inférieurs sont ceux qui permettent aux chemins vicinaux de passer sous la voie ferrée.

Les prescriptions des cahiers des charges, pour l'ouverture des viaducs qui livrent passage aux chemins, sont les mêmes que pour la largeur, entre parapets, des ponts placés au-dessus de la voie ferrée. Nous ne pouvons que renvoyer aux observations que nous venons de présenter au sujet de la largeur de ces ponts (n°ˢ 930 et suivants).

Nous ajouterons une considération dont il peut y avoir lieu de tenir compte, quand il s'agit d'apprécier si le viaduc doit être à une voie ou bien à deux voies charretières.

Il peut se faire qu'une double voie soit nécessaire, alors même que l'importance de la circulation ne justifierait qu'une seule voie. Ce cas se produit lorsque le chemin vicinal traverse la voie ferrée en formant un S dont le viaduc occupe le centre. Les voituriers, qui circulent en sens contraire, ne s'aperçoivent pas, masqués qu'ils sont les uns aux autres par le remblai du chemin de fer. Ils sont ainsi exposés à se rencontrer sous le viaduc, d'où la nécessité de leur ménager une double voie charretière qui leur permette de se croiser.

937. D'après les cahiers des charges, quand les viaducs sont de forme cintrée, la hauteur sous clef, à partir du sol du chemin vicinal, doit être de 5 mètres au moins. Pour les viaducs formés de poutres horizontales en métal, la hauteur sous poutre doit être de 4^m,30 au moins.

§ 3. — Passages à niveau

938. Les cahiers des charges des grandes Compagnies ne renferment aucune disposition en ce qui a trait à l'ouverture libre des passages à niveau. Cette lacune a été comblée par une circulaire du Ministre des Travaux publics du 15 janvier 1881, portant que la largeur des passages à niveau, mesurée normalement à la direction de la voie publique, doit être, à moins de circonstances exceptionnelles, de 4 mètres pour les chemins vicinaux ordinaires et de 6 mètres pour les chemins de grande communication et d'intérêt commun, ainsi que pour les routes nationales et départementales.

Ces dispositions ont été reproduites à l'article 13 du cahier des charges type des chemins de fer d'intérêt local, mais avec cette modification que la largeur de 4 mètres est attribuée non seulement aux chemins vicinaux ordinaires, mais encore aux chemins d'intérêt commun. Les largeurs de 6 mètres et 4 mètres sont, en outre, indiquées comme minimum.

Les dispositions que nous venons de citer font dépendre l'ouverture des passages à niveau de la catégorie des voies publiques sur lesquelles ces passages doivent être placés. Elles donnent lieu dès lors aux critiques que nous avons présentées à l'occasion des passages supérieurs et inférieurs (n°s 930 et suivants).

L'ouverture des passages à niveau doit être déterminée d'après les besoins de la circulation, abstraction faite du réseau auquel appartient la route ou le chemin.

En dehors des cas où l'intensité de la circulation exige une ouverture exceptionnelle, les passages à niveau sont de deux sortes : ceux qui réservent une double voie charretière et ceux qui n'en ménagent qu'une seule.

939. L'ouverture des passages à niveau ne saurait être la même que celle des passages supérieurs entre parapets ou des passages inférieurs entre piédroits. Les passages à niveau doivent, en effet, être disposés exclusivement en vue de la circulation des voitures. Mais leur ouverture ne saurait être égale à la largeur des chaussées des ponts en dessus ou en dessous : elle doit nécessairement excéder cette largeur, d'abord parce que, sur les ponts, les saillies des voitures et de leurs chargements peuvent déborder sur les trottoirs, ensuite parce que, dans la traversée des passages à niveau, les voitures ne sont pas guidées par la bordure d'un trottoir et sont exposées à heurter les poteaux du passage.

L'ouverture de 6 mètres peut être adoptée pour les passages à double voie charretière.

L'ouverture de 4 mètres peut aussi être admise pour les passages à simple voie, à moins que de larges machines agricoles ne soient en usage dans le pays, auquel cas l'ouverture devrait être portée à $4^m,50$ au moins.

Les prescriptions de la circulaire du Ministre des Travaux publics ou du cahier des charges des chemins de fer d'intérêt local ne font d'ailleurs pas obstacle à l'adoption des ouvertures que nous venons d'indiquer, lorsqu'elles dépassent les dimensions mentionnées dans ces documents. La circulaire autorise des dérogations à charge de les justifier, et le cahier des charges ne fixe que des dimensions minimum.

§ 4. — Rectification des chemins

940. Quel que soit le mode de passage employé pour franchir la voie ferrée, il est rare que le chemin vicinal ne doive pas être l'objet, sur une certaine étendue, d'une modification soit en plan, soit en profil.

Les cahiers des charges se bornent à énoncer des règles en

ce qui concerne le maximum des déclivités des voies déviées ou modifiées. Ce maximum est de $0^m,05$ par mètre pour les chemins vicinaux (1); il est abaissé à $0^m,03$ pour les routes nationales. Là encore une distinction est faite entre les voies publiques d'après leur étiquette. Nous avons montré que cette distinction n'avait pas de raison d'être (n° 930).

Les cahiers des charges stipulent, il est vrai, que l'Administration a la faculté d'apprécier les circonstances de nature à motiver une dérogation aux clauses dont il s'agit. Cette réserve autorise le service vicinal à demander, s'il y a lieu, des déclivités inférieures à $0^m,05$ par mètre.

Dans certaines régions, la déclivité de $0^m,05$ est très admissible et il arrive même, notamment en pays de montagne, qu'une déclivité supérieure s'impose. Par contre, dans les pays de plaine, des déclivités plus douces sont très justifiées. La détermination des déclivités est assurément délicate. Il convient d'avoir égard notamment aux déclivités existant sur le parcours du chemin, à l'importance et à la nature de la circulation que ce chemin est appelé à desservir. Il y a lieu aussi de tenir compte de la dépense qu'entraînerait la réalisation de moindres déclivités. Cette dépense ne saurait être hors de proportion avec les avantages que le public en retirerait.

941. Les nouveaux chemins doivent, autant que possible, représenter l'équivalent de ceux qu'ils remplacent. Cette règle ne peut souvent être observée que très imparfaitement, en ce qui concerne les déclivités. Elle peut, au contraire, être appliquée sans difficultés en ce qui a trait aux dispositions du profil transversal des chemins.

Ainsi la largeur en plate-forme des chemins déviés ou modifiés doit être égale, au moins, à celle des chemins remplacés. Il va

(1) Aux termes de l'article 13 du cahier des charges type des chemins de fer d'intérêt local, la déclivité des chemins, aux abords des passages à niveau, doit être réduite à $0^m,02$ par mètre au plus sur 10 mètres de longueur de part et d'autre du passage.

Ces prescriptions ne figurent pas dans les cahiers des charges des grandes Compagnies.

Elles sont toutefois mentionnées dans la *notice explicative* jointe au dossier des enquêtes parcellaires qui figure dans la collection des formules types du ministère des Travaux publics (Circulaire du 28 juin 1879).

On ne peut que recommander l'aménagement de ce quasi-palier aux abords des passages à niveau.

sans dire que, pour ces derniers chemins, il s'agit de la largeur telle qu'elle existe et non de la largeur qui a été fixée par la décision de classement et qui n'a pas été réalisée.

De même, la chaussée doit être rétablie dans les conditions où elle se trouvait antérieurement, soit comme largeur ou épaisseur, soit comme qualité des matériaux.

§ 5. — Écoulement des eaux

942. D'après les cahiers des charges, toutes dispositions doivent être prises à l'effet d'assurer l'écoulement des eaux dont le cours serait arrêté, suspendu ou modifié par les travaux du chemin de fer.

Les modifications apportées aux chemins vicinaux entraînent généralement la construction d'ouvrages indispensables à l'écoulement des eaux. C'est un point sur lequel doit se porter l'attention du service vicinal.

SECTION II

APPROBATION DES PROJETS PORTANT MODIFICATION
DES CHEMINS VICINAUX

943. Dans une circulaire du 12 juin 1850, le Ministre des Travaux publics a envisagé le cas où l'exécution d'un travail dépendant de son administration exige qu'un chemin vicinal soit déplacé ou subisse une modification quelconque, et il a décidé que le préfet devait consulter l'agent voyer en chef, dont il devait transmettre l'avis, avec ses propres observations, à l'Administration supérieure. Cette prescription a été rappelée, en ce qui concerne spécialement la construction des chemins de fer, par la circulaire du 21 février 1877.

Les représentants du service vicinal sont, en outre, renseignés d'une autre manière sur les dispositions projetées. Nous voulons parler de l'enquête parcellaire qui s'ouvre, dans chaque commune, sur un plan et sur des documents explicatifs. Il est vrai que les indications relatives aux modifications pro - jetées sont nécessairement sommaires. Néanmoins, elles peuvent permettre aux communes intéressées de produire d'utiles observations.

Aux termes de la circulaire précitée du 21 février 1877, l'agent voyer en chef doit recevoir une ampliation des arrêtés ordonnant l'ouverture des enquêtes parcellaires.

944. En matière de construction de chemins de fer d'in- térêt général et de tous autres travaux publics entrepris par l'État, le Ministre des Travaux publics statue, en ayant égard aux observations des enquêtes et à l'avis du préfet (1). Ses déci- sions autorisent les modifications des chemins et règlent les conditions dans lesquelles ces modifications doivent être opérées (2) (C. d'État, 1er mai 1858, commune de *Pexiora ;* 1er septembre 1858, chemin de fer du *Nord ;* 20 mars 1874, Compagnie de *Paris-Lyon-Méditerranée ;* 26 novembre 1880, chemin de fer d'*Orléans*). Ce sont des actes d'administration qui ne sont pas susceptibles d'être déférés au Conseil d'État par la voie contentieuse (C. d'État, 15 avril 1857, commune d'*Aulnay ;* 1er avril 1869, ville de *Dreux ;* 21 janvier 1881, commune de *Thil ;* 15 juillet 1887, commune de *Paulhan*).

SECTION III

PASSAGES PROVISOIRES PENDANT L'EXÉCUTION DES TRAVAUX

945. A la rencontre des chemins vicinaux qui doivent être interceptés, celui qui construit la voie ferrée est tenu d'établir

(1) Il n'appartient pas au conseil de préfecture de prescrire les travaux propres à assurer le rétablissement des communications (C. d'État, 28 novembre 1845, com- mune de *Saint-Paul-en-Jarret ;* 31 janvier 1848, chemin de fer du *Gard ;* 1er sep- tembre 1858, chemin de fer du *Nord ;* 27 mai 1892, Ministre des *Travaux publics* c. préfet de la *Charente-Inférieure*).

(2) Par application des articles 12 et suivants de la loi du 15 juillet 1845 sur la police des chemins de fer, une Compagnie peut être condamnée à l'amende, soit pour avoir fait procéder à la rectification d'un chemin vicinal sans que le projet ait été approuvé par l'Administration supérieure (C. d'État, 31 mars 1874, Com- pagnie de *Paris-Lyon-Méditerranée*), soit pour n'avoir pas donné aux ouvrages les dimensions prescrites (C. d'État, 4 mars 1858, Compagnie du chemin de fer de l'*Est*).

des chemins ou ponts provisoires, de telle sorte que la circulation n'éprouve ni interruption ni gêne.

Avant que les communications existantes puissent être interrompues, une reconnaissance est faite par les ingénieurs du contrôle et les agents voyers, à l'effet de constater si les ouvrages provisoires présentent une solidité suffisante et s'ils peuvent assurer le service de la circulation (1).

L'Administration peut fixer un délai pour l'exécution des travaux définitifs destinés à rétablir les communications interceptées. Faute d'achever les travaux dans ce délai, une condamnation peut être prononcée contre le concessionnaire (C. d'État, 10 février 1859, Compagnie de l'*Est* c. la commune de *Montiéramey*).

SECTION IV

RÉCEPTION ET REMISE DES CHEMINS DÉVIÉS OU MODIFIÉS

946. La circulaire du Ministre des Travaux publics du 12 juin 1850 porte que, toutes les fois que des chemins ont été modifiés par suite de l'exécution de travaux relevant du Ministère des Travaux publics, un procès-verbal de remise doit être dressé. La circulaire du 21 février 1877, spéciale à la construction des chemins de fer d'intérêt général, reproduit et complète ces instructions.

Lorsque les travaux ont été l'objet d'une concession, leur reconnaissance a lieu en présence des représentants de la Compagnie concessionnaire. Elle est faite, sous la direction des ingénieurs de l'État, par les représentants des services qui doivent accepter les ouvrages et demeurer chargés de leur entretien, savoir :

Pour les chemins de grande communication et d'intérêt commun, par les agents voyers ;

Pour les chemins vicinaux ordinaires, par les maires, assistés, s'il y a lieu, des agents voyers (2).

<hr>

(1) ALFRED PICARD, *Traité des chemins de fer*, t. II, p. 777.

(2) En ce qui concerne les chemins vicinaux ordinaires, la signature du procès-verbal de réception par les agents voyers ne suffit pas pour lier la commune : il faut que ce procès-verbal soit accepté par cette dernière (C. d'État, 23 février 1870, chemin de fer d'*Orléans*).

Les procès-verbaux de reconnaissance et de remise des travaux sont dressés en triple expédition, dont l'une est destinée au chef du service intéressé, d'après les termes de la circulaire du 21 février 1877. Nous estimons qu'il convient d'entendre par là le préfet pour les chemins de grande communication et d'intérêt commun, et le maire pour les chemins vicinaux ordinaires. Il nous paraît rationnel que le procès-verbal soit mis dans les archives du magistrat sous l'autorité duquel les chemins sont placés.

Les procès-verbaux sont soumis à l'homologation du préfet (1).

947. Il arrive parfois que les représentants du service vicinal estiment que les travaux n'ont pas été effectués dans les conditions prescrites par l'Administration supérieure. Il peut se faire aussi que, tout en reconnaissant les travaux conformes aux dispositions approuvées, ils persistent à les juger dommageables pour les intérêts qui leur sont confiés. Ils doivent alors insérer au procès-verbal de remise toutes les réserves propres à sauvegarder les droits des communes (V. au n° 962).

Si les représentants du service vicinal refusaient la remise des chemins, le Ministre des Travaux publics, en ce qui concerne les lignes d'intérêt général, aurait le droit d'ordonner la remise d'office des chemins, après s'être assuré que les modifications sont conformes aux dispositions approuvées (1). Et les décisions ainsi prises par le Ministre ne seraient pas susceptibles d'être déférées au Conseil d'État par la voie contentieuse (C. d'État, 1er avril 1869, ville de *Dreux;* 10 novembre 1882, ville d'*Aurillac;* 15 juillet 1887, commune de *Paulhan*).

948. A défaut de remise officielle, une prise de possession de fait peut être considérée comme équivalente, pourvu qu'elle ait eu lieu sans réserve, qu'elle remonte à une époque assez éloignée et qu'elle soit attestée par des faits suffisamment nombreux et répétés (2). Sinon, les communes resteraient

---

(1) ALFRED PICARD, *Traité des chemins de fer* (t. II, p. 767).
(2) FÉRAUD-GIRAUD, *Voies publiques et privées modifiées par les chemins de fer,* n° 119.
— ALFRED PICARD, *Traité des chemins de fer* (t. II, p. 768).

recevables à réclamer l'exécution intégrale des obligations contractées envers elles (C. d'État, 28 novembre 1845, commune de *Saint-Paul-en-Jarret*).

SECTION V

DE L'INCORPORATION DE TRONÇONS DE CHEMINS VICINAUX

DANS LE DOMAINE DU CHEMIN DE FER

949. Quand un chemin vicinal, rencontré transversalement par un chemin de fer, donne lieu à une déviation, un tronçon de l'ancien chemin vicinal, compris entre les clôtures de la ligne, est incorporé dans le domaine de cette ligne. Pareillement, quand un chemin vicinal ayant la même direction que le chemin de fer est déplacé de manière à longer la ligne, il peut se faire qu'une portion de l'ancien chemin vicinal soit incorporée dans le domaine de cette ligne.

Les portions de chemins dont il est question passent donc du domaine public communal dans le domaine public national, quand il s'agit de lignes d'intérêt général, et dans le domaine public départemental, quand il s'agit de lignes d'intérêt départemental.

Comment s'effectue cette opération? Voici quel en est, à notre avis, le mécanisme.

Pour plus de clarté, nous envisagerons le cas où le chemin vicinal est dévié. Les considérations que nous allons exposer s'appliqueront aussi bien au cas d'un chemin simplement déplacé le long de la ligne.

Quand un chemin vicinal est dévié par suite de l'établissement d'un chemin de fer, la construction de la déviation entraîne le déclassement de la partie de l'ancien chemin à laquelle cette déviation est substituée (1).

Sans doute, ce déclassement n'est pas prononcé par une décision du conseil général ou de la commission départementale. Mais, ainsi qu'on l'a vu aux nos 160 et 165, il n'est pas indispensable qu'une décision intervienne explicitement à ce sujet :

---

(1) ALFRED PICARD, *Traité des chemins de fer* (t. II, p. 839).

la déviation d'un chemin vicinal autorisée par l'Administration emporte de plein droit le déclassement de la partie abandonnée.

On ne saurait objecter que, dans le cas que nous considérons, la déviation établie par le service de construction du chemin de fer n'a fait l'objet d'aucun classement émanant du conseil général ou de la commission départementale. Nous avons fait remarquer au n° 99, que les déviations de ce genre n'affectent pas la direction générale des chemins et qu'elles se substituent dès lors aux parties abandonnées, en revêtant le caractère vicinal, sans intervention aucune de l'autorité compétente pour prononcer le classement.

Les parties abandonnées sont donc déclassées, comme dans le cas où les rectifications auraient été autorisées par le conseil général ou la commission départementale.

Il était important d'établir ce premier point, parce que le déclassement est indispensable pour faire sortir les chemins vicinaux du domaine public communal et, par conséquent, pour rendre possible le passage du sol de ces chemins en d'autres mains.

Du moment que la partie d'un chemin vicinal à remplacer par une déviation doit être considérée comme étant déclassée, rien ne s'oppose à ce que le tronçon, compris entre les limites des emprises de la ligne, figure au plan et à l'état parcellaires dressés en vue de l'expropriation des terrains nécessaires à l'exécution des travaux. Les diverses règles établies par la loi du 3 mai 1841 s'appliquent à ce tronçon, devenu simple propriété communale.

Généralement le sol du tronçon est sans valeur appréciable, et la commune consent à le céder gratuitement. Mais si, par suite de circonstances particulières, un désaccord se produit à ce sujet, l'indemnité à allouer à la commune doit être fixée par le jury d'expropriation.

Après l'accomplissement des formalités d'expropriation, le tronçon dont il s'agit est régulièrement incorporé dans les emprises de la ligne : il fait partie du domaine public national ou départemental, selon que le chemin de fer est d'intérêt général ou départemental.

950. La doctrine que nous venons d'exposer est confirmée par plusieurs arrêts du Conseil d'État (15 mai 1858 département de la *Gironde ;* 1ᵉʳ septembre 1858, Compagnie du chemin de fer du *Nord ;* 19 novembre 1859, préfet de la *Gironde*). Aux termes de ces arrêts, l'incorporation des tronçons des chemins vicinaux peut donner lieu au règlement d'une indemnité de dépossession en conformité de la loi du 3 mai 1841 (1) ; c'est ce qu'enseigne M. Alfred Picard dans son *Traité des Chemins de fer* (2).

Il y a lieu de remarquer toutefois que les arrêts précités ont été rendus dans des affaires où il était question de tronçons de chemins vicinaux englobés dans les dépendances de la voie ferrée, par suite de la déviation de ces chemins. Il a été statué tout différemment dans une affaire où une route départementale avait été déplacée de telle sorte que le sol avait pu être incorporé à la voie ferrée. Bien que le département demandât qu'une indemnité fût fixée par le jury d'expropriation, à raison de la dépossession de ce sol, le Tribunal des Conflits a jugé qu'il ne s'agissait que d'une modification dans l'emplacement d'une route, dont l'examen appartenait à l'autorité administrative (3 juillet 1886, département de la *Loire*). Tout récemment la Cour de Cassation, à l'égard d'un déplacement analogue subi par un chemin de grande communication, a prononcé dans le même sens, en reproduisant les considérants de la décision du Tribunal des Conflits (9 juillet 1895, département de la *Charente-Inférieure*).

Il n'y a pas assurément de distinction à faire entre les portions de chemins vicinaux incorporées dans la voie ferrée, suivant qu'elles proviennent d'un chemin qui a été dévié ou d'un chemin qui a été déplacé. Dans les deux cas, ces portions ont été déclassées, et les communes auxquelles elles appartiennent peuvent exiger une indemnité de dépossession à régler, s'il y a lieu, conformément à la loi du 3 mai 1841.

951. Cas des passages à niveau. — Une situation toute particulière est celle des passages à niveau établis sur des chemins dont le tracé n'a reçu aucun changement.

---

(1) Il en est ainsi même pour les tronçons de routes nationales incorporés aux chemins de fer d'intérêt général par les Compagnies concessionnaires, bien que ces tronçons ne quittent un domaine public national que pour passer dans un autre. Les Compagnies sont tenues au paiement, soit d'un prix, soit d'une redevance (Circulaire ministérielle du 19 août 1878).
(2) T. II, p. 808.

D'après plusieurs arrêts du Conseil d'État, la portion comprise dans la traversée de la ligne conserve le caractère et la destination de voie vicinale, et la commune ne subit aucune dépossession (C. d'État, 1ᵉʳ mai 1858, commune de *Pexiora ;* 20 mars 1862, chemin de fer de *Carmaux ;* 14 août 1865, chemin de fer de *Paris à Lyon et à la Méditerranée*). Mais, en ce qui concerne la dépossession, un avis en sens contraire à été émis le 22 juin 1880, par les Sections réunies des finances et des travaux publics du Conseil d'État (1), à l'occasion de la pose d'une conduite d'eau sous le sol d'un passage à niveau d'une rue de Lunéville. D'après cet avis, le sol des passages à niveau fait nécessairement partie du domaine public national et la commune cesse d'en être propriétaire.

SECTION VI

DE LA PROPRIÉTÉ DES PARTIES DE CHEMINS DÉLAISSÉES
PAR SUITE DE DÉVIATIONS

952. Les Compagnies de chemins de fer avaient tout d'abord revendiqué la propriété des délaissés à titre de compensation pour les frais d'établissement des déviations. La question, qui s'était présentée à l'égard des routes nationales, a été résolue définitivement par un arrêt du Conseil d'État du 28 juillet 1876 (*Ministre des Finances*), portant qu'aucune disposition n'attribue aux Compagnies les parcelles délaissées des routes.

Il a été statué dans le même sens, en matière de chemins vicinaux, par un arrêt de la Cour de Cassation du 4 décembre 1889 (Compagnie de *Paris-Lyon-Méditerranée* c. ville de *Besançon*). Cet arrêt décide que, lorsqu'un chemin vicinal est dévié, les parties abandonnées rentrent dans le domaine municipal de la commune.

Cette jurisprudence confirme la doctrine que nous avons exposée au n° 949 et d'après laquelle le remplacement d'un

---

(1) Cet avis est rapporté dans le *Traité des chemins de fer* de M. Alfred Picard (t. II, p. 775).

chemin vicinal par une déviation emporte le déclassement de la partie délaissée.

Il va de soi qu'il appartient au conseil municipal de faire le nécessaire pour régler la destination des parties déclassées, qui peuvent, suivant les cas, être supprimées ou conservées comme chemins ruraux (nos 161 et 166).

SECTION VII

ENTRETIEN DES CHEMINS MODIFIÉS ET DES OUVRAGES QUI EN DÉPENDENT

953. Jusqu'au moment où la remise des chemins modifiés est faite au service vicinal, l'entretien de ces chemins, y compris leurs ouvrages, est à la charge de celui qui a construit le chemin de fer.

Après la remise, l'entretien incombe au service vicinal, à l'exception toutefois de la portion des chemins comprise entre les barrières des passages à niveau.

Quant aux passages supérieurs et inférieurs, ils sont considérés comme des dépendances du chemin de fer et, à ce titre, le service vicinal est exonéré de leur entretien, sauf en ce qui concerne la chaussée (1). Il ne serait pas juste, en effet, d'imposer aux communes d'autres charges que celle qu'elles supportaient avant la construction du chemin de fer. C'est ce qui aurait lieu si ces communes étaient obligées d'entretenir soit des garde-corps métalliques, soit des trottoirs munis de revers pavés.

Ce mode de répartition de l'entretien des ponts en-dessus ou en-dessous des rails donne lieu quelquefois à des contestations. Comme il n'est réglé par aucun texte, les représentants du service vicinal peuvent prendre la précaution, lors de la communication des projets, de stipuler que l'entretien de la chaussée sera seul à leur charge. Dans le cas où la décision de l'Administration n'aurait pas statué dans ce sens, les représentants du service vicinal auraient à renouveler leur réserve lors de la rédaction du procès-verbal de remise.

---

(1) Alfred Picard, *Traités des Chemins de fer*, t. II, p. 768.

SECTION VIII

DES DOMMAGES PROVENANT DES MODIFICATIONS APPORTÉES AUX CHEMINS VICINAUX

§ 1. — Des dommages résultant des dispositions approuvées

954. Il est de jurisprudence que, lorsque les modifications des chemins ont été approuvées par le Ministre, après l'accomplissement des formalités d'enquête, les départements ou les communes ne peuvent prétendre à aucune indemnité :

Ni à raison des déclivités et des courbes du nouveau chemin (C. d'État, 23 février 1870, chemin de fer d'*Orléans ;* 20 mars 1874, chemin de fer de *Paris-Lyon-Méditerranée ;* 14 décembre 1877, *id.*) ;

Ni à raison des difficultés d'accès d'un passage à niveau (C. d'État, 20 juin 1873, chemin de fer d'*Orléans*) ;

Ni à raison de l'allongement du parcours et, par suite, de l'augmentation des frais d'entretien (C. d'État, 1er septembre 1858, chemin de fer du *Nord ;* 8 février 1864, commune d'*Arnouville ;* 23 février 1870, chemin de fer d'*Orléans ;* 30 janvier 1880, chemin de fer de *Paris-Lyon-Méditerranée ;* 27 mai 1892, ministre des *Travaux publics* c. préfet de la *Charente-Inférieure*) ;

Ni à raison de la réduction de la largeur du chemin (C. d'État, 27 mai 1892, ministre des *Travaux publics* c. préfet de la *Charente-Inférieure*) ;

Ni à raison de la gêne apportée à la circulation par l'établissement d'un viaduc ou d'un passage à niveau (C. d'État, 20 mars 1862, chemin de fer de *Carmaux ;* 14 août 1865, chemin de fer de *Paris-Lyon-Méditerranée*).

955. Cette jurisprudence donne lieu aux critiques les plus sérieuses.

Les diverses considérations sur lesquelles elle s'appuie nous paraissent laisser à désirer.

Tantôt on fait remarquer que les cahiers des charges, qui s'unissent aux lois ou décrets déclaratifs d'utilité publique, investissent le Ministre du droit de régler souverainement les modifications des chemins vicinaux (1). Mais il existe beaucoup de travaux, tels que ceux qui sont relatifs à l'ouverture de canaux de navigation, à l'aménagement de ports maritimes, etc., pour lesquels aucun cahier des charges n'est annexé à l'acte d'autorisation.

Tantôt on déclare que le Ministre « exerce une sorte d'arbitrage par lequel, tenant compte à la fois des avantages et des inconvénients qui peuvent résulter de la création de la voie ferrée, il établit entre les divers intérêts engagés une équitable compensation (2) ». Or, l'État construit lui-même directement, à ses frais, un certain nombre de chemins de fer, notamment sur les réseaux d'Orléans, du Midi, de l'État. Le Ministre des Travaux publics peut-il être arbitre dans des litiges où il est partie intéressée ?

Tantôt encore on considère le Ministre comme pourvu de la qualité de grand voyer (3) et chargé, à ce titre, d'assurer le rétablissement des communications au mieux des intérêts généraux. Or, le réseau des voies publiques comprend essentiellement des chemins vicinaux, qui échappent entièrement à la surveillance du Ministre des Travaux publics, et c'est assurément une opinion d'une certaine hardiesse que celle qui attribue le rôle de grand voyer au Ministre des Travaux publics. Au surplus, le département des Travaux publics n'est pas le seul qui exécute des travaux comportant le rétablissement des communications. D'autres départements se trouvent parfois dans ce cas, comme celui de l'Agriculture, par exemple. On ne saurait assurément attribuer la qualité de grand voyer au Ministre qui dirige ce département.

956. Une distinction capitale doit être faite, à notre avis, au sujet des dommages qui peuvent résulter des décisions ministérielles approuvant les modifications des chemins.

Ces dommages sont de deux sortes : ceux que ressentent les

(1) Observations de M. de Belbeuf, commissaire du gouvernement, sous l'arrêt du 1er avril 1869, ville de *Dreux*.

(2) Conclusions de M. de Belbeuf, commissaire du gouvernement, sous l'arrêt du 23 février 1870, Compagnie du chemin de fer d'*Orléans*.

(3) FUZIER-HERMAN, *Chemin de fer*, n° 742.

usagers des chemins et ceux que subissent les communes à la charge desquelles se trouvent ces chemins.

1° DOMMAGES CAUSÉS AUX USAGERS DES CHEMINS

957. Lorsque l'État accroît la longueur d'un chemin, il oblige les voituriers à un trajet plus long ; lorsqu'il augmente les déclivités, il détermine une plus grande fatigue pour les attelages, et même, si les déclivités sont relativement excessives, il force les usagers à réduire le poids des chargements ; lorsqu'il rétrécit les chemins, il contraint les voituriers à prendre plus de précautions pour croiser ou dépasser les véhicules qu'ils rencontrent; lorsqu'il établit un passage à niveau, il nécessite parfois un ralentissement et même un stationnement aux abords du passage.

Tous ces inconvénients sont subis par les usagers des chemins et non par les communes. C'est donc avec raison que ces dernières ne peuvent prétendre à l'allocation d'une indemnité.

Nous estimons dès lors qu'en ce qui concerne les dommages dont il s'agit la jurisprudence est bien fondée, quand elle dénie tout droit à indemnité aux communes, alors que les modifications apportées aux chemins ont été régulièrement approuvées.

958. Mais, si les communes ne peuvent obtenir d'indemnité à raison de la gêne ou des entraves apportées à la circulation, les usagers des chemins peuvent-ils faire valoir des droits à ce sujet?

A moins de circonstances exceptionnelles, où le dommage causé est direct et matériel (voir les exemples cités plus loin au n° 960), les particuliers ne peuvent prétendre à l'allocation d'une indemnité, soit pour l'allongement du chemin (C. d'État, 5 juillet 1871, *Lavène* ; 19 janvier 1883, *Murat* ; 16 mars 1883, Compagnie de *Paris-Lyon-Méd.*), soit pour l'accroissement des déclivités (C. d'État, 13 juin 1873, *Barnier*), soit pour les difficultés d'accès d'un passage à niveau (C. d'État, 20 juin 1873, Compagnie du chemin de fer de *Paris à Orléans c. Deslys*),

soit pour toute autre aggravation des conditions dans lesquelles s'effectuait la circulation sur le chemin avant l'établissement de la voie ferrée.

Le Ministre exerce donc un droit de la plus haute importance en arrêtant les dispositions que doivent présenter les
nouveaux chemins.

L'exercice de ce droit est-il entouré de garanties suffisantes ?
Nous ne le croyons pas.

Le Ministre statue, après avoir pris l'avis de ses conseils
techniques, sur les observations produites par les représentants du service vicinal. Or, ce Ministre, même si c'est celui
des Travaux publics, n'est pas toujours en situation d'apprécier les besoins du service de la vicinalité. De plus, il est souvent partie intéressée, soit qu'il s'agisse de travaux exécutés
sur les fonds de son budget, soit qu'il s'agisse de travaux des
Compagnies pour lesquelles joue la garantie d'intérêts.

Autrefois, dans les cahiers des charges antérieurs à 1857,
les projets étaient approuvés par le préfet en ce qui concerne
les chemins vicinaux. Cette disposition a été abandonnée. Elle
eût entraîné souvent des charges excessives pour l'État ou
pour les Compagnies, surtout depuis que les exigences des
communes n'ont cessé de grandir en matière de vicinalité. Le
préfet eût été juge et partie. La situation eût été analogue à celle
que nous critiquons, quoique tendant à des résultats opposés.

Quelle devrait être la solution ?

Selon nous, elle devrait consister dans l'institution d'une
commission mixte, organisée à l'image de celle qu'on a dû établir pour concilier les intérêts civils et militaires (nos 964 et
suivants).

Cette commission pourrait donner son avis, non seulement
sur les litiges entre le service vicinal et les autres services,
mais encore sur les contestations qui surviennent entre les
divers départements ministériels.

Actuellement, quand une conférence a eu lieu entre les
représentants de deux Ministères, et qu'elle a abouti à un
désaccord, un échange de correspondances se produit entre les
deux Ministres, en vue d'arriver à une entente, et, si ce résultat ne peut être obtenu, l'affaire ne peut qu'être portée devant le
Conseil des Ministres, Or, ce Conseil n'est pas généralement à
même de résoudre des questions de cette nature.

Il y a donc un rouage qui manque ; cette lacune serait comblée par la commission mixte dont nous venons de parler.

Il serait même possible, pour éviter la création d'une nouvelle commission, d'utiliser la commission mixte des Travaux publics, en étendant ses attributions, sauf à modifier sa composition. Déjà cette commission ne se borne pas à donner son avis sur les difficultés qui surgissent entre les services civils et les services militaires : elle croit devoir se prononcer, à l'occasion des travaux mixtes, sur des litiges qui surviennent entre des services civils, alors même que l'Administration militaire est désintéressée.

959. Dans l'état actuel des choses, nous ne voyons pas pourquoi la procédure en usage entre le Ministère des Travaux publics et les autres départements ministériels ne serait pas suivie quand un désaccord se produit avec les représentants du service vicinal.

L'établissement d'un chemin de fer nécessite des travaux qui affectent parfois les intérêts d'autres départements ministériels, comme celui de l'Agriculture, par exemple, en ce qui concerne le débouché des ponts sur les cours d'eau non navigables ni flottables. Quand les fonctionnaires locaux ne sont pas d'accord, les Ministres sont saisis de l'affaire, et c'est après que l'entente s'est établie entre eux que le Ministre des Travaux publics approuve les projets (1).

L'intervention du Ministre de l'Intérieur, en cas de difficultés relatives aux chemins vicinaux, augmenterait les garanties actuellement ménagées aux intérêts de la vicinalité. Cette intervention ne saurait être considérée comme une innovation. Elle existe actuellement dans les contestations qui surviennent en matière d'hydraulique agricole, ainsi que le fait savoir la circulaire du 29 octobre 1872, et c'est seulement après entente entre les Ministres de l'Agriculture et de l'Intérieur qu'a lieu l'approbation des projets comportant la modification du régime des cours d'eau non navigables ni flottables (n° 552).

Pour pouvoir suivre cette procédure, il conviendrait, en cas de désaccord, de remplacer l'avis du service vicinal par le procès-verbal d'une conférence tenue entre les ingénieurs de

---

(1) ALFRED PICARD, *Traité des Chemins de fer*, t. II, p. 655.

l'État et les agents voyers ; une expédition de ce procès-verbal serait adressée à chacun des Ministres intéressés.

2° DOMMAGES CAUSÉS AUX COMMUNES

960. Les modifications apportées aux chemins vicinaux, notamment les déviations, peuvent causer aux communes de véritables dommages directs et matériels.

Quand des dommages de cette nature sont subis par les particuliers, une indemnité peut leur être accordée. C'est ce qui a été, par exemple, décidé :

A l'occasion de l'établissement d'un passage à niveau sur un chemin de grande communication servant d'accès à un pont à péage, parce que ce passage avait écarté une partie de la circulation et entraîné une perte de revenus pour le concessionnaire du pont (C. d'État, 19 décembre 1868, chemin de fer de *Paris à Lyon*) ;

A l'occasion d'un allongement de parcours de 700 mètres pour l'accès d'un puits où un particulier prenait l'eau nécessaire à ses besoins journaliers (C. d'État, 5 juillet 1871, *Lavène*).

Mais quand des dommages directs et matériels sont éprouvés par les communes, il semble que le Conseil d'État n'ait pas admis, pour ces communes, le droit à indemnité. Cette jurisprudence paraît résulter surtout des arrêts que nous avons cités au n° 954 et qui ont repoussé toute allocation d'indemnité à raison de l'augmentation des frais d'entretien pour allongement de parcours.

961. Nous ne pensons pas que la jurisprudence dont il s'agit soit formellement établie. D'abord, dans une affaire où la ville de Montluçon se plaignait de l'allongement d'un viaduc, il a été jugé qu'en admettant « que les travaux aient causé un dommage à la ville, la demande d'indemnité ne pouvait être portée directement devant le Conseil d'État » (C. d'État, 20 novembre 1874, ville de *Montluçon*). Ensuite, lors de la réfection du pont de Stockholm par la Compagnie du chemin de fer de

Saint-Germain, la ville de Paris, qui protestait contre le supplément de dépense d'entretien occasionné par le nouveau tablier, a obtenu gain de cause ; l'entretien de cet ouvrage a été mis à la charge de la Compagnie, sauf contribution de la ville pour une quote-part représentant la dépense de la portion de chaussée pavée remplacée par le pont (C. d'État, 29 mars 1853, Compagnie du chemin de fer de *Paris à Saint-Germain*) (1).

Il est de toute équité que les communes aient droit à une indemnité, quand elles subissent des dommages directs et matériels par suite des modifications apportées aux chemins vicinaux dont elles ont la charge. Cette opinion est celle d'un grand nombre d'auteurs (2).

Ces dommages se produisent principalement lorsque les nouveaux chemins ont une longueur supérieure à celle des voies qu'ils remplacent, puisque les frais d'entretien s'accroissent en raison du supplément de parcours. Il ne s'ensuit pas qu'une indemnité doive être nécessairement allouée aux communes. Il est de principe, en matière de dommages, qu'il y a lieu de tenir compte de la plus-value (3) et que cette plus-value peut même compenser entièrement l'indemnité. Or, l'établissement d'un chemin de fer détermine, au profit des communes traversées, une plus-value qui est essentiellement variable, mais qui peut être importante, notamment si les communes sont le siège d'une gare. Cette plus-value est appelée à se manifester soit par l'augmentation de la valeur du centime communal, soit par l'accroissement du produit de la journée de prestation, si la population vient à se développer. Aussi nous estimons que l'indemnité à accorder aux communes peut être nulle, surtout si l'allongement du chemin est faible et si le prix de revient de l'entretien, eu égard au peu d'importance de la circulation, n'est pas élevé.

(1) Le principe de l'allocation d'une indemnité en faveur des communes paraît également avoir été admis dans l'arrêt du 24 avril 1865 (commune de *Vandenesse*), à l'occasion des modifications des rampes d'accès d'un pont qui avait été exhaussé sur un canal de navigation.

(2) Aucoc, *Conférences*, t. III, n° 1481.

Féraud-Giraud, *Des voies publiques et privées modifiées par les chemins de fer*, n° 228.

Cristophle et Auger, *Traité des Travaux publics*, t. II, n° 2380.

(3) La plus-value déterminée par l'ouverture d'un chemin de fer est admise dans l'évaluation de l'indemnité due aux particuliers, pour dommages causés à raison des modifications des chemins (C. d'État, 19 mars 1849, *Daube* ; 11 juin 1868, Compagnie des chemins de fer de *l'Est*).

Mais il peut en être autrement, quand le supplément de parcours est notable et l'entretien du chemin coûteux. Il arrive même parfois que les communes ont à faire face non seulement à l'entretien du supplément de longueur du nouveau chemin, mais encore à l'entretien des parties de l'ancien chemin supprimé, quand elles doivent être conservées pour la desserte des propriétés riveraines. Quoi qu'il en soit, il y a lieu de supputer l'accroissement des charges des communes et de le comparer au résultat probable de la plus-value déterminée par l'ouverture du chemin de fer. Et si une commune établissait qu'elle aurait à voter une imposition supplémentaire d'un nombre plus ou moins considérable de centimes pour assurer l'entretien de ses chemins vicinaux ordinaires, surtout sans espoir de voir disparaître ce sacrifice dans un prochain avenir, nous avons peine à croire qu'elle serait reconnue mal fondée à réclamer une indemnité.

§ 2. — Dommages causés par l'inexécution ou l'exécution défectueuse des dispositions approuvées

962. Au moment de la remise des chemins établis ou modifiés, les représentants du service vicinal peuvent juger que les travaux n'ont pas été effectués conformément aux dispositions approuvées ou bien que leur exécution est défectueuse. Dans ce cas, si l'Administration des Travaux publics refuse d'accueillir leurs réclamations, elles peuvent être portées devant le conseil de préfecture qui est compétent pour statuer (C. d'État, 28 novembre 1845, commune de *Saint-Paul-en-Jarret* ; 23 février 1870, compagnie du chemin de fer d'*Orléans* ; 26 novembre 1880, chemin de fer d'*Orléans à Châlons* ; 16 juin 1882, chemin de fer d'*Orléans à Châlons* ; 1er mai 1885, *Picq*).

§ 3. — Des dommages survenus après la remise des chemins modifiés

963. Lorsque des dommages se produisent sur un chemin qui a été remis aux communes, s'il est manifeste que ces dom-

mages ne résultent pas nécessairement des dispositions acceptées par les communes et si dès lors ils ne pouvaient pas être
prévus au moment de la remise du chemin, ils donnent droit
à indemnité en faveur de ces communes. Ainsi jugé à l'occasion des dégradations d'un chemin vicinal dues au déverse-
ment d'eaux de sources mises à jour par l'ouverture des tranchées de la voie ferrée (C. d'État, 4 juillet 1873, Compagnie
des chemins de fer de *Paris-Lyon-Méditerranée* c. la commune de *Saint-Cyr*).

CHAPITRE IV

TRAVAUX MIXTES

SECTION I

LIMITES DE LA ZONE FRONTIÈRE ET DES TERRITOIRES RÉSERVÉS RAYON DES ENCEINTES FORTIFIÉES

964. Certains travaux sont soumis à des règles particulières quand ils sont projetés dans l'étendue de la zone frontière et dans le rayon des enceintes fortifiées (Loi du 7 avril 1851, art. 1 et 3).

Les limites de la zone frontière sont actuellement fixées conformément à un état descriptif (1) et aux cartes annexées au décret du 8 septembre 1878.

Cette zone comprend des territoires réservés dans lesquels les lois et règlements relatifs aux travaux mixtes sont applicables aux chemins vicinaux. Ces territoires sont également délimités conformément à un état descriptif (2) et aux cartes annexées au décret du 8 septembre 1878.

Dans les territoires réservés sont compris les terrains situés dans la zone des fortifications autour des places (Décret du 16 août 1853, art. 2). Cette zone s'étend depuis la limite intérieure de la rue militaire ou du rempart jusqu'aux lignes qui terminent les glacis et renferme, s'il y a lieu, les terrains extérieurs annexes de la fortification, tels que les esplanades, avant-fossés et autres ayant une destination défensive (Décret du 10 août 1853, art. 22).

Quant au rayon des enceintes fortifiées, il a été étendu, par le décret du 3 mars 1874 (art. 2), à un myriamètre autour des

---

(1) Inséré aux *Annales des Chemins vicinaux* (1879, 2ᵉ partie, p. 11).
(2) Cet état se trouve aux *Annales des Chemins vicinaux* (1861, 2ᵉ partie, p. 16). Il a été rectifié, sur quelques points de détail, par un décret du 13 janvier 1885.

places et postes militaires compris dans la zone frontière. Cette distance est comptée à partir des ouvrages les plus avancés. Des arrêtés du Ministre de la Guerre déterminent les localités pour lesquelles il est possible, sans nuire à la défense, d'admettre des exceptions à cette disposition.

SECTION II

TRAVAUX SOUMIS AUX RÈGLEMENTS SUR LES TRAVAUX MIXTES

965. Une distinction est faite entre les travaux d'entretien ou de réparation et les travaux de construction ou d'amélioration.

Les travaux de la première catégorie échappent à la réglementation des travaux mixtes ; ils peuvent, par conséquent, s'exécuter partout librement (Décret du 16 août 1853, art. 8).

Aux termes de l'article 8 du décret du 16 août 1853, les travaux d'entretien ou de réparation sont ceux qui ont « uniquement pour objet de conserver un ouvrage ou de le remettre dans l'état où il était précédemment sans modification à cet état ». D'après la circulaire du Ministre de la Guerre en date du 4 octobre 1878, les travaux d'entretien ou de réparation des chemins vicinaux sont ceux qui ont pour but de maintenir la viabilité actuelle, sans apporter de modifications à l'état primitif. Tous les changements dans le tracé, la largeur et les déclivités, ainsi que les empierrements ou les pavages (quand les chemins en étaient dépourvus), rentrent dans la catégorie des travaux de construction ou d'amélioration.

966. En ce qui concerne les travaux de construction ou d'amélioration des chemins vicinaux, les règles diffèrent suivant que ces travaux doivent s'effectuer dans la zone frontière ou bien dans les territoires réservés de cette zone et dans le rayon des enceintes fortifiées.

D'après l'article 3 du décret du 8 septembre 1878, les lois et règlements sur les travaux mixtes s'appliquent aux affaires suivantes :

a) DANS TOUTE L'ÉTENDUE DE LA ZONE FRONTIÈRE

1° Les travaux concernant les ponts à établir sur les cours d'eau navigables ou flottables, ainsi que sur les canaux de navigation, pour le service des chemins vicinaux de toute espèce, lorsque ces ponts ont plus de 6 mètres d'ouverture entre culées ;

2° Dans les enceintes fortifiées, les alignements et le tracé des chemins qui servent de communications directes entre les places publiques, les établissements militaires et les remparts ;

3° Dans toutes les villes fortifiées et autres, les alignements et le tracé des chemins qui bordent les établissements de la Guerre ou de la Marine, ou qui sont consacrés par le temps et l'usage aux exercices et aux rassemblements des troupes, le tracé des chemins qui servent de communications directes entre les gares des chemins de fer et les établissements militaires ;

4° Les passages des portes de terre, dans la traversée des fortifications des places de guerre et des postes militaires ;

5° Les travaux de fortifications ou de bâtiments militaires dont l'exécution apporterait des changements aux chemins vicinaux ;

6° Les questions relatives à la jouissance, à la police ou à la conservation des ouvrages ayant à la fois une destination civile et une destination militaire.

b) DANS LES TERRITOIRES RÉSERVÉS DE LA ZONE FRONTIÈRE ET DANS LE RAYON DES ENCEINTES FORTIFIÉES

Outre les affaires ci-dessus énumérées, celles qui concernent les travaux des chemins vicinaux de toute classe.

967. Il suit de là que c'est seulement dans les territoires réservés, à l'intérieur et dans le rayon des enceintes fortifiées, que les travaux de construction ou d'amélioration des chemins vicinaux de toute catégorie sont soumis aux lois et règlements sur les travaux mixtes. Partout ailleurs, même dans la zone frontière, ces travaux peuvent s'effectuer librement (Loi du 7 avril 1851, art. 2). Toutefois, si les travaux dont il s'agit comprenaient la construction d'un pont de plus de 6 mètres d'ouverture sur une voie navigable ou flottable, cet ouvrage devrait faire l'objet de l'instruction réglementaire en matière de travaux mixtes.

On remarquera que les travaux neufs de la vicinalité sont assujettis au régime des travaux mixtes, dans les territoires réservés, à l'intérieur et dans le rayon des enceintes fortifiées, quelle que soit la largeur du chemin ou celle de l'empierrement. Le décret du 8 septembre 1878 a, en effet, abrogé les concessions faites par celui du 15 mars 1862 et en vertu desquelles les chemins vicinaux avaient été affranchis de la réglementation sur les travaux mixtes, quand ils n'avaient pas plus de 6 mètres de largeur entre fossés, ni plus de 4 mètres de largeur d'empierrement.

SECTION III

CHEMINS VICINAUX SPÉCIALEMENT EXONÉRÉS

968. Les travaux des chemins vicinaux situés dans les territoires réservés de la zone frontière, à l'intérieur et dans le rayon des enceintes fortifiées ne sont pas nécessairement soumis au régime des travaux mixtes. Ils peuvent en être affranchis, quand les chemins vicinaux auxquels ils s'appliquent ont été spécialement exonérés (Décret du 16 août 1853, art. 8).

Une procédure a été prescrite par le décret de 1853 (art. 40) en vue de faire prononcer l'exonération des chemins à l'état d'entretien. Elle consiste à dresser, pour chaque département ou portion de département situé dans la zone frontière, une carte indiquant toutes les voies entretenues par l'État, le département ou les communes ; en ce qui concerne les chemins vicinaux, cette carte peut ne comporter que ceux qui sont

soumis aux règlements sur les travaux mixtes. A cette carte
est joint un état général des communications groupées par
nature et désignées par leur numéro de classement, avec l'indication des noms des points extrêmes qu'elles réunissent et
des points intermédiaires par lesquels elles passent.

La carte et l'état dont il s'agit sont adressés par le préfet
au directeur du Génie qui, après instruction, envoie ces documents au Ministre de la Guerre avec ses propositions.

Le Ministre de la Guerre, sur l'examen de ces pièces, arrête
les exonérations qu'il juge convenables et fait connaître sa
décision au préfet du département et au directeur du Génie.

L'article 42 du décret du 16 août 1852 porte, d'ailleurs, que
les travaux ci-après doivent toujours être exceptés de l'exonération :

1° Les ponts (1) établis au croisement d'un chemin vicinal et
d'une voie d'eau navigable ou flottable ;

2° Les portions de chemins situées dans les limites de la zone
des fortifications ou dans le rayon des servitudes des enceintes
fortifiées.

969. D'après le décret du 16 août 1853, article 41, les voies
de terre, objet de l'exonération, peuvent, sans intervention de
l'autorité militaire, recevoir les modifications et les améliorations dont elles sont susceptibles, telles que l'élargissement
des chaussées ou des accotements, l'adoucissement des rampes
ou des pentes, la substitution d'autres matériaux à ceux précédemment employés, l'empierrement ou le pavage des parties
en terre, le creusement des fossés latéraux et l'addition de
gares d'évitement ou de dépôt, pourvu que ces améliorations
ou modifications ne changent pas leur direction générale,
n'ouvrent pas de communications nouvelles ou ne prolongent
pas celles qui existent.

970. En dehors de l'exonération d'ensemble dont il vient
d'être question, le préfet peut provoquer des exonérations par-
tielles s'appliquant à des chemins dont l'ouverture ou l'amélioration est projetée et ne pourrait être exécutée sans l'assentiment du service militaire. Avant qu'il ait été procédé aux

(1) Ayant plus de 6 mètres d'ouverture entre culées (Décret du 8 septembre 1878,
art. 3, § 1er).

études de détail, le préfet peut faire dresser une carte d'ensemble indiquant le tracé des chemins dont il s'agit. Cette carte est transmise avec une note explicative, s'il y a lieu, au directeur du Génie. Ce dernier, après avoir pris l'avis des chefs du Génie compétents, est maintenant autorisé à donner, immédiatement et sans autres formalités, son adhésion aux tracés qui lui paraissent sans inconvénient pour son service (Décret du 8 septembre 1878, art. 6).

Les chemins ainsi exonérés peuvent être immédiatement entrepris et librement entretenus dans les conditions spécifiées à l'article 8 du décret du 16 août 1853 (n° 965).

Par une circulaire du 25 novembre 1878, le Ministre de l'Intérieur a recommandé aux préfets de recourir le plus souvent possible au mode de procéder qui vient d'être indiqué. Toutes les fois qu'il paraît devoir réussir, le préfet doit mettre le directeur du Génie à même d'exercer son droit d'adhésion dans le plus bref délai ; les avant-projets doivent lui être communiqués avant d'être soumis à l'enquête qui précède la décision du conseil général ou de la commission départementale.

Il va de soi que, si le directeur du Génie refusait son adhésion, les projets devraient faire l'objet des formalités prescrites pour l'instruction des travaux mixtes.

SECTION IV

INSTRUCTION DES AFFAIRES MIXTES

§ 1. — Instruction complète. — Conférences

971. Cette instruction a lieu à deux degrés.

Instruction au premier degré. — Cette instruction comporte la rédaction du procès-verbal de la conférence à laquelle prennent part les chefs de service désignés au décret du 12 décembre 1884.

Le chef de service qui a pris l'initiative de la conférence fait l'exposé de l'affaire et la description des ouvrages projetés. Chacun des autres chefs de service intervenants donne, en ce qui le concerne, son avis sur les diverses dispositions proposées et stipule les conditions, les obligations ou les réserves à réclamer dans l'intérêt de son service.

Les délégués et les autres agents qui ont le droit d'être entendus dans la conférence font consigner au procès-verbal les explications et les observations qui leur paraissent utiles.

972. Les chefs de service désignés pour représenter le Ministère de l'Intérieur, en ce qui concerne les chemins vicinaux, sont les ingénieurs des Ponts et Chaussées chargés du service des arrondissements territoriaux (Décret du 12 décembre 1884). Les agents voyers doivent être entendus dans la conférence tant pour fournir les explications nécessaires que pour présenter et formuler les observations ou les adhésions qu'ils jugent convenables (1) (Décret du 12 décembre 1884 ; — Circulaires du Ministre de l'Intérieur des 22 janvier 1885 et 5 novembre 1887 ; — Circulaire du Ministre de la Guerre du 4 octobre 1878).

C'est donc à l'ingénieur ordinaire des Ponts et Chaussées qu'il appartient d'ouvrir la conférence au premier degré et de faire l'exposé de l'affaire, quand il s'agit d'un projet, émanant du service vicinal, à soumettre à l'instruction sur les travaux mixtes. C'est ce même ingénieur qui est chargé de formuler un avis, dans l'intérêt du service vicinal, quand il est question d'un projet émanant d'un autre service que celui des chemins vicinaux.

Ces dispositions, qui font des ingénieurs les porte-paroles des agents voyers, sont critiquées. Les ingénieurs ne sont pas nécessairement tenus de partager la manière de voir des agents voyers, et ces derniers peuvent leur reprocher de ne pas être

---

(1) Les agents du service vicinal peuvent se trouver dans une situation délicate, quand ils ont à présenter des observations, surtout à l'égard des dispositions d'un projet émanant d'un autre service. Ils n'ont pas mandat pour représenter les communes intéressées. S'ils émettent un avis favorable et si l'instruction se termine par une adhésion directe, ils ne sont pas couverts par l'avis du préfet, puisque ce magistrat reste, dans ce cas, étranger à l'instruction. Les agents voyers sont alors seuls exposés aux plaintes des communes qui peuvent leur reprocher d'avoir méconnu leurs intérêts.

Il appartient aux agents du service vicinal d'apprécier s'il convient de soumettre préalablement l'affaire aux communes. Cette procédure, dont on ne peut contester la régularité, a l'inconvénient d'entraîner des retards. Il y a lieu de n'y recourir que si l'opportunité s'en manifeste réellement.

en situation de connaître, aussi bien qu'eux-mêmes, les besoins de la vicinalité. Il peut se faire, en outre, que les ingénieurs représentent en même temps le Ministère des Travaux publics, alors que les intérêts qu'ils sont appelés à défendre de ce chef sont opposés à ceux du service vicinal. Ils sont alors placés dans une position fâcheuse.

973. Le procès-verbal de la conférence au premier degré est daté du jour de sa clôture et soumis à la signature de tous ceux qui ont été entendus ; mais les signatures des officiers et des ingénieurs chargés de l'instruction de l'affaire sont seules indispensables (Décret du 16 août 1853, art. 14).

Il est fait du procès-verbal de conférence, des dessins et des autres pièces à y annexer, par les soins du chef de service qui a pris l'initiative de la conférence, et aux frais de ce service, autant d'expéditions qu'il y a d'officiers ou d'ingénieurs chargés de l'instruction de l'affaire au premier degré.

Toutes les pièces à joindre à un procès-verbal sont visées à la date de ce procès-verbal.

974. Instruction au second degré. — L'instruction des affaires mixtes est faite au second degré par les chefs de service désignés au décret du 12 décembre 1884. Les ingénieurs en chef des Ponts et Chaussées interviennent en ce qui concerne les chemins vicinaux.

Aussitôt que ces chefs de service ont reçu des agents sous leurs ordres les pièces relatives à l'instruction de l'affaire au premier degré, ils les visent et échangent mutuellement leurs observations et leurs apostilles.

Si l'un d'eux réclame exceptionnellement une conférence, il est procédé d'une manière analogue à celle prescrite pour l'instruction au premier degré.

975. Poursuite de l'instruction. — Arrivée à ce point, l'instruction peut se poursuivre de deux manières différentes, suivant que les chefs de service qui sont intervenus au second degré sont ou ne sont pas d'accord :

1° S'il y a entente, l'instruction se termine par des adhésions directes. Aux termes de l'article 18 du décret du 16 août 1853, chaque directeur et chaque ingénieur en chef peut adhérer immédiatement, au nom du service qu'il représente, à l'exécution des travaux mixtes proposés par une autre administration, quand ces travaux lui paraissent sans inconvénients pour son service ou que les inconvénients peuvent disparaître moyennant certaines dispositions qu'il impose comme condition de son adhésion.

Les travaux qui ont fait l'objet d'une adhésion conditionnelle ne peuvent être entrepris qu'autant que l'acceptation des obligations stipulées a été notifiée au service qui les a imposées.

Chaque directeur et chaque ingénieur en chef fait connaître les adhésions et les acceptations qu'il a données, ou qui lui ont été notifiées, au Ministre sous les ordres duquel il est placé.

Ces dispositions, énoncées à l'article 18 du décret du 16 août 1853, sont incomplètes en ce qui a trait aux chemins vicinaux. Même en admettant que le décret ait considéré, à cette occasion, l'ingénieur en chef comme étant sous les ordres du Ministre de l'Intérieur, on ne peut tenir pour suffisant l'envoi à ce ministre des adhésions ou acceptations relatives au service vicinal. Il semble indispensable que le préfet en soit informé, pour qu'il puisse en aviser à son tour l'agent voyer en chef ;

2° S'il n'y a pas entente entre les chefs de service au second degré, les dossiers de l'affaire sont transmis aux divers Ministres intéressés. L'ingénieur en chef, qui a agi en qualité de représentant de l'Administration de l'Intérieur, doit, en conséquence, adresser au préfet une expédition du procès-verbal de conférence et de tous les documents annexés, et ce magistrat doit faire parvenir au Ministre de l'Intérieur le dossier de l'affaire avec son avis et ses propositions (Décret du 12 décembre 1884 ; — Circulaire du Ministre de l'Intérieur du 5 novembre 1887).

L'affaire est examinée dans chaque ministère par les conseils ou comités indiqués à l'article 19 du décret du 16 août 1853, savoir : le conseil général des Ponts et Chaussées pour les services civils, y compris le service vicinal, les comités des Fortifications et de l'Artillerie pour les travaux militaires, le conseil d'Amirauté et le conseil des Travaux de la Marine pour les travaux qui concernent spécialement les intérêts maritimes.

L'affaire est transmise, avec les avis des conseils ou comités, à la commission mixte des Travaux publics dont la composition a été réglée par l'article 5 de la loi du 7 avril 1851 (1) et dont la mission, aux termes de l'article 3 du décret du 16 août 1853, est d'apprécier les intérêts des divers services, de les concilier et, si elle ne parvient pas à établir l'accord entre eux, d'indiquer dans quelles limites il lui paraît possible de donner satisfaction à leurs besoins respectifs sans compromettre la défense du pays.

La commission n'est pas toujours appelée à discuter toutes les affaires qui lui sont transmises. Quand il y a accord entre les conseils et les comités sur les conclusions à prendre, la commission n'a qu'à constater l'accord par un avis conforme à ces conclusions (Art. 20 du décret du 16 août 1853).

Dans le cas contraire, l'affaire est débattue contradictoirement.

Si les Ministres acceptent les conclusions de la commission mixte, l'affaire reçoit la suite qu'elle comporte; sinon, la question est tranchée par le chef de l'État (Art. 21 du décret précité).

§ 2. — Instruction sommaire

976. L'article 5 du décret du 8 septembre 1878 a autorisé, dans certains cas, la suppression de l'instruction au premier degré.

Quand une affaire paraît pouvoir être l'objet de l'adhésion directe que les directeurs et les ingénieurs en chef ont le droit de donner, d'après l'article 18 du décret du 16 août 1853, l'instruction à deux degrés, telle qu'elle vient d'être indiquée, peut être remplacée par une instruction sommaire.

Dans ce cas, le service qui a pris l'initiative du projet est tenu de fournir aux services qui sont appelés à donner leur adhésion la copie de toutes les pièces ou dessins que ceux-ci jugent devoir leur être utiles.

Toutefois, l'instruction complète aux deux degrés devient obligatoire, lorsqu'après examen des pièces de l'instruction sommaire, l'un des chefs de service déclare se refuser à donner son adhésion directe au projet.

(1) Cette commission ne renferme aucun fonctionnaire relevant du Ministère de l'Intérieur.

SECTION V

RÉPARTITION DES DÉPENSES D'ENTRETIEN DES PORTIONS DE CHEMINS SITUÉES DANS LA ZONE DES FORTIFICATIONS

977. D'après le décret du 16 août 1853 (art. 43), la répartition, entre les services intéressés, de l'entretien des portions de chemins vicinaux situées dans la zone des fortifications des places et des postes est établie, après avis de la commission mixte, à la suite d'une conférence entre le chef du Génie et l'ingénieur des Ponts et Chaussées.

Dans cette conférence intervient le maire de la commune ou son adjoint, assisté au besoin d'un agent-voyer.

La répartition comprend les ponts, les portes, les barrières et généralement tous les ouvrages d'art qui font partie ou qui dépendent des chemins vicinaux dans la traversée des fortifications.

CHAPITRE V

ÉTABLISSEMENT DES CHAMPS DE TIR

978. L'établissement des champs de tir est parfois de nature a causer une gêne sérieuse à la circulation sur les chemins vicinaux. Il peut se faire notamment que cette circulation doive être interrompue, pendant la durée du tir, sur les portions de chemins situées dans la zone dangereuse.

Quand les champs de tir sont créés dans la zone frontière, ils sont soumis à une instruction mixte dans la forme ordinaire (Circulaire du Ministre des Travaux publics en date du 9 août 1879).

Quand ils sont projetés en dehors de la zone frontière, ou bien encore quand il s'agit de modifications à apporter aux champs de tir existant en dehors de la zone frontière, la procédure est toute différente. Elle a été réglée par un arrêté adopté le 8 avril 1895 par les trois Ministres de la Guerre, des Travaux publics et de l'Intérieur.

Les projets font l'objet de conférences locales entre le service militaire et le service des Ponts et Chaussées, qui y représente les départements ministériels de l'Intérieur et des Travaux publics.

Ces conférences ont lieu à un seul degré, entre le directeur du Génie ou de l'Artillerie et l'ingénieur en chef chargé du service ordinaire du département. Elles sont tenues à la mairie de l'une des communes intéressées. Il en est dressé procès-verbal avec plans à l'appui, et il est fait de ce procès-verbal et des plans annexés, par le service qui a provoqué la conférence, autant d'expéditions qu'il y a de Ministres intéressés.

L'agent voyer en chef et les maires ou adjoints des communes intéressées doivent être entendus dans la conférence, tant pour fournir les explications nécessaires que pour présenter ou formuler les observations qu'ils jugent convenables. Ils peuvent faire consigner au procès-verbal les explications qui leur paraissent utiles.

Les conférences ont lieu à la diligence du directeur du Génie ou de l'Artillerie intéressé, qui communique à l'avance ses projets à l'ingénieur en chef. Ce dernier peut provoquer des conférences de même nature, tenues dans la même forme, lorsqu'il le juge nécessaire dans l'intérêt des services civils ou lorsqu'il y est invité par le Ministre de l'Intérieur.

L'Ingénieur en chef a la faculté d'adhérer directement aux projets qui lui sont présentés. Les directeurs du Génie et de l'Artillerie ont également, de leur côté, la faculté d'adhérer directement aux propositions qui leur sont soumises. Ces adhésions peuvent, d'ailleurs, être subordonnées aux conditions qu'il est jugé nécessaire d'imposer et elles ne sont valables que si mention de l'acceptation de ces conditions est faite au procès-verbal.

Une expédition du procès-verbal doit être adressée à chacun des Ministres intéressés.

A défaut d'adhésions directes, les Ministres statuent après concert préalable, et, en cas de désaccord, ils portent l'affaire devant la Commission mixte des Travaux publics, qui décide comme commission arbitrale.

Telles sont des dispositions de l'arrêté du 8 avril 1895. Elles donnent lieu aux mêmes critiques que celles des décrets des 16 août 1853 et 12 décembre 1884, en ce qui concerne les pouvoirs conférés à l'ingénieur en chef, et notamment la faculté d'adhérer aux projets intéressant la vicinalité (n° 972).

Il y a, en outre, dans la procédure adoptée, une omission qu'il importe de réparer : à aucun moment, l'avis du préfet n'est demandé. Il est assurément inadmissible que des questions relatives à la circulation sur les chemins vicinaux puissent se résoudre entièrement en dehors du préfet sous l'autorité duquel ces voies publiques sont placées. Nous estimons qu'il y a lieu, pour l'ingénieur en chef, de faire parvenir, par l'intermédiaire du préfet, l'expédition du procès-verbal destinée au Ministre de l'Intérieur. Cette manière de procéder permet de recueillir l'opinion du préfet.

CHAPITRE VI

DISPOSITIONS DIVERSES

SECTION I

DES DÉCISIONS DU CONSEIL GÉNÉRAL ET DE LA COMMISSION DÉPARTEMENTALE

---

§ 1. — Caractère des décisions

979. Les décisions du conseil général et de la commission départementale, prises sur les objets qui précèdent, constituent des actes d'administration pure qui peuvent, tant qu'ils n'ont pas reçu d'exécution, être rapportés par l'autorité mieux informée dont ils émanent (C. d'État, 13 juin 1873, commune de *Liévin*; 24 juillet 1874, *Roby-Pavillon*).

Mais, si les décisions ont reçu un commencement d'exécution, elles ne peuvent plus être rapportées (C. d'État, 5 décembre 1879, *Marty*).

Il en est ainsi pour une décision relative à l'élargissement d'un chemin, quand il a été procédé à l'expertise prévue par l'article 15 de la loi du 21 mai 1836, à l'effet de déterminer l'indemnité due à un riverain (C. d'État, 16 novembre 1888, *Pernelle*).

§ 2. — Notification des décisions

980. Notification des décisions de la commission départementale. — Aux termes de l'article 88 de la loi du 10 août 1871, les décisions prises par la commission départementale doivent être communiquées au préfet en même temps qu'aux conseils municipaux et autres parties intéressées.

Ces dernières communications doivent être faites non par la commission départementale, mais par le préfet (Avis du Conseil d'État du 16 janvier 1873 (1) ; — Décret des 30 juin et 25 octobre 1873).

Une circulaire du Ministre de l'Intérieur, en date du 9 août 1879, a fait connaître comment il convenait de procéder pour la notification des décisions de la commission départementale.

En ce qui concerne la communication aux conseils municipaux, la procédure consiste à adresser aux maires une ampliation des décisions et une copie des documents y annexés ; à inviter les maires à donner, à l'aide de cette ampliation et de cette copie, connaissance des décisions aux conseils municipaux dans leur prochaine réunion ou dans une réunion extraordinaire, s'il y a urgence, et à transmettre, sans retard, à la préfecture, un procès-verbal de la séance dans laquelle les décisions ont été communiquées.

La communication aux autres parties intéressées peut être faite individuellement ou collectivement.

Une circulaire ministérielle du 26 novembre 1873, rappelée par la circulaire du 9 août 1879, fait savoir comment doit s'effectuer la notification individuelle. Il y a lieu de procéder dans la forme adoptée pour la notification des arrêtés préfectoraux ou des jugements des conseils de préfecture, c'est-à-dire de recourir à l'intermédiaire d'un agent administratif qui se fait donner un reçu ou qui dresse procès-verbal de la remise de l'ampliation.

Si la communication individuelle était toujours facile, elle devrait seule être adoptée, comme faisant connaître d'une manière plus certaine et plus directe les décisions aux personnes qu'elles intéressent. Il convient, par conséquent, de l'employer quand il y a un nombre restreint de parties intéressées. Mais la communication individuelle est souvent impraticable, soit parce qu'on ignore quelles sont les diverses parties intéressées, soit parce que ces parties sont très nombreuses. Lorsqu'il en est ainsi, il y a lieu de recourir à la communication collective (2).

---

(1) *Les Conseils généraux*, t. I, p. 255.
(2) La notification individuelle n'est pas indispensable : il suffit que la décision de la commission départementale ait été portée par voie de publication ou d'affiches

D'après la circulaire précitée, le mode de communication collective le plus pratique comporte les formalités suivantes :

1° Affichage des décisions de la commission départementale à la principale porte de l'église et de la mairie, dans les communes où les décisions doivent être exécutées ;

2° Avertissement donné à son de caisse ou de trompe, dans les mêmes communes, faisant connaître qu'une ampliation des décisions et une copie des documents qui y sont annexés se trouvent déposées à la mairie, où les habitants peuvent les consulter ;

3° Transmission immédiate à la préfecture d'un procès-verbal dressé par le maire pour constater l'accomplissement des deux premières formalités.

981. Notification des décisions du conseil général. — La loi du 10 août 1871 passe sous silence la notification des décisions du conseil général. Cette notification a lieu comme pour les décisions de la commission départementale. Il a été jugé, à l'occasion de la rectification d'un chemin d'intérêt commun, qu'il avait suffi de notifier la délibération du conseil général au conseil municipal de la commune et aux parties intéressées par voie de publication et d'affiches (C. d'État, 8 mars 1895, *Trélohan*).

982. Dispositions communes aux décisions du conseil général et de la commission départementale. — La notification des décisions sert à fixer le point de départ du délai du recours.

A défaut de la notification de la délibération du conseil général fixant les contingents d'une commune pour les chemins de grande communication et d'intérêt commun, le délai court à dater de la notification de l'arrêté préfectoral qui reproduit cette délibération et invite la commune à voter les contingents (C. d'État, 27 juin 1890, commune d'*Haussonvillers*).

La jurisprudence admet qu'à défaut de publication, le délai

à la connaissance des intéressés. Ainsi jugé, soit en matière de fixation de tracé ou de largeur (C. d'Etat, 8 août 1882, de *Colmont* ; 1er février 1884, *Lasvignas* ; 16 mai 1884, *Levèque* ; 20 février 1885, *Gaborit* ; — Cass., 19 février 1885, *Porée*), soit en matière d'approbation de plans d'alignement (Cass. 5 novembre 1868, *Malgras* ; 18 juillet 1887, commune d'*Hennebont*. — C. ; d'État, 29 avril 1892, *Gamblin*).

court de l'exécution de la décision (C. d'État, 16 mai 1884.
Levéque) ; mais il faut que l'exécution ait été publique, notoire
et de nature à s'imposer à l'attention de tous les intéressés (1).

983. La notification des décisions est également nécessaire
pour rendre exécutoires, à l'égard des tiers, les dispositions
arrêtées par ces décisions, notamment par celles qui fixent les
limites ou les alignements des chemins.

Les tiers ne sont tenus de se conformer à ces dispositions
qu'autant qu'elles ont été portées régulièrement à leur connaissance. Il importe donc de pouvoir justifier de l'accomplissement des formalités de notification ou de publication.

Il a été jugé, en matière de plans d'alignement, que, lorsqu'il
n'est pas établi que le plan ait été porté à la connaissance des
intéressés, ni qu'il leur ait été donné avis, par affiche ou
autrement, du dépôt à la mairie, ce plan ne saurait être regardé
comme ayant un caractère obligatoire (Cass., 17 février 1865,
Pomayrol ; 15 mai 1869, *Bos* ; 5 mai 1883, d^{lle} *Pégorier* ;
22 mars 1884, *Fravalo* ; — C. d'État, 23 juillet 1875, commune
de *Beaulieu* ; 14 novembre 1884, *Bigot* ; 2 mars 1888, *Bergerand*).

§ 3. — Interprétation des décisions

984. C'est à l'autorité administrative qu'il appartient d'interpréter les actes administratifs et. par conséquent, les décisions qui ont statué :

Soit sur le classement et les limites des chemins vicinaux
(C. d'État, 9 février 1847, *Bérard* ; 12 mai 1847, *Guillemot* ; —
Trib. Confl., 24 juillet 1851, *Bellonis* ; — C. d'État, 14 sep-
tembre 1852, *Calle* ; 23 mars 1854, *Hubert de l'Isle* ; 14 dé-
cembre 1854, *Duthuit* ; 24 mars 1868, *Merchot* ; — Trib. Confl.,
12 mai 1883, *Faget* ; — Cass., 13 mars 1854, commune de
Blanzay ; 15 mai 1856, *Audibert* ; 3 décembre 1858, *Nadaud-
Beaupré* ; 26 août 1859, *Sermet de Tournefort* ; 1er février 1867
Caillon ; 23 avril 1873, commune d'*Althen-les-Paluds* ; 28 février 1877, *Halgan* ; 6 novembre 1877, commune de *Taugon* ;

(1) LAFERRIÈRE, *Traité de la juridiction administrative*, t. II, p. 427.

24 janvier 1887, commune de *Gouy* ; 2 mars 1887, ville de *Sartène* ; 6 août 1892, *Jacquot*) ;

Soit sur l'approbation des plans d'alignement (Cass., 6 novembre 1866, ville de *Saint-Omer* ; 12 août 1867, ville de *Nice* ; 10 février 1877, *Denis-Courcelles*).

L'autorité chargée d'interpréter les décisions est le conseil général, quand il s'agit de chemins de grande communication et d'intérêt commun (1) et la commission départementale, quand il est question de chemins vicinaux ordinaires.

En ce qui concerne les chemins de cette dernière catégorie, c'est maintenant à la commission départementale qu'il appartient d'interpréter les arrêtés de classement rendus par les préfets antérieurement au 1er janvier 1872 (2) (C. d'État, 9 mars 1877, *Brescon* ; 20 décembre 1878, d^lle *Robert* ; 4 avril 1884, *Rivier* ; 16 mai 1884, commune du *Lac-des-Rouges-Truites* ; 27 mai 1887, *Fouquet-Fonteneau* ; 12 avril 1889, *Tardif* ; — Cass., 19 juillet 1880, commune de *Noyelles*).

Et la commission départementale n'est pas tenue, dans ce cas, de prendre l'avis du conseil municipal (C. d'État, 1er février 1884, *Ponceau* ; 6 mars 1885, *Vandamme-Asseman*).

§ 4. — Voies de recours contre les décisions de la commission départementale

985. Appel devant le conseil général. — Les décisions de la commission départementale peuvent être frappées d'appel devant le conseil général pour cause d'inopportunité ou de fausse appréciation des faits (3), soit par le préfet, soit

---

(1) Même dans le cas où l'interprétation porte sur un arrêté préfectoral qui, antérieurement à la loi du 10 août 1871, a fixé les limites du chemin (C. d'État, 25 novembre 1892, *Charles*).

(2) Le conseil général ne peut procéder à cette interprétation à la place de la commission départementale (C. d'État, 16 mai 1884, commune du *Lac-des-Rouges-Truites*).

(3) Il ne peut être formé appel devant le conseil général, pour cause d'inopportunité ou de fausse appréciation des faits, à l'égard d'une décision de la commission départementale sur une affaire dont le conseil général lui avait délégué le règlement, par application de l'article 77 de la loi du 10 août 1871. C'est seulement contre les décisions prises par la commission départementale, en vertu des pouvoirs propres qu'elle tient des articles 86 et 87 de ladite loi, que les intéressés peuvent faire appel au conseil général (C. d'État, 4 février 1876, *Vésins et Abadie*).

par les conseils municipaux ou toute autre partie intéressée. L'appel doit être notifié au président de la commission, dans le délai d'un mois à partir de la communication de la décision. Le conseil général statue définitivement à sa plus prochaine session (Loi du 10 août 1871, art. 88).

986. Recours devant le Conseil d'État. — Les décisions de la commission départementale peuvent aussi être déférées au Conseil d'État, statuant au contentieux, mais seulement pour cause d'excès de pouvoir ou de violation de la loi ou d'un règlement d'administration publique (Loi du 10 août 1871, art. 88).

Le pourvoi devant le Conseil d'État n'est pas dès lors recevable, quand il a pour objet de contester :

L'interprétation d'un précédent arrêté de classement (C. d'État, 23 juillet 1880, d^{lle} *Robert*) ;

Le refus de classement (C. d'État, 13 novembre 1874, commune de *Chepniers*) ;

L'opportunité du classement (C. d'État, 22 janvier 1875, Compagnie des *Phosphates du bassin du Rhône* ; 3 août 1877, *Gallet* ; 18 janvier 1878, *Aubert* ; 3 mars 1893, *Hospice de Pamiers*) ;

L'opportunité de l'ouverture (C. d'État, 3 août 1877, *Gallet* ; 18 janvier 1878, *Aubert*) ;

Le choix du tracé (C. d'État, 4 décembre 1874, *Lapeyrière* ; 5 janvier 1877, *Camou* ; 23 mars 1877, commune de *Pourrain* ; 29 juin 1877, *Villepelée* ; 16 avril 1886, *Guillabert* ; 16 juillet 1886, commune de *Boulleret* ; 30 juillet 1886, *Radondy*) ;

L'opportunité du redressement (C. d'État, 25 juin 1880, *Rivier* ; 17 juin 1881, *Michaud* ; 22 février 1884, commune de *Frasseto* ; 8 juin 1894, *Artigue*) ;

Le refus de redressement (C. d'État, 13 février 1874, *Simand*) ;

La fixation des limites ou des alignements (C. d'État, 26 décembre 1873, *du Corail* ; 5 juin 1874, commune de *Sury-ès-Bois* ; 23 décembre 1892, *Thomas* ; 31 mai 1895, *Roche*) ;

L'opportunité du déclassement (C. d'État, 22 février 1884, commune de *Frasseto*) ;

Le refus du déclassement (C. d'État, 6 juillet 1883, commune de *Laméac*).

Le recours au Conseil d'État peut être formé par les parties intéressées. Mais on ne saurait y comprendre les particuliers, qui n'ont d'autre titre que d'être inscrits au rôle des contributions directes de la commune et qui se bornent dès lors à invoquer l'intérêt de la généralité des contribuables. Le Conseil d'État a jugé que les parties intéressées dans le sens de l'article 88 de la loi du 10 août 1871 sont seulement celles qui ont un intérêt *direct et personnel* aux mesures prises par la commission départementale (C. d'État, 5 décembre 1873, commune de *Saint-Maurice*; 21 janvier 1881, *Fortin*; 23 janvier 1885, *Rouchard*; 20 novembre 1885, *Rubé*; 22 janvier 1886, *Blanc*; 9 juillet 1886, *Roch*; 4 mars 1892, *Clerc*; 8 août 1895, *Berge*).

987. Le recours au Conseil d'État doit avoir lieu dans le délai de deux mois, à partir de la communication de la décision attaquée; il peut être formé sans frais, et il est suspensif dans tous les cas (Loi du 10 août 1871, art. 88). Il y a là une double dérogation aux règles ordinaires, qui exigent la constitution d'un avocat au Conseil d'État pour les pourvois et veulent que les recours en matière administrative ne puissent suspendre l'exécution des décisions.

En énonçant que le pourvoi peut être formé sans frais, la loi de 1871 dispense non seulement du ministère d'un avocat, mais encore du timbre et de l'enregistrement (C. d'État, 13 juin 1873, commune de *Liévin*).

§ 5. — Recours contre les décisions du conseil général

988. Les décisions du conseil général sont exécutoires si, dans le délai de vingt jours à partir de la clôture de la session, le préfet n'en a pas demandé l'annulation pour excès de pouvoir ou pour violation d'une disposition de loi ou de règlement d'administration publique. Le recours formé par le préfet doit être notifié au président du conseil général et au président de la commission départementale. Si, dans le délai de deux mois à partir de la notification, l'annulation n'a pas été prononcée, la délibération est exécutoire. Cette annulation ne peut avoir lieu que par décret rendu dans la forme des règlements d'administration publique (Loi du 10 août 1871, art. 47).

Les parties intéressées peuvent aussi, pour les motifs indiqués ci-dessus, exercer un recours contre les décisions du conseil général. Il en est ainsi des communes (C. d'État, 19 février 1840, ville de *Saint-Étienne*; 12 avril 1843, commune de *Combiers*; 16 mars 1850, commune de *Tagnon*; 28 juillet 1876, commune de *Giry*).

Mais, pour attaquer la délibération d'un conseil général, les intéressés doivent justifier d'un *intérêt direct et personnel* (C. d'État, 5 janvier 1877, *Beaumini*; 4 janvier 1878, *Cheilus*).

989. Le recours pour excès de pouvoir, ainsi exercé par les parties intéressées, s'effectue en vertu des dispositions de la loi des 7-14 octobre 1790 et de celle du 24 mai 1872, art. 9. Il doit être formé dans un délai de trois mois à partir de la notification ou de la publication de la décision (Décret du 22 juillet 1806, art. 11). Il n'est pas suspensif (Loi du 24 mai 1872, art. 24).

SECTION II

OUVRAGES ET TRAVAUX INTÉRESSANT DEUX OU PLUSIEURS DÉPARTEMENTS

990. Certains travaux de vicinalité intéressent deux départements : tel est, par exemple, l'établissement d'un chemin de grande communication ou d'intérêt commun se prolongeant sur les deux territoires ; telle est encore la construction d'un pont projeté sur un cours d'eau, à la limite séparative de deux départements, et destiné à relier des chemins de grande communication ou d'intérêt commun situés de part et d'autre.

La loi vicinale n'a pas prévu le cas où les travaux intéressent deux ou plusieurs départements. Aussi c'est dans la loi sur les conseils généraux qu'il faut chercher les règles à appliquer. Elles sont contenues dans les articles 89 et 90 de la loi du 10 août 1871, qui sont relatifs aux intérêts communs à plusieurs départements.

Les questions soulevées par les travaux dont il s'agit sont débattues dans des conférences où chaque conseil général est représenté soit par sa commission départementale, soit par une commission spéciale nommée à cet effet.

Les préfets des départements intéressés peuvent toujours assister à ces conférences.

Les décisions qui y sont prises ne sont exécutoires qu'après avoir été ratifiées par tous les conseils généraux intéressés.

La loi du 10 août 1871 n'a pas prévu le cas où l'accord ne s'établirait pas entre les conseils généraux. Elle n'a organisé aucun mode d'arbitrage. Il en résulte que l'Administration supérieure ne peut trancher le différend. C'est une lacune qu'il appartient au législateur de combler [Avis du Conseil d'État du 16 juin 1875 (1)].

SECTION III

OUVRAGES ET TRAVAUX INTÉRESSANT DEUX OU PLUSIEURS COMMUNES, SANS FAIRE PARTIE DE CHEMINS DE GRANDE COMMUNICATION OU D'INTÉRÊT COMMUN.

991. Il arrive parfois que plusieurs communes sont intéressées à la construction ou à l'entretien d'un ouvrage, dont chacune d'elles doit profiter, tel qu'un pont destiné à relier deux chemins vicinaux ordinaires, séparés par un cours d'eau qui forme la limite des territoires.

Dans ce cas, il y a lieu d'appliquer les articles 116 et 117 de la loi municipale du 5 avril 1884.

En vue d'arriver à une entente, la question est débattue dans une conférence, où chaque conseil municipal est représenté par une commission spéciale nommée à cet effet et composée de trois membres nommés au scrutin secret.

Le préfet ou le sous-préfet peuvent assister à cette conférence.

(1) Les *Conseils généraux*, t. I, p. 820.

Les décisions qui y sont prises ne sont exécutoires qu'après avoir été ratifiées par tous les conseils municipaux intéressés.

Ces décisions sont exécutoires dans les mêmes conditions que les délibérations ordinaires des conseils municipaux, c'est-à-dire qu'elles sont exécutoires par elles-mêmes, si elles portent sur des objets que la loi a remis à la décision des conseils municipaux, et qu'elles doivent être approuvées, soit par le préfet, soit par le conseil général, soit par décret, soit par une loi, si elles s'appliquent à des matières sur lesquelles les conseils municipaux ne peuvent prendre que des délibérations soumises à l'approbation (*La loi municipale*, par LÉON MORGAND, t. II, p. 221 ; — Circ. ministérielle du 15 mai 1884, art. 116 et 117).

La conférence intercommunale ne peut créer, pour les communes qui y sont représentées, des dépenses obligatoires en dehors de celles que la loi déclare obligatoires pour les communes prises isolément (*Id.*).

En cas de désaccord, la loi du 10 août 1871 (art. 46, n° 23) donne au conseil général le droit de statuer définitivement sur les difficultés élevées au sujet de la répartition de la dépense des travaux. Mais la décision du conseil général est soumise aux mêmes réserves que celle de la commission intercommunale (*Id.*).

SECTION IV

DES ACTIONS RELATIVES AUX CHEMINS DE GRANDE COMMUNICATION ET D'INTÉRÊT COMMUN

§ 1. — Chemins de grande communication

992. Le préfet, agissant comme représentant des communes intéressées, a qualité pour intenter ou repousser les actions relatives aux chemins de grande communication. Cette attribution lui est conférée par l'article 9 de la loi du 21 mai 1836, qui place sous son autorité les chemins dont il s'agit.

Il en résulte que c'est au préfet qu'il appartient d'intervenir, au nom des communes intéressées, dans les instances relatives :

Soit au règlement des indemnités de terrain (Cass., 25 mai 1868, *Cambreleng* ; 9 août 1882, *Descoutures*) ;

Soit à l'exécution des travaux (C. d'État, 19 juillet 1871, préfet des *Côtes-du-Nord* ; 19 janvier 1883, *Patry*) ;

Soit au règlement des dommages (C. d'État, 26 février 1870, *Defrance;* 7 décembre 1883, commune de *Chavagnes ;* 19 décembre 1890, préfet de l'*Hérault*) ;

Soit au règlement des subventions industrielles (n° 413).

§ 2. — Chemins d'intérêt commun

993. Le Ministre de l'Intérieur admet que les préfets ont le même droit en ce qui concerne les chemins d'intérêt commun et, par une circulaire du 20 mars 1877, il les a invités à se prévaloir, à l'égard de ces chemins, de l'autorité que leur confère l'article 9 de la loi du 21 mai 1836.

Ces instructions sont d'accord avec la jurisprudence actuelle du Conseil d'État, qui assimile les chemins d'intérêt commun aux chemins de grande communication, ainsi que nous l'avons fait savoir au n° 414.

En adoptant cette jurisprudence, le Conseil d'État ne s'est pas borné à interpréter la loi, mais il a pris le parti, ainsi que cela lui arrive quelquefois, de suppléer à son insuffisance. La Cour de Cassation a jugé, au contraire, que les innovations contenues dans la loi du 10 août 1871, en ce qui concerne les chemins d'intérêt commun, n'avaient pas les conséquences admises par le Conseil d'État ; elle a déclaré que cette loi du 10 août 1871 n'a conféré aux préfets aucune des attributions que la législation en vigueur reconnaît aux maires et que le droit de représenter les communes dans les actions relatives aux chemins d'intérêt commun appartient toujours à ces magistrats, notamment en matière d'indemnités de terrain (Cass., 4 février 1867, *Lacroix-Morel ;* 8 décembre 1885, *Darrigol*).

Cette divergence dans la jurisprudence des deux Cours

révèle la nécessité de compléter la législation, quand on procèdera à la revision de la loi organique de la vicinalité, si toutefois les chemins d'intérêt commun sont maintenus concurremment avec ceux de grande communication.

SECTION V

DES ACTIONS RELATIVES AUX CHEMINS VICINAUX ORDINAIRES

994. C'est le maire qui représente la commune dans les actions relatives aux chemins vicinaux ordinaires.

Les articles 121 et suivants de la loi municipale du 5 avril 1884 édictent les dispositions qui régissent les actions judiciaires, notamment en ce qui concerne l'autorisation que les communes doivent obtenir du conseil de préfecture pour pouvoir ester en justice.

Il y a lieu de remarquer que, pour plaider devant les juridictions administratives, les communes n'ont besoin d'aucune autorisation (Circulaire du 15 mai 1884, art. 121 à 131).

Mais, même dans les divers cas où la commune n'a pas besoin d'être autorisée pour engager une instance, soit judiciaire, soit administrative, ou y défendre, le maire ne peut pas se passer de l'autorisation du conseil municipal (même circulaire ; — Cass., 28 décembre 1863, commune de *Rognes* ; 2 mars 1880, *Jumeau* ; 24 juin 1890, *Morel* ; — C. d'État, 9 juin 1882, *Maixent* ; 15 décembre 1882, *Échasseriaux* ; 28 novembre 1890, *Conjeaud* ; 19 juin 1891, *Guignard* ; 17 février 1893, commune de *Campistrous*).

995. Aux termes de l'article 123 de la loi municipale, tout contribuable inscrit au rôle de la commune a le droit d'exercer, à ses frais et risques, avec l'autorisation du conseil de préfecture, les actions qu'il croit appartenir à la commune et que celle-ci, préalablement appelée à délibérer, a refusé ou négligé d'exercer.

Il n'y a pas de motif pour que cette faculté ne s'étende pas aux actions que les communes pourraient avoir à soutenir pour des affaires relatives aux chemins vicinaux. Aussi, le Conseil d'État a-t-il reconnu la légalité de l'intervention de tiers, dans ce cas, par une ordonnance du 29 juillet 1847 (Communes de *Bénévent, Marsac* et *Arrènes*).

996. Le préfet n'a pas le droit de se substituer au maire qui refuse, conformément au vote du conseil municipal, de défendre à une action judiciaire au nom de la commune, malgré l'autorisation accordée par le conseil de préfecture. Mais, si le refus du maire était contraire à la résolution prise par le conseil municipal, il tomberait sous l'application de l'article 85 de la loi du 5 avril 1884, et le préfet pourrait alors intervenir en vertu de cet article (Circul. du 15 mai 1884, art. 121 à 131).

997. Le législateur a pensé que les litiges relatifs aux chemins vicinaux pouvaient exiger une solution urgente, par la raison qu'ils intéressaient la viabilité. Aussi a-t-il voulu que le jugement en fût aussi prompt que possible. De là, la disposition de l'article 20 de la loi du 21 mai 1836, en vertu de laquelle les actions civiles intentées par les communes ou dirigées contre elles, relativement à leurs chemins, doivent être jugées comme affaires sommaires et urgentes, conformément à l'article 405 du Code de Procédure civile.

SECTION VI

DU DROIT D'ENREGISTREMENT DES ACTES
RELATIFS AUX CHEMINS VICINAUX

998. La loi du 21 mai 1836 a établi un tarif de faveur pour les actes, relatifs aux chemins vicinaux, qui ne sont pas exempts de l'impôt.

L'article 20 porte que « les plans, procès-verbaux, certificats, contrats, marchés, adjudications de travaux, quittances et autres actes ayant pour objet exclusif la construction, l'entretien et la réparation des chemins vicinaux, seront enregistrés moyennant le droit fixe de 1 franc ».

La loi du 18 mai 1850, qui a porté à 2 francs le moindre droit fixe d'enregistrement, n'a point modifié la quotité de ce droit, par la raison qu'elle a déclaré, dans son article 30, qu'il n'avait pas dérogé aux dispositions de la loi du 21 mai 1836 sur les chemins vicinaux.

Le droit était donc demeuré fixé à 1 franc, quand est survenue la loi du 28 février 1872 décidant (art. 4) que « les divers droits fixes auxquels sont assujettis par les lois en vigueur les actes civils, administratifs ou judiciaires, autres que ceux dénommés en l'article 1er, sont augmentés de moitié ».

En présence d'une disposition aussi formelle, la question se posa de savoir si les actes relatifs aux chemins vicinaux devaient désormais subir l'augmentation édictée par la nouvelle loi.

M. le Ministre des Finances se prononça pour l'affirmative et, par une circulaire du 17 août 1872, le Ministre de l'Intérieur a fait savoir qu'il se ralliait à la décision de son collègue.

Le droit fixe d'enregistrement pour les chemins vicinaux est donc actuellement de 1 fr. 50 en principal (1).

---

(1) La loi du 23 août 1871 a remis en vigueur les dispositions de l'article 14 de la loi du 2 juillet 1862, relatives à la perception d'un second décime sur les droits d'enregistrement.

De plus, ces droits ont été augmentés de 5 0/0 du principal par l'article 2 de la loi du 30 décembre 1873.

Ces dispositions portent à 2 décimes et demi, soit à 25 0/0, la perception en sus du principal.

Le droit fixe d'enregistrement pour les chemins vicinaux est, dès lors, actuellement de 1 fr. 875.

TABLE DES MATIÈRES

TITRE I

GÉNÉRALITÉS

TITRE II

PERSONNEL

CHAPITRE I

Organisation du service vicinal

CHAPITRE II

Agents voyers

CHAPITRE VIII

Acquisitions de terrains

CHAPITRE IX

Aliénations de terrains

CHAPITRE III

Centimes spéciaux ordinaires

CHAPITRE IV

Centimes spéciaux extraordinaires

CHAPITRE V

Impositions extraordinaires. — Emprunts communaux

CHAPITRE VI

Allocations diverses

CHAPITRE IX

Prestations par suite de condamnations judiciaires   371

CHAPITRE X

Subventions départementales

TITRE V

EXÉCUTION DES TRAVAUX

CHAPITRE I

Projets

CHAPITRE II

Travaux à prix d'argent

CHAPITRE III

Travaux en nature

CHAPITRE IV

Occupations temporaires de terrains

CHAPITRE II

Travaux et actes prohibés

CHAPITRE III

Arrêtés de police

CHAPITRE IV

Répression des contraventions

TITRE VIII

POLICE DU ROULAGE

CHAPITRE I

Chemins de grande communication

CHAPITRE II

CHAPITRE III

Dispositions communes aux chemins vicinaux de toute catégorie

TITRE IX

OBJETS DIVERS

CHAPITRE I

Ponts et ouvrages accessoires

CHAPITRE II

Établissement de tramways

CHAPITRE III

Modifications des chemins vicinaux par suite de la construction des chemins de fer

INDEX ALPHABÉTIQUE

Les chiffres indiquent les numéros des pages

P

Tours. — Imprimerie Deslis Frères.

www.ingramcontent.com/pod-product-compliance
Lightning Source LLC
Chambersburg PA
CBHW030013220326
41599CB00014B/1797